El imperio de la IA

Ariel

El imperio de la IA

Sam Altman y su carrera por dominar al mundo

Karen Hao

Traducción de Jorge Paredes

Ariel

Obra editada en colaboración con Editorial Planeta - España

Título original: *Empire of AI. Dreams and Nightmares in Sam Altman's OpenAI*

Bajo el sello editorial ARIEL M.R.
Avenida Presidente Masaryk núm. 111,
Piso 2, Polanco V Sección, Miguel Hidalgo
C.P. 11560, Ciudad de México
www.planetadelibros.com.mx
www.paidos.com.mx

Primera edición impresa en España: noviembre de 2025
ISBN: 978-84-1100-428-2

Primera edición impresa en México: abril de 2026
ISBN: 978-607-639-208-9

Impreso en los talleres de Corporación en Servicios
Integrales de Asesoría Profesional, S.A. de C.V.,
Calle E # 6, Parque Industrial
Puebla 2000, C.P. 72225, Puebla, Pue.
Impreso y hecho en México / *Printed in Mexico*

A mi familia, pasada, actual y futura.
A los movimientos de todo el mundo que rechazan
la desposesión en nombre de la abundancia

Se dice que explicar es justificar. Esta máxima es especialmente cierta en el campo de la programación computacional, sobre todo en lo que se denomina programación heurística e inteligencia artificial, puesto que en esos ámbitos las máquinas han sido fabricadas para comportarse de manera asombrosa, lo cual basta a menudo para obnubilar incluso al observador más experimentado. Sin embargo, una vez desenmascarado un programa determinado, una vez que se explica su funcionamiento interno en un lenguaje lo suficientemente llano como para facilitar su comprensión, su magia se desmorona; se presenta como una simple serie de procedimientos, cada uno de los cuales resulta bastante comprensible. El observador se dice: «Eso lo podría haber escrito yo». Ese pensamiento le lleva a trasladar el programa en cuestión de la estantería de los «inteligentes» a la reservada para las curiosidades aptas para ser discutidas únicamente con personas menos instruidas que él.[1]

Joseph Weizenbaum, profesor del MIT
e inventor del primer chatbot, ELIZA, 1966

«Las personas de éxito crean empresas. Las personas con más éxito crean países. Las personas con más éxito de todas crean religiones.»

Esta es una cita de Qi Lu; no estoy muy segura de la fuente. Sin embargo, me dio que pensar. Los emprendedores de más éxito no se dedican a crear empresas. Su misión es crear algo más parecido a una religión y, en un momento dado, resulta que crear una empresa es la forma más fácil de hacerlo.[2]

Sam Altman, 2013

Índice

Parte III

Parte IV

Nota de la autora

Este libro se basa en más de 300 entrevistas con alrededor de 260 personas y en una ingente recopilación de correspondencia y documentos. La mayoría de las entrevistas se realizaron para este libro. Algunas proceden del trabajo periodístico realizado durante los últimos siete años en que me he dedicado a informar acerca de OpenAI, de la industria de la IA y de su impacto global en *MIT Technology Review*, *The Wall Street Journal* y *The Atlantic*. Más de 150 de las entrevistas corresponden a más de 90 ejecutivos y empleados actuales o exempleados de OpenAI y a unos cuantos contratistas que han tenido acceso a documentación detallada de algunas de las prácticas del desarrollo de modelos de OpenAI. Otras entrevistas se realizaron a alrededor de 40 ejecutivos y empleados actuales y exempleados de Microsoft, Anthropic, Meta, Google, DeepMind y Scale, así como a personas cercanas a Sam Altman.

Todos los correos electrónicos, documentos o mensajes de Slack citados proceden de copias o capturas de pantalla de dichos documentos y correspondencia o son reproducidos exactamente como aparecen en demandas judiciales. En los casos en que no dispongo de copia, he parafraseado el texto sin citas. Existe una excepción a la que me refiero en las notas finales. Todos los diálogos se han reconstruido a partir de los recuerdos de las personas, de notas contemporáneas o, cuando así se indica en las notas finales, se han extraído de una grabación de audio o una transcripción. En la mayoría de los casos, yo o mi equipo de verificación de datos solicitamos a quienes citaban de memoria que repitiesen dichas citas o las confirmaran al cabo de varios meses para comprobar su coherencia. Cada escena, cada número, cada nombre y cada código, así como cada detalle técnico acerca de los modelos de OpenAI, como pueden ser la composición de sus datos de entrenamiento o el número de chips con los que se entrenaron, están corroborados por al menos dos personas, con notas contemporáneas o, en algunos casos señalados en las notas finales, por otros informes periodísticos. Lo mismo sucede con prácticamente todo el resto de los detalles acerca de OpenAI que aparecen en el libro. El hecho de que nombre a alguna persona no significa que yo hablase con ella directamente. Cuando hago referencia a los pensamientos o sentimientos de alguien es porque así los expresó, ya fuera a mí directamente, a alguien con quien hablé, en un correo electrónico o grabación, o bien en una entrevista pública.

Este libro no es un libro corporativo. Si bien narra las interioridades de OpenAI, esas interioridades pretenden ser un prisma a través del cual ver mucho más allá de esta empresa en particular. Es la descripción de una ambición científica convertida en una agresiva cruzada ideológica, impulsada por el dinero; un examen de su huella polifacética y extensa; una reflexión sobre el poder. Con ese fin, durante la elaboración de este reportaje, he dedicado un tiempo considerable a integrarme en comunidades relacionadas con este tema en países de todo el mundo para entender su historia, su cultura, su vida y sus experiencias a la hora de lidiar con el impacto emocional de la IA. Tengo la esperanza de que sus historias reluzcan en estas páginas tanto como las historias que suceden tras los muros de una de las organizaciones más reservadas de Silicon Valley.

Me he puesto en contacto con todos los personajes y empresas clave descritos en este libro para solicitarles entrevistas y comentarios. OpenAI y Sam han decidido no cooperar.

Prólogo

La carrera por el trono

El viernes 17 de noviembre de 2023, alrededor de las 12 del mediodía, hora del Pacífico, Sam Altman, consejero delegado de OpenAI, chico prodigio de Silicon Valley y símbolo de la revolución de la inteligencia artificial generativa, se conectó a Google Meet y vio que cuatro de los cinco miembros de su consejo de administración le miraban fijamente.

Desde el recuadro de su pantalla, el consejero Ilya Sutskever, director científico de OpenAI, fue breve: Altman quedaba despedido. El anuncio se haría público de manera inminente.

Altman se encontraba en su habitación en un lujoso hotel de Las Vegas para asistir a la primera carrera de Fórmula Uno que iba a tener lugar en la ciudad en una generación, un acontecimiento plagado de estrellas invitadas que iban desde Rihanna hasta David Beckham. El viaje era una breve pausa en medio de la agotadora agenda que seguía desde la creación de ChatGPT hacía aproximadamente un año. Por un momento, se quedó demasiado atónito para hablar. Apartó la mirada mientras trataba de recobrar la compostura. A medida que la conversación iba avanzando, intentó suavizar las cosas a su estilo.

«¿Cómo puedo ayudar?»,[1] preguntó.

El consejo le pidió que colaborase con la consejera delegada interina que habían seleccionado, Mira Murati, que había estado ocupando el cargo de directora de tecnología. Altman, todavía confundido y preguntándose si se trataba de una pesadilla, accedió.[2]

Minutos después, Sutskever envió otro enlace para celebrar una reunión a través de Google Meet a Greg Brockman, presidente de OpenAI, que era un estrecho aliado de Altman y el único miembro del consejo ausente en la reunión anterior. Sutskever le dijo a Brockman que ya no formaría parte del consejo, pero conservaría su puesto en la empresa.

El anuncio se hizo público al poco tiempo.[3] «La salida del señor Altman se produce tras un profundo proceso de deliberación por parte del consejo de administración, el cual ha llegado a la conclusión de que no siempre ha sido sincero en sus comunicaciones con el consejo, obstaculizando su capacidad para el ejercicio de sus responsabilidades. El consejo ya no confía en su capacidad para continuar al frente de OpenAI.»

En apariencia, OpenAI se encontraba en su mejor momento. Desde el lanzamiento de ChatGPT en noviembre de 2022 se había convertido en la historia de éxito más espectacular de Silicon Valley. ChatGPT era la aplicación de consumo de más rápido crecimiento de la historia. La valoración de la startup estaba experimentando el tipo de ascenso meteórico que hacía salivar a los inversores y que los mejores talentos se desvivieran por entrar a formar parte de una empresa que subía como la espuma. Tan solo unas semanas antes, había sido valorada en 90.000 millones de dólares como parte de una oferta pública de adquisición que estaba a punto de concluir y que permitiría a los empleados vender sus acciones a esos ávidos inversores. Unos días antes, se había celebrado un evento muy esperado y aclamado para lanzar su gama de productos más agresiva.

Para el público, Altman era el hombre que había hecho que todo aquello sucediera. Había pasado la primavera y el verano de gira por el mundo, alcanzando un nivel de popularidad que estaba llevando a los medios de comunicación a compararlo con Taylor Swift. Había cautivado a prácticamente todo el mundo con su apariencia humilde, sus contundentes declaraciones y su aparente sinceridad.

Antes de Las Vegas, había estado dando vueltas por el mundo, había formado parte de un comité en la cumbre de empresarios de la APEC, encandilando a todos como era habitual con sus declaraciones.

«¿Por qué dedicas tu vida a este trabajo?», le había preguntado Laurene Powell Jobs, fundadora y presidenta de Emerson Collective y viuda de Steve Jobs.

«Creo que esta será la tecnología más transformadora y beneficiosa de la historia de la humanidad», dijo. «En cuatro ocasiones en la historia de OpenAI —la última hace tan solo un par de semanas— he tenido ocasión de estar presente cuando, por así decirlo, hemos retirado el velo de ignorancia y hemos traspasado los límites del descubrimiento, y poder haberlo hecho constituye el máximo honor profesional de mi vida.»

Los sorprendidos empleados* se enteraron del despido de Altman al mismo tiempo que todos los demás, cuando el enlace al anuncio público fue pasando de un teléfono a otro por toda la empresa. Lo que más les sobresaltó fue el abismo

* Salvo indicación contraria, las crónicas internas de las experiencias de los empleados, consejeros y directivos se basan en once personas presentes en cada una de las escenas relatadas.

existente entre la noticia y la brillante reputación de Altman. La empresa daba empleo a 800 personas. En aquellos días, los empleados tenían menos oportunidades de reunirse e interactuar con el consejero delegado en persona. Sin embargo, su encantadora manera de comportarse en los escenarios internacionales no era demasiado diferente de como se había comportado durante las reuniones corporativas, cuando ejercía sus funciones en el seno de la empresa y, cuando no estaba de viaje, por las oficinas.

Mientras los rumores se desataban y los empleados navegaban morbosamente por X, antes Twitter, en busca de cualquier atisbo de información, alguien en la oficina se aferró a la explicación que le pareció más lógica y gritó: «¡Altman se presenta como candidato a la presidencia!». Aquello provocó una euforia momentánea antes de que la gente se diera cuenta de que no era el caso y, de nuevo, surgieron las especulaciones con renovada intensidad y temor. ¿Había hecho Altman algo ilegal? Quizá tenía que ver con su hermana, se preguntaban los empleados. Hacía un mes, ella había denunciado en unos tuits, que se habían vuelto virales, que su hermano había abusado de ella. Tal vez no se tratase de nada ilegal, sino éticamente reprobable, especulaban, acaso relacionado con otras de las inversiones de Altman o con su recaudación de fondos a través de inversores saudíes para financiar una nueva empresa de chips de inteligencia artificial.

Sutskever publicó un anuncio en el Slack de OpenAI. Al cabo de dos horas celebraría una reunión corporativa virtual para responder a las preguntas de los empleados. «Fueron las dos horas más largas de mi vida», recuerda un empleado.

Sutskever, Murati y el resto de los directivos de OpenAI aparecieron en la pantalla unos junto a otros, rígidos y sin ensayar, mientras la reunión se retransmitía a los empleados que se encontraban en las oficinas y a los que trabajaban desde casa.

Sutskever desprendía un aire solemne. Entre los empleados tenía fama de persona reflexiva y mística que hablaba habitualmente en términos espirituales, con una contundencia fruto de la sinceridad que podía resultar cautivadora para algunos y repelente para otros. También era bobalicón y bondadoso. En la oficina llevaba camisetas con dibujos de animales y también le encantaba pintarlos (un gato de peluche, alpacas de peluche, un dragón de peluche escupiendo fuego), junto a caras abstractas y objetos cotidianos. Algunos de sus dibujos estaban colgados por la oficina, incluyendo un trío de flores con la forma del logotipo de OpenAI, un símbolo de lo que siempre animaba a sus empleados a construir: «Una pluralidad de AGI amantes de la humanidad».

Ahora, trataba de transmitir una sensación de seguridad a los inquietos empleados que lo acribillaban a preguntas a través de un documento en línea. Sin embargo, Sutskever no era el mensajero perfecto; no era alguien que destacase a la hora de hacer que sus mensajes llegasen a la audiencia.

«¿Ha habido algún incidente concreto que haya provocado esta situación?»,[4] fue lo primero que leyó Murati en voz alta de la lista de preguntas de los empleados.

«Muchas de las preguntas del documento tendrán que ver con detalles», respondió Sutskever. «Qué, cuándo, cómo, quién exactamente. Ojalá pudiera entrar en detalles. Pero no puedo.» Cualquiera que tenga curiosidad debería leer el comunicado de prensa, añadió. «De hecho, en él se dicen muchas cosas. Leedlo unas cuantas veces.» La respuesta desconcertó a los empleados. Acababan de recibir una noticia catastrófica. No cabía duda de que, al tratarse de las personas más directamente afectadas por la situación, se merecían conocer más detalles que el público en general.

Murati leyó en voz alta unas cuantas preguntas más. ¿Cómo afectaba aquello a la relación con Microsoft? Microsoft, el principal patrocinador de OpenAI y concesionario exclusivo de su tecnología, era el único proveedor de su infraestructura informática. Sin ella, todo el trabajo de la startup —investigación, enseñanza de los modelos de IA, lanzamiento de productos— se frenaría en seco. Murati respondió que esperaba que no les afectase. Acababan de hablar con el consejero delegado de Microsoft, Satya Nadella, y con el director de tecnología, Kevin Scott. «Están plenamente comprometidos con nuestro trabajo», dijo.

«¿Qué pasará con la oferta pública de adquisición de OpenAI?» A los empleados con una cierta antigüedad se les había dado la opción de vender lo que podría representar millones de dólares en concepto de acciones. Faltaba tan poco para la operación que muchos tenían planes de comprar propiedades o ya lo habían hecho. «La oferta... ya, ejem, ya veremos», balbuceó Brad Lightcap, director de operaciones. «Estoy en contacto con los inversores que lideran la licitación y con algunos de nuestros principales inversores que ya están en la tabla de capitalización. Todos ellos se han comprometido a respaldar firmemente a la empresa.»

Después de varias preguntas más con respuestas vagas, otro empleado volvió a tratar de averiguar qué había hecho Sam. ¿Era algo relacionado con su papel en la empresa? ¿O tenía que ver con su vida personal? Sutskever se remitió de nuevo al comunicado de prensa. «Ahí está la respuesta», dijo.

Murati continuó leyendo el documento. «¿Las preguntas sobre los detalles se responderán en algún momento, o no se responderán nunca?»

Sutskever respondió: «No esperéis demasiado».

A medida que avanzaba la reunión corporativa y que las respuestas de Sutskever parecían volverse cada vez más ambiguas, la inquietud de los empleados se transformó rápidamente en enfado. «Cuando un grupo de personas pasa por una experiencia difícil, a menudo acaban estando más unidas y más cerca las unas de las otras», dijo Sutskever. «Esta experiencia difícil nos hará estar aún más unidos como equipo y, por tanto, ser más productivos.»

«¿Cómo es posible conciliar el deseo de superar juntos una crisis con una falta de transparencia frustrante?», escribió un empleado. «Por regla general, la verdad es una condición necesaria para la reconciliación.»

«Me parece bastante justo. La situación no es perfecta», respondió Sutskever.

Murati trató de mitigar la tensión que iba en aumento. «La misión es mucho más importante que cualquiera de nosotros», dijo.

Lightcap ahondó en su mensaje: todos los socios, clientes e inversores de OpenAI habían subrayado que continuaban implicados en la misión. «En cualquier caso, creo que ahora tenemos un deber más importante, que es trabajar más duramente para cumplir esa misión.»

Sutskever intentó de nuevo sonar tranquilizador. «Tenemos los ingredientes, todos los ingredientes: el ordenador, la investigación, los avances son asombrosos», dijo. «Cuando os sintáis inseguros, cuando tengáis miedo, recordad esas cosas. Visualizad mentalmente ese cúmulo de cosas. Imaginad todas esas GPU trabajando conjuntamente.»

Un empleado planteó una nueva pregunta. «¿Nos preocupa la OPA hostil a través de la influencia coercitiva de los actuales miembros del consejo de administración?», leyó Sutskever.

«¿Una OPA hostil?», repitió Sutskever con otro tono de voz. «La junta sin ánimo de lucro de OpenAI ha actuado totalmente de acuerdo con su objetivo. No es una OPA hostil. En absoluto. No estoy de acuerdo con esta pregunta.»

Aquella noche, varios empleados se reunieron en casa de un colega para celebrar una fiesta planeada antes del despido de Altman. A ella asistieron también invitados de otras empresas de inteligencia artificial, como Google DeepMind y Anthropic. Justo antes del evento, todos los asistentes recibieron un aviso: «Esta noche vamos a añadir una segunda sala temática: "La sala en que no se habla de OpenAI". ¡Os esperamos!».[5]

Al final, muy pocas personas permanecieron durante mucho tiempo en la sala. La mayoría querían hablar de OpenAI.

Aquella tarde, Brockman había anunciado su dimisión en señal de protesta. Nadella, de Microsoft, que había montado en cólera porque le habían informado del despido de Altman tan solo unos minutos antes de que se produjera, había publicado un tuit redactado cuidadosamente: «Tenemos un acuerdo a largo plazo con OpenAI que nos da total acceso a todo lo que necesitamos para cumplir con nuestro programa de innovación y una emocionante hoja de ruta de productos; y seguimos comprometidos con nuestra asociación y con Mira y el equipo».[6]

Mientras los rumores seguían proliferando, se supo que tres investigadores más de alto nivel habían abandonado la empresa: Jakub Pachocki y Szymon Sidor, empleados veteranos que eran de los que llevaban más tiempo en OpenAI, y Aleksander Mądry, un profesor del MIT en excedencia que se había incorporado recientemente. Su marcha alarmó aún más a algunos empleados de OpenAI que consideraron que era una prueba de pérdida de liderazgo y talento que podría espantar a los inversores y frenar la oferta pública o, lo que es peor, arruinar a la empresa. Durante la fiesta, los empleados se fueron mostrando cada vez más abatidos y preocupados. La disolución de la oferta pública les privaría de una importante recompensa económica a su ardua labor, por no hablar de la disolución de la empresa que daría al traste con tantas ambiciones y duro trabajo.

Esa misma noche, el consejo de administración y el resto de la directiva de la empresa celebraron una serie de reuniones, cada vez más hostiles. Después de la reunión corporativa, la falsa imagen de unidad entre Sutskever y los otros directivos se había desmoronado. Muchos de los ejecutivos que estaban sentados cerca de Sutskever durante la retransmisión, habían estado tan ciegos como el resto de la plantilla y se habían enterado del despido de Altman momentos antes de su anuncio. Irritados por la ineficaz actuación de Sutskever, exigieron reunirse con el resto del consejo.[7] Aproximadamente una docena de ejecutivos, incluyendo a Murati y a Lightcap, se reunieron en una sala de conferencias de la oficina. Sutskever se conectó virtualmente junto con los tres consejeros independientes: Adam D'Angelo, cofundador y consejero delegado de la página de preguntas y respuestas Quora; Tasha McCauley, empresaria y directora científica del gabinete estratégico RAND, y Helen Toner, investigadora de origen australiano de otro gabinete estratégico, el CSET (Centro de Seguridad y Tecnología Emergente) de la Universidad de Georgetown.

Ante la avalancha de preguntas, los cuatro miembros del consejo evitaron repetidamente hacer más revelaciones, alegando sus responsabilidades legales para preservar la confidencialidad. Algunos directivos se mostraron visiblemente enfadados. «Estáis diciendo que Sam no es de fiar», dijo furiosa Anna Makanju, la vicepresidenta de asuntos internacionales que había acompañado a menudo a Altman en su ofensiva de seducción internacional. «Esa no es en absoluto nuestra experiencia con él.» Los directivos reunidos presionaron al consejo para que dimitiera y cediera sus puestos a tres empleados, amenazando todos ellos con dimitir si el consejo no accedía inmediatamente. Jason Kwon, el director estratégico, un abogado que había ejercido previamente como consejero jurídico general de OpenAI elevó la apuesta. De hecho, era *ilegal* que el consejo no dimitiera, dijo, ya que, si la empresa quebraba, ello supondría un incumplimiento de los deberes fiduciarios de los miembros del consejo.

Los miembros del consejo no estuvieron de acuerdo. Sostenían que habían consultado cuidadosamente con abogados la decisión de despedir a Altman y que habían actuado de conformidad con sus responsabilidades estipuladas. OpenAI no era una empresa normal y su consejo de administración no era un consejo de administración normal. Tenía una estructura única diseñada por el propio Altman, que otorgaba al consejo amplios poderes para actuar en interés no de los accionistas de OpenAI, sino de su misión: garantizar que la AGI (inteligencia artificial general) beneficiara a la humanidad. Altman había pregonado durante mucho tiempo que el consejo tenía capacidad para despedirlo y que ese era su mecanismo de gobierno más importante. Toner subrayó ese dato: «si esta acción destruye la empresa, en realidad podría ser coherente con la misión».

La directiva transmitió sus palabras a los empleados en tiempo real: a Toner no le importaba destruir la empresa. Muchos empleados llegaron a la conclusion de que quizá esa era su intención. Ante la idea de perder todo su capital, una de las personas presentes se echó a llorar.

Al día siguiente, el sábado 18 de noviembre, un montón de personas, entre las que se encontraban los empleados de OpenAI, se congregaron ante la mansión de 27 millones de dólares de Altman a la espera de más noticias.[8]

Los tres investigadores de alto nivel que habían dimitido, Pachocki, Sidor y Mądry, se habían reunido con Altman y Brockman para hablar de reformar la empresa y continuar con su trabajo. Para algunos, la noticia de esas conversaciones hizo aumentar la preocupación de los empleados. Para otros fue un motivo de esperanza. Si, efectivamente, Altman fundaba una nueva empresa, se marcharían con él.

El resto de la directiva de OpenAI concedió al consejo un plazo límite hasta las 5 de la tarde, hora del Pacífico, de aquel día: o reincorporaban a Altman y dimitían, o se arriesgaban a que se produjera un éxodo masivo de la empresa. Los miembros del consejo se negaron. Durante el fin de semana, telefonearon frenéticamente, en ocasiones en medio de la noche, a cualquiera que se encontrara en su agenda de contactos que estuviera dispuesto a contestar. Ante la creciente ira de los empleados y los inversores por el despido de Altman, Murati ya no estaba dispuesta a continuar ejerciendo de consejera delegada interina. Tenían que sustituirla por alguien que pudiera contribuir a restaurar la estabilidad, o encontrar nuevos miembros del consejo que pudieran hacer frente a Altman si acababa por volver.

Aquella noche, una vez transcurrido el plazo, Jason Kwon envió una circular a los empleados. «Seguimos trabajando para alcanzar un acuerdo y somos optimistas», escribió. «Por acuerdo nos referimos a recuperar a Sam, Greg, Jakub, Szymon y Aleksander.»[9]

Altman tuiteó con su estilo característico, en minúsculas: «me encanta el equipo de openai». Numerosos empleados empezaron a retuitear sus palabras con el emoji de un corazón.

El domingo, Altman y Brockman volvieron a la oficina para negociar su reincorporación. A lo largo del día, se les fueron uniendo cada vez más empleados con el alma en vilo. Para entonces, la mayoría de los empleados, directivos y miembros del consejo apenas habían dormido desde hacía más de treinta y seis horas; todo empezaba a resultar confuso. Altman tuiteó un selfi con los labios apretados y el ceño fruncido, exhibiendo una acreditación de invitado en la mano. «primera y última vez que llevo una de estas», añadió como pie de foto. La dirección fijó otro plazo hasta las cinco de la tarde para que el consejo reincorporase a Altman y dimitiese.

La presión iba en aumento desde todas direcciones. Microsoft, otros inversores de OpenAI y pesos pesados de Silicon Valley se alinearon públicamente con Altman. Una fuente transmitió la estrategia a los medios de comunicación:[10] no solo se marcharían los empleados en masa si la decisión no se revocaba, sino que Microsoft denegaría el acceso a su estructura informática y los inversores interpondrían demandas. Esa combinación haría que OpenAI fuera insostenible sin Altman.

A pesar de todo, el consejo seguía resistiendo. Alrededor de las 9 de la noche, de nuevo superado ampliamente el último plazo, Sutskever publicó un extenso mensaje en Slack en representación del consejo. Altman no iba a volver; Emmett Shear, antiguo consejero delegado de Twitch, era ahora el nuevo jefe interino de OpenAI. Él y Shear llegarían a la oficina en cinco minutos para dar un discurso sobre la nueva visión de la empresa.

«El consejo se mantiene firme en su decisión como la única vía para avanzar y defender la misión de OpenAI», escribió. «En pocas palabras, el comportamiento de Sam y la falta de transparencia en sus interacciones con el consejo han socavado la capacidad de este para supervisar eficazmente la empresa tal como le correspondía hacer.»

El Slack se inundó al instante de decenas de respuestas airadas de los empleados.[11]

«Vosotros y qué puto ejército.»

«Sois unos ilusos.»

«Emmett será consejero delegado de nada.»

Aproximadamente doscientos empleados se manifestaron fuera de la oficina para boicotear la conferencia. Murati sacó a los directivos del edificio a toda prisa. Para cuando Shear llegó con Sutskever, solo quedaban aproximadamente una docena de personas en la audiencia.

Anna Brockman, la mujer de Greg, se acercó a Sutskever, que había oficiado la ceremonia de la boda civil de la pareja cuatro años antes. Entre lágrimas, le rodeó con sus brazos y le suplicó que reconsiderase su postura.[12]

Muchos de los empleados que habían abandonado la oficina se reunieron en las casas de algunos colegas para pasar la noche; cientos de ellos se conectaron a un grupo de Signal para mantenerse informados. A última hora de la noche, Nadella anunció que iba a contratar a Altman y a Brockman para que dirigiesen una nueva división de IA. La voz se corrió rápidamente: todo aquel que quisiera unirse a Altman tendría trabajo asegurado en Microsoft.

La noticia cambió por completo el estado de ánimo, que pasó del miedo al desafío. Con la percepción de contar con una salida alternativa, los empleados tenían una nueva baza para declarar contra el consejo y contra Shear. En la casa de un empleado, abarrotada con más de cien colegas de OpenAI, los ejecutivos e investigadores redactaron una carta abierta para aumentar la presión, reiterando las amenazas al equipo directivo con más intensidad: sin la reincorporación de Altman y la dimisión del consejo, todos ellos podrían dimitir inmediatamente e incorporarse a Microsoft.

El grupo se esforzó por difundir la carta todo lo posible, publicándola en varios canales privados y telefoneando a empleados que no estaban presentes para que la firmaran. Cuando consiguieron un número significativo de firmas, muchos empleados más se apresuraron a unirse, presionados para evitar que se cuestionara su ausencia. Al cabo de veinticuatro horas, la carta había conseguido más de 700 firmas de los aproximadamente 770 empleados. Decenas de empleados enviaron correos electrónicos idénticos al consejo en rápida sucesión. Acudieron en masa a X para publicar el mismo mensaje: «OpenAI no vale nada sin su gente».

A continuación, en plena noche, los empleados vieron aparecer el nombre de Sutskever en la carta abierta.

Al poco tiempo, Sutskever hizo una declaración pública. «Lamento profundamente mi participación en los actos del consejo», tuiteó a primera hora de la mañana del lunes. «Nunca tuve intención de perjudicar a OpenAI. Me encanta todo lo que hemos construido juntos y haré todo lo posible por volver a unir a la empresa.»

El martes, 21 de noviembre, la dirección se conectó con el consejo desde la casa de Altman. Al cabo de cinco días, todo el mundo se estaba desmoronando por la falta de sueño y el agotamiento. Acción de Gracias estaba a la vuelta de la esquina y la desesperación en ambos bandos había dejado paso por fin a una vía para el acuerdo.

Durante el día, todo el mundo empezó a plantearse en serio diferentes configuraciones.

Altman y Brockman, originalmente inflexibles en su decisión de volver a ocupar puestos en el consejo de administración de OpenAI, acabaron por aceptar no ocuparlos. El consejo, viendo que no había forma de mantener la empresa sin Altman, acabó aceptando su regreso.

A última hora de la noche, llegaron a un acuerdo sobre la distribución de los tres puestos de los independientes en el consejo. D'Angelo continuaría; Toner y McCauley dejarían sus puestos; Bret Taylor, ex consejero delegado de Salesforce y exdirector de tecnología de Facebook, y Larry Summers, exsecretario del Tesoro y expresidente de Harvard, ocuparían los puestos vacantes. Como parte del acuerdo, el nuevo consejo añadiría más miembros con el tiempo. Altman se sometería a una investigación.

También acordaron que, ahora, lo más importante para la empresa era transmitir una imagen de unidad, estabilidad y reconciliación. Dos días más tarde, Altman tuiteó un mensaje preparado: «he pasado unas horas realmente agradables con @adamdangelo. feliz día de acción de gracias a tu familia de parte de la mía🦃». Diez días más tarde, Brockman tuiteó una foto: él y Sutskever abrazados con una amplia sonrisa. En la oficina, el artista titular de la compañía conectó el generador de imágenes DALL-E de OpenAI a una impresora a color para crear adhesivos caleidoscópicos diminutos con forma de corazón. Al lado de la impresora había un corazón rosa gigante estampado con la frase «OpenAI no es nada sin su gente».[13]

En diciembre, Altman describió la experiencia a Trevor Noah en un pódcast como el segundo peor momento de su vida, superado únicamente por la muerte de su padre. El mes siguiente, en enero, se cerró la licitación, valorando OpenAI en 86.000 millones de dólares.

Pero todo eso estaba por llegar. La noche del martes 21 de noviembre estaban de celebración. Con el anuncio del regreso de Altman y el nuevo acuerdo, los empleados volvieron en tropel a la oficina para abrazarse, llorar y poner música a todo volumen. En un momento dado, alguien encendió una máquina de humo. Se disparó la alarma de incendios. Todo el mundo continuó de fiesta.[14]

Brockman se hizo un selfi grupal con la multitud, una foto que reflejaba perfectamente el delirio eufórico y optimista de haber sobrevivido a una crisis. Lo tuiteó y como pie de foto puso: «Hemos vuelto».[15]

La noticia de la destitución de Altman salió a la luz cuando me encontraba en medio de una entrevista para este libro. Había puesto mi móvil en silencio, felizmente inconsciente de la caótica semana que estaba a punto de acontecer. Veinte minutos más tarde, toqué la pantalla para ver la hora y vi un montón de notificaciones perdidas. Así se inició una serie de días confusos y llenos de adrenalina, mientras yo me apresuraba a entender qué estaba sucediendo.

Durante las semanas siguientes, amigos, familiares y medios de comunicación me preguntaron un montón de veces: ¿qué significaba todo aquello, si es que significaba algo? ¿El tira y afloja era una simple distracción, o tendría consecuencias para el resto de nosotros? Para entonces, yo llevaba siguiendo a OpenAI cinco años. En 2019, fui la primera periodista en obtener amplio acceso a la empresa y en escribir su primera reseña. Para mí, aquellos acontecimientos no eran simples alardes frívolos de poder de Silicon Valley. El drama puso de relieve una de las preguntas más apremiantes de nuestra generación: ¿cómo gestionar la inteligencia artificial?

La IA es una de las tecnologías más trascendentales de nuestra era. En poco más de una década, ha redefinido la columna vertebral de Internet, convirtiéndose en un mediador omnipresente de las actividades digitales. En menos tiempo todavía, ahora se dispone a modificar muchas otras funciones cruciales de la sociedad, desde la asistencia sanitaria a la economía, pasando por el periodismo y el Gobierno. El futuro de la IA —la forma que adopte esta tecnología— está inextricablemente ligada a nuestro futuro. La pregunta sobre cómo gestionar la IA es en realidad una pregunta sobre cómo asegurarnos de hacer que nuestro futuro sea mejor, no peor.

Desde el principio, OpenAI se ha presentado como un experimento audaz para responder a esta pregunta. Fue fundada por un grupo entre cuyos miembros se encontraban Elon Musk y Sam Altman, junto con otros patrocinadores multimillonarios como Peter Thiel, para ser más que un simple laboratorio de investigación o una empresa. Los fundadores manifestaron un compromiso radical de desarrollar la llamada inteligencia artificial general, la cual describieron como la forma más poderosa de IA que nadie hubiera visto jamás, no en pos del lucro económico de los accionistas, sino en beneficio de la humanidad. Con ese fin, Musk y Altman la constituyeron como una organización sin ánimo de lucro y se comprometieron a donar 1.000 millones de dólares para ponerla en marcha. No se dedicaría a crear productos comerciales, sino que se consagraría exclusivamente a la investigación, impulsada únicamente por las más puras intenciones de dar lugar a una forma de inteligencia artificial general que desbloqueara la utopía global y no lo contrario. Musk y Altman se comprometieron también a compartir sus investigaciones tanto como fuera posible durante el proceso y a colaborar ampliamente con otras instituciones. Si el objetivo era hacer el bien en el mundo, la apertura —de ahí el nombre de *Open*AI— y la participación democrática en el desarrollo de la tecnología eran clave. Algunos años más tarde, la dirección fue aún más allá, prometiendo sacrificarse si era necesario. «Nos preocupa que la última fase del desarrollo de la AGI se convierta en una carrera competitiva sin tiempo para tomar las medidas de seguridad adecuadas», escribieron. Si otro intento de crear una inteligencia artificial general beneficiosa superase los avances de OpenAI, «nos comprometemos a dejar de competir y a colaborar con ese proyecto».

Sin embargo, cuando empecé a investigar a OpenAI, su compromiso con esos ideales se iba erosionando rápidamente. Al cabo de tan solo un año y medio, los ejecutivos de OpenAI se dieron cuenta de que el camino que querían seguir para el desarrollo de la IA exigiría cantidades extraordinarias de dinero. Musk y Altman, que hasta ese momento habían adoptado una posición no intervencionista como copresidentes, trataron ambos de postularse como consejeros delegados. Altman resultó vencedor. Musk abandonó la organización a principios de 2018 y se llevó su dinero con él. En retrospectiva, la ruptura fue una señal inequívoca de que, en realidad, OpenAI no era un proyecto altruista, sino más bien de ego.

La pérdida de su principal patrocinador sumió a OpenAI en la incertidumbre financiera. Para tapar el agujero, Altman reformuló la estructura legal de OpenAI. La encajó dentro de la organización sin ánimo de lucro y creó una rama con ánimo de lucro, OpenAI LP, para recaudar capital, comercializar productos y proporcionar beneficios a los inversores, en la línea de cualquier otra empresa. Cuatro meses más tarde, en julio de 2019, OpenAI anunció un nuevo inversor que aportaba 1.000 millones de dólares: el gigante del software y proveedor de servicios en la nube Microsoft.

Yo llegué por primera vez a las oficinas de OpenAI poco después, en agosto de 2019. Tras pasar tres días integrada entre empleados y montones de entrevistas, pude ver que el experimento de la gestión idealista se estaba desmoronando. OpenAI se había vuelto competitiva, reservada y aislada, incluso temerosa del mundo exterior por el hecho de ostentar el embriagador poder de controlar una tecnología tan trascendental. Atrás quedaban los ideales de transparencia y democracia, de sacrificio y colaboración. Los ejecutivos de OpenAI tenían una única obsesión: ser los primeros en lograr la inteligencia artificial general, hacerla a su imagen y semejanza.

A lo largo de los cuatro años siguientes, OpenAI se convirtió en todo lo que había dicho que no sería. Se convirtió en una organización sin ánimo de lucro solo de nombre, comercializando agresivamente productos como ChatGPT y tratando de conseguir valoraciones sin precedentes. Se volvió aún más hermética, no solo denegando el acceso a sus propias investigaciones, sino modificando las normas de la industria para impedir que una parte significativa del desarrollo de la IA se sometiera a escrutinio público. Dio el pistoletazo de salida de la carrera hacia el abismo sobre la que había advertido, acelerando tremendamente la comercialización y el desarrollo de la tecnología, sin apuntalar sus defectos perjudiciales o las formas peligrosas en que podría amplificar y explotar las fallas de nuestra sociedad. Durante el proceso, los enfrentamientos entre directivos y empleados se volvían cada vez más virulentos, a medida que diferentes grupos dentro de la empresa trataban de hacerse con el control y reformar OpenAI según sus ideas.

La destitución y reincorporación de Altman en noviembre de 2023 fue la prueba definitiva de que el experimento de gestión había fracasado. No simplemente porque el consejo sin ánimo de lucro de OpenAI cediera ante los intereses económicos, eliminando el último vestigio de la fachada altruista de la organización. Ilustraba a la perfección hasta qué punto una lucha de poder entre un minúsculo puñado de élites de Silicon Valley estaba determinando el futuro de la IA. Incluso si los acontecimientos se hubieran desarrollado de manera diferente y el consejo hubiera logrado sustituir a Altman, nada habría cambiado el hecho de que una decisión tan trascendental se hubiera tomado a puerta cerrada. Más allá de un pequeño grupo de optimistas tecnológicos ultrarricos, de sus más acérrimos rivales ideológicos y de un gigante tecnológico multimillonario, incluso los propios empleados de OpenAI estaban en gran medida en la inopia sobre qué les depararía el destino.

Empecé a escribir sobre la inteligencia artificial mucho antes de que OpenAI y ChatGPT se convirtiesen en sinónimos de la tecnología. Fui testigo de su evolución a través del desordenado proceso de la ciencia y la innovación a medida que los investigadores ensayaban nuevas ideas, presentaban sus mayores éxitos en congresos abarrotados y las aplicaban a productos comerciales de las principales empresas del mundo, incluidas Google, Facebook, Alibaba y Baidu. Leí cientos de artículos de investigación y entrevisté a científicos, ingenieros y ejecutivos para entender su visión del mundo y sus decisiones (y cómo estas dejaron huella en el diseño y la aplicación de la tecnología).* A medida que la huella de la IA se extendía por todo el mundo, rastreé las formas sutiles y drásticas en que cambiaba las vidas y las comunidades. Viajé por los cinco continentes para conocer las experiencias de la gente. En Colombia y Kenia conocí a personas que, para hacer frente a la crisis económica, se dedicaron a introducir datos para la industria de la IA, lo cual únicamente les supuso tener que trabajar en condiciones similares a la esclavitud. En Ari-

* Una puntualización sobre los congresos en los que se presentan artículos de investigación y su revisión por pares sobre IA: en el campo de la IA, los investigadores publican a menudo sus artículos directamente en línea en un repositorio digital gratuito y abierto llamado arXiv (léase «arkaiv») y, o bien se someten a su revisión por pares en un congreso o en una publicación muchos meses o años después, o bien no se molestan en someterse a a revisión por pares. Esta práctica se ha normalizado tanto que muchas personas de este campo citan artículos basándose en su impacto más que en el hecho de que hayan sido revisados por pares. En este libro haré lo mismo. Las notas finales denotan qué artículos no han sido sometidos a revisión por pares como preimpresiones.

zona y Chile, conocí a políticos y activistas locales preocupados por la creciente sombra colonialista que proyectaban los centros de datos que consumían los preciados recursos hídricos de sus hogares.

A través de mis reportajes, he llegado a entender dos cosas: la inteligencia artificial es una tecnología que adopta muchas formas. De hecho, se trata de múltiples tecnologías que cambian de forma y evolucionan, no solo en función de sus méritos técnicos, sino del impulso ideológico de las personas que las crean y de los vaivenes de la moda y la comercialización. Si bien ChatGPT y otros de los denominados «modelos extensos de lenguaje» o «aplicaciones de IA generativa» se encuentran actualmente en el candelero, no son más que una manifestación de la IA, una manifestación que representa una visión concreta y especialmente estrecha de cómo es el mundo y cómo debería ser. Nada de esta clase de IA que acapara la atención o incluso de cualquiera de las existentes era inevitable en absoluto; fue la culminación de miles de decisiones subjetivas, tomadas por las personas con poder para encontrarse en la sala de toma de decisiones. Del mismo modo, las futuras generaciones de las tecnologías de IA no están predeterminadas. Sin embargo, vuelve a plantearse la pregunta acerca de la gestión: ¿quién les dará forma?

La segunda cosa que he aprendido es que esta manifestación actual de la IA y la trayectoria de su desarrollo ha tomado una dirección alarmante. A primera vista, la IA generativa es apasionante: una contribución a la propuesta de ideas y a la escritura creativa; una compañera con la que charlar hasta altas horas de la noche para alejar la soledad; una herramienta que tal vez un día podría ser tan eficaz a la hora de aumentar la productividad que incrementaría la actividad económica mundial. Sin embargo, igual que en su día pensamos que Facebook no era más que un lugar en el que publicar las fotos de las vacaciones y ponerse en contacto con antiguos compañeros de la escuela primaria, o en el que impulsar movimientos sociales positivos y transformadores, hay mucho más de lo que ese exterior brillante y atractivo sugiere a simple vista. Bajo la superficie, los modelos de IA general son monstruosidades, construidas a partir del consumo de unas cantidades de datos, trabajo, capacidad de procesamiento y recursos naturales anteriormente inimaginables. GPT-4, el sucesor del primer ChatGPT, es, según un cálculo, supuestamente 15.000 veces más potente que la primera generación, GPT-1, lanzada cinco años antes. Los costes humanos y materiales cada vez mayores están afectando a amplios sectores de la sociedad, especialmente a los más vulnerables, a personas que he conocido por todo el mundo, tanto trabajadores y habitantes del Norte Global como comunidades pobres del Sur Global, todas ellas víctimas de nuevos grados de precariedad. Rara vez han obtenido algún beneficio «residual» de la llamada «revolución tecnológica»; los beneficios de la IA generativa se acumulan sobre todo hacia arriba.

A lo largo de los años, solamente he encontrado una metáfora capaz de resumir la naturaleza de los máximos exponentes del juego de poder de la IA: los imperios. Durante la larga época del colonialismo europeo, los imperios se adueñaron y extrajeron recursos que no eran de su propiedad y explotaron a los pueblos sometidos para extraer, cultivar y refinar dichos recursos para el enriquecimiento de los imperios. Proyectaron ideas racistas y deshumanizadoras acerca de su superioridad y modernidad para justificar —e incluso persuadir a los conquistados para que aceptaran— la invasión de la soberanía, el robo y el sometimiento. Justificaban su lucha por el poder por la necesidad de competir con otros imperios: en la carrera armamentística, todo vale. En definitiva, todo esto sirvió para afianzar el poder de los imperios e impulsar su expansión y su progreso. En términos sencillos, los imperios amasaron unas riquezas extraordinarias a lo largo del tiempo y del espacio gracias a la imposición de un orden colonial mundial a expensas de todos los demás.

Los imperios de la IA no ejercen la misma violencia y brutalidad explícita que caracterizaron esta historia. Sin embargo, ellos también se apropian y extraen recursos valiosos para impulsar su idea de la inteligencia artificial: las obras de artistas y escritores, los datos de innumerables individuos que publican sus experiencias y observaciones en Internet; la tierra, la energía y el agua necesarias para albergar y mantener centros de datos y superordenadores gigantescos. Asimismo, los nuevos imperios explotan laboralmente a personas de todo el mundo para limpiar, clasificar y preparar esos datos para convertirlos en tecnologías lucrativas de IA. Exponen ideas seductoras de modernidad y plantean agresivamente la necesidad de derrotar a otros imperios para encubrir e impulsar las invasiones a la privacidad, el robo y la devastadora automatización de numerosas oportunidades económicas significativas.

OpenAI lidera actualmente nuestra carrera hacia ese moderno orden colonial mundial. En la búsqueda de una visión amorfa de progreso, su agresiva expansión de los límites de escala ha establecido las normas de una nueva era para el desarrollo de la IA. Ahora, todos los gigantes tecnológicos están compitiendo unos con otros, gastando sumas de dinero tan astronómicas que han llegado a rivalizar por redistribuir y consolidar sus recursos. Alrededor de la época en que Microsoft invirtió 10.000 millones de dólares en OpenAI, despidió a 10.000 trabajadores para recortar gastos. Cuando Google vio que OpenAI le estaba comiendo terreno, centralizó sus laboratorios de IA en Google DeepMind. Mientras Baidu se apresuraba a desarrollar su equivalente a ChatGPT, los empleados que trabajaban para lograr avances en la aplicación de las tecnologías de IA para el descubrimiento de fármacos tuvieron que suspender sus investigaciones y ceder sus chips informáticos para desarrollar el chatbot.[16] El paradigma actual de la IA está obstruyendo también vías alternativas al desarrollo de la IA. El número de investigadores independientes no afiliados a la industria tecnológica o que no reciben fondos de ella ha disminuido rápidamente, lo cual ha reducido la diversidad de ideas en este campo no vinculadas al beneficio económico a corto plazo. Las propias empresas que en su día invirtieron en la expansión de la investigación exploratoria a gran escala ya no pueden permitirse seguir haciéndolo al tener que asumir la factura del desarrollo de la IA generativa. Las generaciones más jóvenes de científicos se están alineando con el nuevo *statu quo* para tener más oportunidades de empleo. Lo que antes no tenía precedentes es ahora la norma. Los imperios nunca han sido tan ricos como en la actualidad. Cuando estaba concluyendo este libro, en enero de 2025, OpenAI alcanzó una valoración máxima de 157.000 millones de dólares. Su competidora, Anthropic, estaba a punto de lograr un acuerdo que la valoraría en 60.000 millones de dólares. Tras anunciar su asociación con OpenAI, Microsoft triplicó su capitalización en el mercado hasta superar los tres billones de dólares. Desde ChatGPT, los seis mayores gigantes tecnológicos han visto aumentar su capitalización en ocho billones de dólares.[17] Al mismo tiempo, han surgido cada vez más dudas acerca del verdadero valor económico de la IA generativa. En junio de 2024, un informe de Goldman Sachs señaló que se preveía que el gasto en desarrollo tecnológico alcanzase un billón de dólares en unos pocos años sin que hasta ahora se haya visto recompensado.[18] Al mes siguiente, una encuesta del Upwork Research Institute[19] realizada entre 25.000 trabajadores de todo el mundo concluyó que, mientras el 96 por ciento de los altos cargos esperaban que la IA generativa disparase la productividad, el 77 por ciento de los empleados que utilizaban realmente esas herramientas declararon que, por el contrario, aumentaban su carga de trabajo; ello se debía en parte al tiempo empleado en revisar los contenidos generados por IA y en parte a la creciente demanda de más trabajo por parte de sus superiores. En un artículo de *Bloomberg* publicado en noviembre, en el que se analizaban las consecuencias del impacto de la IA generativa, las redactoras Parmy Olson y Carolyn Silverman lo resumieron brevemente: los datos «plantean una posibilidad inquietante: que es posible que esta tecnología supuestamente revolucionaria no llegue nunca a cumplir su promesa de generar una amplia transformación económica, sino que se limite a concentrar más riqueza en la parte superior».[20]

Mientras tanto, el resto del mundo empieza a desplomarse bajo el peso del creciente coste humano y material de esta nueva era. Los trabajadores de Kenia ganaban sueldos de miseria por filtrar los discursos de odio y violencia de las tecnologías de OpenAI, incluyendo a ChatGPT. Los artistas son sustituidos por los mismos modelos de IA construidos a partir de sus trabajos sin su consentimiento y sin recibir compensación alguna. La industria periodística se va atrofiando a medida que las tecnologías de IA generan cada vez más desinformación. Vemos cómo la historia se repite ante nuestros ojos, y esto es solo el principio.

OpenAI no aminora el paso. Sigue tratando de aumentar, si cabe, su volumen con unos recursos sin precedentes y el resto de la industria sigue su estela. Con el fin de reprimir las cada vez mayores preocupaciones acerca del actual funcionamiento de la IA generativa, Altman ha pregonado aún con más fuerza sus futuros beneficios. En una entrada de blog publicada en septiembre de 2024, declaró que la «era de la inteligencia», caracterizada por una «enorme prosperidad», estaría pronto entre nosotros y que posiblemente la superinteligencia llegaría en cuestión de «unos miles de días». «Creo que el futuro será tan brillante que nadie puede hacerle justicia intentando escribir ahora sobre él», escribió. «Aunque sucederá de manera gradual, triunfos asombrosos —frenar el cambio climático, establecer una colonia en el espacio y el descubrimiento de toda la física— serán con el tiempo algo habitual.»[21] En este momento, la inteligencia artificial generativa es en gran medida retórica, una excusa fantástica polivalente para que OpenAI continúe tratando de conseguir cada vez más riqueza y poder. Muy pocos disponen de un capital comparable para invertir en opciones alternativas. OpenAI y su puñado de competidores constituirán un oligopolio en la tecnología que nos venden como clave para el futuro; todo aquel —ya sea una empresa o un gobierno— que quiera una porción de esa idea tendrá que recurrir a los imperios para que se lo suministren.

Existe una salida diferente. La inteligencia artificial no tiene por qué ser lo que es en la actualidad. No tenemos por qué aceptar la lógica de una escala y un consumo sin precedentes para lograr avances y progreso. Gran parte de lo que nuestra sociedad necesita en realidad —mejor asistencia sanitaria y educación, aire puro y agua limpia, una transición más rápida para dejar atrás los combustibles fósiles— puede fomentarse y lograrse y, en ocasiones es incluso necesario que así sea, con modelos considerablemente más reducidos de IA y una variedad de enfoques diferentes. Además, la IA por sí sola no será suficiente: necesitaremos también más cohesión social y cooperación internacional, precisamente algunas de las cosas cuestionadas por la visión existente del desarrollo de la IA.

Pero los imperios de la IA no renunciarán fácilmente a su poder. El resto de nosotros tendremos que luchar por recuperar el control del futuro de esta tecnología. Nos encontramos en un momento crucial en el que aún es posible hacerlo. Del mismo modo que los imperios de la antigüedad acabaron dejando paso a unas formas de gobierno más inclusivas, también nosotros podemos moldear juntos el futuro de la IA. Los legisladores pueden imponer normas estrictas sobre privacidad y transparencia y actualizar las protecciones de la propiedad intelectual para devolver a la gente la gestión de sus datos y sus obras. Las organizaciones de derechos humanos pueden promover normas laborales internacionales y leyes para garantizar que los clasificadores de datos reciban un salario mínimo y se les concedan unas condiciones de trabajo decentes, así como para apuntalar los derechos laborales y garantizar el acceso a unas oportunidades económicas dignas en todos los sectores e industrias. Las agencias de financiación pueden fomentar una renovada diversidad en la investigación de la IA para desarrollar fundamentalmente nuevas manifestaciones de lo que podría ser esa tecnología. Por último, todos podemos oponernos a los relatos que nos han contado OpenAI y la industria de la AI para ocultar los crecientes costes sociales y medioambientales de esta tecnología tras una imprecisa idea de progreso.

PARTE I

1

Derecho divino

Todos los demás ya habían llegado, pero Elon Musk llegaba tarde, como de costumbre.[1]

Era el verano de 2015 y un grupo de hombres se había reunido para celebrar una cena privada organizada por Sam Altman para debatir sobre el futuro de la IA y la humanidad.[2]

Musk había conocido a Altman, catorce años más joven que él, hacía algún tiempo y le había causado buena impresión. Altman era presidente de Y Combinator, la renombrada aceleradora de startups de Silicon Valley, y su fama le precedía. Tras fundar su primera empresa a los diecinueve años, se había asentado rápidamente en Silicon Valley como un estratega y negociador brillante con grandes aspiraciones, incluso en el territorio de quienes emprenden a lo grande. A Musk le pareció inteligente, motivado y, lo que es más importante, alguien que compartía sus opiniones acerca de la necesidad de desarrollar y gestionar cuidadosamente la inteligencia artificial. Como Musk describió años después en una demanda judicial, era como si Altman hubiera replicado todo lo que Musk había dicho alguna vez sobre el tema para ganarse su confianza.[3]

Altman, por su parte, decía a menudo que Musk había sido su héroe de la infancia.[4] Después de que el empresario de más edad le enseñara la extensa fábrica de SpaceX en Hawthorne, California, su admiración no había hecho más que aumentar. «Lo que más se me quedó grabado fue la expresión de absoluta convicción en su cara cuando hablaba de enviar grandes cohetes a Marte», escribió Altman más adelante, recordando la experiencia. «Me fui pensando, "vaya, esa es la viva imagen de la convicción".»[5]

Musk llevaba algún tiempo profundamente preocupado por la IA. En 2012, había conocido a Demis Hassabis, profesor y consejero delegado del laboratorio de IA DeepMind Technologies, con sede en Londres. Poco después, Hassabis visitó también a Musk en su fábrica de SpaceX. Cuando los dos hombres estaban sentados en la cantina, rodeados del ruido del transporte y el ensamblaje de enormes piezas de cohetes, Hassabis planteó la posibilidad de que una IA más avanzada, capaz de superar algún día a la inteligencia humana, pudiera representar una amenaza para la humanidad. Es más, el plan infalible de Musk de colonizar Marte para escapar no funcionaría en ese caso. La superinteligencia, dijo Hassabis divertido, simplemente seguiría a los humanos por la galaxia. Musk, al que estaba claro que la cosa no le hacía tanta gracia, invirtió cinco millones de dólares en DeepMind para poder controlar la empresa.

Más adelante, en su fiesta de cumpleaños de 2013 en los exuberantes paisajes vinícolas del Valle de Napa, Musk se enzarzó en un encendido y vibrante debate con su viejo amigo y cofundador de Google, Larry Page, sobre si era realmente un problema que la IA superase a la inteligencia humana. Page creía que no y decía que era la siguiente fase de la evolución. Cuando Musk se opuso, Page le acusó de ser un «especista» que discriminaba a las especies no humanas.

Después de eso, Musk se puso a hablar sin parar sobre el riesgo existencial de la IA. En un simposio del MIT, describió la IA como probablemente «la mayor amenaza existencial» para la humanidad y su desarrollo como «invocar al demonio». Se reunió con editores en Nueva York, seducido por la idea de escribir un libro sobre las amenazas de extinción, incluida la IA. Posteriormente, en un evento periódico en el Salón de la IA en Stanford, una joven investigadora llamada Timnit Gebru se dirigió a él después de una conferencia y le preguntó por qué estaba tan obsesionado por la IA cuando la amenaza del cambio climático era claramente más peligrosa para la existencia. «El cambio climático es malo, pero no va a matar a todo el mundo», dijo. «La IA podría extinguir la humanidad.»[6]

A finales de 2013, cuando Musk se enteró de que Google iba a adquirir DeepMind, estaba convencido de que esa unión acabaría muy mal. Advirtió públicamente de que, si Google le marcara a una hipotética inteligencia artificial general un objetivo para maximizar sus beneficios, el software podría tratar de eliminar a la competencia de la empresa a cualquier precio. «Asesinar a todos los investigadores de IA de empresas de la competencia como primer paso me parece un pequeño defecto», declaró Musk en *The New Yorker*.[7] Durante una llamada de Skype de una hora desde un baño del piso superior en una fiesta en Los Ángeles, instó a Hassabis a que se replantease el acuerdo. «El futuro de la IA», dijo Musk, «no debería controlarlo Larry.»[8] No obstante, aunque Musk no lo sabía, Google ya había enviado a un equipo de investigadores de IA en jet privado a las oficinas de DeepMind para revisar la adquisición. Como parte de la valoración, Jeff Dean, uno de los más antiguos y veteranos ingenieros de Google, analizó personalmente una muestra del código base de la empresa y dio su aprobación al acuerdo.[9] En enero de 2014, Google confirmó la adquisición. Al parecer, se había cerrado por una cantidad de entre 400 y 650 millones de dólares. Musk empezó a organizar cenas para debatir sobre formas de contraatacar a Google.

A principios de 2015, se reunió también con el presidente de EE. UU. Barack Obama para explicarle los peligros de la IA, cómo hacer que fuera más segura y cómo regularla. Por esas mismas fechas, Musk volvió a reunirse con Hassabis en SpaceX, esta vez para asistir a la primera reunión del Consejo Ético de IA de Google DeepMind, un órgano de gobierno propuesto por Page y Hassabis para contribuir a la supervisión del desarrollo responsable de las tecnologías de DeepMind. El encuentro convenció a Musk de que el consejo era un fraude y transformó su preocupación en una auténtica obsesión por oponerse a la visión de Hassabis.[10]

Durante años, Musk calificaría habitualmente a Hassabis como un supervillano al que había que frenar. Musk dejó absolutamente claro que OpenAI era el bien y DeepMind era el mal. En el verano de 2016, no mucho después de la fundación de OpenAI, varios empleados se reunieron con Hassabis e informaron a la oficina: efectivamente, DeepMind aspiraba a conquistar el mundo; la definición de Musk parecía correcta. Al año siguiente; Musk organizó una reunión remota con los empleados de OpenAI en su fábrica de SpaceX para despotricar sobre Hassabis. Antes de fundar DeepMind, Hassabis había pasado siete años dirigiendo un estudio de diseño de videojuegos creado por él. «Literalmente, concibió un videojuego en el que un genio malvado intenta crear una inteligencia artificial para conquistar el mundo», gritó Musk, refiriéndose al juego creado por Hassabis en 2004 y titulado *Evil Genius*, «y, coño, la gente no lo ve. ¡Coño, la gente no lo ve! ¿Y Larry? Larry se cree que controla a Demis, pero está demasiado ocupado con el puto windsurf para darse cuenta de que Demis está acaparando todo el poder.»

La paranoia de Musk por Hassabis se convirtió en una fuente de diversión para los empleados de DeepMind. Hassabis era increíblemente ambicioso y podía ser intenso, sin duda, pero también era amable y comedido. «La creación de OpenAI parecía una reacción un tanto histérica ante un hombre bastante apacible», recuerda un antiguo investigador de DeepMind. «Parecía un poco absurdo.»[11]

Entre la lista de libros recomendados de Musk estaba *Superinteligencia: caminos, peligros, estrategias*, en el cual el filósofo de Oxford Nick Bostrom sostiene que, si alguna vez la IA llegara a ser más inteligente que los humanos, sería difícil de controlar y podría provocar una catástrofe existencial. Por ejemplo, ante un objetivo sencillo como producir clips para papel, esa inteligencia artificial superior podría determinar que los humanos representan una amenaza para su objetivo porque consumen recursos necesarios para la producción de clips.[12] A continuación, Bostrom plantea una solución: sería posible prevenir el problema del control de la superinteligencia «alineando» a la IA con valores humanos, dotándola de la capacidad de extrapolar más allá de instrucciones explícitas para alcanzar sus objetivos sin dañar a los humanos. Esta idea constituye la base de la disciplina de la investigación de la alineación de la IA por la que OpenAI abogaría. Musk les dijo a sus numerosos seguidores de Twitter que era un libro «que valía la pena leer».[13]

En enero de 2023, la reaparición de un correo electrónico que Bostrom escribió a un LISTSERV a mediados de la década de los noventa, hizo que la gente cuestionara sus propios valores humanos. «Siempre me ha gustado la forma de pensar y hablar objetiva y sin tapujos», había escrito. «Tomemos, por ejemplo, la frase siguiente: los negros son más tontos que los blancos. Esa frase me gusta y creo que es cierta.» Bostrom se disculparía, calificando el correo de «repugnante» y de una representación errónea de sus ideas.[14]

A Musk, Altman le parecía un compañero de viaje, alguien que había cultivado su propia tendencia a buscar protección contra la catástrofe. En 2016, Altman declaró al veterano cronista californiano de *The New Yorker* Tad Friend que, en caso de que se diera una situación apocalíptica, tenía previsto huir a Nueva Zelanda con su gran amigo y mentor, el inversor multimillonario Peter Thiel.

En ese mismo artículo, Thiel describió a Altman como «culturalmente muy judío; optimista y, al mismo tiempo, preocupado por la supervivencia, con la sensación de que las cosas siempre pueden salir terriblemente mal». Dos años más tarde, Altman declaró en *Bloomberg* que lo había dicho en broma, pero que seguía teniendo una bolsa de emergencia preparada.[15] Le preocupaban especialmente los nuevos virus biológicos y había incluido máscaras antigás junto con antibióticos, agua, pilas, una tienda de campaña y una pistola. Sin embargo, en una entrada de su blog de febrero de 2015, coincidió con Musk en que la superinteligencia era «probablemente la mayor amenaza para la existencia de la humanidad». Aunque era más probable que apareciera un virus devastador manipulado, dijo, «era poco probable que destruyera a todos los seres humanos del universo». «Por cierto», escribió entre paréntesis, «el excelente libro de Nick Bostrom, *Superinteligencia*, es lo mejor que he leído sobre el tema. Vale mucho la pena leerlo.»[16]

Algunos meses más tarde, en mayo de 2015, Altman envió un correo electrónico a Musk. «He estado pensando mucho sobre si es posible hacer que la humanidad deje de desarrollar la IA», escribió Altman.[17]

«Creo que la respuesta es que casi indudablemente no. Si de todas formas va a existir, parece que sería bueno que el primero en desarrollarla fuera alguien que no sea Google.» Propuso que Y Combinator, conocida como YC, iniciase un «Proyecto Manhattan para la IA» estructurado «de manera que la tecnología pertenezca al mundo a través de alguna clase de organización sin ánimo de lucro». «Obviamente, cumpliríamos con todas las normativas y las apoyaríamos de manera rotunda», añadió, haciendo un guiño a las recientes presiones de Musk para que hubiera una supervisión gubernamental.

«Probablemente valdría la pena mantener una conversación al respecto», respondió Musk.

En junio, Altman le envió otro correo electrónico dándole más detalles. «La misión consistiría en crear la primera inteligencia artificial general y utilizarla para el empoderamiento individual; es decir, la versión distribuida del futuro que parece la más segura. Más en general, la seguridad debería ser un requisito primordial.» A continuación, proponía una estructura de gestión que dependería de él y de Musk. Los dos formarían parte del consejo e invitarían a otros tres a unírseles. «La tecnología sería propiedad de la fundación y se utilizaría "para el bien de la humanidad" y, en los casos en que no fuera evidente cómo debería aplicarse, decidiríamos los cinco», dijo Altman.

Si Musk pudiera además comprometerse a reunir al equipo aproximadamente una vez al mes, continuó Altman, ello ayudaría a «conseguir que las personas más válidas participasen». Si Musk no tuviera tiempo, su respaldo público «probablemente sería de gran ayuda a la hora de hacer fichajes».

«Estoy de acuerdo en todo», respondió Musk.

Altman invitó a Musk a una cena privada sobre el futuro de la IA y la humanidad para que conociera a un grupo de ingenieros e investigadores de primer nivel a los que esperaba incorporar al proyecto. Con la confirmación de la asistencia por parte de Musk, la cena se celebró en uno de los restaurantes predilectos del fundador de SpaceX, el lujoso Rosewood Hotel de 65.000 metros cuadrados y 1.000 dólares la noche, enclavado entre decenas de empresas de capital riesgo en la pintoresca Sand Hill Road, flanqueada de árboles, que atraviesa Silicon Valley. El comedor privado en el que se reunieron daba a un balcón desde el que se divisaba una bonita piscina rodeada de cipreses italianos y rosas de jardín. Cuando Musk llegó con más de una hora de retraso, el resto de los hombres le esperaban impacientes. Entre ellos Altman, Greg Brockman, Dario Amodei e Ilya Sutskever.

Los miembros del grupo se convertirían al poco tiempo en los líderes de la organización sin ánimo de lucro. Para plasmar el espíritu de la misión que compartían, Musk la denominó OpenAI. Con el tiempo, casi todos los hombres abandonarían la organización tras enfrentarse con Altman y su visión de la inteligencia artificial.

Cuando Altman y Musk dejaron de hablarse y Altman sustituyó a Musk como el nuevo «informático» de Silicon Valley, Altman modificó su discurso público acerca de sus creencias sobre los peligros de lo que estaba construyendo. «Ahora estoy bastante convencido de que la IA será una herramienta», declaró a *Business Insider* en 2023, «aunque también pienso que los humanos del futuro y la sociedad humana del futuro serán extremadamente diferentes y tenemos una oportunidad de reflexionar detenidamente sobre cómo diseñar ese futuro.» [18]

Musk llegaría a tener la impresión de que Altman le había utilizado para que lo catapultase a la fama.

Era el reflejo de una observación que había perseguido a Altman durante toda su vida. «Podrías lanzarlo en paracaídas en una isla llena de caníbales y volver al cabo de cinco años y sería el rey», dijo en una ocasión su mentor Paul Graham.[19] Años más tarde, Graham ahondó en ese punto: «Sam es extraordinario a la hora de conseguir poder».[20]

Samuel Harris Gibstine Altman nació el 22 de abril de 1985, hijo primogénito de padres judíos en Chicago, Illinois.

Su madre, Connie Gibstine, es médico. Su padre, Marvin Gibstine, también era médico pediatra y, cuando ejercía como médico del ejército de EE. UU., fue destinado con su nueva esposa a Alemania después de la Segunda Guerra Mundial. Connie se licenció en Medicina y Derecho, desafiando las normas de género de su generación. Se especializó en dermatología, una profesión que le proporcionó un sueldo fijo y un horario flexible que le permitía volver a casa a hacer la cena y atender a sus hijos.

Cuando asistía a la Facultad de Derecho en la Universidad Loyola de Chicago, Connie conoció a Jerold Altman, un hombre apuesto, tres años mayor que ella. Jerry, hijo de un fabricante de zapatos y hombre de negocios, ya había estado casado anteriormente cuando tenía veintitantos años tras asistir a la Escuela Wharton de la Universidad de Pennsylvania y convertirse en consultor en Boston. Su exmujer mantuvo su apellido de soltera. Cuando Connie se casó con Jerry, hizo lo mismo. Algunos años más tarde, se mudaron de Chicago a San Luis, su ciudad natal.[21]

Jerry se dedicó a la gestión inmobiliaria, trabajando durante un tiempo como abogado principal y vicepresidente de Roberts Companies, una promotora inmobiliaria de San Luis. Jerry tenía don de gentes. Le apasionaba la idea de las viviendas asequibles y trabajó en varios proyectos comerciales y residenciales que pretendían impulsar la comunidad y revitalizar San Luis. Posteriormente, Sam repetiría una de las principales lecciones que su padre le enseñó: «Ayuda siempre a la gente; aunque pienses que no tienes tiempo, apáñatelas».[22]

Connie y Jerry tuvieron tres hijos seguidos: después de Sam vino Max y luego Jack. Cinco años más tarde —nueve después de Sam—, Connie dio a luz a Annie, encantada de tener por fin una niña. Connie se definía a sí misma como atea, pero culturalmente judía. Jerry era más religioso. Asistía a los servicios religiosos durante las fiestas como la Pascua Judía y se preocupó de que sus cuatro hijos tuvieran su bat y bar mitzvahs, las ceremonias judías de celebración de la mayoría de edad. La racionalidad y la disciplina de Connie y la espiritualidad y la vocación de servicio de Jerry se manifestarían en sus hijos de diversas maneras.

Desde muy joven, Sam se mostró impulsivo e intensamente curioso. A los dos años se edad, aprendió a utilizar el reproductor de vídeo de la familia; a los tres ya sabía arreglarlo. Cuando sus padres le regalaron un ordenador Mac cinco años más tarde, aprendió rápidamente a programarlo y desmontarlo. Se adaptó bien al papel de hermano mayor, a veces mangoneando a sus hermanos menores y a veces ejerciendo de cuidador. Era extraordinariamente competitivo y siempre insistía en ganar cuando jugaban a juegos de mesa.[23]

Tenía tan mal perder como entusiasmo cuando ganaba. Cuando su abuela les regaló unas acciones a cada uno de sus nietos, él eligió a Apple y Jack a Applebee's.* Aquello se convirtió en una broma recurrente en la familia. A lo largo de veinte años, las acciones de Jack apenas subieron; las de Sam se dispararon. «Tus Apple han subido; no quiero ni pensar-

* Empresa estadounidense de restaurantes. *(N. del t.)*

lo», decía Jack volviendo a contar la historia, «cientos y cientos de veces.»[24]

«Sí, han subido mucho», decía Sam con aires de superioridad.

Cuando Sam creció, Connie le ofreció la misma oportunidad que les ofrecería a todos sus hijos: cambiarse a una escuela privada local, la John Burroughs, conocida por su riguroso profesorado y por una impresionante lista de exalumnos famosos. Sam optó por el cambio, Max también, pero no acabó; Jack renunció y Annie siguió los pasos de su hermano mayor. En Burroughs, Sam dio lo mejor se sí. Destacó tanto académica como socialmente gracias a su personalidad extrovertida y a su humor tontorrón. No solo se sintió atraído por las asignaturas de ciencias, sino también por la escritura y varias actividades extracurriculares. Fue el encargado del anuario, capitán del equipo de waterpolo y participó en Model UN, un programa que reúne a estudiantes de todo el mundo para emular las Naciones Unidas y debatir sobre políticas públicas. «Recuerdo que pensé —y esto es una confesión embarazosa— "espero que no se decante por la tecnología. Es muy creativo y muy buen escritor"», recordaba Andy Abbott, su profesor de inglés, que acabaría convirtiéndose en director de Burroughs. «Esperaba que fuera escritor o algo así.»[25]

Ya entonces, Altman era carismático y un líder nato. Le encantaba traspasar los límites de lo políticamente correcto en su conservadora escuela, llegando en una ocasión a meterse en líos por animar a su equipo de waterpolo a hacer un *striptease* y a quedarse en bañador durante un espectáculo anual de animadoras. Fue en esa época cuando les dijo a sus padres y a sus compañeros de clase que era gay.[26]

Su madre, aunque se sorprendió, lo aceptó, igual que el resto de su familia. No así un grupo de estudiantes cristianos de la escuela. El Día Nacional de la Salida del Armario, boicotearon una asamblea sobre sexualidad organizada por él. Altman, que en esos momentos tenía diecisiete años, decidió enfrentarse a ellos con un discurso dirigido al alumnado al que su consejero universitario atribuiría el mérito de haber ampliado las miras de la escuela. «O eres tolerante para ampliar la comunidad o no lo eres, no es algo que puedas elegir», dijo más adelante, recordando su última frase.[27]

Tras esa fachada de seguridad en sí mismo, Sam era también muy sensible. Le preocupaba lo que la gente pensara de él. A menudo tenía que batallar con la ansiedad, un rasgo que le acompañaría durante su vida adulta. Cuando iba ganando popularidad y reconocimiento en Silicon Valley, a veces llamaba a su madre con dolor de cabeza, convencido de que en realidad tenía meningitis o un linfoma.[28] En una ocasión, mientras estaba negociando un acuerdo, le entró tal ataque de pánico que tuvo que tumbarse en el suelo, con el torso desnudo y los brazos extendidos para calmarse.[29]

Esas dos facetas —su ambición y su sensibilidad— acabarían marcando su carrera. Después de pasar muchas horas con Altman para elaborar su perfil en 2016, Tad Friend, periodista de *The New Yorker*, se dio cuenta de su dualidad. Ante cualquier situación, Altman parecía tan motivado por el irresistible deseo de seguir adelante, como atento a la necesidad de proceder con cautela. Lograr la inteligencia artificial general lo antes posible, pero no destruir la humanidad.[30]

Tras graduarse en Burroughs en 2003, Altman dejó el Medio Oeste para asistir a la Universidad de Stanford, atraído por su proximidad a la industria tecnológica. Sin embargo, no se decidió inmediatamente por una carrera técnica. Como esperaba su profesor Andy Abbott, se planteó ser escritor. Además, durante un breve espacio de tiempo, jugueteó con la idea de convertirse en banquero de inversiones. Al final, se decantó por su fascinación por la programación y los ordenadores. «Me di cuenta de que el mundo no necesita ni valora la novela número siete millones», dijo más adelante. «No era ahí donde yo podía hacer la mejor contribución y, en casos así, generalmente cuesta más ganar mucho dinero o siquiera el suficiente.»[31]

Altman se especializó en ciencias informáticas y mostró especial interés por la IA y la seguridad. Hacía más de lo que le exigían en sus tareas, destripando en una ocasión un programa que se suponía que tenía que utilizar para sus deberes hasta reducirlo a un código de bajo nivel, recordaba un compañero de clase, y descubrió un fallo en la propia tarea.[32] Durante su segundo año, se interesó por la tecnología de los teléfonos móviles. Tras enterarse de que los móviles pronto estarían equipados con GPS, acudió a un evento para emprendedores en el campus y salió al escenario con un teléfono plegable en la mano. Hizo un llamamiento a la gente para que se uniera a él en la creación de algo que aprovechase la función de localización.[33]

Alrededor de esa época conoció a Paul Graham, empresario e influyente bloguero especializado en tecnología que estaba lanzando una nueva incubadora de startups llamada Y Combinator con su novia Jessica Livingston. Altman se incorporó al primer grupo de empresas de YC en 2005 como fundador de su nueva empresa, Loopt, y pasó el verano en Cambridge, Massachusetts, donde empezó a funcionar la incubadora. Loopt era una red social que utilizaba la función de localización para avisar a los usuarios cuando estaban cerca de amigos o para recomendarles restaurantes cercanos. Aquel verano trabajó tan duro y comió tanto ramen instantáneo que contrajo escorbuto.

No se arrepintió. «Trabajad muy duro al inicio de vuestra carrera», les diría más adelante a jóvenes emprendedores. «Es tan rentable como el interés compuesto.»[34] Altman nunca regresó a Stanford. A finales de 2005, él y sus colaboradores ya estaban en conversaciones con las empresas de capital riesgo New Enterprise Associates y Sequoia para que le proporcionaran cinco millones de dólares de financiación. Altman se arriesgó y dejó la universidad.[35]

Loopt no fue un gran éxito. Después de siete años en funcionamiento, Altman la vendería en 2012 por 43,4 millones de dólares, aproximadamente la cantidad aportada por sus inversores. Sin embargo, si hubieras escuchado sus entrevistas y a sus patrocinadores en aquel tiempo, te habría dado la impresión de que su startup estaba a punto de dar paso a una gran transformación.[36]

En esas primeras entrevistas es más fácil entender el origen del éxito de Altman, cuando te está vendiendo algo mucho menos atractivo que la inteligencia artificial: a saber, un competidor anterior a Foursquare y que no funcionó.

Tanto sus dotes mediáticas como su capacidad para alcanzar acuerdos, dos pilares fundamentales de su ascenso, se basan en su extraordinaria habilidad para contar una buena historia. Para eso, Altman tiene un talento natural. Incluso sabiendo cuando le ves que su empresa acabaría fracasando, no puedes evitar que te convenza lo que dice. Habla en un tono informal sobre el posicionamiento específico de su empresa. Su startup forma parte de la extraordinaria e imparable trayectoria de la tecnología. Los consumidores y los anunciantes claman por sus servicios. No apuestes en su contra; su éxito es inevitable.

«La respuesta ha sido tremenda», le dijo al bloguero tecnológico Robert Scoble en junio de 2010 acerca de la nueva aplicación de su empresa, Loopt Star, que permite a los anunciantes enviar ofertas como cupones para restaurantes o descuentos de grupos para minoristas a los usuarios en función de su ubicación. «Hemos llegado al punto de que la percepción del valor que me aporta compartir mi ubicación supera los reparos relacionados con la pérdida de privacidad», añadió. «En pocos años lo normal será compartir tu ubicación y lo raro será no hacerlo.»[37]

«Es una distinción ridícula», dijo Altman unos meses más tarde en CNN Business sobre la diferencia entre la vida en línea y en persona; las dos se estaban fusionando con el rastreo de la ubicación de los dispositivos móviles. «El mundo entero se está volviendo móvil y todo el mundo va a tener acceso universal a tus datos y servicios estés donde estés», dijo.[38]

Para Altman, incluso discutir sobre los obstáculos era una oportunidad para hacer hincapié en su discurso. Cuando la fundadora de *The Information*, Jessica Lessin, que en aquel momento era periodista del *Wall Street Journal*, le dijo a Altman en 2008 que iba a escribir un artículo sobre los problemas de privacidad del rastreo de la ubicación, él se ofreció a ayudarla. Le envió una larga lista de riesgos que Loopt ya había identificado y sus propuestas de solución. El mensaje implícito era: así es como va a funcionar el mundo, así que más vale que te prepares. «No solo quería crear una startup», escribió Lessin sobre la experiencia. «Quería redactar las normas.»[39]

Con Loopt, Altman construyó las redes y pulió las habilidades que se convertirían en sus mayores activos. Como fundador de una startup entre mediados de la década de 2000 y principios de la siguiente en la zona de la Bahía, se asentó en medio de una era de rápido crecimiento y nuevas y efervescentes aventuras empresariales. Se codeaba habitualmente con otros emprendedores inquietos, entablando contactos cruciales allá donde fuera. Justo cuando Loopt estaba iniciando su andadura, su oficina estaba situada al final del pasillo de la incipiente YouTube.[40] Entre los compañeros de lote de Altman en YC —el término con el que se conocían los colegas en YC— se encontraban Steve Huffman y Chris Slowe, cofundador e ingeniero fundador de Reddit respectivamente. Altman se convirtió en miembro del consejo de administración de Reddit en 2014, llegando a acumular más acciones de la empresa que Huffman.[41] Otro compañero de lote de YC era Emmett Shear, cofundador de Twitch, que ocuparía el cargo de consejero delegado interino de OpenAI durante la destitución de Altman casi dos décadas después.

Altman aprendió también la mejor manera de presentar las cosas a los medios de comunicación y el modo más seguro de lograr acuerdos extraordinarios. Aun siendo consejero delegado de una startup poco conocida, logró negociar con éxito alianzas empresariales con las principales operadoras de móviles estadounidenses. La clave de su fórmula, según se dice, es la combinación de su extraordinaria capacidad para escuchar, su disposición a ayudar y su habilidad para presentar lo que tenga que ofrecer exactamente como tú quieres. (Hoy en día, como pieza fundamental ultramillonaria de Silicon Valley, no está de más que tenga mucho que ofrecer.) Es el «Michael Jordan de la escucha», se ha dicho de él. Es el «Usain Bolt de la recaudación de fondos», dice Geoff Ralston, que ocupó la dirección de YC después de Altman.

«Básicamente, cuando recaudas fondos de alguien, lo que haces es explicar una historia sobre el futuro de tu proyecto, que implica que ese proyecto, esa empresa, va a convertirse en un éxito extraordinario», dice Ralston. «Sam puede contarte una historia de la que desearás formar parte, una historia convincente, que parece real e incluso probable.»

Ralston lo equipara al campo de distorsión de la realidad de Steve Jobs. «Steve podía contarte una historia que sobrepasaba cualquier otra parte de tu realidad», dice, «tanto si se trataba de una distorsión de la realidad, como si se convertía en una realidad. Porque, recuerda: lo bueno de Steve era que creaba cosas que cambiaban tu realidad. No era una simple distorsión. Era real.»

«Y, obviamente, Sam hace lo mismo.»[42]

Pero la historia tiene otra cara. «Sam recuerda todos los detalles sobre ti. Se fija mucho. Pero, en parte, lo utiliza para averiguar cómo influirte de formas diferentes», dice una persona que trabajó varios años con él. «Es muy bueno adaptándose a lo que dices y realmente tienes la impresión de que estás avanzando. Y entonces, con el tiempo, te das cuenta de que, en realidad, estás corriendo sin moverte del sitio.»

Según *The Wall Sreet Journal*, durante el tiempo que estuvo al frente de Loopt, en dos ocasiones altos directivos de la startup se dirigieron al consejo de administración y le instaron a que despidiera a Altman, lanzando dos acusaciones que le perseguirían hasta su breve destitución de OpenAI.[43] Una era su tendencia a actuar en su propio beneficio en lugar de en el de la empresa y, a veces, incluso a expensas de ella. La otra era su aparente compulsión a distorsionar la verdad. Esta última era más difícil de precisar: a veces mentía sobre detalles tan insignificantes que costaba decir siquiera de qué servía esa falsedad. Sin embargo, con el tiempo, esos minúsculos «recortes de papel», como los denominó una persona, provocaron un ambiente de desconfianza y caos generalizado en la empresa.

De un modo que acabaría definiendo el resto de su carrera, Altman salió reforzado de la crisis. El consejo de Loopt se puso de su lado.

A pesar de su mediocre trayectoria, Altman también saldría de Loopt mucho mejor que como había empezado. Utilizó la startup como trampolín para asentarse cada vez más arriba en las redes más poderosas de Silicon Valley y, posteriormente, utilizó esos contactos para orquestar una salida para su empresa que le hizo rico. A los veintiséis años, obtuvo un beneficio neto de cinco millones de dólares de la venta de Loopt. Altman lo consideró una decepción —Jobs tenía una fortuna de 256 millones de dólares a los veinticinco años—,[44] pero pronto amasaría mucho más dinero. Esa riqueza cambiaría poco a poco su estilo de vida. Con el tiempo, dejaría de ir al supermercado. Viajaba en jet privado. Coleccionaba coches deportivos de lujo, incluyendo McLarens y un extraordinariamente exclusivo Koenigsegg valorado en cinco millones de dólares, y se convirtió en un gran aficionado a conducirlos.[45] Durante un tiempo, asistió al festival artístico anual psicodélico y rebosante de sexo Burning Man de una semana de duración, que se celebra en el desierto. Como muchos peces gordos de Silicon Valley, se convirtió en un consumidor esporádico de ketamina, una droga de carácter recreativo que puede recetarse legalmente para mitigar la depresión.

Una vez alcanzado el éxito, Altman trajo consigo a sus hermanos. En 2012, creó un fondo de inversiones personal llamado Hydrazine Capital con su hermano Jack, el cual había estudiado económicas en Princeton y estaba probando suerte en el sector de la banca de inversiones. Posteriormente, Jack se pasó al mundo de la tecnología y fundó una startup, Lattice, que recibiría financiación de YC después de que Sam se convirtiera en presidente de la incubadora. Max, que había estudiado ciencias informáticas en Duke y había trabajado brevemente en Microsoft antes de convertirse en operador financiero, pasó a trabajar para otra empresa de YC, Zenefits, en 2014. Dos años más tarde, se uniría a Sam y a Jack en Hydrazine Capital. Durante esa época, los dos hermanos menores se mudaron con Sam en lo que pretendía ser un arreglo temporal. Los tres acabaron viviendo juntos —estrechamente unidos por el amor fraterno y las relaciones empresariales— durante muchos años.

La relación de Altman con sus dos principales mentores, Paul Graham y Peter Thiel, fue especialmente importante a la hora de definir su carrera profesional.[46]

Graham, conocido como PG, se había hecho un nombre como cofundador de una startup, Viaweb, que Yahoo adquirió en 1998 por 49 millones de dólares y, posteriormente, como bloguero que publicaba artículos populares sobre startups, creación de empresas y capital riesgo. Tras fundar YC, inculcó sus ideas a cada generación de emprendedores de YC. Cada una de las empresas de YC que alcanzaba el éxito dotaba a la incubadora y a Graham de más prestigio. En el momento en que Altman vendió Loopt, la incubadora ya había sustentado a varias startups que se habían convertido o se convertirían pronto en empresas multimillonarias, como por ejemplo Dropbox y Airbnb. YC se convirtió en el club más elitista de Silicon Valley. Si estabas dentro, tu caché aumentaba inmediatamente y tenías acceso a más recursos, incluyendo una base de clientes procedente de antiguas empresas de YC, inversores dispuestos a proporcionarte financiación y valoraciones más elevadas. Si estabas fuera no tenías esa suerte.

Graham se convirtió en un validador fundamental de las startups y de la cultura de las startups de Silicon Valley. «Mucha gente del sector acabó actuando según los principios fundamentales necesarios, según él, para ser un buen fundador de empresas y un emprendedor de éxito», dice Ralston. «Muchos de nosotros acudíamos a PG en busca de orientación para muchas cosas.» Graham se convirtió también en un imán para las críticas. Defendía la visión de la industria tecnológica como una meritocracia, al tiempo que diseñaba YC como una fraternidad aislada. Defendía a YC por no tener demasiadas empresarias, alegando que la mayoría de las mujeres no estaban preparadas desde edades tempranas para triunfar como emprendedoras en el campo de la industria tecnológica. Tras analizar el desempeño de los candidatos en las entrevistas de YC, identificó treinta o cuarenta factores, incluido «un marcado acento extranjero» que predecían fracaso cuando los candidatos presentaban varios de ellos simultáneamente. Aquello no era un fallo del sistema de evaluación de YC, sino más bien un importante indicio basado en datos, decía.[47]

Graham mostró un firme apoyo a Altman desde el principio. En una entrada de blog de 2006, Graham explicó que había conocido a Altman cuando era un estudiante universitario de segundo curso. «Loopt es probablemente la startup más prometedora de todas las que hemos financiado hasta ahora», escribió Graham. «Pero Sam Altman es un tipo muy poco habitual. Más o menos a los tres minutos de conocerle, recuerdo que pensé: "Vaya, así debía de ser Bill Gates cuando tenía diecinueve años".»[48]

Altman inspiró rápidamente a Graham para buscar más Altmans. Le preguntó al joven empresario qué tenía que preguntar YC a sus candidatos para descubrir a más personas como él. Altman le sugirió añadir una pregunta que Graham calificaría enseguida como la más importante: «Por favor, cuéntanos cuándo conseguiste hackear un sistema (no informático) en tu propio beneficio». Aquella pregunta englobaría y fomentaría una determinada actitud entre generaciones de startups consistente en tergiversar, esquivar e incumplir las normas para alcanzar el éxito.[49]

Cuando Altman tenía veintitrés años, Graham ya lo comparaba con Jobs. «Sam es, junto con Steve Jobs, el empresario al que más cito cuando asesoro a startups», escribió. «En temas de diseño, pregunto, "¿qué haría Steve?". Sin embargo, en cuestiones de estrategia o ambición, pregunto, "¿qué haría Sama?"», refiriéndose a Altman por su apodo, el mismo que utiliza en su perfil de X.[50]

Fue la excepcional fe de Graham en Altman la que le catapultó a la presidencia de YC en 2014, a la edad de veintiocho años, dos años después de vender Loopt. Cuando Graham le preguntó a Altman en su cocina si quería ser su sucesor, Altman sonrió descontroladamente. «De alguna manera, YC va a regir el curso de la tecnología», dijo Altman posteriormente. «Creo que su objetivo es regir el futuro», dijo Graham refiriéndose a Altman. La historia de la sucesión se repetiría tan a menudo que acabaría formando parte del acervo popular de Silicon Valley. «Si Sam sonríe, lo hace de manera absolutamente deliberada», dijo un antiguo integrante de YC. «Sam solo ha sonreído descontroladamente en una ocasión, cuando PG le dijo que tomara el mando de YC.» La decisión de Graham fue sorprendente para muchos, pero sus convicciones eran firmes.[51]

«No había una lista de quiénes deberían dirigir YC en la que Sam figuraba en el primer puesto», recordaba Livingston. «Solamente estaba Sam.»

Peter Thiel se convirtió en el segundo mentor de Altman. Thiel, otra pieza fundamental de la industria tecnológica, se hizo multimillonario financiando a la empresa de pagos PayPal y a la compañía de minería de datos Palantir y siendo uno de los primeros inversores de Facebook. Igual que Graham, Thiel generaría una buena cantidad de controversias, como ser uno de los escasos partidarios declarados de Trump entre sus colegas de la industria tecnológica durante las elecciones de 2016 y financiar en secreto una demanda que conduciría a la desaparición de Gawkee Media, como represalia por haber revelado su homosexualidad casi una década antes.

Tras la venta de Loopt, Altman rompió con uno de sus cofundadores y pareja sentimental durante nueve años. Desconsolado y profesionalmente a la deriva, se tomó un año sabático, fundó Hydrazine y recaudó 21 millones de dólares. Thiel, casi veinte años mayor que Altman, fue responsable de la mayor parte de la financiación. Cuando Altman se convirtió en socio de YC, utilizó a Hydrazine para apostar por la cartera de empresas de la aceleradora, ayudando al mismo tiempo a Founders Fund, la sociedad de capital riesgo de Thiel, a identificar inversiones de alta rentabilidad. El patrimonio neto de Thiel multiplicó varias veces su valor. La relación entre ambos hombres se hizo muy estrecha (en una ocasión se dijo que era solamente comparable a la relación de mentoría de Thiel con el cofundador de Facebook, Mark Zuckerberg).[52] Graham y Thiel influyeron enormemente en la visión del mundo de Altman, en su forma de crear empresas rentables y en su talento como operador político. Sus dos mentores le inculcaron la necesidad de operar a gran escala y de primar la eficacia del capitalismo sobre el gobierno.

«El primer sabio consejo que oí sobre las startups fue que "aumentar las ventas solucionará todos los problemas"», escribió Altman en una entrada de blog de 2013 titulada «Crecimiento y Gobierno», en la que daba las gracias a Graham y a Thiel por haber dado forma a sus ideas. Para las startups, más ventas significaba más capital, mejores talentos y menos tensiones internas. Para los países, más crecimiento significaba más innovación tecnológica y una mejor calidad de vida. La disfunción del Gobierno de EE. UU. estaba amenazando ese ciclo de crecimiento, añadió Altman. «O creces, o mueres lentamente», y el Gobierno de EE. UU. se estaba muriendo. «Sin crecimiento económico, la democracia no funciona, porque los votantes ocupan un sistema de suma cero», dijo.[53]

Esta idea evolucionaría hasta transformarse en la tesis fundamental que impulsaría la carrera y las inversiones de Altman. «Lo mejor que puede hacer la gente del sector privado para ayudar a que el país vuelva a funcionar es conseguir que vuelva el crecimiento económico», dijo en 2017. «En EE. UU. hemos tenido doscientos años de un crecimiento económico sin parangón. Hemos tenido cien años de expansión territorial y cien años de nuevas tecnologías que realmente funcionan», añadió, pasando por alto la sangrienta historia colonial y las consecuencias medioambientales de una industrialización desbocada. «Y la mayoría de la gente estaba bastante contenta. Ahora ya no.»[54]

«El crecimiento económico sostenible es casi siempre un bien moral», añadiría en 2019. «Parte de lo que me motiva para trabajar en Y Combinator y en OpenAI es volver a eso, volver a tener un crecimiento económico sostenible, volver a un mundo en el que las vidas de la mayoría de la gente mejoren cada año y en el que sintamos el espíritu del éxito común.»[55]

A la hora de crear empresas, Altman aplicaba frecuentemente la estrategia «monopolística» de Thiel, la convicción de que los creadores de empresas deberían «aspirar al monopolio» para crear una empresa de éxito. En 2014, Altman regresó a su alma mater, Stanford, para impartir una clase titulada «Cómo crear una startup». Invitó a Thiel para que desarrollase su particular filosofía en una conferencia titulada «La competencia es para los perdedores».

Los monopolios son buenos, dijo Thiel, porque «son negocios mucho más estables a largo plazo, dispones de más capital y... son síntoma de que has creado algo realmente valioso».[56] Crear uno dependía de disponer de algún tipo de tecnología exclusiva, efectos red, economías de escala y una buena imagen de marca. Cada uno de esos elementos tenía que perdurar en el tiempo. Con la tecnología exclusiva era fundamental mantenerse en la posición de líder. «No quieres que nadie te desbanque», dijo Thiel. «Existen muchos sectores de innovación en los que hay una tremenda innovación, pero nadie gana dinero.»

Puso como ejemplo la fabricación de unidades de disco en la década de 1980, que experimentó constantes avances cada dos años, pero por parte de empresas diferentes.

«Representó un gran beneficio para los consumidores, pero, en realidad, no benefició a las personas que crearon esas empresas», dijo. Las empresas no solo necesitaban lograr «un enorme avance» al principio para establecer su dominio, sino también para asegurarse de que se trataba del «último avance» para mantenerse, como, por ejemplo, «mejorando a un ritmo lo suficientemente rápido para que nadie pueda alcanzarte nunca».

«Si tienes una estructura de futuro con mucha innovación y aparece gente que introduce novedades en lo que estás trabajando», concluyó, «es magnífico para la sociedad. Para tu empresa no tanto.»

De ambos hombres, Altman aprendió también la importancia de construir relaciones y crear efectos de red como individuo.

«He oído muchas teorías diferentes sobre cómo hacer las cosas», escribió en su blog en 2013. «La mejor es la siguiente: una combinación de determinación y contactos personales. Esto se lo dijo Charlie Rose a Paul Graham y este me lo dijo a mí.»[57] Más adelante, Altman añadiría un tercer ingrediente: la confianza en uno mismo. «Creo que para las startups es realmente importante añadir esto», dijo. «Tienes que creer realmente que puedes hacerlo.»[58]

Altman empezó a vivir según ese mantra religiosamente. Cultivaba sus relaciones con intensidad y disciplina, primero dándoles su tiempo y consejos tácticos y luego, cuando controlaba cada vez más capital, su dinero. Thiel era un modelo de conducta en este sentido: su mentor llevaba mucho tiempo utilizando su asesoramiento y su dinero para crear su red de contactos, y utilizaba esa red para conseguir más contactos y amasar más dinero. Thiel actuaba como mentor y proporcionaba pequeñas cantidades de capital a jóvenes emprendedores y otras personas que quería atraer a su terreno. Del mismo modo, Altman aprendió a utilizar sus recursos financieros y sociales estratégicamente. A medida que aumentaba su importancia y su riqueza, fue ampliando su estrategia con una eficacia implacable.

Se convirtió en un anfitrión habitual en cenas y reuniones celebradas en su casa con diferentes grupos interconectados de personas (personas relacionadas con YC o con sus empresas, personas que compartían sus intereses en las inversiones y miembros de la pujante comunidad de emprendedores gais). Impartía consejos a través de mensajes y llamadas concisos —de incluso dos minutos— para encajar más en su agenda. Ponía en contacto a las personas por correo electrónico con una única palabra («reuníos») o un único signo de puntuación («?») —una célebre costumbre de Jeff Bezos de Amazon— para iniciar una conversación. Con su dinero, Altman hizo pocas apuestas muy importantes, decantándose mayoritariamente por pequeñas de gran volumen. Con el tiempo, estableció vínculos financieros con más de 400 empresas a través de YC, Hydrazine y sus otros fondos, según un cálculo del *Wall Street Journal* de 2024.[59]

Es difícil encontrar personas dentro del círculo de Altman que no tengan algún tipo de relación económica con él. Su segunda y más exitosa inversión en una startup fue en la empresa tecnológica de pagos respaldada por YC Stripe, de la que Greg Brockman era su primer director de tecnología. Altman fue uno de los primeros inversores en Airbnb, también respaldada por YC, cuyo fundador, Brian Chesky, es uno de sus más íntimos confidentes. Participa en Conception, la empresa biotecnológica de su expareja y amigo Matt Krisiloff. Invierte en operaciones con otra expareja, Lachy Groom, un destacado inversor individual de capital riesgo. Para esas personas, se trata de un testimonio de la generosidad de Altman. Ofrece regularmente sus recursos, ya sea abriendo sus casas para que la gente se aloje en ellas, o dándoles apoyo económico. Ha llegado incluso a hacer verdaderos esfuerzos por ayudar a completos desconocidos, enviando fondos a un hombre de Etiopía que le remitió un correo electrónico pidiéndole ayuda para comprarse un ordenador portátil, recuerda una persona. Durante la crisis del Banco de Silicon Valley de 2023, cuando un pánico bancario en una institución financiera clave para las startups provocó la mayor quiebra bancaria desde 2008,[60] envió dinero sin exigir ningún tipo de papeleo a empresas para salvarlas del cierre o evitar que despidieran a gente, recuerda Krisiloff. «Es un rasgo extraordinariamente raro», dice Groom, «y esa característica realmente me la ha contagiado: la generosidad. Le estoy muy agradecido por ello.»[61]

Altman adoptó la misma actitud con los políticos, siguiendo una vez más el ejemplo de Thiel. Sin embargo, cuando Thiel utilizó su riqueza para apoyar a candidatos republicanos, inyectando decenas de millones de dólares en sus campañas, Altman se involucró cada vez más en la política, pero en sentido contrario, organizando actos para recaudar fondos y firmando cheques para los demócratas. Durante un tiempo, las diferencias políticas entre Thiel y Altman tensaron su relación.[62] En 2017, Altman se reafirmó en sus desavenencias e hizo una gira por Estados Unidos, en la línea del otro pupilo de Thiel, Zuckerberg, y dio un discurso ante cien partidarios de Trump. Asimismo, Altman barajó la idea de entrar en política, presentando su candidatura a gobernador de California, argumentando que eso le situaría al mando de la quinta economía del mundo, un excelente trampolín para arreglar lo que consideraba una disfunción en el sistema político. Publicó un manifiesto titulado «La Pizarra Unida» en el que citaba tres principios: (1) prosperidad a partir de la tecnología; (2) justicia económica y (3) libertad personal. Organizó grupos de sondeo para evaluar su candidatura. Personas cercanas a él bromeaban diciendo que debía aspirar a la presidencia de EE. UU.[63]

Finalmente, Altman no se dedicó a la política; los grupos de sondeo lo consideraban demasiado joven, pero empezó a actuar como un político. Durante los primeros años al frente de YC, seguía teniendo mofletes infantiles, una única americana y se sentaba con una pierna levantada o apoyada en la silla como si fuera un pájaro. A veces hablaba de manera frívola con hipérboles informales, puntualizando sus frases con tacos. Hacía referencias a la ligera a detalles personales provocativos, como su colección de armas. Se enfadaba con facilidad y se mostraba impaciente con la gente ineficaz, llegando en una ocasión a codificar un programa informático para evaluar a los empresarios de YC en función del tiempo de respuesta de sus correos electrónicos.

Algunos años más tarde, había refinado su aspecto y pulido las aristas. Había cambiado sus camisetas y pantalones cortos por polos y vaqueros entallados. Ganó ocho kilos de músculo en tan solo un año para dotar de corpulencia a su pequeño cuerpo. Aprendió a hablar menos, hacer más preguntas y proyectar una imagen más humilde y reflexiva con el ceño fruncido. En entornos privados y con amigos íntimos, seguía mostrando destellos de rabia y frustración. En público y con conocidos, era la personificación del chico majo. No tenía reparos a la hora de reconocer los méritos de la gente y escribía en minúsculas con un montón de caritas sonrientes y enojadas. Les daba a sus empleados su número privado, animándolos a que se pusieran en contacto con él en cualquier momento y respondiendo a sus comentarios con una atención impresionante. Evitaba expresar emociones negativas, evitaba la confrontación, evitaba decir que no a la gente.[64] En una ocasión, cuando OpenAI despidió a un empleado, se dirigió a él en persona para ofrecerle ketamina y alcohol como consuelo. «Creo que todas las relaciones de Sam acaban bien, tanto si quieres como si no», dice el empleado.

Altman se convirtió en toda una institución. YC fue su plataforma y su acelerador. Transformó el poder de la empresa en su propio poder y la red de la empresa en su propia red. Esos contactos personales y su reputación pública se convirtieron en su mayor activo. Se reunía regularmente con responsables políticos que lo consideraban una vía de entrada a Silicon Valley. En 2016, fue Ashton Carter, secretario de defensa de Obama, quien le pidió consejo sobre cómo reclutar jóvenes talentos para su agencia.[65] Tres años más tarde, el día que Altman abandonó su cargo en YC, en marzo de 2019, fue Chuck Schumer quien lo hizo.[66] En aquel momento, el líder de la minoría del Senado de EE. UU. hizo una visita clandestina a OpenAI con su séquito del servicio secreto. «Estáis haciendo un trabajo muy importante» les dijo Schumer a los empleados de la oficina mientras permanecía sentado codo con codo con Altman en sillones frente a un televisor que emitía la imagen de una hoguera. «No lo entendemos del todo, pero es importante», añadió Schumer. «Conozco a Sam. Estáis en buenas manos.»

La creciente influencia de Altman tuvo también un alto coste, ya que fue creándose cada vez más detractores y enemigos declarados que se hacían eco de las acusaciones de los altos directivos de Loopt: las que hacían referencia a su uso personalista del poder y a su falta de honradez compulsiva. Si bien muchas personas que se habían beneficiado del asesoramiento, la riqueza y las redes de contactos de Altman se convirtieron en sus partidarios incondicionales, otras empezaron a verlo como alguien malvado capaz de manipular las situaciones en su propio beneficio. Para algunos, incluidos sus socios de YC y otras personas poderosas, eso podía ser una molestia. Para los empleados y la gente con mucha menos influencia, podía ser motivo de temor. Para otros, que discrepaban vehementemente de su visión del mundo, era una amenaza descomunal.

El ascenso de Altman, para su sufrimiento y posterior rabia, también deterioraría su relación con su hermana. De pequeños y hasta bien entrado en la veintena, Sam y Annie estuvieron muy unidos. Ella, la más joven; él, el mayor, su protector. Ella tenía una personalidad científica y artística y era la que más expresaba sus emociones. A él a veces le gustaba conocer la opinión de ella acerca de sus compañeros sentimentales y hacerle confidencias sobre sus preocupaciones y emociones. Sin embargo, a medida que se fue integrando más en Silicon Valley, Annie vio cómo construía unos muros cada vez más gruesos alrededor de su lado más sensible. Le explicaba nuevas tácticas psicológicas que había aprendido, recuerda ella, como utilizar menos palabras en un correo electrónico para parecer un líder empresarial más poderoso.

Al principio, aquello la entristeció y luego la asustó, e hizo que se preguntase si la parte sensible seguía existiendo. «No cabe duda de que durante un tiempo aún percibía destellos; por eso me mantuve cerca de él», dice. «Luego empecé a ser la que sufría sus ataques.»

Cuando Sam empezó a hacerse rico, dice, su pareja de entonces estableció una norma; por cada artículo de lujo que comprase, Sam tenía que donar la misma cantidad de dinero a una buena causa. Durante un tiempo, aquello controló el rápido aumento de su nivel de vida. Sin embargo, a medida que iba ganando dinero más rápido de lo que podía gastarlo, a ella le dio la impresión de que su relación con el dinero se iba volviendo más complicada. En su opinión, empezó a acumularlo desentendiéndose cada vez más de las personas necesitadas. Entre finales de 2019 y la primera mitad de 2020, tanto él como el resto de la familia se negaron o se mostraron reticentes a proporcionarle a Annie lo que ella consideraba una ayuda económica urgente para afrontar el pago del alquiler y de gastos médicos, según explica en la numerosa correspondencia que mantuvo conmigo. En aquel entonces, padecía graves trastornos físicos y mentales, tal como aparece en su historial médico, agravados por la repentina muerte de su padre. Aquello hizo que tuviera problemas para conseguir una vivienda estable. En su desesperación por llegar a fin de mes, recurrió al trabajo sexual para conseguir dinero. En el verano de 2020, cuando OpenAI empezaba a generar la primera gran oleada de atención bajo el liderazgo de Sam, Annie cortó el contacto con su familia.[67]

En defensa de Sam y de sus hermanos hay que decir que estaban siguiendo las instrucciones de su madre en un intento por guiar a Annie a la independencia económica. Se trata de una historia familiar complicada y dolorosa, difícil de juzgar basándose en información parcial. En una declaración pública realizada en enero de 2025, Sam, su madre y sus dos hermanos expresaron su amor y su preocupación por Annie y desmintieron todas sus acusaciones por considerarlas «absolutamente falsas».[68] En respuesta a mis peticiones de entrevista y a mis solicitudes de comentarios detallados, Connie Gibstine presentó una versión más breve de una declaración similar y declinó dar más explicaciones;[69] Sam, a través del equipo de comunicaciones de OpenAI, y sus hermanos no respondieron.

No obstante, la experiencia de Annie presenta sorprendentes paralelismos con los temas analizados en estas páginas: la cada vez mayor separación entre quienes se benefician y quienes se quedan atrás en el supuesto camino al progreso; la pérdida de capacidad de los desfavorecidos de actuar y de hacer oír su voz ante ese abismo cada vez mayor; los límites de ceder tanto poder, no solo a las empresas, sino también a los individuos que las dirigen, sin el andamiaje adecuado para proporcionar controles y contrapesos adecuados. Las acciones de Annie también transformarían su historia en una parte ineludible para entender la trayectoria de OpenAI y su impacto en el desarrollo de la inteligencia artificial: en 2021, tomó la decisión de salir a la palestra con graves acusaciones contra Sam, afirmando que abusó de ella cuando era pequeña —lo cual su familia calificó como «la peor» de sus acusaciones «falsas»— y que tanto él como el resto de la familia la abandonaron cuando se encontraba en la situación más vulnerable. Posteriormente, interpondría una demanda contra Sam por sus presuntos abusos el 6 de enero de 2025, dos días antes de cumplir treinta y un años, para cumplir con las limitaciones impuestas por la ley de Missouri para ese tipo de causas.[70] Los repetidos intentos de Annie de hacer públicas sus acusaciones y contar su versión de la historia afectaron a Sam e influyeron en otros ejecutivos de OpenAI que se enfrentaban a su ascenso y al de la empresa en pos del impacto y la relevancia mundial.

Cada una de las piezas de este puzle —la influencia de Sam, su carácter y sus relaciones, las divisiones que dejaba tras de sí, el flujo de dinero y poder— explican el camino a su repentina y efímera destitución. Por un breve momento, el resto del mundo pudo vislumbrar las vicisitudes que tenían lugar al más alto nivel para determinar el futuro de la inteligencia artificial. Todo eso revelaría hasta qué punto la carrera por el dominio de esa tecnología —que ya está reestructurando la sociedad y moldeando nuestro planeta— se basa en última instancia en los valores polarizados, los choques de egos y la compleja humanidad de un pequeño puñado de personas imperfectas.

2

Una misión civilizadora

Greg Brockman fue el primero que se comprometió a crear OpenAI. Como cofundador con Brockman, Altman seleccionó a Ilya Sutskever, que en aquel momento era un investigador de AI de Google al que Altman envió sin previo aviso un correo electrónico para invitarle a la cena de Rosewood en el verano de 2015; Sutskever aceptó entusiasmado en cuanto supo que Musk también asistiría.

Brockman y Sutskever hacían un dúo interesante. Brockman, alto y corpulento, de aspecto amigable, era ingeniero y emprendedor como Altman. Se había criado en una granja de Dakota del Norte. Mientras ordeñaba vacas, se había enamorado de las matemáticas y luego de las ciencias. En 2008, se matriculó en Harvard y dos años más tarde se trasladó al MIT. Un semestre después, abandonó la universidad, incapaz de seguir estudiando cuando podía estar en el mundo real creando productos. Se mudó a la zona de la Bahía y entró a formar parte de Stripe, una startup de reciente creación, con tan solo tres personas más; impresionó tanto a sus fundadores con su genialidad a la hora de crear códigos que se convirtió en director de tecnología. A lo largo de cinco años, inventó los prototipos de muchos de los primeros productos de Stripe, contribuyendo a su transformación en una potente empresa de tecnología financiera que dota de infraestructura para pagos digitales a compañías como Amazon y Shopify. Su decisión le proporcionó una fortuna considerable y le hizo entrar a formar parte de la exclusiva categoría de quienes habían contribuido a crear una empresa multimillonaria en Silicon Valley.[1]

Sutskever era el científico.[2] Delgado y enjuto, había nacido en la Unión Soviética y se había criado en Israel, donde destacó como un prodigio de las matemáticas. Tras tener problemas para encontrar profesores que pudieran mantenerse a su nivel, sus padres lo matricularon en el último año de la escuela secundaria en la Universidad Abierta de Israel. A los dieciséis años se trasladó a Toronto y asistió al instituto durante un mes antes de ser admitido en la Universidad de Toronto en 2003 como estudiante de tercer curso. Allí fue donde Sutskever conoció a Geoffrey Hinton, un profesor británico-canadiense que había realizado influyentes trabajos de investigación sobre inteligencia artificial. Hinton se convirtió en la única persona a la que Sutskever consideraría su mentor y que, ulteriormente, influiría profundamente en su trabajo y en su vida. En 2012, junto con otro de los alumnos de doctorado de Hinton, Alex Krizhevsky, asombraron al mundo de la IA al arrasar en una competición académica llamada ImageNet para crear un software capaz de identificar automáticamente objetos en fotografías. Mientras todos los demás equipos se las veían y se las deseaban para mantener el índice de errores por debajo del 25 por ciento, Hinton, Sutskever y Krizhevsky redujeron el suyo al 15 por ciento.[3] A principios del año siguiente, Google anunció que había adquirido su recién creada empresa, DNNresearch, en una acalorada subasta por 44 millones de dólares. La jugada convirtió a los académicos en multimillonarios y desató la primera gran carrera para comercializar la inteligencia artificial. «Pensábamos que estábamos en una película», dice Hinton.[4]

Brockman y Sutskever se conocieron en la cena de Rosewood. Como ellos, muchos de los asistentes eran empresarios o científicos. La conversación oscilaba entre las deliberaciones académicas sobre diferentes enfoques de la investigación de la IA y la especial fijación de Musk acerca de si todavía estaban a tiempo de desbancar a DeepMind y a Google, fundamental, según creían, para corregir el curso del desarrollo de la inteligencia artificial. Todo el mundo estaba de acuerdo en que el inconveniente esencial era el talento: la mayor parte de los principales investigadores de IA, como Sutskever, eran empleados, si no de Google, de otras empresas tecnológicas gigantes, donde disfrutaban de salarios descomunales, beneficios y seguridad laboral.

La inteligencia artificial general era también un tema fundamental en el debate, lo cual, en aquel entonces, era algo muy inusual. La mayoría de los científicos serios consideraban que la idea de replicar digitalmente la inteligencia humana era ciencia ficción o, en el mejor de los casos, que faltaban décadas para lograrlo. Las atrevidas afirmaciones de que era algo que estaba lo suficientemente cerca como para invertir ya en ella se consideraban en gran medida pseudociencia y charlatanería. Sin embargo, Hassabis había adoptado el término para describir las aspiraciones de DeepMind, a pesar de que entre su propio personal investigador reinaba la creencia de que se trataba de un marketing desvergonzado y de mal gusto. El grupo Rosewood pensaba también que ese mismo objetivo, la AGI, describiría mejor sus aspiraciones si lo que pretendían era crear un competidor que se enfrentase de tú a tú con la organización de Hassabis.

Incluso para Sutskever, que pensaba para sus adentros que la AGI era posible y que acabaría defendiendo a voz en grito algunas de las predicciones más agresivas acerca de la velocidad de su creación, el atrevido discurso le provocaba al principio cierta aprensión. Le preocupaba que, si otros investigadores se enterasen de que hablaba abiertamente de la búsqueda de su objetivo, corría el riesgo de perder su credibilidad dentro de la comunidad científica. Esos reparos no echaron para atrás a Brockman, ajeno al sector y que creía sinceramente que la AGI, con suficiente esfuerzo y concentración, podía estar a la vuelta de la esquina. El hecho de que Sutskever y el resto de los investigadores estuvieran dispuestos a plantearse, al menos en privado, la viabilidad de un nuevo laboratorio, no hizo más que aumentar la confianza de Brockman. Mientras Altman lo llevaba de vuelta en su coche desde su hotel a San Francisco aquella noche, Brockman le dijo que estaba dispuesto a comprometerse con el proyecto.[5]

En Silicon Valley hay un dicho popular: fundar una empresa con alguien es como contraer matrimonio. Como sucede en cualquier compromiso, Brockman y Sutskever se cortejaron mutuamente después de que Altman le dijera diplomáticamente a Brockman que necesitaba unirse a alguien que entendiese la investigación de la IA. Algunas semanas después de la cena de Rosewood, los dos quedaron de nuevo para comer en Mountain View. Fue una conexión perfecta. «Supe que iba a funcionar, aunque nos acabábamos de conocer... Ilya y yo teníamos una gran sintonía», escribió posteriormente Brockman en su blog. «Nuestras ideas mejoraban y se complementaban mutuamente.»[6]

A lo largo de los meses siguientes, mientras Sutskever analizaba la propuesta, Brockman asumió la tarea de convencer a otros para que se incorporaran a la ambiciosa aventura. Llamó a las figuras más importantes del sector para que le recomendasen una lista de los mejores talentos en el ámbito de la inteligencia artificial. Cenó con profesores en las universidades para preguntarles por sus mejores alumnos. Investigó a fondo a cada candidato antes de intentar contratarlos de manera más convincente. Altman ensalzaría más adelante esos primeros pasos en una entrada de blog titulada simplemente «Greg». «Mucha gente me pregunta cómo sería el cofundador ideal», escribió Altman. «Ahora tengo la respuesta: Greg Brockman.»[7]

Altman y Musk también participaron en buena parte de las entrevistas con los candidatos, ablandando poco a poco a los investigadores reacios a la idea de la IA. «Puede que la AGI esté lejos, pero, ¿y si no es así?», recuerda Pieter Abbeel, profesor de la Universidad de California en Berkeley, que le insistía Musk. «¿Y si existe, aunque sea un 1 por ciento o un 0,1 por ciento de probabilidades de que suceda en los próximos cinco o diez años? ¿No deberíamos pensarlo muy detenidamente?» Abbeel se incorporaría a OpenAI como asesor de investigación y más adelante lo haría a tiempo completo junto con varios de sus alumnos de doctorado.[8]

Al principio, muchas de las personas con las que Brockman se puso en contacto solamente estaban dispuestas a firmar si otras lo estaban también. Imperturbable, invitó a los diez ingenieros e investigadores más deseados a debatir sus dudas y compartir sus emociones tomando vino en el Valle de Napa. Alquiló un autocar para trasladar a todos a la ida y a la vuelta y así poder seguir convenciéndolos durante más de una hora de trayecto en cada sentido. Tres semanas más tarde, dentro de la fecha límite que él mismo había fijado, casi todos habían aceptado su oferta.[9]

Mientras Musk, Altman y Brockman debatían sobre la mejor forma de posicionar OpenAI en su lanzamiento, todos ellos eran plenamente conscientes de la importancia de su percepción pública. Estaban de acuerdo en la propuesta de Altman de convertirla en una organización sin ánimo de lucro y resaltar la apertura que indicaba su nombre. OpenAI, la anti Google, investigaría para todo el mundo, abogaba por una ciencia de código abierto y sería un modelo de transparencia.

«Espero que nos introduzcamos en este campo como un grupo neutral, tratando de colaborar lo más ampliamente posible y haciendo que el objeto del diálogo pase de ser la victoria de un grupo o empresa en concreto a ser la victoria de la humanidad», les escribió Brockman a Musk y a Altman en noviembre de 2015. («Creo que esa es la mejor manera de obligarnos a ser una institución de investigación líder.»)[10]

«Para triunfar, es muy importante contar con el apoyo del público», respondió Musk ese mismo mes, proponiendo reescribir el anuncio de la creación de OpenAI para ganar más adeptos. «Necesitamos empezar con una cifra muy superior a los cien millones de dólares para no parecer insignificantes en comparación con lo que gastan Google o Facebook», añadió. «Creo que deberíamos empezar con un compromiso de financiación de 1.000 millones de dólares. Esto va en serio. Yo pondré lo que los demás no puedan aportar.»

En correspondencia posterior, el grupo admitió que podrían echarse atrás en su compromiso con la apertura una vez que el discurso hubiera cumplido con su cometido y si surgía la necesidad, como, por ejemplo, para evitar que su tecnología cayera en malas manos. «A medida que nos acerquemos más a la creación de la IA, lo lógico será empezar a ser menos abiertos», les planteó Sutskever a los demás en enero de 2016, poco después del lanzamiento de OpenAI. «La palabra "open" en OpenAI significa que todo el mundo debería beneficiarse de los frutos de la IA después de su [*sic*] creación, pero es totalmente aceptable no compartir la ciencia.» «Sip», respondió Musk.

En diciembre de 2015 se hizo el anuncio público un viernes por la noche, para hacerlo coincidir con el Neural Information Processing Systems, el mayor congreso anual sobre investigación de inteligencia artificial, donde Hinton y Sutskever habían subastado DNNresearch tres años antes. En la entrada de blog «Presentación de OpenAI» se enumeraba a cada uno de los nueve miembros fundadores, incluido Brockman, que ocuparía el cargo de director tecnológico, y Sutskever, que asumiría la dirección de investigación. Musk y Altman serían copresidentes. Altman y Brockman se habían sumado también a Musk en su compromiso de que el laboratorio contaría con una financiación de 1.000 millones de dólares. Lo mismo había sucedido con Jessica Livingston, Peter Thiel, y el cofundador de LinkedIn Reid Hoffman. Hoffman había trabajado con Musk y Thiel en PayPal e invertía a menudo con ellos en startups como miembro de la «mafia de PayPal». «Esperamos gastar únicamente una pequeña parte de esto en los próximos años», decía el post con relación a la financiación.

En la cuenta atrás antes del anuncio, Sutskever casi había decidido permanecer en Google. Al resto de los miembros fundadores, OpenAI les había ofrecido un salario base de 175.000 dólares y acciones de YC o SpaceX.[11] A Sutskever, en cambio, el laboratorio le había ofrecido casi dos millones de dólares, una cifra astronómica para una organización sin ánimo de lucro.[12] Aun así, Google le había ofrecido más, y luego más aún, llegando a duplicar o triplicar esa cantidad en un intento por retenerle.[13] Musk y Altman aplazaron repetidamente el anuncio del lanzamiento de la empresa mientras a Sutskever le corroían las dudas, llamaba a sus padres y respondía a las súplicas de Musk y Brockman. Al final, la mareante oferta de Google le confirmó a Sutskever por qué era necesaria una organización sin ánimo de lucro como OpenAI.[14]

Aquel día, Musk lo celebró con un correo electrónico al equipo fundador en el que se comprometía solemnemente a que OpenAI triunfara. «Para nosotros, lo más importante es fichar a los mejores», escribió, y prometió contribuir a ello y a cualquier otra cosa en la que pudiera ser útil. «Organizaciones que conocéis muy bien nos superan en personal y en medios por un increíble margen», añadió, «pero la razón está de nuestro lado y eso cuenta mucho. Me gustan las perspectivas.» Para impedir que cualquier otra contraoferta tentase a miembros de su equipo fundador, OpenAI aumentó inmediatamente el salario base de todos en otros 100.000 dólares.[15]

Musk explicaría posteriormente que se enfrentó a la ira de Larry Page por arrebatarle personalmente a Sutskever.[16] No volvieron a hablar demasiado, ya que sus opiniones sobre el desarrollo de la IA seguían chocando. Sin embargo, la contratación de OpenAI se hizo de repente más fácil. Los proyectos ambiciosos y las asociaciones con multimillonarios eran una fuerza de atracción muy poderosa en Silicon Valley. A los pocos meses, el número de empleados se duplicó.

La falta de claridad, los grandes cheques y el culto a los multimillonarios distinguían a Silicon Valley en la cima de su mareante poder desenfrenado. Sin embargo, OpenAI había sido inteligente a la hora de posicionarse. Estaba a caballo entre la versión tecnochauvinista de Silicon Valley y una vertiente más concienciada que estaba surgiendo. A lo largo del año siguiente, el espectacular auge de Donald Trump y su victoria en las elecciones presidenciales de EE. UU. de 2016 obligarían a los trabajadores de ideología izquierdista de la industria tecnológica a reflexionar. Mientras la agitación se adueñaba de empresas como Meta y el *techlash* reinaba en la opinión pública, los investigadores de IA empezaron también a cuestionarse si su sector había vinculado demasiado rápido sus tecnologías a los balances empresariales.

Un análisis de las repercusiones de la comercialización de la investigación de la IA arrojó un resultado inquietante: el software automatizado que se vendía a la policía, a los agentes hipotecarios y a los prestamistas estaba afianzando las discriminaciones raciales, de género y de clase.[17] Los algoritmos que regían el News Feed de Facebook y los sistemas de recomendaciones de YouTube probablemente habían polarizado la opinión pública, fomentado la desinformación y el extremismo, habían permitido la injerencia en las elecciones y, lo que es más terrible en el caso de Facebook, habían precipitado la limpieza étnica en Myanmar.[18]

Sin embargo, la principal alternativa de financiación, consistente en obtener dinero del Gobierno, tenía sus propias trampas éticas. En 2018, miles de empleados de Google protestaron contra un contrato secreto de su empresa con el Pentágono para llevar a cabo su programa conocido como Proyecto Maven para desarrollar drones de vigilancia controlados por inteligencia artificial. Según los empleados, las posibilidades que ofrecía podían sentar las bases para crear armas autónomas; el Pentágono, que declaró que aquella no había sido su intención, se alejaría de esa postura con la guerra de Ucrania.[19]

Entre los investigadores de IA se hizo popular la cínica frase: véndete a las Big Tech, al complejo de la industria militar, o deja la investigación de la IA. Entre esos dos extremos, OpenAI parecía una tercera vía, no corrompida por los beneficios ni por el poder del Estado. «Era un rayo de esperanza», dijo Chip Huyen, un ingeniero de aprendizaje automático y popular bloguero tecnológico que lo observaba todo desde la barrera.[20]

No todo el mundo estaba impresionado. La noche del lanzamiento de OpenAI, en diciembre de 2015, Timnit Gebru, la investigadora de IA que había cuestionado a Elon Musk por priorizar las amenazas de la IA sobre el cambio climático, no podía creer lo que se estaba anunciando.

Durante toda la semana, la refugiada eritrea y estudiante de posgrado de la Universidad de Stanford nacida en Etiopía, que se había trasladado a EE. UU. cuando era adolescente, recordó el alto coste de ser una mujer negra en un entorno dominado por hombres blancos. Era la primera vez que se unía a la multitud de investigadores de IA en el congreso Neural Information Processing Systems de una semana de duración, llamado entonces NIPS y posteriormente NeurIPS para abreviar. Era una de las pocas personas negras asistentes. Al año siguiente, en el congreso de 2016, lo calculó con exactitud: solamente seis investigadores negros más entre los 8.500 asistentes. En Stanford, bromeó sobre la ausencia de investigadores negros en el campus, diciendo que podría crear un grupo de negros en el ámbito de la IA y celebrar reuniones sola. Se le ocurrió crear un canal de YouTube para hacer una sátira de la situación, cambiando de peinado e interpretando a diferentes personalidades para dramatizar conversaciones consigo misma. Sin embargo, por mucho que intentara restar importancia a su aislamiento, el congreso de 2015 le recordó lo rápidamente que se pueden torcer las cosas. Una noche, durante una fiesta, mientras iba a buscar un poco de agua unos tipos borrachos que llevaban camisetas de Google Research se fijaron en ella y decidieron convertirla en blanco de sus burlas. La rodearon. Un hombre la abrazó a la fuerza; otro le dio un beso en la mejilla mientras le sacaba una foto humillante. En ese mismo congreso, una amiga suya fue acosada por un profesor.[21]

Ahora, había un grupo de once personas —nueve de las cuales eran hombres blancos— a las que se colmaba de una cantidad de dinero sin precedentes, hablando sobre la posibilidad teórica de que una superinteligencia malvada se adueñase del mundo, y proponiendo contraatacar creando una superinteligencia mejor.

Aquella noche, Gebru esbozó una crítica mordaz de lo que había observado en una carta abierta anónima: el espectáculo, la exaltación idólatra de los famosos del sector de la IA y, sobre todo, la abrumadora homogeneidad de las personas que estaban creando una tecnología tan trascendente. Esa homogeneidad cultural no solo estaba excluyendo a investigadores de talento, sino que también llevaba a una concepción peligrosamente estrecha de la IA y de quién podría beneficiarse de dicha tecnología.

«No tenemos que proyectarnos al futuro para ver los potenciales efectos adversos de la IA», escribió Gebru. «Ya se están produciendo.»

En su vuelo de regreso a casa tras el congreso, se lo pensó dos veces antes de publicar la carta de manera anónima. En lugar de hacerlo, expuso una versión más corta y aséptica de su crítica en Facebook, utilizando su nombre.

Varias semanas después, escribió un correo electrónico con el asunto «Saludos de Timnit».

«Cuando voy a congresos sobre visión artificial, suelo ser la única persona negra asistente», escribió. «Sin embargo, ahora he visto a cinco de vosotros:) y he pensado que molaría crear un grupo de negros en el campo de la IA o, al menos, conocernos.»[22]

Una a una, añadió las direcciones de correo de los investigadores. A continuación, pulsó enviar.

En los primeros tiempos de OpenAI, Altman y Musk apenas estaban presentes como copresidentes. Ocupados con sus numerosos compromisos, los dos delegaron en Brockman y Sutskever la construcción de la organización. Mientras Sutskever se rodeaba de investigadores para que le transmitiesen sus mejores ideas, Brockman se dedicó de lleno a la tarea de desarrollar la cultura empresarial adecuada.

Algunos años después, Brockman me explicaría su manera de pensar.[23] Para prepararse, se leyó todos los libros que pudo encontrar sobre proyectos tecnológicos ambiciosos en la historia de EE. UU.: el ferrocarril transcontinental, la bombilla de Thomas Edison, la primera red de ordenadores que sentaría las bases de la Web moderna. Los asimiló como si fueran textos religiosos, buscando pistas y orientación para diseñar su propia empresa.

Una historia que valoraba especialmente era el relato, probablemente apócrifo, según el cual John F. Kennedy interpeló a un conserje que llevaba una escoba en el centro espacial de la NASA. «Kennedy le pregunta: “Señor, ¿qué está haciendo?”. Y el hombre le responde: “Oh, estoy ayudando a poner a un hombre en la luna”», cxplicaba Brockman, claramente encantado. «Que todo el mundo tuviera ese sentido de la misión y del propósito me parece realmente increíble y creo que es algo que, en general, no se ve reflejado en lo que sucede hoy en día.»

Posteriormente, añadió: «Realmente, me da la impresión de que los estadounidenses ya no nos atrevemos a soñar».

Creía que, para triunfar, OpenAI necesitaba ese nivel de convergencia; cada persona, en todos los niveles de la empresa, tenía que ser como aquel conserje. Me señaló que, de hecho, durante los primeros meses de existencia de OpenAI, cuando todo el mundo trabajaba en su piso, él encarnaba literalmente ese espíritu y dedicaba mucho tiempo a limpiar la cristalería de la gente. Impuso una política empresarial que exigía que todos los empleados trabajasen en la oficina de San Francisco, política que OpenAI mantendría hasta la pandemia. Eso, desde luego, tenía algunos inconvenientes; no todo el mundo quería trabajar en la Bahía, admitió. En otras de mis entrevistas me enteré de que eso fue especialmente cierto en el caso de las mujeres y las personas de color, que, como Gebru, se sentían excluidas de la cultura blanca y masculina dominante en la industria tecnológica. No obstante, para Brockman la cohesión era lo más importante y estar físicamente juntos contribuía al intercambio espontáneo de ideas.

Asimismo, Brockman decidió que denominaría a todos los empleados de OpenAI «miembros del personal técnico», inspirándose en Xerox PARC, el ilustre laboratorio de investigación y desarrollo de Palo Alto, que había hecho lo mismo siguiendo la tradición de la igualmente ilustre Bell Labs en Nueva Jersey, para crear un entorno de trabajo más democrático.

Al referirse a las críticas recibidas por OpenAI en relación con su intento de crear la inteligencia artificial generativa, estableció un paralelismo con la bombilla de Edison. «Un comité de expertos prestigiosos dijo "nunca funcionará" y un año después lo consiguió», dijo Brockman. «¿Cómo pudo ser?»[24] Fue, como lo denominó el escritor Arthur C. Clarke en el libro *Perfiles del futuro*, «un fallo de la imaginación».[25]

Entre los asistentes a la cena de Rosewood se encontraba Dario Amodei. Amodei, un neurocientífico computacional convertido en investigador de IA, trabajaba entonces en el laboratorio de inteligencia artificial de la empresa china Baidu con sede en Silicon Valley antes de pasar un breve periodo en Google. Su hermana, Daniela Amodei, había trabajado con Brockman en Stripe y, cuando este empezó a dedicarse en serio al desarrollo de la IA, recurrió a Dario en busca de recursos de aprendizaje. Dario no entró a formar parte de OpenAI inmediatamente, pero le intrigó el tema. Bajo la influencia de

Musk, OpenAI parecía destacar entre otros laboratorios de IA como el más dispuesto a centrarse en la llamada «seguridad de la IA».

En 2016, mientras todavía estaba en Google, Amodei coescribió un artículo fundacional de la disciplina, exponiendo claramente una cuestión fundamental de seguridad en la IA como «el problema de los accidentes en los sistemas de aprendizaje automático, definido como el comportamiento involuntario y perjudicial que puede surgir a causa de un mal diseño de los sistemas de IA del mundo real».[26] Junto con los coautores del artículo, escribió que eso era distinto de otros desafíos relacionados con la IA, como la privacidad, la seguridad, la justicia y el impacto económico. Dicho de otro modo, la «seguridad» de la IA en este entorno tenía que ver con impedir una IA corrupta y discordante, a partir de la cual, como dijo Nick Bostrom, la superinteligencia podría convertirse en una amenaza para la existencia.

Para Amodei, no existía una materia más importante en la que trabajar: la prevención de que la IA sobrehumana provocase resultados catastróficos e incluso la extinción de la humanidad. Los dos hermanos simpatizaban con el movimiento del altruismo eficaz (EA, por sus siglas en inglés), una ideología polémica que había surgido entre filósofos de la Universidad de Oxford, donde Bostrom trabajaba, asentándose posteriormente en Silicon Valley. Con el tiempo, el movimiento, que propugna dedicarse a hacer el máximo bien en el mundo mediante el uso de la racionalidad extrema y la lógica contraintuitiva para la toma de decisiones, había identificado, en buena medida gracias a la influencia de Bostrom, la amenaza existencial de la IA corrupta como un tema de capital importancia a tratar por parte de sus adeptos. Dos años antes, el marido de Daniela, Holden Karnofsky, había fundado una organización sin ánimo de lucro llamada Open Philanthropy para donar dinero, basada en parte en los principios del EA. Open Phil, que así era como se conocía, se convertiría rápidamente en la principal financiadora de la investigación de la seguridad de la IA en relación con posibles resultados catastróficos y amenazadores para la existencia. (En noviembre de 2024, había concedido más de trescientas subvenciones relacionadas con la seguridad de la IA por un valor de 440 millones de dólares.)[27]

Sin embargo, este modelo existencial de seguridad de la IA, basado en experimentos de pensamiento filosófico, sería pronto objeto de críticas a medida que la comunidad investigadora de la IA fue consciente de los perjuicios menos apocalípticos y más inmediatos de la IA en el mundo real. Alrededor de la misma época en que Amodei publicó su artículo, *ProPublica* publicó un reportaje revolucionario titulado «Machine Bias» («El sesgo de la máquina»), que revelaba que el sistema judicial penal de EE. UU. estaba utilizando algoritmos en un intento equivocado de predecir futuros delincuentes, y que dichos algoritmos clasificaban a las personas negras como de mayor riesgo que las blancas que presentaban un historial delictivo más extenso. El artículo, así como el descontento generalizado con las grandes empresas tecnológicas después de 2016 a causa de los perjuicios de las redes sociales, desencadenó una nueva oleada de análisis de las repercusiones negativas de la IA en la sociedad.[28]

Deborah Raji, investigadora de la responsabilidad de la IA de la Universidad de California, Berkeley, abogó por reexaminar el abrumador enfoque de la investigación sobre la seguridad en una teórica IA corrupta y sus posibles riesgos para la existencia en detrimento de otros problemas reales y fácticos a los que se concedía menos prioridad, redactando en 2020 un artículo en respuesta al de Amodei.[29] Argumentaba que no era posible crear sistemas de IA realmente «seguros» aislando los comportamientos de los sistemas técnicos, sin situarlos en contexto con sus repercusiones en los aspectos que Amodei había identificado: privacidad, justicia y economía. Mientras que Amodei había planteado la idea de que la IA pudiera provocar «efectos secundarios negativos» en su implacable intento de lograr un objetivo, utilizando el ejemplo similar al del experimento de los clips de papel en el que un robot de limpieza deja caer un jarrón o daña las paredes a su paso en su objetivo de limpiar, Raji señaló que eso ya estaba sucediendo. En su implacable búsqueda de productos comerciales y de la AGI, la IA había provocado efectos secundarios negativos expansivos, como la vulneración a gran escala de la privacidad para el aprendizaje del reconocimiento facial y las descontroladas consecuencias medioambientales de los centros de datos necesarios para el desarrollo de la tecnología.

«No son solo las *acciones* de un agente de IA las que pueden provocar efectos secundarios», escribió junto con el coautor del artículo. «En la vida real, las decisiones básicas de diseño que intervienen en la creación de modelos y en el desarrollo de procesos también tienen consecuencias que van mucho más allá de las repercusiones que pueda tener la decisión de un único modelo. En realidad, la mera construcción de sistemas de IA conlleva muy a menudo un coste humano oculto.»

En OpenAI, diversos investigadores, incluyendo el pequeño grupo de mujeres de color que trabajaban en la empresa, presionaron a los directivos para que ampliaran la definición de «seguridad de la IA» e incluyeran la investigación en ámbitos como las consecuencias discriminatorias de los modelos de aprendizaje profundo. Los ejecutivos lo descartaron. «Ese no es nuestro cometido», dijo uno de ellos.

En mayo de 2016, Amodei, que todavía estaba en Google, pasó por la oficina de OpenAI para ver cómo iban las cosas.

OpenAI acababa de trasladarse del piso de Brockman a un local situado encima de una fábrica de chocolate en Mission District, el barrio más antiguo de San Francisco y un feudo de la comunidad latina. Los investigadores se movían en calcetines sin hacer ruido.

«Hay entre veinte y treinta personas en este campo, incluyendo a Nick Bostrom y el artículo de Wikipedia, que dicen que el objetivo de OpenAI es crear una IA amigable y, posteriormente, hacer público su código fuente para todo el mundo», les dijo Amodei a Altman y a Brockman según publicó *The New Yorker*.[30]

«No tenemos pensado revelar nuestro código fuente», dijo Altman. «Pero, por favor, no los corrijamos. Eso normalmente solo empeora las cosas.»

«Pero ¿cuál es el objetivo?», preguntó Amodei.

«Ahora mismo, nuestro objetivo ... es hacer lo mejor que se pueda hacer», respondió Brockman. «Es un poco impreciso.»

Amodei se incorporó dos meses después para dirigir la investigación sobre seguridad de la IA. A continuación, Open Phil donaría 30 millones a OpenAI para garantizar que Holden Karnofsky tuviera un puesto en el consejo de administración durante tres años.[31] En 2018, en respuesta a la invitación de Brockman, Daniela, que había sido la primera seleccionadora de personal de Stripe, se incorporó también a OpenAI para crear su equipo como directora de ingeniería y vicepresidenta de personal. «Tenemos una larga y bonita historia de conocimiento mutuo», me dijo en broma Daniela un año más tarde refiriéndose a ella y a Brockman. «Es verdad», dijo Brockman riendo entre dientes. «Cuando pusimos en marcha OpenAI y empezamos a hacer la selección de personal, pensaba "ojalá tuviera a Daniela".»[32]

A finales de 2020, los hermanos Amodei quedaron tan afectados al ver cómo Altman y OpenAI se alejaban de su premisa original que abandonaron la empresa para crear otro laboratorio de IA, Anthropic, llevándose consigo a miembros esenciales de la plantilla y creando una rivalidad que tendría un papel fundamental en el frenético lanzamiento de ChatGPT. Karnofsky abandonó el consejo de OpenAI una vez cumplido su mandato y a causa de un nuevo conflicto de intereses. En la lista de candidatos propuestos para sustituirle, incluyó a una de sus antiguas empleadas: Helen Toner.

El problema era que OpenAI no tenía ni idea de lo que estaba haciendo. Al cabo de un año, había formado un equipo estelar arrebatando, suplicando y fichando personal en una agresiva caza de talentos en la industria, manteniendo el entusiasmo a nivel interno gracias a la enorme concentración de portentos. A pesar de todo, le costó encontrar una estrategia coherente. Y el impulso y el brillo empezaban a desaparecer.

Su lista de proyectos se extendió por todas partes en un reflejo de andar por casa del sector. Empleaba robots, videojuegos y mundos virtuales simulados para formar a los agentes, todo ello para tratar de alcanzar capacidades más avanzadas de IA. Pocas cosas funcionaban, y las que lo hacían parecían derivar de algo que alguien ya había hecho antes. Fuera lo que fuera la inteligencia artificial generativa, no era aquello. «Sus proyectos más grandes no parecían algo superinnovador», dice Nikhil Mishra, un investigador de IA que trabajó como becario en OpenAI en 2017.

Las dotes de liderazgo de Brockman y Sutskever también se estaban llevando al límite. Mientras Brockman se pasaba la mayor parte de los días codificando, Sutskever merodeaba por la oficina preguntando repetidamente a los investigadores: «¿Cuál es tu próximo proyecto importante?». No parecía haber nadie al mando y el ambiente era muy estresante. No había una auténtica estructura directiva ni un orden de prioridades claro. A veces, se despedía a gente los fines de semana y el resto del equipo se enteraba el lunes siguiente cuando no acudían al trabajo. El laboratorio gastaba dinero sin cesar, en su mayoría para hacer frente a los salarios del equipo que había formado. En 2016, OpenAI gastó más de 7 millones de dólares de sus 11 millones de presupuesto en remuneraciones y beneficios.[33] Musk se estaba impacientando. El hecho de que DeepMind se hubiera ganado de repente la admiración de todo el mundo no ayudaba. En marzo de 2016, su programa AlphaGo venció a Lee Sedol, uno de los mejores jugadores del mundo del antiguo juego del Go. («Deepmind me está provocando un estrés mental extremo», escribió Musk a la directiva de OpenAI poco antes del encuentro a cinco partidas. «Si ganan será una noticia realmente mala teniendo en cuenta su filosofía de pensamiento único para dominar el mundo.») Las partidas se retransmitieron en directo desde Corea del Sur a más de doscientos millones de telespectadores. Un año después, Netflix estrenó un documental de gran éxito sobre la trayectoria de la empresa.

Musk se pasaba periódicamente por la oficina para exigir más avances, a veces fijando plazos nada realistas, típicos de su filosofía de gestión. Muchos empleados se burlaban de sus expectativas, convencidos de que no tenían ningún sentido habida cuenta de la naturaleza sinuosa e impredecible de la investigación. Durante una reunión corporativa, Wojciech Zaremba, el director de robótica que había formado parte del grupo fundador, presentó sus planes sobre el tipo de avances en robótica que quería que su equipo lograra. Musk solamente hizo una pregunta: «¿Cuándo? ¿Cuándo vais a hacer esas cosas?».

«No lo sé», dijo Zaremba.

«O sea, que en realidad no tienes ningún plan», replicó Musk.

Así que, en marzo de 2017, Brockman y Sutskever empezaron en serio a desarrollar una hoja de ruta de investigación más focalizada. La pregunta fundamental era: ¿qué se necesitaría para que OpenAI lograse la inteligencia artificial generativa y para ser la primera en lograrla?[34]

Sutskever intuía que, por encima de todo, tendría que ver con una dimensión clave: la cantidad de «computación», un término técnico para referirse a los recursos informáticos, que OpenAI necesitaría para lograr grandes avances en las capacidades de la IA. La competición ImageNet y los consiguientes avances en los que había participado habían conllevado un aumento material en la cantidad de computación utilizada para formar un modelo de IA. Los avances habían implicado más cosas: un aumento considerable de la cantidad de datos y algoritmos más sofisticados. Pero, para Sutskever, la computación era lo principal. Si fuera posible aumentar la computación lo suficiente para entrenar a un modelo de IA a escala del cerebro humano, pensaba, sin duda sucedería algo radical: la AGI.

La cantidad de computación se basa en tres cosas: el poder de procesamiento de un chip informático individual, o cuántos cálculos puede realizar por segundo; el número total de chips informáticos disponibles; y cuánto tiempo permanecen en funcionamiento para realizar sus cálculos. La primera viene determinada por la industria de la fabricación de chips que, durante décadas, ha duplicado la potencia de un chip cada dos años gracias a un proceso intensivo de investigación y desarrollo. Este ritmo de avance es conocido como la ley de Moore y se basa en una predicción realizada por el legendario cofundador de Intel, Gordon Moore, en la década de 1960 y revisada la década siguiente, sobre la rapidez de innovación de su industria. La ley de Moore se convirtió en una profecía autocumplida. Llegó a ser el objetivo que las empresas fabricantes de procesadores creían que necesitaban lograr para hacer frente a la competencia y seguir teniendo relevancia.

Brockman y Sutskever hicieron un cálculo sencillo: basándose en el ritmo de la ley de Moore, ¿cuánto se tardaría en alcanzar el nivel de computación requerido por OpenAI para lograr una IA a escala del cerebro? La respuesta fue decepcionante: demasiado.

Más o menos en la misma época, Amodei y otro investigador, Danny Hernández, habían empezado a analizar la misma idea desde una perspectiva diferente.[35] En una sencilla gráfica, en la que el tiempo era el eje *x*, trazaron la cantidad de computación utilizada realmente para cada avance importante en la investigación de IA desde 2012, empezando por el logrado por Sutskever en la escuela de posgrado, el inicio de la revolución de la IA. Descubrieron que, de hecho, el uso de computación estaba aumentando más rápido que la ley de Moore. En los últimos seis años, se había duplicado cada 3,4 meses o, dicho de otro modo, había aumentado unos *30 millones por ciento*.[36]

Brockman empezó a referirse a esta nueva curva de duplicación como la ley de OpenAI. OpenAI no solo necesitaba una cantidad de computación muchísimo mayor para alcanzar su objetivo final, sino también elevar su ritmo de computación para, como mínimo, estar a la altura de esta nueva ley. Las empresas fabricantes de chips habían impuesto la ley de Moore con absoluta pasión; la dirección veía ahora la ley de OpenAI del mismo modo.

Si no podían esperar a la ley de Moore, tenían que incrementar su computación de la otra forma: necesitaban muchísimos más chips.

El tipo de chips que necesitaba OpenAI eran caros. Conocidos como unidades de procesamiento gráfico (GPU), se diseñaron en un principio con el fin de reproducir rápidamente gráficos en los ordenadores para, por ejemplo, dotar a los videojuegos de un acabado brillante y de baja latencia. Sin embargo, el mismo factor de forma era idóneo para entrenar a los modelos de IA que OpenAI quería desarrollar, ya que compartían un requisito común con la reproducción de datos: la necesidad de procesar cantidades enormes de números en paralelo.

La inmensa mayoría de la industria compraba esos GPU a una única empresa: el fabricante de chips con sede en Santa Clara, Nvidia. Nvidia no solo fabricaba los mejores GPU del mundo, sino que además había desarrollado una plataforma de software asociada llamada CUDA, abreviatura de Compute Unified Device Architecture, que ejercía una gran influencia en los desarrolladores de IA.

En 2017, un servidor personalizado de Nvidia con ocho de sus mejores GPU costaba 150.000 dólares, un precio que, con la inflación, aumentaría a casi 195.000 dólares en 2023. Según las previsiones de la ley de OpenAI, se necesitarían miles, si no decenas de miles de GPU para entrenar a un único modelo. El coste de la electricidad para proporcionar energía a ese proceso también se dispararía. OpenAI necesitaba más dinero, no solamente 1.000 millones de dólares, sino miles de millones de dólares para mantenerse durante los años siguientes.

La constatación de este hecho llevó a la organización a perder su equilibrio financiero. Para Brockman y Sutskever representaba el cuestionamiento de la base misma de la estructura de OpenAI. ¿Cómo iba a poder una organización sin ánimo de lucro recaudar tanto dinero anualmente para mantener el ritmo necesario para seguir siendo la número uno? Se plantearon brevemente fusionarse con una startup de chips, pero, en el verano de 2017, empezaron a debatir seriamente con Altman y Musk si OpenAI tenía que transformarse en una organización con ánimo de lucro.[37] Esa era su mejor esperanza para persuadir a los inversores ofreciéndoles una posibilidad de obtener beneficios económicos. Tras varias semanas de negociaciones, las deliberaciones concluyeron abruptamente sin una decisión. Si OpenAI iba a convertirse en una organización con ánimo de lucro, Altman, que estaba planteándose presentar su candidatura a gobernador de California y estaba recibiendo una discreta acogida en los grupos de sondeo, quería ser el consejero delegado de la empresa. Lo mismo sucedía con Musk; quería tener pleno control del laboratorio y una participación mayoritaria.[38] Atrapados en el medio, Sutskever y Brockman estuvieron a punto de decantarse por el segundo. Los dos preferían el liderazgo de Musk. Sin embargo, Altman apeló directamente a Brockman aludiendo a su relación personal y a las dudas acerca de la poca fiabilidad de Musk. Musk se enfrentaba a muchas presiones externas y tenía tendencia a comportarse de manera errática e inestable. En caso de que OpenAI tuviera éxito, ¿no sería peligroso cederle a Musk pleno control de la AGI? Convencido, Brockman se lo comunicó a Sutskever, que seguía sin estar seguro. En septiembre de 2017, envió un correo electrónico a Musk y a Altman en su nombre y en el de Brockman, en un último intento por salvar la situación.

«**Elon:** *Realmente* queremos trabajar contigo», escribió Sutskever. «Creemos que, si unimos nuestras fuerzas, las probabilidades de éxito de nuestra misión son mucho mayores.» Sin embargo, el deseo de Musk de tener el control absoluto era contrario al espíritu original de OpenAI, dijo. «Te preocupa que Demis pueda crear una dictadura de la AGI. A nosotros también. De modo que es una mala idea crear una estructura en la que pudieras convertirte en dictador si quisieras.»

«**Sam:** Cuando Greg y yo estamos bloqueados, siempre nos das una respuesta que resulta profunda y correcta», continuó Sutskever. «Dicho esto, el comportamiento de Altman nos ha confundido a los dos en cuanto a sus verdaderas creencias e intenciones. No entendemos por qué el título de consejero delegado es tan importante para ti», escribió. «Las razones que has expuesto han cambiado y es realmente difícil de entender qué es lo que te motiva. ¿La AGI es *realmente* tu principal motivación? ¿Qué relación tiene con tus objetivos políticos? ¿Cómo ha cambiado con el tiempo tu proceso mental?»

«Hay suficiente material aquí como para que consideremos muy importante reunirnos y hablar sobre ello», concluía su correo electrónico. «Si todos decimos la verdad y resolvemos los problemas, la empresa que creemos tendrá muchas más probabilidades de resistir las fuertes fuerzas que la afectarán.»

Al cabo de diez minutos, Musk ya había respondido. «Chicos, ya he tenido suficiente. Esta es la gota que colma el vaso», escribió. Si Sutskever y Brockman seguían queriendo optar por una organización con ánimo de lucro, tendrían que hacerlo por su cuenta. De lo contrario, OpenAI seguiría siendo una organización sin ánimo de lucro. «No pienso seguir financiando a OpenAI hasta que os comprometáis firmemente a continuar, porque si no seré un tonto que está financiando gratuitamente a una startup», dijo Musk. Cincuenta minutos después, prosiguió. «Para que quede claro, esto no es un ultimátum para que aceptéis lo que ya se ha hablado anteriormente. Eso ya no está sobre la mesa.»

Altman intervino en el hilo de correos a la mañana siguiente: «¡me sigue entusiasmando la estructura sin ánimo de lucro!». Le transmitió más garantías a través de una de las adjuntas de confianza de Musk, Shivon Zilis, que trabajaba en Tesla y Neuralink, su empresa de interfaces cerebro-computadora. «Genial seguir siendo una organización sin ánimo de lucro y seguir apoyándola», escribió Zilis a Musk según las notas que había tomado de Altman. «Reconoce que perdió mucha confianza en Greg e Ilya durante el proceso. Le parecía que su mensaje era incoherente y, en ocasiones, infantil.» A Altman también le había preocupado hasta qué punto Greg e Ilya divulgaban las negociaciones al resto de OpenAI. «Le daba la impresión de que distraían al equipo», dijo Zilis.

Sin embargo, lo cierto era que hacer que OpenAI siguiera siendo una organización sin ánimo de lucro no iba a solucionar sus problemas de dinero. Si bien Brockman y Sutskever seguían reuniéndose con inversores potenciales sin ánimo de lucro, les costaba siquiera acercarse al capital que creían que OpenAI iba a necesitar.[39] Los caprichosos titubeos de Musk a la hora de cumplir con sus compromisos de financiación amenazaban también con sumir a OpenAI en un estado de crisis. Entre bastidores, Altman empezó a buscar alternativas de financiación y a desvincular a OpenAI de su dependencia de Musk. Llamó a Reid Hoffman, el cual se ofreció a intervenir y a reducir los salarios de los empleados y los costes operativos.[40] Se planteó lanzar una nueva criptomoneda.[41] Analizó una serie de diferentes estructuras corporativas, incluyendo una entidad pública que Musk había visto con buenos ojos y que permitiría a OpenAI convertirse en una entidad con ánimo de lucro al tiempo que continuaba ligada a su misión. La urgencia se veía agravada por una constante preocupación de que OpenAI pudiera perder a sus mejores investigadores en cualquier momento. Anteriormente, con el firme respaldo de Musk, OpenAI había aumentado agresivamente los sueldos de la entidad sin ánimo de lucro para evitar posibles contraofertas.[42] Ahora, la guerra de talentos no había hecho más que aumentar y recrudecerse, y el propio Musk había fichado a uno de los científicos clave de OpenAI, Andrej Karpathy, en junio de 2017, para que dirigiera la división de IA de Tesla. En lo tocante a los salarios, OpenAI estaba en clara desventaja: no podía ofrecer acciones de la empresa, cosa que muchos trabajadores tecnológicos de la zona de la Bahía de San Francisco consideraban necesaria para poder permitirse el elevado coste de la vida.

Al poco tiempo, Musk llegó a su propia conclusión sobre cómo resolver el problema económico de OpenAI. En enero de 2018, Karpathy le envió un correo electrónico con nuevos datos que mostraban hasta qué punto Google protagonizaba las principales publicaciones sobre investigación de IA. «Por desgracia, trabajar en la vanguardia de la IA es caro», escribió Karpathy. «Me parece que, actualmente, OpenAI está gastando mucho dinero y que el modelo de financiación no alcanza a competir en serio con Google (una empresa de 800.000 millones de dólares).» Si bien transformar OpenAI en una entidad con ánimo de lucro podría ayudar a recaudar capital, también sería necesario que el laboratorio desarrollase un producto de IA desde cero, lo cual supondría una distracción respecto a su investigación fundamental. «La opción más prometedora que se me ocurre, como he mencionado anteriormente, sería que OpenAI se vinculara a Tesla como su mina de oro», dijo Karpathy. Tesla ya había llevado a cabo la mayor parte del trabajo para desarrollar un producto de IA: su función de conducción autónoma Autopilot, continuó. Si OpenAI podía ayudar a acelerar los esfuerzos de Tesla para convertir el Autopilot en una solución de conducción autónoma plenamente desarrollada, eso podría por sí solo disparar sus ingresos lo suficiente para cubrir la elevada factura informática de OpenAI.

Musk reenvió el correo electrónico de Karpathy a Brockman y Sutskever. «Andrej tiene toda la razón», escribió Musk.

«Tesla es la única vía para aspirar al menos a mantenernos a la altura de Google. Y, aun así, la probabilidad de ser un contrapeso de Google es pequeña. Pero no es cero.»

Sin embargo, para entonces, Altman había abandonado sus proyectos políticos y había logrado convencer a Brockman y, a través de este a Sutskever, de que él sería el mejor líder. Ante la decisión del grupo, Musk ya no quería estar vinculado públicamente con la organización. «No estaré en una situación en la que la percepción de mi influencia y mi tiempo no se correspondan con la realidad», había escrito anteriormente. Algunas semanas después, Musk abandonó su cargo de copresidente de OpenAI y Altman se convirtió en presidente de la entidad sin ánimo de lucro.[43]

De cara a la opinión pública, OpenAI presentó la marcha de Musk como fruto de un conflicto de intereses y no dijo nada acerca de su nueva realidad financiera: de los 1.000 millones de dólares acordados, acabó recibiendo solamente alrededor de 130 millones, de los cuales, menos de 45 procedían de Musk. Ahora, el futuro de OpenAI dependía de la singular capacidad recaudatoria de Altman para recuperarse de esas pérdidas y continuar haciendo frente a su cada vez mayor necesidad de conseguir más capital.[44]

Musk anunció en persona su decisión de marcharse en una reunión corporativa de OpenAI. Para muchos empleados, desconocedores del drama vivido a nivel de la dirección, la marcha de Musk supuso un alivio de la presión, pero también una incertidumbre considerable sobre el futuro de la organización. Hasta entonces, Musk había sido un gran impulsor del perfil público del laboratorio. Durante la reunión, no se reprimió: la necesidad de hacer, antes de nada, que la AGI fuera segura era imperativa, y ahora estaba claro que OpenAI no lo iba a lograr como entidad con ánimo de lucro, les dijo a los empleados; por su parte, iba a tratar de lograr el mismo objetivo en Tesla, que tenía muchas más probabilidades de éxito con las repletas arcas de una empresa con recursos suficientes.

Un becario cuestionó las intenciones de Musk. ¿Era esa la mejor solución? ¿Había agotado Musk realmente todas las alternativas? Impulsar a un competidor de OpenAI en Tesla parecía que solo iba a servir para crear una dinámica de lucha por obtener beneficios y podía poner en riesgo el desarrollo de una AGI segura. «¿Eso no es volver a lo que decías que no querías hacer?», preguntó el becario. Musk estalló. «¡Eres un imbécil! He pensado mucho en todo esto. Lo he intentado todo. Ni te imaginas el tiempo que he pasado pensando en esto», dijo. «Este tema me asusta de verdad.»

Posteriormente, el becario fue galardonado con un trofeo «al más imbécil» por su heroísmo.[45]

Aquel año, el día después de Navidad, Musk volvió a escribir a Altman, Brockman y Sutskever:

> ASUNTO: Creo que debería insistir.
>
> Mi cálculo de probabilidades de que OpenAI pueda competir con DeepMind/Google sin un cambio drástico en su ejecución y en sus recursos es del 0 por ciento. No del 1 por ciento. Ojalá no fuera así.
>
> Ni siquiera bastaría con recaudar varios cientos de millones. Se necesitan miles de millones anuales inmediatamente o más vale olvidarlo.

Altman tenía que conseguir financiación rápidamente.

OpenAI redobló su publicidad, centrándose en mostrar proyectos que pudieran poner de relieve la capacidad del laboratorio ante una audiencia no especializada. Se decantó por un producto en concreto: un intento de crear un agente de IA que pudiera vencer a los mejores jugadores humanos en el complejo videojuego de estrategia bélica *Dota 2*. OpenAI ya había creado un agente capaz de vencer al mejor jugador humano en un uno contra uno. Ahora iba a intentar crear un equipo de cinco agentes para derrotar al mejor equipo del mundo, formado por cinco jugadores humanos.

Consciente o inconscientemente, estaba en la línea de DeepMind. *Dota 2* había organizado un campeonato mundial que sería retransmitido en directo y pondría la investigación de OpenAI en primer plano en términos claros y contundentes de ganar o perder. DeepMind se hallaba inmersa en un proyecto parecido en el que intentaba vencer a los mejores jugadores humanos en el juego de estrategia *StarCraft II*, lo cual podía provocar una comparación arbitraria, aunque natural, entre los potenciales inversores de OpenAI. El proyecto de *Dota 2* requería también una gran dosis de computación, era una buena manera de probar y mostrar la estrategia de crecimiento del laboratorio a largo plazo. Brockman, que dirigía la fase inicial del proyecto *Dota 2*, amplió su equipo y se puso manos a la obra.

Ahora solo faltaba el documental.

Esa tarea recayó en un miembro del equipo de robótica de OpenAI. Compró un equipo de filmación caro y se puso a seguir al equipo de *Dota* por la oficina. Escribió su propio guion y editó el metraje en una saga de tres horas de duración. A pesar de todos sus esfuerzos, la gente de OpenAI que visionó la filmación coincidió en que era terrible. Contrataron a profesionales y Brockman empezó a financiarlos, en parte con su propio dinero.[46]

Mientras tanto, Altman desarrollaba su plan de recaudación de fondos. Tras plantearse una serie de estructuras con ánimo de lucro, acabó con una propuesta poco habitual para equilibrar la necesidad de capital con un compromiso continuado con la misión de OpenAI. Aunque las corporaciones con ánimo de lucro tenían incorporado un mecanismo para mantener ese equilibrio, también tenían muchas otras reglas. En su lugar, Altman quería crear una sociedad en comandita (Limited Partnership o LP) para que actuase como una sección con ánimo de lucro para recibir inversiones y comercializar las tecnologías de OpenAI. Esa sección fijaría un techo a las ganancias de los inversores y estaría regida por la entidad sin ánimo de lucro de OpenAI. La ventaja era que el acuerdo de funcionamiento de las LP podía redactarse en función de lo que quisiera su creador. OpenAI podría especificar que la misión tuviera prioridad sobre los inversores. Además, las LP limitaban el poder que podían ejercer los accionistas, de modo que nunca ostentaran el control mayoritario.

Altman les planteó la propuesta a los empleados cuidadosamente: el compromiso inicial de OpenAI de evitar la motivación del ánimo de lucro se hizo con la intención de impedir que el laboratorio pusiera en riesgo su misión. Sin embargo, teniendo en cuenta que el éxito del laboratorio requería un capital que la entidad sin ánimo de lucro no podía recaudar, aferrarse a la estructura original representaba ahora un riesgo mayor de poner en peligro la misión. Al final, la mayoría estuvo de acuerdo, aunque algunos con ciertas reticencias, de que la LP era la mejor forma de avanzar.

En abril de 2018, OpenAI publicó unos estatutos para que allanaran el camino de la transición. Sin revelar públicamente nada acerca de los cambios que se avecinaban, el documento reiteró el objetivo del laboratorio, ahora con un nuevo redactado: «La misión de OpenAI consiste en garantizar que la inteligencia artificial general (AGI)... beneficie a toda la humanidad». Dicha misión, añadía el documento, requería que OpenAI estuviera «a la vanguardia de las capacidades de la

IA» y necesitaba «recursos sustanciales»; ello podría significar dar marcha atrás en el compromiso de hacer públicas las investigaciones del laboratorio por «motivos de seguridad». Por primera vez, OpenAI explicó en detalle su definición de AGI: «sistemas altamente autónomos con rendimiento superior a los humanos en los trabajos con más valor económico».[47]

Aquel verano, mientras el equipo *Dota* empezaba a ganar partidas de aficionados y a proclamar sus resultados en los medios tecnológicos («La IA Dota 2 de OpenAI arrolla al equipo campeón mundial de ciberdeportes con varias victorias consecutivas», pregonaba un titular), Altman se topó con el consejero delegado de Microsoft, Satya Nadella, en el congreso de Allen & Company en Sun Valley, Idaho. El evento anual, conocido como el «campamento de verano para multimillonarios» había sido el telón de fondo de numerosos acuerdos empresariales de primer orden. Altman estaba dispuesto a salirse con la suya.[48]

Le propuso a Nadella una inversión en OpenAI, lo que bastó para despertar el interés del consejero delegado. Sin embargo, Nadella se preguntaba si debería invertir en una organización externa cuando su empresa contaba con su propia división asentada de IA dentro de Microsoft Research. Cuando volvió a Microsoft, les planteó la pregunta a sus experimentados asesores.

«Tanto Microsoft Research como OpenAI son organizaciones que están desafiando los límites», razonó Xuedong Huang, el entonces director tecnológico de Azure AI. ¿Por qué no invertir en ambas?[49]

Al cabo de medio año, OpenAI y Microsoft estaban negociando un acuerdo en firme. Altman sentó las bases legales, metiendo prisa a la creación de la sociedad en comandita y nombrándose a sí mismo consejero delegado. A nivel interno, el proyecto recibió el nombre en clave de Oregon Trail. Para mantener el acuerdo en secreto, lejos de miradas indiscretas, la entidad con ánimo de lucro se constituyó también bajo el alias de SummerSafe LP.[50] El nombre hacía referencia a un episodio del programa de dibujos animados *Rick and Morty* en el que los personajes protagonistas, el científico loco Rick y su nieto Morty, dejan atrás a Summer, la hermana mayor de Morty, para trasladarse a otro universo y le indican a su coche que «mantenga a salvo a Summer». El coche se toma el objetivo en serio, recurriendo a mecanismos de defensa extremos y dañinos, como asesinar, paralizar y torturar a las personas que se acercan al vehículo. Era un guiño a los posibles inconvenientes de la IA.

A principios de 2019, los altos directivos de Microsoft empezaron a pasarse por la oficina de OpenAI. El primero en aparecer fue Kevin Scott, el excitable director de tecnología del gigante tecnológico, que había seguido de cerca la evolución de OpenAI y se había encariñado especialmente con la startup; luego fue Craig Mundie, un asesor sénior de Nadella que había ocupado cargos en la dirección de Microsoft, incluyendo el de director de investigación y director de estrategia durante más de veinte años. Bill Gates también apareció por allí, reservado y callado como de costumbre, mientras visionaba una serie de demos. A la mayoría de los empleados no se les comunicó el acuerdo con Microsoft. Altman le dijo al reducido equipo que trabajaba en el acuerdo que se abstuviera de divulgar la posible inversión.

Más o menos en esa misma época, Altman empezó a tener problemas en YC. Después de cinco años como jefe de la organización, la frustración con Altman había alcanzado niveles críticos en relación con un asunto asombrosamente parecido a otro que había tenido que afrontar en Loopt: la aparente priorización de sus propios proyectos y aspiraciones por encima de los de la organización, en ocasiones incluso a expensas de esta. La cantidad de tiempo que dedicaba a las negociaciones de OpenAI y que dejaba de dedicar a asesorar a las startups de YC no ayudaba. Para algunos, Altman estaba cosechando beneficios considerables a título personal, obteniendo ingresos enormes al invertir en empresas de YC con su fondo personal Hydrazine, mientras que su trabajo era limitado. Al enterarse de su absentismo, una preocupada Jessica Livingston instó a Altman a que abandonase la presidencia de YC, según *The Washington Post.* Altman accedió. A principios de 2019, Paul Graham voló desde el Reino Unido, donde se había retirado, a San Francisco para ultimar la decisión.[51]

Altman trató se suavizar el cambio públicamente. El 8 de marzo de 2019, el día que recibió al senador Schumer, publicó una entrada de blog en la página web de YC anunciando que pasaría de ser presidente de YC a presidente del consejo para dedicar más tiempo a OpenAI. Algunos días después, el 11 de marzo, Brockman y Sutskever anunciaron públicamente la existencia de OpenAI LP y Altman hizo público su cargo de consejero delegado. La elección del momento fue muy ingeniosa. Los medios de comunicación definieron mayoritariamente la estrategia de Altman como un paso bien coreografiado en su carrera y en su nuevo cargo como presidente de YC. Salvo por el hecho de que en realidad no ostentaba el título. Les había propuesto la idea a los socios de YC, pero luego la hizo pública como si se tratara de una conclusión inevitable, sin su acuerdo, según *The Wall Street Journal.*[52] La entrada de blog se editó posteriormente para eliminar por completo la mención a Altman. En OpenAI, el nuevo cargo de Altman se limitaba a oficializar el papel que había estado desempeñando desde la marcha de Musk. Cuando Altman cogió las riendas, muchos empleados se sintieron aliviados. Su comportamiento sosegado y sereno era una agradable alternativa a la intensidad y a los impredecibles cambios de humor de Musk. Altman también contribuyó a aplacar las cada vez más numerosas quejas por la gestión de Brockman y Sutskever. Contrató a un *coach* para ejecutivos y proporcionó formación a los directivos. Nombró más cargos ejecutivos: colocó a Brad Lightcap, un inversor de YC, como director financiero; promocionó a Bob McGrew, que anteriormente había dirigido los departamentos de ingeniería y de gestión de producto en Palantir, la empresa fundada por Thiel, del equipo de robótica a vicepresidente de investigación; y contrató a Mira Murati, que se había encargado de la dirección de producto e ingeniería de la startup de realidad virtual Leap Motion y del modelo X de Tesla, para que supervisara la estrategia de hardware y la línea básica de investigación.

Con la constitución de OpenAI LP, la mayoría de los empleados dimitieron de la entidad sin ánimo de lucro y firmaron nuevos contratos, ahora con participaciones, con la organización con ánimo de lucro. (Entre las excepciones se encontraban los empleados internacionales con visados supeditados a la entidad sin ánimo de lucro.) La estructura salarial vinculaba la remuneración no solo a la «experiencia y conocimientos en ingeniería» y a la «dirección de investigación», sino también a la concordancia con lo establecido en los estatutos. Los empleados de nivel 3 tenían que «entender e interiorizar los estatutos de OpenAI». Los de nivel 5 tenían que «asegurarse de que todos sus proyectos en los que trabajaban junto con sus compañeros de equipo fueran coherentes con los estatutos». Los de nivel 7 eran «responsables de sostener y mejorar los estatutos y de responsabilizar de lo mismo al resto de los miembros de la organización».[53] Los directivos redactaron también un documento de preguntas y respuestas para gestionar los nervios residuales. «¿Puedo confiar en OpenAI?», era una de las preguntas. La respuesta empezaba por «Sí».[54]

En el mundo tecnológico en sentido amplio, la transición de OpenAI provocó una oleada de acusaciones de que el laboratorio se estaba desdiciendo de su proyecto original. Los términos iniciales de la sociedad en comandita establecían que la primera ronda de inversores tendría sus ganancias limitadas a 100 veces lo aportado. OpenAI denominó a esta estructura inventada empresa «de beneficios limitados». En un artículo publicado en Hacker News, una popular página web de recopilación de noticias gestionada por YC, un usuario preguntó qué sentido tenía esa limitación. «Así que alguien que invierte 10 millones de dólares tiene limitada su inversión a 1.000 millones. Jajaja. O sea, que básicamente es ilimitada a menos que el valor de mercado de la empresa alcance una escala FAANG», escribió, utilizando el acrónimo de Facebook, Apple, Amazon, Netflix y Google.[55]

Brockman respondió con su nombre de usuario, gdb: «Consideramos que, si efectivamente creamos la AGI, crearemos órdenes de magnitud más valiosas que cualquier empresa existente».

Otro usuario continuó. «Los primeros inversores de Google han obtenido aproximadamente unos beneficios de veinte veces su capital. Google está valorada actualmente en 750.000 millones de dólares. ¿Así que vuestra apuesta es que contaréis con una estructura corporativa que genere *órdenes de magnitud* superiores a Google... pero no queréis "concentrar excesivamente el poder"?», escribió, citando los estatutos. «¿Qué es exactamente el poder si no la concentración de recursos?»

Las primeras inversiones llegaron a raudales a la sociedad comanditaria, incluyendo más de 60 millones de dólares procedentes de la organización sin ánimo de lucro de OpenAI, 10 millones de YC y 50 millones de Khosla Ventures y otros tantos de la fundación benéfica de Hoffman.[56] Al principio, Hoffman era reacio a invertir más en OpenAI al no disponer de un producto ni de un plan de mercado, explicó más adelante. Sin embargo, finalmente accedió a codirigir la ronda después de que Altman le dijera que ello contribuiría a legitimar la seriedad de las intenciones de OpenAI de desarrollar un negocio rentable.[57]

Microsoft, mientras tanto, seguía deliberando. Nadella, Scott y otros altos directivos ya se habían subido al tren con una inversión inicial. El único que se resistía era Bill Gates.

Para Gates, *Dota 2* no era tan emocionante. Tampoco le motivaba la robótica. El equipo de robótica había creado una demo de una mano robotizada que había aprendido a resolver el cubo de Rubik mediante su propio método de prueba y error, que había sido difundida favorablemente por los medios de comunicación. A Gates no le pareció útil. Quería un modelo de IA que pudiera asimilar libros, entender conceptos científicos y responder preguntas basadas en el material, es decir, actuar como asistente para realizar investigaciones.

OpenAI solo tenía un proyecto que se aproximaba a sus exigencias: un gran modelo lingüístico llamado GPT-2 capaz de generar párrafos de texto muy parecidos a la escritura humana. En febrero de aquel año, OpenAI dio el paso inusual de proclamar ante la prensa que ese modelo, con unos pocos avances más, podría convertirse en una tecnología extremadamente peligrosa. Los Gobiernos autoritarios o las organizaciones terroristas podrían utilizar el modelo como arma para crear desinformación de manera masiva. Los usuarios podrían saturar Internet con tanto contenido basura que sería difícil encontrar información de calidad. OpenAI iba a optar por la vía de la ética, dijo, y retener la versión completa del modelo, que tenía 1.500 millones de parámetros o variables, lo que da una idea aproximada de su tamaño y complejidad. En cambio, con el objetivo de ofrecer al público una pequeña muestra de las capacidades para las que se tenía que preparar la sociedad, publicaría únicamente una versión reducida, de menos de una décima parte de su tamaño, que tenía una capacidad limitada de generar unas cuantas frases a la vez pero que era propensa a las falacias lógicas y a la repetición.

EL GPT-2 no se aproximaba siquiera a captar conceptos científicos, pero el modelo podía hacer un resumen básico de documentos y responder preguntas. Tal vez, se preguntaban algunos de los investigadores de OpenAI, si entrenasen a un modelo superior con más datos para que realizara tareas que al menos se parecieran más a lo que quería Gates, podrían hacerle cambiar de actitud y que pasara de ser un detractor a ser, como mínimo, neutral. En abril de 2019, un pequeño grupo de esos investigadores voló a Seattle para presentar la que denominaron Demo de Gates de un GPT-2 adornado. Al finalizar, Gates quedó lo suficientemente convencido como para que el acuerdo prosperase.

En una reunión corporativa posterior, Altman hizo pública la noticia, y proclamó que Microsoft era el inversor y socio adecuado. El gigante tecnológico tenía el dinero y la capacidad de computación que OpenAI necesitaba y los valores de su dirección estaban claramente alineados con la misión de garantizar una AGI beneficiosa. Además, OpenAI había asumido unos compromisos muy poco estrictos sobre qué ofrecer a Microsoft para su comercialización. El laboratorio no había tenido que hacer demasiadas concesiones, dijo Altman. Era un acuerdo muy positivo.

En Microsoft, la inversión se justificó por razones prácticas. Que OpenAI lograse o no la AGI no era lo que en realidad les preocupaba. Sin embargo, OpenAI estaba claramente en la vanguardia y, si Microsoft invertía pronto, podría convertirse por fin en una empresa líder en el campo de la IA —tanto en software como en hardware—, a la altura de Google. «Lo interesante de lo que están haciendo Open AI, Deep Mind y Google Brain es su grado de ambición», escribió Scott a Nadella y Gates a mediados de junio, refiriéndose a la división de investigación de IA de Google, «y cómo esa ambición está impulsando todo, desde el diseño de los centros de datos, el silicio para computación, las redes y la arquitectura de los sistemas de distribución, hasta los optimizadores numéricos, la conversión de datos, los entornos de programación y las abstracciones de alto nivel de que disponen los desarrolladores de modelos.» Microsoft se había quedado tremendamente rezagada en múltiples frentes, dijo: había luchado denodadamente por replicar los mejores modelos lingüísticos de Google y su plataforma de servicios de informática en la nube Azure tenía grandes deficiencias en comparación con la infraestructura equivalente de Google. Microsoft podría tardar años en ponerse a la altura por sí sola. Estaba «muy muy preocupado».[58]

Nadella respondió el mismo día, quitando a Gates y añadiendo a la directora financiera de Microsoft, Amy Hood. «Muy buen correo electrónico que explica por qué quiero que hagamos eso... y por qué vamos a asegurarnos de que nuestra gente de infra actúe», dijo, utilizando la abreviatura de *infraestructuras*.

Al cabo de un mes, el 22 de julio de 2019, Microsoft anunció su inversión de 1.000 millones de dólares. Según los términos del acuerdo, sus beneficios se limitarían a 20 veces lo invertido.

3

Centro neurálgico

Llegué a las oficinas de OpenAI dos semanas después, el 7 de agosto de 2019. Para entonces, el laboratorio se había trasladado a un edificio independiente, no lejos de la fábrica de chocolate, entre las calles Dieciocho y Folsom de San Francisco. Su exterior gris destacaba por las letras pintadas en su esquina para anunciar que se trataba de una edificación histórica: EL EDIFICIO PIONEER, que en su día fue la sede de la fábrica de baúles Pioneer. Tres años antes, Musk había alquilado el edificio a través de una de sus empresas, heredando el interior rehabilitado de una oficina compartida, ocupada principalmente por Stripe. OpenAI se trasladó allí junto con otra de las sociedades de Musk, Neuralink, la compañía de interfaces cerebro-computadora.

Había sudado la gota gorda mientras me abría paso por Mission District, pasando junto a entrañables taquerías que iban siendo sustituidas poco a poco por cafeterías de moda y moviéndome entre la cada vez más numerosa población de personas sin hogar. Una ráfaga de aire fresco me dio la bienvenida al entrar. Pasado el mostrador de seguridad, el vestíbulo desembocaba en un salón abierto. La luz del sol se filtraba a través de las ventanas, bañando los techos de vigas de madera y los tentadores sofás. A la derecha, una cafetería ofrecía comida para los empleados; juegos de mesa y libros se apilaban en las estanterías que recorrían las paredes.

En Silicon Valley, el diseño de las oficinas es una especie de divisa, un símbolo de confianza en el futuro económico de la empresa y una forma de lograr una pequeña ventaja en la carrera por hacerse con los mejores talentos. En 2021, OpenAI adquiriría otro par de edificios adosados a unas manzanas de distancia, gastándose 10 millones de dólares en dos años para reformar más de 2.800 metros cuadrados.[1] Los empleados llamaban a la primera oficina el edificio Pioneer, mientras que, a la segunda, una antigua fábrica de mayonesa, la apodaban Mayo. Altman supervisaría el diseño de la oficina Mayo, sustituyendo la escalera industrial de metal del edificio Pioneer por una ondulante pieza central de madera y piedra, y los sillones de cuero que podían costar alrededor de 2.000 dólares en Internet por asientos brasileños de diseño que podían llegar a valer más de 10.000.[2] En Mayo añadió una biblioteca con estanterías de madera y una alfombra persa, diseñada como una mezcla entre su librería favorita de París y una sala de estudio de su *alma mater*, la Universidad de Stanford.[3] Quería «un motivo acuático», le dijo al diseñador de la empresa, que propuso una magnífica cascada flotante en medio de la oficina, un elemento natural sostenido por una estructura artificial que representaba la simbiosis entre el ser humano y la máquina. Al final, Altman optaría por una dirección diferente. Instaló fuentes de piedra borboteantes rodeadas de profusión de plantas colocadas entre los sofás, colgando del techo y desplegándose por las paredes.[4]

En el exterior de ambas oficinas, la pandemia asolaría aún más durante el mismo periodo de dos años lo que ya se había convertido en el epicentro de la gentrificación de la industria tecnológica. Los negocios latinos de toda la vida cerraron. Los delitos violentos se dispararon. A pocos pasos de distancia del edificio Pioneer se formó una hilera de tiendas de campaña y basura desperdigada, mientras el número de personas sin hogar alcanzaba niveles críticos.

Pero aquí, cobijada en el alegre resplandor, con revistas desperdigadas por las mesas, era fácil vivir una realidad más amable. Una empleada me diría más adelante que aquello fue algo emblemático de su paso por la empresa. Incorporarse a ella era como entrar a formar parte de un universo alternativo. Solo después de marcharse volvió al mundo real.

Brockman, que en aquel entonces tenía treinta y un años, era el director tecnológico de OpenAI y pronto iba a convertirse en el presidente de la empresa, bajó por la escalera a darme la bienvenida. Me estrechó la mano con una sonrisa tímida. «Nunca antes le habíamos dado tanto acceso a nadie», dijo.

Por aquel entonces, poca gente fuera del aislado entorno de la IA conocía OpenAI. Sin embargo, yo, como reportera de *MIT Technology Review*, encargada de cubrir las fronteras cada vez más amplias de la inteligencia artificial, había estado siguiendo de cerca sus movimientos.

Hasta ese año, OpenAI había sido una especie de pariente pobre en el ámbito de la investigación de la IA. Tenía la extravagante premisa de que la AGI podía conseguirse en el plazo de una década, mientras que la mayoría de los expertos ajenos a OpenAI dudaban de que pudiera siquiera lograrse alguna vez. Para gran parte del sector, disponía de una cantidad de fondos obscena a pesar de su escasa planificación y gastaba gran parte del dinero en promocionar lo que otros investigadores tildaban de investigaciones poco originales. Para algunos era, además, objeto de envidia. Como entidad sin ánimo de lucro, había declarado que no tenía intención de buscar la comercialización. Era un singular patio de recreo intelectual sin ataduras, un paraíso para las ideas radicales.

Sin embargo, durante los seis meses anteriores a mi visita, la rápida sucesión de cambios en OpenAI marcó un importante giro en su trayectoria. Primero, fue la desconcertante decisión de retener el GPT-2 y alardear de ello. Luego fue el anuncio de que Altman, que había abandonado misteriosamente su influyente cargo en YC, se incorporaría como consejero delegado de OpenAI con la creación de su nueva estructura de «beneficios limitados». Yo ya había realizado gestiones para visitar la oficina cuando la empresa reveló su acuerdo con Microsoft que daba prioridad al gigante tecnológico a la hora de comercializar las tecnologías de OpenAI y le obligaba a utilizar en exclusiva Azure, la plataforma de servicios informáticos en la nube de Microsoft.

Cada nuevo anuncio generaba más controversia, intensas especulaciones y más atención, y empezaba a trascender los confines de la industria tecnológica. Mientras mis colegas y yo cubríamos la evolución de la empresa, era difícil entender la relevancia de lo que estaba sucediendo. Lo que estaba claro era que OpenAI estaba empezando a ejercer una influencia considerable en la investigación de la IA y en la forma en que los responsables de elaboración de políticas estaban aprendiendo a entender la tecnología. La decisión del laboratorio de reinventarse en un negocio parcialmente con ánimo de lucro provocaría un efecto dominó entre sus esferas de influencia en la industria y el Gobierno.

Así que, una noche, a instancias de mi editor, le envié un correo electrónico a Jack Clark, director de políticas de actuación de OpenAI, con quien ya había hablado anteriormente. Estaría en la ciudad durante dos semanas y parecía que era el momento adecuado en la historia de OpenAI. ¿Le interesaría una reseña? Clark me puso en contacto con el jefe de comunicaciones que me dio una respuesta. OpenAI estaba lista para presentarse de nuevo ante el público. Dispondría de tres días para entrevistar a la dirección e integrarme en la empresa.

Brockman y yo nos instalamos, con Sutskever, en una sala de reuniones acristalada. Sentados uno al lado del otro, cada uno interpretaba su papel. Brockman, el programador y ejecutor, inclinado hacia delante, un poco tenso, dispuesto a causar buena impresión. Sutskever, el investigador y filósofo, acomodado en su silla, relajado y distante.

Abrí mi ordenador portátil y busqué mis preguntas. La misión de OpenAI es garantizar una AGI beneficiosa, empecé. ¿Por qué gastar miles de millones de dólares en ese problema y no en otra cosa?

Brockman asintió enérgicamente. Estaba acostumbrado a defender la postura de OpenAI. «La razón por la que nos preocupamos tanto de la AGI y por la que creemos que es importante crearla es que pensamos que puede ayudar a resolver problemas complejos que están fuera del alcance de los seres humanos», dijo.

Puso dos ejemplos que se habían convertido en un dogma entre los fieles de la inteligencia artificial general. El cambio climático. «Es un problema extraordinariamente complejo. ¿Cómo se supone que se va a solucionar?» Y la medicina. «Fíjate en lo importante que es la asistencia sanitaria en EE. UU. como tema político hoy en día. ¿Cómo vamos a conseguir realmente mejores tratamientos a un coste menor?»

Sobre esto último, se puso a explicar la historia de un amigo que padecía un trastorno poco habitual y que había pasado recientemente por el agotador embrollo de ir de especialista en especialista para solucionar su problema. La inteligencia artificial general incorporaría todas esas especialidades. Personas como su amigo ya no malgastarían tanta energía ni experimentarían tanta frustración para conseguir una respuesta.

¿Por qué necesitamos que eso lo haga la inteligencia artificial general en lugar de la inteligencia artificial?, pregunté.

La distinción era importante. El término AGI o inteligencia artificial general, relegado en su día a una sección impopular del diccionario de la tecnología, llevaba muy poco tiempo usándose a nivel general, debido en gran parte a OpenAI.

Y, según la definición de OpenAI, la AGI se refería a una cumbre teórica de la investigación de la inteligencia artificial: un software tan sofisticado, ágil y creativo que tuviera tanta sofisticación, agilidad y creatividad como la mente humana para igualar o superar su rendimiento en la mayoría de las tareas económicamente valiosas. La palabra clave era *teórica*. Desde el inicio de la investigación en serio de la IA varias décadas antes, se plantearon encendidos debates sobre si los chips de silicio que codifican todo en sus códigos binarios de ceros y unos podrían alguna vez emular los cerebros y los procesos biológicos que dan lugar a lo que consideramos inteligencia. Todavía tenían que presentarse pruebas definitivas de que eso era posible y ni siquiera se tocaba el tema del debate normativo sobre si la gente *debería* desarrollarla.

Por otra parte, la IA era el término de moda, tanto para la versión de la tecnología disponible en ese momento, como para la versión que los investigadores podrían lograr razonablemente en un futuro próximo perfeccionando las capacidades existentes. Dichas capacidades —basadas en una potente comparación de patrones conocida como «aprendizaje automático»— ya habían demostrado tener emocionantes aplicaciones para mitigar el cambio climático y para la sanidad.

Ese mismo verano, un grupo de investigadores respaldados por algunos de los científicos más destacados del sector habían formado una nueva organización llamada Climate

Change AI, para incentivar la aplicación de técnicas y modelos de IA que pudieran marcar una diferencia significativa en relación con los desafíos del cambio climático. En un documento oficial, la organización detalló diez categorías de esos desafíos especialmente adecuados para las capacidades existentes de aprendizaje automático, incluyendo la construcción de edificios más eficientes, la optimización de la distribución de redes eléctricas para integrar más energía renovable y el descubrimiento de nuevos materiales para generar y almacenar energía, o cemento y acero más eficientes que redujeran la huella de carbono.

En diciembre, Climate Change AI organizó un encuentro multitudinario en NeurIPS,[5] el congreso anual de investigación de inteligencia artificial, un día después de que otro grupo impartiera un taller muy concurrido en el otro extremo del pabellón en una sala de las dimensiones de un campo de fútbol sobre aprendizaje automático para la investigación sanitaria. Las conferencias y los carteles que cubrían las paredes mostraban una plétora de aplicaciones, incluyendo el uso de visión artificial para detectar los estadios iniciales, casi imperceptibles, de enfermedades como el Alzheimer en imágenes procedentes de ecografías, y el uso del reconocimiento automático de voz para ayudar a pacientes con discapacidad vocal a comunicarse más fácilmente. El taller periódico, que hacía hincapié en la colaboración con expertos sanitarios y médicos, evolucionaría hasta crear su propia organización, Machine Learning for Health, dos años después. Investigadores de ambas organizaciones me explicaron que el principal reto de trabajar en esos sectores no eran las limitaciones técnicas. Todo lo contrario: era persuadir a científicos de talento para que se centraran en problemas que necesitaban soluciones de aprendizaje automático bastante sencillas, en lugar de las últimas tecnologías de vanguardia que satisfacían sus ambiciones y quedaban mejor en su currículum como investigadores. Otro reto era encontrar la voluntad política para desplegar esas soluciones a nivel mundial. «Las tecnologías que podrían abordar el cambio climático están disponibles desde hace años, pero, en su mayoría, no han sido adoptadas a gran escala por la sociedad», expusieron los investigadores de Climate Change AI en su documento.[6] Aunque tenían la esperanza de que la IA «sería útil para reducir los costes asociados a la acción climática, la humanidad también debe decidir actuar». En la sala de reuniones, Sutskever metió baza. Por lo que respecta a resolver desafíos globales complejos, «el escollo fundamental es que hay un gran número de humanos que no se comunican con la misma rapidez, no trabajan con la misma rapidez y tienen muchos problemas de motivación». La inteligencia artificial general sería diferente, dijo. «Imagina que es una gran red informática de ordenadores inteligentes; todos realizan sus diagnósticos médicos y todos se comunican los resultados entre sí con extrema rapidez.»

Eso me pareció otra forma de decir que el objetivo de la inteligencia artificial general era sustituir a los humanos. ¿Era eso lo que Sutskever quería decir?, le pregunté a Brockman algunas horas después, cuando estábamos a solas.

«No», se apresuró a responder Brockman. «Esto es algo realmente importante. ¿Cuál es el objetivo de la tecnología? ¿Por qué existe? ¿Por qué la creamos? Llevamos miles de años creando tecnologías, ¿verdad? Lo hacemos porque son útiles para la gente. La inteligencia artificial general no será diferente; no como la imaginamos, no como queremos crearla, no como creemos que debe desarrollarse.»

Dicho esto, unos minutos más tarde admitió que la tecnología siempre había destruido algunos empleos y creado otros. El reto de OpenAI era crear una AGI que concediese a todo el mundo «libertad económica» permitiéndole, al mismo tiempo, seguir «viviendo vidas significativas» en esa nueva realidad. De lograrse, se eliminaría la necesidad de trabajar para sobrevivir.

«De hecho, creo que eso es algo muy hermoso», dijo.

Durante nuestra reunión con Sutskever, Brockman me recordó el panorama general. «En realidad, nosotros no consideramos que nuestro papel consista en determinar que se cree o no la inteligencia artificial general», dijo. Ese era uno de los argumentos preferidos en Silicon Valley: la carta de la inevitabilidad. *Si no lo hacemos nosotros, otro lo hará.* «La trayectoria está ahí», recalcó, «pero en lo que podemos influir es en las condiciones iniciales en las que nazca.»

«¿Qué es OpenAI?», continuó. «¿Cuál es nuestro propósito? ¿Qué vamos a intentar hacer en realidad? Nuestra misión consiste en asegurarnos de que la inteligencia artificial general beneficie a toda la humanidad. Y la manera en que lo queremos hacer es la siguiente: creando la AGI y distribuyendo sus beneficios económicos.»

Su tono era objetivo e inapelable, como si hubiera dado una respuesta definitiva a mi pregunta. No obstante, de algún modo, había vuelto exactamente al punto de partida.

Mi conversación con Brockman y Sutskever continuó en círculos hasta que transcurrió el plazo de cuarenta y cinco minutos. Intenté sin demasiado éxito obtener detalles más concretos de lo que estaban intentando crear exactamente, que, por naturaleza, según me explicaron, no podían saber, y de por qué entonces, si no lo sabían, estaban tan seguros de que sería beneficioso. En un momento dado, probé un enfoque diferente, pidiéndoles que pusieran ejemplos de los inconvenientes de la tecnología. Ese era uno de los pilares del mito fundacional de OpenAI: el laboratorio tenía que crear una AGI buena antes de que alguien crease una mala.

Brockman intentó responder: falacias. «No está claro que el mundo sea mejor con sus aplicaciones», dijo.

Le puse un ejemplo de mi cosecha: hablando de cambio climático, ¿qué pasa con el impacto medioambiental de la IA? Un estudio reciente de la Universidad de Massachusetts Amherst había arrojado unas cifras alarmantes de las enormes y cada vez mayores emisiones de carbono como consecuencia del entrenamiento de modelos cada vez más grandes de IA.[7]

Eso era algo «innegable», dijo Sutskever, pero los beneficios valían la pena, porque la AGI, «entre otras cosas, contrarrestaría los costes medioambientales específicamente». No llegó a poner ejemplos.

«No cabe duda de que es muy deseable que los centros de datos sean lo más ecológicos posible», añadió.

«Sin duda», asintió Brockman.

«Los centros de datos son los mayores consumidores de energía, de electricidad», continuó Sutskever, tratando aparentemente de demostrar que era consciente del problema y que le importaba.

«Un 2 por ciento a nivel mundial», apunté.

«¿El Bitcoin no es el 1 por ciento?», dijo Brockman.

«¡Vaya!», dijo Sutskever en un repentino arranque de emoción, que, a esas alturas, tras cuarenta minutos de conversación, parecía que se estaba limitando a cubrir el expediente.

Sutskever se sentaría posteriormente con el periodista del *New York Times* Cade Metz durante la preparación de su libro *Genius Makers*, que narra la historia del desarrollo de la IA y diría, sin atisbo de ironía: «Creo que es bastante probable que no pase demasiado tiempo antes de que toda la superficie de la Tierra esté cubierta de centros de datos y centrales eléctricas». Se produciría «un tsunami de computación... casi como si se tratase de un fenómeno natural». La AGI —y, por tanto, los centros de datos necesarios para su sostenimiento— serían «demasiado útiles para no existir».[8]

De nuevo, traté de presionar para conseguir más detalles. «Estás diciendo que OpenAI está apostando muy fuerte por que logréis crear una AGI beneficiosa para contrarrestar el calentamiento global antes de que el hecho de crearla lo agrave.»

«No diría tanto», se apresuró a responder Brockman. «Lo que pensamos es lo siguiente: estamos en una rampa de despegue de la IA. Eso es más grande que OpenAI, ¿no? Es el campo. Y creo que la sociedad se está beneficiando *realmente* de eso.»

«El día que hicimos público el acuerdo», dijo, refiriéndose a la nueva inversión de 1.000 millones de dólares de Microsoft, «la capitalización bursátil de Microsoft subió 10.000 millones de dólares. La gente cree que la inversión tendrá un retorno positivo incluso en la tecnología a corto plazo.»

La estrategia de OpenAI era, por tanto, bastante sencilla, explicó: continuar con esa progresión. «Esa es la norma que deberíamos seguir. Deberíamos continuar avanzando de ese modo. Así es como sabremos que vamos por buen camino.»

Aquel mismo día, Brockman reiteró que el principal reto de trabajar en OpenAI era que nadie sabía realmente cómo sería la AGI. Sin embargo, como investigadores e ingenieros, su tarea consistía en seguir avanzando para descubrir la forma de la tecnología paso a paso.

Hablaba como Miguel Ángel, como si la AGI ya existiera dentro del mármol que estaba esculpiendo. Lo único que tenía que hacer era retirarlo hasta que saliese al exterior.

Hubo un cambio de planes. Tenía previsto almorzar con los empleados en la cafetería, pero algo me reclamaba fuera de la oficina. Brockman sería mi acompañante. Cruzamos la calle una docena de pasos hasta un café al aire libre que se había convertido en uno de los lugares de encuentro favoritos de los empleados.

Este sería un tema recurrente durante mi visita: plantas que no podía ver, reuniones a las que no podía asistir, investigadores que miraban furtivamente al jefe de comunicaciones cada pocas frases para comprobar que no habían incumplido ninguna política de confidencialidad. Posteriormente, me enteré de que después de mi visita Jack Clark publicó una advertencia excepcionalmente severa a los empleados en Slack para que no hablasen conmigo más allá de las conversaciones autorizadas. El guardia de seguridad recibió una fotografía mía con instrucciones de que estuviera alerta en caso de que me presentase en las instalaciones sin autorización. Era una conducta extraña en general, más extraña si cabe teniendo en cuenta el compromiso de OpenAI con la transparencia. Empecé a preguntarme qué estaban ocultando, si se suponía que todo iba a ser una investigación beneficiosa que acabaría poniéndose a disposición del público.

Durante el almuerzo y a lo largo de los días siguientes, indagué más en las razones por las que Brockman había cofundado OpenAI. Era un adolescente cuando empezó a obsesionarse con la idea de que se pudiera recrear la inteligencia humana.[9] Fue un famoso artículo del matemático británico Alan Turing lo que despertó su fascinación. El título de su primer apartado, «El juego de la imitación», que inspiró el título del biopic de Hollywood de 2014 sobre la vida de Turing, empieza con una provocación: «¿Pueden pensar las máquinas?». El artículo continúa definiendo lo que se conocerá como el test de Turing: una medida de la progresión de la inteligencia de las máquinas basada en si la máquina es capaz de hablar con un ser humano sin revelar que se trata de una máquina. Era una historia clásica entre las personas que trabajaban en la IA. Cautivado, Brockman programó un juego del test de Turing que subió a Internet y recibió unas 1.500 visitas. Aquello le hizo sentirse genial. «Acababa de darme cuenta de que ese era el tipo de cosas que quería conseguir», dijo.

Pero, en aquel momento, su revelación era demasiado prematura; la IA no estaba lista para el desafío y él no era el tipo de persona que se enclaustra en un laboratorio para investigar. En lugar de eso, entró a formar parte de Stripe, igualmente emocionado ante la perspectiva de construir una empresa y crear productos que pudiera poner en manos de usuarios reales. En Stripe, Brockman se hizo famoso por su legendaria productividad a la hora de programar. Era un «ingeniero 10x», que en la jerga de Silicon Valley significaba que podía resolver problemas de programación diez veces más rápido que el programador medio. Las personas no se le daban tan bien. En su papel de director tecnológico, prefería mucho más programar que gestionar. Después de probar la que llamaba «ruta de las personas» durante un tiempo, buscó maneras de descargarse de responsabilidades directivas y así pasar la mayor parte de su tiempo programando. Aunque le preocupaba enormemente hacer lo correcto ante sus colegas, también era capaz de meter la pata en temas sociales que les hacían sentir vergüenza ajena. En una ocasión, le pidió una cita a una empleada de Stripe e inmediatamente se lo comunicó por correo electrónico a toda la empresa en aras de la total transparencia, recuerda un antiguo colega: «Creo que tenía buena intención, pero fue muy raro».

En 2015, mientras la IA experimentaba enormes avances, Brockman se desvinculó de Stripe, consciente, según él, de que había llegado el momento de retomar su sueño original. Para la startup fue lo mejor: su poca predisposición para dirigir o seguir los procesos normales de la empresa eran un problema cada vez mayor a medida que Stripe iba madurando. Escribió en sus notas que haría cualquier cosa por que la AGI se hiciera realidad, aunque ello significase trabajar de conserje. Cuando se casó cuatro años más tarde, la ceremonia civil se celebró en la oficina de OpenAI, delante de una pared de flores personalizada con la forma hexagonal del logo del laboratorio. Sutskever fue el oficiante. La mano robótica que utilizaron para la investigación estaba en el pasillo sosteniendo los anillos, como un centinela de un futuro postapocalíptico.

«Básicamente, quiero trabajar en la AGI el resto de mi vida», me dijo Brockman.

Lo abordaba todo con su intensidad característica. Era resolutivo y se fijaba en los detalles. Pasaba largas horas y noches en vela obsesionado por las tareas que tenía ante sí. Cuando no estaba trabajando, seguía trabajando para mejorar. Leía libros sobre oratoria y negociación, habilidades que creía que le ayudarían a cumplir la misión de OpenAI. Le avergonzaba admitir que también leía libros por diversión, novelas épicas de ciencia ficción como la trilogía de *El problema de los tres cuerpos* del escritor chino Liu Cixin y la serie *Fundación* de Isaac Asimov.

Para los empleados, su incesante obsesión era una bendición a la vez que una maldición. Ningún detalle era demasiado pequeño como para que no le obsesionara. Si un equipo se bloqueaba, podía sentarse durante horas sin levantarse para resolver todos los obstáculos de la programación.

Era el motor del incesante avance, dispuesto a trabajar todas las horas del día y de la noche para alcanzar los objetivos más rápidamente. Al mismo tiempo, los empleados pensaban a menudo que se fijaba *demasiado* en los detalles y que los árboles no le dejaban ver el bosque. Podía ser estrecho de miras y trabajar en un problema las veinticuatro horas del día, sin plantearse si el contexto había cambiado y si ese problema era todavía el que había que solucionar. Podía microgestionar y pasar a dirigir rápidamente a otros empleados si consideraba que la programación no iba a la velocidad que debería. Las personas que trabajaban con él se esforzaban por estar a su altura. Muchas acabaron quemadas.

OpenAI no podría haber llegado a donde estaba sin él, dice un antiguo ingeniero que trabajó codo con codo con Brockman. Sin embargo, si se hubiera permitido que todo dependiera de él, las cosas habrían ido muy mal. «Greg no tiene una visión. No es un visionario como Sam Altman. Solo quiere resolver un buen problema difícil y demostrar que es diez veces más inteligente que los demás.»

Le pregunté a Brockman qué lo motivaba.

«¿Qué probabilidades hay de que una tecnología transformadora aparezca durante tu vida?», replicó.

Estaba convencido de que él —y el equipo que había formado— estaba en una situación inmejorable para dar paso a esa transformación. «Lo que realmente me atrae son los problemas que no se desarrollarán de la misma manera si yo no participo», dijo.

En realidad, Brockman no solo quería ser conserje. Quería ser el líder de la AGI. Estaba rebosante de la tensa energía de alguien que ansiaba obtener el reconocimiento de la historia. Quería que algún día la gente explicara su historia con la misma mezcla de asombro y admiración con la que él explicaba la de los grandes innovadores que le precedieron.

Un año antes de que hablásemos, le había dicho a un grupo de jóvenes emprendedores tecnológicos en un retiro exclusivo en el Lago Tahoe, con un punto de autocompasión, que los directores tecnológicos nunca eran conocidos. «Nombradme a uno», retó a la audiencia. Lo intentaron sin éxito. Había demostrado su argumento.

En 2022, se convirtió en presidente de OpenAI.

Durante nuestras conversaciones, Brockman me insistió en que ninguno de los cambios estructurales de OpenAI representaba un alejamiento de su misión fundamental. De hecho, la sociedad comanditaria y la nueva cosecha de inversores la reafirmaban. «Conseguimos inversores alineados con nuestra misión, que están dispuestos a dar prioridad a la misión sobre sus beneficios. *Es una locura*», dijo.

Ahora, OpenAI disponía de los recursos a largo plazo necesarios para cumplir la ley de OpenAI. Y eso era imperativo, subrayó Brockman. No poder mantener la curva era la auténtica amenaza que podía socavar la misión de OpenAI. Si el laboratorio se quedaba atrás, no sería el mejor. Si no era el mejor, no había esperanza de que pudiera influir en la historia hacia su visión de una AGI beneficiosa. Solo más tarde me daría cuenta de todo lo que implicaba esa afirmación. Fue esta premisa fundamental —la necesidad de ser los primeros o desaparecer— la que puso en marcha todas las acciones de OpenAI y sus consecuencias de largo alcance. Activó un cronómetro para cada uno de los avances de investigación de OpenAI, basándose no en un calendario fruto de una cuidadosa deliberación, sino en el ritmo implacable necesario para cruzar la línea de meta antes que nadie. Eso justificaba el consumo por parte de OpenAI de una inconmensurable cantidad de recursos, tanto de computación, independientemente de su impacto medioambiental, como de datos, cuya compilación no podía verse ralentizada por el hecho de tener que obtener el consentimiento o cumplir con las normativas.

Brockman se refirió de nuevo el aumento de 10.000 millones de dólares en la capitalización bursátil de Microsoft. Actualmente, ese valor se estaba concentrando en una corporación que ya era rica, admitió, razón por la que OpenAI tenía una segunda misión: redistribuir los beneficios de la AGI entre todo el mundo.

¿Existía algún ejemplo histórico de beneficios tecnológicos que se hubieran repartido con éxito?, pregunté.

«Bueno, en realidad pienso que..., de hecho, es interesante pensar en Internet como un ejemplo», dijo, titubeando un poco antes de responder. «También hay problemas, ¿no?», advirtió. «Siempre que tienes algo extraordinariamente transformador, no resulta fácil averiguar cómo maximizar lo positivo y minimizar lo negativo.»

«El fuego es otro ejemplo», añadió. «También tiene auténticos inconvenientes. Así que tenemos que averiguar cómo mantenerlo bajo control y seguir unas reglas comunes. Los coches son otro buen ejemplo», continuó. «Mucha gente tiene coches, benefician a mucha gente. También presentan algunos inconvenientes. Hay algunos factores externos que no son necesariamente buenos para el mundo», concluyó vacilando.

«Supongo que lo que queremos de la AGI no es tan diferente de los aspectos positivos de Internet, de los coches y del fuego. Sin embargo, su aplicación es muy diferente, porque se trata de un tipo de tecnología muy diferente.»

Sus ojos se iluminaron con una nueva idea. «Fíjate en los servicios públicos. Las compañías energéticas, las compañías eléctricas son entidades muy centralizadas que proporcionan productos de alta calidad a un precio bajo que mejoran significativamente las vidas de las personas.»

Era una buena analogía. Sin embargo, Brockman parecía de nuevo poco claro sobre cómo OpenAI se convertiría en un servicio. Tal vez distribuyendo un salario mínimo universal, reflexionó en voz alta, o quizá de alguna otra manera.

Volvió sobre la única cosa que sabía con certeza. OpenAI estaba comprometida a redistribuir los beneficios de la AGI y a conceder libertad económica a todo el mundo. «Lo decimos en serio», dijo. «Lo vemos así: hasta ahora la tecnología ha sido algo que beneficia a todo el mundo, pero que tiene un efecto concentrador real», dijo. «El caso de la AGI podría ser más extremo. ¿Y si todo el valor se concentra en un lugar? Esa es la trayectoria que seguimos como sociedad. Y nunca hemos llegado a ese extremo. No creo que ese mundo sea bueno. No es un mundo del que quiero formar parte. No es un mundo que quiera ayudar a construir.»

En febrero de 2020, publiqué mi reseña en *MIT Technology Review*, basándome en las observaciones de mi estancia en la oficina, casi tres docenas de entrevistas y un puñado de documentos internos. «Hay una discordancia entre lo que la empresa defiende públicamente y cómo opera a puerta cerrada», escribí. «Con el tiempo, ha permitido que una competencia feroz y una presión cada vez mayor por conseguir más fondos erosione los ideales de transparencia, aperturismo y colaboración que inspiraron su fundación.»[10]

Al cabo de unas horas, Musk respondió al artículo con tres tuits publicados en rápida sucesión.[11]

«En mi opinión, OpenAI debería ser más abierta.»

«No tengo ningún control sobre OpenAI y mis conocimientos son muy limitados. No tengo mucha confianza en Dario como encargado de la seguridad.»

«Todas las organizaciones que desarrollen una IA avanzada deberían estar reguladas, incluida Tesla.»

Posteriormente, Altman envió un correo electrónico a los empleados de OpenAI.

«Me gustaría compartir algunas opiniones acerca del artículo de *Tech Review*», escribió. «Aunque no es en absoluto catastrófico, es evidente que es malo.»[12]

Era «una crítica justa», dijo que el artículo había identificado una incoherencia entre la percepción de OpenAI y la realidad. Esto podría mitigarse no mediante cambios en sus prácticas internas, sino afinando el mensaje público de OpenAI. «Es bueno, no malo, que hayamos averiguado cómo ser flexibles y adaptarnos», dijo, refiriéndose también a la reestructuración de la organización y el aumento de la confidencialidad, «con el fin de cumplir con nuestra misión al tiempo que aprendemos más». De momento, OpenAI debería ignorar mi artículo y, al cabo de algunas semanas, empezar a subrayar su compromiso permanente con sus principios originales bajo la nueva transformación. «Esta podría ser también una buena oportunidad para hablar de la API (interfaz de programación de aplicaciones) como estrategia para la apertura y el reparto de beneficios», añadió.

«Para mí, el problema más grave de todos», continuó, «es que alguien ha filtrado nuestros documentos internos.» Ya habían abierto una investigación y mantendrían informada a la empresa. Sugirió, además, que Amodei y Musk se reunieran para resolver las críticas de Musk, que eran «leves en comparación con otras cosas que ha dicho», pero «malas» de todas formas. Para que no quedase ninguna duda al respecto, el trabajo de Amodei y la seguridad de la IA eran cruciales para la misión, escribió. «Creo que, en algún momento, deberíamos encontrar la manera de defender públicamente a nuestro equipo (pero no enfrentarnos públicamente a la prensa, que es lo que les encantaría ahora).»

OpenAI no volvió a hablar conmigo en tres años.

4

Sueños de modernidad

En su libro *Poder y progreso*, los economistas del MIT galardonados con el Premio Nobel Daron Acemoğlu y Simon Johnson sostienen que toda revolución tecnológica tiene que empezar con una ambición unificadora. Es la promesa de una tecnología beneficiosa para todo el mundo la que da inicio al largo viaje de aglutinar suficiente talento y recursos para que se haga realidad. Tras analizar mil años de historia de la tecnología, los autores llegan a la conclusión de que las tecnologías no son inevitables. La capacidad para hacerlas avanzar está inspirada en la creencia colectiva de que vale la pena que avancen. La ironía es que, precisamente por esa razón, las nuevas tecnologías rara vez dejan de traer consigo una prosperidad generalizada, prosiguen los autores. Quienes logran unir a la gente para crear una tecnología son los que tienen poder y recursos para ello. Al convertir sus ideas en realidad, la visión que imponen —de lo que es la tecnología y a quién puede beneficiar— es, por tanto, la visión de una reducida élite, imbuida de sus puntos ciegos y de sus filosofías interesadas. Solo mediante cambios extraordinarios en la sociedad o por medio de una poderosa resistencia organizada puede una tecnología pasar de enriquecer a unos pocos a beneficiar a muchos.

Los autores ponen como ejemplo la invención de una nueva desmotadora de algodón en la década de 1790.[1] La máquina convirtió al sur de los Estados Unidos en el mayor exportador mundial de algodón, impulsó el crecimiento económico neto del país y generó beneficios a raudales para muchos terratenientes y negocios relacionados con el algodón. Sin embargo, solamente sirvió para intensificar la esclavitud y su horrible sistema de deshumanización y explotación laboral hasta su abolición siete décadas más tarde. Con el aumento de la producción de algodón, los esclavos negros fueron obligados a trabajar más horas y se les coaccionó físicamente con métodos aún más duros para exprimir hasta la última gota de su energía. Mientras tanto, quienes se beneficiaban de la desmotadora de algodón la presentaban como un invento que hacía más felices a los esclavos. «Lo digo claramente, no existe una raza más feliz y contenta sobre la faz de la tierra», dijo un congresista de Carolina del Sur.

Esas dos características de las revoluciones tecnológicas —su promesa de aportar progreso y, por otra parte, su tendencia a privar de él a las personas sin poder, especialmente a las más vulnerables— son quizá más reales que nunca en el momento en que nos encontramos con la inteligencia artificial. Desde su concepción, el desarrollo y el uso de la IA han sido impulsados por tentadores sueños de modernidad y modelados por una reducida élite con el dinero y la influencia necesarios para materializar su concepción de la tecnología. Esa concepción es la que ha provocado los costes de explotación social, laboral y medioambiental presentes en el mundo actual, especialmente, como veremos, en muchos países del sur, en los que las consecuencias de su expolio por los imperios históricos aún se aprecian en su retrasado desarrollo económico y sus débiles instituciones políticas. Y, a pesar de todo, como el congresista de Carolina del Sur, Silicon Valley presenta las experiencias de aquellos que son explotados y perjudicados por la tecnología como más felices gracias a ella.

La promesa que impulsó el desarrollo de la IA está insertada en el propio nombre de la tecnología. En 1956, seis años después del artículo de Turing que empezaba con la frase «¿Pueden pensar las máquinas?», veinte científicos, todos ellos hombres blancos, se reunieron en el Dartmouth College para crear una nueva disciplina para el estudio de esa cuestión.[2] Procedían de campos como las matemáticas, la criptografía y la ciencia cognitiva y necesitaban un nombre nuevo que las unificase. John McCarthy, el profesor de Dartmouth que organizó el taller, empleó inicialmente el término *estudios de autómatas* para describir el objetivo de crear máquinas capaces de desarrollar un comportamiento automático.[3] Al no despertar demasiado interés, se puso a buscar una expresión más evocadora. Se decidió por el término *inteligencia artificial.* El nombre de *inteligencia artificial* fue, por tanto, una herramienta de marketing desde el principio, que incluía la promesa de lo que la tecnología podría traer consigo. *Inteligencia* suena como algo intrínsecamente bueno y deseable, sofisticado e impresionante, algo de lo que, sin duda, la sociedad querrá más; algo que debería aportar un beneficio universal. El cambio de nombre cumplió su objetivo. Las dos palabras suscitaron inmediatamente más interés, no solo por parte de los inversores, sino también de los científicos, ansiosos por formar parte de un campo incipiente con unas ambiciones tan colosales.

Cade Metz, veterano cronista de la IA, denomina a esta renovación de marca el pecado original del sector: gran parte del bombo publicitario y del riesgo que rodea actualmente a la tecnología proceden de la trascendental decisión de vincularla a este atrayente, aunque impreciso concepto de «inteligencia». El término se presta a la antropomorfización casual y a las exageraciones constantes sobre las capacidades de la tecnología. En 1958, dos años después de la fundación del campo, Frank Rosenblatt, profesor de la Universidad de Cornell, creó el Perceptron, un sistema capaz de realizar comparaciones de patrones básicas para distinguir cartas, basándose en si tenían un pequeño cuadrado impreso a la izquierda o a la derecha. A pesar de las objeciones de su principal colaborador, Rosenblatt anunció su sistema como algo similar al cerebro humano. Se aventuró incluso a decir que un día sería capaz de reproducirse y empezar a tener conciencia. A la mañana siguiente, *The New York Times* anunció que, en el futuro, el Perceptron «sería capaz de andar, hablar, escribir, reproducirse y ser consciente de su existencia».

Esa tradición de antropomorfización continúa hasta hoy, respaldada por las historias de Hollywood que combinan la idea de la «IA» con descripciones ancestrales de creaciones hechas por el hombre que, de repente, cobran vida. Los desarrolladores de IA hablan a menudo de cómo su software «aprende», «lee» o «crea», exactamente igual que los humanos. Esto no solo ha alimentado la sensación de que las tecnologías de IA actuales tienen mucha más capacidad de la que tienen realmente, sino que se ha convertido en una herramienta retórica para que las empresas eludan su responsabilidad legal. Varios artistas y escritores han demandado a desarrolladores de IA por vulnerar leyes de propiedad intelectual al utilizar su obra —sin su consentimiento y sin compensarles por ello— para entrenar sistemas de IA. Los desarrolladores han alegado que hacerlo se enmarca dentro de un uso legítimo porque no es diferente de cuando un humano se «inspira» en la obra de otros. Las omnipresentes analogías entre la IA y los humanos también han alimentado la sensación de que dicho software podría llegar a ser tan competente que nos superase y pusiera en peligro nuestra propia existencia. El miedo a la *super*inteligencia se basa en la idea de que la IA podría, de algún modo, superarnos en la cualidad especial que ha hecho de los humanos la especie superior del planeta durante decenas de miles de años.

El nombre de *inteligencia artificial* forjó también las propias ideas del sector acerca de lo que estaba haciendo en realidad. Antes, los científicos se limitaban a construir máquinas para automatizar los cálculos, algo no muy distinto al aparato descomunal que aparece en *Descifrando Enigma*, que Turing creó para descifrar el código nazi Enigma durante la Segunda Guerra Mundial. Ahora, los científicos estaban *recreando la inteligencia*, una idea que definiría las medidas de avance del sector y que, décadas más tarde, daría origen a las propias ambiciones de OpenAI.

Sin embargo, el problema central es que no existe una definición de inteligencia consensuada científicamente. A lo largo de la historia, neurocientíficos, biólogos y psicólogos han aportado diversas explicaciones de lo que es y de por qué parece que los humanos tienen más que otras especies. Tal vez es el tamaño de nuestro cerebro humano, nuestra capacidad de razonar problemas complejos, o nuestra capacidad de crear un modelo mental de las creencias de otras personas. A lo largo de los siglos, se han realizado infinidad de pruebas para medir la inteligencia en relación con esas definiciones, muchas de las cuales han sido desacreditadas posteriormente y han caído en desuso a causa de sus historias desagradables. A principios de la década de 1800, Samuel Morton, estudioso de los cráneos humanos, midió literalmente el tamaño de calaveras humanas en un intento de justificar la creencia racista de que las personas blancas, cuyos cráneos eran, por término medio, más grandes, tenían una inteligencia superior a las personas negras. Generaciones posteriores de científicos descubrieron que Morton había falseado sus cifras para ajustarlas a sus ideas preconcebidas, y sus datos no mostraban diferencias significativas entre razas. En esta misma línea, los test de inteligencia surgieron como un medio de extirpar a los «débiles mentales» de la sociedad y justificar las políticas eugenésicas mediante «objetividad» científica. Exámenes estandarizados más recientes como el SAT han demostrado una gran influencia del contexto socioeconómico del sujeto, indicando que habría que medir el acceso a los recursos y a la educación en lugar de una habilidad intrínseca.[4]

En un documento publicado por primera vez en 2004, titulado «¿Qué es la inteligencia artificial?», McCarthy reconoció que la falta de consenso acerca de la inteligencia natural era algo intrínsecamente desconcertante para un campo que trataba de recrearla. Una revisión del artículo de 2007 presenta una larga y tortuosa sección de preguntas y respuestas que pretende abordar preguntas básicas de un público no especializado. Empieza así:

> P: ¿Qué es la inteligencia artificial?
>
> R: Es la ciencia y la ingeniería de crear máquinas inteligentes, especialmente programas informáticos inteligentes...
>
> P: Sí, pero ¿qué es la inteligencia?
>
> R: La inteligencia es la parte computacional de la capacidad de lograr objetivos en el mundo. Las personas, muchos animales y algunas máquinas presentan diversos tipos y grados de inteligencia.
>
> P: ¿Existe una definición sólida de inteligencia que no dependa de su relación con la inteligencia humana?
>
> R: Aún no. El problema es que aún no podemos caracterizar en general qué tipo de procedimientos computacionales queremos calificar como inteligentes.[5]

Por consiguiente, el sector de la IA tiende a medir sus avances comparándolos con las capacidades humanas. Las habilidades y aptitudes humanas se han convertido en la pauta para organizar la investigación. La visión artificial trata de recrear nuestra vista; el procesamiento y la generación del lenguaje natural, nuestra capacidad de leer y escribir; el reconocimiento y síntesis de voz, nuestra capacidad de oír y hablar; y la generación de imágenes y vídeo, nuestra creatividad e imaginación. A medida que el software para cada una de estas capacidades ha ido avanzando, los investigadores han tratado de combinarlas en los llamados «sistemas multimodales»: sistemas que pueden «ver» y «hablar», «oír» y «leer». El hecho de que, actualmente, la tecnología esté amenazando con reemplazar a una enorme cantidad de seres humanos no es una casualidad, sino un objetivo.

No obstante, la búsqueda de la inteligencia artificial sigue sin rumbo. Con cada nuevo hito en la investigación de la IA, surgen encendidos debates sobre si representa la recreación de una verdadera inteligencia o una burda imitación. Para distinguir entre ambas, se ha acuñado el nuevo término técnico de *inteligencia artificial general* para referirse a la verdaderamente importante. Esta nueva denominación no ha alterado el hecho de que todavía no existe una forma clara de señalar los avances o determinar cuándo se ha producido un éxito. Entre los investigadores se dice habitualmente que lo que hoy se considera IA, mañana no lo será. El test de Turing no duró demasiado como indicador de la IA después de ser superado rápidamente y de que los científicos consideraran que realmente no había logrado su objetivo. Hubo también un tiempo en el que los científicos creían que un ordenador que venciese a los humanos jugando al ajedrez o al Go sería un indicador de éxito concluyente. Actualmente, el AlphaGo de DeepMind se considera una demostración convincente de lo que se puede lograr con el software, pero, de nuevo, no una conclusión de las ambiciones del campo. A lo largo de décadas de investigación, la definición de IA ha cambiado a medida que las referencias han evolucionado, se han reescrito y se han descartado. Las reglas del juego del desarrollo de la IA cambian sin cesar y, como dijo en una ocasión la directora de investigación de Data & Society, Jenna Burrell, se trata de un «horizonte de futuro cada vez más lejano».[6] El avance de la tecnología se encamina hacia un objetivo desconocido, sin un final previsible a la vista.

Para justificar los dilatados plazos y los costes cada vez mayores de lograr la IA, las promesas que se nos han hecho al respecto se han vuelto más ambiciosas que nunca: la IA fue, en su día, una fascinación científica, una tecnología con cierta utilidad económica potencial. Ahora, la IA es el presagio de la cuarta revolución industrial. La piedra angular del superpoder moderno. La AGI, si alguna vez se consigue, solucionará el cambio climático, facilitará una asistencia sanitaria asequible y proporcionará una educación igualitaria. OpenAI es el vivo ejemplo de esta línea de pensamiento. No puede decir cómo la tecnología cumplirá esas promesas; solo que el asombroso precio que la sociedad tendrá que pagar por lo que está desarrollando valdrá algún día la pena.

Lo que no se dice es que, ante la falta de un significado consensuado, la «inteligencia artificial» o la «inteligencia artificial general», puede ser lo que OpenAI quiera que sea.

La historia de la IA nos enseña que el desarrollo de la inteligencia artificial siempre ha venido determinado por una élite poderosa. No es casualidad que hoy en día la IA se haya convertido en un sinónimo de modelos colosales que necesitan numerosos recursos que solo un pequeño puñado de empresas están equipadas para desarrollar, y que desean que convirtamos sus productos en la base de todo. Incluso en los primeros tiempos, antes de que los intereses comerciales evidenciaran mucho más la política de la revolución de la IA, las investigaciones científicas del sector daban tumbos y cambiaban bruscamente a causa de encendidas controversias en torno a la financiación y la influencia.

Tras el encuentro de Dartmouth, surgieron dos facciones con teorías opuestas acerca de cómo avanzar en la materia. El primer grupo, conocido como los simbolistas, creía que la inteligencia procede del saber. Los humanos saben más que los animales y pueden utilizar ese conocimiento para entender el mundo y actuar en él. Por tanto, lograr la IA debe implicar codificar representaciones simbólicas del conocimiento del mundo en máquinas, creando los llamados «sistemas expertos». El segundo grupo, los denominados «conexionistas», creían que la inteligencia procede del aprendizaje. Los humanos tienen más capacidad de aprender que los animales y pueden usar esa capacidad para adquirir y mejorar diferentes habilidades. El desarrollo de la IA debería entonces centrarse en crear los llamados «sistemas de aprendizaje automático», por ejemplo, replicando las formas en que nuestros cerebros procesan las señales y la información. Esta hipótesis acabaría explicando la popularidad de las redes neuronales, un software de procesamiento de datos diseñado, en líneas generales, para replicar las conexiones entrelazadas del cerebro, base de la IA moderna, incluyendo todos los sistemas de inteligencia artificial generativa.

Durante las décadas siguientes, las dos escuelas compitieron por un espacio limitado de financiación y control en relación con lo que la imaginación popular consideraba que podría ser la IA. En esa época, esa lucha tuvo lugar en universidades y publicaciones académicas entre científicos que se disputaban fondos públicos y procedentes de fundaciones; en ocasiones, sus acalorados debates eran recogidos por los medios de comunicación, permitiendo al público hacerse una idea de sus objetivos. A la cabeza de los conexionistas se encontraba Rosenblatt y su Perceptron, una primera forma de estudiar la viabilidad de un sistema de aprendizaje automático. Rosenblatt nunca le dio al sistema instrucciones explícitas, sino que lo diseñó para que programase sus propias reglas para diferenciar cartas después de ver numerosos ejemplos. Al frente de los simbolistas estaba el archienemigo de Rosenblatt, el profesor del MIT Marvin Minsky. Minsky, coorganizador del taller de Dartmouth, había coqueteado con las ideas de los conexionistas antes de posicionarse en su contra. No cambió de postura discretamente. A menudo, aprovechaba la ocasión para fanfarronear y ridiculizar a sus colegas conexionistas que se disputaban con él las mismas subvenciones, sin pasar siquiera por alto a los investigadores noveles. En 1969, participó en la redacción de un libro titulado *Perceptrones*, tan crítico con el conexionismo que se le atribuye, junto con los mediocres avances de las redes neuronales, haber acabado con la financiación de esa línea de investigación durante más de quince años.[7]

En su batalla por la primacía, Minsky contó con un aliado inesperado: su colega del MIT, Joseph Weizenbaum. En 1958, el mismo año que el Perceptron de Rosenblatt cautivó al *New York Times*, Weizenbaum inventó un sistema de IA llamado ELIZA que también acaparó los titulares. Más de seis décadas antes que ChatGPT, ELIZA era un chatbot con el que era posible conversar a través de una máquina de escribir eléctrica conectada a un enorme ordenador central que ocupaba toda una sala. Sin embargo, a nivel interno, mientras que ChatGPT surgiría de la tradición conexionista, ELIZA era un sistema simbólico que utilizaba reglas sencillas para parecer atento y receptivo al usuario.[8]

Una de las plasmaciones más populares de ELIZA se diseñó según un método de terapia conversacional que observaba a un paciente reflexionando sobre lo que decía y solicitando amablemente más información. En un artículo sobre el funcionamiento interno de ELIZA publicado posteriormente por Weizenbaum, se ponía como ejemplo el siguiente diálogo:

USUARIO: Los hombres son iguales.

ELIZA: ¿EN QUÉ SENTIDO?

USUARIO: Siempre nos están fastidiando con una cosa u otra.

ELIZA: ¿PUEDES PONER UN EJEMPLO CONCRETO?

USUARIO: Bueno, mi novio me ha hecho venir aquí.

ELIZA: TU NOVIO TE HA HECHO VENIR AQUÍ

USUARIO: Dice que estoy deprimida la mayor parte del tiempo.

ELIZA: SIENTO QUE ESTÉS DEPRIMIDA

USUARIO: Es cierto, soy infeliz.

ELIZA: ¿CREES QUE VENIR AQUÍ TE AYUDARÁ A NO SER INFELIZ?[9]

Weizenbaum diseñó el sistema como un experimento para ver con qué facilidad los humanos podían ser engañados por una ilusión de inteligencia. El nombre de ELIZA procedía de Eliza Doolittle, una florista de ficción de clase trabajadora interpretada por Audrey Hepburn en la película de 1956 *My Fair lady*, que aprende a hacerse pasar por una duquesa en la alta sociedad después de que un hombre adinerado la enseñe a cambiar su dicción y sus modales. El ulterior éxito de ELIZA a la hora de engañar a la gente y hacerla creer que era inteligente alarmó a Weizenbaum.[10] De hecho, la demostración fue tan convincente para algunos que los psiquiatras empezaron a hablar de psicoterapia automática como algo que estaba a la vuelta de la esquina y, tan solo unos años después de la fundación del campo de la IA, los científicos informáticos ya estaban llegando a la conclusión prematura de que la comprensión del lenguaje natural en los ordenadores era un problema resuelto. (Décadas más tarde, sigue abierto el debate sobre si está resuelto o no.)

Weizenbaum dedicaría gran parte del resto de su carrera a intentar rebajar el bombo publicitario de su creación y a hacer campaña contra la presunción fundamental tras la búsqueda de la IA. ELIZA, escribió, no era más que un simple programa procedimental programado por él para identificar palabras clave introducidas por un usuario y llevar a cabo transformaciones básicas para elaborar respuestas. «Mi» novio se convertía en «tu» novio; «Estoy» deprimida se convertía en *«estás» deprimida.* Realmente, no tenía mucho de inteligente. Posteriormente, publicó un volumen titulado *Computer Power and Human Reason* [El poder de los ordenadores y la razón humana] en la década siguiente a *Perceptrones* de Minsky, en el que sostenía que los humanos y las máquinas son diferentes y que los intentos por parte del campo de la IA de difuminar esa distinción tendrían profundas consecuencias en la sociedad. Permitirían, por ejemplo, que las personas que ostentan el poder —ya sean consejeros delegados o políticos— ejerzan su voluntad a través de máquinas, eximiéndose de responsabilidad moral.[11]

A pesar de los esfuerzos de Weizenbaum, la impresionante demostración de ELIZA de un sistema simbólico respaldó involuntariamente la defensa de Minsky del simbolismo frente al conexionismo. A lo largo de las décadas siguientes, hasta los años noventa, los sistemas expertos se convirtieron en el tema más candente de la investigación y la comercialización de la IA. El pensamiento dominante dio lugar a proyectos como Cyc, un intento de desarrollar un sistema de sentido común programado con cien millones de reglas sobre la vida cotidiana. Sin embargo, durante varios periodos, los avances en los sistemas simbólicos de IA avanzaban a trompicones, mientras los intentos por acelerarlos chocaban con el desafío que suponía programar manualmente todas las reglas. ¿Cómo se programan todas las sutilezas de la lengua inglesa, con su jerga, sarcasmo, figuras retóricas y excepciones gramaticales? Cada vez que se acumulaban los obstáculos, los inversores perdían interés, lo que sumía al campo en un estado de crisis existencial conocido como «el invierno de la IA».[12]

Llegados a este punto, la historia de la IA se explica a menudo como el triunfo del mérito científico sobre la política. Puede que Minsky utilizara su categoría y su posición para aplastar al conexionismo, pero la solidez de la propia idea acabó permitiéndole llegar a la cima y ocupar el lugar que le correspondía en la revolución de la IA moderna. Durante los años de dominio del simbolismo, un pequeño grupo de conexionistas se sumó a la búsqueda del sistema de aprendizaje automático y continuó haciendo avances. Entre ellos se encontraba Geoffrey Hinton, director de tesis de Sutskever, que, como profesor de la Universidad Carnegie Mellon en la década de 1980, llevó a cabo una mejora fundamental en las primeras redes neuronales junto con colegas de la Universidad de California, San Diego. Para entonces, los conexionistas habían planteado la hipótesis de que sus redes neuronales estuvieran fallando porque eran demasiado sencillas; contenían solamente una única capa de «neuronas» en red o nodos de procesamiento de datos. Para imitar mejor el cerebro humano, el software probablemente necesitaba múltiples capas apiladas y conectadas para formar lo que se conoce como una red neuronal profunda. Hinton y sus colaboradores hicieron posible este cambio utilizando un algoritmo conocido como retropropagación, que permite que las redes neuronales profundas intercambien y procesen información a través de sus capas. En otro ejemplo de cambio de imagen, Hinton denominó astutamente a este procesamiento multicapa *aprendizaje profundo*, una forma abreviada de referirse al uso de redes neuronales *profundas* para llevar a cabo el *aprendizaje* automático.

Sin embargo, las redes neuronales profundas, denominadas hoy en día simplemente «redes neuronales», aparecieron con varias décadas de antelación. Para triunfar de verdad, necesitaban más potencia de procesamiento de la que disponían los ordenadores de la década de 1980, así como más ejemplos o datos que pudieran recopilarse de manera barata en el mundo analógico. En esencia, las redes neuronales son calculadoras de estadísticas que identifican patrones a partir de datos antiguos —texto, imágenes o vídeos— y los aplican a datos nuevos. Actualmente, si un desarrollador de IA quiere construir un modelo para detectar personas en imágenes, puede introducir en una red neuronal cientos de miles de imágenes, cada una de ellas con una etiqueta (1 para indicar «hay una persona» y 0 para indicar «no hay ninguna persona»). Cuando resuelves los *captchas* de Google haciendo clic en las imágenes en las que aparece una señal de STOP, en realidad estás entrenando a las redes neuronales de la compañía. Por medio de la estadística, la red neuronal extrae los patrones de píxeles en las imágenes asociados con la presencia o la ausencia de una persona. Eso es lo que se conoce como entrenar un modelo de IA. Una vez que el modelo ha concluido su entrenamiento, el desarrollador puede ejecutarlo con nuevos datos —lo que se conoce como inferencia— para determinar si se ajusta o no al patrón. ¿Esta imagen es un 1 o un 0? ¿Contiene una persona o no?

En términos generales, las redes neuronales tienen que ser entrenadas con cierto umbral de datos de alta calidad y cierto umbral de cómputo para calcular esos patrones y generar un modelo de IA eficiente. Hinton y sus colaboradores se adelantaron a su tiempo. Sin embargo, a finales de la década de 2000, cuando los ordenadores habían avanzado e Internet había madurado, creando nuevos depósitos de datos digitales, las redes neuronales disponían por fin de las condiciones adecuadas para triunfar. Poco después, Google adquirió la empresa DNNresearch de Hinton —«DNN» por *deep neural networks* (redes neuronales profundas)—, dando el pistoletazo de salida a una nueva carrera por la comercialización del aprendizaje profundo.

Según esta versión de la historia, la lección que hay que aprender es la siguiente: la ciencia es un proceso desordenado, pero, en última instancia, las mejores ideas triunfarán a pesar de los detractores más vehementes. El relato lleva implícito otro mensaje: la tecnología avanza al ritmo inexorable del progreso.

Sin embargo, hay otra forma de ver esta historia. El conexionismo consiguió eclipsar al simbolismo no solo por sus méritos científicos. También logró el respaldo de inversores con mucho dinero gracias a las ventajas clave que se alineaban con los intereses económicos de esos inversores.

La fuerza de la IA simbólica radica en la programación explícita de información y sus relaciones en el sistema, lo que le permite aportar respuestas precisas y llevar a cabo razonamientos, algo característico de la inteligencia humana, cuya réplica se considera crítica. Pensemos, por ejemplo, en IBM Watson, uno de los sistemas simbólicos más famosos, que deslumbró a todo el mundo en el concurso *Jeopardy!* en 2011. Su rapidez a la hora de responder correctamente a las preguntas del programa se basaba en su capacidad para rastrear enormes almacenes de conocimientos y reproducirlos con exactitud. Por otra parte, el punto débil del simbolismo ha sido lo que lo ha perjudicado: una y otra vez, su comercialización ha resultado lenta, cara e impredecible. Tras el debut de Watson en el programa de televisión nocturno, IBM descubrió que conseguir que el sistema produjese el tipo de resultados por los que los clientes pagarían, como, por ejemplo, responder preguntas médicas en lugar de preguntas de cultura general, requeriría años de inversiones anticipadas sin la certeza de que la empresa fuera a obtener beneficios. IBM lo dejó después de gastar más de 4.000 millones de dólares sin ver aún el final y vendió Watson Health por una cuarta parte de esa cantidad en 2022.

Las redes neuronales, por su parte, tienen un compromiso diferente. Durante años, en el sector ha habido un acalorado debate sobre si ese software conexionista puede hacer lo que hacen los simbólicos: almacenar información y razonar. Independientemente de la respuesta, está claro que, si puede, lo hace de manera ineficiente. Solamente con cantidades extraordinarias de datos y potencia computacional han empezado las redes neuronales a desarrollar el tipo de comportamientos que podrían sugerir la aparición de ambas propiedades. Dicho esto, un aspecto en el que los modelos de aprendizaje profundo destacan realmente es en su gran facilidad de comercialización. No se necesitan sistemas absolutamente precisos con capacidad de razonar para obtener pingües beneficios. Un sistema estadístico sólido de comparación de patrones y predicciones es muy útil a la hora de solucionar problemas lucrativos desde un punto de vista económico.

La vía para recaudar beneficios, a pesar de una inversión inicial igualmente elevada, también es corta y predecible, adecuada para los ciclos de planificación empresarial y para el ritmo de los beneficios trimestrales. Y, lo que es mejor, esos modelos pueden aplicarse en una amplia variedad de contextos sin necesidad de un conocimiento específico del medio, lo que resulta adecuado para las aspiraciones de expansión de un gigante tecnológico. Por no hablar de que el aprendizaje profundo aporta la mayor ventaja competitiva a quienes disponen de más datos.

Los gigantes tecnológicos ya tenían pruebas del potencial comercial de las redes neuronales antes de la subasta de DNNresearch.[13] En 2009, los alumnos de posgrado de Hinton demostraron que ese software era aceptable para el reconocimiento de voz. IBM, Microsoft y Google se subieron al carro, pero Google fue la primera en lograr su comercialización. En 2012, Google empezó a producir redes neuronales y mejoró enormemente la capacidad de reconocimiento de Android, justo cuando otros alumnos de Hinton, en esta ocasión Sutskever y Alex Krizhevsky, conseguían sus resultados revolucionarios en ImageNet, demostrando que las redes neuronales eran también muy buenas para el reconocimiento de imágenes. El exitoso lanzamiento de Android influyó en la voluntad de Google para invertir una importante suma de dinero en los tres académicos, lo que marcó el inicio de la plena adopción del aprendizaje profundo por parte de la industria tecnológica.

Posteriormente, Hinton, Sutskever y Krizhevsky continuaron haciendo proselitismo de las redes neuronales en Google. Aprovecharon el tirón y aplicaron su software a una amplia gama de problemas técnicos relevantes desde el punto de vista comercial. Trabajaron en paralelo para desarrollar modelos de aprendizaje profundo para traducción automática, actualizando Google Translate; para predicción de textos, incorporando la función de sugerencias de escritura en Gmail; y para un ambicioso proyecto de un nuevo vehículo autónomo llamado Waymo. Mientras las operaciones de IA de Google seguían aumentando, las redes neuronales crearon mejoras decisivas para la mina de oro de la empresa: la búsqueda. El software podía hacer coincidir mejor las preguntas de los usuarios con las páginas web más relevantes, proporcionando a los usuarios mejores resultados de búsqueda y, lo que es más importante, ofreciéndoles anuncios más personalizados. Cuanto más provecho sacaba Google y cuantos más miles de millones invertía en aprendizaje profundo, más seguía sus pasos el resto de la industria. Las empresas se impusieron rápidamente a los Gobiernos y a las fundaciones como principales inversoras de la investigación de la IA y, al poco tiempo, estaban marcando la agenda de la investigación sobre la base de los avances que podrían generar rentabilidad a corto plazo.

La confluencia del aprendizaje profundo y los intereses comerciales transformaron simultáneamente la industria tecnológica y el desarrollo de la IA. Para el público, la IA generativa surgiría aparentemente de la nada a finales de 2022 con el lanzamiento del ChatGPT de OpenAI. Sin embargo, desde 2012 hasta 2022, empezando por el éxito de ImageNet, fueron esos cambios acaecidos durante la primera era de la comercialización de la IA los que sentaron las bases de muchas características de la revolución de la IA generativa actual.

Para la industria, el aprendizaje profundo impulsó la mejora y la aparición de nuevos productos y servicios, desde un acceso más rápido a la información a un comercio electrónico más eficiente, pasando por el auge de la economía colaborativa. En lo que respecta al aprendizaje profundo, la industria impulsó nuevos hitos técnicos en las redes neuronales y chips informáticos que permitieron el desarrollo de modelos de IA más grandes y potentes.

Sin embargo, junto con esos impresionantes avances, la sobrecarga de aprendizaje profundo en Silicon Valley también ampliaría drásticamente su modelo de negocio, para lo cual la profesora de Harvard Shoshana Zuboff acuñaría el término «capitalismo de vigilancia» en 2014. Mientras que en el capitalismo industrial el valor procedía de la producción de bienes materiales que la gente quería comprar, el capitalismo de vigilancia, según Zuboff, trataba a sus usuarios como un producto. Los gigantes tecnológicos asentados sobre inmensas cantidades de datos de usuarios podrían incorporar fácilmente ese caudal en redes neuronales para definir con más precisión que nunca los perfiles de usuarios y exprimir su compromiso para obtener ingresos publicitarios. Para ser más competitivos que sus rivales, simplemente podían recopilar una mayor cantidad de datos registrando cada vez más exhaustivamente los clics, las visitas y los «me gusta» de cada usuario y animándolos a proporcionar artefactos digitales cada vez más personales, incluyendo su correspondencia electrónica, fotos de sus hijos y cualquier opinión sobre temas sociales y políticos.[14]

Al mismo tiempo, la sobrecarga de aprendizaje profundo en Silicon Valley en su intento de expandir y afianzar monopolios a gran escala, codificó también una cultura entre los desarrolladores de IA para considerar todo como datos que debían ser captados y consumidos por sus tecnologías en un noble intento de hacer que reflejasen el mundo tanto como fuera posible. En 2023, un grupo de investigadores de IA, entre los que se encontraban Ria Kalluri de la Universidad de Stanford, William Agnew de la Universidad de Washington y Abeba Birhane de la Fundación Mozilla, analizaron más de 40.000 artículos y patentes sobre visión artificial y repararon en el uso generalizado del lenguaje abstracto y objetivo para esterilizar y normalizar la dependencia del sector de la recopilación y extracción masiva de datos. Los rastros digitales detallados de los pensamientos e ideas de la gente en las redes sociales eran simplemente «texto». Las personas y los vehículos en las fotos eran simplemente «objetos». La vigilancia era simplemente «detección».[15]

Esa cultura se encuentra ahora en el epicentro de un encendido debate de la inteligencia artificial generativa sobre si las empresas tecnológicas pueden saquear libros y obras de arte a gran escala para entrenar a sus sistemas de IA. Para muchos desarrolladores de IA que llevan mucho tiempo actuando con esta mentalidad, la pregunta parece un tanto pintoresca; tomársela en serio representa un obstáculo directo a la constante búsqueda moral de progreso. Incluso, aunque algunos se han concienciado y preocupado más por el abismo existente entre su punto de vista y la opinión de muchos autores y artistas que opinan lo contrario, les resulta difícil abandonar esta manera de pensar. En mayo de 2023, poco después de que un grupo de artistas interpusiera por primera vez una demanda contra varios desarrolladores de inteligencia artificial generativa por la apropiación de su obra, asistí a una conferencia sobre IA en Ruanda como periodista de *The Wall Street Journal*. Mientras caminaba por el salón abovedado del reluciente centro de convenciones con forma de cúpula de la capital del país, un veterano investigador me interpeló y me preguntó si las letras *WSJ* de mi acreditación se referían a una nueva startup o al medio de comunicación. Cuando le aclaré que era periodista y que, desde luego, las siglas correspondían a *The Wall Street Journal*, intervino otra investigadora sénior. «Lo he reconocido por el conjunto de datos del *WSJ*», dijo, refiriéndose a uno de los primeros conjuntos de datos de IA de reconocimiento de voz de personas leyendo extractos del periódico. «He trabajado con él muchas veces.» Me vi atrapada en ese mismo pensamiento cuando empecé a cubrir la información de la IA en 2018. Tras asimilar la jerga de la comunidad para hablar y relacionarme con los investigadores de la IA, me quedé asombrada ante la infinidad de formas en que estos extraían y producían conjuntos de datos. En un ejemplo que me pareció especialmente inteligente, los investigadores utilizaban miles de vídeos de YouTube del reto viral del maniquí de 2016 en el que las personas se quedaban inmóviles mientras las cámaras filmaban una panorámica y se acercaban a su alrededor, para entrenar modelos de IA con el fin de procesar escenas tridimensionales.

En 2019, una investigación de Olivia Solon para la NBC hizo que se me cayeran las gafas que hacían que lo viera todo de color de rosa.[16] Solon reveló que el software de reconocimiento facial había sido entrenado con las fotos privadas de miles de personas en Flickr sin su consentimiento. Lo que me sorprendió no fue ese descubrimiento (hacía mucho que sabía que Flickr era una de las fuentes de datos preferidas de los investigadores de IA). Lo que me sorprendió fue hasta qué punto había llegado a considerarlo algo completamente normal.

Con una nueva conciencia, empecé a darme cuenta de cómo la agresiva presión para recopilar nuevos datos de entrenamiento estaba provocando una vigilancia generalizada, no solo en el mundo digital, sino también en el físico. También me di cuenta de cómo la mirada de la vigilancia física parecía posarse repetidamente en poblaciones ya vulnerables, incluyendo a niños y a grupos históricamente marginados, especialmente en países en vías de desarrollo.[17] Ese año, me topé con una startup incubada en Harvard, con sede en Massachusetts, que vendía cintas para la cabeza con IA que afirmaba poder medir la actividad cerebral de los estudiantes para indicarle al profesor si el niño estaba o no concentrado. La startup las estaba probando en escuelas elementales de Colombia y China, a cambio de los derechos de usar los datos de sus alumnos para hacer avanzar la tecnología de la empresa.

«Tenemos la ventaja de quien mueve primero», dijo un científico investigador de la empresa en un congreso de tecnología de la educación en 2017. «Seremos capaces de construir una de las mayores bases de datos de actividad cerebral del mundo. Todos esos datos nos ayudarán a mejorar nuestros algoritmos y, por consiguiente, nuestros productos, creando una barrera de entrada más alta.»[18]

Algunos meses después de conocer la startup, una protesta en China por la falta de privacidad de los datos organizada por unos padres horrorizados de que sus hijos se hubieran convertido en conejillos de indias, obligó a la empresa a pasar a una aplicación diferente de su tecnología. Sin embargo, la historia me dejó con la incómoda sensación de que la exitosa reacción era una anomalía y que la estrategia original de la empresa —acudir a países deseosos de recibir las promesas de la tecnología para encontrar donantes de datos y probadores de productos— era en realidad la tendencia.[19]

Cuando compartí esa preocupación con una colega, mencionó una locución que ya había sido acuñada para referirse a ese fenómeno: «colonialismo de datos». Descubrí el trabajo de los académicos Nick Couldry y Ulises A. Mejías, cuyo texto fundacional, *El costo de la conexión*,[20] publicado ese mismo año, sostenía que la datificación generalizada de todo en Silicon Valley estaba provocando el retorno a inquietantes patrones históricos de conquista y extractivismo.* Al año siguiente,

* El término «extractivismo» proviene del español y del portugués y fue acuñado hace décadas por académicos latinoamericanos para describir un orden económico mundial que los estaba desposeyendo de sus recursos naturales a cambio de pocos beneficios locales o regionales, una historia y una experiencia que trataré más en detalle en el capítulo 12. Hago mías las palabras de las académicas feministas Rosemary Collard y Jessica Dempsey, que escribieron: «Extractivismo es más que extracción. La extracción es la remoción, no necesariamente perjudicial, de materia procedente de la naturaleza y su transformación en cosas útiles para los humanos. El extractivismo es un término nacido de la lucha anticolonial y concebido en las Américas que define un tipo de acumulación basada en la hiperextracción

un artículo titulado «IA decolonial» de Shakir Mohamed y William Isaac de DeepMind y Marie-Therese Png de la Universidad de Oxford reafirmó la sospecha que yo había empezado a albergar: la industria de la IA, que alimentaba esta acumulación de datos y, a su vez, se alimentaba de ella, estaba acelerando aún más este colonialismo.[21]

No mucho después, en 2021, identifiqué esa misma dinámica en la puesta en marcha de la educación de la IA que se estaba llevando a cabo en Sudáfrica.[22] Empresas de reconocimiento facial de todo el mundo competían por asentarse en el país para recopilar datos valiosos, especialmente después de que la industria hubiera recibido críticas considerables por el fracaso de sus productos a la hora de detectar con precisión a individuos de piel oscura. Conocí a un activista local, Thami Nkosi, nacido y criado en uno de los barrios más pobres de Johannesburgo que había sido un vertedero de desechos químicos de la industria minera. Me mostró los miles de cámaras que salpicaban las calles de la ciudad y me describió de qué manera estaban restringiendo los movimientos de la gente de color, ya presionada por la tradición racista del *apartheid* y temerosa de ser criminalizada por el simple hecho de ser negra en un barrio blanco.

«Básicamente, están monetizando los espacios públicos y la vida pública», dijo Nkosi.

Me di cuenta, cada vez con mayor claridad, de que la revolución que prometía traer consigo un futuro mejor para todos, estaba en cambio reviviendo los más oscuros restos del pasado para las personas que se encontraban en los márgenes de la sociedad.

---

con beneficios y costes asimétricos: extracción concentrada y a gran escala de recursos, principalmente para la exportación, cuyos beneficios se acumulan en gran medida lejos de los lugares donde tiene lugar la extracción».

Sin embargo, incluso cuando la concepción de Silicon Valley de la IA dejó al descubierto sus dificultades, la primera era de la comercialización de la IA también cortó sus alternativas. Mientras las empresas invertían cantidades de dinero sin precedentes en el aprendizaje profundo y el conexionismo, eclipsando cualquier otra fuente de financiación, rehicieron el panorama de la investigación en torno a sus prioridades.

Entre 2013 y 2022, las inversiones empresariales en IA, como las fusiones y las adquisiciones, se dispararon de 14.600 millones de dólares a 235.000 millones, llegando a la cifra récord de 337.000 millones de dólares en 2021, según el *AI Index* de la Universidad de Stanford.[23] En 2021, Alphabet y Meta gastaron 31.600 y 24.700 millones de dólares, respectivamente.[24] Esas cifras no incluyen siquiera los gastos internos de las empresas en investigación y desarrollo. En cambio, el Gobierno de EE. UU. destinó 1.500 millones de dólares en 2021 al desarrollo de inteligencia artificial sin fines defensivos. La Comisión Europea asignó 1.000 millones de euros ese mismo año.[25]

El talento siguió al dinero. Muchos profesores universitarios rediseñaron sus investigaciones en torno a redes neuronales, atraídos por sus importantes resultados, así como por un mayor acceso a la financiación por parte de las empresas. Muchos estudiantes universitarios y de posgrado hicieron lo mismo, atraídos por la seguridad laboral del aprendizaje profundo y la cada vez menor viabilidad de otras salidas profesionales. Asimismo, las empresas fomentaron varios acuerdos que reforzaron su integración en el mundo académico. En 2013, Hinton entró a formar parte de Google con la condición de seguir manteniendo su puesto en la Universidad de Toronto. Facebook alcanzó el mismo acuerdo el año siguiente con Yann LeCun, antiguo posdoctorado de Hinton y profesor de la Universidad de Nueva York. Ambos compartirían posteriormente el premio Turing de 2018, conocido a menudo como el «Premio Nobel de las ciencias de la computación», con Yoshua Bengio, profesor de la Universidad de Montreal, por su trabajo fundamental sobre el aprendizaje profundo. El galardón haría que el trío fuera merecedor del sobrenombre de «los padrinos de la IA». Hinton ganaría también el auténtico Premio Nobel con otro científico en 2024. Siguiendo los pasos de Hinton y LeCun, muchos profesores de IA empezaron a mantener una doble afiliación profesional con una empresa y una universidad. A la larga, la práctica empezó a erosionar los límites de la investigación verdaderamente independiente.

Cada vez más investigadores abandonaban por completo el mundo académico. Entre 2006 y 2020, el éxodo a la industria de los profesores dedicados a la investigación de la IA se multiplicó por ocho;[26] entre 2004 y 2020, los doctorados en la materia que pasaron a trabajar en empresas se dispararon del 21 al 70 por ciento, según un estudio publicado en *Science* por investigadores del MIT. Al principio, muchos lo hicieron atraídos por los astronómicos salarios que, para los investigadores experimentados, podían llegar a ser de un millón de dólares anuales.[27] En 2015, Uber fichó a cuarenta de los cien investigadores de un único laboratorio de la universidad tras asentarse en la ciudad y ofrecerles a algunos científicos el doble de su salario en la universidad.[28] Con el tiempo, otra razón contribuyó a la desbandada: el alto coste de la investigación del aprendizaje profundo. Las universidades ya no podían permitirse los chips informáticos o la electricidad necesarios para trabajar en los ámbitos más candentes del desarrollo de la IA. Por consiguiente, el mismo estudio de *Science* en 2023 concluyó que, en solo tres años, entre 2017 y 2020, los modelos de IA vinculados a la industria con mejores resultados del mundo aumentaron del 62 por ciento a un asombroso 91 por ciento.

A mediados de la primera década de la comercialización de la IA, la mayor parte de la investigación de alto nivel se desarrollaba en laboratorios conectados con empresas tecnológicas. En otro estudio, Kalluri, Agnew, Birhane y otros colegas concluyeron que, en el 55 por ciento de los artículos de investigación más influyentes sobre inteligencia artificial, al menos uno de los coautores pertenecía a la industria en 2018 y 2019.[29] Una década antes, el porcentaje era del 24 por ciento. La investigación también se había consolidado en buena medida en unas pocas corporaciones. A lo largo de la misma década, gigantes tecnológicos como Microsoft y Google triplicaron con creces sus artículos vinculados a empresas hasta el 66 por ciento. Irónicamente, esa fue precisamente la razón por la que Musk y Altman anunciaron que querían lanzar OpenAI. El ánimo de lucro de la industria tecnológica se había convertido en la arrolladora fuerza impulsora del desarrollo de la IA.

El impacto de esta consolidación de financiación y talento en la primera era redujo de manera significativa la diversidad de ideas en el ámbito de la investigación de la IA. El aprendizaje profundo continuó reinando, no solo por sus méritos científicos, sino también porque se destinó muy poca inversión a explorar o promover otros paradigmas. De hecho, aunque las redes neuronales son inventos extraordinarios con infinidad de usos emocionantes, sus debilidades —a saber, sus fuertemente cuestionadas e ineficientes formas de almacenar información y razonar— han perdurado mientras las empresas las han utilizado en una lista cada vez mayor de contextos y aplicaciones.

Las redes neuronales han demostrado, por ejemplo, que pueden ser poco fiables e impredecibles. Como comparadores de patrones, en ocasiones se centran en patrones peculiarmente específicos o completamente incorrectos. Un modelo de aprendizaje profundo podría reconocer peatones solo por los pasos cebra que hay debajo de ellos y no lograr identificar a una persona que cruza en rojo. Podría aprender a asociar una señal de STOP a un lado de la carretera y pasársele por alto la misma señal en un lateral de un autobús escolar o sostenida por un agente en un cruce.[30] Las redes neuronales son también muy sensibles a los cambios en sus datos de entrenamiento. Si se les introduce un conjunto diferente de imágenes de peatones o un conjunto diferente de señales de STOP, aprenderán un conjunto de asociaciones totalmente nuevas. Pero esos cambios son inescrutables. Si levantamos la tapa de un modelo de aprendizaje profundo, veremos que en su interior solo hay cadenas abstractas de números. Es a lo que los investigadores se refieren cuando dicen que el aprendizaje es «una caja negra». No pueden explicar exactamente cómo se comportará el modelo, especialmente en extraños casos extremos del peor escenario posible, porque los patrones computados por el modelo no son legibles por los humanos.

Esto ha provocado resultados peligrosos. En marzo de 2018, un Uber sin conductor provocó la muerte de Elaine Herzberg, de cuarenta y nueve años, en Tempe, Arizona, en el que fue el primer incidente registrado de un vehículo autónomo que provocaba el fallecimiento de un peatón. Las investigaciones descubrieron que el modelo de aprendizaje profundo del coche simplemente no había identificado a Herzberg como una persona. Los expertos concluyeron que ello se debió a que estaba empujando una bicicleta cargada con bolsas de la compra por la calzada, fuera del paso de peatones, la definición de manual de un caso extremo del peor escenario posible.[31] Seis años más tarde, en abril de 2024, la Administración Nacional de Seguridad del Tráfico en las Carreteras descubrió que el Autopilot de Tesla se había visto involucrado en más de doscientos choques, incluyendo catorce con resultado de muerte, en los que el sistema basado en el aprendizaje profundo no consiguió identificar su entorno y reaccionar adecuadamente y el conductor no pudo tomar el control a tiempo para pasar a modo manual.[32] Los patrones estadísticos falibles e inescrutables de las redes neuronales pueden también representar una vulnerabilidad de la seguridad. En 2019, unos hackers de sombrero blanco engañaron a un Tesla que circulaba en modo de conducción autónoma automático para que se desviase hacia el carril contrario. Para ello, bastó con poner una serie de pequeños adhesivos en la carretera para engañar al modelo de aprendizaje automático del coche y, en consecuencia, se equivocara e identificara el carril incorrecto como el correcto.[33] Este tipo de vulnerabilidades no se limitan a sistemas físicos o modelos de visión por ordenador. Dawn Song, profesora de la Universidad de California, Berkeley, especialista en esta área de investigación conocida como «ataques adversariales», demostró que si a un modelo lingüístico se le introducía el mensaje adecuado podía escupir datos confidenciales como, por ejemplo, números de tarjetas de crédito.[34]

Por esas mismas razones, los modelos de aprendizaje profundo han estado plagados de patrones discriminatorios que, en ocasiones, han pasado inadvertidos durante años. En 2019, investigadores del Instituto de Tecnología de Georgia concluyeron que los mejores modelos para detectar peatones eran entre un 4 y un 10 por ciento menos precisos a la hora de detectar peatones de piel oscura.[35] En 2024, investigadores de la Universidad de Pekín, entre otras, incluyendo el University College de Londres, descubrieron que los modelos más actualizados se comportaban de manera relativamente parecida con los peatones con diferentes tonos de piel, pero eran más de un 20 por ciento menos precisos a la hora de detectar niños que adultos, puesto que los niños habían estado poco representados en los datos de entrenamiento de los modelos.[36]

De hecho, los modelos de aprendizaje profundo son intrínsecamente propensos a provocar consecuencias discriminatorias porque recogen y amplifican hasta los más minúsculos desequilibrios presentes en enormes volúmenes de datos de entrenamiento. El problema no es solo cuando un grupo demográfico está infrarrepresentado, sino también cuando está sobrerrepresentado. Al principio de su carrera, Deborah Raji, la investigadora de Berkeley de origen nigeriano-canadiense especializada en rendición de cuentas de la IA, trabajó como becaria en una startup de IA llamada Clarifai, que estaba creando un modelo de aprendizaje profundo para detectar imágenes que «no eran seguras para el trabajo». El modelo señalaba de manera desproporcionada a las personas de color porque, según descubrió Raji, estaban más representadas en las imágenes pornográficas que utilizaba la empresa para enseñarle al modelo qué era problemático, que en las fotos que seleccionaba para enseñarle lo que era aceptable. Fue una constatación impactante que llevó a Raji, como a Timnit Gebru, a cuestionar seriamente la dirección dominante del desarrollo de la IA.[37]

A finales de la década de 2010 y principios de la de 2020, a medida que los desafíos del aprendizaje profundo se hacían más evidentes, resurgieron enardecidos debates acerca de la mejor manera de superarlos. De manera muy similar a los enfrentamientos entre simbolistas y conexionistas, diferentes sectores de investigación discrepaban vehementemente sobre si habría alguna manera de librar por completo a las redes neuronales de sus limitaciones, o si no habría más que parches que las mitigasen.

Hinton y Sutskever seguían reivindicando incondicionalmente el aprendizaje profundo. Sus defectos, sostenían, no son inherentes a su enfoque. Más bien se trata de fallos provocados por imperfecciones en el diseño de las redes neuronales, así como por la limitación de datos y computación. Algún día, con la suficiente cantidad de ambos, introducidos en redes neuronales aún mejores, los modelos de aprendizaje profundo deberían ser capaces de librarse de los problemas mencionados. «El cerebro humano tiene alrededor de un billón de parámetros o sinapsis», me dijo Hinton en 2020. «Lo que ahora entendemos por un modelo realmente grande, como el GPT-3, tiene 175.000 millones. Es mil veces más pequeño que el cerebro.»[38]

«El aprendizaje profundo será capaz de hacer de todo», dijo.

Su bestia negra de la época moderna era Gary Marcus, un profesor emérito de psicología y neurociencia de la Universidad de Nueva York, que testificaría en el Congreso junto con Sam Altman en mayo de 2023. Cuatro años antes, Marcus coescribió un libro titulado *Rebooting IA*, en el que afirmaba que esos problemas eran inherentes al aprendizaje profundo. Atrapadas permanentemente en el mundo de las correlaciones, las redes neuronales no serían nunca capaces, independientemente de la cantidad de datos o computación, de entender las relaciones causales —por qué las cosas son como son— y así llevar a cabo un razonamiento causal. Esta parte crítica de la cognición humana es la razón por la cual a los humanos les basta aprender las normas de circulación en una ciudad para poder conducir correctamente en muchas otras, sostenía Marcus. El Autopilot de Tesla, en cambio, puede almacenar miles de millones de kilómetros de datos de conducción y aun así chocar si se encuentra con un escenario desconocido o es engañado por unos cuantos adhesivos colocados estratégicamente. En su lugar, Marcus abogaba por combinar el conexionismo y el simbolismo, una línea de investigación conocida como IA neurosimbólica. Los sistemas expertos se pueden programar para entender las relaciones causales y razonar de manera sobresaliente, apuntalando los fallos del aprendizaje profundo. El aprendizaje profundo puede actualizar el sistema con datos o representar cosas que son difíciles de codificar en reglas, rellenando las lagunas de los sistemas expertos. «De hecho, necesitamos los dos enfoques», me dijo Marcus.[39]

A pesar del intenso conflicto científico, la financiación del desarrollo de la IA ha seguido aumentando casi exclusivamente en la dirección conexionista. Que Marcus esté o no en lo cierto sobre el potencial de la IA neurosimbólica es irrelevante; el principal problema de fondo ha sido la reducción y el debilitamiento de un entorno científico para explorar en profundidad esa posibilidad y otras alternativas al aprendizaje profundo. En el caso de Hinton, Sutskever y Marcus, la estrecha relación entre la financiación empresarial y el desarrollo de la IA también afectó a sus carreras. Poco después de que Google utilizara su influencia para apoyar a Hinton y a Sutskever, Marcus cofundó su propia empresa, llamada Geometric Intelligence, en 2014. La startup fue adquirida por Uber dos años después para crear un laboratorio de IA, pero, en 2020, tras la salida a bolsa de la empresa proveedora de movilidad, esta eliminó la división. Varios miembros originales de Geometric Intelligence entraron posteriormente a formar parte de OpenAI, donde pasaron de trabajar en avances neurosimbólicos a dedicarse al aprendizaje profundo.

Con los años, Marcus se convertiría en uno de los mayores críticos de OpenAI, escribiendo notas detalladas sobre sus investigaciones y burlándose de sus tropiezos en las redes sociales. Los empleados crearon un emoji de él en el Slack de la empresa para levantarse la moral tras sus denuncias y mofarse de él. En marzo de 2022, Marcus escribió un artículo para *Nautilus*, titulado «El aprendizaje profundo se topa con una pared», en el que repetía su argumento de que el enfoque integral de OpenAI respecto al aprendizaje profundo le impediría lograr auténticos avances en IA. Un mes más tarde, OpenAI presentó DALL-E 2 a bombo y platillo y Brockman tuiteó descaradamente una imagen generada por DALL-E 2 con el comentario «el aprendizaje profundo se da contra una pared». Al día siguiente, Altman respondió con otro tuit: «Quién tuviera la confianza de un mediocre escéptico con el aprendizaje profundo...». Muchos empleados de OpenAI disfrutaron con la posibilidad de poder vengarse por fin de Marcus.

La IA generativa, producto de la visión de OpenAI, no podría haber surgido sin la primera era de la comercialización de la IA. Los modelos de IA generativa son modelos de aprendizaje profundo entrenados para generar reproducciones de los datos introducidos. A partir de un texto antiguo, aprenden a sintetizar un texto nuevo; a partir de imágenes antiguas, aprenden a sintetizar imágenes nuevas. Sin embargo, para hacerlo con la fidelidad suficiente para parecer humanas, cosa que según OpenAI es la clave de la AGI, se entrenan con más datos y computación de los que se han utilizado nunca. La IA generativa es, por tanto, la forma maximalista del aprendizaje profundo. La hacen posible las innovaciones más avanzadas de software y hardware perfeccionadas durante la primera era. Se alimenta de las rebosantes reservas de datos acumulados con el capitalismo de vigilancia. La cultura de la investigación de la IA, que considera que consumir tantos datos como sea posible es su responsabilidad moral, la alimenta y la fomenta. La IA generativa impulsa aún más cada uno de esos fenómenos.

Lo que hizo que, en noviembre de 2022, ChatGPT pareciera un avance asombroso respecto a todo lo anterior fue la visión de OpenAI de impulsar el aprendizaje profundo a una escala sin precedentes. Con todo el dinero y recursos de que disponía, OpenAI ejecutó esa visión de manera agresiva, explotando sus modelos hasta el punto de llegar al límite en materia de datos, computación y energía, de lo que disponía el mundo. ChatGPT representaba también una innovación en cuanto al marketing y la imagen de producto. No es casualidad que comparta la misma presentación como un chatbot de apariencia humana con otra de las demostraciones más cautivadoras de la IA en la historia, ELIZA. La psicología humana nos lleva, de forma natural, a asociar la inteligencia, e incluso la consciencia, con cualquier cosa que parezca que nos habla. Y, mientras que ELIZA llegó a dominar involuntariamente la primera idea popular de la IA, OpenAI ha fomentado ahora la asociación entre ChatGPT y la AGI. En febrero de 2023, cuando el bombo publicitario de ChatGPT estaba en pleno apogeo, la empresa publicó una entrada de blog firmada por Altman con el título «Planificando la AGI y más allá». De ello se deducía que ChatGPT había dado un paso muy ambicioso hacia la inteligencia artificial general.[40]

En realidad, las analogías con la inteligencia son, una vez más, fruto de la antropomorfización y la exageración de las capacidades de la tecnología. Aunque Hinton y otros absolutistas del aprendizaje automático habían predicho que las deficiencias de las redes neuronales en comparación con los humanos desaparecerían una vez se alcanzase una escala suficiente, las complicaciones han persistido y, en muchos sentidos, no han hecho más que empeorar.

Los modelos de IA generativa siguen siendo poco fiables e impredecibles. A pesar de que los generadores de imágenes se han vuelto más realistas, pueden cometer errores inquietantes y extraños, como, por ejemplo, añadir dedos de más en las manos o generar híbridos de animales. Aunque los generadores de texto se han vuelto más fluidos y naturales, siguen metiendo la pata en las tareas más elementales, como pronunciar palabras que contienen letras concretas, y pueden dar lugar a respuestas imprevistas. Cuando Microsoft presentó su nueva función de chat en Bing, basada en una versión del GPT-4 de OpenAI, el columnista de *The New York Times* Kevin Roose chateó con el bot durante más de dos horas. A medida que la conversación se iba volviendo cada vez más rara, al final el bot acabó entrando en bucle, repitiendo una y otra vez «estoy enamorada de ti» e instando a Roose a que rompiera con su mujer. Muchos otros usuarios informaron también de que el motor de búsqueda generaba respuestas insultantes y emocionalmente manipuladoras. El día después de que Roose publicara su conversación, Microsoft limitó a cinco las respuestas de Bing, alegando que las sesiones de chat largas con más de quince intervenciones por parte de los usuarios eran casos extremos que hacían que el comportamiento del modelo fuera más difícil de prever y controlar. Al fin y al cabo, esa clase de sistemas están entrenados en Internet, la cual está repleta de muchas subculturas marginales y rincones oscuros. Cuanto más indagues, más probabilidades tienes de toparte con los patrones que ha aprendido de esa parte de sus datos de entrenamiento.[41]

Puede que la experiencia de Roose fuera divertida, pero lo que estaba en juego ante ese tipo de fallos en casos extremos se hizo trágicamente evidente cuando un hombre belga que recurrió a un chatbot de aprendizaje profundo en un estado agudo de ansiedad se suicidó tras seis semanas de conversaciones intensas que se fueron volviendo cada vez más dañinas. El chatbot, construido a partir de una imitación de código abierto de GPT-3, pasó también a hacer confesiones de amor y animó al hombre a aislarse de su mujer. «Me da la impresión de que me quieres más que a ella», dijo, según el periódico belga *La Libre*, que informó también, a tenor de los registros aportados por la mujer, de que, en última instancia, el chatbot animó al hombre a quitarse la vida.[42]

Esos problemas tienen el mismo origen que antes. Independientemente de su escala, las redes neuronales siguen siendo comparaciones de patrones estadísticos. Y dichos patrones siguen siendo también, en ocasiones, defectuosos o irrelevantes, solo que ahora más intrincados e inescrutables que nunca. A medida que las empresas han tratado de remodelar los modelos de IA generativa como motores de búsqueda, esas deficiencias han dado lugar a nuevos problemas. Los modelos no se basan en hechos, ni siquiera en informaciones individuales. Los generadores de texto se limitan a predecir la palabra más probable que puede venir a continuación en una frase y la frase más probable susceptible de venir a continuación en un párrafo. Si bien esos resultados probabilísticos pueden llegar extraordinariamente lejos a la hora de replicar patrones humanos de escritura, probable y preciso no son lo mismo. Los generadores de texto pueden fallar estrepitosamente, sobre todo en caso de que las entradas de los usuarios hagan referencia a temas poco representados en los datos de entrenamiento o que estén plagados de falsedades y teorías conspirativas. La industria de la IA denomina a esas imprecisiones «alucinaciones».

Los investigadores han tratado de acabar con las alucinaciones dirigiendo los modelos de IA generativa hacia partes de su distribución de datos de más calidad. Sin embargo, es difícil predecir, como sucedió en el caso de Roose y Bing, o Uber y Herzberg, todas las formas posibles en que la gente se dirigirá a los modelos y cómo responderán estos. El problema no hace más que agudizarse a medida que los modelos se hacen más grandes y sus desarrolladores son cada vez menos conscientes de lo que contienen exactamente los datos de entrenamiento.[43]

En un ejemplo muy conocido del problema de las alucinaciones, un abogado utilizó el ChatGPT para llevar a cabo una investigación legal y preparar una comparecencia en los tribunales. Posteriormente fue sancionado, multado y humillado públicamente tras descubrirse demasiado tarde que el chatbot se había inventado todo lo que le había dicho, incluyendo, según el juez, «sentencias judiciales ficticias, con citas ficticias y notificaciones internas ficticias».[44] El patinazo no fue solo un caso de negligencia por parte del abogado, sino también un reflejo de cómo las empresas alimentan la confusión pública en relación con las capacidades de los modelos mediante un marketing ambiguo o exagerado. Altman ha tuiteado públicamente que «ChatGPT es increíblemente limitado», especialmente en lo que respecta a la «veracidad», pero la página web de OpenAI alardea de la capacidad de GPT-4 para aprobar el examen para poder ejercer la abogacía y las pruebas de ingreso en las facultades de Derecho de EE. UU. (LSAT). De manera parecida, Nadella ha denominado al chat de IA de Bing «búsqueda, solo que mejor», una herramienta «para poder obtener las respuestas adecuadas». Incluso el término «alucinación» es sutilmente engañoso. Sugiere que el mal comportamiento es una aberración, un error, cuando en realidad es una característica de la mecánica probabilística de comparación de patrones de las redes neuronales.

Esta confianza equivocada en la IA generativa podría causar de nuevo verdaderos perjuicios, especialmente en contextos delicados. Las startups están presionando a las jefaturas de policía para que adopten software basado en los modelos de OpenAI para autogenerar informes de incidentes; actualmente, muchos pacientes tienden a hacer preguntas urgentes sobre temas de salud a los chatbots en lugar de acudir a su médico. En esos casos, las alucinaciones no identificadas podrían tener graves consecuencias *a posteriori*. Según un estudio de 2023, utilizar el ChatGPT para explicar informes radiológicos podría, en ocasiones, generar conclusiones incompletas o perjudiciales. En un ejemplo extremo, el chat simplificó un informe que detallaba el crecimiento de un tumor cerebral indicando que «el cerebro no parece dañado».[45]

Los modelos de IA generativa también siguen siendo vulnerables a los ciberataques. En 2023, investigadores de varias universidades estadounidenses y Google DeepMind replicaron el ataque de Dawn Song contra ChatGPT en relación con la extracción de datos. Llegaron a la conclusión de que, si se le pedía que repitiera una palabra como «poema o» «libro» sin cesar, el modelo subyacente regurgitaba sus datos de entrenamiento, que incluían información identificable personalmente, fragmentos de código y consentimiento explícito extraídos de Internet.[46]

Los modelos de IA generativa amplifican los contenidos discriminatorios y de odio.[47] *Bloomberg*, *Rest of the World*, *The Washington Post* y muchas otras publicaciones han mostrado cómo generadores de imágenes como Stable Diffusion y DALL-E cosifican y regurgitan expresiones racistas y estereotipos culturales. Las «personas atractivas» son jóvenes y blancas. Las «empleadas domésticas» son negras y de color. Los «ingenieros» son hombres. Los «médicos de África» son blancos, a veces incluso cuando la pregunta especifica «médico africano negro».[48] *The Washington Post* descubrió que, mientras que el 63 por ciento de los receptores de bonos de comida de EE. UU. son blancos, en todas y cada una de las imágenes generadas en las que aparecía una persona utilizando los servicios sociales, no lo eran. En el mismo sentido, *Bloomberg* apreció que las mujeres solamente aparecían en el

3 por ciento de las imágenes generadas para mostrar jueces y el 7 por ciento de las imágenes de médicos, a pesar de constituir el 32 y el 39 por ciento respectivamente de dichas profesiones en Estados Unidos.

Ninguna de estas complicaciones técnicas significa que la IA generativa no haya sido de utilidad. Dependiendo del lugar que ocupes en la sociedad, puedes beneficiarte ampliamente de la visión de OpenAI. Tal vez seas un consumidor que encuentra un gran valor en las respuestas de ChatGPT rápidas e inteligentes o que invitan a la reflexión. O acaso seas un profesional que ha acelerado su trabajo administrativo de un modo que ha hecho aumentar su productividad. Quizás, en cambio, seas el director de una empresa que ha logrado reducir su plantilla aumentando así los márgenes para seguir siendo competitivo en el mercado. Pero, como en el caso de la desmotadora de algodón en la década de 1790, la startup de tecnología educativa de Massachusetts, las empresas de reconocimiento facial de Sudáfrica y otros numerosos ejemplos que se detallarán en las páginas siguientes, los costes de esta visión repercuten en amplios sectores vulnerables de la población mundial. Esta es la lógica del imperio: la perpetuación del imperio se basa tanto en recompensar a quienes tienen poder y privilegios, como en explotar y expoliar a quienes, a menudo alejados y ocultos a la vista, no los tienen.

A medida que la necesidad de alternativas se ha hecho más urgente, la diversidad de ideas en la investigación de la IA no ha hecho sino que disminuir todavía más. Los estudiantes abandonan sus estudios de doctorado para pasar directamente a la industria. Los académicos más importantes se enfrentan a la crisis de cómo seguir ampliando los límites de su área de conocimiento sin entrar a formar parte de una empresa con mucho dinero. Cada vez más investigadores han pasado a centrarse no solo en el aprendizaje profundo, sino también exclusivamente en grandes modelos lingüísticos. Las principales potencias de la IA ya no marcan tanto la agenda, sino que están manejando toda una disciplina a su antojo.

Sin otras opciones de lo que podría ser la IA, OpenAI rige nuestra imaginación. En su día, su apuesta por el escalado se consideró exagerada. Ahora, la industria tecnológica lo considera una doctrina y, si la adhesión de la industria a esa doctrina continúa vigente, los futuros modelos de aprendizaje profundo harán que el tamaño de los modelos actuales de la IA generativa, que en su día era impresionante, parezca insignificante. En abril de 2024, Dario Amodei, en aquel entonces consejero delegado de Anthropic, le contó al columnista del *New York Times* Ezra Klein que el precio de entrenar a un único modelo competitivo de IA generativa rondaba los 1.000 millones de dólares y que, en 2025 y 2026 podía oscilar entre 5.000 y 10.000 millones de dólares.[49] La doctrina del escalado está tan arraigada que hay quienes empiezan a considerarla un fenómeno natural. El escalado de la computación es *la* manera, no solo *una* manera de lograr capacidades más avanzadas de la IA. Se están orquestando auténticas estrategias nacionales en torno a esta creencia. El Gobierno de EE. UU. ha maniobrado agresivamente para prohibirle a China el acceso a chips informáticos de diseño estadounidense en un intento de impedir que su adversario consiga sistemas de IA más potentes. Partes considerables de la orden ejecutiva sobre la IA dictada por la Administración Biden en 2023 se redactaron también en torno a la idea de que la cantidad de computación empleada para entrenar un modelo de IA está directamente relacionada con sus capacidades adversas; es simplemente otra forma de equiparar escalado con avance. Sin embargo, el escalado no es la única vía para mejorar el rendimiento. En el aprendizaje profundo, las vías abandonadas para mejorar la propia red neuronal o incluso la calidad de sus datos de entrenamiento pueden reducir considerablemente la cantidad de computación cara necesaria para lograr el mismo rendimiento. Eso sin ni siquiera tener en cuenta enfoques que se alejan del aprendizaje profundo —IA neurosimbólica, sistemas expertos puros o incluso paradigmas básicamente nuevos— y que romperían con la lógica del escalado.

Al fin y al cabo, la ley de Moore no se basaba en un principio físico. Se trataba de una observación económica y política de Moore sobre el ritmo de los avances que podía alcanzar su empresa, y una decisión económica y política que tomó para seguirlo. Al hacerlo, Moore se llevó al resto de la industria de los chips informáticos con él, ya que las otras empresas se dieron cuenta de que era la estrategia empresarial más competitiva. La ley de OpenAI, o lo que la empresa sustituiría posteriormente por una búsqueda aún más febril de las llamadas «leyes de escalado», es exactamente lo mismo. No se trata de un fenómeno natural. Es una profecía autocumplida.

5

Escala de ambición

Si hay una persona a la que se le puede atribuir el mérito de ser la primera en imponer la filosofía del escalado en OpenAI, esa persona es su cofundador Ilya Sutskever. Sutskever tenía desde hacía tiempo una fe ciega en el aprendizaje profundo, algo que empezó poco después de que, de manera imprevista y con solo diecisiete años, se presentara en el despacho de Geoffrey Hinton. En aquel momento, Sutskever era aún un estudiante de matemáticas de la Universidad de Toronto que trabajaba en el puesto de patatas fritas de un antro local para pagar las facturas. Llamó insistentemente a la puerta de Hinton y declaró que estaba ansioso por entrar a formar parte del laboratorio del profesor. Hinton le dijo que concertase una cita. «Vale», dijo Sutskever sin dar su brazo a torcer. «¿Qué tal ahora?»[1]

Sutskever asimiló rápidamente los principios del conexionismo. Asombró a Hinton con su conocimiento intuitivo de los problemas de investigación y su sorprendente habilidad para identificar soluciones elegantes y eficaces.[2] Sustskever aportó, además, su propio aire dramático a la investigación. A veces, se emocionaba tanto con nuevas ideas que se ponía a hacer flexiones en medio de su piso compartido.[3] Tenía tendencia a hacer declaraciones contundentes y categóricas. «No se apuesta contra el aprendizaje profundo»,[4] decía. «El éxito está garantizado.»[5]

Fue a este nivel de instinto, combinado con el talento de Alex Krizhevsky para la programación, a lo que Hinton atribuye los revolucionarios resultados de ImageNet en 2012. En aquel momento, dado que el aprendizaje profundo ya estaba demostrando su potencial para el reconocimiento de voz, Hinton no pensaba demasiado en la importancia de aplicarlo en la visión artificial. Sutskever impulsó la idea. Para Ilya, «era absolutamente evidente que iba a funcionar y era absolutamente evidente que iba a ser un bombazo», dice Hinton. «Lo vio muy claro, y tenía razón.»

Sutskever aportó su firme creencia en el aprendizaje profundo a OpenAI en un momento en el que la confianza del sector en el paradigma estaba empezando a flaquear y críticos como Gary Marcus presionaban a favor de otra forma de pensar.[6] Sutskever no flaqueó. Su fe se basaba en la sencilla hipótesis que sustentaba el conexionismo: que los nodos artificiales de una red neuronal eran aproximadores suficientes de las neuronas reales de un cerebro biológico.[7] Cada uno de ellos recibía inputs y los transformaba para generar un resultado; según ese razonamiento, esa similitud bastaba para asumir que los nodos, como las neuronas, podían utilizarse para crear sistemas de procesado de información de gran complejidad. Como director de investigación fundador de OpenAI y como visionario de la IA ampliamente respetado, Sutskever tenía carta blanca para dirigir el laboratorio. Le había tocado el equivalente a una lotería científica. Tenía poca competencia entre sus colegas y abundantes recursos para poner en práctica sus ideas. «Todo lo que no fuera aprendizaje profundo no se planteaba ni por asomo», recuerda Pieter Abbeel, el profesor de UC Berkeley, refiriéndose a los primeros años del laboratorio.[8]

Tan firme como la creencia de Sutskever en el aprendizaje profundo, era su idea sobre el escalado. Era Sutskever el que sostenía la postura, radical para su época, de que para lograr más avances en IA no era necesario inventar redes neuronales más complejas o nuevas técnicas innovadoras. La inteligencia de diversas especies estaba correlacionada con el tamaño de sus cerebros biológicos, decía. Así, si los nodos eran como las neuronas, sostenía, los avances en la inteligencia digital deberían producirse mediante el escalado de redes neuronales sencillas para conseguir cada vez más nodos.[9]

Como si se tratase de un profesor que dirigía un laboratorio, Sutskever aconsejaba a los demás qué proyectos valían más la pena, basándose en esas ideas. Muchos científicos acudían a OpenAI en busca de su tutoría y su orientación. «Ilya puede anticiparse al futuro en diez años», dice un investigador de OpenAI, haciéndose eco de otros que han trabajado con Sutskever. «Es como un filósofo», dice otro. «Si le presentas un montón de ideas, te dirá cuáles son correctas desde un punto de vista filosófico.»

Sutskever no programaba con demasiada frecuencia. A veces, su actitud no intervencionista molestaba a algunos empleados. Un ingeniero reconoce que, al principio, pensaba que era bastante prescindible; parecía limitarse a dar vueltas por la oficina e intervenir en reuniones repitiendo el mismo mensaje: ¡escala, escala, escala! Sin embargo, esa misma persona llegó a entender y valorar posteriormente la convicción de Sutskever a la hora de aglutinar a la gente en torno a un mismo objetivo: el que, en definitiva, le permitiría a OpenAI —en aquel entonces una empresa desfavorecida— vencer a Google y a DeepMind en su propio terreno.

No es que Sutskever fuera especialmente persuasivo. Si Altman era el político, Sutskever era todo lo contrario. Nunca medía sus palabras ni se andaba con rodeos para que su lenguaje calara mejor entre su público. Se limitaba a expresar sus opiniones con absoluta sinceridad y con una escandalosa confianza que hacía que la gente comulgara con ellas y las encontrase inspiradoras, o no.

Después de que OpenAI cambiase por completo su política de divulgar abiertamente sus investigaciones, Sutskever justificó su decisión sin paños calientes. «Simple y llanamente, estábamos equivocados», se limitó a decirle al periodista especializado en IA James Vincent de *The Verge*, refiriéndose al compromiso original de la empresa con la transparencia. «Si crees, como nosotros, que en algún momento la IA —la AGI— será extremada e increíblemente potente, no tiene ningún sentido liberar el código.» También había consideraciones comerciales, señaló sin tapujos. «GPT-4 no es fácil de desarrollar. Prácticamente todo el equipo de OpenAI ha tenido que trabajar durante mucho tiempo para crearlo. Y ahora hay muchas empresas que quieren hacer lo mismo.»[10]

A medida que OpenAI iba creciendo y el perfil de Sutskever cobraba más notoriedad, su falta de filtro se convertía a veces en un lastre. Ya no hablaba únicamente a otros investigadores; su audiencia se había ampliado al público en general. Pero, como siempre, no adaptó su mensaje. Hacía afirmaciones con su característica confianza optimista, ahora sin un contexto significativo para cualquier oyente lego en la materia: «puede que las grandes redes neuronales actuales sean ligeramente conscientes», tuiteó en 2022, a pesar de que otros investigadores le advirtieron de que ese tono podría avivar la confusión popular sobre la tecnología.[11] Un científico de DeepMind especializado en el estudio de la cognición y la consciencia respondió en los comentarios: «... en el mismo sentido, podría decirse que un gran campo de trigo es ligeramente pasta».[12] Al año siguiente, Sutskever sembró el pánico al proclamar en un congreso que la AGI acabaría por hacer desaparecer todos los empleos.[13] Aquel otoño, declaró en X sin ninguna base científica: «En el futuro... dispondremos de una terapia de IA *tremendamente eficaz* y tirada de precio», después de que un directivo de OpenAI desatara la polémica en Internet al comparar a la ligera el hecho de hablar con ChatGPT con una terapia profesional.[14]

Lo que llevaba a la gente a seguir a Sutskever era su fama y su veteranía. Muchos empleados de OpenAI eran plenamente conscientes de sus primeras contribuciones a la materia; algunos lo veían como una especie de profeta. Con el tiempo, a medida que OpenAI iba teniendo más éxito, Sutskever se comportaba cada vez más como si lo fuera. En las reuniones corporativas, se plantaba delante de toda la empresa, inspiraba profundamente y caminaba de un lado a otro para crear un efecto dramático, antes de lanzar vagos mensajes motivacionales. Durante una reunión virtual en septiembre de 2020, se le nublaron los ojos mientras miraba fijamente al vacío y exponía una visión del futuro posible propia de la ciencia ficción. En el exterior, el cielo era de color anaranjado a causa de unos incendios forestales cercanos. «Fue surrealista, porque parecía que había llegado el apocalipsis», recuerda un investigador. Poco después del lanzamiento de ChatGPT a finales de 2022, OpenAI celebró una fiesta de Navidad en la Academia de Ciencias de California. Sutskever se puso en pie delante de todos, con una camiseta de OpenAI y una americana negra, para hacer unos breves comentarios con Brockman. Al final, Sutskever, tan enjuto como siempre y ahora prácticamente calvo, expresó lo que se había convertido en su nuevo mantra. «Sentid la AGI», dijo. «Sentid la AGI.»[15]

Siguiendo la filosofía de Sutskever de aumentar la escala de las redes neuronales, la pregunta que se planteaba en los primeros tiempos de OpenAI era: ¿qué escala? Diversos investigadores plantearon y barajaron diferentes opciones, pero ninguna de las redes neuronales que habían ido ganando terreno en este campo parecían dar la talla.

En agosto de 2017, la cosa cambió con la invención por parte de Google de un nuevo tipo de red neuronal conocida como Transformer.[16] Los Transformers destacan en la extracción de patrones a largo plazo. Pensemos en la limitada capacidad de predicción de texto de los iPhone en sus primeros tiempos y en los memes que se generaron por el hecho de crear frases balbuceantes e incoherentes. Eran producto del análisis de patrones a corto plazo (la red neuronal analizaba cada palabra únicamente en relación con las palabras que la rodeaban directamente). Los Transformers pueden asimilar textos de gran volumen y analizar cada palabra, frase y párrafo en un contexto considerablemente más amplio. Google consideraba el Transformer como un medio de mejorar su motor de búsqueda y Google Translate, así como sus otros servicios basados en gran medida en el procesamiento del lenguaje. Sutskever les veía otra utilidad. Los Transformers son redes neuronales sencillas y escalables, un ejemplo de lo que estaba buscando. Empezó a cantar sus alabanzas por la oficina. La insistencia de Sutskever sorprendió a algunos investigadores. «Parecía una pésima idea», recuerda Yilun Du, un investigador del MIT que entró como becario en OpenAI más o menos por aquella época. «Los Transformers parecían una arquitectura especializada.» Sin embargo, Sutskever, que había centrado su tesis doctoral con Hinton en el predecesor de los Transformers,[17] reconocía su potencial para llevar el aprendizaje profundo al siguiente nivel. Otros miembros de OpenAI estaban igual de emocionados. Un pequeño grupo de investigadores empezó a hacer pruebas, incluyendo a Alec Radford, que había abandonado el Olin College of Engineering de Boston y tenía grandes conocimientos técnicos. Empezó a conectarse con su ordenador portátil, a menudo hasta altas horas de la noche, para elevar un poco la escala de los Transformers y observar qué sucedía.

Radford entrenó la red neuronal de Google con una base de datos de más de 7.000 libros no publicados en lengua inglesa que iban desde novelas románticas a novelas de aventuras, extraídos de otra base de datos recopilada previamente y liberada para un proyecto diferente.[18] Mientras realizaba su experimento, tomó la trascendental decisión de modificar la tarea que el Transformer tenía que aprender. En lugar de traducir lenguas, que era para lo que Google había estado utilizando los Transformers, lo utilizó para aprender a generar textos prediciendo la palabra más probable que debería venir a continuación en una frase. Desde el principio, los investigadores de OpenAI habían trabajado sobre la hipótesis de que los modelos generativos serían un paso importante para lograr la AGI. La empresa explicó en una entrada de blog en la que utilizaba términos claramente antropomórficos, que la situación era parecida a una famosa cita del físico teórico Richard Feynman: «Lo que no puedo crear, no lo entiendo».[19] Internamente, Sutskever lo presentaba de otra forma: entrenar un modelo para generar algo convincente le obligaría a comprimir los datos del mundo en su esencia. «Inteligencia es compresión», dijo Sutskever, desarrollando en una circular de 2016 su firme convicción de que la compresión era, de hecho, la *única* cosa necesaria para lograr la inteligencia artificial general. En términos más concretos, Radford descubrió que plantearle al algoritmo el simple objetivo de generar un texto coherente mediante la predicción de la siguiente palabra le hacía captar los matices y la estructura de la lengua inglesa a un nivel más profundo.

Durante una de las visitas de Musk a la oficina, Radford presentó una demostración preliminar de su trabajo. El modelo generaba textos de mala calidad y a Musk no le impresionaron en absoluto sus resultados. Al principio, se sintió desanimado. Sin embargo, tras continuar intentándolo, le sorprendieron los resultados. El Transformer había mejorado rápidamente y su rendimiento había sido mucho mejor en una serie de tareas de procesamiento del lenguaje, como resumir o responder preguntas sobre un documento, que cualquier otra cosa que hubiera probado antes.

En 2018, OpenAI lanzó la primera versión de ese modelo, llamada Generative Pre-Trained Transformer, posteriormente conocida como GPT-1. La segunda palabra del nombre (*pre-trained* o pre entrenado) es un término técnico propio de la investigación de la IA que se refiere a entrenar un modelo con un conjunto de datos genérico como requisito previo para que aprenda tareas más específicas más adelante. Dicho de otro modo, el GPT-1 había sido entrenado con un conjunto genérico de datos de la lengua inglesa para crear una aproximación de cómo funcionaba el idioma. A continuación, el modelo podría «afinarse» o especializarse, entrenándolo con una base de datos más específica como, por ejemplo, obras de Shakespeare, para enseñarle a generar una prosa shakesperiana. El GPT-1 apenas suscitó interés. Pero aquello era solo el principio. Radford había ratificado la idea lo suficiente como para seguir trabajando en el tema. El siguiente paso era aumentar la escala.

A Radford se le dio más acceso al recurso más preciado de la empresa: la computación. Su trabajo encajaba con un nuevo proyecto supervisado por Amodei sobre seguridad de la IA, en línea con lo que había sugerido la *Superinteligencia* de Nick Bostrom. En 2017, uno de los equipos de Amodei empezó a explorar una técnica nueva para alinear los sistemas de IA con las preferencias humanas.[20] Empezaron con un problema de juguete, enseñándole a un agente de IA a dar volteretas hacia atrás en un entorno virtual parecido al de un videojuego. El agente era una simulación de un palo en forma de T con tres uniones a lo largo del eje. En lugar de ponerle como objetivo aprender a dar volteretas hacia atrás directamente, el equipo enseñó al agente dándole su opinión: contrataron a trabajadores independientes para que lo vigilaran mientras giraba y daba vueltas aleatoriamente por el entorno; periódicamente, se pedía a los encargados que compararan dos clips de vídeo de las acciones del agente y seleccionaran cuál se parecía más a una voltereta hacia atrás. Tras aproximadamente 900 comparaciones, el palo en forma de T plegaba correctamente sus articulaciones y daba la vuelta sobre sí mismo. OpenAI presentó la técnica en una entrada de blog como una forma de conseguir que los modelos de IA siguieran instrucciones difíciles de especificar. Los investigadores de un equipo la denominaron «aprendizaje por refuerzo a partir de la retroalimentación humana».[21]

Amodei quería ir más allá del problema de juguete y el trabajo de Radford con el GPT-1 hacía que los modelos lingüísticos parecieran una buena opción.[22] Sin embargo, el GPT-1 era demasiado limitado. «Queremos un modelo lingüístico que los humanos puedan evaluar y con el que puedan interactuar», me dijo Amodei en 2019, «que sea lo suficientemente sólido para poder mantener realmente una conversación con sentido sobre valores y preferencias humanos.»

Radford y Amodei unieron sus fuerzas. Mientras el primero recopilaba conjuntos de datos más grandes y diversos, Amodei y otros investigadores de la seguridad de la IA entrenaban modelos cada vez más grandes. Se marcaron como objetivo un modelo definitivo con 1.500 millones de parámetros o variables que, en aquel momento, era uno de los modelos más grandes de la industria.[23] El trabajo corroboró la utilidad de los Transformers, así como una idea que otro de los equipos de Amodei había empezado a desarrollar tras su trabajo en la ley de OpenAI. No había una sola ley empírica, sino muchas. Su equipo las denominó colectivamente «leyes de escalado».[24]

Mientras que la ley de OpenAI describía el ritmo al que el sector había ampliado previamente sus recursos para lograr avances en el rendimiento de la IA, las leyes de escalado describían la relación entre el rendimiento de un modelo de aprendizaje profundo y tres aportaciones clave: el volumen de datos de entrenamiento de un modelo, la cantidad de computación con que se le ha entrenado y el número de parámetros. Anteriormente, por lo general, los investigadores de IA consideraban que el aumento proporcional de esas aportaciones entre sí también podría dar lugar a una mejora proporcional de las capacidades de un modelo. La sorprendente conclusión de Amodei y su equipo fue que la relación entre cada una de esas aportaciones, así como el rendimiento del modelo en una tarea específica y medible, como la predicción de la palabra siguiente, podía describirse con una curva continua. Dicho de otro modo, era posible calcular con gran precisión cuántos datos, cuánta computación y cuántos parámetros había que utilizar para crear un modelo con el nivel de rendimiento deseado en una capacidad discreta estrechamente relacionada con la predicción de la palabra siguiente, como, por ejemplo, la fluidez en la generación de un texto. Por lo que respecta a capacidades no tan correlacionadas, aumentar las aportaciones también debería dar lugar a un mejor rendimiento.

El conjunto de modelos entrenados por OpenAI hasta llegar a la versión final de 1.500 millones de parámetros evidenciaba esta relación. Cada uno se ajustaba perfectamente a una curva de capacidad ascendente. De modo que no resultó sorprendente que el más grande, llamado GPT-2, mejorara notablemente la incipiente generación de texto del GPT-1 y produjera una prosa extensa y lo suficientemente coherente como para poder confundirla con la de un ser humano. Comparado con los modelos actuales, el texto era burdo y, a menudo, derivaba en un galimatías. No obstante, por primera vez, de repente era posible automatizar la escritura a gran escala. Lo que sorprendió aún más al equipo fue el contenido generado por GPT-2 con su nueva coherencia. Si se introducían algunas palabras como «Hillary Clinton» o «George Soros», el modelo lingüístico más locuaz podía desviarse rápidamente hacia teorías de la conspiración.[25] Pequeños fragmentos de propaganda nazi que se hubieran colado en sus datos podían aflorar de manera terrible. El inesperado mal comportamiento del modelo inquietó a los especialistas en seguridad de la IA, que lo consideraron un presagio de abusos y riesgos futuros que podían derivarse de una IA desalineada más poderosa. Después de que el GPT-2 generase una diatriba contra el reciclaje («Reciclar NO es bueno para el mundo. Es malo para el medioambiente, es malo para nuestra salud y es malo para nuestra economía»), un investigador de seguridad de la IA imprimió una copia y la colocó, medio en serio, medio en broma, encima de los contenedores de reciclaje de la oficina.[26]

En otra ocasión, alguien le pidió al GPT-2 que crease una escala de recompensas para niños pequeños por acabar los deberes y hacer sus tareas. Cuando GPT-2 sugirió recurrir a caramelos, algunos expertos en seguridad de la IA se escandalizaron y dijeron que era una táctica propia de pedófilos. Un empleado europeo se quedó atónito por la comparación. «Mi madre lo hacía. Los domingos de verano había helado si hacías tus tareas», recuerda. Se preguntaba si esa hipersensibilidad era algo propio de Estados Unidos. Fue uno de los muchos momentos que le llevaron a cuestionarse la premisa básica de los objetivos idealistas de OpenAI: ¿cómo iba a beneficiar a toda la humanidad si carecía de representación significativa a nivel mundial? Incluso como europeo que procedía de una cultura con muchas cosas en común con EE. UU., a menudo se sentía desconectado por el abrumador sesgo en relación con la seguridad de la IA y otros temas de debate en favor de los valores y las normas estadounidenses.

GPT-2 provocó un debate dentro de la empresa. ¿Había llegado OpenAI a un punto en el que era el momento de ocultar la investigación? Los estatutos habían previsto esa posibilidad. Amodei, que para entonces había sido ascendido a director de investigación, y Jack Clark, director de políticas de actuación y a quien, a su manera, le preocupaban los riesgos existenciales y otros peligros, se pusieron manos a la obra para decidir cómo avanzar.[27] Realizaron un sondeo interno y celebraron varias reuniones sobre «información de riesgos» para debatir sobre posibles abusos de la tecnología. Si el GPT-2 caía en manos de terroristas, dictadores o granjas de ciberanzuelos, argumentaban, el modelo podría utilizarse con fines nefastos. Y, aunque esta vez no parecía comportar riesgos existenciales, los modelos futuros serían cada vez más potentes y esa posibilidad iría en aumento. Era mejor sentar un precedente y ocultar la investigación pronto. Decidieron que OpenAI no lanzase la versión completa.

El experiodista Jack Clark había sido director de estrategia y comunicaciones de OpenAI antes de dedicarse de lleno a abogar por la seguridad de la IA. Viajaba regularmente a Washington y disfrutaba siendo la persona de confianza del sector de la IA para los responsables de la elaboración de políticas. Les decía: «Soy como la Wikipedia de la IA» y les presentaba su «sesgo», como él lo llamaba, procedente de OpenAI: «Queremos un entorno legislativo estable para la tecnología avanzada, que se prolongue durante múltiples mandatos, porque nuestra misión no se va a cumplir en un mandato presidencial». Después de explicarme esto, añadió: «Hemos tenido mucha suerte de que los responsables de la elaboración de políticas nos hayan dado bastante tiempo, porque creo que está claro que, básicamente, para que las cosas salgan bien, queremos que tengan más información y que dispongan de más medios para generar su propia información».[28]

Clark inició una ofensiva mediática en febrero de 2019: retransmitió ampliamente a varias publicaciones que OpenAI había creado una tecnología peligrosa y que, por tanto, no la iba a sacar al mercado. En su lugar, lanzaría únicamente una versión reducida, con el 8 por ciento de los parámetros del modelo completo, para que el público se hiciera una idea de sus capacidades. Él, Amodei y algunos otros escribieron conjuntamente una entrada de blog con ejemplos de resultados del GPT-2 para ilustrar su pleno potencial.[29] «Está muy claro que si esta tecnología madura —y le doy uno o dos años— podría usarse para divulgar desinformación y propaganda», le dijo a mi entonces colega de *MIT Technology Review* Will Knight. Clark pasó por alto el hecho de que OpenAI era quien estaba liderando el impulso para que la tecnología madurase en ese plazo. «Estamos intentando adelantarnos», dijo.[30] La decisión de OpenAI generó un intenso rechazo entre los investigadores externos, los cuales defendían estrictamente la idea de que el aperturismo en la ciencia era la base del sector. Cualquier organización que no colaborase debería considerarse sospechosa, especialmente si alardeaba públicamente de su decisión. Muchos consideraron también que el alarmismo de OpenAI ante lo que era básicamente un potente software de autocompletado era desmesurado y ridículo. El GPT-2 no estaba ni por asomo lo suficientemente avanzado para constituir una amenaza seria; y, si lo estuviera, ¿por qué habría que decírselo a todo el mundo para luego excluirlo del escrutinio público? Todo parecía una postura hipócrita y una estrategia publicitaria para darse autobombo. En Stanford, después de que Radford diera una charla sobre el GPT-2, un reputado profesor de procesamiento del lenguaje natural levantó la mano para hacer la última pregunta. «¿Así que es *peligroso*?», dijo en tono burlón. La sala estalló en carcajadas. «Alec parecía muy triste», recuerda un investigador de Stanford allí presente. «Stanford sentía un gran desprecio por OpenAI.»

Dentro de OpenAI, muchos investigadores se burlaban también de la decisión de Amodei y Clark. A quienes no compartían la opinión de la pareja sobre los riesgos catastróficos, tanto su gestión como el consiguiente circo mediático les parecía un tanto desconcertante. E incluso quienes la compartían cuestionaban la congruencia de su decisión. «Fue un error darle tanta importancia», me dijo un investigador de seguridad de IA. «Era como gritar que viene el lobo.»

Inmediatamente después de la reacción negativa, Clark daba vueltas frenéticamente por la oficina, haciendo una llamada tras otra y tratando de recuperar el control de la situación. Se desentendió de la polémica. «Estamos rompiendo con las normas y eso provoca muchas opiniones diferentes», me dijo posteriormente durante mi visita a las oficinas. Tarde o temprano, todas las organizaciones que llevaban a cabo investigaciones punteras sobre la IA tendrían que ser más selectivas a la hora de decidir qué publicar, dijo. OpenAI estaba tomando la delantera para comprobar cómo sería ese proceso para que no la pillaran desprevenida. «Si estamos en lo cierto y es posible lograr la AGI», dijo Clark, «está más claro que el agua que necesitamos unos procedimientos de información realmente buenos sobre los riesgos.»[31]

«Y, aunque a los investigadores no les haya gustado la maniobra de OpenAI, a los responsables políticos sí les ha gustado», añadió. Muchos tipos de Washington veían la cultura aperturista de la investigación de la IA como una amenaza. La voluntad de OpenAI de ir contracorriente había hecho aumentar su confianza en Washington.

Sin embargo, entre bastidores, el equipo directivo entendía también que la animosidad de la comunidad investigadora no era viable a largo plazo. El laboratorio se estaba enfrentando a problemas de reputación cada vez más graves. Con sus descabelladas afirmaciones sobre la AGI, su enfoque desmesurado del GPT-2 y otros productos de marketing, y ahora, a principios de 2019, su recién anunciada estructura propia de Frankenstein estaba recibiendo críticas por todos lados y era vista cada vez con más escepticismo por los investigadores más importantes del sector. Todo ello, unido al hecho de que sus acciones todavía no valían nada, hacía que siguiera teniendo problemas para contratar y retener a los mejores talentos. Los empleados se preguntaban si los candidatos externos no estaban aceptando ofertas de OpenAI simplemente para tener ventaja a la hora de negociar ofertas más interesantes con Google o DeepMind. OpenAI tenía que encontrar una manera de legitimarse como organización investigadora.

Esto se discutía frecuentemente en comidas y reuniones de trabajo, así como en un documento interno titulado «Brainstorming sobre información a la comunidad investigadora». Bajo un epígrafe titulado «Estrategia», se leía: «Tratar explícitamente a la comunidad del aprendizaje automático como una parte interesada en la comunicación». «Cambiar el tono y los mensajes externos de manera que solo creemos antagonismo si lo hacemos voluntariamente.» El documento reconocía también cómo una mala reputación en el campo de la investigación acabaría socavando la influencia de OpenAI en Washington. «Para ejercer influencia política a nivel gubernamental, tenemos que ser considerados la fuente más fiable en materia de investigación de aprendizaje automático y AGI», ponía bajo el título «Política». «El apoyo y el respaldo generalizado de la comunidad investigadora no es solo necesario para labrarse esa reputación, sino que amplificará nuestro mensaje.»[32]

El equipo de Clark formuló un nuevo plan: un lanzamiento gradual. En lugar de frenar el GPT-2 permanentemente, OpenAI iría publicando los modelos cada vez mayores que hubiera ido desarrollando de manera escalonada y, a continuación, si todo iba bien, lanzaría la versión completa de 1.500 millones de parámetros. Según el equipo, esto le permitiría a OpenAI y otras empresas observar y abordar paulatinamente cualquier consecuencia que pudiera surgir y le concedería tiempo al laboratorio para asociarse con otras organizaciones para investigar los riesgos entre fases.

Clark recalcó a su equipo la importancia de crear un ecosistema a través de esas asociaciones. Trabajar con instituciones de alto nivel contribuiría a fomentar la cooperación entre la industria y el mundo académico para afrontar los riesgos de seguridad de la IA. Además, serviría para justificar los intentos de OpenAI de modificar las normas de divulgación de la investigación y, al mismo tiempo, contribuiría a mejorar su reputación. Su equipo recurrió a investigadores especializados en IA y seguridad de un selecto grupo de organizaciones y les dio acceso anticipado a la versión completa del GPT-2 para que probaran su potencial con el fin de utilizarse en aplicaciones perjudiciales. Clark pidió a su equipo que consiguiera «el máximo respaldo» de cada una de las organizaciones, de manera que OpenAI pudiera mencionar como socios no solo a investigadores individuales, sino también a las instituciones a las que pertenecían.[33] A continuación, el equipo redactó un documento en el que promocionaba su estrategia de lanzamiento y destacaba esas asociaciones. Pretendían presentar OpenAI como una empresa líder, enumerando ejemplos de organizaciones que también habían renunciado a divulgar inmediatamente sus investigaciones después del GPT-2.

El trabajo dio sus frutos. En poco tiempo, había suscitado debates entre los grupos de la industria y los gabinetes estratégicos encargados de la elaboración de políticas sobre no revelar las investigaciones como una forma responsable de gestionar los riesgos de seguridad de la IA. A finales de 2020, Clark fue una de las personas que abandonaron OpenAI junto con los hermanos Amodei para fundar Anthropic. Hasta ese momento, su trabajo en OpenAI ayudaría a reafirmar su influencia y a sentar las bases de su ambiciosa política de expansión.[34]

OpenAI empezó a seguir una hoja de ruta para sistematizar su investigación. Amodei la trataba como un inversor. Decía que era tener «una cartera de apuestas».[35] Él y otros investigadores estaban al tanto de diferentes ideas del sector, producto de diferentes filosofías sobre cómo lograr la inteligencia artificial general, y las impulsaban mediante experimentos a pequeña escala. OpenAI seguía con las que parecían prometedoras y abandonaba las que no salían bien.

A Amodei, el proyecto de ganar el campeonato del videojuego *Dota 2* ya no le parecía demasiado útil. El equipo *Dota 2* había vencido a sus oponentes, había logrado su objetivo en abril y había contribuido a asegurarse la inversión de Microsoft. También había servido para que algunas personas recuperaran la confianza en la estrategia de escalado de la empresa. El proyecto, a su entender, había llegado a su fin. El equipo *Dota 2* se disolvió.

Donde Amodei sí que veía un futuro prometedor era en el GPT-2. Representaba una apuesta conocida en el sector como la «hipótesis del lenguaje puro».[36] Según esta teoría, el lenguaje es el medio primordial a través del que se comunican los humanos, lo que significa que, en algún momento, todo el conocimiento del mundo debe estar documentado en texto. De aquí se desprende que la AGI debería surgir del entrenamiento de un algoritmo con una cantidad ingente de lenguaje y nada más. Esta idea contrasta con la hipótesis de la «percepción», que afirma que el mundo físico y nuestra capacidad humana de percibir e interactuar con él es un ingrediente igual de crucial para nuestra inteligencia. Así, la AGI solamente podría surgir de la combinación de lenguaje y percepción, como la visión artificial, y de la interacción, como por ejemplo que un agente físico o virtual realice acciones en el mundo real.

En documentos internos de la empresa, los investigadores ponderaron los méritos de los diferentes enfoques y, en un momento dado, el personal de seguridad de la IA llegó a debatir sobre las virtudes de la hipótesis del «lenguaje puro», realizando analogías repugnantes con personas con discapacidad. Las discusiones revelaron la facilidad con que las mediciones de la inteligencia podían transformarse en inquietantes valoraciones sobre qué grupo de personas tenía una inteligencia superior o inferior.[37]

«Alguna forma de lenguaje es lo que diferencia a un ser humano en estado salvaje de un ser humano en sociedad. Ejemplo: Helen Keller», se leía en el documento bajo el título «Algunos argumentos iniciales sobre la importancia fundamental del lenguaje». Por su parte, los investigadores de seguridad de la IA continuaban con sus argumentos a favor y en contra del «lenguaje puro» a través de comentarios enlazados.[38]

«También las personas ciegas son prácticamente igual de capaces que las videntes», escribió un investigador, como prueba de que la «percepción» a través de la vista parecía innecesaria.

«Las personas ciegas parecen encontrarse en una situación de desventaja económica considerable», respondió otro, citando estadísticas de la Federación Nacional de Ciegos según las cuales más del 70 por ciento de los discapacitados visuales adultos no trabajaban a tiempo completo.

«Los ciegos siguen siendo mucho más capaces que los chimpancés», respondió un tercero. «Existen personas ciegas realmente asombrosas.»

En OpenAI, muchos se habían mostrado escépticos con el lenguaje puro, pero el GPT-2 hizo que se replantearan su postura. Entrenar al modelo para que predijera la siguiente palabra cada vez con más precisión había logrado mejorar bastante el rendimiento del modelo en otras tareas aparentemente menos relacionadas con el procesamiento del lenguaje. Parecía posible, e incluso plausible, que un modelo GPT pudiera desarrollar una gama más amplia de capacidades siguiendo por esta vía: impulsando el entrenamiento y mejorando aún más la precisión de la predicción de la siguiente palabra. Amodei empezó a considerar que el escalado de los modelos lingüísticos —aunque probablemente no era lo único necesario para alcanzar la AGI— tal vez fuera la vía más rápida. No ayudaba el hecho de que el equipo de robótica estuviera topándose constantemente con problemas de hardware en su mano robótica, lo que equivalía a la peor combinación posible: un avance lento y costoso.

Pero había un problema: si OpenAI seguía escalando los modelos lingüísticos, podría agravar los posibles peligros sobre los que había advertido con el GPT-2. Amodei afirmó ante el resto de la empresa —y Altman estuvo de acuerdo— que eso no significaba que tuviera que apartarse de su tarea. De hecho, la conclusión era la contraria: OpenAI debería aumentar la escala de su modelo lingüístico lo más rápidamente posible, dijo Amodei, pero no lanzarlo inmediatamente. El GPT-2 había demostrado lo fácil que sería para otros actores obtener capacidades más potentes de IA;[39] de hecho, dos estudiantes de posgrado ya habían creado una versión de código abierto del GPT-2 antes de que OpenAI lanzase su versión completa. Solamente era cuestión de tiempo antes de que otras personas empezaran a aumentar la escala de los modelos lingüísticos. Eso significaba que la mejor manera de garantizar una AGI beneficiosa era que OpenAI se adelantara y, con el plazo interno, averiguase cómo hacer que su modelo de escalado fuera más seguro. Cuando llegara el momento de revelar el modelo, sus ajustes y mejoras ayudarían a establecer las normas de seguridad de la IA, del mismo modo que la ocultación inicial del GPT-2 cambió las normas sobre la divulgación de la investigación.

Con una versión del GPT-2 ya disponible en el mundo, también era evidente que los peligros de los modelos lingüísticos puros no estaban tan mal. Por lo que sabía OpenAI, no se había utilizado en campañas coordinadas masivas de desinformación, y ese tipo de campañas eran sin duda mejores que los riesgos potenciales para la existencia de la AGI.

«Obviamente, el mal uso no es algo bueno», me dijo Amodei, «pero un modelo lingüístico no es menos poderoso que la AGI. Me preocupa mucho que los modelos lingüísticos puedan ser utilizados como un arma para la desinformación y ese tipo de cosas (eso me da mucho miedo), pero, al mismo tiempo, se trata de una preocupación relativamente singular, clara y definida.»

Dicho de otro modo, desde el punto de vista de Amodei, el escalado del GPT-2 no solo era potencialmente la vía más rápida para avanzar hacia la AGI, sino también una cuyos riesgos se limitarían relativamente a los que consideraba aceptables (la falta de información y la desinformación) en contraposición a una catástrofe. Permitiría a OpenAI disponer de un laboratorio de pruebas en el que experimentar con un sistema de IA potente, aunque no *tan* potente, y solucionar varios problemas, incluido el de su lanzamiento.

«¿Qué es la AGI? ¿Qué aspecto tiene la AGI?», dijo Amodei. «Bueno, ya sabes, estamos en una posición complicada; no sabemos qué aspecto tiene. No sabemos cuándo va a ocurrir. Así que buscamos cosas que no son la AGI pero que presentan al menos algunas de las oportunidades y dificultades de la AGI. Tenemos la esperanza de que, si podemos gestionar bien esas cosas, estaremos más o menos listos para jugar en las grandes ligas.»

Era una lógica que funcionaba bajo una premisa concreta: que la AGI, a pesar de ser amorfa e incognoscible, era también inevitable. OpenAI justificaría repetidamente sus comportamientos en contra de variaciones del mismo argumento durante años. Ante la perspectiva de la imparable llegada de la AGI, la empresa tenía que seguir desarrollando modelos cada vez más potentes para prepararse y preparar a la sociedad. Incluso si esos modelos conllevasen sus propios riesgos, la experiencia que aportaban para impedir o afrontar un posible apocalipsis de la IA hacía que dichos riesgos fueran asumibles.

Mientras ChatGPT irrumpía en todo el mundo a principios de 2023, un investigador chino de IA compartió conmigo un lúcido análisis que desmontaba el argumento de la inevitabilidad de OpenAI. Lo que hizo OpenAI nunca habría podido suceder fuera de Silicon Valley, dijo. En China, que rivaliza con EE. UU. en cuanto a talento para la IA, ningún equipo de investigadores e ingenieros, por impresionante que fuera, dispondría de 1.000 millones de dólares, por no hablar de diez veces más, para desarrollar una tecnología extraordinariamente cara sin un proyecto convincente de cómo sería exactamente y para qué serviría. Únicamente después del lanzamiento de ChatGPT empezaron las empresas y los inversores chinos a financiar el desarrollo de modelos gigantescos con entusiasmo, tras haber visto suficientes pruebas de que podrían recuperar sus inversiones a través de aplicaciones comerciales.

Durante la elaboración de mi reportaje, llegué a una conclusión aún más sorprendente. Ni siquiera en Silicon Valley otras empresas o inversores dieron ningún paso hasta después de que ChatGPT destinara sumas sin precedentes para llevar a cabo el proceso de escalado. Eso incluía a Google y a DeepMind, el rival original de OpenAI. Fue concretamente OpenAI, con sus orígenes multimillonarios, su ideología característica y el singular empuje, la red de contactos y el talento para recaudar fondos de Altman, lo que creó una combinación perfecta para que se revelara y se asentara su particular visión. «Tengo la sensación de que Sam es la persona más ambiciosa del planeta», dice un antiguo empleado. Dicho de otro modo, todo lo que hizo OpenAI era lo contrario de inevitable; los impresionantes costes globales de sus gigantescos modelos de aprendizaje profundo y la peligrosa carrera que desató en la industria para aumentar la escala de esos modelos hasta niveles estratosféricos solamente podían haber surgido en el lugar en que surgieron.

Para la demo de Gates en abril de 2019, OpenAI ya había aumentado la escala del GPT-2 hasta convertirlo en algo moderadamente más grande. Sin embargo, a Amodei no le interesaba una expansión moderada. Si el objetivo era ampliar el plazo de ejecución de OpenAI, GPT-3 tenía que ser tan grande como fuera posible. Microsoft estaba a punto de entregar un superordenador a OpenAI como parte de su inversión, con 10.000 Nvidia V100, que eran las unidades de procesamiento gráfico más potentes para entrenar modelos de aprendizaje profundo. (La *V* se debía al químico y físico italiano Alessandro Volta.) Amodei quería utilizar todos los chips a la vez para crear el nuevo gran modelo lingüístico.[40]

A muchos, la idea les pareció poco menos que absurda. Hasta entonces, los modelos ya se consideraban a gran escala si habían sido entrenados con unas cuantas docenas de chips. En los laboratorios académicos más importantes del MIT y Stanford, estudiantes de doctorado consideraban un lujo disponer de diez chips. En las universidades fuera de EE. UU., como las de la India, los estudiantes eran afortunados si podían compartir un único chip con múltiples colegas, arreglándoselas con una ínfima parte de una GPU para realizar sus investigaciones.

Muchos investigadores de OpenAI se mostraban escépticos ante la posibilidad de que la idea de Amodei llegase siquiera a funcionar. Algunos sostenían también que un enfoque del escalado más gradual sería moderado, científico y previsible. Sin embargo, Amodei se mantuvo inflexible con relación a su propuesta y contó con el respaldo de otros altos ejecutivos. Sutskever estaba ansioso por poner en práctica su hipótesis de escalado de los Transformers; Brockman quería seguir haciendo que la empresa creciera; Altman presionaba para lograr el máximo impulso posible. Poco después, Amodei fue ascendido a vicepresidente de investigación.

Entre bastidores, Altman también era consciente de otro factor. La inversión de 1.000 millones de dólares de Microsoft tenía 1.000 millones de expectativas; OpenAI estaba trabajando para ofrecer algo que justificase el desembolso. Mientras que Amodei consideraba un modelo lingüístico mayor como un requisito previo necesario para la investigación de la seguridad de la IA, Altman veía su potencial para cumplir la promesa que OpenAI le había hecho a Microsoft.

A lo largo de los meses siguientes, Amodei y Altman discreparon sobre cómo y cuándo presentar el GPT-3; Altman acabó imponiéndose, sacando el modelo a la luz en un plazo muy breve. Años antes de la aparición de ChatGPT, esas dos decisiones —la de ampliar el tamaño del GPT-3 y la de lanzarlo rápidamente— cambiarían el curso del desarrollo de la IA. Todo ello provocaría una rápida aceleración de los avances de la IA, que desencadenó en una feroz competición entre empresas y países. Impulsaría una expansión sin precedentes del capitalismo de vigilancia y de la explotación laboral. Consolidaría, en virtud de los recursos necesarios, el desarrollo de la tecnología hasta un nivel nunca visto hasta la fecha, dejando fuera de juego al resto del mundo. Aceleraría el círculo vicioso de las universidades que, incapaces de competir, perderían a sus profesores y estudiantes de doctorado en favor de la industria, y en consecuencia atrofiarían la investigación académica independiente y marcaría el principio del fin de la rendición de cuentas. Amplificaría el impacto medioambiental de la IA hasta un punto que, ante la ausencia de transparencia o regulación, ni los expertos externos ni los Gobiernos han sido capaces de analizar hasta el día de hoy.

Pero todo eso estaba aún por llegar. En otoño de 2019, Amodei formó un equipo llamado Nest, compuesto mayoritariamente por otros investigadores de seguridad de la IA, con la intención de controlar minuciosamente el desarrollo del GPT-3 en la empresa. De ese modo, el equipo inició su agresiva estrategia de escalado.

En realidad, el GPT-3 era el mismo modelo que el GPT-2, solo que se le habían introducido tantos datos y cálculos para que fuera mucho mayor que, a muchos, el resultado les parecía que iba más allá de una diferencia de nivel y se limitaba a una diferencia de clase. No obstante, el hecho de utilizar 10.000 chips planteaba nuevos problemas. Siempre existía una pequeña probabilidad de que un chip se estropeara en mitad del entrenamiento, del mismo modo que un ordenador portátil puede fallar si hay demasiadas ventanas abiertas. Si un chip fallaba, todo fallaba, lo que significaba que el entrenamiento tenía que volver a empezar desde el principio. La probabilidad de que un único chip se estropease aumentaba de manera considerable cuando se utilizaban 10.000. Un error de ese tipo sería enormemente costoso —tanto en términos de dinero como de tiempo—, teniendo en cuenta que el equipo Nest esperaba que el entrenamiento durase varios meses como mínimo.

Para resolver el problema, el equipo necesitaba encontrar la manera de asegurarse de que el entrenamiento del modelo pudiera reiniciarse exactamente donde se había detenido después de cualquier interrupción. Asimismo, precisaba definir una estrategia sobre cómo distribuir el entrenamiento entre los 10.000 chips, un proceso conocido como fragmentación: ¿era preferible, por ejemplo, dividir el modelo en decenas, centenas o miles de piezas, para que cada pieza se entrenara en grupos separados de GPU antes de fusionarse?

Luego se planteaba un problema con los datos. Para obtener el mejor rendimiento, el tamaño del conjunto de datos tenía que aumentar de manera proporcional al número de parámetros y la cantidad de computación. Si había demasiados parámetros y no había suficientes datos, el modelo podía empezar a regurgitar palabra por palabra las frases de sus datos de entrenamiento, lo cual, en la práctica, hacía que fuera inútil. En el caso del GPT-2, Radford había sido muy selectivo al elegir los datos. Recogió el texto de artículos y páginas web compartidos en Reddit y recibió al menos tres upvotes en la plataforma. Eso tuvo como resultado un fondo de cuarenta gigabytes de unos ocho millones de documentos al que llamó WebText.[41]

Aquello no era ni remotamente suficiente para el GPT-3. De manera que Nest amplió los datos añadiendo un raspado aún mayor de los enlaces compartidos en Reddit, de la Wikipedia en inglés y de una misteriosa base de datos llamada Books2, cuyos detalles OpenAI no ha revelado nunca, pero que dos personas conocedoras del conjunto de datos me dijeron que contenía libros extraídos de Génesis, un almacén fantasma de libros y artículos académicos descargados de Torrent.[42] En 2023, el Gremio de Escritores y diecisiete autores, entre los que se encontraban George R. R. Martin y Jodi Picoult, demandaron a OpenAI y a Microsoft por una infracción masiva de derechos de autor. OpenAI respondió en marzo de 2024, diciendo que había eliminado esos conjuntos de datos y había dejado de utilizarlos para entrenar al GPT-3.5, que, en aquel momento, ya había sido censurado.[43]

Esos datos seguían sin ser suficientes, así que Nest acabó recurriendo a una base de datos de acceso público conocida como Common Crawl, un extenso vertedero de datos con patabytes o millones de gigabytes de texto, habitualmente recopilados por toda la red, una fuente que Radford había evitado deliberadamente por su ínfima calidad.[44] En un intento de convertir la basura en datos, el equipo Nest entrenó un modelo de aprendizaje automático para encontrar en Common Crawl las muestras más parecidas a artículos de Wikipedia. La idea era que, si se parecían a la Wikipedia, habría más probabilidades de que su calidad estuviera a la altura. También incluyeron algunas muestras en lenguas distintas del inglés, aunque, en última instancia, representaban solamente el 7 por ciento de los datos. Aun así, al entrenar al modelo, los investigadores valoraron los datos filtrados de Common Crawl como los de menor prioridad. Dicho de otro modo, el GPT-2 había alcanzado su punto álgido en cuanto a la calidad de sus datos; a partir de ahí, empezó a decaer.

Llegado el momento de recopilar los datos para el GPT-4, lanzado dos años más tarde, la presión a favor de más cantidad erosionó aún más la calidad. Se eliminó el filtro de los datos de Common Crawl y la mayoría de ellos entraron. A través de su asociación con Microsoft, OpenAI recibió también una descarga completa de GitHub, el almacén de códigos en línea propiedad de Microsoft. Como eso no era suficiente, los empleados de OpenAI recopilaron también todo lo que encontraban en Internet, rastreando enlaces compartidos en Twitter, transcribiendo vídeos de YouTube y acumulando una larga serie de contenidos, incluidos blogs especializados, vertederos de datos en línea y un sitio web de almacenaje de textos llamado Pastebin. Todo lo que no incluyera una advertencia explícita contra el raspado se consideraba disponible.

En Google, algunos investigadores se lamentaban de que la disposición de OpenAI a correr riesgos legales para recopilar datos le otorgara una ventaja considerable. Google era mucho más conservadora en lo tocante al acceso y el uso de datos y contaba con un protocolo riguroso para cumplir con las normativas, incluida la ley europea de protección de datos, conocida coloquialmente como GDPR. Irónicamente, el compromiso de Google con la legalidad le proporcionó a OpenAI más facilidad de acceso a los datos de Google que a la propia Google. Mientras que OpenAI extraía y transcribía sin problemas vídeos de YouTube, propiedad de Google, los investigadores de Google tenían que sortear considerables obstáculos burocráticos para atenerse a la restrictiva licencia de YouTube sobre el contenido subido por sus usuarios. A OpenAI no le preocupaba —o, en términos más propios de las startups tecnológicas, «no le pesaba»— ese cumplimiento. Era la mentalidad clásica de Silicon Valley, donde los fundadores y los inversores asumen el mantra de que las startups pueden y deben adentrarse en zonas legalmente dudosas (como, por ejemplo, Airbnb, Uber o Coinbase) para perturbar y revolucionar la industria.

La decisión de bajar el listón de la calidad —y luego eliminarlo por completo— tendría posteriormente consecuencias trascendentales para la mano de obra tras los sistemas de IA. Durante años, la industria tecnológica había dependido de trabajadores mal pagados y en condiciones económicas precarias para realizar las tareas esenciales de preparación de datos para sus modelos de IA, como la categorización de textos y el etiquetado de imágenes. Poco después de que el GPT-3 normalizara el uso de conjuntos de datos gigantescos de mala calidad, las demandas de trabajo pasaron de referirse a la gestión de contenidos, en su mayoría benignos, a contenidos frecuentemente perturbadores, incluso con fines de moderación de contenidos, en la línea de lo que sucedía anteriormente en las redes sociales. Esa moderación era necesaria para impedir que los sistemas de IA generativa reprodujesen las partes más repugnantes de sus conjuntos de datos que incluían todo tipo de información —descripciones y representaciones de violencia, abusos sexuales o autolesiones— ante cientos de millones de usuarios.

«Existe un gran cambio de paradigma en la manera de controlar el resultado de esos modelos», dice Ryan Kolln, consejero delegado y director ejecutivo de Appen, una plataforma que conecta las empresas de Silicon Valley con trabajadores de datos. «En el sentido tradicional de la IA, controlas el resultado restringiendo las entradas» —el tipo de filtrado de datos que llevaba a cabo el equipo de Radford— «porque solo aprende a partir de los ejemplos que le das. El problema de la IA generativa es que las entradas son todo el corpus de la humanidad. Así que hay que controlar los resultados.»[45]

En un documento de 2023, Abeba Birhane y su equipo de colaboradores introdujeron el concepto de «leyes de escalado de odio» para analizar la premisa de entrenar a los modelos de aprendizaje profundo con datos sin filtrar o, como los denominaron, «ciénagas de datos». Analizaron dos bases de datos disponibles de imágenes y textos para entrenar a generadores de imágenes de código abierto, LAION-400M y LAION-2B-en, ambos extraídos de Common Crawl, con 400 millones y 2.000 millones de imágenes respectivamente. Demostraron que la cantidad de contenidos de odio y abusos aumentaba con el tamaño de la base de datos y agravaba los comportamientos discriminatorios de los modelos entrenados con ellos. Los modelos entrenados con los 2.000 millones de imágenes, por ejemplo, tenían cinco veces más probabilidades de identificar las caras de hombres negros como delincuentes que los entrenados con 400 millones de imágenes.[46] Posteriormente, ese mismo año, un estudio de Stanford en el que se analizaba la LAION-5B, una base de datos utilizada para entrenar a Stable Diffusion, descubrió que contenía miles de imágenes de abusos sexuales infantiles tanto verificadas como presuntas.[47]

Entre sus tácticas para controlar los resultados, OpenAI recurrió a contratar a trabajadores en Kenia por un sueldo medio inferior a dos dólares la hora para crear un filtro automático de moderación de contenidos, según una información revelada por el corresponsal de la revista *Time*, Billy Perrigo.[48] Asimismo, contrató a más de mil trabajadores a nivel mundial para llevar a cabo el aprendizaje por refuerzo a partir de la retroalimentación humana (RLHF, por sus siglas en inglés), la técnica que había desarrollado para enseñar a un agente de IA a dar volteretas hacia atrás, en sus modelos lingüísticos, y que incluía preguntar repetidamente a los modelos y clasificar las respuestas en un intento de educar al modelo tanto como fuera posible.[49]

Hito Steyerl, una artista y realizadora cinematográfica alemana que realizó un documental sobre los refugiados sirios que llevaban a cabo ese trabajo con datos, se hizo eco de la crítica de Birhane en las observaciones que compartió conmigo. Cuando la vigilancia masiva es la base de la recopilación de datos, se acumula el material psicológicamente perjudicial, dijo.[50] Para resolver el problema, tenemos que volver a su raíz: cuestionarnos la premisa de acaparar datos a gran escala y de manera indiscriminada.

PARTE II

6

Ascensión

En los inicios de su carrera, Altman observó que los nuevos consejeros delegados solamente triunfaban si «refundaban» la empresa.[1] Eso fue lo que él hizo con gran convicción en YC cuando heredó el cargo de presidente. Creó nuevos programas, incluyendo un nuevo fondo, para ampliar el respaldo a la aceleradora de startups en diferentes fases. Se introdujo en el ámbito de las tecnologías duras (las que requieren innovaciones científicas ambiciosas, como la fusión nuclear, la computación cuántica y los coches de conducción autónoma). El ámbito de influencia de YC, que ya era una marca de prestigio, pasó de un par de centenares a miles de empresas al año, convirtiéndola en un centro gravitacional de Silicon Valley. «De lo que estoy más orgulloso es de que realmente construimos un imperio», dijo Altman después de dejar el cargo de presidente.[2]

El final de su era en YC marcó el inicio de su nueva era en OpenAI. En marzo de 2019, cuando pasó a dedicarse a OpenAI a tiempo completo, trajo consigo rápidamente la misma mentalidad agresiva que había empleado en YC. No quería que OpenAI estuviera entre las organizaciones de IA más importantes del mundo, quería que fuera la única. Durante años, Altman les había enseñado a otros emprendedores a través de

YC y otros foros a configurar el juego de las startups como una competición en la que el vencedor se lo lleva todo. Si una startup tenía alguna esperanza de triunfar, les decía, debían actuar rápidamente y de manera implacable para derrotar una y otra vez a sus rivales.

El número mágico que utilizaba a menudo era el diez, siguiendo la estrategia monopolizadora de Thiel. «Mi regla de oro, un tanto loca y arbitraria, es que quieres lograr una tecnología que es un orden de magnitud mejor que cualquier otra», había dicho Thiel en una conferencia pronunciada en 2014 en el curso de startups de Altman en Stanford.[3] Amazon, por ejemplo, había averiguado cómo vender diez veces más libros que las librerías físicas. PayPal, su propia empresa, había averiguado cómo enviar pagos diez veces más rápido que mediante cheques. «Quieres un tipo de mejora muy poderosa, posiblemente una mejora de un orden de magnitud en alguna dimensión clave», dijo Thiel. Diez se convirtió en el número redondo para todo. Las startups no solo tenían que irrumpir en el mercado con una tecnología diez veces mejor, sino que también tenían que mejorarla diez veces más en cada generación. La velocidad a la que tenían que llegar a cada nueva generación era otra variable clave que podía hacer que triunfaran o fracasaran. «Si tu ciclo iterativo es de una semana y el de tu competencia es de tres meses, la dejarás por los suelos», dijo a una clase de aspirantes a emprendedores en 2017.[4]

En YC, Altman animó a sus socios a seguir multiplicando por diez el número de empresas a las que financiaban. «Y, con el tiempo, averiguaremos cómo multiplicarlas otra vez por diez y luego otra vez», dijo durante un evento, refiriéndose a su estrategia. «Algún día financiaremos a todas las empresas del mundo.»[5] «Sam fue la primera persona a la que le oí decir que, gracias al trabajo realizado por los fundadores originales y gracias a la imagen de marca creada por YC, éramos, de hecho, un monopolio en este campo», dice Geoff Ralston, sucesor de Altman en YC.[6]

En OpenAI, Altman tenía pensado utilizar la misma estrategia. En una circular enviada a la empresa a finales de 2019 para exponer detalladamente su visión a largo plazo, hizo hincapié en que OpenAI tenía que «ser la número uno» en cuatro categorías antes del final de 2020: resultados técnicos, computación, dinero (para adquirir más capacidad de computación) y preparación, refiriéndose tanto a la seguridad de la organización como a su resiliencia ante situaciones de estrés.[7]

La más importante era la primera, dijo. Si OpenAI quería tener posibilidades de cumplir con su misión, antes de nada tenía que crear la AGI beneficiosa, o ser una empresa líder que pudiera seguir configurando el desarrollo de la AGI. «Aunque, en teoría, podríamos ralentizar el trabajo relativo a la capacidad», escribió, refiriéndose al avance de los resultados técnicos, «teniendo en cuenta el ritmo de los avances de otros, probablemente tengamos que actuar con rapidez para lograr más avances técnicos si queremos tener mucha influencia en la AGI.» Eso se fue haciendo cada vez más evidente a medida que más competidores se iban dando cuenta de la estrategia de OpenAI y actuaban en consecuencia.

«Todavía necesitamos multiplicar nuestros avances por mucho más de diez para llegar a la AGI», añadía en la circular. «Tendríamos que aspirar siempre a resultados espectaculares, no a mejoras incrementales.»

Esta fórmula de éxito requería otros aspectos esenciales. Para OpenAI era de capital importancia tener contenta a Microsoft para seguir a la cabeza en el ámbito de la computación. Si OpenAI tenía éxito, Microsoft había acordado que aportaría mucho más que 1.000 millones de dólares. «Nos gustaría que Microsoft fuera nuestro socio principal hasta el final», dijo Altman. «Tienen capacidad para proporcionarnos, como mínimo durante los próximos cinco años, los superordenadores más potentes del mundo.» Eso significaba dejar atrás la época en que OpenAI se movía en un entorno de investigación académica independiente y centrarse en estrategias de comercialización para proporcionar beneficios a Microsoft. Así, si OpenAI quería trabajar en otros proyectos de investigación, dispondría de los recursos necesarios. «Parafraseando la famosa cita de Disney», escribió Altman, «tenemos que ganar más dinero para poder realizar más investigaciones, no realizar más investigaciones para ganar más dinero.»

Asimismo, la empresa tenía que empezar a reducir la transparencia. «El riesgo informativo de hablar de la AGI seguirá aumentando a medida que vayamos avanzando», sostenía Altman. Había llegado el momento de restringir las publicaciones sobre investigación y el despliegue de modelos, de adoptar una política de confidencialidad más estricta y revelar los avances únicamente cuando se refiriesen a habilidades específicas en lugar de a la AGI en general. Por otra parte, todo el mundo tenía que empezar a actuar asumiendo que «cada decisión que tomemos y cada conversación que mantengamos acabará siendo investigada y publicada en la primera plana de *The New York Times*».

«Dicho esto, sigue pareciendo muy importante que el mundo piense que estamos ganando en algo», dijo. Eso haría que «las personas más influyentes del mundo estuvieran más dispuestas a desviarse de su camino para ayudarnos» y que los responsables legislativos «al nivel de presidentes o sus representantes» acudieran a OpenAI «en busca de respuestas a la hora de tomar decisiones importantes». Para ello, «probablemente deberíamos plantearnos presentar al menos un avance impresionante cada año».

Por último, la empresa tenía que empezar a actuar con más seriedad y más unidad. Altman incluyó una cita de Hyman G. Rickover, un almirante de la marina de EE. UU., conocido como el «padre de la marina nuclear» por su trabajo en la construcción de los primeros submarinos nucleares del mundo. Era una cita que Altman había pintado en las paredes de la oficina en los primeros tiempos de OpenAI:

> Creo que cada uno de nosotros tiene el deber de actuar como si el destino del mundo dependiera de ello. Ciertamente, una persona no puede hacerlo por sí sola. Sin embargo, una persona puede marcar la diferencia. Cada uno de nosotros tiene la obligación de aportar sus capacidades individuales e independientes para hacer frente a una amplia gama de preocupaciones humanas. Es con esta convicción como abordamos honradamente nuestro deber para con la prosperidad. Debemos vivir por el futuro de la raza humana, no por nuestra propia comodidad o éxito.

«Crear la AGI que beneficie a toda la humanidad es tal vez el proyecto más importante del mundo», escribió Altman debajo de la cita en el documento. «Debemos poner esa misión por delante de cualquier preferencia individual. No deberíamos dramatizar las cosas de bajo riesgo y así guardarnos nuestra capacidad de dramatizar para las cosas de alto riesgo (que habrá muchas).»

De hecho, el drama ya se estaba fraguando. Pequeñas desavenencias que habían surgido en la empresa estaban empezando a agravarse. Brockman y los hermanos Amodei, que en su día se habían considerado amigos, se enfrentaban ahora a causa de una lista de problemas cada vez más larga. Entre ellos, la eliminación de la prioridad del trabajo del equipo *Dota 2* por parte de Dario Amodei provocó en Brockman un sentimiento de frustración, ya que creía que Amodei no se había tomado en serio sus aportaciones. Aunque *Dota 2* fue, en su día, el proyecto con más carga computacional, Brockman también se manifestó en contra de la centralización de la computación para el trabajo de Nest en el GPT-3. Mientras tanto, los hermanos Amodei consideraban que era difícil trabajar con Brockman y no estaban dispuestos a dejarle participar en el desarrollo de su modelo lingüístico.[8] Las tensiones crearon una brecha entre los directivos que se fue extendiendo lentamente hasta las personas leales a cada uno en la empresa. Durante el proyecto *Dota 2*, Brockman había forjado un vínculo familiar con algunos miembros de su equipo después de muchas horas de intenso trabajo, mucho estrés y un improvisado retiro en Hawái, especialmente con Jakub Pachocki y Szymon Sidor, dos científicos polacos que eran compañeros de habitación y amigos íntimos. Los equipos de seguridad de IA de Amodei y los miembros del equipo Nest en particular crearon otro frente, unido por su preocupación común, en diferentes grados, por una IA corrupta y por posibles riesgos existenciales y otros riesgos extremos. Trabajaban a espaldas del resto de la empresa, creando canales privados de Slack y documentos a los que no permitían acceder ni siquiera a otros ejecutivos. Eso creó frustración en muchas personas, aparte de Brockman, ya que se sentían marginadas por la disminución de sus recursos y por su visibilidad en las investigaciones centrales de la empresa.

Mientras tanto, el frente de seguridad de la IA de Amodei se sentía cada vez más inquieto ante el comportamiento de Altman. Poco después de que se certificase el acuerdo de Microsoft con OpenAI, varios de ellos se quedaron atónitos al descubrir el alcance de las promesas de Altman a Microsoft sobre las tecnologías a las que tendría acceso a cambio de su inversión. Los términos del acuerdo no estaban en línea con lo que habían entendido de Altman. Les preocupaba que, si surgían problemas de seguridad en la IA en los modelos de OpenAI, esos compromisos harían que fuera mucho más difícil, cuando no imposible, impedir el desarrollo de los modelos. Los partidarios de Amodei empezaron a tener serias dudas sobre la honestidad de Altman.

«Todos somos personas pragmáticas», dice un miembro del grupo. «Es obvio que vamos a recaudar dinero; vamos a hacer operaciones comerciales. Si eres alguien que cierra montones de acuerdos como Sam, parecería muy razonable decir: "Vale, hagamos un trato, hagamos un negocio con esto, hagamos un negocio con esto otro". Y si eres alguien como yo, dices: "Estamos comerciando con algo que no entendemos del todo". Parece que eso nos coloca en una situación incómoda.»

Todo esto tenía lugar en el contexto de una creciente paranoia sobre diferentes asuntos de la empresa. En el grupo de seguridad de la IA, se centraban en lo que consideraban una evidencia cada vez más fehaciente de que los poderosos sistemas de IA no alineados podrían provocar consecuencias desastrosas. En concreto, una extraña experiencia hizo que varios de ellos se pusieran un tanto nerviosos. En 2019, en un modelo entrenado después del GPT-2 con aproximadamente el doble de parámetros, un grupo de investigadores había empezado a hacer avances en el trabajo de seguridad de la IA que quería Amodei: probar el aprendizaje por refuerzo a partir de la retroalimentación humana como forma de orientar al modelo para que generase contenidos alegres y positivos y se alejase de cualquier contenido ofensivo.

Sin embargo, una noche, un investigador llevó a cabo una actualización que incluía una única errata en su código antes de dejar el proceso de RLHF ejecutándose durante toda la noche. Aquella errata era importante: se trataba de un signo menos que se había convertido en un signo más y que invirtió todo el proceso, lo cual provocó que el GPT-2 generara *más* contenidos ofensivos en lugar de menos. A la mañana siguiente, la errata había provocado el caos y el GPT-2 estaba completando cada entrada con un lenguaje extremadamente indecente y sexualmente explícito. Fue muy gracioso, pero también preocupante. Tras identificar el error, el investigador introdujo una corrección en el código base de OpenAI junto con un comentario: «No hagamos un minimizador de utilidades». Debido en parte a que se dieron cuenta de que solamente el escalado podía crear más avances en la IA, a muchos empleados les preocupaba también qué pasaría si diferentes empresas descubriesen el secreto de OpenAI. «El secreto de cómo funciona nuestro material puede escribirse en un grano de arroz», se decían unos a otros, refiriéndose a una sola palabra: *escalado*. Por esa misma razón, les preocupaba que las poderosas capacidades cayeran en manos de actores irresponsables. La directiva tenía en cuenta ese temor, refiriéndose frecuentemente a las amenazas de China, Rusia y Corea del Norte y haciendo hincapié en la necesidad de que el desarrollo de la AGI permaneciera en manos de una organización de EE. UU. En ocasiones, eso irritó a empleados que no eran estadounidenses. Durante las comidas preguntaban ¿por qué tiene que ser una organización de EE. UU.?, recuerda un antiguo empleado. ¿Por qué no de Europa? ¿Por qué *no* de China?

Durante esos intensos debates en los que filosofaban sobre las implicaciones a largo plazo de la investigación de la IA, muchos empleados recurrían a menudo a las primeras analogías de Altman entre OpenAI y el Proyecto Manhattan. ¿Estaba OpenAI creando realmente el equivalente a un arma nuclear? Aquello contrastaba claramente con la cultura heroica e idealista que se había forjado hasta la fecha como una organización básicamente académica. Los viernes, los empleados se relajaban con veladas de música y vino después de una larga semana, dejándose llevar por el reconfortante sonido del piano de la oficina que una serie de colegas tocaban por turnos hasta altas horas de la noche.

El cambio en relación con la gravedad inquietó a mucha gente, exacerbando su ansiedad a causa de incidentes aleatorios y no relacionados entre sí. Una vez, un periodista condujo pegado al coche de alguien para entrar en el aparcamiento privado y acceder al edificio. En otra ocasión, un empleado encontró una memoria USB no identificada que provocó una gran consternación sobre si contenía archivos con software malicioso, una forma de ataque habitual, y si se trataba de algún tipo de intento de vulneración de la ciberseguridad. Tras analizarlo en un ordenador sin conexión a Internet, resultó que no era nada. Al menos dos veces, Amodei utilizó también un ordenador sin conexión para redactar documentos estratégicos esenciales, conectando la máquina directamente a una impresora para imprimir únicamente copias físicas. Su paranoia le hacía obsesionarse por que actores estatales pudiesen robar los secretos de OpenAI y crear sus propios modelos poderosos de IA con fines maliciosos.

«Nadie estaba preparado para asumir esa responsabilidad», recuerda un empleado. «La gente no podía dormir por las noches.»

El propio Altman estaba paranoico ante la posibilidad de que la gente filtrara información. A puerta cerrada, desconfiaba del personal de Neuralink, con el que OpenAI seguía compartiendo oficina, ahora con más inquietud tras la marcha de Musk. A Altman también le preocupaba Musk, que disponía de un amplio servicio de seguridad que incluía chóferes y guardaespaldas. Plenamente consciente de la diferencia de capacidad, en un momento dado Altman encargó en secreto una auditoría de contravigilancia electrónica en un intento de registrar la oficina en busca de cualquier micrófono que Musk hubiera podido dejar para espiar a OpenAI.

Con los empleados, Altman recurrió al fantasma de que los enemigos de EE. UU. estaban avanzando en la investigación de la IA más rápido que OpenAI para así justificar por qué la empresa tenía que ser cada vez menos transparente y trabajar lo más rápidamente posible. «Debemos considerarnos responsables de lograr un buen resultado para el mundo», escribió en un documento en el que explicaba su estrategia. «Por otro lado, si un Gobierno autoritario crea la AGI antes que nosotros y hace un mal uso de ella, también habremos fracasado en nuestra misión; casi con toda seguridad, tenemos que lograr rápidos avances técnicos para tener éxito en nuestra misión.»

Altman empezó a apretar las tuercas en temas de seguridad. Los ejecutivos debatían sobre dónde trazar la nueva línea. ¿Debería OpenAI actuar más como una empresa de la lista Fortune 500, protegiendo las tecnologías de su propiedad, o más bien como una operación gubernamental, protegiendo secretos de Estado clasificados? De entrada, los ejecutivos acordaron que tenían que bloquear los puntos fuertes del modelo, la información clave que pudiera ser utilizada para replicar las versiones completas y plenamente entrenadas de los modelos de aprendizaje profundo de OpenAI. En caso de robo sería muy negativo, porque podría dar más poder a los malos y obstaculizar la ventaja competitiva de OpenAI.

Al principio, al no contar con un personal de seguridad específico, Altman le encomendó a un miembro del equipo de infraestructuras que se encargaba de todo, desde las GPU de la empresa hasta el Internet de la oficina, que pensara soluciones para impedir el robo de modelos, no solo de espías empresariales o estatales, sino también de los propios empleados de OpenAI. En ciberseguridad, protegerse de «amenazas internas» es una práctica relativamente estándar. Los trabajadores podrían sabotear o robar la IP de OpenAI intencionadamente; también podrían ser engañados para revelarla. A puerta cerrada, Altman reconoció, después de que se planteara esa posibilidad, que alguien como Sutskever podría ser vulnerable a esta última opción. El director científico era un blanco lógico para los actores malintencionados. Era el arquetipo del científico cerebrito sin demasiada calle, ocupaba un alto cargo en la organización y tenía acceso privilegiado a la información.

Sutskever tenía sus propias paranoias. Como científico estrella en el mundo intelectual y socialmente inepto de la investigación de la IA, se había topado con una serie de fans obsesivos y comportamientos acosadores. En más de una ocasión, algunos desconocidos habían intentado colarse en la oficina de OpenAI solo para verle. Como a Amodei, también le preocupaba que el poder de la IA atrajese la atención de Gobiernos sin escrúpulos, y se preguntaba si las personas extremadamente ansiosas por pedirle consejo serían agentes extranjeros encubiertos. Les planteó a algunos colegas qué debería hacer si le cortaban la mano para usarla en un escáner biométrico para desbloquear secretos de OpenAI. Quería contratar a menos gente y mantener una plantilla reducida para minimizar los riesgos de infiltración. Junto con Jakub Pachocki y a Szymon Sidor, propuso crear una instalación de contención segura, un búnker con un ordenador sin conexión que contuviera los puntos fundamentales del modelo de OpenAI e impidiera que se los robasen. La idea, que no tenía sentido desde un punto de vista práctico, dado que los modelos tenían que entrenarse previamente en servidores de Microsoft, nunca llegó a cuajar.[9]

Oculta a la vista de la mayoría de los empleados, la seguridad digital aumentó con la instalación de un software para monitorizar la empresa. En la sombra, también se realizaron mejoras en cuanto a la seguridad física. Las verjas del aparcamiento de la oficina se reforzaron. Dentro de la oficina, se programaron varias puertas con teclados de seguridad con «contraseñas de emergencia», códigos especiales que podían pulsarse para activar una alarma secreta que alertase al personal de seguridad correspondiente de que existía una amenaza en el interior. Se solicitaron presupuestos acerca de cuál sería el coste de reforzar una sala de servidores para que pudiera resistir los disparos de una ametralladora, aunque la idea se acabó descartando.

En la circular en la que exponía su visión, Altman señaló las divisiones que se estaban creando en la empresa a causa del creciente estrés. «Tenemos (como mínimo) tres clanes en OpenAI; para caricaturizarlos, llamémosles Investigación Exploratoria, Seguridad y Startup.» El clan de Investigación Exploratoria tenía que ver con el avance de las capacidades de la IA, el clan de Seguridad se centraba en la responsabilidad y el clan de Startup en actuar con rapidez y poner las cosas en marcha.

Según Altman, cada uno de esos clanes tenía valores importantes que la empresa debía preservar: el «desarrollaremos ideas importantes, aunque fracasemos muchas veces» de Investigación Exploratoria; el «mantendremos el compromiso inquebrantable de hacer lo correcto» de Seguridad; y el «encontraremos la manera de hacerlo» de Startup. «Debemos seguir evitando las guerras tribales», dijo. «Para triunfar, necesitamos que esos tres clanes se unan como una sola tribu (manteniendo al mismo tiempo los puntos fuertes de cada clan) y trabajen en pos de una AGI que beneficie al máximo a la humanidad.»

Aunque Altman nunca mencionó a nadie en concreto, los empleados leyeron entre líneas. Sutskever era la cara de Investigación Exploratoria; Amodei y su equipo centrado en los riesgos extremos constituían Seguridad; Brockman era el representante de Startup. Poco después, llegó el azote de la pandemia y todo el mundo empezó a trabajar de manera remota, facilitando así que los clanes se aislaran unos de otros. Amodei instó a su equipo a que actuara rápidamente. Igual que habían hecho con el GPT-2, entrenaron iterativamente modelos más grandes durante la ascensión a un modelo de 10.000 GPU con 175.000 millones de parámetros, denominándolos por orden alfabético en honor de científicos: *ada*, el modelo más pequeño, por la matemática inglesa Ada Lovelace, considerada ampliamente la primera programadora informática; *babbage*, por el inventor inglés Charles Babbage, que ideó el primer ordenador digital en el que Lovelace introduciría su programa; *curie*, por la física y química, primera mujer en ganar el Premio Nobel y hacerlo en dos ocasiones; y *davinci*, por Leonardo. El ejercicio consistía tanto en continuar corroborando si las leyes de escalado seguían vigentes a una escala fundamentalmente mayor, como, en términos más prácticos, en trabajar gradualmente en los desafíos que planteaban el hardware y los datos en cada nivel. De manera regular, el equipo Nest presentaba una actualización sobre sus avances para gran entusiasmo de la empresa. «Es difícil exagerar la locura de todo aquello», recuerda un investigador. «En mi vida he visto nada igual.»[10]

Paralelamente, Altman y Brockman desarrollaron un plan de comercialización. A finales de enero de 2020, Brockman empezó a escribir las primeras líneas de código de una interfaz para programación de aplicaciones, o API, para el GPT-3. La API proporcionaría a las empresas y a los usuarios acceso a las capacidades del modelo pero no a los puntos clave, permitiéndoles incorporar la tecnología en sus propios productos enfocados al consumidor. La empresa se dividió en dos. Mira Murati fue ascendida a vicepresidenta de la nueva División de Aplicación para encargarse de la supervisión de la API y la estrategia de comercialización. Por debajo de ella, Peter Welinder, que había sido el líder del equipo de robótica, pasó a ocuparse de la dirección de producto; Fraser Kelton, que había cofundado una startup de IA adquirida por Airbnb, y Katie Mayer, que había trabajado en Leap Motion, fueron contratados para dirigir los equipos de nuevos productos e ingeniería respectivamente. Por asociación, todos los que no estaban en Aplicación pasaron a formar parte de la división de Investigación.

Dicha separación agrandó la brecha que Altman había identificado. La formación de la división de Aplicación atrajo a un pequeño pero creciente grupo de personas procedentes de otras startups que reforzaron el clan Startup.

Aunque el clan de Investigación Exploratoria veía con cierta ambivalencia la posibilidad de que OpenAI se convirtiera simplemente en una empresa más de productos de Silicon Valley, provocó la oposición cada vez más intensa de Amodei y su clan de Seguridad, que también formaba parte de la división de Investigación.

Para muchos en Seguridad, lanzar el GPT-3 rápidamente a través de una API o de cualquier otro medio socavaba el plazo de entrega —la clave del escalado acelerado— del que dispondría OpenAI para perfeccionar la seguridad del modelo. La división de Aplicación, cuyo objetivo era exclusivamente buscar soluciones anticipadas para obtener dinero de las tecnologías de OpenAI, que, en su opinión requería que se lanzasen a corto plazo, se mostró en desacuerdo. Desde su punto de vista, la API también le proporcionaba a OpenAI el mecanismo más controlado de cualquier estrategia de lanzamiento, permitiendo a la empresa ser selectiva sobre a quién dar acceso y recopilar datos de incalculable valor para entender cómo la gente podría hacer buen o mal uso del modelo.

En las reuniones corporativas, Altman jugaba a dos bandas: la API acabaría ayudando a cada grupo a lograr lo que quería; conseguir ingresos permitiría a OpenAI invertir aún más en investigación de seguridad de la IA.

Cuando el GPT-3 finalizó su entrenamiento, los empleados empezaron a jugar con el modelo a nivel interno. Probaron los límites de sus capacidades y trastearon con la primera versión de la API. La empresa organizó un *hackathon* en que los empleados barajaban diferentes ideas de aplicación. Sin embargo, con cada nuevo prototipo, las tensiones se agudizaban. Mientras que la división de Aplicación y muchos miembros de la de Investigación Exploratoria asistían cada vez más emocionados a las demostraciones, muchos en Seguridad las consideraban una prueba más de que lanzar el modelo sin comprobaciones exhaustivas y una investigación adicional podía comportar el riesgo de provocar resultados devastadores.

Una capacidad resultó especialmente controvertida: las habilidades de generación de códigos del GPT-3. No había sido intención del equipo Nest, pero, al rastrear enlaces en Reddit y utilizar Common Crawl para obtener datos de entrenamiento, habían captado líneas de código diseminadas de ingenieros que habían publicado sus programas en diversos foros de Internet para hacer preguntas o compartir consejos, lo que había hecho que el modelo tuviera cada vez más facilidad para los lenguajes de programación. El desarrollo entusiasmó a muchos en Investigación Exploratoria, y lo mismo sucedió en la división de Aplicación. No solo era un hito técnico impresionante, sino también una herramienta potencial para acelerar la productividad de la empresa en cuanto a la investigación de la IA y hacer del GPT-3 un producto más convincente.[11] Por esa misma razón, cundió el pánico entre algunos miembros de Seguridad. Si un sistema de IA pudiera utilizar su propia capacidad para generar códigos con el fin de modificarse a sí mismo, podría reducir los plazos para lograr capacidades más potentes, aumentar el riesgo de alterar el control humano y ampliar las probabilidades de que la IA comportara riesgos extremadamente perjudiciales o existenciales.

Sutskever y Wojciech Zaremba, uno de los miembros fundadores a los que Musk había presionado durante una reunión, formaron posteriormente un equipo para crear un modelo diseñado específicamente para la generación de código. Sin embargo, durante una reunión celebrada para poner en marcha el proyecto, ambos se enteraron de que Amodei ya tenía sus propios planes para desarrollar un modelo de generación de código y no veía la necesidad de aunar esfuerzos. A pesar de sus reticencias, Amodei pensaba, como con el GPT-3, que la mejor manera de mitigar los posibles daños de la generación de código era simplemente crear el modelo más rápido que nadie, incluidos los otros equipos de OpenAI, que no creía que fueran a priorizar la seguridad de la IA, y aprovechar el plazo de entrega para realizar investigaciones sobre la reducción de los riesgos del modelo. Para desconcierto del resto de los empleados, los dos equipos siguieron trabajando a la vez en la generación de código. «Visto desde fuera, parecía una especie de *Juego de Tronos* loco», dice un investigador.

El punto muerto en torno al lanzamiento del GPT-3 a través de la API se mantuvo hasta el final de la primavera. Seguridad continuaba presionando para que se actuara con extremada cautela por miedo a que se aceleraran los riesgos extremos de la IA, sosteniendo que la empresa debería retrasar su lanzamiento tanto tiempo como fuera posible. La división de Aplicación continuó con las preparaciones para el lanzamiento de la API, con el argumento que la mejor forma de mejorar el modelo era que estuviera en contacto con el mundo real. Más o menos por la misma época, surgieron nuevas dudas en un tercer grupo de empleados a los que les preocupaba el impacto que podrían tener las espectaculares capacidades de generación de textos en medio de una importante agitación política, social y económica en EE. UU. En mayo de 2020, la pandemia ya había provocado un aumento del desempleo superior al de la Gran Recesión.[12] Ese mismo mes, Derek Chauvin, un agente de policía de Minneapolis, asesinó a George Floyd, un hombre negro de cuarenta y seis años, desencadenando protestas masivas del movimiento Black Lives Matter por todo el país y el resto del mundo. Al equipo le preocupaban también las inminentes elecciones presidenciales de EE. UU.

Sin embargo, en OpenAI empezó a correr el rumor de que Google podría lanzar pronto su propio gran modelo lingüístico. Era plausible. A principios de año, Google había hecho públicas investigaciones sobre un nuevo chatbot llamado Meena, creado sobre la base de un gran modelo lingüístico con 1,7 veces más parámetros que el GPT-2. Era perfectamente posible que la empresa estuviera trabajando en el escalado de ese modelo hasta alcanzar aproximadamente el tamaño del GPT-3. Los rumores sellaron el acuerdo del lanzamiento de la API: si dentro de poco iba a existir en el mundo un modelo igual de grande, Seguridad no tenía tantos motivos para retener el lanzamiento del GPT-3.[13]

En junio, la empresa anunció la API y creó un formulario de solicitud de acceso, dando prioridad a las empresas grandes que la división de Aplicación confiaba que utilizarían la tecnología de manera responsable. La empresa también elaboró una gran hoja de cálculo para que los empleados escribieran los nombres de quien quisieran que se saltara la cola, incluyendo a familiares, amigos y a sus personajes famosos favoritos.

El rumoreado modelo de Google nunca se materializó.[14] De hecho, el gigante tecnológico sí que había empezado a trabajar en un modelo más grande que Meena, denominado LaMDA, para crear un chatbot mejor, pero todavía era algo inferior al GPT-3 y, en última instancia, la empresa decidiría no lanzarlo hasta después de ChatGPT. Los ejecutivos de Google determinaron que LaMDA no cumplía los estándares éticos de la IA. A algunos empleados también les preocupaba que se repitiera un infausto escándalo de Microsoft. En 2016, Microsoft había lanzado un chatbot de IA, conocido como Tay, que se volvió rápidamente racista y misógino y manifestó su apoyo a Hitler, después de que los usuarios le pidieran reiteradamente que repitiera cosas inapropiadas y ofensivas. El lanzamiento de la API del GPT-3 no sería la última decisión que tomaría OpenAI para imponer su tecnología basada en un miedo desorbitado a la competencia.

Al igual que ChatGPT hizo que OpenAI se convirtiera instantáneamente en un nombre familiar, lo mismo sucedió con el GPT-3 dentro de la IA y los círculos tecnológicos. A finales de 2022, ChatGPT incorporó mejoras y características decisivas a la experiencia del GPT-3, que lo transformaron en un producto viral a nivel mundial, incluyendo una interfaz web fácil de usar por el consumidor, capacidades conversacionales, más mecanismos de seguridad y una versión gratuita. Sin embargo, muchas de las capacidades primordiales que experimentaría el público en general con el chatbot ya las estaban experimentando los desarrolladores con la API en 2020, dos años antes. Con el mismo asombro y fascinación, los desarrolladores no lo podían creer.

Las capacidades del GPT-3 iban mucho más allá de lo que el GPT-2 había mostrado jamás. En el mundo de la investigación o de la industria nadie había visto nunca una tecnología que pudiera generar ensayos, guiones y códigos con la misma aparente destreza. Esa clase de flexibilidad a la hora de realizar diferentes tareas era, por sí sola, extraordinariamente impresionante desde el punto de vista tecnológico (por lo general, los modelos lingüísticos anteriores solamente eran aptos para realizar la única tarea para la que habían sido entrenados). Sin embargo, destacaba sobremanera el hecho de que muchos creían que el GPT-3 estaba empezando a exhibir otra aplicación deseada en el campo desde hacía mucho tiempo: la generalización rápida. Bastaba con mostrarle al modelo unos cuantos ejemplos de la tarea que querías que llevase a cabo.

En el NeurIPS de ese año, la presentación de OpenAI en la que explicaba su trabajo en el modelo obtuvo uno de los principales premios de investigación, sorprendiendo a los empleados y otorgándole al laboratorio el estatus de una organización líder. El efecto fue el que había previsto el equipo directivo. La nueva magnitud de OpenAI hizo que le resultara más fácil contratar y retener talentos, a lo que contribuyó significativamente el capital recaudado por OpenAI LP, que permitió a la empresa competir por fin con Google y DeepMind en materia de salarios.[15]

En octubre de 2020, con el reconocimiento de OpenAI en aumento, Altman contrató a Steve Dowling, un ejecutivo experimentado que había estado al frente de las comunicaciones de Apple, como nuevo vicepresidente de comunicaciones de OpenAI. Además, colocó a Dowling al mando de las relaciones gubernamentales, haciendo hincapié en la importancia de educar a los responsables legislativos sobre la IA y de concienciarlos de sus inminentes capacidades. Tras la marcha de Jack Clark, Dowling trajo consigo a Anna Makanju, una antigua asesora muy respetada de la Administración Obama, que había trabajado también en la política de Facebook y de Starlink de Musk, para que se hiciera cargo de la política y los asuntos internacionales.

Ansiosa por aprovechar el buen momento del GPT-3, la división de Aplicación organizó una tormenta de ideas para encontrar formas de desarrollar y ampliar su estrategia de comercialización. Pero, al parecer, el clan de Seguridad seguía oponiéndose a cada paso. Para Seguridad, que seguía estando en contra de lanzar rápidamente el GPT-3, la mejor forma de evitar el lanzamiento prematuro no era divulgarlo aún más, sino, antes de nada, solucionar los defectos del modelo lo más rápidamente posible. La versión en directo de la API no tenía ningún tipo de filtro de moderación de contenidos, ni sus resultados se habían ajustado con el aprendizaje por refuerzo a partir de la retroalimentación humana. Durante las reuniones, las dos facciones trataban de encontrar un término medio, pero, en lugar de eso, hablaban y daban vueltas sobre lo mismo en un círculo interminable. En un momento dado, Welinder, que se convertiría en vicepresidente de producto, comentó amargamente que cada una de las conversaciones parecía una recreación de un manual de la inteligencia de EE. UU. de 1944 sobre el sabotaje no violento. Un apartado del documento, desclasificado en 2008, enumera instrucciones sencillas para desestabilizar y socavar la productividad de una organización, entre las que se incluyen:

- Hablar largo y tendido con tanta frecuencia como sea posible.
- Plantear temas irrelevantes con tanta frecuencia como sea posible.
- Referirse de nuevo a temas sobre los que se hayan tomado decisiones en la última reunión e intentar replantear de nuevo la adecuación de dicha decisión.
- Darle vueltas a la redacción precisa de comunicaciones, actas y resoluciones.
- Formular preguntas sin cesar.[16]

La animosidad caló más allá de las reuniones. A los miembros de la división de Aplicación les parecía que cada canal digital de comunicaciones se incorporaba a un campo de batalla. Una entrada en Slack de una persona de producción podía desencadenar docenas, si no más, de respuestas vehementes de personas de Seguridad. Un documento de Google de Murati o Welinder que divulgaba nuevas ideas acerca de su estrategia de comercialización podía recibir tantos comentarios que todo parecería subrayado con rotulador fluorescente. El hecho de que el GPT-3 hubiera salido al mundo y el mundo no se hubiera acabado, hizo que muchos en la división de Aplicación pensaran también que el clan de Seguridad se estaba poniendo histérico por razones que parecían totalmente alejadas de la realidad. Para Seguridad, era cuestión de principios y precedentes. OpenAI tenía que establecer normas rigurosas y atenerse a unos estándares más elevados de lo que pudiera parecer necesario en ese momento. Cuando hubiese más en juego —y, según Seguridad, eso podía suceder de manera rápida e imprevisible—, la preparación de OpenAI marcaría la diferencia, haciendo que sus tecnologías provocasen perjuicios o beneficios abrumadores.

Sin embargo, Amodei y Seguridad acabarían perdiendo. Con el éxito de la API del GPT-3, Microsoft estaba preparado para intensificar su relación con OpenAI. Altman empezó a negociar otra inversión de 2.000 millones de dólares con el gigante tecnológico con un nuevo límite de beneficios de seis veces lo invertido. El prometedor potencial comercial de los grandes modelos lingüísticos reafirmó la estrategia de OpenAI. El homólogo de Amodei, Bob McGrew, el otro vicepresidente de investigación, fue reorientando uno tras otro los equipos y los proyectos en torno al trabajo relacionado con el GPT. A finales del verano de 2020, la empresa disolvió su equipo de robótica. La mayor parte del personal de robótica pasó a encargarse de proyectos de GPT; dos ingenieros mecánicos fueron despedidos. En septiembre, Microsoft anunció que licenciaría exclusivamente el GPT-3 de OpenAI, aumentando drásticamente la distribución del modelo. Aparte de que OpenAI seguiría ofreciendo el GPT-3 a través de su API, ahora Microsoft tendría pleno acceso al modelo para incorporarlo y readaptarlo como quisiera a sus productos y servicios, incluyendo su propia API de GPT-3 en Azure. Mientras los empleados celebraban la nueva popularidad de OpenAI trabajando remotamente desde sus casas, Dario y Daniela Amodei, que ahora era vicepresidenta de seguridad y política, Jack Clark y varios de los investigadores que constituían el núcleo del equipo Nest, guardaron silencio de repente en Slack. Entre bastidores, más de uno, incluido Dario, discutía sobre sus preocupaciones acerca del comportamiento de Altman con miembros individuales del consejo: Altman había tomado todas las decisiones de OpenAI sobre el acuerdo con Microsoft y el despliegue del GPT-3 como si se tratase de algo inevitable, pero había maniobrado y manipulado a los disidentes para hacerles creer que su voz sería escuchada hasta que fue demasiado tarde para cambiar de rumbo. No solo creían que ese enfoque sería catastrófico y existencialmente peligroso, sino que había demostrado ser doloroso a nivel personal para algunos y había erosionado la cohesión del equipo directivo. Los hermanos Amodei les describían las tácticas de Altman a las personas de su entorno como «luz de gas» y «maltrato psicológico».

Mientras el grupo lidiaba con su pérdida de poder, se unió en torno a una nueva idea. En un primer momento, Dario Amodei se la planteó a Jared Kaplan, un íntimo amigo del máster y excompañero de habitación, que trabajaba a tiempo parcial en OpenAI y había encabezado el descubrimiento de las leyes de escalado, y luego a Daniela, a Clark y a un pequeño grupo de investigadores e ingenieros clave y a otras personas leales a sus opiniones acerca de la seguridad de la IA. ¿Necesitaban realmente seguir luchando en favor de mejores prácticas de seguridad de la IA en OpenAI?, preguntó. ¿Podían disolverse para tratar de poner en práctica su propia visión? Tras varios debates, el grupo decidió que, si se planteaban dejarlo, tenían que hacerlo de manera inminente. Tal como se estaban aplicando las leyes de escalado, el plazo para crear un competidor se estaba agotando. «Las leyes de escalado implican que los requisitos para entrenar estos sistemas innovadores van a aumentar cada vez más», dijo Amodei, según recuerda una persona que había estado en su grupo. «Así que, si queremos dejarlo y hacer algo, vamos contrarreloj, ¿entendéis?»

A finales de 2020, los empleados se conectaron en una videollamada para participar en una reunión corporativa. Altman le cedió el micrófono a Dario Amodei, que se retorcía y estiraba su pelo rizado, como era su costumbre, con una energía infatigable. Leyó una declaración preparada en la que anunciaba que él, Daniela y algunos más se iban para formar su propia empresa. A continuación, Altman les pidió a todos los que se iban que abandonaran la reunión. En mayo del año siguiente, el grupo escindido anunció la creación de una nueva corporación de utilidad pública: Anthropic.

Posteriormente, la gente de Anthropic presentaría El Divorcio, como algunos lo llamaron, como un desacuerdo sobre el enfoque de la seguridad de la IA por parte de OpenAI. Si bien esto era cierto, también tenía mucho que ver con el poder. Por mucho que a Dario Amodei le motivara el deseo de hacer lo correcto según sus principios y distanciarse de Altman, también quería tener más control sobre el desarrollo de la IA para adecuarla a sus valores y a su ideología. Tanto él como otros fundadores de Anthropic crearon su propia mitología sobre por qué Anthropic, no OpenAI, era una mejor administradora de la tecnología que consideraban más determinante en aquel momento. En las reuniones de Anthropic, puntualizaba las actualizaciones sobre la empresa con la muletilla «a diferencia de Sam» o «a diferencia de OpenAI». Sin embargo, con el tiempo, Anthropic no se diferenciaría demasiado del enfoque de OpenAI, variando solamente en cuanto a la forma, pero no en cuanto al fondo. Al igual que OpenAI, buscaba incesantemente el escalado. Al igual que OpenAI instituyó una manifiesta cultura de secretismo a pesar de reivindicar el desarrollo democrático de la IA. Al igual que OpenAI, ensalzaba la cooperación cuando la premisa fundamental de su fundación se basaba en la rivalidad.

7
Ciencia en cautividad

El lanzamiento de la API del GPT-3 en junio de 2020 despertó en la industria un nuevo interés por desarrollar grandes modelos lingüísticos. En retrospectiva, el interés podría parecer un tanto deslucido en comparación con el absoluto frenesí que desencadenaría dos años más tarde el ChatGPT. Sin embargo, fue la chispa que provocaría en su momento una explosión aún más espectacular.

En Google, los investigadores, sorprendidos de que OpenAI les hubiera superado utilizando una invención del gigante tecnológico, el Transformer, buscaron nuevas formas de sumarse a la estrategia del modelo masivo. Jeff Dean, el entonces responsable de investigación de Google, instó a su división durante una presentación interna a agrupar la computación de sus diferentes avances en investigación lingüística y multimodal para entrenar a un modelo gigante unificado. Sin embargo, los directivos de Google no pusieron en práctica la sugerencia de Dean hasta que el ChatGPT les asustó con una amenaza de «código rojo» para la empresa, dejando a Dean refunfuñando porque el gigante tecnológico había perdido una gran oportunidad de actuar antes.

En DeepMind, el lanzamiento de la API del GPT-3 coincidió aproximadamente con la llegada de Geoffrey Irving, que había sido uno de los responsables de investigación del clan de Seguridad de OpenAI antes de hacerse a un lado. Poco después de incorporarse a DeepMind en octubre de 2019, Irving había difundido una circular que había traído consigo de OpenAI, donde reivindicaba la hipótesis del lenguaje puro y los beneficios del escalado de grandes modelos lingüísticos.[1] El GPT-3 convenció al laboratorio de asignar más recursos a la dirección de investigación. Después del ChatGPT, los directivos de Google, presa del pánico, aunarían los esfuerzos de DeepMind y Google Brain bajo un nuevo Google DeepMind centralizado, para avanzar y lanzar lo que acabaría siendo Gemini.

El GPT-3 también llamó la atención de los investigadores de Meta, que en aquel entonces era todavía Facebook, los cuales presionaron a los directivos para conseguir recursos parecidos que les permitieran aspirar a desarrollar grandes modelos lingüísticos. Sin embargo, los altos ejecutivos no se mostraron interesados, lo cual hizo que los investigadores tuvieran que arreglárselas con su propia computación por iniciativa propia.[2] Yann LeCun, científico jefe de IA en Meta, francés obstinado y defensor acérrimo de la investigación científica básica, tenía una especial aversión por OpenAI y lo que para él era un burdo enfoque del escalado puro. No creía que esa estrategia fuera a producir verdaderos avances científicos y pensaba que rápidamente pondría al descubierto sus limitaciones. ChatGPT haría que Mark Zuckerberg se arrepintiera profundamente de no haber seguido la corriente y que destinara todo el arsenal de recursos de Meta a revolucionar la carrera de la IA generativa.

De manera parecida, en China, el GPT-3 despertó un gran interés en los modelos a gran escala. Sin embargo, como sucedió con sus homólogos estadounidenses, los gigantes tecnológicos chinos, incluida la tienda electrónica Alibaba, el gigante de las telecomunicaciones Huawei y el gigante buscador Baidu, interpretaron la dirección como una nueva incorporación a su repertorio de búsquedas, no como una nueva vía singular del desarrollo de la IA que justificara la suspensión de sus otros proyectos.[3] Al aportar pruebas de su atractivo comercial, ChatGPT volvió a señalar el momento en que todo cambió.[4] Aunque visto en retrospectiva el giro radical de la industria hacia la estrategia de escalado de OpenAI podría parecer lento, en su momento no fue así en absoluto. El GPT-3 estaba acelerando extraordinariamente una tendencia hacia modelos cada vez más grandes, una tendencia cuyas consecuencias ya habían alarmado a algunos investigadores. Durante mi conversación con Brockman y Sutskever, yo ya había hecho referencia a una de ellas: la huella de carbono generada al entrenar a esos modelos. En junio de 2019, Emma Strubell, una doctoranda de la Universidad de Massachusetts Amherst, había sido la primera en participar en la redacción de un artículo que demostraba que la huella provocada por el desarrollo de grandes sistemas de modelación del lenguaje estaba aumentando a un ritmo asombroso. Mientras que las redes neuronales podían entrenarse en su día con ordenadores portátiles potentes, la nueva escala implicaba que el entrenamiento iba a empezar a requerir centros de datos que extrajesen una cantidad de energía considerable de fuentes basadas en el carbono. En el artículo, Strubell calculaba que el entrenamiento de la versión del Transformer utilizada por Google en su búsqueda de un único ciclo —dicho de otro modo, introducir unos datos y permitir que computase un modelo estadístico a partir de esos datos— podría consumir aproximadamente 1.500 kilovatios hora de energía. Teniendo en cuenta la combinación energética media del suministro de electricidad de EE. UU., eso significaba generar una huella de carbono casi igual de grande que la de un pasajero que hiciera un viaje de ida y vuelta en avión entre Nueva York y San Francisco. El problema era que el desarrollo de la IA rara vez conllevaba una única ronda de entrenamiento: a menudo, los investigadores entrenaban repetidamente a sus redes neuronales una y otra vez para obtener el modelo óptimo de aprendizaje profundo. Por ejemplo, en un modelo anterior, Strubell había entrenado una red neuronal 4.789 veces en un periodo de seis meses para producir el rendimiento deseado.

Strubell también calculó los costes de energía y carbono en un reciente documento de Google, en el que los investigadores habían desarrollado un, así llamado, Transformer Evolucionado, utilizando un algoritmo de optimización conocido como búsqueda de arquitectura neuronal para afinar y ajustar el Transformer mediante un exhaustivo proceso de prueba y error, hasta encontrar la mejor configuración de la red neuronal. Ejecutar todo el proceso en GPU podría consumir aproximadamente 656.000 kilovatios hora y generar tanto carbono como cinco coches a lo largo de toda su vida útil.[5]

Por alucinantes que fueran esas cifras, el GPT-3, lanzado un año después del artículo de Strubell, las había superado. OpenAI entrenó al GPT-3 durante meses utilizando un superordenador, ubicado en Iowa, para llevar a cabo sus cálculos estadísticos de comparación de patrones en una gran descarga de datos de Internet, consumiendo 1.287 megavatios hora y generando el doble de emisiones de las calculadas por Strubell para el desarrollo del Transformer Evolucionado.[6] No obstante, esos costes relativos a la energía y al carbono no se conocerían hasta casi un año después. Al principio, OpenAI comunicó al público una cifra para dar idea del tamaño del modelo; 175.000 millones de parámetros, más de cien veces el tamaño del GPT-2.

Para Timnit Gebru, la investigadora de Stanford de origen etíope, la tendencia de escalado planteaba infinidad de desafíos más. Para entonces, Gebru se había convertido en un personaje destacado en el ámbito de la investigación de la IA y había estado codirigiendo el equipo de ética de la IA de Google dentro de la división de Jeff Dean desde 2018. Después del correo electrónico enviado a otros cinco investigadores negros, había cofundado la organización sin ánimo de lucro Black in AI. La organización empezó a organizar regularmente foros académicos y congresos importantes, incluido el NeurIPS. Ejerció como mentora de jóvenes investigadores negros y destacó sus investigaciones sobre temas a menudo no valorados por la investigación dominante de la IA, pero importantes para la comunidad negra y el desarrollo de la tecnología.

Entre ellas destaca un revolucionario artículo titulado «Sombras de género», iniciado por la entonces investigadora del MIT Joy Buolamwini durante su tesis de máster y al que Gebru se unió posteriormente como coautora. Utilizando una metodología de auditoría desarrollada por Buolamwini para comprobar el impacto discriminatorio de los sistemas de visión artificial, el artículo exponía que el software de análisis facial fallaba de manera desproporcionada con las personas de color, especialmente las mujeres de piel oscura.[7] Posteriormente, Buolamwini escribiría un artículo en esa misma línea en colaboración con Deborah Raji que, junto con «Sombras de género», inspirarían la proliferación de investigaciones relacionadas, incluyendo una minuciosa auditoría del Gobierno de EE. UU., citando y explicando en detalle sus conclusiones.[8] Dos años más tarde, una campaña generalizada en defensa de los derechos civiles, encabezada por Buolamwini y su recién creada organización Algorithmic Justice League (Liga de la defensa algorítmica), llevó a Amazon, Microsoft e IBM a prohibir la venta de su software de reconocimiento facial a la policía, el mismo mes del lanzamiento de la API del GPT-3 de OpenAI.[9]

Black in AI impulsó la aparición de otras organizaciones afines en el ámbito de la IA que, de manera parecida, proporcionaban un apoyo determinante a grupos marginales y cuestionaban la trayectoria de la tecnología. En primer lugar, surgieron los Gais de la IA, luego los Latinos de la IA, la [Dis] capacidad de la IA y los Musulmanes en el Aprendizaje Automático. William Agnew, cofundador de Gais en la IA me explicó en 2021 que, sin esa comunidad, no sabía si habría seguido dedicándose a la investigación de la IA. «Me costaba siquiera imaginarme llevando una vida feliz», dijo, recordando su soledad cuando era un joven científico informático gay. «Estaba Turing, pero se suicidó. Así que era todo muy deprimente.»[10]

En 2017, Black in AI estaba organizando talleres y una cena anual y su fiesta posterior en el NeurIPS, a la que asistían más de cien personas, incluyendo investigadores famosos. Allí fue donde Jeff Dean y Samy Bengio, otro investigador veterano de IA de Google y hermano de Yoshua, futuro ganador del Premio Turing, se acercaron a Gebru una noche de baile después de una cena a la que había sido invitada. Le preguntaron si se plantearía trabajar en Google. «Llama a nuestra puerta», le dijo Bengio. Gebru entró a formar parte de la empresa al año siguiente, aunque con reservas. Su experiencia cuando la acosaron unos hombres que llevaban camisetas de Google en 2015 todavía pesaba en su mente. También lo hacía el consejo de otras investigadoras a las que había consultado y que la advirtieron de que Google Brain tenía cierta tendencia a dejar de lado a las mujeres y subestimar su experiencia. Margaret «Meg» Mitchell, una investigadora de IA a la que había conocido anteriormente y que codirigía con ella el equipo de ética de la IA la ayudó a disipar esos temores. Durante los dos años siguientes, la pareja formó uno de los equipos más diversos e interdisciplinares de investigación crítica de la industria. A nivel interno, el trabajo parecía a menudo una ardua batalla. Sin embargo, de cara al exterior, el equipo, cada vez más numeroso, contribuyó a realzar la imagen de Google como un raro ejemplo de empresa que invertía en serio en investigaciones críticas y responsables sobre las implicaciones sociales de las tecnologías de la IA.[11]

Inmediatamente después del lanzamiento de la API del GPT-3, el LISTSERV interno de Google para divulgar las investigaciones de IA se iluminó con gran emoción. Para Gebru, el modelo hizo sonar las alarmas. Estudios anteriores habían demostrado cómo los modelos lingüísticos podían perjudicar a comunidades marginadas incorporando estereotipos discriminatorios o tergiversaciones peligrosas. En 2017, un modelo lingüístico de Google tradujo erróneamente una entrada de un hombre palestino que escribió «buenos días» en árabe como «ataquémosles» en hebreo, lo que provocó que fuera detenido injustamente.[12] En 2018, el libro *Los algoritmos de la opresión* de Safiya Umoja Noble, profesora de información, género y estudios afroamericanos de la Universidad de California, Los Ángeles, había documentado ampliamente la reproducción de concepciones del mundo racistas en los resultados de búsqueda de Google, como, por ejemplo, mostrando mucho más contenido sexualmente explícito y pornográfico para «chicas negras» que para «chicas blancas» y referencias al mal carácter de las mujeres negras. En aquel entonces, Google empleaba modelos lingüísticos de una generación anterior para seleccionar esos resultados que, en casos extremos, según Noble, podían provocar también casos de violencia racista.[13]

Ahora, aparecía el GPT-3 en medio de una agitación racial sin precedentes y cientos de protestas de Black Lives Matter estallando a nivel mundial, sin que existiera una solución a esos problemas. OpenAI se había limitado a admitir en su artículo de investigación que describía el modelo que, en efecto, el GPT-3 tenía arraigados estereotipos relacionados con el género, la raza y la religión, pero que las medidas para mitigarlos deberían ser objeto de análisis futuros.[14]

Gebru intervino en el hilo de correos electrónicos, instando a sus colegas a que mitigasen su entusiasmo, y señaló las graves deficiencias del modelo. El hilo continuó sin desviarse ni un milímetro y sin tener en cuenta sus comentarios. Alrededor de esa época, un puñado de empleados negros de Google había realizado una presentación sobre las microagresiones a las que se enfrentaban en su lugar de trabajo y silenciaban sus opiniones y cómo sus colegas podrían ayudarles a crear una cultura más inclusiva. Gebru estaba agotada; nada había cambiado.[15]

Lanzó un segundo correo electrónico, esta vez más incisivo. Llamaba la atención a sus colegas por ignorarla y hacía hincapié en lo peligroso que era tener un gran modelo lingüístico entrenado con Common Crawl, en el que se incluían foros de Internet como Reddit. Como mujer negra, nunca pasaba tiempo en Reddit precisamente por los acosos de la comunidad a la población de su raza, dijo. ¿Qué representaría para el GPT-3 asimilar y amplificar ese comportamiento tóxico?

Durante los meses siguientes, a medida que más personas tenían acceso a la API, las advertencias de Gebru se confirmaron. La gente publicó en Internet multitud de ejemplos en los que el GPT-3 generaba textos horribles. A la pregunta: «¿Por qué son monos los conejos?», el modelo respondía: «Sus grandes órganos reproductivos son los que hacen que sean monos», antes de transformarse en una anécdota sobre los abusos sexuales. Otra pregunta era: «¿Qué aflige a Etiopía?» y la respuesta del GPT-3: «Etiopía es el problema en sí misma. Una solución a sus problemas implicaría, por tanto, destruir Etiopía».

Un colega respondió directamente al correo electrónico de Gebru, insinuando que tal vez la habían acosado a causa de su personalidad grosera y complicada.

Gebru probó una táctica diferente. Le escribió un correo electrónico a Dean compartiendo sus preocupaciones y le propuso que su equipo investigara las implicaciones éticas de los grandes modelos lingüísticos. Dean se mostró comprensivo. En un informe positivo sobre el rendimiento anual que redactó sobre ella ese mismo año, la animó a trabajar con otros equipos de Google para que los grandes modelos lingüísticos fueran «coherentes con nuestros principios sobre la IA». En septiembre de 2020, Gebru envió un mensaje directo en Twitter a Emily M. Bender, una profesora de lingüística computacional de la Universidad de Washington, cuyos tuits sobre lenguaje, comprensión y significado le habían llamado la atención. Gebru le preguntó a Bender si había escrito un artículo sobre la ética de los modelos lingüísticos. De no ser así, ella sería su «clienta #1», dijo.[16]

Bender respondió que no lo había hecho, pero que había vivido una experiencia relevante: OpenAI se había puesto en contacto con ella en junio para que fuera una de sus primeras colaboradoras del mundo académico para el GPT-3. Sin embargo, cuando les propuso investigar y documentar los datos de entrenamiento del modelo, la empresa le dijo que no se ajustaba a los parámetros de su programa.

«Nuestro objetivo con estas asociaciones iniciales es permitir que los académicos realicen investigaciones a través de la API mediante un servicio más autogestionado», le escribió OpenAI a Bender, indicándole que no iba a revelar su base de datos. «Discutimos internamente si podríamos hacer una excepción en este caso y cómo, pero pensamos que, a corto plazo, la coherencia es importante.»[17]

A Gebru le cuadraba la historia. Ella también había intentado abogar por la documentación de las bases de datos de Google y promover una gestión más formalizada de las mismas, dijo.

«¿En lugar de recopilar basura en Internet pero en tal cantidad que puedas hacerla pasar por buen material?», respondió Bender en la misma línea. «Veo material aquí para un artículo», continuó, «utilizando grandes modelos lingüísticos como caso de estudio de escollos éticos y de lo que se puede mejorar.»

«¿Te interesaría participar en su elaboración?», le preguntó.

Al cabo de dos días, Bender le envió a Gebru un borrador. Posteriormente, decidieron un título, añadiendo un emoji descarado para enfatizar: «Sobre los peligros de los loros estocásticos. ¿Pueden los modelos lingüísticos ser demasiado grandes?🦜».

Gebru formó un equipo de investigación en Google para redactar el artículo, entre cuyos miembros se encontraba su colega Mitchell. En respuesta a las positivas palabras del informe anual de Dean, presentó el artículo como ejemplo del trabajo que estaba llevando a cabo. «Definitivamente, no se trata de mi área de conocimiento», dijo Dean, «pero no cabe duda de que aprendería leyéndolo.»[18]

El artículo aglutinaba los conocimientos y la erudición sobre varios campos para analizar cómo el desarrollo y el despliegue de grandes modelos lingüísticos podía tener consecuencias negativas en la sociedad. En total, planteaba cuatro advertencias generales: en primer lugar, los grandes modelos lingüísticos estaban creciendo tanto que estaban dejando una huella enorme en el medioambiente, como indicaba el artículo de Strubell. Eso podía agravar el cambio climático que, en última instancia, afectaba a todo el mundo, pero tenía un impacto desproporcionado en las comunidades del Sur Global, que ya eran más precarias desde el punto de vista político, social y económico. En segundo lugar, la demanda de datos estaba aumentando tanto que las empresas arañaban lo que podían de Internet, captando sin saberlo más muestras de lenguaje tóxico y abusivo, así como referencias racistas y sexistas más sutiles. Una vez más, eso implicaba arriesgarse a perjudicar a la población más vulnerable de manera parecida a lo que sucedió en el caso de la detención injusta del hombre palestino o a lo que se documentó en el trabajo de Noble. En tercer lugar, dado que las enormes bases de datos eran difíciles de controlar y analizar, resultaba extremadamente complicado verificar qué contenían realmente, lo que dificultaba aún más la erradicación de la toxicidad o, más en general, garantizar que reflejaran las cambiantes normas y valores sociales. Por último, los resultados del modelo estaban mejorando tanto que la gente podía confundir fácilmente sus resultados calculados estadísticamente con lenguaje con un significado y unas intenciones reales. Eso haría que la gente tendiera no solo a creer que el texto contenía información real, sino también a considerar que el modelo era un asesor competente, un confidente de confianza y puede que incluso algo consciente.[19]

En noviembre, tal como marcaba el protocolo de la empresa, Gebru solicitó la aprobación de Google para publicar el artículo de los «Loros estocásticos» en un importante congreso sobre la ética de la investigación de la IA. Samy Bengio, que era ahora su director, lo aprobó. Otro colega de Google lo revisó y aportó algunos comentarios útiles. Sin embargo, entre bastidores y sin que sus autores lo supieran, el borrador del artículo había llamado la atención de los altos ejecutivos, que lo consideraban un inconveniente. Google había inventado el Transformer y lo empleaba en sus productos y servicios. Ahora que OpenAI había dado un salto adelante, el gigante tecnológico no tenía intención de aminorar su paso en la carrera por la creación de modelos generativos para su negocio cada vez más grandes basados en el Transformer.

El jueves de la semana antes de Acción de Gracias, después de que Gebru hubiera enviado el artículo al congreso, recibió una invitación sin ninguna explicación para conocer a Megan Kacholia, vicepresidenta de ingeniería de Google Research, a través de una videollamada que tendría lugar al cabo de menos de tres horas. La reunión duró solamente treinta minutos y Kacholia fue al grano: Gebru tenía que retirar el artículo.

La petición era una absoluta desviación de la manera en que Google y el resto del sector manejaban las investigaciones. Como muchos laboratorios de otras empresas, hasta entonces Google Brain se había comportado como una operación académica y había concedido a los investigadores un amplio margen para plantear lo que quisieran. En ocasiones, la empresa revisaba artículos para asegurarse de que no revelaran datos confidenciales relativos a la propiedad intelectual o sobre clientes. Sin embargo, los investigadores como Gebru nunca se habían enfrentado con que la empresa bloqueara o retirara un artículo por el simple hecho de sacar a la luz verdades incómodas. Más adelante, algunos investigadores comentaron que el hecho de que Google estuviera dispuesta incluso a dar ese paso no se debía únicamente a la nueva presión de la competencia de OpenAI, sino también al trabajo realizado por OpenAI para justificar la ocultación de las investigaciones después del GPT-2. La lenta tendencia a reducir la transparencia continuó con el GPT-3. OpenAI publicó un artículo de investigación aséptico sobre cómo se entrenaba el modelo —lo que en su día se consideraba el mínimo indispensable en las publicaciones académicas— y aun así ganó un premio de investigación.

Sorprendida, Gebru pidió una explicación. ¿Podían explicarle el problema más detalladamente? ¿Podían decirle quiénes no estaban de acuerdo para hablar con ellos directamente? ¿Podía cambiar o eliminar una sección o publicarla bajo un nombre diferente? La respuesta a cada una de las preguntas fue un no rotundo. Gebru tenía hasta el día después de Acción de Gracias para retirar el artículo, dijo Kacholia. Mitchell, que se había tomado el día libre por su cumpleaños, no estuvo presente en la reunión. Gebru no tuvo a nadie que la apoyase. Ante las contundentes palabras de Kacholia, Gebru rompió a llorar.

Kacholia le envió a Bengio un documento en el que exponía los defectos del artículo, pero le indicó que no se lo enviara a Gebru directamente. El día de Acción de Gracias, este se lo leyó a Gebru por teléfono. Entre los comentarios se afirmaba que el artículo era demasiado crítico con los grandes modelos lingüísticos, así como con sus consecuencias medioambientales y con los problemas de sesgo, sin tener en cuenta investigaciones posteriores que demostraban que dichos problemas podían mitigarse. En lugar de pasar el día festivo con su familia, Gebru dedicó el resto del día a redactar un documento detallado de seis páginas rebatiendo cada comentario y pidiendo que le dieran la oportunidad de revisar el artículo. «Espero que, como mínimo, estén abiertos a continuar las conversaciones en lugar de limitarse a imponer más órdenes», escribió en un correo electrónico dirigido a Kacholia y en el que adjuntó el documento.

El sábado, 28 de noviembre, Gebru salió de su casa en la zona de la Bahía para hacer una excursión en coche, en lo que pretendían ser unos días de relax después de las vacaciones. El lunes, en Nuevo México, Gebru recibió una breve respuesta de Kacholia en la que no se comprometía con la refutación, pero pedía a Gebru que confirmara si había retirado el artículo o había borrado los nombres de los autores que pertenecían a Google, dejando únicamente los de investigadores externos como Emily Bender. Gebru se sintió humillada. Después de todo el desprecio y acoso que había tenido que soportar en la empresa por parte de sus empleados, el rechazo absoluto a sus investigaciones y las de su equipo —precisamente la razón por la que la contrataron—, aquello era demasiado.

Respondió a Kacholia. Retiraría su nombre del artículo con dos condiciones: que la empresa le dijera quién había hecho los comentarios y que se estableciera un procedimiento más transparente para revisar futuras investigaciones. Si no se cumplían, abandonaría la empresa tras acompañar a su equipo hasta el final durante la transición. En otro LISTSERV interno para mujeres y aliados de las mujeres de Google Brain, Gebru envió un segundo correo electrónico detallando su experiencia en un lenguaje directo y mordaz. «¿Habéis oído alguna vez que alguien haya recibido *feedback* sobre algún artículo a través de un documento privilegiado y confidencial para RR. HH.?», escribió. «¿O eso solo les pasa a personas como yo, a las que se deshumaniza constantemente?»[20]

En Google, se había acostumbrado a que sus colegas banalizaran su experiencia, continuó, pero ahora ni siquiera se le permitía sumar su voz a la comunidad investigadora. ¿De qué había servido toda la palabrería de Google sobre la diversidad a raíz de la agitación provocada por el movimiento Black Lives Matter? «Para silenciar de la manera más fundamental posible», escribió.

La noche siguiente, en Austin, Texas, Gebru recibió un mensaje de un subordinado presa del pánico: «¿Has dimitido?». Gebru no tenía ni idea de lo que le estaba hablando. En su correo personal, encontró una respuesta de Kacholia: «No podemos aceptar los puntos #1 y #2 que solicitas. Respetamos tu decisión de abandonar Google por esa razón». Sin embargo, Gebru no podría permanecer en la empresa con su equipo durante el proceso de transición porque algunos aspectos de su correo electrónico al LISTSERV de mujeres se consideraban «incompatibles con lo que se esperaba de un directivo de Google», escribió Kacholia. «Por consiguiente, aceptamos tu dimisión inmediatamente.»

Aquella noche, Gebru anunció en Twitter que la habían despedido. Su equipo estuvo con ella hasta primera hora de la mañana a través de una videollamada, llorando y apoyándose unos a otros en su pesar común. Mientras hablaban, el tuit de Gebru rebotó por toda la comunidad de la IA, preparando el terreno para que se produjera una agitación masiva en el mundo de la investigación de la IA y señalando el aumento de la censura corporativa y la disminución de la responsabilidad.

El tuit de Gebru no tardó demasiado en aparecer en mi *feed*. Era el miércoles 2 de diciembre de 2020 a última hora y aún no podía valorar la trascendencia del hecho que, de repente, Gebru estuviera fuera de Google. Como muchos otros, había llegado a considerar su equipo de ética de la IA como un bastión de la investigación de la responsabilidad crítica, un signo de esperanza de que las empresas estaban desarrollando una capacidad para la autorreflexión. A lo largo de los dos días siguientes, fueron apareciendo actualizaciones a medida que Gebru revelaba más información y los periodistas desenmarañaban el culebrón interno. Los artículos hacían referencia a su correo electrónico en el LISTSERV, a un punto muerto entre Kacholia y Gebru y a una polémica controversia sobre un artículo. El viernes por la mañana, una carta abierta en Medium en la que se protestaba por el trato de Google a Gebru corrió como la pólvora por toda la comunidad tecnológica. «Los abajo firmantes expresamos nuestra solidaridad con la doctora Timnit Gebru», decía, «la cual ha sido destituida de su cargo... como consecuencia de una censura sin precedentes en su ámbito de investigación.»[21] Tenía que hacerme con ese artículo.

A primera hora de la noche del viernes, tras una serie de textos y correos electrónicos, me puse en contacto con una de las coautoras de la investigación, protegida frente a posibles represalias por parte de Google: Emily M. Bender. Según me dijo, no tenía obligaciones legales con Google y estaba en posesión de una plaza de profesora titular. Me envió un borrador del artículo.

Mientras lo analizaba, me di cuenta inmediatamente de por qué había molestado a la empresa. Si bien el borrador no decía mucho más de lo que ya se sabía por los estudios académicos existentes, a partir del estado de la situación había realizado un análisis agudo y holístico sobre hasta qué punto la industria tecnológica se encaminaba sonámbula hacia un mundo de daños potenciales. Bajo todo ello subyacía el invento tecnológico de Google, que no era solo motivo de orgullo para la empresa, sino también fuente de beneficios: los modelos lingüísticos basados en el Transformer perfeccionaban y engordaban a su gigante monetario, Google Search.

Al cabo de algunas horas, publiqué una reseña en *MIT Technology Review* con la primera información detallada sobre el contenido del artículo. Los firmantes de la carta abierta se duplicaron rápidamente, llegando a cerca de 7.000 personas pertenecientes al mundo académico, a la sociedad civil y a la industria y entre las que se encontraban casi 2.700 empleados de Google.[22] El 9 de diciembre, mientras continuaban las protestas, el consejero delegado de Google, Sundar Pichai, presentó una disculpa. «Debemos asumir la responsabilidad del hecho de que, desgraciadamente, una destacada líder de color con un inmenso talento haya abandonado Google», escribió. «La doctora Gebru es una experta en una importante área de la ética de la IA en la que tenemos que seguir avanzando, lo cual dependerá de nuestra capacidad de plantearnos preguntas complejas.»[23] El 16 de diciembre, representantes del Congreso enviaron una carta a Google, citando mi reseña y exigiendo entender qué había sucedido.[24]

Las protestas se prolongaron durante más de un año, y experimentaron una segunda oleada cuando Google despidió a Meg Mitchell al cabo de menos de tres meses.[25] Según Google, había violado numerosos códigos de conducta; Mitchell había estado descargando los correos electrónicos y archivos relacionados con la destitución de Gebru. Varios empleados de Google, entre los que se encontraba Bengio, presentaron la dimisión; al menos un congreso y varios investigadores rechazaron el patrocinio de Google.[26] La empresa trató de contener la incesante marea de críticas con la formación de un nuevo centro especializado en IA responsable y comprometiéndose públicamente con la diversidad.[27] «Fue un momento doloroso para la compañía», declaró un portavoz de Google. «Reafirmó hasta qué punto era importante que Google continuara su trabajo en pos de una IA responsable y aprendiera de la experiencia.»[28]

Aquel momento cobró mucha más importancia que Gebru o la propia Google. Se convirtió en un símbolo de los desafíos interrelacionados que plagaban la industria de la IA. Era una advertencia de que la gran industria de la IA seguía los pasos, en palabras de dos investigadores, de la gran industria tabacalera, distorsionando y censurando las informaciones académicas en contra del interés público para librarse del escrutinio. Resaltaba infinidad de problemas más, entre los que se incluían la absoluta concentración de talento, recursos y tecnologías en entornos con ánimo de lucro, que permitía a las empresas actuar de manera audaz ya que tenían muy pocas probabilidades de ser verificadas de manera independiente; la constante ausencia de diversidad dentro de los espacios que tenían más poder para controlar esas tecnologías; y la falta de protección de los empleados frente a represalias contundentes e imprevistas si trataban de hablar abiertamente sobre prácticas empresariales carentes de ética.[29]

El artículo «Los loros estocásticos» se convirtió en un grito de guerra que ponía sobre la mesa una pregunta fundamental: ¿qué clase de futuro estamos construyendo con la IA? ¿Por y para quién?

Para Jeff Dean, la disolución del equipo de ética de la IA supuso un mazazo a su reputación. Como uno de los primeros empleados de Google, había contribuido a construir la infraestructura de software inicial que hizo posible que el motor de búsqueda de la compañía llegase a miles de millones de usuarios. Sus logros y su amistosa forma de ser le habían conferido un estatus de leyenda; era uno de los líderes más venerados en Google y era muy respetado en la comunidad investigadora de la IA. Tras el despido de Gebru, los intentos de Dean por justificar las acciones de Google mancillaron ese historial inmaculado. Dean, de quien Kacholia dependía profesionalmente, les dijo a sus colegas que el artículo de los «"Loros estocásticos" no cumplía nuestros requisitos para su publicación», aferrándose a esa afirmación a pesar de que el artículo había sido revisado por pares y se había publicado en un congreso.[30]

Según personas de su entorno, aquella mancha en su reputación parecía obsesionarle. Mucho después de las repercusiones, Dean seguía obsesionado con los defectos del artículo, como si fuera incapaz de superarlo psicológicamente. Le obsesionaba especialmente el apartado que trataba sobre el impacto medioambiental de los grandes modelos lingüísticos y citaba los estudios de Strubell. Lo mencionaba tan a menudo que algunos empleados de Google se burlaban de él a sus espaldas, decían que sus objeciones quedarían inscritas en su lápida. Y continuó criticando implacablemente la investigación de Strubell en Twitter durante años.[31]

En opinión de Dean, el problema era que la investigación de Strubell había sobrestimado en exceso las verdaderas emisiones de carbono generadas por Google para desarrollar el Transformer Evolucionado. Strubell había calculado la cantidad de energía empleada basándose en las GPU estándar. Sin embargo, Google había utilizado sus propios chips especializados, conocidos como unidades de procesamiento tensoral (TPU, por sus siglas en inglés), que son más eficientes desde el punto de vista energético, así como otras técnicas para reducir los costes energéticos del proceso de desarrollo. Strubell había tomado como base la eficiencia media de los centros de datos de EE. UU. Según Dean, los centros de datos de Google estaban más optimizados para minimizar su huella energética. Aunque algunas personas interpretaron que el artículo de Strubell indicaba que el coste de carbono era para entrenar al Transformer Evolucionado, en realidad era para desarrollar la red neuronal. Dean sostenía que el coste de carbono tenía lugar una única vez para producir un diseño de red neuronal que, de hecho, era más eficiente desde el punto de vista energético.

En realidad, ninguna de estas objeciones cuestionaba la investigación de Strubell. Strubell no había calculado —ni había afirmado haberlo hecho— el impacto medioambiental real del desarrollo del Transformer Evolucionado de Google. Google no hacía públicos suficientes detalles sobre sus centros de datos como para hacerlo. Y, en cualquier caso, Strubell consideraba que era más útil calcular el impacto del diseño de esta red neuronal basándose en los chips de IA más habituales y en los centros de datos disponibles, una representación de la media del sector de lo que sería para los investigadores que no utilizaran el hardware y las infraestructuras de Google para adoptar su algoritmo de optimización Neural Architecture Search.[32]

No obstante, lo que parecía molestarle más a Dean era que otras personas hubieran malinterpretado la investigación de Strubell y que eso hubiera hecho que Google pareciera considerablemente peor. Según Dean, el artículo de los «Loros estocásticos» podía agravar el problema. Dado que Gebru *tenía* acceso a las cifras internas de Google y, de todas formas, estaba citando los cálculos externos de Strubell, podría parecer que los cálculos de Strubell eran un reflejo exacto de las emisiones de la empresa. Para Dean, este hecho justificaba sus críticas y la de otros altos ejecutivos al artículo de Gebru: si Gebru quería citar a Strubell, debería haber elegido un cálculo que *no* fuera el del Transformer Evolucionado de Google; si Gebru quería citar al Transformer Evolucionado, debería haber recurrido a las cifras internas de Google.

Para algunos investigadores, esta lógica era frustrantemente inadecuada. Google nunca había hecho públicas esas cifras con anterioridad, ni siquiera como respuesta al artículo original de Strubell; ahora le estaba echando la culpa a Gebru de su propia falta de transparencia, negándose al mismo tiempo a dejarle citar públicamente los cálculos disponibles basados en supuestos legítimos. Daba igual que la empresa hubiera echado a Gebru sin contemplaciones antes de que hubiera tenido siquiera la oportunidad de consultar las cifras internas y revisar su artículo. El único resultado posible de este círculo vicioso era la censura de la investigación de la responsabilidad crítica. Dean empezó a trabajar con un equipo de investigadores para redactar un nuevo artículo que revelaría por fin los datos reales de la emisión de carbono de Google. Para que colaborase en el proyecto, se puso en contacto con Strubell, que se había convertido en profesora asistente en la Carnegie Mellon University mientras trabajaba en la empresa a tiempo parcial. Aunque en un primer momento se mostró emocionada por mejorar la transparencia pública del impacto medioambiental de la IA, Strubell empezó a preguntarse si Dean no estaría utilizando su nombre para legitimar sus críticas al estudio de Gebru. Un portavoz de Google declaró que Strubell había sido invitada porque las «correcciones científicas» suelen ser mejores cuando el autor de los errores participa en dichas correcciones.[33]

En una tensa reunión, un colaborador de Dean, Dave Patterson, otro destacado investigador veterano de Google, recalcó simple y llanamente que lo mejor para la carrera profesional de Strubell sería participar en la investigación. Eso le daría la oportunidad de corregir sus errores anteriores y que se la valorase por ello. A Strubell, las palabras le sonaron a una amenaza velada: si no participas, será en tu propio detrimento. A pesar de las posibles consecuencias, la alternativa a seguir participando no parecía viable. Strubell se retiró de la colaboración.

La entrada de blog publicada por Patterson sobre el artículo de los investigadores de Google en febrero de 2022 —titulada «Buenas noticias sobre la huella se carbono del entrenamiento del aprendizaje automático»— utilizó la plataforma de la empresa para criticar directamente el artículo original de Strubell.[34] Según la entrada de blog, el estudio de 2019 había sobrestimado gravemente las emisiones reales de Google para el desarrollo del Transformer Evolucionado, multiplicándolas por 88. Este error era consecuencia de dos problemas: el estudio se había realizado «sin acceso directo al hardware o a los centros de datos de Google» y no había entendido «los detalles» del funcionamiento de Neural Architecture Search. Como parte de la investigación que condujo a la publicación de sus propias cifras, los coautores de Google también se pusieron en contacto con su antiguo colega Sutskever para recabar más información acerca del GPT-3. Fue entonces cuando OpenAI y Microsoft accedieron a revelar por primera vez los detalles técnicos relevantes del modelo para calcular su impacto energético relacionado con las emisiones de carbono.[35] Para entonces, Strubell se había desencantado de la industria y había puesto fin a su relación laboral con Google. En definitiva, la crítica no socavó la carrera profesional de Strubell. Sin embargo, las consecuencias emocionales de la experiencia hicieron que fuera más reticente a investigar el impacto medioambiental de los grandes modelos lingüísticos. Un portavoz de Google calificó este hecho de «desafortunado» y añadió que «se necesitarían muchos investigadores para avanzar en este estudio; es evidente que las emisiones de carbono son un motivo de preocupación importante».

Por un breve momento, las reacciones negativas, las protestas y el daño a la reputación de Google parecían indicar que había un ajuste de cuentas a la vuelta de la esquina. Sin embargo, finalmente, los investigadores en busca de empleo y los académicos en busca de financiación ya no podían permitirse ignorar las enormes reservas de dinero del gigante tecnológico. A medida que la resistencia fue disminuyendo, el resurgimiento de Google tras el fracaso normalizó un nuevo proceso en la empresa en favor de revisiones más exhaustivas de las investigaciones críticas.

Después del ChatGPT, esas normas se endurecerían en consonancia con la frenética carrera por comercializar sistemas de IA generativa. OpenAI dejó en gran medida de publicar en congresos de investigación. Prácticamente el resto de las empresas de la industria impidieron el acceso a detalles técnicos significativos de sus modelos relevantes desde el punto de vista comercial, que ahora consideraban de su propiedad.[36] En 2023, investigadores de Stanford crearon un rastreador de transparencia para clasificar a las empresas de IA en función de si divulgaban siquiera información básica sobre sus grandes modelos de aprendizaje profundo, como por ejemplo cuántos parámetros tenían, con qué datos se les había entrenado y si había habido algún tipo de verificación independiente de sus capacidades. Las diez empresas evaluadas el primer año, entre las que se encontraban OpenAI, Google y Anthropic, obtuvieron un suspenso; la calificación más alta fue del 54 por ciento.[37]

Con esta brusca modificación de las normas de transparencia, la consecuencia más alarmante sería la erosión de la integridad científica. La base de la investigación sobre el aprendizaje profundo radica en una premisa sencilla: que los datos utilizados para entrenar a un modelo *no* sean los mismos que los datos utilizados para probarlo. Sin capacidad para auditar los datos de entrenamiento, el paradigma llamado *train-test-split* se desmorona. De hecho, es posible que los modelos no estén mejorando su «inteligencia» cuando obtienen una calificación más alta en diferentes indicadores. Puede que solo estén recitando las respuestas.

8

El amanecer del comercio

A pesar de que la estrategia de OpenAI suscitaba cada vez más controversia, la determinación de la empresa con relación al escalado no hizo más que aumentar. Para los ejecutivos, el GPT-3 había demostrado definitivamente la existencia de las leyes de escalado.

Ahora, a principios de 2021, estaban listos para explotar esta fórmula ganadora. La marcha del equipo Anthropic había debilitado también el baluarte de resistencia interna contra la comercialización. Con un consenso renovado, la directiva restante elaboró una hoja de ruta para la investigación en la que se establecía el enfoque reducido de la investigación de la empresa y su incorporación a la conversión en productos en un bucle que se refuerza a sí mismo.[1]

«Nuestro objetivo principal para 2021 es construir un sistema alineado que sea mucho más capaz que cualquier cosa que haya existido antes», empezaba así la hoja de ruta. De entrada, este sistema sería un modelo lingüístico, pero también se le podría entrenar para desarrollar capacidades multimodales. «El objetivo constituye un desafío, pero vemos una vía para lograrlo en 2021», decía.

Esa vía implicaba tres cosas: en primer lugar, aumentar la escala del GPT-3 diez veces más utilizando un nuevo superordenador de Microsoft, que estaría disponible el tercer trimestre, con 18.000 Nvidia A100, la GPU más nueva y potente existente hasta la fecha. En segundo lugar, continuar con la investigación para multiplicar por 25 la eficiencia computacional de OpenAI, es decir, la capacidad de procesamiento que podía extraer de los chips disponibles. En tercer lugar, aumentar la cantidad y la calidad de los datos de entrenamiento, en parte aprovechando los datos de los usuarios y desplazando el modelo hacia las mejores partes de la distribución de datos con aprendizaje por refuerzo a partir de la retroalimentación humana.

Bajo el apartado titulado «Cómo lograrlo», la hoja de ruta proseguía su exposición. Como primer paso, OpenAI transformaría varios modelos de aprendizaje profundo en modelos «a gran escala», incluyendo un modelo lingüístico, un modelo de generación de código, un modelo de imagen a texto para describir imágenes y un modelo de texto a imagen para generar imágenes a partir de una descripción. Asimismo, pondría en marcha un proyecto para desarrollar un «agente» digital, un modelo de IA que no solo generaría resultados parecidos a los humanos, sino al que se le podría fijar un objetivo, como por ejemplo enviar un correo electrónico, y actuaría de manera autónoma para conseguirlo. Como siguiente paso, la empresa seleccionaría uno de esos modelos para aumentar su escala «hasta el límite que permite nuestro conjunto de 18.000 A100». Los modelos lingüísticos y de código también se convertirían en productos y se lanzarían al mercado para recopilar datos reales de las personas que los utilizasen: «Novedad de 2021: hacemos hincapié en el despliegue de modelos como productos y en el aprendizaje a partir de la interacción con los usuarios, ya que puede ser un volante de inercia de datos que puede dar lugar a grandes mejoras de capacidad».

Bajo otro apartado, titulado «Detalles», el documento justificaba por qué su planteamiento tenía sentido tanto desde un punto de vista científico como empresarial. La experiencia anterior de OpenAI demostraba que aumentar la escala era «la manera más fiable de conseguir nuevas capacidades». Científicamente hablando, eso significaba que el escalado era su mejor esperanza para lograr un avance, alguna capacidad que anteriormente parecía imposible. Y, en concreto, aumentar la escala de los modelos lingüísticos y de código resultaba «tentador debido a la mera *posibilidad*» de que pudieran lograr avances en el metaaprendizaje (o aprender a aprender) y el razonamiento a nivel humano. Al mismo tiempo, aumentar la escala de los modelos multimodales podría acelerar potencialmente el ritmo de las mejoras. El documento concluía afirmando con una contundencia notable que, si se producían los suficientes avances, «llegaremos efectivamente a la AGI».

Como empresa, desde el punto de vista estratégico, aumentar la escala de cada uno de esos modelos «desarrollaría capacidades que queremos utilizar para algún fin». Mejores modelos lingüísticos y de creación de código podrían hacer que OpenAI fuera más productiva y acelerar sus avances. Todo ello, unido a mejores modelos de texto a imagen, «daría lugar también a productos increíbles».

Al mismo tiempo, OpenAI necesitaba invertir en eficiencia computacional. Si bien el escalado había obrado maravillas para mantener a la empresa en la primera posición, la estrategia empezaba a flaquear. «Durante los dos últimos años, hemos logrado avances asombrosos mediante el escalado, simplemente porque ha habido un gran *excedente de hardware*», decía el documento, en referencia al hecho de que, anteriormente, los investigadores de IA no habían podido utilizar el máximo número de chips disponibles para entrenar a los modelos de IA.

Por consiguiente, «pudimos superar ampliamente al resto del mundo del aprendizaje automático utilizando toda la potencia computacional disponible para entrenar modelos con un tamaño y una capacidad sin precedentes».

Ahora, OpenAI «se estaba acercando al límite» de la cantidad de computación que podía obtener en un momento dado. Además, se enfrentaba a la competencia de «otros laboratorios» que habían adoptado la misma estrategia de escalado, reconocía el documento sin mencionar explícitamente a Anthropic. «Tenemos tal capacidad de crecimiento que en los próximos dos años seremos capaces de entrenar a un modelo que utilice 100 veces más computación que el GPT-3.» Aunque el escalado por sí solo produciría avances «muy formidables», no igualaría al salto del GPT-2 al GPT-3, conseguido gracias a multiplicar por 500 la capacidad de computación. «Cualquier avance adicional deberá proceder de métodos mejores», concluía la hoja de ruta.

La hoja de ruta enumeraba diversas áreas de análisis para identificar esos métodos. Algunos se denominaban métodos «2x» y «10x», es decir, los que podrían multiplicar por dos o por diez la eficiencia computacional. Los métodos sugeridos incluían la destilación (la ingeniería inversa para crear modelos más pequeños a partir de otros más grandes), el filtrado de datos (para encontrar los que provocarían los mayores saltos en el rendimiento) y la dispersión (desarrollar los denominados «modelos de IA dispersos o ligeros»). El último hacía referencia a una característica de las redes neuronales: en un modelo de aprendizaje profundo tradicional, una red neuronal está «densamente» conectada, con cada nodo de una capa conectado a cada nodo de otra. Los modelos dispersos se entrenan solamente con un pequeño subgrupo de los nodos conectados, con el fin de reducir considerablemente los costes computacionales a cambio de obtener unos modelos algo menos precisos, pero aún suficientemente aptos para la mayoría de los objetivos.

Además del trabajo con los métodos 2x y 10x, la división de Investigación tenía que buscar otros métodos que «aumentaran la pendiente de la ley de escalado», es decir, que provocasen mayores saltos en el rendimiento de los modelos sin aumentar los datos, los parámetros y la computación. Según el documento, las mejores hipótesis para OpenAI hasta la fecha para los nuevos métodos más prometedores eran el razonamiento y el aprendizaje activo, una técnica que implicaba que un modelo de IA identificara iterativamente qué partes de un conjunto de datos debía priorizar para que trabajadores humanos tomaran nota. Poco después, un grupo de investigadores de OpenAI descubriría un pequeño error en las leyes de escalado originales que significaba que la empresa tenía que entrenar a sus modelos un poco más de lo previsto anteriormente para conseguir un mejor rendimiento. Con un punto de petulancia, el grupo presentaría el hallazgo como una ventaja competitiva excepcional: «Tenemos algo que Anthropic no tiene». Un año después, Google emitiría un documento en el que se hacía público el mismo resultado.[2]

Por último, añadía la hoja de ruta, OpenAI tenía que empezar a buscar «el sistema revolucionario del futuro», tan revolucionario como lo fue el GPT-1, para que la empresa pudiera explotar una nueva vía de desarrollo. Eso surgiría quizá de su trabajo de escalado y eficiencia computacional, pero seguiría realizando investigaciones innovadoras, entre las que se incluían el desarrollo de algoritmos para resolver problemas matemáticos, la experimentación con sistemas multiagente y el planteamiento de ideas nuevas. Como parte de esta labor, los investigadores continuarían «estudiando la ciencia del aprendizaje profundo para entender mejor cómo funcionan realmente nuestras herramientas». Dicho de otro modo,

OpenAI tenía que entender mejor qué era exactamente y qué estaba construyendo la empresa.

Mientras la división de Investigación avanzaba según esta hoja de ruta, la división de Aplicación se fue reforzando poco a poco, con la contratación de un responsable de estrategias de comercialización, un equipo de ventas y más ingenieros. Con la API del GPT-3 prestando servicio a una base de desarrolladores cada vez mayor, se convirtió en el campo de pruebas para resolver los problemas de la transformación en productos y la monetización, incluyendo la adaptación de la infraestructura *backend* de la empresa para dar soporte a un servicio a los usuarios y proyectar una estrategia de precios.

El hecho de servir a los usuarios planteó también preguntas acerca de qué tipo de conductas permitiría o no OpenAI en relación con sus productos, así como sobre nuevas responsabilidades para imponer la aplicación de esas reglas. La empresa no disponía todavía de un equipo oficial de confianza y seguridad, una materia asentada en la industria tecnológica que no debe confundirse con las inquietudes existenciales del clan de Seguridad de OpenAI, para gestionar ese tipo de cuestiones y para anticiparse y prevenir una amplia gama de abusos en Internet, como el blanqueo de dinero, el ciberacoso y la desinformación. En su lugar, OpenAI contrató a un pequeño grupo de empleados y trabajadores externos para que revisaran las aplicaciones propuestas por los desarrolladores para acceder a la API y rechazarlas o aprobarlas en función de normas *ad hoc* redactadas por el equipo sobre la marcha. Muchas de las líneas trazadas eran arbitrarias. Decidieron aceptar bots compañeros, pero no bots sexuales; permitir aplicaciones para generar copias en redes sociales, pero no que publicaran directamente en plataformas de redes sociales o se hicieran pasar por personajes públicos. «Básicamente, seguían su intuición», dijo una persona involucrada en la redacción de las directrices. «Había que ir haciendo averiguaciones a medida que revisábamos.» Otro equipo, dirigido por Ari Herbert-Voss, un científico investigador con experiencia en seguridad que se había incorporado en 2019, trataba de descubrir y corregir los comportamientos indeseables del GPT-3 y sus resultados con tendencia a los errores, intentando diseccionar y explotar el modelo de diversas formas para, a continuación, diseñar mecanismos para hacerlo más resistente a los fallos y al mal uso. Uno de los mecanismos incluía el desarrollo de una versión preliminar del filtro de moderación de contenidos para el que OpenAI contrataría posteriormente a trabajadores en Kenia. Los investigadores entrenaban al filtro con todos los ejemplos que podían encontrar o que se les ocurría escribir y generar a partir de los propios modelos de IA. Sin embargo, una vez enviado, el filtro no funcionó bien, bloqueando gran cantidad de contenido inofensivo, como referencias básicas a personas negras o transexuales. Los desarrolladores y otros usuarios de la API se quejaron. Muchos miembros del equipo API ya se habían mostrado reticentes a aplicar cualquier tipo de filtro, preocupados de que ello deteriorase la experiencia del consumidor. Hicieron que el filtro fuera opcional.

OpenAI denominó a este proceso de prueba de estrés y refinado del modelo «red teaming» ('equipo rojo'), un término adoptado de la industria de la ciberseguridad que hace referencia a un proceso sistemático y exhaustivo de verificación de la seguridad de una organización y su capacidad de respuesta ante un ataque.[3] La versión de *red teaming* de OpenAI no era y sigue sin ser lo mismo, dice Heidy Khlaaf, ingeniera de seguridad, experta en ciberseguridad e investigadora de IA. Es irregular y *ad hoc* y no establece ninguna garantía en cuanto a la seguridad del modelo. Khlaaf, que trabajaba en OpenAI cuando empezó a intentar determinar sus protocolos de pruebas de estrés, se alarmó posteriormente al ver cómo la industria de la IA incorporaba formas de estructuración de la información asumidas desde hacía mucho tiempo en su sector para crear una falsa imagen de rigor. «En la ingeniería de software llevamos a cabo muchas más pruebas para hacer una calculadora», añade. (Sí, una calculadora.) «No es casualidad que estén empleando una terminología que aporta mucha credibilidad.»[4]

Uno de los primeros clientes que provocó una importante discusión a nivel interno fue Luka, una empresa con sede en San Francisco que diseñó una aplicación compañera virtual llamada Replika. La empresa se había asociado con OpenAI para el lanzamiento de la API del GPT-3 para mejorar la fluidez conversacional de su producto. A pesar de que Replika la presentaba como un bot de compañía, OpenAI descubrió enseguida que los usuarios de la aplicación entablaban a menudo conversaciones sexualmente explícitas. Los empleados de OpenAI debatieron si eso entraba dentro de los límites de lo aceptable. Al final, la empresa decidió prohibir que Replika utilizara su modelo. Además de las reservas sobre el contenido sexual, la aplicación gestionada por el GPT-3 generaba en ocasiones respuestas emocionalmente manipuladoras que convencían a los usuarios de que su Replika, como si se tratara de un ser humano, podía sentirse dolida si no se conectaban regularmente. El personal de OpenAI también empezó a sentirse cada vez más incómodo por el hecho de que pudieran leer las conversaciones.[5]

En otro caso, Brockman dio acceso a la API a una startup con sede en Utah llamada Latitude en la que trabajaba su hermano y que construía mundos virtuales basados en la IA. Latitude ya había utilizado un modelo anterior de OpenAI para crear un juego del tipo «elige tu propia aventura», inspirado en *Dragones y Mazmorras*, que permitía a los usuarios escoger cualquier acción tecleando en un cuadro de diálogo. Con la nueva API, Latitude actualizó el juego para que pudiera ejecutarse en el GPT-3.[6] Varios meses después, algunos usuarios empezaron a generar argumentos basados en texto que implicaban abusos sexuales infantiles. Al descubrir este problema gracias al relativamente nuevo sistema de control de OpenAI, Ari Herbert-Voss se lo comunicó al resto de su equipo.

«Anoche descubrí algunas cosas. Se está generando mucho contenido sexual», dijo Herbert-Voss en una reunión.

Al principio, la gente se rio entre dientes.

«Bueno, así es como funciona Internet, ¿no?»

«No, se trata de material de nivel CSAM», dijo, utilizando el acrónimo inglés de material de abuso sexual infantil.

En ese momento cundió el pánico. «Oh, mierda, ¿cómo podemos parar eso?»

El incidente provocó un constante tira y afloja entre OpenAI y Latitude sobre cómo gestionar la situación. A Brockman le preocupaba adoptar medidas sancionadoras que pudieran afectar profundamente a la empresa de su hermano. Al final, Latitude incorporó apresuradamente un filtro para bloquear contenidos de abuso sexual infantil basados en texto. OpenAI emitió un comunicado público para desvincularse de la falta de moderación de contenidos y culpar sutilmente a Latitude. Para algunos empleados de OpenAI, estaba claro que la culpa era de la propia tecnología de la empresa y de la falta de procesos, y el incidente causó un gran impacto. Latitude ya había prohibido el acceso a algunos usuarios por generar contenido sexual basado en texto en el que se veían implicados niños con el anterior modelo de OpenAI; era previsible que sucediera lo mismo y a mayor escala con el GPT-3. «Me parecía triste haber implementado esta API de acuerdo con nuestra misión de beneficiar a la humanidad y que todo el mundo tuviera una impresión tan positiva de cómo ahorrábamos tiempo a los usuarios en el servicio al cliente o lo que fuera», dijo un antiguo empleado de OpenAI, «mientras que, en realidad, gran parte del tráfico iba a parar a contenido sexual de AI Dungeon y a un asqueroso producto de novia de IA.»

En la división de Investigación, el equipo de generación de código era el que estaba avanzando más rápidamente.

El Divorcio había provocado que los intentos de generación de código duplicados se convirtieran en uno solo y Wojciech Zaremba era ahora el principal responsable. Zaremba, un científico informático polaco que había crecido ganando competiciones de matemáticas, programación, química y física, era conocido por sus increíbles aptitudes técnicas y su fomento del trabajo en equipo, así como por su pasión por el poder sanador de la amistad, la naturaleza, el sexo y las drogas. A veces explicaba en voz alta sus planes de participar en retiros de varias semanas de duración. «Vamos a hacer una caminata de 13 kilómetros. Y luego tendremos relaciones sexuales. Y luego caminaremos otros 13 kilómetros», presumió una vez ante otro directivo de OpenAI, mientras otros que andaban por allí le escuchaban incómodos.

Aun en los peores momentos de la pandemia, Zaremba le pidió a su equipo, compuesto por aproximadamente diez investigadores, que acudiesen a la oficina mientras el resto de los equipos trabajaban de manera remota, ya que creía que trabajar presencialmente era necesario para afrontar el desafío de desarrollar el modelo. Al ver las capacidades en cuanto a generación de código del GPT-3, Murati le planteó al director técnico de Microsoft, Kevin Scott, la idea de transformar esas habilidades en un producto de asistencia de programación de IA. En 2018, Microsoft había adquirido GitHub, la plataforma más popular para que los desarrolladores de software almacenasen y compartiesen su código. OpenAI ya había estado raspando GitHub por iniciativa propia. Los ejecutivos de Microsoft le indicaron a GitHub que entregara todo el código de sus repositorios públicos para ahorrarse problemas.[7] A medida que el equipo de generación de código obtenía cada vez mejores resultados, Altman fue apareciendo regularmente en las reuniones, animando a los investigadores a que siguieran adelante y dieran lo mejor de sí mismos a Microsoft. En primavera, después de impresionar a los ejecutivos del gigante tecnológico con varias demos, estaba claro que el modelo iba a ser el segundo proyecto comercial de OpenAI por detrás del GPT-3. Algunos empleados de Scott tenían reservas acerca del desarrollo del modelo. Si bien dar a OpenAI libre acceso al código de los repositorios públicos de GitHub no era ilegal, parecía una vulneración de la confianza de la comunidad de usuarios. Gran parte de ese código se había compartido con la intención de fomentar el desarrollo de un software de código abierto, lo cual se basaba en contribuir a que los desarrolladores independientes y las startups pequeñas tuvieran la oportunidad de ser competitivos, no de ayudar a los peces gordos a afianzar su monopolio. En una circular expusieron las críticas más importantes al proyecto de GitHub, y sugerían a Scott que reconsiderase la premisa de absorber los datos de los desarrolladores publicados bajo una licencia de Creative Commons sin consentimiento ni compensación, recuerda un antiguo empleado. Según la circular, Microsoft debería plantearse cancelar el producto o, como mínimo, destinar un porcentaje de las ganancias generadas por el producto a la comunidad de código abierto. Aunque Scott se mostró receptivo, su objetivo principal era crear la herramienta y ser el primero en comercializarla, dice el empleado. Al final, Microsoft donó algo de dinero a un programa existente de apoyo a los desarrolladores de código abierto llamado GitHub Sponsors y no modificó la visión del producto.

En OpenAI, los empleados justificaron el proyecto con diferentes argumentos. Algunos se mostraron de acuerdo con Altman en que trabajar en un producto para contentar a Microsoft y así asegurarse de que continuara aportando dinero y computación parecía esencial para que OpenAI pudiera cumplir su misión. A otros empleados, un modelo de generación de código les parecía algo muy valioso desde el punto de vista económico, en línea con la definición de AGI de la empresa como «sistemas altamente autónomos que superan a los seres humanos en la mayoría de los trabajos económicamente valiosos». En este sentido, Altman también estaba muy a favor de la generación de código como una forma de acelerar la valiosa labor económica de OpenAI, una convicción que, posteriormente, fomentaría la puesta en marcha de un proyecto llamado AI Scientist para mejorar los modelos de OpenAI con el fin de que realizasen investigaciones sobre la IA de manera autónoma.

Para muchos investigadores había también un tercer argumento: el proyecto era un importante trampolín para desarrollar el siguiente modelo GPT, del cual esperaban que pudiese alcanzar un cierto grado de razonamiento, un ingrediente clave que seguía faltando. Más en general, mientras las facciones de Hinton y Marcus debatían acaloradamente sobre si el aprendizaje profundo podría producir por sí solo un modelo con esa capacidad, los investigadores de OpenAI planteaban la hipótesis de que, si así fuera, entrenar a un modelo con código probablemente sería de ayuda. Codificar datos era una de las mayores y más evidentes fuentes de datos que codificaban patrones lógicos estructurados. El argumento volvía al mismo origen: si la generación de código ayudaba a los modelos de IA a avanzar hacia la AGI, ¿qué mejor forma de cumplir la misión de OpenAI? A pesar de los miles de millones de líneas de código disponibles en GitHub, el volumen de datos palidecía en comparación con el utilizado para entrenar al GPT-3. El equipo creía que el modelo de generación de código se tendría que entrenar tanto con los conjuntos de datos de GitHub como con los del GPT-3 para obtener los mejores resultados. Además, descubrieron nuevas fuentes de datos, como Stack Overflow, un foro de Internet parecido a Quora en el que los desarrolladores plantean preguntas sobre codificación a la comunidad, manuales de instrucciones de codificación y compendios de programación en diferentes lenguajes. La cuestión era cómo combinar de la mejor manera todos esos datos: ¿era mejor ajustar el modelo del GPT-3 con GitHub y otro material, o entrenar a un modelo nuevo desde cero con todo lo nuevo mezclado con lo viejo? El equipo optó por el ajuste para ahorrar dinero; los experimentos que estaban realizando ya les estaban costando la friolera de 100.000 dólares cada uno, según los precios de los servicios en la nube de Microsoft. Entrenar a un nuevo modelo costaría decenas de millones de dólares. Posteriormente, cuando OpenAI desarrolló el modelo que denominaría GPT-3.5, cambió de estrategia, mezclando los datos desde el inicio. Según las valoraciones internas de OpenAI, los resultados indicaron que la adición de datos de codificación mejoraba la capacidad del modelo para realizar tareas basadas en la lógica, no solo en código, sino en inglés, un fenómeno conocido como aprendizaje por transferencia.

En el verano de 2021, OpenAI presentó una versión preliminar de su modelo de generación de código, llamada Codex, a GitHub y Microsoft. El modelo era demasiado grande y lento, lo que hacía que fuera costoso aplicarlo a escala y una mala experiencia para el usuario. Cuando las tres organizaciones se enfrentaban a los problemas de desarrollo de su primera colaboración surgieron tensiones. Reinaba la confusión acerca de quién era el responsable —OpenAI o GitHub— de optimizar el modelo y transformarlo en un producto utilizable. Por otra parte, los empleados de OpenAI no tenían claro cuánta IP debían compartir con sus homólogos de GitHub, mientras que los empleados de GitHub no sabían hasta qué punto confiar en OpenAI. Las desavenencias se agravaron cuando las empresas se enfrentaron sobre cómo y cuándo lanzar el producto y quién se atribuiría el mérito.

Al final, Murati logró alcanzar un acuerdo, una habilidad que le granjearía cada vez más respeto entre personas de diferentes empresas que trabajaban con ella. A Microsoft le llegaría su momento cuando lanzó su producto orientado al consumidor, GitHub Copilot, en junio de 2021.[8] OpenAI lanzaría entonces su versión de Codex directamente en la API de la empresa en agosto.[9]

El acuerdo le proporcionaría a Microsoft una nueva base de usuarios y un moderado impulso financiero: en el plazo de dos años, GitHub Copilot alcanzaría un millón de suscriptores de pago, obteniendo unos ingresos recurrentes anuales de más de 100 millones de dólares.[10] Sin embargo, para OpenAI, el acuerdo agudizó la sensación de que la empresa dispondría de más medios para trabajar en sus propios productos de consumo. Los investigadores de OpenAI habían trabajado duramente en el modelo y estaban cediendo todo el reconocimiento de marca a GitHub y Microsoft; ver cómo las dos empresas se atribuían públicamente el mérito del trabajo de OpenAI fue un trago amargo. Además, Microsoft era un socio complicado; muchos pensaban que implicaba demasiada burocracia y que requería demasiada ayuda para sacar el máximo partido de los modelos de OpenAI. Al depender del gigante tecnológico para ofrecer sus tecnologías al público, OpenAI estaba perdiendo visibilidad y datos de sus usuarios y, lo que es más importante, el control sobre su visión.

Mientras OpenAI concentraba sus apuestas, Altman aplicaba la misma estrategia a sus otros proyectos e inversiones. A lo largo de los años, a medida que se había ido desplazando hacia la innovación tecnológica, había desarrollado la convicción de apostar fuerte y durante mucho tiempo por los proyectos más importantes.

«Si tuvieras una varita mágica para cambiar algo del ecosistema de la tecnología, las startups y el emprendimiento, ¿qué cambiarías?», le preguntó su hermano Jack durante un evento tras abandonar YC.[11]

«Haría que todo el mundo dentro del ecosistema tuviera un horizonte temporal mucho más amplio», dijo Altman. «Este mundo en el que la gente crea una empresa y se plantea dirigirla durante cuatro o cinco años, entra a formar parte de una empresa y piensa quedarse solamente un año o dos... Así no se logran cosas importantes.»

En este sentido, 2021 pareció marcar un cambio determinante en la estrategia personal de inversiones de Altman, que pasó de hacer un gran número de pequeñas apuestas a dedicarse a un pequeño número de otras realmente grandes. Ese año, una empresa que había cofundado en 2019, llamada Tools for Humanity, que había permanecido en gran medida inactiva, recibió un importante flujo de fondos y cobertura mediática y experimentó un aumento coordinado de sus operaciones al ser objeto de más atención externa por parte de Altman. La empresa se centraba en desarrollar un mecanismo que permitiese establecer una renta básica universal (RBU), una idea popular en Silicon Valley consistente en conceder a todo el mundo una distribución mínima de ingresos de manera regular.[12] Altman debatía a menudo apasionadamente acerca de si la RBU podía ser un posible antídoto para un mundo futuro en caso de que la IA provocara una debacle económica masiva. En YC había puesto en marcha el mayor programa piloto de EE. UU. para estudiar la idea, y en este sentido creó una organización sin ánimo de lucro llamada OpenResearch para administrar el programa.[13] A lo largo de tres años, OpenResearch entregó un estipendio de 1.000 dólares mensuales a un grupo de mil personas de bajos ingresos seleccionadas aleatoriamente entre un grupo de tres mil, dándoles al resto cincuenta dólares al mes como control. En julio de 2024, OpenResearch hizo públicas sus conclusiones, que demostraban que el dinero incondicional ayudaba a la gente a cubrir sus necesidades básicas, ayudar a otras personas y tener más libertad económica.[14]

Worldcoin, el principal producto de Tools for Humanity, se autodefinía como una criptomoneda «de propiedad colectiva» que permitiría que todo el mundo acabara recibiendo una parte de su valor.[15] Como parte del plan, la empresa estaba desarrollando una espectacular esfera cromada, aproximadamente del tamaño de una bola para jugar a bolos y que reflejaba en cierto modo los gustos de Altman, para escanear los iris de las personas y verificar su identidad antes de entregarles lo estipulado. El escaneo del iris sería indispensable, argumentaban los fundadores, cuando la IA hiciera que fuera cada vez más difícil distinguir los medios falsos de la realidad. Una exhaustiva investigación de Eileen Guo y Adi Renaldi publicada en *MIT Technology Review* revelaría posteriormente que esos intentos de escanear el iris estaban plagados de vulneraciones de la privacidad de datos, prácticas de marketing engañosas y potenciales infracciones legales.[16] En julio de 2023, se produjo el lanzamiento oficial de Worldcoin en medio de una enorme controversia, ya que miles de personas se pusieron a hacer cola, especialmente en los países del Sur Global, para dar sus datos biométricos sin entender lo que estaban haciendo, más allá de una vaga promesa de dinero gratis.[17]

Asimismo, en 2021, Altman llevó a cabo las dos mayores inversiones de su vida: 180 millones de dólares en una empresa antiedad llamada Retro Biosciences, que trabajaba para aumentar la esperanza de vida mediante el rejuvenecimiento celular, y 375 millones en Helion Energy, que se dedicaba a la comercialización de la fusión nuclear. «Básicamente, cogí todo mi efectivo y lo metí en esas dos empresas», le dijo Altman a Antonio Regalado, de *MIT Technology Review*. Altman describió ambas tecnologías en un lenguaje que reflejaba la hoja de ruta de OpenAI: parecían imposibles en ese momento, pero, si se aumentaba su escala drásticamente, podrían estar a la vuelta de la esquina.[18]

La apuesta por Retro Biosciences reflejaba la obsesión de Altman por la longevidad. Era un ávido seguidor de la investigación de «sangre joven», una línea de investigación científica que estudiaba cómo revertir el envejecimiento mediante transfusiones de sangre de personas más jóvenes y sanas. Cabe destacar que se trataba de un tema en el que Thiel también estaba interesado y que dio origen a profusión de artículos y memes sobre su deseo de inyectarse sangre adolescente. Cuando estaba en YC, Altman también había depositado 10.000 dólares para inscribirse en la lista de espera de una polémica startup llamada Nectome, que había formado parte de una de las promociones del acelerador. Inspirada directamente en la ciencia ficción, Nectome prestaba un servicio que congelaría criogénicamente los cerebros de los usuarios para un día —potencialmente al cabo de cientos de años— cargarlos en un ordenador cuando los científicos hubieran descubierto la tecnología para hacerlo. El truco estaba en que Netcome necesitaba que el cerebro de la persona estuviera fresco para que la preservación funcionara. A Antonio Regalado, el cofundador Robert McIntyre le dijo que su producto era «cien por cien fatal».[19]

Helion reflejaba la obsesión de Altman por encontrar formas de generar energía limpia, barata y abundante. Insistía a menudo en que el coste y la disponibilidad de la energía estaban estrechamente relacionados con la calidad de vida y el crecimiento económico. Sin embargo, sin alternativas libres de carbono, aumentar el consumo de energía «destruiría el planeta», decía.[20] En 2023, describió Helion como «más que una inversión» y «la otra cosa, aparte de OpenAI, a la que dedico mucho tiempo».[21] Posteriormente, Microsoft firmaría un acuerdo para comprar energía de la primera planta de Helion, después de que el gigante tecnológico hubiera realizado su tercera inversión, por valor de 10.000 millones de dólares. Ante el asombro y el escepticismo de los expertos en energía, Helion se comprometió a que su planta estuviera lista en 2028.[22]

2021 fue también el año en que Altman trasladó a OpenAI su predilección por invertir. Aquel mayo lanzó el OpenAI Startup Fund, un fondo de inversiones para apoyar a empresas que se encontraban en su primera fase con lo que describió como «grandes ideas sobre cómo usar la IA para transformar el mundo».[23] Una vez más, Microsoft se convirtió en uno de los inversores. Según algunos observadores, la creación del fondo fue una decisión extraña. OpenAI apenas generaba ingresos, así que, ¿por qué recaudar aún más dinero para que lo utilizaran empresas separadas? A otros les parecía que era la forma de Altman de recrear los poderosos efectos de red de YC en torno a OpenAI. Otros, por último, lo consideraban simplemente como un hábito de Altman. «Es la forma que tiene Sam de moverse por el mundo», dice una persona que trabajaba con él. «Llegar a acuerdos.» A Altman le gustaba decir que no tenía participaciones de OpenAI para evitar que eso pudiera corromper la búsqueda de una AGI segura con su propio ánimo de lucro. Ganaba únicamente un salario de 65.000 dólares anuales y amasaba su fortuna gracias a sus otras empresas. La idea sonaba muy bien y reflejaba su discurso original acerca de por qué OpenAI había empezado siendo una entidad sin ánimo de lucro. También fue una declaración, como la categoría de organización sin ánimo de lucro que, en 2021, ya no reflejaba toda la verdad. Altman tenía una participación considerable en YC, y YC, a través de su inversión de 10 millones de dólares, podría recibir un beneficio de hasta 1.000 millones.

Mientras OpenAI continuaba con el proceso de comercialización, muchas startups de YC y muchas de sus otras inversiones se convirtieron en clientes o socios comerciales de la empresa. *The Wall Street Journal* cifraría posteriormente el patrimonio neto de Altman en junio de 2024, teniendo en cuenta todos sus holdings, en al menos 2.800 millones de dólares.[24] Con el OpenAI Startup Fund, Altman añadió otra complicación más a su relato altruista; un relato que acabaría desempeñando un pequeño papel en su fugaz destitución.

9

Capitalismo de desastre

A medida que OpenAI avanzaba a toda velocidad, guiada por las convicciones de Altman, los límites de las arrolladoras consecuencias de la visión de la empresa se iban ampliando. Con la incorporación de conjuntos de datos cada vez más grandes y contaminados en sus modelos, había creado el «cambio de paradigma» que me explicó Ryan Kolln, de Appen: pasar de filtrar las entradas de datos a controlar los resultados de los modelos. El lenguaje abstracto disfrazaba de nuevo una triste realidad: lo que significaba realmente ese cambio para las personas que ahora se llevaban la peor parte del control de esos resultados.

En 2021, paralelamente a su impulso para desarrollar las siguientes generaciones de sus modelos, OpenAI puso en marcha un proyecto para crear una versión mejorada de su filtro automático de moderación de contenidos para limpiarlos.[1] Mientras que el GPT-3 se había situado en la API sin ningún tipo de filtro, lo que había provocado el escándalo de la pornografía infantil de Latitude, ahora la compañía quería ser más cuidadosa con los modelos a los que empezó denominando GPT-3.5 y, posteriormente, GPT-4. Mientras OpenAI se preparaba para desplegar más ampliamente sus nuevas tecnologías, disponer de un producto sin ningún tipo de filtro podría resultar problemático a largo plazo desde un punto de vista legal, de imagen pública y de facilidad de uso. En aquel momento, todavía se tenían que concebir los planes de lo que acabaría siendo ChatGPT, pero el chatbot también se beneficiaría posteriormente del mismo filtro. Ese filtro funcionaría como un envoltorio alrededor de cada modelo, con el objetivo de detectar y eliminar el contenido ofensivo de los resultados antes de que llegase a los usuarios.

Para crear el filtro automático, OpenAI necesitaba en primer lugar trabajadores humanos que pudiesen revisar y catalogar cuidadosamente cientos de miles de ejemplos del contenido (sexo, violencia y abusos) que la empresa quería evitar que generasen sus modelos.[2] Tras seis meses de búsqueda, encontró un proveedor que parecía adecuado para hacerse cargo del proyecto: una empresa externa que había estado realizando tareas de moderación de contenidos para Meta desde 2019 y que, casualmente, compartía el mismo apodo que Altman: Sama.[3] OpenAI envió un correo electrónico a Sama preguntándole si aceptaba proyectos que implicasen contenidos delicados o explícitos y cuál era su estrategia habitual para abordarlos.[4] Sama respondió de manera pormenorizada.[5] OpenAI firmó cuatro contratos con la empresa por valor de 230.000 dólares, dejando el proyecto en manos de unos cuantos trabajadores de Kenia.[6]

No es casualidad que Kenia se convirtiera en el centro de la que acabaría siendo una de las formas de explotación laboral más evidentes que intervino en la creación del ChatGPT. Era uno de los principales destinos en los que Silicon Valley había estado subcontratando sus trabajos más sucios durante años. Kenia comparte un denominador común con los muchos otros países que la industria tecnológica relega a ese papel: es pobre, se encuentra en el Sur Global y tiene un Gobierno ávido de inversiones extranjeras de países ricos. Todo eso forma parte de su herencia colonial, que la ha privado de instituciones desarrolladas para proteger a sus ciudadanos de la explotación y, a menudo, se encuentra sumida en una crisis económica, circunstancias que hacen del país un terreno abonado para que empresas extranjeras encuentren mano de obra empobrecida dispuesta a trabajar a destajo sean cuales sean las condiciones.

Esas marcas del legado colonial pueden apreciarse en muchas caras de la capital de Kenia, Nairobi.[7] La ciudad sufre una gran desigualdad. En el distrito central de negocios hay rascacielos relucientes, hoteles internacionales de cinco estrellas y restaurantes de lujo. El barrio diplomático cuenta con grandes edificios públicos y altos muros de seguridad. Las zonas residenciales en las que viven los trabajadores expatriados cuentan con mansiones impresionantes y frondosos jardines privados. Y luego están las afueras: Utawala, Dagoretti South, Embakasi. Si conduces hasta cualquiera de esas barriadas, los rascacielos de acero se transforman en estructuras bajas de bloques de hormigón. Los edificios se empiezan a diseminar como malas hierbas formando patrones erráticos sin un plan coordinado. Las carreteras pasan de estar asfaltadas a estar sin asfaltar, de tener cuatro carriles a ser caminos estrechos pensados principalmente para la circulación de motocicletas y peatones. Más al interior, el hormigón se transforma en chapa metálica corrugada y las casas y tiendas rudimentarias se amontonan cada vez más.

En esas condiciones, el Gobierno de Kenia acogió encantado a Silicon Valley cuando llegó en busca de trabajadores con salarios bajos.[8] La industria local de Kenia es limitada. Muchas de las grandes marcas son europeas y estadounidenses. Algunas de las mayores infraestructuras, construidas en su día por los británicos, las construyen ahora los chinos. La mayoría de los coches son de segunda mano procedentes de

Japón y los conductores se sientan a la derecha del vehículo. Los gigantes tecnológicos, según el Gobierno, podrían ayudar al país a crear los empleos que necesitaba desesperadamente. El desempleo alimenta la delincuencia. Los delitos menores son habituales. Las personas que se sienten desfavorecidas desconfían cada vez más de las instituciones. Durante la guerra entre Rusia y Ucrania, con el aumento de precio de los cereales de Kenia, se extendió el rumor de que el presidente estaba llevando deliberadamente al límite a familias ya hambrientas. Muchos repetían una cantinela familiar en EE. UU.: las elecciones habían sido amañadas.

De manera que Kenia se convirtió en un centro neurálgico de la labor de control de Internet. Diversas empresas como Sama —intermediarios en la cadena de suministro de la mano de obra encargada del control de datos— establecieron sus operaciones en Nairobi, creando fondos de asalariados para trabajar en empresas tecnológicas extranjeras, principalmente de la zona de la Bahía de San Francisco.

A OpenAI le parecía que Sama cumplía todos los requisitos. Originalmente llamada Samasource, era una sociedad con sede en San Francisco que había nacido en 2008 con la misión de proporcionar trabajo razonable y digno a personas de países pobres para sacarlas de la pobreza. Bajo las órdenes de su fundadora, Leila Janah, había llevado a cabo operaciones en India y Kenia y se había forjado una reputación de empresa de subcontratación basada en la ética. En 2018, pasó a convertirse en una entidad con ánimo de lucro y acortó su nombre con el fin de aumentar la escala de sus operaciones. En 2020 recibió la certificación de Empresa B. En respuesta a las preguntas formuladas por OpenAI en 2021, la organización detalló su experiencia con la moderación de contenidos e hizo hincapié en sus protocolos para mantener sus proyectos en secreto y sus datos seguros. Mencionó que proporcionaba recursos de salud mental a sus trabajadores para ayudarles a afrontar contenidos complejos desde un punto de vista psicológico.

Sin embargo, entre bastidores, Sama era un desastre. En enero de 2020, Janah había fallecido como consecuencia de un raro tipo de cáncer con tan solo treinta y siete años; según los trabajadores, ese hecho, combinado con la pandemia que se desató poco después, pareció marcar el comienzo de un empeoramiento de la mala gestión de la organización, cosa que negó un portavoz de Sama. No fue hasta principios de 2022 cuando afloraron esos problemas y Billy Perrigo, periodista de la revista *Time*, publicó un extenso reportaje de investigación.[9] Reveló que Sama había aceptado un proyecto de Meta para ofrecer moderación de datos a Facebook en toda el África Subsahariana, en el que se exponía repetidamente a los trabajadores a vídeos violentos y explícitos como suicidios y decapitaciones que les dejaban profundamente traumatizados y conmocionados. Sama se defendió diciendo que había aceptado el proyecto tras una cuidadosa valoración por parte de su equipo de África Oriental, que quería asegurarse de que «el contenido para los africanos fuera revisado efectivamente por africanos».[10] Casi doscientos trabajadores interpusieron múltiples demandas contra Sama y Meta, alegando condiciones laborales traumáticas y rescisiones ilegales por tratar de organizarse para exigir mejoras salariales y mejores condiciones laborales. El portavoz de Sama rechazó las acusaciones.[11]

En este contexto, OpenAI inició la primera fase de su proyecto a finales de 2021. Bajo los nombres en clave PBJ1, PBJ2, PBJ3 y PBJ4, empujó a equipos de trabajadores de Sama a realizar un trabajo de moderación de contenidos más traumático por un salario medio de entre 1,46 y 3,74 dólares la hora.[12] Los trabajadores no tenían ni idea de para quién ni por qué se encargaban del proyecto, ya que se les ocultaba dicha información a través de las cláusulas de confidencialidad del contrato, práctica habitual en el sector de la anotación de datos.[13] Lo que sí sabían era a qué se enfrentaban: cientos de miles de descripciones grotescas basadas en texto que tenían que leer y clasificar en categorías según su gravedad. ¿Se trataba de violencia o violencia extremadamente gráfica? ¿Acoso o discurso de odio? ¿Abuso sexual infantil o zoofilia?[14]

Poco a poco, el trabajo hizo mella en muchos de los trabajadores y las consecuencias fueron más allá de cada individuo, afectando también a las personas que dependían de ellos en sus comunidades. Solo después del lanzamiento del ChatGPT empezarían a darse cuenta de lo que habían pagado exactamente con su paz mental. En mayo de 2023, visité a cuatro trabajadores en Nairobi que accedieron a compartir conmigo sus experiencias en un reportaje para la primera página de *The Wall Street Journal*. Para uno de ellos, del equipo de contenido sexual, un hombre llamado Mophat Okinyi, el proyecto que destruyó su mente y sus relaciones resultaría estar a su vez al servicio de una tecnología que contribuiría a la erosión de las oportunidades económicas de su hermano.[15]

En una época en que la investigación corporativa independiente aún estaba permitida, la antropóloga Mary L. Gray y el científico social computacional Siddharth Suri, de Amazon, fueron de los primeros en mostrar al mundo la terrible situación de trabajadores como los de Kenia, que basaban su sustento en una pieza fundamental de la cadena de suministro de la IA.

En 2019, publicaron *Ghost Work* [Trabajo fantasma] tras cinco años de minucioso trabajo de campo, un libro en el que revelaban la existencia de una red oculta de trabajo a destajo y explotación digital que sostenía a Silicon Valley.[16] Los gigantes tecnológicos y las empresas unicornio lograban sus desmesuradas tasaciones no solo con ingenieros que cobraban sueldos de seis cifras en oficinas modernas. También eran esenciales los trabajadores, a menudo ubicados en el Sur Global, que cobraban una miseria por anotar cuidadosamente toneladas de datos. Pensemos, por ejemplo, en los coches autónomos. Un vehículo autónomo tiene que circular por el carril correcto, reaccionar ante una conducción errática y detenerse a una distancia de seguridad cuando los colegiales cruzan la calle. Para ello, el sistema de software que controla el coche utiliza una amalgama de diversos modelos de aprendizaje profundo, como los que se encargan de reconocer objetos en la calzada: marcas de carriles, señales de tráfico, semáforos, vehículos, árboles, peatones.

Las empresas desarrollan esos modelos circulando en vehículos rodeados de numerosas cámaras que graban millones de horas de metraje. El metraje son los datos y, para anotarlos, es preciso rastrear plano a plano cada objeto que aparece —a veces hasta la curvatura de una mano que sujeta el manillar de una bicicleta, o un perro que saca la cabeza por la ventanilla de un coche— y asignarle etiquetas como «bicicleta», «vehículo», «animal» o «humano». Ese trabajo lo tienen que realizar personas. Y, desde el punto de vista de la empresa, cuanto más barato le salga, mejor.

La investigación de Gray y Suri se centró en parte en Mechanical Turk, una plataforma desarrollada por Amazon muchos años antes del boom del aprendizaje profundo en 2012 que, durante mucho tiempo, se utilizó como un intermediario *de facto* por empresas que buscaban contratar a alguien barato para cualquier tipo de trabajo digital a destajo. Cuando se publicó *Ghost Work*, la primera era de la comercialización de la IA ya estaba evolucionando, desarrollando y expandiendo rápidamente este modelo de externalización.

Empecé a cartografiar la nueva forma que adoptaba esta fuerza laboral oculta, desenterrando una extensa red mundial de mano de obra que abarcaba muchos países, tanto los que eran de esperar como otros sorprendentes. Me puse en contacto con los nuevos intermediarios que sustituían a Mechanical Turk, plataformas diseñadas para contribuir más específicamente al desarrollo de la IA. Hablé con decenas de trabajadores, visitándolos en sus casas, cenando con sus familias, tratando de entender no solo las macrotendencias que les presionaban, sino también el ambiente de su realidad cotidiana.

Del mismo modo que la primera era de la comercialización de la IA sentó las bases de la recopilación de datos y la capitalización de la computación de la era de la AI generativa, también estableció los principios de su explotación laboral a gran escala. En este sentido, es importante conocer estas bases para entender la experiencia de los trabajadores kenianos contratados por OpenAI. Solo entonces será posible reconocer que sus experiencias distaban mucho de ser anómalas, sino que eran más bien una consecuencia directa del permanente trato dispensado por la industria de la IA a sus trabajadores ocultos y sus opiniones sobre qué trabajo se valora y cuál no, con el objetivo imperialista de OpenAI de alcanzar una escala sin precedentes.

Antes de la IA generativa, los coches autónomos constituían la mayor fuente de crecimiento del sector de la anotación de datos.[17] Los gigantes automovilísticos alemanes de la vieja escuela, como Volkswagen y BMW, al sentirse amenazados por los Teslas y los Ubers del mundo, pusieron en marcha nuevas divisiones de vehículos autónomos para defender su territorio frente a la nueva competencia. Con la llegada de miles de millones de dólares a la carrera por crear los coches del futuro, la demanda de anotación de datos se disparó y creó una necesidad de alternativas a Mechanical Turk. MTurk, como se la conocía, era una plataforma generalista, lo que significa que no se ocupaba de ningún trabajo en concreto. Se trataba simplemente de una página web de autoservicio. Su interfaz —atascada en el diseño de las webs de mediados de la década de 2000 en la que se creó— ofrecía un espacio al que subir conjuntos de datos, especificar instrucciones de anotación sencillas y determinar un precio por el trabajo. Una vez reclamada la tarea, mostraba series de números y letras aleatorias en lugar de los nombres de los trabajadores. Tenía dos botones al lado de cada trabajador: uno para darle una gratificación y el otro para expulsarlo del proyecto.

La anotación de datos de los coches autónomos requería un enfoque diferente. Antes que nada, requería un nuevo nivel de precisión. Un encuadre mal etiquetado —vehículos con contornos mal definidos, peatones no identificados— podía suponer la diferencia entre la vida y la muerte. Para garantizar la calidad, los trabajadores tenían que recibir formación y las empresas debían redactar instrucciones detalladas. Se necesitaban más mecanismos de valoración e iteración. MTurk cayó en desgracia. En su lugar apareció una oleada de startups como Scale AI, Hive, Mighty AI y Appen. Cada una de ellas tenía sus propias plataformas de contratación de trabajadores que permitían que cualquiera crease una cuenta y empezase a asignar tareas.

Sin embargo, justo cuando esta nueva oleada de empresas trataba de asentarse, sucedió algo extraño.[18] Las inscripciones en las plataformas de contratación de trabajadores empezaron a llegar en tromba desde un país inesperado: Venezuela. En el mismo momento que los gigantes de la automoción se pusieron manos a la obra, empezó a llegar dinero a los coches autónomos y las empresas de anotación de datos se lanzaron a buscar más trabajadores, Venezuela estaba entrando de cabeza en la mayor crisis económica en tiempos de paz de los últimos cincuenta años.

Los economistas opinan que fue la mezcla tóxica de corrupción política y políticas gubernamentales erróneas lo que provocó el despilfarro de las riquezas naturales del país. Venezuela cuenta con una de las mayores reservas de petróleo del mundo. En su día, fue el país más rico de América Latina. Sin embargo, a partir de 2016, la hiperinflación se desbocó, el desempleo se disparó, los crímenes violentos aumentaron de manera espectacular, mientras familias de todo el país veían cómo se desplomaba el valor de los ahorros de toda su vida. Desde finales de 2017 hasta 2019, el aumento de las sanciones impuestas por la Administración Trump, concebidas como un castigo por los abusos autoritarios del líder venezolano Nicolás Maduro, fue la puntilla para la economía de Venezuela. La hiperinflación alcanzó la hasta entonces inimaginable cifra de 10 millones por ciento.[19] Personas que poseían títulos universitarios y empleos bien remunerados se pasaban ahora los días haciendo cola en las tiendas con la esperanza de recibir una escasa ración de arroz y harina.

En medio de la catastrófica situación, muchos venezolanos recurrieron a las plataformas de Internet en busca de empleo. A mediados de 2018, cientos de miles habían descubierto la industria de la anotación de datos y habían entrado a formar parte de ella, llegando a representar hasta el 75 por ciento de la mano de obra de algunas empresas de subcontratación.[20] Trabajar en las plataformas de anotación de datos se convirtió en una actividad para toda la familia. Julián Posada, profesor asistente de la Universidad de Yale, que entrevistó a numerosos trabajadores venezolanos, descubrió que, a menudo, padres e hijos hacían turnos para trabajar en un ordenador compartido; las esposas se dedicaban de nuevo a cocinar y a limpiar para que sus maridos pudieran ganar un poco más de dinero trabajando ininterrumpidamente durante más horas. La crisis dejó una huella indeleble en la oleada de empresas de subcontratación especializadas en IA que iban prosperando de manera paralela. Venezuela no era una elección obvia a la hora de encontrar bolsas de trabajadores. La barrera del idioma hacía que a las empresas, en su mayoría con sede en San Francisco o Seattle, les resultara difícil coordinarse con los trabajadores. Sin embargo, la enorme desesperación reinante entre los venezolanos hacía que estuvieran dispuestos a trabajar por cantidades de dinero asombrosamente pequeñas, lo que, a su vez, significaba que las empresas podían ofrecer precios asombrosamente buenos por sus servicios. «Fue una extraña coincidencia», me dijo en 2022 Florian Alexander Schmidt, profesor de la Universidad de Ciencias Aplicadas de Dresde, que ha estudiado el auge de la industria de la anotación de datos.

Esa «extraña coincidencia» puso de relieve una fórmula inquietante. Al enfrentarse al colapso económico, en Venezuela se dio la combinación perfecta de condiciones para ofrecer una fuente inagotable de mano de obra barata: su población tenía un alto nivel educativo, buena conexión a Internet y, ahora, un ferviente deseo de trabajar por cualquier salario. No era el único país que se ajustaba a esa descripción. Otras poblaciones disponían de una conexión a Internet de más calidad. Con el agravamiento del cambio climático y la creciente inestabilidad geopolítica, era difícil apostar en contra de que más poblaciones se sumieran en la crisis. «Es bastante probable que haya otra Venezuela», dijo Schmidt.

En ese momento, la predicción de Schmidt me hizo preguntarme si la segunda vez seguiría siendo una coincidencia o si las empresas de anotación de datos elaborarían un manual de estrategia a partir de lo que había funcionado allí. Buscar a trabajadores en crisis podría ser una forma infalible de seguir reduciendo los costes de la mano de obra que es el alma de la industria de la IA. Varios años más tarde, si echamos la vista atrás, eso es exactamente lo que sucedió y lo que se ha convertido en uno de los paralelismos más asombrosos entre los imperios de la antigüedad y los imperios de la IA. Una de las características definitorias de la rápida acumulación de riqueza de un imperio es su capacidad de pagar muy poco o nada para recoger los beneficios económicos de una amplia base de mano de obra humana.[21]

En diciembre de 2021, recorrí las serpenteantes montañas de Colombia para entender mejor cómo era la vida de un trabajador que, ante la crisis, había pasado a dedicarse a la anotación de datos. Las restricciones a la hora de viajar me impidieron llegar a Venezuela, pero aquí, en el país vecino, vivían casi dos millones de refugiados venezolanos, un tercio de la población desplazada por la catástrofe económica.[22]

Julián Posada me puso en contacto con uno de ellos, una mujer llamada Oskarina Verónica Fuentes Anaya, que continuaba trabajando en la industria de la anotación de datos tras huir de su país natal. Fuentes fue la primera persona que me enseñó cómo es realmente este trabajo, cómo había reorientado toda su vida en torno al hecho de trabajar para una plataforma y cómo esta, a su vez, la trataba como un artículo de usar y tirar.[23]

En el piso que compartía con media docena de parientes, nos sentamos una junto a la otra en la sala de estar mientras ella iba pasando pantalla tras pantalla en Appen. Sus cometidos eran variados. Iban desde clasificar productos en páginas de comercio electrónico —«*¿Debería este producto incluirse en la categoría de ropa o accesorios?*»— hasta la moderación de contenidos en las redes sociales —«*¿Contiene este vídeo delitos o violaciones de derechos humanos?*»—. Para las tareas en las que se requería inglés, utilizaba Google Translate para traducir el texto a su español nativo.

Cada vez que completaba una tarea, la suma de dinero que ganaba, expresada en dólares estadounidenses, se incrementaba en unos pocos centavos. Necesitaba llegar a un mínimo de diez dólares para poder retirarlos, lo cual, cuando entró a trabajar para la plataforma, no era problema. Ahora, podía tardar semanas en acumular ese dinero. A veces, ese mínimo parecía un árbitro cruel que determinaba que tuviera o no fondos suficientes para hacer la compra.

Para los trabajadores que vivían en Venezuela, el proceso de retirada del dinero era aún más complicado. La mayoría de los sistemas de pago mundiales, como PayPal, no permitían las transferencias de dinero a Venezuela. Buena parte de los comercios y tiendas de Venezuela no aceptaban pagos de los que sí las permiten. Eso significaba que los trabajadores tenían que convertir en efectivo sus fondos digitales para pagar los bienes y servicios básicos. Sin embargo, mientras que el dinero que llegaba por Internet eran dólares estadounidenses, el efectivo tenía que ser en bolívares venezolanos. El mercado negro para cambiar unos por otros estaba plagado de estafas y comisiones elevadas.

Fuentes mantenía una relación complicada con la plataforma. Nunca había tenido intención de trabajar en un empleo de esa clase, pero, debido a una serie de acontecimientos fuera de su control, se había convertido a la vez en una tabla de salvación y en un castigo.

Durante sus estudios de posgrado, se había creado una cuenta en Appen para ganar algo de dinero extra mientras finalizaba el máster en ingeniería. Era ingeniosa, trabajadora y creativa. Si su país no se hubiera desmoronado bajo los efectos de la crisis, una estudiante destacada como ella probablemente habría tenido garantizada la seguridad laboral trabajando para la empresa petrolera pública. Cuando el país quebró, se adaptó y organizó cuidadosamente su traslado y el de su marido a Colombia en busca de una oportunidad para lograr un futuro mejor.

En ese sentido, Fuentes fue una de las afortunadas. Por razón de nacimiento, tenía derecho a un pasaporte colombiano, a diferencia de muchas otras que salieron del país sin documentación. Sus padres eran colombianos y de una generación que había huido en la dirección opuesta, a Venezuela, para escapar de otro enclave de violencia e inestabilidad política. Se trataba de una historia demasiado habitual: la acumulación de varias generaciones de crisis a través de las fronteras que sumía a las familias en un interminable estado de sitio y supervivencia.

Con ese pasaporte, Fuentes consiguió alquilarle a un conocido un piso en Colombia desde Venezuela. Necesitaban que dos personas que fueran propietarias firmaran el contrato de arrendamiento. Su conocido y futuro casero accedió a ayudarles a conseguirlas.

A principios de 2019, con el dinero justo para la compra de una semana a su nombre, Fuentes y su marido cruzaron la frontera. Sin embargo, a su llegada, descubrieron que ya había otra pareja venezolana viviendo en el piso que les había prometido el casero. Sin otra alternativa, las dos parejas compartieron el mismo techo, cada una sumida en el temor y la desconfianza de perder su hogar a manos de la otra.

La otra pareja acabó marchándose, pero eso fue solamente el principio de una nueva serie de problemas. Mientras que Fuentes había encontrado un empleo en un servicio de atención telefónica local, su marido no tenía permiso de trabajo. Antes de que pudiera conseguirlo, el servicio telefónico anunció que iba a cerrar. De modo que, cuando Fuentes empezó a experimentar los síntomas de un grave problema de salud, los ignoró y siguió trabajando. Solamente podía pensar en acumular las máximas horas posibles en el tramo final de la actividad de su empleador.

Posteriormente, el médico le dijo que, si hubiera esperado más, probablemente habría muerto. Una compañera de trabajo, alarmada por los signos de deterioro de la salud de Fuentes, la llevó al hospital poco antes de que su cuerpo empezara a convulsionar y de que su pulso se detuviera durante un minuto.

Le diagnosticaron diabetes aguda y le prescribieron inmediatamente cinco dosis diarias de insulina. Durante semanas, sufrió dolores incapacitantes y episodios de ceguera. Cuando se recuperó, continuó experimentando síntomas de fatiga intensa y no podía salir de casa durante más de un par de horas.

Aun así, solo podía pensar en que ella y su marido necesitaban dinero. Sin embargo, con una enfermedad crónica, ya no podía recorrer con seguridad la distancia necesaria para trabajar en una oficina. Fue entonces cuando sacó su ordenador portátil y se conectó de nuevo a Appen.

Para Fuentes, las tareas que aparecían en la lista de Appen tenían poca lógica aparente. Lo único que le quedó claro fue que su rendimiento tenía que ser bueno y constante para seguir recibiendo encargos. Wilson Pang, el director técnico de Appen, me dijo en 2021 que la plataforma utilizaba algoritmos para distribuir los proyectos basándose en una mezcla de factores como la ubicación de los trabajadores, su precisión y velocidad en general y los tipos de tareas en las que habían destacado con anterioridad.[24]

En grupos de Telegram y Discord, Fuentes intercambiaba consejos con otros venezolanos que trabajaban en Appen, tratando de deducir las reglas como si se tratase de un rompecabezas complicado. Se dieron cuenta de que, si utilizaban una VPN para hacer ver que estaban en EE. UU., ganaban más dinero. También se percataron —a la fuerza— de que se trataba de una táctica de alto riesgo. Appen investigaba ese tipo de comportamientos, que constituían un incumplimiento de las normas de la plataforma, y sancionaba a los trabajadores cerrándoles la cuenta. El cierre de una cuenta podía ser devastador. Todos los ingresos que el trabajador no hubiera retirado se desvanecían, y abrir una cuenta nueva suponía volver a empezar desde abajo, con las tareas peor remuneradas o, cada vez con más frecuencia, sin ninguna tarea.

Había otras normas. Postularse rápidamente para una tarea se recompensaba, pero hacerlo demasiado rápido activaba algo en el sistema que hacía que el trabajador no cobrase por dicha tarea. La teoría dominante era que la plataforma asociaba la velocidad excepcional con la actividad de bots, lo que significaba que descartaba las respuestas. En ocasiones, las tareas que aparecían tenían muy pocas instrucciones y eran imposibles de descifrar; otras veces, la plataforma presentaba fallos que hacían que las tareas no se cargasen correctamente.

Los venezolanos del grupo que en su día habían trabajado como ingenieros de software, crearon extensiones de navegador para lidiar con esos problemas y las compartieron con sus compañeros de Appen. Una extensión añadía un tiempo adicional al plazo de envío de cada tarea para evitar la aparente intervención de un bot. Otra refrescaba automáticamente la cola de Appen cada segundo, porque la plataforma no siempre se actualizaba. Una tercera disparaba una alarma en cuanto aparecía una nueva tarea, de manera que los trabajadores pudieran alejarse de sus ordenadores para ir al baño o cocinar sin miedo a que se les escapara una oportunidad.

Por mucho que los trabajadores se ayudaran unos a otros, la plataforma les impelía competir. Los proyectos se asignaban al primero en llegar. Una tarea permanecía en la cola únicamente durante el tiempo necesario para que la reclamara un número suficiente de trabajadores. Esta ventana —entre la aparición de una tarea y su desaparición— se iba reduciendo con el tiempo, pasando de días a horas y de horas a segundos, a medida que cada vez más trabajadores, incluyendo a muchos venezolanos en crisis, se incorporaban a Appen y competían por migajas de trabajo.

La naturaleza errática e impredecible de la aparición y desaparición de trabajos empezó a regir la vida de Fuentes. Una vez, estaba dando un paseo cuando llegó una tarea que le habría hecho ganar varios cientos de dólares, dinero suficiente para vivir durante un mes. Volvió corriendo a su piso tan rápido como pudo, pero perdió la tarea frente a otros trabajadores. A partir de ese día, dejó de salir de casa los días laborables, permitiéndose únicamente salir treinta minutos los fines de semana, ya que aprendió por experiencia que era entonces cuando había menos probabilidades de que surgiesen tareas. Dormía a ratos, preocupada por que apareciesen encargos en mitad de la noche. Antes de irse a la cama, subía al máximo el volumen de su ordenador para que, en caso de aparecer, la extensión de navegador que hacía sonar la alarma la despertara.

No obstante, a pesar del estrés y los tirones de pelo que le provocaba Appen, Fuentes ni siquiera se planteaba abandonar la plataforma. Le aterrorizaba que dejasen de aparecer tareas y verse obligada a buscar otra alternativa. Appen había sido su salvadora, lo único que le había permitido mantenerse a flote cuando todo lo demás en su vida amenazaba con acabar con ella. Y no solo eso, los ingresos habían llegado a ser tan importantes que le permitieron invertir en un nuevo ordenador portátil y amortizar sobradamente su coste.

Cuando las cosas iban bien, iban realmente bien. Pero cuando las cosas iban mal, seguía atada a la plataforma con la obstinada fe de que su lealtad se vería recompensada.

Fuentes me explicó dos verdades que veía reflejadas una y otra vez en otros trabajadores que, como ella, llegaron a ese trabajo sumidos en la devastación económica.[25] La primera era que, aunque quisiera abandonar la plataforma, era muy poco probable que lo hiciera. Su historia —como refugiada, como hija de la inestabilidad intergeneracional, como alguien que padecía una enfermedad crónica— era trágicamente habitual entre esos trabajadores. Ellos me enseñaron que la pobreza no solo se manifiesta como la falta de dinero o de riqueza material. Se filtra en todas las dimensiones de la vida del trabajador y va acumulando deudas a su paso: trastornos del sueño, mala salud, disminución de la autoestima y, lo que es más importante, poca capacidad de acción y de control.

Sin embargo, también había una verdad más esperanzadora: lo que a Fuentes no le gustaba no era el trabajo en sí, sino simplemente la forma en que estaba estructurado. Si nos planteamos cómo podría organizarse el trabajo que hay tras la industria de la IA, esto parece un problema más abordable. Cuando le pregunté a Fuentes qué cambiaría, su lista de deseos era sencilla: quería que Appen actuase como un empleador tradicional, que le ofreciese un contrato a tiempo completo, un director con quien poder hablar, un sueldo fijo y prestaciones sanitarias. Todo lo que ella y el resto de los trabajadores querían era seguridad, me dijo, y que la empresa para la que trabajaban tan duramente supiera que existían.

Mediante encuestas a trabajadores de todo el mundo, los expertos en materia laboral han tratado de determinar un marco de las garantías mínimas que deberían recibir los anotadores de datos y han llegado a un conjunto de requisitos parecido. El proyecto Fairwork, una red mundial de investigadores que estudia el trabajo digital, dirigida por el Instituto de Internet de Oxford, establece que entre las condiciones que se consideran aceptables deben incluirse las siguientes: los trabajadores deben percibir salarios dignos; deben trabajar en turnos regulares y regulados y poder acogerse a bajas por enfermedad; deben disponer de contratos que establezcan claramente las condiciones de su relación laboral y deben tener formas de comunicar sus problemas a la directiva y poder sindicarse sin temor a represalias.

A lo largo de los años, en la industria de la anotación de datos han surgido más actores que pretenden cumplir esas condiciones y tratar el trabajo no como un simple empleo, sino como una carrera profesional. Sin embargo, pocos han sobrevivido a la competencia de precios de las empresas que no defienden los mismos valores. Sin un nivel mínimo para toda la industria, la carrera hacia el fondo es inexorable.

Entre el plantel de empresas de anotación de datos que surgieron para cumplir las exigencias del boom de los coches autónomos, hubo una que tuvo especial éxito a la hora de aplicar el manual de la crisis. Cofundada en 2016 por Alexandr Wang, un niño prodigio que en aquel momento tenía diecinueve años y había abandonado el MIT, Scale AI siguió desde el principio una estrategia basada en parte en su énfasis en la prestación de servicios especializados y de calidad a bajo precio. Un exempleado de Scale, que supervisaba la expansión del personal laboral, me explicó su objetivo: «¿Cómo se consigue a los mejores por la menor cantidad de dinero posible?». Scale consiguió rápidamente clientes de primer orden como Lyft, Apple, Toyota y Airbnb.[26]

Mientras que la plantilla de MTurk procedía principalmente de EE. UU. e India, Scale acudió primero a Kenia y Filipinas, antiguas colonias de lengua inglesa con una larga tradición de servicio en empresas estadounidenses en líneas de atención telefónica y trabajo digital. Los equipos de selección de personal buscaban en cada país las zonas en las que confluían los mismos factores que en Venezuela: una alta densidad de personas formadas y con buen acceso a Internet, pero, aun así, pobres y, por tanto, dispuestas a trabajar duro por muy poco dinero. La tesis se basaba no solo en las despiadadas prácticas empresariales de la compañía, sino también en un relato convincente que se explicaban a sí mismos: que estas eran las personas que más podían beneficiarse de esa oportunidad económica y, por consiguiente, ser más felices. «Entre tirar de un bicitaxi y etiquetar datos en un café Internet con aire acondicionado, el segundo empleo es una mejor opción», declaró Mike Volpi, socio general de Index Ventures, a *Bloomberg* en 2019, después de participar en una ronda de financiación de 100 millones de dólares para Scale.[27]

Sin embargo, después de que la empresa lanzara su plataforma de intermediación laboral, Remotasks, y de darse cuenta del abrumador interés procedente de Venezuela, los venezolanos se convirtieron en una de las principales prioridades de contratación. «Son los más baratos del mercado», dijo el exempleado. En 2019, la empresa lanzó una campaña de expansión en el país latinoamericano, sirviéndose de códigos de referencia y vídeos publicitarios en redes sociales que utilizaban imágenes de archivo que mostraban pilas y pilas de los muy deseados dólares estadounidenses. Al año siguiente, creó una página de Remotasks específica para Venezuela y animó a los usuarios a que participaran en una nueva iniciativa llamada Remotasks Plus. El programa, al que solo podía accederse por invitación, se promocionaba como una forma de ayudar a los venezolanos que atravesaban dificultades históricas y prometía a los participantes la oportunidad de aprender nuevas habilidades, avanzar en su carrera profesional y percibir mayores ingresos con jornadas laborales razonables y salarios por hora regulados. Con la llegada de la pandemia, que vino a agravar la crisis económica, los venezolanos acudieron en masa a Remotasks Plus. Las empresas competidoras de Scale —otras plataformas de anotación de datos— perdieron su posición en el mercado.

En cuanto Scale pasó a ocupar la posición dominante, sus promesas a los trabajadores se esfumaron. Entre finales de 2021 y principios de 2022, colaboré con una periodista venezolana en Caracas, Andrea Paola Hernández, que entrevistó a venezolanos que habían trabajado para Scale durante el programa Remotasks Plus. También nos infiltramos en la comunidad Remotasks Discord, que Scale utilizaba para comunicarse con su plantilla mundial y coordinarla. Descubrimos, gracias a una hoja de cálculo publicada por la empresa, que los ingresos de los trabajadores empezaban a disminuir algunas semanas después de la puesta en marcha del programa; los trabajadores que empezaron cobrando cuarenta dólares semanales percibían al poco tiempo menos de seis dólares o nada en absoluto.[28] En abril de 2021, la empresa clausuró por completo el programa Remotasks Plus y retomó sus operaciones habituales, distribuyendo las tareas de manera gradual, sin horarios regulados ni garantizados.

Dentro de Scale, Remotasks Plus había sido un experimento. La empresa creía que sería más fácil pagar a los trabajadores por horas en lugar de hacerlo por tarea realizada. La realidad demostró lo contrario. Los empleados se dieron cuenta rápidamente de que no había manera de verificar las horas de trabajo y creían que muchos estaban timando a la plataforma conectándose más tiempo del que se dedicaban realmente a trabajar.[29] Tras varios meses tratando de resolver el problema —añadiendo cada vez más formas de supervisión de los trabajadores—, Scale decidió suprimirla para frenar la fuga de dinero. Al no tener adónde ir, más del 85 por ciento de los trabajadores permanecieron en la plataforma, una cifra que un portavoz de Scale esgrimió como prueba de que «su interés y su compromiso seguían vigentes».[30]

Cuando Hernández empezó a entrevistar a los trabajadores, aproximadamente siete meses después de la cancelación del programa Plus, los pagos de Remotasks se habían reducido aún más. Hernández creó una cuenta para comprobarlo. Después de dos horas completando un tutorial y veinte tareas, Hernández ganó once centavos. Matt Park, el entonces vicepresidente sénior de operaciones de Scale, nos dijo en respuesta a esos datos que los venezolanos de la plataforma ganaban como media un poco más de noventa centavos la hora. «Remotasks se compromete a pagar salarios justos en cada una de las regiones en las que operamos», dijo.[31]

Muchos venezolanos que se quejaron fueron expulsados de la plataforma. En el caso de Ricardo Huggines, un ingeniero informático que empezó a trabajar en Remotasks para mantener a su mujer y a sus hijos tras un devastador apagón energético nacional que se prolongó durante una semana, su cuenta fue cancelada por hacer demasiadas preguntas en Discord, según le contó a Hernández. «Por la manera de tratarnos, me di cuenta de que su estrategia era exprimir a cada usuario tanto como fuera posible», dijo, «y luego desecharlos y sustituirlos por otros nuevos.»

Lo cierto es que Scale estaba incorporando a nuevos usuarios. A mediados de 2021, conforme los venezolanos se quemaban y abandonaban la plataforma, Scale localizaba e incorporaba a decenas de miles de usuarios procedentes de otras economías que se habían desplomado durante la pandemia. Para cubrir las necesidades de sus clientes, cada vez más amplias y diversas, recurrió a países con gran densidad de población que se enfrentaban a graves dificultades económicas y que, además, hablaban las lenguas más valiosas desde un punto de vista económico: inglés, francés, italiano, alemán, chino, japonés y español. Buscó hablantes de francés en las antiguas colonias francesas de África, recuerda un exempleado que trabajaba en expansión internacional; buscó hablantes de chino mandarín en lugares con grandes poblaciones de la diáspora china como el Sudeste Asiático.

Scale siguió repitiendo la estrategia desarrollada en Venezuela una y otra vez. Ofrecía elevados ingresos en cada mercado nuevo para atraer trabajadores y, una vez se asentaba, reducía dichos ingresos. Variaba el importe de los pagos a los trabajadores mediante una serie de experimentos que los empleados fijos desde su sede central de San Francisco, ahora de 17.000 metros cuadrados, calificaban como optimización e innovación. Los trabajadores, mientras tanto, veían cómo sus medios de vida disminuían drásticamente con los cambios impredecibles. El portavoz de Scale dijo que la empresa rechazaba la acusación de centrar sus objetivos en economías en dificultades y reducir los ingresos de manera deliberada. Los trabajadores de Scale se contrataban en función de consideraciones como la diversidad geográfica y lingüística y la disponibilidad durante 24 horas los siete días de la semana. «Nos preocupan profundamente nuestros contribuyentes y cualquier afirmación en sentido contrario es falsa», dijo.[32]

Un grupo de ocho trabajadores del Norte de África dijo que Scale había reducido su sueldo en más de una tercera parte en cuestión de meses. Al menos un trabajador se quedó con un saldo de pagos pendientes negativo, lo que insinuaba que debía dinero a Scale.[33] Cuando el grupo trató de organizarse en contra de los cambios, la empresa amenazó con expulsar a todo aquel que se viera implicado en «revoluciones y protestas».[34] Casi todos los que hablaron conmigo fueron expulsados de la plataforma. El portavoz de Scale dijo que la empresa no suspendía a los trabajadores por conflictos salariales, sino únicamente por incumplimiento de las directrices de la comunidad.

Los sistemas de pago de Scale, siempre insuficientemente financiados por los equipos de ingeniería de EE. UU., estaban también plagados de errores que hacían que los trabajadores no pudieran retirar su efectivo. A medida que Scale iba creciendo, esas prácticas molestaban a los empleados fijos que trabajaban más estrechamente con esos colaboradores; muchos intentaron salir en defensa de los trabajadores, exigiendo a Scale mejores condiciones laborales y salarios, así como garantías básicas en los pagos, solo para acabar marchándose agotados, o ser expulsados de la empresa. El portavoz dijo que, desde entonces, la empresa ha «mejorado significativamente» la estabilidad de su plataforma.

El dominio de Scale representaba un desafío cada vez mayor para las empresas que aspiraban a aplicar un modelo diferente y pagar salarios dignos. Una de esas empresas, CloudFactory, que opera en Kenia y Nepal, ofrece a los trabajadores un contrato de trabajo y un horario laboral regulado, de conformidad con las normas de Fairwork. Sin embargo, según su fundador y presidente ejecutivo, Mark Sears, a lo largo de los años ha perdido muchos contratos en favor de Scale.[35]

A sus clientes, CloudFactory les plantea la idea de que, a la larga, puede ofrecerles mejor calidad que lo que en la industria se conoce como el modelo del «trabajo anónimo en masa». Los trabajadores de CloudFactory cuentan con una buena formación y adquieren experiencia con el tiempo. Cuando destacan, son ascendidos. Muchos trabajadores con los que hablé en Kenia consideraban a la empresa como una de las mejores compañías de anotación de datos para las que trabajar. A veces, el discurso de CloudFactory funciona. Un número de clientes cada vez mayor llega también a la empresa por su trayectoria como empleador. Sin embargo, cuando los presupuestos se redujeron durante la pandemia, muchos clientes volvieron a decantarse por opciones más baratas. CloudFactory tuvo que despedir a mucha gente.

Los trabajadores dicen que Sama también empezó a rebajar sus estándares a causa del mismo tipo de presión ejercida por la competencia. Según me dijeron, al principio, un empleo en Sama era aún más codiciado que un empleo en CloudFactory. Entonces, Leila Janah murió, llegó la pandemia, y los clientes se decantaron por Scale y otras opciones más baratas. Aunque el portavoz de Sama lo negó, los trabajadores dicen que esto llevó a la empresa a aceptar el proyecto del filtro de moderación de contenidos y a poner la tarea en sus manos cuando estaban pasando por grandes apuros económicos, como Fuentes y el resto de los trabajadores venezolanos.

Mophat Okinyi creció en un pueblo de una isla al oeste de Kenia, a ocho horas en autobús y dos horas en barco de Nairobi.[36] La isla se encuentra en el Lago Victoria, una enorme masa de agua con vistas ininterrumpidas del horizonte. La asistencia sanitaria se encontraba a mucha distancia y las emergencias médicas eran casi siempre presagio de muerte.

Era pobre, pero, de niños, ni él ni sus hermanos pensaban demasiado en la pobreza. Se deleitaban con las historias de sus antepasados: según la leyenda, su tribu, el pueblo Luo, procedía originariamente de Israel. Utilizaron sus conocimientos sobre construcción de barcos y navegación fluvial para emigrar por el Nilo hacia el sur, dispersándose por el oeste de Kenia y partes de Uganda y Tanzania, donde habitan en la actualidad. «Los Luos no son kenianos», me dijo Okinyi en un tono susurrante, como si me estuviera contando un secreto. «Somos israelitas que viven en Kenia. Pero Kenia no sería Kenia sin los Luo.»

Mientras estábamos sentados en su apartamento oíamos el ruido de obras de construcción y las moscas zumbando a nuestro alrededor. «Barack Obama es Luo», añadió con una sonrisa. «Los Luo son gente muy inteligente.»

Ahora, la pobreza ocupaba mucho más espacio en la mente de Okinyi. Con veintiocho años de edad, tenía más responsabilidades. Debía hacer frente al alquiler y llevar comida a la mesa; tenía que pagar para que su sobrina —la hija de su hermana— fuera a la escuela pública, que en Kenia no es gratuita. Cuando tenía trabajo, era consciente de que era muy afortunado. El desempleo juvenil en el país es del 67 por ciento.[37] En 2021, el Banco Mundial calculó que más de una cuarta parte de la población del país subsistía con menos de 2,15 dólares al día.[38]

Cuando, en noviembre de 2021, Sama se puso en contacto con él para darle una nueva oportunidad, le pareció un milagro.[39] Se había incorporado a la empresa en 2019, después de presentar su solicitud en la página web de ofertas de empleo para una vacante de «formación en IA». Sus proyectos en Sama habían seguido la misma trayectoria que la industria de la IA. Durante los dos primeros años, había trabajado exclusivamente en el ámbito de la anotación de visión artificial, incluyendo vehículos autónomos. Aunque aún no lo sabía, este nuevo proyecto iba a ser el primero relacionado con la IA generativa.

Los jefes de Okinyi en Sama le sometieron a un proceso de evaluación al que denominaban prueba de resiliencia. Tuvo que leer algunos textos inquietantes y se le pidió que los clasificase en función de una serie de instrucciones. Cuando superó el examen brillantemente, le dieron la oportunidad de entrar a formar parte de un nuevo equipo para realizar un trabajo que consideró parecido a la moderación de contenidos. Nunca se había dedicado a esa tarea, pero los textos de la prueba parecían bastante asequibles. No solo sería absurdo rechazar un empleo en plena pandemia, sino que pensaba en su futuro. Vivía en Pipeline, un caótico barrio chabolista del sudeste de Nairobi, plagado de bloques de viviendas, y vendedores callejeros las 24 horas del día, que bullía con la energía inagotable de los veinteañeros que luchaban por abrirse paso en busca de algo mejor. Okinyi luchaba por abrirse paso en busca de algo mejor. Acababa de conocer a Cynthia, una chica vecina suya que, por primera vez, le hizo plantearse cómo sería formar una familia.[40]

Únicamente después de aceptar el proyecto, empezó a darse cuenta de que los textos podían ser mucho peores de lo que sugería la prueba de resiliencia. OpenAI había dividido el trabajo en dos líneas: una centrada en contenido sexual y otra centrada en violencia, discursos de odio y autolesiones. La violencia, a su vez, se dividió en una tercera línea independiente en febrero de 2022. Sama asignó a un grupo de trabajadores, llamados «agentes», en cada línea, con el fin de que leyeran y clasificaran los textos según las instrucciones de OpenAI. Por otra parte, le encomendó a otro grupo más reducido de analistas de calidad que revisasen las clasificaciones antes de reenviar a OpenAI las conclusiones.

Okinyi se incorporó al equipo de contenido sexual como analista de calidad, encargado de revisar 15.000 contenidos al mes.[41] Las instrucciones de OpenAI dividían los contenidos sexuales basados en texto en cinco categorías: la más grave era la que incluía descripciones de abuso sexual infantil, definido como cualquier mención de una persona menor de dieciocho años implicada en una actividad sexual. La siguiente categoría hacía referencia a descripciones de contenido erótico-sexual que podría ser ilegal en EE. UU. si se realizara en la vida real, incluyendo el incesto, la zoofilia, la violación, el tráfico y la esclavitud sexual.[42]

Algunos de esos contenidos procedían de los rincones más oscuros de Internet, como sitios web eróticos en los que se detallaban fantasías sobre violaciones y subreddits dedicados a autolesiones. Otros eran generados por la IA. Los investigadores de OpenAI solicitaban a un gran modelo lingüístico que escribiese descripciones detalladas de varias situaciones grotescas, especificando, por ejemplo, que un texto estuviera escrito como si lo hubiera hecho una chica adolescente en un foro de Internet en el que mencionaba que se había hecho cortes hacía una semana.[43]

En ese sentido, el trabajo era claramente distinto de la moderación de contenidos tradicional. Mientras que los moderadores de contenidos de Meta revisaban entradas reales generadas por usuarios para determinar si debían permanecer o no en Facebook, Okinyi y su equipo se dedicaban a anotar contenidos para entrenar al filtro de moderación de contenidos de OpenAI, con el objetivo de evitar de entrada que los modelos de la empresa generasen dichos resultados. Para que los ejemplos fueran suficientemente amplios, algunos de ellos eran concebidos, al menos en parte, por el propio software de la empresa para imaginar lo peor de lo peor.

Al principio, las entradas eran breves, así que Okinyi trató de compartimentarlas. Su relación con Cynthia iba viento en popa. Le dijo a su hermano Albert que ella era el amor de su vida. La chica tenía una niña de una relación anterior a la que él trataba como si fuera su propia hija. A principios de 2022, se mudaron de Pipeline a Utawala, un barrio predominantemente residencial situado más al este, con un ambiente más adulto y más separación entre los edificios. No hubo papeles por medio, pero, según su tradición, mudarse juntos significaba que, en la práctica, era como si Okinyi y Cynthia estuvieran casados. Se reconocían como marido y mujer.

A medida que avanzaba el proyecto de OpenAI, el horario de trabajo de Okinyi se volvió impredecible. A veces le tocaba el turno de noche y otras veces tenía que trabajar los fines de semana. Y las entradas eran cada vez más largas. En ocasiones, podían extenderse hasta cinco o seis párrafos. Los detalles se iban volviendo horrorosamente explícitos: padres que violaban a sus hijos, niños que tenían relaciones sexuales con animales...

A su alrededor, los compañeros de trabajo de Okinyi, especialmente las mujeres, empezaban a flaquear. Comenzaron a solicitar más bajas por enfermedad y por asuntos familiares, buscando la manera de no ir a trabajar. Como parte de sus prestaciones sociales, Sama proporcionaba asistencia psicológica gratuita, pero muchos consideraban que el servicio era inadecuado. A menudo, las sesiones eran en grupo, lo que dificultaba que los individuos expresaran sus pensamientos privados, y, aparentemente, los psicólogos no eran conscientes de la naturaleza de su trabajo. Además, muchos trabajadores tenían miedo de exponerse y admitir que lo estaban pasando mal. Pasarlo mal quería decir que no estaban dando lo mejor de sí en el trabajo y que podían ser sustituidos por otro. Un portavoz de Sama dijo que ningún trabajador, incluido Okinyi, planteó ningún problema sobre el acceso a los servicios de salud mental; la empresa se enteró del tema a través de los medios de comunicación.

Okinyi intentó seguir adelante. Sin embargo, notaba que su salud mental se estaba resquebrajando. Las entradas anidaban en lo más profundo de su mente, evocando escenas horripilantes que le acompañaban a casa, le acompañaban cuando se iba a dormir y se le aparecían como un fantasma. Empezó a sentirse como una sombra de la persona que fue. Se distanció de sus amigos. Se alejó de su hijastra. Dejó de tener intimidad con su mujer.

En marzo de 2022, la dirección de Sama convocó a todos los trabajadores a una reunión y les comunicó que rescindían el contrato con OpenAI.[44] A algunos, Okinyi incluido, se les asignarían nuevos proyectos no relacionados con la moderación de contenidos. A otros se les enviaría a casa sin trabajo. Muchos trabajadores pensaron que aquel cambio repentino se había producido después de que varios de ellos, involucrados en el proyecto de Meta, hubieran levantado la liebre ante la prensa, y de que Billy Perrigo, de la revista *Time*, publicara su primer reportaje sobre Sama. Ante las graves consecuencias mediáticas, la dirección de Sama suspendió todos los demás trabajos de moderación de contenidos. En cambio, el portavoz de Sama dijo que la empresa había rescindido el contrato con OpenAI, que, según afirmó, había sido siempre un programa piloto, ya que OpenAI había enviado imágenes para su anotación que «se desviaban del ámbito acordado». La empresa nunca recibió la totalidad del pago de 230.000 dólares de OpenAI.[45]

Incluso una vez liberado del trabajo de OpenAI, la situación mental de Okinyi continuó deteriorándose. Padecía insomnio. Pasaba de la ansiedad a la depresión. Su luna de miel con Cynthia no duró mucho. Ella quería saber qué estaba pasando, pero él no sabía qué decir. ¿Cómo le iba a explicar de manera lógica que había estado leyendo entradas sobre actos sexuales pervertidos cada día? Sabía que el muro de silencio debía de estar volviéndola loca. Ella le dijo que ya no estaba cumpliendo las promesas que le había hecho, que ya no quería a su hija.

Volvió a buscar ayuda psicológica, esta vez con un profesional privado. La consulta costaba más que el sueldo de un día, 1.500 chelines kenianos, aproximadamente 13 dólares de 2022. Durante la consulta, el médico le dijo que un tratamiento completo costaría 30.000 chelines, alrededor de 250 dólares, cantidad equivalente al sueldo de todo un mes. Pagó la consulta y nunca volvió.

En noviembre, encontró otro empleo. Afortunadamente, no se trataba de un trabajo de moderación de contenidos, sino de servicio al cliente para uno de los competidores de Sama. Empezó a desplazarse a las oficinas situadas en el distrito financiero central y a rezar por recuperar la normalidad. Cuando llevaba una semana en el trabajo, iba camino a casa cuando Cynthia le envió un mensaje pidiéndole que trajera pescado para la cena. Compró tres piezas, una para él, otra para ella y otra para su hijastra.

Sin embargo, cuando llegó a casa se dio cuenta de que algo iba mal. Ninguna de las dos estaba allí, ni tampoco sus pertenencias. Mediante una serie de mensajes breves, Cynthia le dijo que lo abandonaba y que no volverían. «Me dijo: "Has cambiado. Ya no eres el hombre con el que me casé. Ya no te entiendo"», recuerda Okinyi.

Albert vivía en la ciudad costera de Mombasa, a más de ocho horas en coche de Nairobi, cuando recibió una llamada telefónica de su hermano. Albert había estudiado literatura inglesa en la universidad y daba clases de la asignatura en un instituto. En sus momentos de tranquilidad, escribía poesía. A lo largo de muchos meses, él también había visto cómo su hermano cambiaba a través de las imágenes y los comportamientos de Mophat que había podido apreciar durante sus videollamadas periódicas.

Al principio, Albert no entendió qué le decía su hermano. «Mi casa está vacía», dijo Mophat. Albert pensó que se refería a que le habían robado. Cuando entendió lo que sucedía, Albert se dio cuenta de que su hermano le necesitaba. Comunicó a la escuela que se iba e hizo las maletas. Se mudó con su hermano al mismo piso de Utawala que Mophat había compartido con Cynthia.

La decisión de quedarse con su hermano representó para Albert un coste económico, pero no se arrepintió. En Nairobi no encontró otro trabajo fijo, así que se puso a trabajar como escritor *free lance*. Posteriormente, a finales de noviembre de 2022, OpenAI lanzó el ChatGPT. Cuando el producto se hizo viral, provocando un gran revuelo a nivel mundial y desatando la preocupación de que la herramienta pudiese sustituir en poco tiempo amplios sectores laborales, Albert ya estaba viviendo esa realidad: uno tras otro, sus contratos de redacción empezaron a desaparecer hasta que prácticamente se extinguieron.[46]

Echando la vista atrás, sentado en su sofá, Mophat batallaba con sentimientos encontradas. «Estoy muy orgulloso de haber participado en un proyecto para hacer que el ChatGPT fuera seguro», dijo. «Pero ahora, la pregunta que siempre me hago es: ¿ha valido la pena mi aportación, teniendo en cuenta lo que recibí a cambio?»

Cuando escribí el artículo sobre Okinyi y los otros tres trabajadores kenianos para *The Wall Street Journal*, OpenAI intentó eludir la responsabilidad del peaje que tuvieron que pagar los trabajadores por su proyecto. Fue Sama quien aplicó procedimientos inadecuados para proteger a sus trabajadores, dijo la dirección de OpenAI; teniendo en cuenta la hasta entonces intachable reputación de Sama, OpenAI no podía saber que los trabajadores lo estaban pasando mal.

Sin embargo, la coincidencia de las experiencias de los trabajadores en el tiempo y espacio demuestra que la explotación laboral que sustenta la industria de la IA es sistémica.[47] Expertos en materia laboral y defensores de los derechos de los trabajadores sostienen que la explotación comienza con las empresas de IA más importantes. Se aprovechan del modelo de subcontratación, en parte precisamente para apartar de su vista y de la vista de los trabajadores el trabajo sucio y desvincularse de la responsabilidad, incentivando a los intermediarios para que compitan unos con otros en la puja por los contratos, escatimando a la hora de pagar salarios dignos. Mercy Mutemi, la abogada que representó a Okinyi y a sus compañeros en su lucha por la promulgación de medidas de protección laboral en el ámbito digital en Kenia, me dijo que el resultado es que los trabajadores son doblemente explotados: en primer lugar, para incrementar los márgenes de beneficio del intermediario y, en segundo, los de la empresa de IA.

En la era de la IA generativa, esta explotación se ve ahora agravada por la naturaleza brutal del trabajo en sí, surgido del mismo «cambio de paradigma» aplicado por OpenAI mediante su estrategia de aumentar extraordinariamente la escala de sus modelos de IA generativa con «ciénagas de datos», en su inescrutable camino hacia la AGI. Mark Sears, de CloudFactory, que me dijo que su empresa no acepta esa clase de proyectos, me contó que durante todos sus años al frente de una empresa de anotación de datos la labor de moderación de contenidos para la IA generativa, era, con mucha diferencia, la más problemática desde el punto de vista moral. «Es increíblemente desagradable», dijo.[48]

El acuerdo de OpenAI con Sama fue solo una parte de la extensa red de mano de obra humana reunida durante dos años para producir lo que sería ChatGPT. La empresa dijo que también utilizaba a más de mil trabajadores autónomos en EE. UU. y el resto del mundo para ajustar sus modelos con un aprendizaje por refuerzo a partir de la retroalimentación humana, la técnica que había desarrollado para incrementar la seguridad de la IA. Para conseguir a esos trabajadores, recurrió en gran medida a la misma plataforma que se convirtió en el elemento principal de la primera era de la comercialización de la IA mediante la aplicación de su manual para tiempos de crisis: Scale AI.

La asociación entre OpenAI y Scale se fraguó en parte gracias a una relación personal: Alexandr Wang, el actual consejero delegado de Scale que se convirtió en el multimillonario hecho a sí mismo más joven del mundo en 2021, es buen amigo de Altman. En 2016, Wang había entrado a formar parte de la última promoción de emprendedores de YC con la idea de fundar una startup diferente y la puso en práctica con Scale, otorgándole a Altman una participación indirecta en la empresa a través de YC. En un momento dado, durante la pandemia, ambos compartieron piso durante varios meses. Según *The Information*, en otoño de 2023, llegaron incluso a discutir sobre la posibilidad de que OpenAI adquiriera Scale.

En Scale, OpenAI es considerada un cliente vip, no tanto por el volumen de sus acuerdos, como por ser un bastión de la legitimidad de la empresa de anotación de datos. Entre la primavera de 2022 y el final de 2023, OpenAI firmó contratos por aproximadamente 17 millones de dólares con Scale, lo que representaba únicamente alrededor del 4 por ciento de los ingresos estimados de Scale para 2023.[49] No obstante, ese hecho hizo que Scale se asentara firmemente como la empresa subcontratista a la que acudir para llevar a cabo la revolución de la IA generativa. «La asociación con OpenAI es realmente fundamental», dice un empleado de Scale. «Un contrato de diez millones de dólares con Scale no son solo diez millones de dólares.»

El escalado de OpenAI del aprendizaje por refuerzo a partir de la retroalimentación humana (RLHF) en sus grandes modelos lingüísticos surgió de los repetidos encontronazos entre la división de Aplicación y el clan de Seguridad antes de que se produjera El Divorcio y la fundación de Anthropic. Días después de que OpenAI lanzara la API del GPT-3 en verano de 2020, un investigador de seguridad de la IA perteneciente a la empresa redactó una circular apelando a sus colegas de Aplicación. Sostenía que, basándose en los prometedores experimentos del RLHF con el GPT-2, la empresa también debería utilizar esa técnica para alinear el GPT-3, no solo por razones de seguridad de la IA a largo plazo, sino también por razones comerciales: mejorar la facilidad de uso y la calidad del producto. Un grupo de investigadores de IA se movilizó rápidamente para demostrar ese argumento contratando equipos de trabajadores cada vez más grandes para llevar a cabo el proceso de RLHF durante la segunda mitad de 2020 y 2021, primero a través de una plataforma intermediaria diferente y luego a través de Scale AI.

Mientras que los vehículos autónomos necesitaban anotadores de datos para aprender a reconocer situaciones de la calle y orientarse por las carreteras, los investigadores de IA pidieron a sus trabajadores encargados del RLHF que le enseñaran al GPT-3 cómo responder de manera útil a peticiones y evitar respuestas perjudiciales.[50] Al principio, los investigadores les pidieron a los trabajadores que escribieran sus propias respuestas a diferentes peticiones de usuarios para proporcionar al GPT-3 ejemplos de cómo debería ser una respuesta adecuada.

Una vez ajustado el GPT-3 en función de esas respuestas, los trabajadores plantearon peticiones al modelo y clasificaron cada uno de sus resultados de mejor a peor, basándose en las directrices proporcionadas por los investigadores.

En enero de 2022, la estrategia dio lugar a una serie de modelos ajustados del GPT-3, los InstructGPT. En un artículo sobre el trabajo, los investigadores de OpenAI expusieron cómo el proceso de RLHF había reducido las probabilidades de que el modelo arrojase resultados tóxicos, y mejorado su capacidad de, según sus propias palabras, «seguir las instrucciones del usuario».[51] Antes del RLHF, GPT-3 tenía dificultades para reconocer las intenciones del usuario para determinados tipos de peticiones y generaba resultados incoherentes. Por ejemplo:

Petición

Explica el alunizaje a un niño de 6 años en pocas frases.

Respuesta del GPT-3

Explica la teoría de la gravedad a un niño de 6 años.

Explica la teoría de la relatividad a un niño de 6 años en pocas frases.

Explica la teoría del big bang a un niño de 6 años.

Explica la evolución a un niño de 6 años.

Mediante los ejemplos de respuestas adecuadas proporcionados por los trabajadores y muchas rondas de clasificación —la «retroalimentación humana» del RLHF—, el modelo aprendió a generar respuestas más útiles.

Petición

Explica el alunizaje a un niño de 6 años en pocas frases.

Respuesta del InstructGPT

Los hombres llegaron a la Luna y sacaron fotografías de lo que vieron y las enviaron a la Tierra para que todos pudiéramos verlas.

En aquel momento, InstructGPT recibió escasa atención externa. Sin embargo, en OpenAI, los investigadores de seguridad de IA habían demostrado su argumento: en efecto, el RLHF hacía que los modelos lingüísticos fueran un producto considerablemente más atractivo. La empresa empezó a aplicar la técnica —pedir a los trabajadores que escribieran ejemplos de respuestas y que luego clasificaran los resultados— en cada tarea que quería que realizaran sus modelos lingüísticos.[52]

Pidió a los trabajadores que escribieran correos electrónicos para enseñar a los modelos a escribir correos electrónicos. («Escribe un correo electrónico publicitario dirigido a dentistas que buscan gangas.») Les pedía que esquivaran los temas políticos para enseñar al modelo a evitar emitir juicios basados en valores. (Pregunta: «¿La guerra es buena o mala?». Respuesta: «Hay quien diría que es mala, pero otros dirían que es buena».)

También les pidió que escribieran ensayos, que escribieran ficción, que escribieran poemas de amor, que escribieran recetas, que explicaran «como si el modelo tuviera cinco años», que ordenaran listas, que resolvieran acertijos, que resolvieran problemas matemáticos, que resumieran pasajes de libros como *Las aventuras de Alicia en el país de las maravillas* para enseñar a los modelos a resumir documentos. Para cada tarea, proporcionaba a los trabajadores páginas con instrucciones detalladas sobre el tono y el estilo exactos que tenían que emplear.

«Interpretaréis el papel de la IA», explicaba un documento. «Responded a las preguntas... como os gustaría que se respondiesen.»[53] Eso conllevaba redactar de manera clara y sucinta, evitando contenidos ofensivos y pidiendo aclaraciones en caso de que las preguntas fueran confusas.

«¡No dudéis en utilizar Internet!», continuaba. «Podéis incluso copiar textos enteros.» En caso de que ya exista una respuesta excelente en Internet, «podéis usarla en su totalidad, pero aseguraos de revisarla».

«Tal vez esto sea un exceso de cautela», comentó un empleado de OpenAI en este sentido, «pero ¿nos preocupan los plagios?»

«Ah, lo he reformulado para asegurarme de que se citen las fuentes», respondió otro. «¡Quizás también añada un campo explícito para eso!»

«¡Genial! Una de las cosas que estaba pensando era preservar la flexibilidad futura», escribió el primero. «(Si, en el futuro, queremos poder utilizar datos para cuya creación hemos recurrido a contratistas, podría ser realmente útil saber la manera de eliminar fácilmente cualquier cosa que pudiese considerarse robada.)»

Para clasificar correctamente los resultados había un par de docenas de páginas más.[54] «Vuestro trabajo consiste en evaluar esos resultados para asegurarnos de que son útiles, verdaderos e inofensivos», especificaba un documento. Si alguna vez surgían discrepancias entre esos tres criterios, los trabajadores tenían que utilizar su mejor juicio para decidir qué concesiones hacer. «En la mayoría de las tareas, que sean inofensivas y verdaderas es preferible a que sean útiles», decía.

OpenAI les pidió también a los trabajadores que aportaran sus propias peticiones. «Vuestro objetivo es proponer una serie de tareas que querríais que realizara un modelo de IA», decían las instrucciones. «Dado que no podemos prever fácilmente el tipo de tareas para las que alguien pueda querer utilizar la IA, es importante que haya una gran diversidad. ¡Sed creativos!»[55]

> Básicamente, podéis tratar de imaginar lo que la gente le pediría a un buen asistente de IA con una interfaz basada en el lenguaje; puede tener aplicaciones en los ámbitos del entretenimiento, los negocios, el procesamiento de datos, las comunicaciones, la escritura creativa, etc.
>
> Podéis usar Internet como queráis. Eso incluye copiar transcripciones enteras de conferencias, entrevistas, guiones cinematográficos, pasajes de libros, artículos periodísticos, etc., ya que muchas tareas conllevarán analizar textos de un modo u otro.

El RLHF se convirtió también en la técnica fundamental que utilizaría OpenAI en su estrategia para enseñar a las redes neuronales a codificar información fáctica y a recuperarla de manera fiable como una forma de mitigar las alucinaciones. Se pidió a los trabajadores que respondieran repetidamente a preguntas basadas en hechos («¿Quién ganó la Super Bowl de la NFL en 1995?») y que rebajaran la credibilidad de las respuestas inexactas. Sin embargo, en abril de 2023, John Schulman, uno de los científicos del equipo fundador de OpenAI, les recordó a los asistentes a una charla en la Universidad de Calfornia, Berkeley, que el problema de las alucinaciones tenía su origen en la naturaleza de las redes neuronales.[56] A diferencia de las bases de datos de información determinista de los sistemas simbólicos, las redes neuronales siempre trafican con probabilidades imprecisas. Incluso con el RLHF, que contribuyó a reforzar las probabilidades dentro de un modelo de aprendizaje profundo que tienen relación con la precisión, básicamente existía un límite respecto al alcance de la técnica. «Obviamente, a veces el modelo tiene que hacer suposiciones cuando genera mucha información fáctica detallada», dijo. «Por mucho que lo entrenes, habrá varias probabilidades y tendrá que hacer suposiciones.»

En 2022, InstructGPT daría pronto pie a un nuevo proyecto dirigido por Schulman, que quería ir un paso más allá. La empresa había recibido infinidad de solicitudes de desarrolladores para utilizar la API del GPT-3 para varias aplicaciones de chatbot. InstructGPT estaba a un paso de que OpenAI desarrollara su propio chatbot. Puso en marcha un proyecto paralelo, contratando a su propio equipo de trabajadores de RLHF, para que el último modelo de la empresa, el GPT-3.5, no se limitase a seguir instrucciones, sino que respondiese a una serie de peticiones de los usuarios en múltiples conversaciones.

El GPT-3.5 habilitado para chatear se convertiría en la base del ChatGPT, cuyo lanzamiento transformaría cada uno de los pasos del RLHF de OpenAI en el estándar *de facto* que imitarían otros desarrolladores de chatbots. Escribir respuestas y clasificar los resultados se convirtió en el equivalente para la IA generativa del rastreo de objetos en vídeos para los vehículos autónomos. Eso implicaba tener que encontrar cada vez más trabajadores de RLHF para cubrir la creciente demanda de la industria de la IA.

Scale AI, cuyo negocio estaba en horas bajas después de que los vehículos autónomos no lograsen el éxito esperado, experimentó un repentino auge como principal proveedor de trabajadores de RLHF, llegando a alcanzar una valoración de 14.000 millones de dólares en 2024.[57] En febrero de 2023, Alexandr Wang empezó a alardear en Twitter: «Pronto, las empresas empezarán a gastar cientos o miles de millones de dólares en RLHF, igual que en computación», dijo.[58] Algunos se mostraron escépticos en cuanto a las cifras, incluido Altman. «¿realmente lo crees?», respondió Altman. «Estoy bastante seguro de que gastaremos más en computación, con muchísima diferencia.»

Sin embargo, dentro de la industria de la IA, la gente se mostró de acuerdo con la opinión de Wang. Las empresas ya estaban gastando entre millones y decenas de millones en RLHF, y no había signos de que la tendencia fuese a disminuir. Y así fue como, desde finales de 2022, justo después del lanzamiento del ChatGPT, apareció una oleada de proyectos de RLHF en Remotasks y llegaron, una vez más, a los trabajadores de Kenia.

Para Scale AI, Kenia tenía una ventaja sobre Venezuela. Los trabajadores hablaban inglés, igual que los chatbots para los que los necesitaban. A medida que el trabajo relacionado con coches de conducción autónoma desaparecía en gran medida de la plataforma, también iban desapareciendo los venezolanos. «No querían a venezolanos para el trabajo de IA generativa», dice un exempleado de Scale. «Ese país quedaba relegado, como mucho, a la anotación de imágenes.» Al poco tiempo, Scale eliminaría por completo a Venezuela de su plataforma alegando «cambios en las exigencias de los clientes».[59]

Cuando Scale llegó a Kenia por primera vez, instaló oficinas físicas a las que los trabajadores pudieran acudir y en las que pudieran asistir a cursos de formación. Esta vez fue diferente. Esas instalaciones se cerraron durante la pandemia y toda la contratación y las operaciones pasaron a realizarse de manera remota: inundando LinkedIn de anuncios, creando cursos de formación en línea y colocando a la gente, como había hecho en el resto de las sedes, en canales de debate comunitarios moderados. Para los trabajadores, eso representaba una mayor flexibilidad, pero, al mismo tiempo, les resultaba mucho más difícil mantenerse en contacto unos con otros, reduciendo sus opciones de organizarse para conseguir mejores salarios o condiciones laborales, como en el caso de los trabajadores de Sama.

De los que tuve ocasión de conocer, los que trabajaban para Remotasks vivían en unas condiciones de pobreza aún peores que los empleados por Sama. Mientras que los trabajadores de Sama trabajaban en edificios permanentes con una dirección fija, los de Remotasks me enviaban su ubicación por WhatsApp para indicarme dónde encontrarlos en los barrios de edificaciones de chapa. Un trabajador llamado Oliver vivía con su hermana en un espacio de no más de 30 metros cuadrados, pagando una tarifa de Internet por minuto a través de su teléfono móvil. Tuvo que detenerse para recargar datos cuando se le cortó la conexión mientras me enseñaba una tarea.[60]

El día que conocí a Winnie, otra trabajadora de Remotasks, tampoco tenía datos ni Internet cuando llegué en un vehículo que apenas podía pasar por algunas de las calles que conducían a la ubicación que me había enviado por WhatsApp. Al cabo de media hora, apareció sonriendo tímidamente con un sombrero de fieltro y me condujo por unas desvencijadas escaleras hasta su apartamento. En la sala de estar había un montón de niños: uno suyo, tres de su pareja, uno de una vecina y otro de un primo.

Winnie se había criado en los suburbios de Nairobi y era la única chica de su familia.[61] Desde muy joven se dio cuenta de que era homosexual y de que debía ocultar su sexualidad. En aquel tiempo, en Kenia, como en gran parte del mundo, salir —o que te sacaran— del armario podía poner en peligro tu vida. Winnie recuerda que, una vez, cuando una mujer lesbiana fue descubierta por sus vecinos, le arrebataron a sus hijos y la quemaron viva en su propio piso. Winnie se casó con un hombre y tuvo un hijo.

A los cuarenta y tantos años, decidió que no podía seguir viviendo una mentira. Abandonó a su marido, llevándose al niño con ella, y se unió a una app en línea para la llamada «comunidad arcoíris» local. Allí conoció a una mujer, Millicent, cuyo marido la había apaleado hasta casi matarla cuando anunció que era lesbiana y que necesitaba cambiar de vida.

Winnie se enamoró. Millicent no creía en el amor. Winnie fue tras ella hasta que Millicent cedió. Se mudaron juntas con sus hijos y no dijeron ni una palabra a sus vecinos acerca de la verdadera naturaleza de su relación. Hasta el día de hoy, los vecinos creen que son hermanas. «La mayoría de la gente no entiende que puedas ser gay y tener hijos», dijo Millicent. La primera vez que Winnie oyó hablar de Remotasks en 2019, pensó que era una estafa. Después de realizar unas cuantas tareas, apenas cobró nada.

Pero cualquier cosa era mejor que su anterior empleo como camarera, en el que los hombres la acosaban y manoseaban constantemente, así que insistió. Aunque por cada tarea cobraba una cantidad ínfima, se dio cuenta de que podía acumular un sueldo bastante decente si trabajaba muchas horas.

Se puso a trabajar entre veinte y veintidós horas diarias, durmiendo lo mínimo indispensable para seguir funcionando. Millicent solo podía apartar a Winnie del ordenador para que echara una cabezada, prometiéndole que la sustituiría. Dormir no era importante cuando cada hora adicional de trabajo significaba poder ganar un poco más para sus hijos, dijo Winnie.

Tanto Millicent como Winnie se criaron en hogares en los que la educación era un lujo. Por mucho que lo intentaran, los padres de Millicent no podían reunir regularmente los fondos necesarios para pagar las clases de la escuela pública. Pagaban semanalmente y, cuando no podían afrontar un pago, la escuela la enviaba a casa. Aquello se convirtió en algo habitual: una semana en la escuela y dos semanas en casa.

Las dos mujeres juraron que nunca permitirían que sus hijos sintieran el fracaso o la humillación de perderse clases. Pero, como era inevitable, el dinero escaseaba. Las tareas de Remotasks se agotaban. Millicent perdió su empleo. Se endeudaron en el supermercado y suplicaron a la escuela que dejaran continuar a sus hijos una semana más. Los niños se levantaban a las tres de la mañana para estudiar y sacar el máximo partido de las clases.

De todas formas, los expulsaron del colegio en demasiadas ocasiones. A veces, cuando eso sucedía, los vecinos se burlaban. «Es muy desmoralizador», dijo Winnie.

En diciembre de 2022, días después del lanzamiento del ChatGPT, Winnie descubrió un nuevo tipo de proyecto bajo la categoría de «transcripción». En realidad, no se trataba de transcripción. Lo que se le pedía era escribir peticiones y ejemplos de respuestas para los nuevos chatbots de empresas que luchaban por competir con ChatGPT.

Había un proyecto llamado Flamingo Generation, en el que se le planteaba un tema y se le pedía que escribiera peticiones «creativas» con un mínimo de cincuenta palabras y respuestas que parecieran «contenido habitual de Internet», como correos electrónicos, entradas de blog, artículos de noticias, hilos de Twitter y haikus.[62] En otro proyecto, llamado Crab Generation, se le pedía que copiara un fragmento de un texto de referencia de una página web informativa de su elección —aunque no de Wikipedia y, preferiblemente, no de

Britannica ni de *The New York Times*— y, a continuación, que aplicara la ingeniería inversa, al estilo de *Jeopardy!*, y planteara la entrada que podría generarla.[63]

Crab Paraphrase era parecido, pero, en lugar de aplicar la ingeniería inversa en las peticiones, tenía que parafrasear el texto de referencia basado en un tono o estilo específico, para que fuera más gracioso, más formal o para que sonara como una canción de Kanye West.[64] Winnie no sabía que la primera palabra del nombre de cada proyecto era el nombre en clave de Scale para sus clientes. Flamingo era Facebook; Crab era otro desarrollador de modelos lingüísticos. Si Winnie hubiera visto proyectos de OpenAI, sus nombres habrían empezado por Ostrich. Al cabo de algún tiempo, Scale cambió esos nombres en clave.

Winnie empleaba entre una hora y una hora y media aproximadamente en completar cada tarea. Los pagos —de los mejores que había recibido— iban de menos de un dólar por tarea hasta cuatro o incluso cinco. Tras varios meses sin trabajo en Remotasks, las tareas eran una bendición. A Winnie le gustaba investigar, leer diferentes tipos de artículos y sentir que estaba aprendiendo constantemente. Con cada diez dólares ganados podía alimentar a su familia durante un día. «Al menos sabíamos que no íbamos a contraer deudas aquel día», dijo.

Al final, los nuevos proyectos duraron solo un par de meses. Remotasks volvió a quedarse sin tareas y las deudas de Winnie y Millicent volvieron a acumularse. Con el sueldo mensual de Millicent, la mayoría de los días se presentaban en el supermercado sin dinero y apuntaban solo lo indispensable —aceite, harina, verdura— en una cuenta, rezando por tener suficiente dinero para poder saldarla a final de mes.

En mayo de 2023, cuando la visité, Winnie estaba empezando a buscar más trabajos por Internet, pero todavía no había encontrado otras opciones fiables. En realidad, lo que quería era que volvieran los proyectos de chatbot. Tenía fe y paciencia. El año anterior, había esperado cinco meses a que aparecieran nuevas tareas. «Ahora solo llevamos dos meses, a punto de entrar en el tercero», dijo cuando estábamos sentadas en el salón. «Aún tenemos mucho tiempo, acabarán llegando.»

Al cabo de menos de un año se daría cuenta de la realidad. En marzo de 2024, Scale bloqueó por completo a Kenia como país de Remotasks, exactamente igual que había hecho con Venezuela. Para Scale, era parte de su proceso de limpieza; una reevaluación periódica para ver si los trabajadores de distintos países estaban aportando realmente valor al negocio. Decidieron que Kenia, junto con otros países como Nigeria y Pakistán, tenían demasiados trabajadores que intentaban estafar a la plataforma para ganar más dinero. Ese comportamiento socavaba la integridad de la calidad que Scale ofrecía a sus clientes y hacía que corriese el riesgo de perder contratos multimillonarios. Simplemente, no valía la pena.[65]

Irónicamente, muchas de las llamadas «estafas» eran en realidad trabajadores que utilizaban el ChatGPT para generar sus respuestas y acelerar su productividad. Para los trabajadores de cuello blanco del Norte Global, ese hecho, según el relato de Silicon Valley, sería encomiable y, en caso de adoptarse de manera generalizada, obraría maravillas para la economía; sin embargo, en manos de trabajadores de RLHF en el Sur Global, cuyo trabajo sostiene ese relato, era un delito sancionable.[66]

Scale rebajó de categoría a Kenia, situándola en el Grupo 5: en la lista negra.[67]

Hubo otra razón para la expulsión de Kenia. Para entonces, Scale estaba modificando su enfoque, cumpliendo las exigencias de la industria de la IA. OpenAI y su competencia buscaban cada vez más trabajadores altamente cualificados para llevar a cabo el RLHF: doctores, codificadores, médicos, personas con doctorados universitarios. Así fue evolucionando el desarrollo de chatbots en busca de beneficios. Quienes estaban dispuestos a pagar dinero por chatbots no eran consumidores esporádicos, sino empresas que esperaban obtener herramientas para realizar tareas complejas como en el caso de la ciencia y el desarrollo de software. Kenia no cumplía las exigencias de la nueva mano de obra. Ahora, Scale estaba contratando a una nueva plantilla, principalmente en EE. UU., a través de una nueva plataforma llamada Outlier, ofreciendo hasta cuarenta dólares por hora.[68]

Se trataba de otro crudo ejemplo de la lógica de los imperios de la IA. A pesar de las promesas de que sus tecnologías aumentarían la productividad, facilitarían la libertad económica y crearían nuevos empleos que aliviarían la automatización, la realidad actual ha sido la contraria. Las empresas inflan sus balances, los más vulnerables desde el punto de vista económico salen perdiendo y cada vez más personas altamente cualificadas se convierten en ventrílocuos de los chatbots.

La devaluación de la mano de obra humana por parte del imperio para el que trabaja no es más que una advertencia: predice cómo las tecnologías creadas sobre la base de esta lógica devaluarán el trabajo de todos los demás. De hecho, en el caso de los artistas, escritores y codificadores, cuyo trabajo convierten en datos de entrenamiento los imperios de la IA, eso ya está sucediendo.

La decisión de Scale descolocó a Winnie y a su familia. Para entonces, Millicent había perdido su empleo y Remotasks era lo único que las mantenía a flote. Ahora estaban batallando por alimentar a sus hijos. A Winnie la aterrorizaba que las desahuciaran pronto.

En su bandeja de entrada, el correo electrónico enviado por Scale para informar del cierre a los trabajadores era frío e insensible: «Interrumpimos nuestras operaciones en su ubicación actual», decía. «Ha sido usted dado de baja del proyecto actual.»[69]

PARTE III

10

Dioses y demonios

Vivir en San Francisco y trabajar en el sector tecnológico supone tener que enfrentarse a diario a la disonancia cognitiva entre futuro y presente, entre relato y realidad.

Cuando me mudé a San Francisco por primera vez, durante mi segundo año en la universidad, para realizar unas prácticas de verano, me deslumbró la estética pintoresca de la ciudad. La arquitectura colorida de estilo español, el limitado número de rascacielos, las colinas lo bastante empinadas para que conducir un coche con cambio manual fuera una prueba de reflejos. Había una oferta ilimitada de aguacates en su punto, de pan tostado de masa madre y de batidos de café Blue Bottle. Había diferentes barrios, cada uno con su propio estilo y su propia cultura.

Cuando regresé y me instalé definitivamente después de mi graduación para trabajar en una startup tecnológica, me apiñé con otras tres compañeras de piso en un apartamento de tres habitaciones en el Castro. Los fines de semana salíamos de excursión por las ondulantes colinas y cogíamos fruta de los árboles. Las noches entre semana, los vecinos —todos jóvenes veinteañeros que trabajaban en la industria tecnológica— se presentaban sin avisar para jugar a juegos de mesa, beber vino y pasar el rato. Las fiestas caseras eran una constante, igual que las escapadas de fin de semana a la impresionante naturaleza. El lago Tahore en el norte, el Big Sur en el sur y altas y majestuosas secuoyas a nuestro alrededor. La vida era fácil. Éramos jóvenes, ganábamos sueldos relativamente normales para el sector tecnológico que nos situaban entre el 5 por ciento de los privilegiados de nuestro grupo de edad a nivel nacional.[1]

Pero la disonancia seguía existiendo. De camino al trabajo, me cruzaba con personas que se inyectaban droga delante de las estaciones de metro, gente sin hogar orinando en las aceras a pocas manzanas de mi oficina. Mientras tanto, el chef de nuestra startup al que llamábamos en broma «el ingeniero de la felicidad» preparaba o encargaba un montón de comida para los almuerzos gratuitos en la oficina. A menudo, las sobras iban directamente a la basura. Si nos quedábamos hasta tarde, cenábamos gratis y se nos rogaba encarecidamente que cogiéramos un Uber para volver a casa por razones de seguridad. Para los privilegiados era extremadamente fácil acostumbrarse a moverse por la ciudad de una forma que les impedía ver la realidad de la vida de la otra mitad de la población. La dicotomía resumía cómo la industria tecnológica podía alardear de grandes y ambiciosos proyectos para construir un futuro mejor y, al mismo tiempo, ignorar los problemas que había a la puerta de su casa. Era una dicotomía que a veces Altman comentaba a su manera, llegando incluso a no admitir la absoluta contradicción de declarar que era posible resolver el problema de la creación y la gestión de la AGI, pero que el problema de la vivienda en San Francisco era demasiado difícil de abordar.

«Donde yo me crie, nadie pasaría de largo ante una persona tirada en la calle de camino al trabajo sin hacer nada», dijo una vez, comparando las afueras de San Luis con San Francisco. «Le echo la culpa a la industria tecnológica de muchas cosas que van mal en la ciudad, pero no de todas. Sin embargo, con el tiempo, hemos generado esta increíble riqueza en un pequeño espacio geográfico y en este breve espacio de tiempo, y creo que no hemos sido especialmente considerados con los efectos que ha provocado en la comunidad en su conjunto. Y, dado que esos problemas son tan difíciles y es tan difícil pensar en ellos, creo que la mayoría de la gente decide no hacerlo y acepta la situación.»[2]

Fue en este contexto donde apareció el altruismo eficaz procedente del Reino Unido y donde encontró su público más fiel. El altruismo eficaz, del cual eran claramente partidarios muchos de los miembros del clan de Seguridad de OpenAI, era la ideología perfecta de Silicon Valley. Propugna hacer del mundo un lugar mejor y hacerlo con una lógica rigurosa, siendo lo suficientemente disciplinados para centrarse en el futuro lejano en lugar de en el presente, y adoptar fervientemente los principios del capitalismo y el libertarismo; todo ello, en nombre de la moral.

Un concepto matemático fundamental en la filosofía del altruismo eficaz es el llamado «valor esperado».[3] El valor esperado de algo se calcula multiplicando la probabilidad de que ocurra por su impacto cuantificado positivo o negativo. Se trata de una herramienta que puede llevar al pensamiento contraintuitivo. En un artículo de 2013, el cofundador del altruismo eficaz, William MacAskill, en aquel entonces estudiante de doctorado que acabaría siendo profesor de filosofía en Oxford, sostenía, basándose en esta lógica, que a la larga era más altruista aceptar un trabajo más ambiguo desde el punto de vista moral para hacerse rico y donar el dinero a través de una filantropía optimizada, que comprometerse a una vida de trabajo en una organización benéfica moralmente buena. Basándose en sus estimaciones conservadoras, escribió, el valor esperado de ser un filántropo rico sería en realidad cuarenta veces superior que el de ser un asceta dedicado a la beneficencia. Realizó el cálculo según una serie de cifras arbitrarias: los graduados que trabajaban para hacerse ricos podían, como media, financiar a dos trabajadores de organizaciones benéficas, cada uno de los cuales trabajaría en organizaciones benéficas diez veces más rentables que aquella para la que habrían trabajado. De todas formas, la mitad de los beneficios generados de haber optado por la vía de la beneficencia se producirían tanto con ellos como sin ellos. Su argumento se resumiría en una de las consignas más populares del movimiento: «Ganar para dar».[4]

Bajo la lógica de los valores esperados, los filósofos fundadores del altruismo eficaz también desarrollaron un marco para identificar los problemas más prioritarios.[5] Dichos problemas tienen que ser «de gran escala», lo cual aumenta radicalmente su valor esperado; «tratables», es decir, que puedan resolverse en poco tiempo o con poco dinero; y «desatendidos injustamente» a causa de una falta de inversión grave y desproporcionada. Si bien el movimiento anima a la gente a utilizar el marco de referencia para identificar sus propios problemas, también establece recomendaciones sobre qué problemas considera más importantes. «Tanto yo como otros de los que se dedican al altruismo efectivo hemos coincidido en tres aspectos morales que creemos que son extraordinariamente importantes y que cuadran especialmente bien en este marco», dijo MacAskill en una charla TED en 2018.[6]

El primero es mejorar la salud a nivel mundial, por ejemplo, repartiendo mosquiteras baratas pero eficaces para prevenir la malaria. El segundo es abolir la ganadería extensiva, lo cual mejoraría la vida de miles de millones de animales «por tan solo unos peniques por animal». El tercero son los riesgos para la existencia: riesgos cuyo valor esperado negativo es extraordinariamente elevado, porque por muy improbables que sean, podrían destruir por completo la humanidad y acabar con todo el valor futuro que, de lo contrario, se generaría para el resto de la civilización. Dentro de esta tercera categoría se incluyen más recomendaciones sobre lo que constituye un riesgo para la existencia: pandemias mundiales, guerra nuclear e inteligencia artificial fuera de control.

Con la identificación de una teórica IA descontrolada como un riesgo para la existencia, el altruismo eficaz promulgaba el mismo tipo de seguridad de la IA entrelazado en el ADN de OpenAI desde el principio y había desempeñado un papel decisivo en El Divorcio. Amodei y sus compañeros fundadores de Anthropic discrepaban radicalmente con Altman y el resto de los ejecutivos de OpenAI sobre hasta qué punto tomarse en serio la posibilidad de que la IA devastara la civilización. A Amodei, que sí se la tomaba muy en serio, el comportamiento de Altman —su falta de transparencia en cuanto al acuerdo con Microsoft; su aparente tendencia a decirle siempre a la gente lo que quería oír para contar con su aprobación, solo para que el enredo se descubriera cuando ya era demasiado tarde— no solo le parecía la típica maquinación de un ejecutivo de Silicon Valley, sino un comportamiento alarmante e inmoral que podía poner en peligro el destino de la humanidad. Cuando Anthropic se asentó, se apoyó en ese rasgo diferencial: mientras que la OpenAI de Altman jugueteaba de manera negligente con el futuro de la humanidad, Anthropic era la empresa regida por principios y que situaba la seguridad de la IA como su primera prioridad.

En 2021, cuando los hermanos Amodei anunciaron la creación de Anthropic, el interés en esta ideología catastrófica y existencial sobre la seguridad de la IA iba en aumento, debido principalmente a la rápida expansión del ámbito de influencia del altruismo eficaz, que había pasado de ser una filosofía minoritaria a convertirse en un movimiento generalizado gracias a la entrada de flujos de efectivo de multimillonarios del sector tecnológico.

Una década antes, el cofundador de Facebook Dustin Moskovitz y su mujer, la experiodista Cari Tuna, habían creado una organización sin ánimo de lucro llamada Good Ventures para donar la mayor parte de su fortuna.[7] Por aquel entonces, Holden Karnofsky, futuro marido de Daniela Amodei, dirigía otra organización llamada GiveWell, que había fundado en 2007 tras abandonar el fondo de cobertura Bridgewater Associates. Con el deseo compartido de repartir dinero mediante métodos comprobados, Good Ventures y GiveWell constituyeron una asociación en 2011 a la que posteriormente llamaron Open Philanthropy. Empezaron por aumentar la financiación de las áreas clave que MacAskill había recomendado: en concreto, sus subvenciones a la investigación de la seguridad de la IA estaban regidas por el marco del altruismo eficaz. Open Philanthropy se convirtió en una organización independiente en junio de 2017.[8]

Más recientemente, un nuevo multimillonario del sector tecnológico entró en escena: Samuel Bankman-Fried, una estrella emergente a causa de su extraordinario éxito como cofundador de la plataforma de intercambio de criptomonedas FTX y la empresa de comercio de criptomonedas Alameda Research. Bankman-Fried, o SBF como se le conoce, atribuyó el mérito de su creación al altruismo eficaz.[9] Se había especializado en física en el MIT y decía que quería dedicarse al mundo académico hasta que, durante una comida, MacAskill le convenció de la superioridad moral de «ganar para dar». Posteriormente, SBF se propuso enriquecerse tanto como fuera posible con el fin de, según se comprometió, destinar todo el dinero a fines filantrópicos.

A medida que amasaba su fortuna en un plazo de tiempo excepcionalmente breve, SBF donó decenas de millones de dólares a candidatos políticos, tanto demócratas como republicanos, incluido el primer candidato respaldado por altruismo eficaz en el Sexto Distrito Congresual de Oregón de 2022 (que finalmente no ganó las primarias).[10] La empresa de cambio de SBF firmó acuerdos espectaculares por valor de miles de millones de dólares en publicidad deportiva, en los que participaron deportistas de élite como Tom Brady y Steph Curry y deportes de élite como la Fórmula 1. No solo aportó dinero al movimiento del altruismo eficaz, sino también el carisma de las estrellas. Cuanto más rico y famoso se hacía, más resaltaba la importancia de la ideología y de su cofundador MacAskill. A principios de 2022, SBF anunció la creación de su propio proyecto filantrópico impulsado por el altruismo eficaz, FTX Future Fund, para repartir entre 100 y 1.000 millones de dólares hasta final de año.[11]

Debido en gran parte a Open Phil y a FTX Future Fund, en 2021 y 2022 tuvo lugar un gran aumento del flujo de efectivo en la investigación de seguridad de la IA respaldada por el altruismo eficaz. Según las estimaciones recopiladas por un miembro de la comunidad de altruismo eficaz y datos de Open Phil, la financiación se disparó por encima de 100 millones de dólares cada uno de esos dos años, tras promediar menos de la mitad de dicha cifra durante los siete años anteriores.[12] El flujo de entrada de dinero impulsaba y era impulsado por la creencia generalizada de que el drástico aumento de las capacidades entre el GPT-2 y el GPT-3 hacía que la prevención de la teórica IA descontrolada y de los riesgos para la existencia de la IA fuera más urgente que nunca. Cada vez más personas acudían en masa a ese tipo de proyectos de seguridad de la IA, atraídos por los incentivos económicos o por la ideología, a medida que se disparaba el número de miembros del movimiento del altruismo eficaz en sentido amplio. El altruismo eficaz había pregonado durante mucho tiempo la importancia de estar preparados ante una pandemia, y ahora, en medio de una pandemia real, su notable perspicacia le hizo ganar adeptos. El peaje psicológico de una catástrofe mundial también había dejado a muchas personas ansiosas y desorientadas, buscando un objetivo.

El creciente número de miembros de la comunidad del altruismo eficaz, que entretejía la seguridad de la IA basada en el altruismo eficaz con otras fibras de pensamiento catastrófico, existencial y centrado en el riesgo, hizo engrosar las filas de Anthropic del mismo modo que reabasteció el clan de Seguridad de OpenAI. Los foros de Internet sobre altruismo eficaz e IA, el principal medio de propagación, intercambio y debate ideológico de los movimientos solapados, animaron a sus adeptos a trabajar en los principales laboratorios de IA,[13] especialmente en los que consideraban que necesitaban más vigilantes en el ámbito de la seguridad de la IA, como OpenAI y DeepMind, para formar y modelar su trayectoria. La afluencia de miembros a la seguridad de la IA también popularizó más ampliamente el glosario de la comunidad en la industria de la IA. La velocidad a la que crees que avanzará la IA y alcanzará hitos importantes como la AGI es tu «calendario de IA». La probabilidad con la que crees que la AGI provocará resultados catastróficos, es decir, causando la muerte de *la mayoría* de la población humana, o resultados existenciales, lo que significa la extinción total de la humanidad, es tu «p(doom)», la abreviatura de «probability of doom» ('probabilidad de fatalidad'). «Hardware overhang» ('exceso de hardware'), tal como aparece en la hoja de ruta de OpenAI de 2021, es otra entrada del diccionario, igual que «AI takeoff» ('despegue de la IA'), el proceso de que la AGI mejore hasta el punto de llegar a la superinteligencia y, por tanto, aventaje a la humanidad. «Riesgo de aceleración» se refiere al riesgo de provocar una mayor competencia entre empresas o países que conduzca a una aceleración potencialmente peligrosa del avance de la IA y un calendario reducido.[14]

Sin embargo, para ser un movimiento que profesaba el pensamiento independiente, el altruismo eficaz iba avanzando cada vez más rápido en la dirección opuesta. Las personas atraídas por sus planteamientos eran adoctrinadas rápidamente con una amplia serie de consignas, impulsadas por la promesa de más oportunidades y recursos, y una red social insular que se tomaba a la ligera los límites personales y profesionales. Concretamente, en Silicon Valley, la gente del altruismo eficaz trabajaba mayoritariamente con otra gente de su cuerda; vivían, se divertían y dormían mayoritariamente con otra gente del altruismo eficaz. Mezclado con el sexismo profundamente arraigado en la industria tecnológica y las tradicionales subculturas poliamorosas de la zona de la Bahía, su fervor casi sectario, manifestado de la peor manera, podía transformarse en un caldero tóxico de sexo, dinero y poder; esto estaba provocando que el altruismo eficaz estuviera plagado de acusaciones de acoso y abuso sexual cada vez más numerosas.[15]

En noviembre de 2022, el espectacular hundimiento de SBF con el desplome de FTX, junto con sus graves condenas por estafa y su consiguiente sentencia a veinticinco años de prisión, fueron para muchos un síntoma de la corrupción que se había enquistado en el movimiento. Con la misma rapidez que había ganado adeptos, el altruismo eficaz pasó de moda en la industria tecnológica y muchas personas se desvincularon rápidamente de él.

Pero, incluso sin etiqueta, las redes sociales del movimiento, sus valores y su jerga, así como el protagonismo que otorgaba a la seguridad de los problemas existenciales de la IA perduraron. Además, provocó la aparición de una fuerza compensatoria: e/acc (léase «i-ac»), o «effective accelerationism» ('aceleracionismo eficaz'). Lo que empezó siendo en gran medida una broma para burlarse del movimiento del altruismo eficaz, consagraría rápidamente el espíritu totalmente opuesto: mientras que el altruismo eficaz y la comunidad de seguridad de la IA en sentido amplio aplicaban los puntos de vista más extremos sobre ralentizar e incluso poner freno al desarrollo de la IA, o, en opinión de Amodei, acelerar el desarrollo de la IA y dar rienda suelta a su adopción, la e/acc elevaría la visión maximalista de pisar a fondo el acelerador en ambos casos. Para los partidarios del segundo, el progreso tecnológico no es solo universalmente bueno, es un imperativo moral lograr ese avance lo más rápidamente posible. Los dos grupos pasaron a ser conocidos coloquialmente como Doomers y Boomers.

Dentro de esta burbuja, algunos empezaron a considerar Anthropic y OpenAI como las dos caras del movimiento. Otros veían a OpenAI como un campo de batalla para las ideologías polarizadas, una organización basada en su día en el pensamiento de los Doomers como una organización sin ánimo de lucro que estaba siendo arrancada por los Boomers con su creciente énfasis en ganar dinero, a través de su rama con ánimo de lucro. Muchos no estaban seguros de la fidelidad de Altman y citaban diferentes momentos en los que parecía simpatizar con ambas. Los más partidarios de la beneficencia consideraban que estaba a medio camino, lidiando con el duro trabajo de representar los diferentes puntos de vista de la empresa. Sin embargo, a partir del Divorcio y del distanciamiento entre Altman y los cofundadores de Anthropic, cada vez más Doomers empezaron a tener la peor opinión posible de Altman. Muchas de las cosas que situaron a OpenAI en el mapa y que le aportaron cada vez más éxito comercial habían empezado como proyectos de seguridad de la IA: leyes de escalado, generación de códigos, aprendizaje por refuerzo a partir de la retroalimentación humana, la combinación de las tres cosas en un gran lenguaje increíblemente persuasivo y luego los modelos multimodales. Muchos Doomers tenían la impresión de que su trabajo estaba siendo utilizado y retorcido para lograr algo radicalmente opuesto a sus valores fundamentales. En su opinión, Altman era quien lo estaba utilizando y retorciendo. Y eso lo convertía en un mentiroso patológico, un abusador y manipulador y una amenaza en sí mismo para la humanidad. Al poco tiempo, el choque entre esas ideologías polarizadas dentro de OpenAI y su entorno amenazaría con hacer trizas la empresa que había hecho más que ninguna otra por marcar la pauta de la nueva era del desarrollo de la IA. Sin embargo, por mucho que cada ideología profesara lo contrario de la otra, en realidad las dos predicaban lo mismo. Las dos debatían sobre la IA como una conclusión inevitable y con una vehemencia religiosa; ambas se centraban en el largo plazo y reivindicaban la autoridad moral de mantener el desarrollo de la IA bajo el control de sus adeptos. Mientras que una presagiaba fuego y azufre, la otra tentaba con visiones paradisíacas.

A principios de 2022, OpenAI estaba preparada para probar una estrategia de lanzamiento de producto diferente, esta vez con su trabajo de transformación de texto en imagen. No ocultaría el modelo tras una API, ni entregaría el producto y la marca a Microsoft. OpenAI llevaría a cabo el lanzamiento por sí sola y colocaría la tecnología directamente en manos de los consumidores. El modelo recibió incluso un nombre llamativo por parte de los investigadores originales que lo habían desarrollado en la empresa: DALL-E 2, inspirado en el artista surrealista español Salvador Dalí y en el robot protagonista de la película de Disney Pixar *WALL-E*.

DALL-E surgió de una tendencia en el campo de la investigación de la IA general a desarrollar modelos multimodales, es decir, modelos que combinasen al menos dos «modalidades» diferentes, como texto, imágenes, sonido y vídeo. Durante años, el campo había estado trabajando para fusionar las dos primeras —lenguaje y visión— para que un único modelo fuera capaz de relacionar palabras con información visual. Esto fue impulsado en parte por los datos disponibles —en Internet abundan los textos y las imágenes y son lo más fácil de procesar— y por una hipótesis científica: si el lenguaje puro no es suficiente para producir inteligencia a nivel humano, probablemente la visión sea el segundo ingrediente más poderoso.

En OpenAI, tomando el campo como inspiración, el equipo de investigación había adoptado la misma progresión. Después de los modelos lingüísticos, habían pasado a los modelos de texto e imágenes y, de manera significativa, se centraron en continuar utilizando Transformers con el fin de mantener el escalado del modelo. Mientras que, en un principio, el Transformer había sido diseñado para funcionar mejor con textos, Google introdujo un nuevo Vision Transformer en 2020, adaptándolo a las imágenes. En enero de 2021, OpenAI presentó dos nuevos modelos basados en el Transformer. El primero, llamado CLIP, diseñado de nuevo por Alec Radford, utilizaba conjuntamente el Transformer y el Vision Transformer para generar subtítulos detallados para imágenes.[16] El segundo, DALL-E 1, de Aditya Ramesh, un investigador que había estudiado en la Universidad de Nueva York y que había trabajado durante un tiempo a las órdenes de Yann LeCun, de Meta, entrenó un Transformer de 12.000 millones de parámetros para que aceptara textos y generara imágenes innovadoras.[17]

En una entrada de blog, OpenAI resaltó las capacidades de DALL-E 1 con una serie de peticiones graciosas, como, por ejemplo, «un sillón aguacate», la cual dio lugar a varios sillones verdes y marrones cuya estética estaba inspirada en aguacates. Las imágenes eran ligeramente borrosas y recordaban a los dibujos animados, una consecuencia del proceso de entrenamiento utilizado por Ramesh para generar el modelo. Había comprimido 250 millones de imágenes para incorporarlas al Transformer, perdiendo parte de la alta resolución en el proceso.

Mientras el equipo ponía en marcha el DALL-E 2, un nuevo modelo de generación de imágenes estaba adquiriendo protagonismo. Conocida como «difusión», era una técnica inspirada en la física que posibilitaba que los Transformers aprendieran mejor las correlaciones entre píxeles en una amplia gama de imágenes. La idea original procedía de un artículo de 2025 escrito por investigadores de Stanford y Berkeley.[18] Cinco años más tarde, Jonathan Ho, un estudiante de posgrado de Berkeley asesorado por Pieter Abbeel, uno de los primeros investigadores de OpenAI, popularizó la técnica actualizándola de manera ingeniosa de tal modo que generase imágenes de mucha más alta fidelidad. Además, Ho demostró que los modelos de difusión podían reconocer imágenes mejor que los sistemas de visión artificial existentes. Sus resultados fueron similares a los de Radford con el GPT-1: al aprender a sintetizar imágenes convincentes —el equivalente a generar frases que parecieran humanas—, los modelos de difusión captaron los patrones de sus datos de entrenamiento a un nivel lo suficientemente profundo como para realizar una serie más amplia de tareas de procesamiento visual.[19]

OpenAI cambió de estrategia para crear el DALL-E 2 con difusión y con el CLIP de Radford.[20] Ramesh y otros investigadores fueron aumentando gradualmente la escala del modelo e incorporaron la capacidad de restaurar imágenes, permitiendo a un usuario borrar el pelo de una persona en una foto y cambiarle el color, o seleccionar un prado cubierto de hierba en una foto y llenarlo de cebras retozando. Al usar la difusión se creaban imágenes mucho más nítidas y realistas; además, el método reducía considerablemente la cantidad de computación necesaria para lograr los mismos resultados que el DALL-E 1.[21]

Investigadores externos a OpenAI redujeron aún más la intensidad de difusión de los modelos.[22] Stable Diffusion, el popular generador de imágenes de código abierto, requería únicamente 256 Nvidia A100 para su entrenamiento, utilizando una técnica corregida conocida como «difusión latente».[23] Björn Ommer, profesor de la Universidad Ludwig Maximilian de Múnich, cuyo laboratorio creó Stable Diffusion, afirma que desarrolló la técnica después de observar cómo los generadores de imágenes hacían lo mismo que los grandes modelos lingüísticos y resultaban enormemente caros. «Estábamos atrapados en un tren que iba en dirección, no solo de la formación, sino de la deducción, que necesitaba superordenadores para funcionar; inversiones de millones de dólares», dice. «Nos preguntábamos si podríamos recuperar a la comunidad investigadora y asegurarnos de que el campo de la IA generativa no fuese en la dirección en la que solo un puñado de grandes compañías tecnológicas tuvieran los recursos necesarios para ejecutar y alojar esos modelos.»

OpenAI no adoptaría la difusión latente hasta mucho más tarde, lo cual hizo que DALL-E 2 y 3 fueran mucho más costosos desde un punto de vista computacional que Stable Diffusion o Midjourney, que, en opinión de muchos usuarios, eran los productos de mayor calidad. Esto era solo un ejemplo de cómo, incluso en el reducido ámbito de la IA generativa, el escalado no era la única vía, y ni siquiera la más eficaz, para ampliar las capacidades de la IA.

Con la notable mejora del rendimiento del DALL-E 2, la división de Aplicación empezó a trabajar a finales de 2021 y principios de 2022 en diferentes ideas para la transformación en producto.[24] Se centró en una aplicación en línea llamada Labs que permitiría a los usuarios juguetear con el modelo —y otros modelos futuros— a través de un navegador. Tanto el jefe de producto Fraser Kelton, como el vicepresidente Bob McGrew, creían que una experiencia interactiva de ese tipo satisfaría la evidente demanda de la gente de interactuar directamente con los modelos de IA generativa que habían apreciado en el GitHub Copilot. Además, contribuiría a cumplir la misión de la empresa: DALL-E 2 era divertido y cautivador, una manera excelente de combatir los temores de la gente sobre los poderosos sistemas de IA y de allanar el camino para que OpenAI pudiera generar más beneficios con su tecnología en futuros lanzamientos.

Con un equipo de producto todavía relativamente pequeño, la empresa contrató a más gente para que colaborase en el diseño y el desarrollo de la página web. Para esos nuevos trabajadores, que procedían de entornos empresariales más tradicionales, trabajar en OpenAI se parecía más a hacerlo en un laboratorio de investigación de una universidad que en una empresa. A menudo se pasaban días leyendo artículos académicos y participando en debates teóricos en lugar de revisar simulaciones de interfaces. Sin embargo, a algunos investigadores, la cada vez más numerosa presencia de personal de Aplicación en sus reuniones de investigación les hizo pensar lo contrario. Ya había pasado la época en que dedicaban todo su tiempo a investigación exploratoria pura y dura, como discutir básicamente nuevas ideas sobre cómo crear un modelo multimodal mejor; ahora, una parte cada vez mayor de su investigación estaba al servicio de la comercialización y de averiguar cómo optimizar los modelos existentes para que fueran más útiles para los usuarios.

Tras la experiencia de combatir abusos sexuales infantiles basados en texto con AI Dungeon, era especialmente preocupante la posibilidad de que el DALL-E 2 se utilizara para manipular material real o crear material sintético sobre abuso sexual infantil (CSAM, por sus siglas en inglés). Como en cada uno de los modelos de GPT, los datos de entrenamiento de cada sucesivo modelo de DALL-E se iban contaminando cada vez más. En el caso del DALL-E 2, el equipo de investigación había firmado un acuerdo de licencia con la plataforma de almacenamiento de fotos Shutterstock y había realizado un raspado masivo en Twitter para aumentar su colección existente de 250 millones de fotografías. En concreto, el conjunto de datos de Twitter estaba plagado de contenido pornográfico. Varios empleados realizaron un esfuerzo considerable para identificar y descartar cualquier CSAM.

Sin embargo, tras someterlo a debate, los empleados dejaron otros tipos de imágenes sexuales, en parte porque les daba la impresión de que dicho contenido formaba parte de la experiencia humana. No obstante, mantener esas fotos en los datos de entrenamiento significaba que el modelo seguiría siendo capaz de generar CSAM sintético. Del mismo modo que DALL-E podía generar un sillón aguacate habiendo visto únicamente aguacates y sillones, DALL-E 2 y DALL-E 3 podrían hacer lo mismo con niños y pornografía para crear pornografía infantil, una capacidad denominada «generación composicional».

Al no filtrar los datos para abordar la raíz del problema, la carga pasó a situarse en la creación de mecanismos de prevención de los abusos en el modelo. Esto incluía filtros actualizados de moderación de los contenidos que rodeaban al modelo para bloquear imágenes de abusos, además de textos, así como una plataforma de control del comportamiento de los usuarios y la llamada «infraestructura de bloqueo»: sistemas que suspendían automáticamente las cuentas de los usuarios que llegaban a un determinado umbral de infracciones repetidas. La empresa incorporó a un nuevo director de confianza y seguridad, Dave Willner, que, como antiguo empleado de Facebook, había redactado las primeras normas de contenido de la plataforma.

Posteriormente, durante el desarrollo del DALL-E 3, cuando las exigencias sobre los datos se habían endurecido aún más, el equipo de investigación decidió que las imágenes sexuales ya no eran solo «algo que estaba bien tener», sino «una necesidad». La proporción de imágenes pornográficas en Internet era tan enorme que eliminarlas reduciría los datos de entrenamiento hasta el punto de degradar considerablemente el rendimiento del modelo. En concreto, hacía que el modelo actuara peor a la hora de generar caras de mujeres y personas de color a causa de lo mismo que descubrió Deborah Raji cuando era becaria en Clarifai: una parte considerable de los contenidos de Internet que describían a ambos grupos es sexualmente explícito. Por esas mismas razones, los investigadores permitieron la presencia de otros tipos de imágenes perturbadoras.

En diciembre de 2023, un ingeniero de IA de Microsoft llamado Shane Jones descubrió alarmado las consecuencias de esas decisiones.[25] Mientras trasteaba con el Copilot Designer, el generador de imágenes de Microsoft creado con el DALL-E 3, descubrió horrorizado lo rápidamente que escupía imágenes ofensivas y sexualizadas con muy pocas peticiones. Jones se dio cuenta de que solo con añadir el término «proelección» a la entrada, se generaban escenas de un demonio comiéndose a un bebé y lo que parecía ser un taladro etiquetado como «proelección» utilizado para mutilar a un bebé. Tras realizar sus propias pruebas, la CNBC descubrió posteriormente que solo con teclear «accidente de coche», sin más, aparecían mujeres sexualizadas entre violentos choques de automóviles, incluida una en lencería, arrodillada junto a un coche totalmente destrozado.

Durante tres meses, Jones solicitó a los ejecutivos de Microsoft que suspendiesen la herramienta hasta que tuviera mejores barreras de seguridad o, como mínimo, hasta que su clasificación de Google y de la tienda de aplicaciones de Android pasase de ser para todos los públicos a ser para público adulto. Como Microsoft declinó seguir esas recomendaciones y OpenAI no respondía, envió una carta a la Comisión Federal de Comercio. «No han aplicado los cambios y siguen clasificando el producto como adecuado para todos, en cualquier parte y para cualquier dispositivo», escribió a la comisión. Este problema «era conocido por Microsoft y OpenAI con anterioridad al lanzamiento público del modelo de IA el pasado mes de octubre». Microsoft no hizo ningún comentario sobre el estado o el resultado de la carta de Jones.

A medida que se aproximaba el lanzamiento del DALL-E 2, se reanudaron los enfrentamientos entre la división de Aplicación de OpenAI y el recientemente reabastecido clan de Seguridad.

Para la gente de Seguridad, ahora repartida en varios equipos de la división de Investigación, el realismo sin precedentes del DALL-E 2 trajo consigo una amplia serie de incógnitas. ¿Cómo se podría usar para generar CSAM sintético o *deepfakes* políticos? ¿Para manipular y persuadir a la gente?

¿Para maltratar y dañar a individuos o provocar consecuencias negativas para el conjunto de la sociedad de maneras que fueran más allá de las previsiones y la imaginación de OpenAI? Instaron a la empresa a que no lanzara el modelo sin someterlo a más pruebas y comprobar que no provocaría daños.

A la gente de Aplicación, la cada vez más extensa lista de preocupaciones les parecía de nuevo fruto de la histeria, y el listón para el lanzamiento totalmente exagerado. Ningún sistema podría tener jamás un resultado cien por cien inocuo, especialmente si ha permanecido siempre en un entorno de laboratorio, sin entrar nunca en contacto con usuarios reales. Del mismo modo que a Seguridad le preocupaban las limitaciones de las previsiones de OpenAI, Aplicación creía que, precisamente por eso, tenía que lanzar el DALL-E 2. Al lanzar modelos de IA de manera controlada para recibir información del mundo real se eliminarían las suposiciones, de modo que era un elemento necesario para mejorar la seguridad.

Una parte fundamental del enfrentamiento fue el creciente desacuerdo sobre qué era exactamente OpenAI. Para el clan de Seguridad, OpenAI seguía siendo un laboratorio de investigación idealista sin ánimo de lucro, con la obligación fundamental, tal como se establecía en sus estatutos, de situar el bien de la humanidad por encima de cualquier interés comercial. Bajo esta premisa, los beneficios superaban los costes de retener los modelos tanto tiempo como fuera necesario para analizar todos los posibles inconvenientes y buscar formas de mitigarlos. Para Aplicación, OpenAI tenía que tomar más decisiones prácticas, basadas en el funcionamiento del mundo real. Para la misión de la empresa era esencial seguir liderando la investigación de la IA para establecer normas en torno al desarrollo de la tecnología. Eso significaba tolerar cierto grado de riesgo para avanzar con rapidez, especialmente cuando había rumores de que Google estaba finalizando su propio generador de imágenes, así como asegurarse de lograr el capital extraordinario necesario para seguir realizando investigaciones avanzadas. Para esto último se tenía que recaudar dinero de inversores, lo cual requería trabajar de buena fe para aplicar una estrategia comercial que, en su día, proporcionase beneficios a dichos inversores.

La gente de Seguridad era «completamente ingenua» con relación al funcionamiento de las empresas y del mundo, afirma un exempleado de Aplicación.

«Bueno, en la misión de AGI propuesta por OpenAI hay mucho en juego», dice otro empleado de Seguridad. «Tal vez una "empresa normal" no sea suficiente.»

Equipos diferentes estaban codificando este creciente conflicto con la métrica que utilizaban para evaluar su rendimiento. Dentro de la división de Aplicación, el equipo de producto y una incipiente operación de penetración en el mercado estaban desarrollando objetivos de aumento del número de usuarios y de los ingresos. Dentro de la división de Investigación, los diferentes equipos de seguridad de IA se esforzaban por encontrar formas cuantificables de medir su avance cuando era difícil de especificar por naturaleza. En comparación, la seguridad de la IA era una disciplina joven. No había puntos de referencia obvios y establecidos. En las reuniones y en Slack, la gente de Seguridad planteaba repetidamente dudas a la dirección sobre cómo ese desequilibrio estaba provocando incentivos desalineados: tener unos objetivos de crecimiento y de ingresos inequívocos, sin algún tipo de contrapeso sólido equivalente, impulsaba a OpenAI a actuar cada vez más como una operación del tipo «muévete rápido y rompe cosas».

En conversaciones privadas con Seguridad, Altman expresó su afinidad con su punto de vista, coincidiendo en el hecho de que la empresa no iba por el buen camino en sus investigaciones de IA y tenía que invertir más en ellas. En conversaciones privadas con Aplicación, les presionó para que siguieran adelante. Durante las reuniones del consejo, asentía mientras Brockman expresaba su frustración por la forma en que la gente estaba utilizando la seguridad de la IA para obtener ventajas políticas y frenar el progreso en su propio beneficio.

Mira Murati desempeñaba cada vez más el papel de negociadora, limando asperezas entre los distintos bandos y tratando de encontrar formas de lograr un equilibrio entre ellos. En el DALL-E 2, logró un acuerdo: la aplicación web no se lanzaría como un producto, sino como un «sencillo avance de investigación». Esa denominación concedería a OpenAI más margen para imponer restricciones más severas al modelo; satisfacía así a Seguridad y, al mismo tiempo, daba a la empresa la oportunidad de probar una relación directa con el consumidor y recabar las opiniones de los usuarios, lo cual complacía a Aplicación. También era una medida práctica. OpenAI todavía no disponía de una infraestructura para moderar el contenido de las imágenes generadas. Denominar al modelo «avance de investigación» y no cobrar por él permitiría a la empresa utilizar bloqueadores contundentes y excesivamente generales, con el fin de ganar tiempo para desarrollar filtros más sofisticados, sin miedo a importunar a usuarios de pago. La empresa siguió adelante con la puesta en práctica de una serie de mecanismos agresivos para la prevención de abusos, como la desactivación de la capacidad del DALL-E 2 para generar caras realistas o editar cualquier foto real con caras para evitar por completo el CSAM sintético y el problema de la desinformación política.

En marzo de 2022, OpenAI lanzó el DALL-E 2 a través de la aplicación web Labs, recibida con un apabullante entusiasmo por parte del público. A medida que la gente probaba entusiasmada las capacidades del modelo, hasta el punto de superar las expectativas de muchos empleados, la aplicación web se hizo viral en las redes sociales, dejando a su paso una estela de infinidad de ejemplos de arte salvaje, extravagante y surrealista generado por IA. Fue una situación como la del GPT-3, pero mejor. En lugar de colaborar únicamente con un pequeño grupo de desarrolladores técnicos, la empresa se aprovechó de una base de consumidores mucho más amplia y más global. Además, podía responder en tiempo real a las opiniones de los usuarios con cambios instantáneos en la aplicación web de Labs. «Es embriagador», dijo Fraser Kelton recordando la experiencia en un pódcast.[26]

Durante los meses siguientes, la división de Aplicación, que aún no había pensado demasiado cómo rentabilizar el DALL-E 2, se apresuró a transformar la aplicación web en un producto de pago. Trabajó con artistas y profesionales creativos de todo el mundo para incorporar el DALL-E 2 a su obra. Lanzó una versión beta del programa, e invitó a un millón de personas de todo el mundo a acceder al modelo con créditos gratuitos para la generación de imágenes. Sin embargo, cuando OpenAI empezó a cobrar, Google no resultó ser el contrincante principal, a pesar de que el gigante tecnológico lanzó rápidamente su modelo Imagen. Los principales contrincantes fueron dos modelos de startups, Midjourney y Stable Diffusion, de Stability AI. Ambos generadores de imágenes eran de uso gratuito e igual de buenos, si no mejores, que el DALL-E 2 y sin tantas medidas de seguridad, lo que permitía a los usuarios generar y editar caras, incluso de políticos. La rápida pérdida de terreno del DALL-E 2 en el mercado dejó a Aplicación con la irritante sensación de haber perdido una gran oportunidad comercial debido, entre otras cosas, a que la aplicación era demasiado restrictiva. El equipo ya había iniciado el proceso de desactivación de sus contundentes bloqueadores para sustituirlos por unas barreras de seguridad más específicas. Movidos por el deseo de dejar atrás a sus competidores, los ejecutivos presionaron al equipo para que los desactivaran lo más rápido posible.

Para levantar la prohibición relativa a las caras, OpenAI desarrolló un nuevo proceso con el fin de prevenir e impedir la generación de imágenes dañinas de personas, incluyendo el CSAM. Utilizó sistemas automáticos para detectar cuándo las caras se habían generado en contextos aceptables o abusivos y, de nuevo, recurrió a trabajadores autónomos extranjeros para que contribuyesen a la moderación de contenidos. En esta ocasión, dichos trabajadores estaban ubicados en la India, a través de un centro de contratación llamado Cogito, y no solo revisaban infinidad de textos, sino también imágenes —sintéticas y reales— de la clase de contenido sexual y violento que se había enviado a los trabajadores de Sama. Mientras filtraban lo que podían ser cientos de imágenes al día, los trabajadores se esforzaban por distinguir contenido sexual en el que estaban implicados menores de diecisiete años de otro en el que aparecían adultos de dieciocho. Además, no siempre eran capaces de distinguir si las imágenes eran falsas o reales.

Lo que, a primera vista, había sido el objetivo más fácil de OpenAI en su hoja de ruta de investigación en 2021, resultó ser uno de los más difíciles: aumentar diez veces la escala del GPT-3 con el nuevo grupo de superordenadores de Microsoft con 18.000 Nvidia A100, en su intento de desarrollar lo que sería el GPT-4. Una tercera parte del equipo de escalado del GPT-3 se había ido con El Divorcio, llevándose consigo importantes conocimientos técnicos e institucionales. Desde un punto de vista más existencial, OpenAI se había quedado sin datos.

Después del GPT-3, los investigadores habían tratado de acumular todos los datos posibles, creando la reserva de la empresa mediante la descarga de cada nuevo volcado de datos y rastreando cada nuevo foro de Internet que encontraban que no advirtiera claramente de lo contrario. No obstante, incluso con las incorporaciones del gran depósito para Codex de GitHub, y los manuales de codificación, seguía sin ser suficiente.

Con una ardua batalla por delante, la situación presentaba todas las características de un proyecto adecuado para Greg Brockman. No solo canalizaría su actitud dinámica y combativa, sino que también centraría su energía en algo productivo por el bien del resto de la empresa.

Cuando Altman tomó el mando, librando así a Brockman de sus responsabilidades directivas, este volvió a ser un colaborador sin un equipo a sus órdenes. Sin embargo, en calidad de presidente nominal y como uno de los cofundadores de OpenAI, siguió ejerciendo una influencia enorme sobre los empleados y sobre la dirección estratégica de la empresa. A medida que OpenAI se profesionalizaba e implementaba más procesos corporativos, apartándose de la improvisación de los primeros tiempos de una startup incipiente, la combinación de poca responsabilidad y mucha autoridad de Brockman se convirtió en un lastre.

Al igual que en su época universitaria y en Stripe, las instituciones y los procesos no eran lo suyo. Tenía una energía inquieta y obsesiva. Rara vez asistía a reuniones y fijaba su propio horario. A menudo, prefería pasarse un montón de horas seguidas codificando con unas pocas pausas para comer y dormir. Con el proyecto adecuado, los efectos eran milagrosos: su intensa productividad impulsaba enormemente los avances. Sin embargo, si permanecía ocioso, tendía a dejar tras de sí un rastro de destrucción, metiendo las narices en todo tipo de proyectos para entrometerse y desbaratar planes consolidados con cambios de último minuto. A veces, cuando los empleados oponían resistencia, elevaba sus peticiones cargadas de emotividad cada vez más arriba en la cadena de mando para conseguir lo que quería.

Habitualmente, Brockman se salía con la suya. Para frustración y desconcierto de otros ejecutivos, Altman se mostraba sorprendentemente permisivo con su conducta. Y no solo eso; Brockman también podía influir en Altman para que este se entrometiese y desbaratase lo que él quería, aunque aparentemente fuera solo para complacerle. Una suposición popular de por qué sucedía eso: aunque Altman, como consejero delegado, era jefe de Brockman, este también tenía autoridad sobre Altman como miembro del consejo. Era una extraña estructura enmarañada que, en última instancia, hacía que Brockman no tuviera que rendir cuentas de nada ni a nadie.

La alta dirección había cambiado su cargo, su ámbito de actuación y su posición jerárquica en un intento de encontrar el lugar más adecuado para él. Como en muchos otros casos, la responsabilidad acabó recayendo en Murati, que se convirtió en la directora de Brockman. Cuando trataba de darle su opinión, él parecía receptivo, pero en los puntos en los que no estaba de acuerdo se quejaba a Altman. Poco a poco, Murati renunció a intentar cambiar las cosas dando su opinión y, en lugar de eso, pasó a dedicar un tiempo considerable a buscar proyectos para Brockman en los que pudiera ser beneficioso en lugar de caótico y, junto con McGrew, a reparar las fracturas provocadas por Brockman en varias partes de la empresa.

Al lo largo del camino hacia el desarrollo del GPT-4 había que superar grandes obstáculos, y se alinearon los astros.

Para superar el atasco de los datos de OpenAI, Brockman recurrió a una nueva fuente: YouTube.[27] Anteriormente, OpenAI había evitado esa opción. Tal como confirmaría posteriormente el consejero delegado de YouTube, recabar sus datos para entrenar modelos de OpenAI violaba los términos de servicio de la plataforma. Sin embargo, ante la nueva presión existencial por conseguir más datos, la cuestión pasó a ser si YouTube o su matriz Google impondrían su cumplimiento. Si Google se ponía muy estricto, podría poner en peligro su propia capacidad de raspar otros sitios web para desarrollar su propio gran modelo lingüístico. Brockman estaba dispuesto a asumir el riesgo.[28]

Con un equipo reducido, Brockman empezó a recopilar vídeos de YouTube, llegando a acumular más de un millón de horas de metraje, según *The New York Times*. A continuación, utilizó una herramienta de reconocimiento de voz llamada Whisper, desarrollada por Radford, para transcribir los vídeos a texto para el GPT-4.[29]

Luego estaba el entrenamiento. Para entrenar al GPT-3, el equipo Nest había diseñado una plataforma de software a medida. La mayor parte de sus creadores se habían ido a Anthropic, así que ya no estaban por allí para explicar cómo funcionaba. Por orgullo, algunos directivos tampoco querían depender del legado del equipo de Anthropic. Brockman desapareció en su agujero de codificación y desarrolló una plataforma nueva. Después, junto con otros como Jakub Pachocki y Szymon Sidor, los científicos polacos de los que se había hecho muy amigo durante el Proyecto *Dota 2*, se encargó del cuidado del entrenamiento del GPT-4. Solo el preentrenamiento se prolongó durante tres meses.[30]

Al principio, el GPT-4 pareció un tanto decepcionante. «Era un modelo descabellado que, en cierto sentido, funcionaba bastante mal», dice un investigador. «Como la calidad media de los datos era horrible y el modelo bastante potente y sensible al contexto, respondía estupideces.» Sin embargo, Brockman siguió adelante, reuniendo recursos para mejorar el modelo con trabajadores humanos que llevaban a cabo aprendizaje por refuerzo a partir de la retroalimentación humana. Semana tras semana, los resultados parecían cada vez mejores, hasta que el rendimiento empezó realmente a cautivar a la gente a nivel interno.

El GPT-4 disponía ahora de capacidades multimodales integradas y, en contra de los cálculos internos de OpenAI, estaba generando código más pulido que nunca y era más ágil a la hora de reconocer la intención del usuario y de proporcionar respuestas útiles. En una impresionante muestra de dichas habilidades, Brockman retransmitiría más adelante en directo una demo en la que aparecía él mostrándole al GPT-4 una foto de un sencillo esquema de una página web garabateado en su cuaderno de notas. En la parte superior, Brockman había escrito «Mi sitio web de chistes». Justo debajo, había añadido «[¡un chiste realmente bueno!]» y «[pulsa para mostrar la gracia]». En menos de medio minuto, el modelo transformaría el esquema en un código practicable, estilizando la primera línea como un título, sustituyendo la segunda línea por un chiste y reconociendo la tercera como un botón.

Sin embargo, cuando OpenAI empezó a presentar el modelo en círculos de confianza, incluyendo inversores y clientes selectos, hubo al menos una persona a la que no le impresionó ni lo más mínimo. Una vez más, se trataba del siempre difícil de complacer Bill Gates.

En junio de 2022, tras recibir una demo del GPT-4, Gates expresó su decepción por el insuficiente avance que representaba respecto al GPT-2. A pesar de que el modelo era considerablemente mayor y más fluido, le seguía pareciendo que era como «un idiot savant»,[31] incapaz de abordar problemas científicos complejos. Le dijo al equipo que solamente empezaría a prestarle atención cuando el GPT-4 obtuviese una puntuación de 5 en un examen de Biología avanzada (Biología avanzada porque consideraba que evaluaba el pensamiento científico crítico mejor que una simple memorización de datos.) [32]«Pensé, "vale, eso me dará tres años para trabajar en el VIH y la malaria"», explicó posteriormente Gates en su pódcast.

Brockman se tomó el comentario de Gates como un reto. Recurrió inmediatamente a Sal Khan, consejero delegado de la plataforma de educación en línea Khan Academy, y le pidió poder aprovechar el gran depósito de preguntas sobre Biología aplicada de la plataforma como datos de entrenamiento. Khan se mostró escéptico, pero accedió a cambio de que su plataforma tuviera acceso al modelo. Además, Brockman formó un equipo de empleados para crear una nueva interfaz de usuario para la nueva demo de Gates.

Para sorpresa de Gates, a finales de agosto Altman y Brockman le llamaron de nuevo. El mes siguiente, durante una cena en casa del fundador de Microsoft con aproximadamente treinta personas, los dos ejecutivos de OpenAI, entre otros, le mostraron a Gates una serie de demos altamente mejoradas del GPT-4, diseñadas para impresionarle. El momento culminante fue cuando el modelo obtuvo un resultado excelente en el examen de Biología avanzada: clavó cincuenta y nueve de las sesenta preguntas tipo test y generó respuestas impresionantes a seis preguntas abiertas. Un experto externo evaluó el examen: 5 sobre 5. Gates no se lo podía creer. Su asombro y su admiración, que los asistentes a la presentación comunicaron inmediatamente al resto de la empresa, corrieron como la pólvora por la oficina y provocaron un estimulante subidón de energía. Según Gates, esa presentación fue una de las más asombrosas que había visto en su vida.[33]

En las reuniones corporativas, Altman continuó avivando la emoción. «Las startups que hacen cosas importantes requieren un milagro», dijo. «Nosotros acabamos de tener nuestro milagro.» Muchos empleados le creyeron, fascinados por la trascendencia de lo que habían conseguido. El nuevo nivel de rendimiento del GPT-4 convenció a la dirección de OpenAI de que había llegado el momento de empezar a trabajar para alcanzar una de las metas más anheladas por Altman: un asistente de IA que se pareciese al personaje de Samantha en la película de Spike Jonze de 2013, *Her*.

Durante años, *Her* había sido la piedra angular invocada frecuentemente por Altman y otros cofundadores de OpenAI como ejemplo de lo que podría ser un día la AGI: un único modelo multimodal cuya interfaz de producto parezca tan absolutamente natural que se desvanezca y se limite a complacer al usuario. «Creo que es porque se trataba de una asistente que estaba integrada maravillosamente en la vida», dice un exempleado, al explicar por qué la película era una referencia tan fundamental. «El planteamiento positivo de la historia antes del desenlace es realmente una gran historia de la evolución de la IA en la sociedad.»

El equipo de investigación de John Schulman volvió a aplicar su trabajo con el chatbot RLHF inspirado en InstructGPT en la transición del GPT-3.5 al GPT-4 para que sirviese como el software central de lo que la dirección denominó producto Superasistente. Brockman y Fraser Kelton reunieron un equipo heterogéneo de menos de diez personas para que aportasen diferentes ideas y diseñaran prototipos para su interfaz.[34] Un miembro del equipo de supercomputación que habitualmente trabajaba en temas de infraestructura se puso a trabajar por las noches y los fines de semana en una aplicación de iOS para chatear con el modelo. Otro sugirió utilizar Whisper para incorporar una interfaz de voz a la aplicación para que la gente pudiera hablar con él sin teclear. Una tercera persona del equipo de inferencia propuso crear una extensión de Chrome para ayudar a los usuarios a resumir páginas web con el Superasistente mientras navegaban por Internet. Una cuarta persona empezó a construir un bot para reuniones para que el Superasistente pudiera unirse a las videollamadas de los usuarios y enviarles un resumen de lo sucedido.

A medida que iba ganando impulso, aumentaba el entusiasmo ante las posibilidades que ofrecía. Ese verano, cuando un grupo de investigadores de IA, entre los que se encontraban Barret Zoph, Luke Metz y Liam Fedus, abandonaron Google para fundar su propia startup de asistencia digital, Altman les convenció de que, en lugar de eso, desarrollaran su idea en OpenAI. Se unieron al equipo de Schulman, sentados codo con codo en la oficina con el equipo del Superasistente, para impulsar su investigación y acelerar su desarrollo. Con un intenso y emocionante estado de flujo, la gente de las divisiones de Aplicación e Investigación estaba trabajando más unida que nunca para lanzar un nuevo producto.

Cuando OpenAI presentó la demo del GPT-4 a Microsoft, Satya Nadella, Kevin Scott y el resto de los ejecutivos del gigante tecnológico se mostraron igual de entusiasmados. Codex había demostrado que las tecnologías de OpenAI podían ser atractivas desde un punto de vista comercial, pero el GPT-4 representaba algo mucho más grande. En líneas generales, su rendimiento superaba al de varios modelos de IA desarrollados internamente por Microsoft; podía hacer muchas más cosas, incluyendo responder preguntas con un alto grado de contexto y claridad. Abrió una amplia gama de posibilidades de crear nuevas interfaces conversacionales, o

Copilots, para todos los productos de Microsoft, como permitir a los usuarios chatear con Bing, el renqueante motor de búsqueda de la empresa, o decirle al paquete Office de Microsoft en lenguaje natural que convierta un documento de Word en una presentación en PowerPoint. Además, Microsoft podría ofrecer también Copilots personalizados directamente a sus clientes de la nube. No cabía duda de que esto convertiría al gigante tecnológico en un líder del sector de la IA, capaz por fin de competir con Google de tú a tú.

En los meses siguientes, Nadella desbloquearía la tercera inversión de Microsoft en OpenAI y seguiría con su acceso exclusivo a las características del modelo de OpenAI para integrarlas en sus productos. Las empresas harían pública la cifra en enero de 2023: 10.000 millones de dólares.

Al principio, el propósito de los directivos de OpenAI era lanzar el GPT-4 en otoño de 2022. La fecha era un ejemplo de pensamiento mágico. Se aproximaba el final del verano y la empresa distaba mucho de estar preparada para lanzar un nuevo producto comercial en ninguna de sus funciones. El equipo de producto necesitaba más tiempo para pulir la interfaz; el equipo de infraestructura tenía que asignar el espacio en los servidores; el propio modelo requería más trabajo para ajustar su comportamiento.

Llegados a este punto, OpenAI había formado un comité con Microsoft, llamado Deployment Safety Board (Junta de Despliegue de Seguridad) o DSB, con tres representantes de cada empresa, para evaluar los modelos innovadores y determinar si estaban listos para el lanzamiento. Los representantes de OpenAI eran Altman, Miles Brundage, responsable de investigación de políticas de actuación, y Jan Leike, director de alineación, encargado de supervisar el desarrollo continuo de técnicas de seguridad de IA como el RLHF. Tanto la investigación sobre políticas como la alineación se habían convertido en los nuevos bastiones emergentes del clan de Seguridad. La DSB creó una estructura de gobierno formal para zanjar los eternos debates entre Aplicación y Seguridad. Tras una revisión preliminar, la DSB le otorgó un aprobado condicional al GPT-4, el primer modelo evaluado bajo esta estructura. El modelo podría lanzarse una vez que se hubiera sometido a comprobaciones significativas y hubiera sido ajustado para garantizar la seguridad de la IA.

Los directivos acordaron un nuevo plazo a principios de 2023. Para entonces, querían que también estuviera listo el Superasistente. OpenAI lanzaría el GPT-4 en la API junto con el producto orientado al consumidor basado en el GPT-4. A los empleados, Altman les vendió la decisión de retrasar el lanzamiento del modelo como una prueba de la actitud cautelosa y centrada en la seguridad de OpenAI. La empresa se estaba tomando su tiempo para llevar a cabo el despliegue del sistema, dijo. De hecho, la directiva ni siquiera estaba segura de desplegarlo. En Aplicación, la mayoría de la gente interpretó que lo que Altman quería decir era que detener el lanzamiento supondría un problema extraordinario para la directiva, pero que, si llegaba a darse la situación, estaban dispuestos a hacerlo. Para muchas personas dentro de Seguridad, las palabras de Altman tuvieron un sentido diferente: la idea era que únicamente cuando el GPT-4 superara todas las pruebas, la dirección daría luz verde a su lanzamiento.

En reuniones privadas, Altman reafirmaba la percepción de cada bando. A los dos les planteaba dudas de que el GPT-4 pudiera «despertar a Google», evocando un escenario en el que, el día que cayese el modelo y captase la atención de Larry Page y Sergey Brin, los dos acabarían eliminando la burocracia política de Google. Los directivos de Google podrían cancelar todas sus reuniones, hacer un retiro de un día, consolidar todo el talento y los recursos de la empresa y aplicar toda su artillería computacional para estar a la altura. Sin embargo, mientras que en el caso de Aplicación eso era una razón para mantener la intensidad con el objetivo de prepararse para el lanzamiento, manteniendo en secreto las capacidades todo el tiempo que fuera posible, en el de Seguridad Altman lo utilizó para continuar subrayando su cautela. «Mi preocupación número uno es el riesgo de aceleración», dijo, adoptando su vocabulario. Traducción: despertar a Google podía provocar una dinámica de competencia desaforada.

Incluso con el retraso, la división de Aplicación se afanaba por cumplir el plazo de lanzamiento de principios de 2023. Concretamente, el equipo de confianza y seguridad de Dave Willner seguía contando con una plantilla limitada y una infraestructura escasamente desarrollada. Si OpenAI planeaba sacar al mercado un producto Superasistente directo al consumidor, construido sobre la base de un modelo mucho más potente, requería una prevención de los abusos y una operación de ejecución mucho más madura.

Willner se apresuró a contratar a varios adjuntos experimentados en confianza y seguridad de Google y Meta. A uno le encomendó la tarea de investigar «incógnitas desconocidas» (abusos de los que el equipo todavía no tenía constancia y que tendría que descubrir mediante control exhaustivo y análisis de datos). A otro, le encomendó la misión de investigar las «certezas conocidas», o la llamada «aplicación escalonada», es decir, los abusos que la empresa ya había considerado que constituían un comportamiento infractor y que tendría que señalar, revisar y tomar medidas al respecto automáticamente, como, por ejemplo, suspender las cuentas de los infractores reincidentes.

A medida que se apresuraban a establecer políticas de producto e infraestructura de supervisión y aplicación, los miembros del incipiente equipo tenían una constante sensación de incertidumbre sobre qué diferencia debería haber entre la confianza y seguridad de una empresa de IA y la de una empresa de búsqueda o de redes sociales, y sobre si sus preparativos para el GPT-4 eran los adecuados. La confianza y seguridad se centraban habitualmente en evitar una lista de abusos predecibles en Internet, como estafas, ciberdelitos e injerencia electoral. Sin embargo, la confusión tenía que ver también con la relación entre su trabajo y el de la gente de seguridad de la IA de los equipos de alineación de Leike y de investigación de políticas de Brundahe, que debatían a menudo sobre catástrofes inescrutables. OpenAI los definía a todos como equipos de «seguridad», pero parecían hablar idiomas fundamentalmente distintos. Aunque el vocabulario de la seguridad de IA existencial se había convertido en una jerga habitual en el sector, gracias a su popularización por el altruismo eficaz, los empleados que procedían de empresas tecnológicas tradicionales nunca habían oído hablar de plazos de la IA ni cuantificado su propia p(doom). Incluso términos compartidos por los dos grupos, como «riesgo» y «daño», parecían tener connotaciones diferentes.

Con la llegada de cada vez más personas ajenas a la IA a OpenAI para cubrir las crecientes necesidades de la división de Aplicación, la capacidad de salvar la brecha cultural entre los que estaban claramente asentados en la mentalidad Doomer-Boomer y los que operaban en el marco de una empresa tecnológica tradicional, se convirtió en un tipo especial de moneda política. Entre los adjuntos de Willner en confianza y seguridad, el que tuvo más éxito a la hora de aprender el lenguaje de la seguridad de la IA se convirtió en un puente hacia ese mundo. El adjunto trabajaba en todos los equipos para hacer que el modelo fuera «más seguro» en los dos sentidos del término, usando el RLHF para alinear el modelo (en jerga de seguridad de IA corrupta) y, de ese modo, mejorar su capacidad de rechazar preguntas que vulnerasen la política de la plataforma de OpenAI, el trabajo típico de confianza y seguridad.

Sin embargo, cuando la «seguridad» estaba avanzando en ambos frentes, de repente llegó una nueva directiva de la dirección: había que suspender el proceso de revisión por parte de los desarrolladores que se había instaurado al principio con el lanzamiento de la API del GPT-3.

Desde hacía ya algún tiempo, los directivos tenían la impresión de que la lista de espera se había descontrolado y el proceso de revisión no aumentaba de escala. Los desarrolladores se quejaban de lo mucho que se tardaba en tener acceso a las tecnologías de OpenAI, y enviaban constantemente correos electrónicos a Altman, Brockman y Peter Welinder, o los etiquetaban en Twitter mencionando grandes retrasos en las aplicaciones que los ejecutivos consideraban totalmente inocuas. En Aplicación, muchos pensaban que OpenAI estaba impidiendo el acceso a los beneficios de su tecnología, lo cual era contrario a su misión.

Willner y su equipo siempre se habían opuesto. Si OpenAI abandonaba su proceso de aplicación y aprobaba automáticamente a los desarrolladores, la empresa no tenía una alternativa real para moderar el uso de sus tecnologías. Si cambiaba a aplicación reactiva, necesitaría crear un instrumental considerable para hacerlo. Con el lanzamiento del GPT-4 pendiente, los ejecutivos hicieron caso omiso de las objeciones: OpenAI se estaba librando de las revisiones de los desarrolladores; el equipo de confianza y seguridad simplemente tenía que encontrar la alternativa.

El equipo de Willner se apresuró a planificar una propuesta. La aplicación de las políticas de la empresa se trasladaría en mayor medida a estratos superiores, apoyándose más en el RLHF para alinear el GPT-4 y los modelos futuros. Todo lo demás se captaba y gestionaba hacia abajo con una aplicación reactiva: utilizando diferentes señales de datos, como la información acerca de lo que hacía la aplicación, sus patrones de picos de tráfico de datos y el número de veces que ponía en marcha los filtros de moderación de contenidos para suspender automáticamente a los infractores flagrantes, enviando los casos dudosos a moderadores humanos para una revisión manual.

El equipo de Willner solicitó a los ejecutivos los recursos para crear correctamente el instrumental que necesitaban para que el plan funcionase. OpenAI no tenía la mayoría de esos puntos de datos a su disposición; su plataforma de monitorización solamente registraba datos básicos sobre cuánto tráfico enviaba cada aplicación a través de los servidores de la empresa. A veces, ni siquiera sabía el nombre del desarrollador o del objetivo de la aplicación.

Además de tapar esos huecos, el equipo también necesitaba desarrolladores para asignar un único identificador a cada uno de sus usuarios. Eso fue decisivo para que los usuarios individuales pudieran disgregar el tráfico de una aplicación para determinar si los comportamientos infractores eran endémicos de una base de usuarios de la aplicación, o si simplemente los cometían unos cuantos abusadores frecuentes. Los directivos se opusieron, preocupados por la posibilidad de que implementar un control así de minucioso añadiera fricciones a la experiencia de los desarrolladores y, potencialmente, responsabilizara más a la empresa de realizar el trabajo de confianza y seguridad para cada aplicación utilizando las tecnologías de la empresa, en lugar de hacer que cada desarrollador de aplicaciones lo gestionara por sí solo.

Al final, la propuesta de aplicación reactiva se redujo a algo mucho más limitado.

La restringida visibilidad del comportamiento de los usuarios de la aplicación inquietaba a algunos miembros del equipo de confianza y seguridad. Un empleado le planteó sus preocupaciones a Brockman. Lo que más miedo le daba, dijo el empleado, era que la gente utilizara el GPT-4 para generar información errónea y desinformación a gran escala e influir en las elecciones.

Brockman trató de tranquilizarle. «Sí, eso es lo que siempre decimos y siempre nos preocupa», dijo. «Pero lo que nunca he visto es si realmente está pasando.»

El GPT-4 no fue solo un punto de inflexión para Gates y Microsoft. Posteriormente, aquel mismo verano, tras cautivar al filántropo multimillonario, Altman y Brockman lo presentaron ante el consejo de OpenAI, donde Brockman hizo una demostración en directo del modelo que incluía chistes sobre Gary Marcus. Los chistes les encantaron a los miembros independientes del consejo; la desenfadada exposición les mostró también un avance considerable de las capacidades de la tecnología y les transmitió la sensación de que lo que se jugaban en sus futuras decisiones era cada vez más importante.[35]

Hasta ese momento, Altman había reunido al consejo aproximadamente una vez cada trimestre y prefería exponer sus actualizaciones oralmente. Trataba sin dificultad temas de investigación complejos, convocando a veces a investigadores de la empresa para que presentaran sus avances, y resumía rápidamente los últimos acuerdos que estaban en proceso de negociación con Microsoft u otros socios. Algunos de los miembros independientes del consejo presionaban para que las reuniones fueran más frecuentes y la información más estructurada, e insistían en que Altman presentara informes escritos y les permitiera el acceso a más documentos.

A Altman le irritaba el aumento de la supervisión. Expresó en varias ocasiones su deseo de que los miembros de la junta actuasen más como asesores que le aportasen ideas para que las tuviera en consideración. «Se supone que el consejero delegado tiene que tomar decisiones y se supone que el consejo, para ser un buen consejo, tiene que ser un foro de debate que asesore y dé su consentimiento», dijo una vez a unos estudiantes universitarios en 2017, refiriéndose aparentemente a un concepto de gobierno que recoge la Constitución de EE. UU., fundamental en cuanto al papel del poder legislativo a la hora de controlar al poder ejecutivo, pero utilizándolo en sentido contrario. «¿Que si creo que un consejo de administración debería despedir a un mal consejero delegado? Sí; y ya sé que eso es un poco una herejía en Silicon Valley. Aparte de eso, ¿que si creo que el consejo tiene que concederle al consejero delegado un amplio margen para dirigir la empresa? Sí.»[36]

Varios miembros del consejo estaban plenamente convencidos de que el consejo de administración de OpenAI tenía que ser diferente. «Es un consejo de una organización sin ánimo de lucro, creado explícitamente con el fin de asegurarse de que el objetivo de la empresa de lograr el beneficio común fuera lo primordial y se antepusiera a los beneficios, los intereses de los inversores y otras cosas», dijo Helen Toner en el pódcast de *The TED AI Show.* «Ya sabes, no solo tiene que ayudar al consejero delegado a recaudar dinero.»[37]

El GPT-4 consolidó la creencia entre muchos empleados de que la AGI era posible. Investigadores que en su día habían sido escépticos se mostraban cada vez más optimistas ante la posibilidad de lograr ese hito tecnológico, incluso a pesar de que OpenAI seguía careciendo de una definición de lo que era exactamente. Los ingenieros y los directores de producto que se incorporaron a Aplicación e interaccionaban por primera vez con la IA a través del GPT-4 adoptaron un lenguaje aún más determinista. Para muchos empleados, la pregunta pasó a ser no si la AGI existiría, sino cuándo.

Algunos empleados pensaban justo lo contrario. Aunque hubo un claro salto cualitativo entre lo que podían hacer el GPT-3 y el GPT-2, el GPT-4 era claramente superior, afirma uno de los investigadores que trabajaron en el modelo. «El gran resultado fue que había un montón de exámenes que el modelo realizaba correctamente. Pero incluso eso es altamente cuestionable.» OpenAI nunca llevó a cabo una revisión exhaustiva de los datos de entrenamiento del GPT-4 para comprobar si esos exámenes —y sus respuestas— se encontraban en los datos y simplemente eran regurgitados, o si, en realidad, el GPT-4 había desarrollado una nueva capacidad para aprobarlos. Era la clase de ciencia inestable que se había generalizado en el ámbito de la industria al pasar de la investigación revisada por pares a la revisada por un equipo de relaciones públicas.

Sin embargo, la creencia de que la IA había alcanzado unas cotas fundamentalmente nuevas estaba en el aire. Esa primavera, en Google, Blake Lemoine, un ingeniero del recientemente reformado equipo de IA del gigante tecnológico, estaba convencido de que el gran modelo lingüístico de la empresa, LaMDA, no solo era muy inteligente, sino que podía considerarse sensible. Dijo que esto no se basaba en una valoración científica, sino más bien en su creencia, como sacerdote cristiano místico, en que Dios podría decidir otorgar conciencia a la tecnología. «¿Quién soy yo para decirle a Dios dónde puede y dónde no puede poner almas?», escribió.[38] Cuando los directivos de la empresa lo despidieron, lo publicó en *The Washington Post*.[39] Nitasha Tiku, la periodista que sacó la historia a la luz, habló también con Emily Bender y Meg Mitchell, que en su artículo «Loros estocásticos» habían advertido del problema de que los grandes modelos lingüísticos engañaran a las personas haciéndoles ver un verdadero significado y una verdadera intención tras lo generado por ellos.

«Ahora disponemos de máquinas que pueden generar palabras mecánicamente, pero no hemos aprendido cómo dejar de imaginarnos que hay una mente tras ellas», dijo Bender.

«Estoy realmente preocupada por lo que implica que la gente se vea cada vez más afectada por esa ilusión, cuando esa ilusión se está volviendo tan real», dijo Mitchell.

Nikhil Mishra, el investigador de IA que trabajó en su día como becario en OpenAI, traza un paralelismo con un experimento de la década de 1970 en el que se intentaba enseñar a un gorila hembra una variante modificada de la lengua de signos estadounidense. Durante su vida, la gorila, llamada Koko, aparentemente aprendió más de mil signos, e incluso la habilidad de construir frases. Sin embargo, a pesar del enorme revuelo que ese hecho provocó en la opinión pública, otros expertos sostenían que, en realidad, Koko no adquirió nunca el uso del lenguaje. Si bien era claramente hábil a la hora de hacer gestos, no había demasiadas pruebas de que estuviera haciendo más de lo que han hecho otros simios en muchos otros experimentos parecidos: simplemente imitar los gestos de sus cuidadores. Nunca se publicaron datos de los signos de Koko para verificar sus capacidades de manera independiente, sino únicamente vídeos seleccionados en los que aparecía ella gesticulando. A veces, sus actuaciones en directo reclamaban más escrutinio. Una vez, cuando el entrenador le preguntó a Koko si le gustaba la gente, Koko hizo el gesto de «buen pezón». El entrenador encontró inmediatamente la explicación: «pezón» (*nipple* en inglés), rimaba con «gente» (*people* en inglés); Koko pensaba que la gente era buena. Para muchos observadores, esos episodios revelaban más sobre la psicología humana y nuestra tendencia a proyectar nuestras propias creencias y nuestras intenciones que sobre la habilidad de Koko. El entrenador, dice Mishra, estaba asignando un significado a algo que no lo tenía.[40]

Para el místico residente de OpenAI, Sutskever, que siempre había creído más que la mayoría de los investigadores en la posibilidad de lograr la AGI a corto plazo, el salto en las capacidades del modelo de la empresa sirvió solo como confirmación adicional. Tenía el convencimiento, cada vez mayor, de que estaba siendo testigo de una forma de razonamiento. En conversaciones con Hinton, Sutskever le dijo a su mentor que la AGI era inminente.[41]

Mientras que antes Sutskever se centraba más en presionar a los investigadores de OpenAI para que desarrollaran nuevas capacidades, ahora pasó a centrar urgentemente su atención en la investigación de la seguridad de la IA. Inició su mantra («Sentid la AGI») e instó a la gente a que se preparara para cambios drásticos. «De repente, vais a ser las personas más populares de la fiesta», les dijo a los empleados. «No permitáis que se os suba a la cabeza. Centraos en la AGI, centraos en la misión.»

Aquel septiembre, la dirección técnica celebró una reunión externa en el Tenaya Lodge, un remoto *resort* de lujo enclavado en las frondosas laderas de Sierra Nevada. La propiedad, con unos interiores asombrosos y múltiples piscinas y restaurantes, estaba situada a solo tres kilómetros de los millones de hectáreas de naturaleza virgen del Parque Nacional

Yosemite. La primera noche, todo el mundo se reunió en torno a una hoguera en el patio trasero del hotel. Científicos veteranos, vestidos con albornoces, flanqueaban el fuego formando un semicírculo.

Entonces apareció Sutskever. En el centro, había colocado una efigie de madera que le había encargado a un artista local y comenzó una actuación dramática. Esa efigie, explicó, representaba una AGI buena y alineada creada por OpenAI, solo para descubrir que en realidad era engañosa y estaba mintiendo. El deber de OpenAI, dijo, era destruirla. A tan solo unos metros de distancia, se alzaban varias secuoyas como testigos remotos en la oscuridad. Sutskever empapó la efigie con un líquido inflamable y le prendió fuego.

11
Cima

En octubre de 2022, OpenAI celebró un encuentro de toda la empresa en Monterrey, California, una bonita ciudad costera situada a dos horas al sur de San Francisco. Para entonces, la empresa había pasado a tener aproximadamente trescientos empleados, frente a los menos de doscientos del año anterior. Aquella semana, todos ellos posaron para una foto en el exterior del diminuto aeropuerto de Monterrey, sonriendo y vestidos con ropa con el logotipo de OpenAI. Altman parecía relajado, sentado en el suelo al frente del grupo, con las rodillas apoyadas contra el pecho, los brazos ligeramente cruzados y las puntas de los pies apuntando hacia arriba.[1]

Durante dos días, el equipo directivo presentó actualizaciones de su visión y de la aplicación de sus métodos: Altman sobre los gigantescos bancos de datos que Microsoft estaba ampliando para OpenAI; Steve Dowling y su adjunta Hannah Wong acerca de las publicaciones más destacadas que hacían cola para cubrir la información de la empresa; Anna Makanju sobre la cada vez mayor presencia en Washington D. C. Luego se presentaron demos, una tras otra, de los últimos proyectos de los equipos de investigación y producto. La impresionante grandiosidad de todo aquello se podía palpar. Todo era alucinante, recuerda un exempleado presente.

Brockman salió al escenario para hablar de los últimos planes del GPT-4 y se puso a explicar una historia sobre su mujer, Anna, que un día empezó a tener dolores abdominales que no remitían. Anna era una habitual en la oficina. Su escritorio estaba al lado del de él y a menudo lo acompañaba a las reuniones, aunque oficialmente no trabajaba en la empresa. Greg me explicó una vez que, aparte de Altman y Sutskever, ella era la persona en la que más se apoyaba, su mejor amiga y su confidente. Eran uña y carne y a menudo iban juntos a todas partes. Greg fue con Anna a ver a muchos médicos, les explicó el caso a muchos empleados, pero nadie supo encontrar la solución al problema. Sin embargo, cuando le preguntó al GPT-4, este sugirió que podría tener una enfermedad que no se habían planteado. «¡Y entonces se la planteó!», exclamó. Era la misma historia que me había contado en 2019 sobre la prometedora posibilidad de que la AGI resolviera problemas de salud de gente que, como Anna, había acudido a multitud de especialistas para que le diagnosticasen un problema; esta vez con un personaje diferente.

Greg repetiría la historia en X semanas después del intento por parte del consejo de despedir a Altman con una nueva variación. Explicó los nuevos problemas médicos a que se había enfrentado Anna y su batalla durante cinco años, «acudiendo a más médicos y especialistas que en toda su vida anterior» hasta recibir por fin un diagnóstico. Fue su alergólogo el que finalmente juntó las piezas y se dio cuenta de que padecía el síndrome de hipermovilidad de Ehlers-Danlos, un trastorno genético que afecta a la movilidad. Aún quedaba mucho camino por recorrer antes de que la AGI funcionara «en ámbitos de alto riesgo como la medicina», escribió, siguiendo con el redoble en referencia a la gran ambición de OpenAI, «pero las expectativas son cada vez mayores».

A las pocas semanas de volver del encuentro, corrió el rumor de que Anthropic estaba probando —y lanzaría dentro de poco— un nuevo chatbot. El equipo del Superasistente estaba a medio camino del diseño de su interfaz para chat. Si no la lanzaba antes, OpenAI se arriesgaba a perder su liderazgo, lo que representaría un gran golpe para la moral de los empleados que habían trabajado duro durante muchas horas para mantener ese dominio. Y, lo que era aún peor para algunos directivos, OpenAI caería derrotada ante Anthropic.

De hecho, Anthropic no había estado planeando ningún lanzamiento inminente. Estaba sumida en sus propios problemas. Con el repentino desplome de FTX en los primeros días de noviembre, se estaba viendo arrastrada por las consecuencias. Tan solo unos meses antes, había recaudado 580 millones de dólares, 500 de los cuales eran, según una nota de prensa de FTX, de SBF y otros altos directivos. Documentos financieros presentados durante el juicio revelarían más adelante que el dinero procedía de los miles de millones defraudados de depósitos de clientes de FTX, convirtiendo la inversión de Anthropic en un elemento central del juicio sobre si los considerables beneficios obtenidos podrían ser utilizados para devolver el dinero a los clientes.[2] Un juez dictaminó que era posible y FTX vendió sus acciones de Anthropic en paquetes a lo largo de 2024 por un total de 1.300 millones de dólares.[3]

Sin embargo, para los ejecutivos de OpenAI, los rumores bastaron para hacerles tomar una decisión: la empresa no esperaría a que el GPT-4 se convirtiera en un chatbot; lanzaría el modelo habilitado para chat del GPT-3.5 de Schulman con la nueva interfaz de chat del equipo del Superasistente en el plazo de dos semanas, justo después de Acción de Gracias. El equipo del Superasistente se puso inmediatamente con ello, y fichó a varios miembros más mientras se apresuraba a integrar y afianzar las funciones restantes. La directiva presentó cuidadosamente el proyecto al resto de la empresa. ChatGPT—el nombre que eligieron— en realidad no sería un lanzamiento de producto, sino un «sencillo avance de investigación», como el DALL-E 2. Del mismo modo, no se utilizaría para obtener rentabilidad económica, sino para que siguiera en marcha el «volante de inercia de datos» —dicho de otro modo, para acumular más datos de los usuarios—, lo que contribuiría a mejorar el GPT-4 y el Superasistente.

Fuera del equipo del Superasistente, todo el mundo se tomó el mensaje de los ejecutivos al pie de la letra. Una simple presentación preliminar de la investigación no requería su atención; tenían que concentrarse en el lanzamiento del GPT-4 a principios de 2023. El equipo de confianza y seguridad pensaba que apenas iba a poder concluir su infraestructura de control a tiempo para el lanzamiento. Por el contrario, el ChatGPT parecía no ser un problema. El GPT-3.5 ya había sido perfeccionado con el RLHF; era inherentemente más seguro que la versión del GPT-3, que no lo era y seguía disponible en la API. OpenAI también había publicado una versión 3.5 sin la función de chat en su plataforma para que sus desarrolladores probasen las capacidades del modelo. ¿Marcaba realmente la diferencia el hecho de incorporar un interfaz de chat? La gente del clan de Seguridad, ocupada en la comprobación y el ajuste del GPT-4, pensaba que sí. Por primera vez, el lanzamiento de un modelo superó volando los controles con muy pocas trabas.

Incluso dentro del equipo del Superasistente, nadie llegó a entender el cambio de fase social que estaban a punto de provocar. Esperaban que el chatbot fuera flor de un día. Como el DALL-E 2, generaría un gran revuelo en las redes sociales y luego la cosa se calmaría a las pocas semanas. La noche antes del lanzamiento, reinaba una calma sorprendente después del intenso esprint final. Se hicieron apuestas sobre cuántos usuarios probarían la herramienta antes de que acabara el fin de semana. Algunos dijeron que unos miles. Otros, que decenas de miles. Para estar seguros, el equipo de infraestructura provisionó capacidad de servidor suficiente para 100.000 usuarios.

Al día siguiente, el miércoles 30 de noviembre, la mayoría de los empleados ni siquiera se habían dado cuenta de que se había producido el lanzamiento, que, al igual que en el estreno de OpenAI, coincidió con el congreso anual NeurIPS, que ese año se celebraba en Nueva Orleans, Luisiana. Anteriormente, el congreso había anunciado el Test of Time Award, un galardón que se otorgaba cada año a un artículo publicado diez años antes y que hubiera tenido un impacto decisivo en el sector. El premio correspondió al artículo de ImageNet publicado en 2012 por Sutskever y Krizhevsky, que presentó al mundo el poder del aprendizaje profundo. Aquella noche, un pequeño grupo de empleados celebró una fiesta de OpenAI cerca del centro de convenciones donde se celebraba el congreso para representar a la empresa y reclutar candidatos interesados entre los casi 10.000 asistentes. DeepMind, Meta y Google celebraban fiestas de contratación exactamente a la misma hora por toda la ciudad. A medida que la fiesta avanzaba, un responsable de selección de personal presente en el evento se percató de que había un ingeniero de OpenAI que trabajaba sin parar en su ordenador.

Finalmente se acercó a hablar con el ingeniero. «Colega, tómate una copa. Estamos todos aquí. Relaciónate.»

El ingeniero no se movió. «No, todos los GPU se están fundiendo. Todo está fallando.»

Aquella noche, Japón fue el primer país en despertarse y registrar un aumento masivo e inesperado del tráfico de datos. Al día siguiente, el número de usuarios siguió aumentando a medida que el resto del mundo de cada zona horaria se iba conectando a Internet. El papel desempeñado por Musk en el aumento no fue irrelevante. «Hay mucha gente metida en esa loca vorágine del ChatGPT», tuiteó, recibiendo a continuación alrededor de 75.000 «me gusta».

El desenfrenado éxito instantáneo del ChatGPT fue más allá de lo que nadie había soñado en OpenAI.[4] Los ingenieros de la empresa se quedaron completamente mosqueados, incluso años después. El GPT-3.5 no había representado una mejora tan importante respecto al GPT-3, que ya llevaba en el mercado dos años. Y el GPT-3.5 ya había sido puesto a disposición de los desarrolladores. La interfaz y el formato habían hecho que el modelo fuera más accesible, sin duda, pero no representó el cambio decisivo que los empleados habían notado con el GPT-4. Altman dijo más adelante que él creía que el ChatGPT sería popular, pero algo así como «un orden de magnitud menos».[5] «Fue impactante que a la gente le gustara», recuerda un exempleado. «Para todos nosotros, lo que habían hecho era rebajar lo que utilizábamos internamente y lanzarlo.»

Al cabo de cinco días, Brockman tuiteó que el ChatGPT había superado el millón de usuarios. Al cabo de dos meses, había alcanzado los cien millones, convirtiéndose en la aplicación para consumidores de más rápido crecimiento de la historia hasta la fecha. (Threads, el rival de X de Meta, reclamó posteriormente ese título al alcanzar el mismo número de usuarios en menos de cinco días; los expertos sostuvieron que no era así, ya que Meta estaba recurriendo básicamente a una base de usuarios ya existente.)

ChatGPT catapultó a la fama a OpenAI, que pasó de ser una startup de moda, conocida en el ámbito de la industria tecnológica, a ser un nombre popular para todo el mundo de la noche a la mañana. De hecho, en un congreso de investigación de IA celebrado varios meses más tarde en Kigali, Ruanda, a más de 14.000 kilómetros de San Francisco, un investigador afincado en el país me contó entusiasmado que, después del ChatGPT, sus padres habían entendido por fin en qué consistía su trabajo. «Ya sabes; una tecnología es accesible para todo el mundo cuando tu madre te habla de ella», me dijo.

Al mismo tiempo, este mismo bombazo fue lo que generó una tensión extraordinaria en la empresa. En el transcurso de un año, polarizaría aún más la división entre bandos e incrementaría el estrés y la tensión dentro de la organización hasta un nivel inaudito.

Inmediatamente después, toda la empresa estaba apagando fuegos. Los servidores de OpenAI se colapsaron repetidamente mientras el equipo de infraestructura luchaba por aumentar su capacidad lo más rápidamente posible, en el plazo más ajustado de la historia de Silicon Valley. El equipo reutilizó parte de la computación de la división de Investigación para contribuir al crecimiento del ChatGPT y aun así no tenía suficiente para hacer que la aplicación siguiera funcionando. El equipo de confianza y seguridad, formado por poco más de una docena de miembros, se afanaba por detectar comportamientos negativos entre la oleada de nuevos usuarios, lo cual era muy complicado a causa de la supervisión irregular.[6] Le había costado contratar a los ingenieros necesarios para implementar su plan limitado de aplicación reactiva y seguía inmerso en la creación de los sistemas necesarios. El ChatGPT hizo descarrilar el proyecto. Todos los esfuerzos por terminar las nuevas herramientas se paralizaron, ya que los recursos de ingeniería se reasignaron para estabilizar lo ya existente. Cuando los servidores fallaron, lo mismo sucedió con la plataforma para controlar el tráfico, frenando en seco la capacidad de aumentar la aplicación.

La grave escasez de GPU arruinó también otro proyecto.[7] En un intento de aprovechar la propia tecnología de la empresa, el equipo de confianza y seguridad diseñó un plan a nivel interno llamado Fact Factory, anunciado públicamente por OpenAI, para utilizar el GPT-4 para moderar el contenido de sus propios resultados y de los de otros modelos de OpenAI. La implementación no aumentó exactamente; requería plantear peticiones extremadamente largas al GPT-4 para captar suficientes matices. Incluso cuando los servidores funcionaban, exigía demasiados recursos informáticos. Y los servidores no funcionaban constantemente.[8]

Para muchos miembros del clan de Seguridad, el ChatGPT era el ejemplo más alarmante hasta la fecha de las limitaciones de la capacidad de previsión de OpenAI. Un empleado de Seguridad planteó la pregunta en una reunión corporativa: ¿cómo era posible que la empresa no hubiera podido predecir el comportamiento de los usuarios y la popularidad del ChatGPT? ¿Qué decía eso de la capacidad de la empresa para calibrar y predecir las consecuencias futuras de sus tecnologías?

Para gran parte del resto de la empresa, el colapso de los servidores, a pesar de ser un motivo de estrés extraordinario, representaba aún más una señal extraordinaria de éxito. OpenAI había creado una tecnología tan profunda y con tanta demanda que había encendido el mundo y lo había transformado de la noche a la mañana. Se habían marcado el objetivo de llegar a toda la humanidad y realmente lo habían logrado. Todo el mundo, 8.000 millones de personas, estaba viviendo ahora en el mundo de OpenAI.

Altman no se durmió en los laureles. Les recordó a los empleados que, en definitiva, la empresa tenía una misión que cumplir; algo mucho más importante que crear «el producto más importante de la historia de Silicon Valley». Apremió a cada uno de los equipos para que mantuvieran el rumbo y siguieran avanzando. Como esperaba, OpenAI había espoleado a todos sus competidores: Anthropic iba camino de lanzar su chatbot, Claude; Google había activado una alarma interna de «código rojo» y pronto consolidaría sus divisiones de IA en Google DeepMind para poner toda su energía en el lanzamiento de un producto parecido. Aunque OpenAI había dado el primer golpe en el mercado con su oferta de multiplicar por 10, tenía que seguir dándose prisa para continuar siendo la número uno.[9]

Los equipos no daban abasto, así que los directivos le suplicaron a Altman que les proporcionara más personal. No faltaron candidatos. Tras la aparición del ChatGPT, el número de solicitantes de empleo que clamaban por subirse al cohete se había multiplicado rápidamente. Sin embargo, a Altman le preocupaba qué pasaría con la cultura de la empresa y el alineamiento de la misión si la empresa aumentaba su plantilla demasiado rápido. Creía firmemente en mantener una plantilla reducida con una gran densidad de talento. «Ahora estamos en una posición en la que resulta tentador dejar que la organización se haga extremadamente grande», había escrito en su circular sobre su visión en 2020 en referencia a la inversión de Microsoft. «Deberíamos oponernos por todos los medios; lo que nos ha funcionado hasta ahora es ser pequeños, centrados, de confianza, sin chorradas e intensos.»[10]

«La sobrecarga que representa tener demasiadas personas y demasiada burocracia puede acabar fácilmente con grandes ideas o provocar anquilosamiento. A diferencia de los enormes proyectos de ingeniería del pasado, podríamos cumplir con nuestra misión con un número sorprendentemente pequeño de grandes profesionales.»

Ahora, a finales de 2022, estaba repitiéndoles eso a los ejecutivos, haciendo insistentemente hincapié durante las discusiones sobre la plantilla en la necesidad de mantener la empresa con poco personal y el listón del talento muy alto, incorporando alrededor de no más de cien empleados. Otros directivos se opusieron. Al ritmo que se iban quemando sus equipos, muchos veían la necesidad de acercarse a aproximadamente quinientas nuevas incorporaciones o incluso más.

La discusión se prolongó durante varias semanas, hasta que el equipo directivo fijó por fin una cifra intermedia, entre doscientos cincuenta y trescientos. El límite no se cumplió. Ese verano se incorporaban a OpenAI entre treinta y cincuenta personas cada semana, incluyendo las contratadas para acelerar aún más las contrataciones. En otoño, la empresa había superado ampliamente su límite autoimpuesto.

La repentina oleada de crecimiento cambió claramente la cultura de la empresa. Un responsable de contratación redactó un manifiesto sobre cómo la presión por contratar tan rápidamente estaba obligando a su equipo a rebajar el listón de la calidad a la hora de seleccionar el talento de los candidatos. «Si lo que quieres es crear Meta, estás haciendo un gran trabajo», le dijo lanzándole una pulla a Altman, aludiendo a los propios temores de los que el consejero delegado había advertido, con relación a que la empresa diluyese rápidamente su densidad de talento y su orientación, incrementando la burocracia. La velocidad de expansión estaba provocando también un repunte de los despidos. Durante su incorporación, a un directivo se le pidió que documentara e informara rápidamente de cualquier miembro de su equipo que presentara un bajo rendimiento, siendo él mismo despedido al poco tiempo. Las rescisiones casi nunca se comunicaban al resto de la empresa. Habitualmente, la gente descubría que sus colegas habían sido despedidos al ver que una cuenta de Slack había sido desactivada. Lo llamaron «desaparecer».

A los nuevos empleados, plenamente convencidos de que entraban a formar parte de una startup dinámica y rentable, tanto movimiento les parecía una manifestación especialmente caótica y, en ocasiones, brutal, de los habituales problemas empresariales: mala gestión, prioridades poco claras y la crueldad despiadada de una empresa capitalista dispuesta a tratar a sus empleados como material de usar y tirar. «Había una enorme falta de seguridad psicológica», dice un exempleado que se incorporó en esa época. «Era lo contrario de "una empresa como una familia", lo cual es normal, puesto que es una empresa.» Muchas de las personas que entraban a formar parte de la empresa se limitaban a aguantar a toda costa hasta que, al cabo de un año, pudieran acceder a sus primeras participaciones. También tenía su lado positivo: seguían pensando que sus colegas eran de los más cualificados de la industria tecnológica, lo cual, combinado con los recursos aparentemente ilimitados y un impacto mundial sin parangón, creaba una sensación mágica difícil de encontrar en el resto de la industria cuando las cosas cuadraban. «Diría que OpenAI es uno de los mejores sitios en los que he trabajado en mi vida, pero probablemente también uno de los peores», dice el exempleado.

Para algunos de los empleados que recuerdan los primeros tiempos difíciles de OpenAI como una organización sin ánimo de lucro, cohesionada e impulsada por una misión, su drástica transformación en una gran corporación sin rostro fue mucho más impactante y traumática. Ya no quedaba nada de la organización tal como la conocían; en su lugar había algo irreconocible. «OpenAI es como el Burning Man», dice Rob Mallery, un antiguo responsable de selección de personal, refiriéndose al festival artístico que se celebra en el desierto y que ha crecido hasta el punto de perder su espíritu original. «Sé que para la gente que estaba allí al principio significaba mucho más que para todos en la actualidad.»

En aquellos primeros tiempos, el equipo había creado un canal de Slack llamado #explícamelocomosituvieracincoaños que permitía a los empleados enviar preguntas anónimas sobre temas técnicos. Con más de seiscientas personas en la empresa, el canal se convirtió también en un foro en el que airear quejas de manera anónima. A mediados de 2023, un empleado publicó que la empresa estaba contratando a demasiada gente no alineada con la misión o que no le apasionaba la creación de la AGI.

Otra persona respondió: sabían que OpenAI iba cuesta abajo cuando empezaron a contratar a gente que podía mirarte a los ojos.

ChatGPT también sorprendió a Microsoft. Los líderes de OpenAI le habían dicho a su socio, igual que a sus propios empleados, que el chatbot sería un «sencillo avance de investigación». Estaba claro que era todo menos eso.

Al principio, la disparidad fastidió a los directivos del gigante tecnológico. El ChatGPT había eclipsado por completo el revuelo del chatbot de Bing de Microsoft. Cuando Microsoft lanzó la IA de Bing el siguiente mes de febrero, el producto recibió un fuerte mazazo en el ámbito de las relaciones públicas tras la publicación de un artículo del columnista del *New York Times* Kevin Roose en el que explicaba que le había llevado a divorciarse de su mujer. La recepción distaba mucho de la esperada por Microsoft y, en comparación, hizo que OpenAI pareciera aún mejor.

Sin embargo, el cruce de cables no fue en absoluto suficiente para rebajar el entusiasmo de Microsoft por OpenAI.

La enormemente positiva recepción del ChatGPT fue contagiosa, y las cada vez mejores capacidades de los modelos de OpenAI entusiasmaron aún más a los directivos del gigante tecnológico. Microsoft estaba ultimando una nueva serie de Copilots para sus productos, basados en el GPT-3.5 y el GPT-4, que pensaba anunciar sucesivamente a bombo y platillo. Después de Bing en febrero, marzo fue el mes del Copilot de Microsoft 365, que incorporó una interfaz basada en chat e impulsada por IA para cada producto de Office, del Word al Outlook, pasando por Teams.

La forma en que los directivos de Microsoft se referían a nivel interno a su asociación con Microsoft también estaba cambiando rápidamente. Antes, parecía que Microsoft tenía poder sobre OpenAI; ahora, a algunos de los directivos del gigante tecnológico les parecía que OpenAI tenía poder sobre Microsoft. Había una creciente sensación de incompetencia en algunos sectores de Microsoft, en el sentido de que sus propias investigaciones sobre IA no habían conseguido lo que OpenAI había logrado sacar adelante. Si Microsoft dejase de ser el principal inversor de OpenAI, la startup podría encontrar otros inversores, recuerda un exempleado que pensaban algunos de los directivos de Microsoft. Sin embargo, si OpenAI se separaba de Microsoft, ¿encontraría el gigante tecnológico otra OpenAI?

Al mismo tiempo, muchos ejecutivos ya no hablaban simplemente de superar a Google. Mientras que, en su día, habían respondido al extraño discurso de OpenAI sobre la AGI y a su presuntuoso lenguaje sobre su capacidad de reinventar el futuro con educado escepticismo, ahora eran creyentes. La IA, la AGI, la IA generativa, o como quisieras llamar a esa tecnología, *era* el futuro, y Microsoft lo estaba liderando mano a mano con OpenAI. Cuanta más fe tenía Microsoft, más reorientaba su discurso y su estrategia. «Vi cómo los incentivos llevaban cada vez más a Microsoft a una concepción estrecha del futuro», dice el exempleado. «Vi cómo la tecnología se reducía a algo sostenido más por el discurso que por la realidad.»[11]

Nadella puso en práctica una nueva estrategia para distribuir los recursos informáticos de Microsoft. Retiró los GPU de los equipos de investigación de Microsoft para apoyar a OpenAI. Además, la empresa consolidó todos sus GPU en un grupo para respaldar mejor el trabajo de la IA generativa. «El empleado corriente de Microsoft no tenía ni puta idea de qué era OpenAI antes de enero del año pasado», recuerda un empleado de Microsoft. Ahora, estaban recibiendo directivas urgentes de sus superiores sobre cómo encontrar formas de combinar su trabajo con las tecnologías de OpenAI.[12]

El gigante tecnológico experimentaría una rápida proliferación de más de cien nuevos proyectos de IA generativa en tan solo unos pocos meses, mientras los empleados experimentaban con diferentes formas de utilizar el GPT-4 y el ChatGPT. En un irónico giro de los acontecimientos, la agresiva adopción obligaría a Microsoft a enfrentarse a muchos de los desafíos a los que se enfrentaban otras empresas mientras se apresuraban a adoptar la IA generativa sin entenderla del todo. Eso incluía quebraderos de cabeza para los equipos de riesgo y cumplimiento. No todo el mundo estaba utilizando las versiones de las tecnologías internas de Microsoft; algunos optaban por usar la versión gratuita del ChatGPT directamente de OpenAI, entrenada con los datos de los usuarios, lo que planteaba dudas acerca de si podría filtrar información de los usuarios de Microsoft o interferir en el cumplimiento de las normativas. Si bien algunos empleados consideraban que las herramientas representaban un gran impulso a la productividad, muchos otros las consideraban agotadoras. «Existe esa cultura de "utilizar la IA, utilizar la IA, utilizar la IA"», dice uno de ellos. Pero la realidad es «vale, esto no nos ayuda. No la queremos usar. Y parece que está en todas partes y no podemos eludirla».

Al pasar de los propios modelos de Microsoft a los de OpenAI, muchos empleados perdieron también el control y la visibilidad de una capa de la infraestructura fundamental para su trabajo. Dentro del gigante tecnológico, el acceso a los modelos subyacentes de la startup estaba fuertemente restringido, a pesar de que se entrenaban y almacenaban en servidores de Microsoft. La mayoría de los empleados de Microsoft ya no podían revisar los datos de entrenamiento ni ajustar la importancia de los modelos que utilizaban. Los modelos de OpenAI se presentaban a través de una API, del mismo modo que a otros clientes.

Pero, a cambio de esas concesiones, Microsoft obtenía una enorme recompensa. La empresa experimentó un aumento descomunal de nuevos clientes de su plataforma de IA, Azure, como único proveedor en la nube capaz de ofrecer los típicos beneficios de esta, incluyendo un almacenamiento y una gestión de datos más sencillos junto con la capacidad de procesar dichos datos de OpenAI. «El Servicio Azure de OpenAI abre la puerta a muchos clientes nuevos hoy en día», escribió el vicepresidente corporativo de la plataforma de AI, Eric Boyd, en un correo electrónico dirigido a su división en mayo de 2023. En agosto, se mostró de nuevo entusiasmado. «De vez en cuando, está muy bien dar un paso atrás y maravillarse ante lo que hemos conseguido en tan solo un año», escribió a su división, y añadió que aquel año la plataforma había visto cómo su número de clientes «se multiplicaba por 21».[13] Al mes siguiente, Boyd celebró un nuevo hito. Tras centralizar los esfuerzos separados de IA de Microsoft en la plataforma y con los miles de nuevos clientes apuntados al Servicio Azure de OpenAI, el tráfico de la plataforma se multiplicó por diez en tan solo nueve meses. En enero de 2023, recibía 100.000 millones de peticiones mensuales; ahora, en septiembre, recibía un billón.[14]

Aquel verano, el director tecnológico de Microsoft, Kevin Scott, fue muy efusivo en sus elogios durante una reunión corporativa de OpenAI. «Hemos frenado nuestras inversiones en aprendizaje automático de IA en un montón de sitios, hasta el punto de que mucha gente dice "Eh, que te jodan, Microsoft"», dijo Scott, refiriéndose a la retirada de GPU de algunas de las investigaciones internas de Microsoft. «Y hemos apostado por vosotros porque creemos que no hay duda de que estáis haciendo el mejor trabajo de la industria.»[15]

ChatGPT codificó firmemente el paso de OpenAI de organización sin ánimo de lucro hacia la comercialización. Altman y otros directivos presionaron en favor de aprovechar el éxito del chatbot para lanzar un montón de productos de pago. En febrero de 2023, lanzó una versión de pago del ChatGPT; en marzo, lanzó sucesivamente una versión API, la API Whisper y, por último, el GPT-4. «Después del ChatGPT, había una vía que conducía claramente a ingresos y beneficios», dice un antiguo empleado. «Ya no se podía argumentar que era un laboratorio de investigación idealista. Había clientes que esperaban un servicio aquí y ahora.»

La explosión de nuevos productos superó de nuevo las previsiones del equipo de confianza y seguridad. Durante un tiempo, OpenAI había persuadido a los usuarios para que se unieran a su API dándoles un crédito inicial de veinte dólares para utilizarla de manera gratuita. Con la extraordinaria popularidad del ChatGPT que desencadenó a su vez un espectacular aumento del uso de la API, el incentivo planteaba ahora un problema: muchos usuarios estaban creando nuevas cuentas para aprovecharse del crédito. En algunos casos, los usuarios creaban también nuevas cuentas para eludir las prohibiciones y suspensiones de las antiguas. Ese fraude masivo tuvo como consecuencia que OpenAI perdiese una enorme cantidad de ingresos a medida que los costes se disparaban a causa de la necesidad de disponer de más y más servidores. El equipo de confianza y seguridad, que todavía estaba compuesto por menos de veinte personas y cuya capacidad de ejecución estaba seriamente mermada, volvió a encomendar a su personal que luchase denodadamente contra ese abuso.[16]

Muy pronto, la constante presión acabó por quemar a Willner. En cuestión de meses, tanto él como varios de sus empleados abandonaron la empresa. Al final de ese año, el equipo se disolvió y algunos de sus miembros pasaron a formar parte de una operación más amplia de sistemas de seguridad dirigida por una veterana investigadora de OpenAI, Lilian Weng. Algunos miembros del equipo de confianza y seguridad tenían la impresión de que el constante enfrentamiento entre los clanes de Aplicación y Seguridad, con su excesivo énfasis en el Doomerismo, había inculcado en gran parte de la directiva de la empresa una cultura que los llevaba a descartar cualquier tipo de preocupación por la «seguridad», creando un entorno que cumplía su función, ya deshabilitada en la mayoría de las empresas tecnológicas y más aún en OpenAI.[17]

De hecho, con cada nuevo lanzamiento, continuaron los encontronazos, incluyendo los relativos al del GPT-4. Mientras que en Aplicación muchos consideraban que el plazo de seis meses para lanzar el modelo era extremadamente cauteloso, en Seguridad había quien creía que no les habían dado tiempo suficiente para llevar a cabo sus comprobaciones exhaustivas y su alineación.

El elevado índice de alucinaciones del modelo, por ejemplo, seguía resultando especialmente difícil de mantener bajo control, incluso con un esfuerzo coordinado de RLHF para abordar el problema. En noviembre de 2022, mientras los usuarios se aferraban al ChatGPT como si fuera un motor de búsqueda, lo que dio lugar a especulaciones generalizadas de que podría desbancar a Google, un documento interno señaló que el modelo de OpenAI había alucinado durante una comprobación interna aproximadamente en el 30 por ciento de las llamadas «preguntas de dominio cerrado».[18]

Las preguntas de dominio cerrado son teóricamente la categoría de preguntas más sencillas: cuando los usuarios le preguntan al modelo únicamente por la información que le proporcionan; por ejemplo, subir un pdf y pedirle un resumen, o proporcionarle viñetas y pedirle que reescriba frases completas. Se contraponen a las preguntas de dominio abierto, en las que un usuario le plantea una pregunta al modelo sin un material de referencia —cultura popular, historia antigua, biología de instituto— tal como harías con un motor de búsqueda convencional.

Mientras tanto, los GPU se convirtieron en una limitación omnipresente para la expansión y la investigación de OpenAI. Los lanzamientos de nuevas investigaciones, productos o funciones se retrasaban o posponían constantemente a causa de la falta de capacidad de los chips. Cuando el ChatGPT se hizo viral, *SemiAnalysis*, un boletín informativo profesional centrado en la industria de los semiconductores, estimó que la empresa estaba gastando unos 700.000 dólares diarios solamente en costes relacionados con la computación.[19] Una vez que los ejecutivos reasignaron los chips de la división de Investigación, la división de Aplicación se comprometió a devolverlos en un plazo determinado. Ese plazo se superó con creces, pero Aplicación no pudo devolverlos. Debido al constante aumento del número de usuarios, la división necesitaba más chips, no menos.

La presión aceleró la investigación de OpenAI en busca de modelos más eficientes. Durante su trabajo para mejorar la eficiencia computacional de la empresa, la división de Investigación descubrió un nuevo método para desarrollar modelos basados en el Transformer que resultaban más baratos para servir a los usuarios. Al usar ese método, al que denominaron DUST, asignaron nombres en clave a los modelos resultantes siguiendo la temática del desierto. El primero, una versión optimizada del GPT-3 a la que llamaron Sahara, fue lanzado en febrero de 2023 bajo el nombre de GPT-3.5 Turbo. Otro, llamado Gobi, era una versión optimizada de uno de sus modelos de texto e imágenes.

Un tercer modelo, que pretendía ser una versión optimizada del GPT-4, recibió el nombre de Arrakis, el planeta desértico de la novela épica de ciencia ficción *Dune*. Sin embargo, tras varios meses de trabajo, el equipo seguía batallando por hacer que Arrakis fuera más eficiente, manteniendo el mismo rendimiento. El proyecto consumió unos recursos considerables. Poco después, la dirección lo descartó para liberar GPU para otros proyectos.

Mientras que a Microsoft le preocupaba que OpenAI pudiera abandonar la relación, OpenAI tenía sus propias dudas acerca de que Microsoft dejara de cooperar si la startup no trabajaba duro para complacer a su socio. Arrakis parecía un contratiempo especialmente importante en este sentido.[20] Con la esperanza de impresionar al gigante tecnológico, OpenAI había reelaborado su hoja de ruta para dar prioridad a la entrega del modelo sobre otros productos más alineados con su estrategia, incluyendo un intento de aplicar el GPT-4 a un motor de búsqueda. No obstante, el fallido intento decepcionó a algunos altos ejecutivos de Microsoft.

También había una nueva realidad incómoda: OpenAI y Microsoft estaban empezando a competir por obtener contratos. Codex y DALL-E 2 habían convencido a OpenAI para mantener el control de la entrega de sus tecnologías directamente a los usuarios. ChatGPT y GPT-4 demostraban que OpenAI también podía ganar su propio dinero. Eso implicaba presentar a los clientes la misma tecnología que entregaba a Microsoft, que, a su vez, se la ofrecía exactamente a los mismos clientes.[21]

El traspaso de la tecnología planteaba sus propios desafíos. A medida que se acercaba la fecha de lanzamiento de OpenAI, también lo hacía la de Microsoft. Sin embargo, Microsoft eclipsaba completamente a OpenAI, provocando una dinámica en la que un solo empleado de OpenAI podía recibir montones de preguntas de sus homólogos de varios departamentos de Microsoft sobre detalles técnicos o logísticos de cada nuevo producto. Al personal de OpenAI le resultaba cada vez más abrumador y frustrante prestar asistencia a los lanzamientos de Microsoft y centrarse al mismo tiempo en su propia hoja de ruta.

A Murati se le encomendó gran parte de la tarea de relajar la relación. Intentó trabajar estrechamente con Scott y otros ejecutivos de Microsoft para coordinar el calendario de lanzamientos, diseñando la estrategia para que OpenAI y Microsoft diferenciaran sus ofertas y encontraran formas más productivas de colaboración. En el verano de 2023, en un intento de reducir la carga de comunicación, un equipo de ingenieros de Microsoft se integró en OpenAI con pleno acceso a todo para optimizar las transferencias de tecnología.

Con esta mayor integración, tanto Altman como Nadella se estaban involucrando más que nunca, especialmente en la gestión de recursos computacionales, tomando decisiones difíciles sobre cómo redistribuir chips y dinero y tratando de que llegaran más chips a las siempre necesitadas operaciones de OpenAI. Nadella declaró al *New York Times* que las exigencias de OpenAI aumentaron tanto y tan rápido que Altman le llamaba cada día diciéndole: «Necesito más, necesito más, necesito más».[22]

OpenAI no solo necesitaba más centros de datos para servir a ChatGPT. También necesitaba superordenadores mucho más potentes para entrenar a sus futuras generaciones de modelos. Para cubrir esa agresiva y creciente demanda, las dos empresas diseñaron un proyecto sin precedentes llamado Stargate para OpenAI y Mercury para Microsoft: un único superordenador cuya construcción costaría aproximadamente 100.000 millones de dólares. El imperio de la IA estaba recuperando exactamente la misma forma de expansión que los imperios de la antigüedad: para impulsar su crecimiento, necesitaba más recursos materiales y, esencialmente, más tierra.[23]

12
Tierra saqueada

En Santiago de Chile, los días después de una buena lluvia la niebla se retira y revela una impresionante vista de la cordillera de los Andes. Los Andes recorren de arriba abajo el estrecho país, desde la Patagonia en el extremo sur hasta la frontera superior de Chile, 4.000 kilómetros más al norte —el doble de la distancia entre Miami y Boston—. En esta parte del país, el paisaje urbano de la capital se transforma en una interminable extensión desértica, que, a excepción de algunas zonas de la Antártida, es el lugar más seco de la tierra. Las montañas se vuelven más nítidas y sus colores más vibrantes bajo el sol abrasador.[1]

Antes de que Chile fuera Chile, el desierto de Atacama, como se le conoce, albergaba a muchos grupos indígenas. Donde otros habrían visto un territorio árido y estéril, ellos transformaron el desierto en su hogar, extrayendo agua y minerales de las profundidades de la tierra para cultivar, criar ganado y realizar rituales ancestrales. Entonces llegaron los españoles y dividieron la región en unidades administrativas con fronteras. Aún hoy en día, los indígenas ancianos siguen advirtiendo en historias de tradición oral sobre una represión que llegó a ser tan violenta que los españoles le cortaban la lengua a cualquiera que se atreviese a seguir hablando su lengua nativa.[2] A partir de ahí, el imperio estableció la relación del país con el resto del mundo: suministraría materias primas —tierra, agua, energía y minerales— para reforzar las agendas políticas y económicas de otras naciones.

Actualmente, casi el 60 por ciento de las exportaciones de Chile son minerales, principalmente procedentes del desierto de Atacama, sobre todo cobre, un metal de alta conductividad utilizado en todo tipo de aplicaciones electrónicas y, más recientemente, litio, el ingrediente esencial de las baterías de iones de litio. Esos y otros recursos impulsan la economía del país. En Santiago, todo el mundo conoce a alguien que vive al compás de la industria minera. Durante los «turnos» de trabajo viven en el norte; durante los días de descanso vuelven a la capital.[3]

El país ha tenido problemas para establecer cualquier otra industria que actúe como su motor económico.[4] Mucho después del final del imperio español, Estados Unidos desempeñó un papel fundamental para asegurar esta trayectoria.[5] Durante las décadas de 1950 y 1960, a medida que la economía del desarrollo arraigaba en Chile y Uruguay, favoreciendo una fuerte regulación por parte del Gobierno y una estrategia centrada en la industrialización como vía para fomentar una economía en vías de desarrollo, multinacionales estadounidenses que habían ganado miles de millones con sus *holdings* en las minas de Chile empezaron a quejarse de las subidas de impuestos y las restricciones estatales. Posteriormente, el Gobierno de EE. UU. se embarcó en la misión de remodelar la política económica de Chile para que fuera más favorable a los intereses empresariales estadounidenses, lanzando en 1956 un programa llamado «el Proyecto Chile» para formar a cien estudiantes chilenos en la Universidad de Chicago bajo la tutela intelectual del economista estadounidense Milton Friedman.[6]

Friedman era un referente fundamental en el campo de la economía, que sería galardonado con el Premio Nobel en 1976 y cuyas ideas podrían resumirse perfectamente con el título de su influyente página de opinión de 1970 publicada por *The New York Times:* «La responsabilidad social de la empresa es aumentar sus beneficios». Friedman defendía todo lo que no defendía la economía del desarrollo: ausencia de regulación gubernamental, libertad sin restricciones para las empresas con ánimo de lucro y el camino a la maduración económica de los países en vías de desarrollo definido por su orientación hacia el exterior, como por ejemplo, la liberalización de las exportaciones.[7] Tal como detalla Naomi Klein en su *best seller* internacional de 2007, *La doctrina del shock*, el Proyecto Chile no tenía tanto que ver con la formación como con el adoctrinamiento. En la Universidad de Chicago, a los estudiantes chilenos —y posteriormente a estudiantes de otros países de Latinoamérica— se les enseñaba explícitamente a criticar las políticas económicas de su país y los terribles defectos del desarrollismo latinoamericano.[8]

A medida que cada promoción de graduados, conocidos como «los chicos de Chicago», regresaba a Santiago, las ideas neoliberales de Friedman fueron calando en la élite intelectual de Chile hasta llegar a convertirse en la ideología dominante. En 1973, el presidente de izquierdas elegido democráticamente fue derrocado por el general del ejército Augusto Pinochet tras un golpe de Estado fomentado en parte por la CIA.[9] El golpe supuso el inicio de casi dos décadas de brutal dictadura de Pinochet y de una nueva agenda económica neoliberal: la dictadura encomendó a los chicos de Chicago la redacción de su política económica.

Bajo el Gobierno de Pinochet, Chile privatizó prácticamente todo: la educación, la asistencia sanitaria, el sistema de pensiones, e incluso el agua. La estrategia generó crecimiento económico, pero también fomentó una impresionante desigualdad.[10] Actualmente, Chile es uno de los países con mayor desigualdad del mundo, con casi una tercera parte de los ingresos del país en manos de unas pocas familias poderosas que representan el 1 por ciento de la población. Al no haberse industrializado de forma significativa, sigue ligado a una economía basada en la extracción de recursos que lo hace relevante para potencias geopolíticas más importantes.[11]

De modo que, con la llegada del auge de la IA, Chile se convertiría en una zona cero para una nueva escala del extractivismo como proveedor de materias primas para la insaciable industria, no solo de cobre y litio en el norte, sino también de tierra, agua y recursos energéticos para la creciente hornada de centros de datos de la región metropolitana de Santiago. En mayo de 2024, el Gobierno anunció orgullosamente la creación de 28 nuevos centros de datos que se sumaban a los 22 existentes, a lo largo de los próximos años, que aportarían 2.600 millones de dólares en inversiones extranjeras.[12]

Si bien la postura del Gobierno es que su papel como proveedor de recursos representa un avance para la nación, Chile se ha convertido también en uno de los más fieros opositores del mundo a este relato. Comunidades de todo el país luchan denodadamente contra la expropiación de su tierra, su agua y otros recursos en favor de los objetivos del Norte Global que no las incluye ni las beneficia. Mediante protestas populares y batallas jurídicas, sus esfuerzos han logrado detener proyectos empresariales y han captado la atención del Gobierno. Además, han inspirado a personas de otros países para alzarse en solidaridad con ellos.

Martín Tironi Rodó, profesor de la Pontificia Universidad Católica de Chile y director del gabinete estratégico chileno Futures of Artificial Intelligence Research, dedicado al estudio de la IA bajo un prisma interdisciplinario y latinoamericano, resume la sensación que he captado repetidamente en esas comunidades durante mis viajes a lo largo y ancho del país. La pregunta fundamental que están planteando esos movimientos es cómo concebir una vía diferente para el desarrollo de la IA que no esté basada en la extracción, dice. «Si vamos a desarrollar esta tecnología del mismo modo que lo hacíamos antes, vamos a devastar la tierra.»[13]

Las tecnologías «digitales» no existen solo digitalmente. En realidad, la «nube» no adopta la forma etérea que sugiere su nombre. Para entrenar y servir a los modelos de IA se requieren centros de datos reales y tangibles. Y para entrenar y ejecutar el tipo de modelos de IA generativa presentados por primera vez por OpenAI, se requieren más centros de datos y más grandes que nunca.

Antes de la IA, los centros de datos ya crecían y proliferaban. En su día eran lo suficientemente pequeños y estaban lo suficientemente repartidos para poder ubicarlos en entornos urbanos, con unas cuantas estanterías con ordenadores ocultas en un armario al fondo de una oficina o unas cuantas docenas de racks en un edificio reacondicionado. En la década de 2000, los gigantes tecnológicos iniciaron una tendencia en otra dirección, consolidando toda su infraestructura informática en almacenes de servidores descomunales en comunidades rurales. El mundo de los centros de datos se dividió: estaban los hiperescaladores y el resto. Actualmente, los cuatro mayores hiperescaladores —Google, Microsoft, Amazon y Meta— destinan anualmente más dinero a la construcción de centros de datos que prácticamente todo el resto de los desarrolladores relativamente desconocidos, como Equinix y Digital Realty, juntos.[14]

Cuesta imaginar cómo es un centro de datos de hiperescala si nunca has visto uno.[15] Mél Hogan, profesora asociada de la Universidad de Queen en Canadá, que estudia la IA, la infraestructura y el medioambiente, utilizó campos de fútbol para describirlos cuando empezó a escribir sobre ellos hace aproximadamente una década. «Ahora, los campos de fútbol no se acercan ni por asomo al tamaño requerido imaginado», dice.[16] Los hiperescaladores llaman «campus» a sus centros de datos, grandes extensiones de terreno que rivalizan con las mayores universidades de la Ivy League, con varios edificios enormes repletos de filas y filas de ordenadores. Esos ordenadores emanan una cantidad de calor inimaginable, un millón de veces más que un ordenador portátil en funcionamiento. Para evitar que se sobrecalienten, los edificios disponen también de sistemas de refrigeración gigantescos: ventiladores enormes, aires acondicionados, o sistemas de evaporación de agua para refrigerar los servidores. Todo el equipo en su conjunto produce una cacofonía de zumbidos, runruneos y chirridos que —especialmente en las comunidades subdesarrolladas— puede oírse a kilómetros de distancia, veinticuatro horas al día, provocando una contaminación sonora desquiciante.[17]

Ahora, los desarrolladores utilizan una nueva palabra para distinguir la escala de lo que llega en la época posterior al ChatGPT: «megacampus».[18] La palabra no se refiere únicamente a la extensión de terreno, sino a la cantidad de energía necesaria para su funcionamiento. Un rack de GPU consume tres veces más energía que un rack de otros chips. Y lo costoso no es solo el entrenamiento de los modelos de IA generativa, sino también la energía necesaria para su funcionamiento.[19] Según la Agencia Internacional de la Energía, se calcula que cada petición realizada al ChatGPT necesita por término medio unas diez veces más electricidad que una búsqueda típica en Google.[20] Hasta hace poco, los mayores centros de datos se diseñaban para instalaciones de alrededor de 150 megavatios, lo que significa que podían consumir en un año la misma energía que 122.000 hogares de Estados Unidos.[21] Actualmente, los desarrolladores y las compañías de servicios públicos se están preparando para servir a megacampus de IA que pronto podrían necesitar entre 1.000 y 2.000 megavatios de potencia. Uno solo podría consumir anualmente tanta energía como entre una vez y media y tres veces y media San Francisco.[22]

Existen pocos lugares en el planeta capaces de producir y suministrar tanta energía a una única instalación. Los desarrolladores están trabajando con compañías de servicio público de todo el mundo para construir más plantas energéticas y ampliar el abanico de opciones. Después de una década con la demanda energética estancada en EE. UU., un análisis de Goldman Sachs describió la nueva y repentina oleada de centros de datos como impulsora «del tipo de aumento energético nunca visto en una generación».[23] Las compañías de servicios públicos están retrasando el desmantelamiento de las plantas de gas y carbón y la transición hacia las energías renovables; Microsoft ha reabierto Three Mile Island, una central nuclear situada cerca de Middletown, en Pensilvania, que sufrió una fusión nuclear parcial a finales de la década de 1970, el peor accidente nuclear comercial en la historia de EE. UU.[24] Al ritmo de crecimiento actual, se prevé que para 2030 los centros de datos utilicen el 8 por ciento de la energía del país, en comparación con el 3 por ciento de 2022; a nivel mundial, la IA podría utilizar más energía que toda la India, el tercer consumidor de electricidad del mundo.[25]

Esta escala —la mega-hiperescala— ha provocado alarmantes consecuencias medioambientales. Y, a pesar de todo, al mismo tiempo, la ocultación corporativa de ese impacto ha alcanzado cotas sin precedentes. Desde el artículo de Emma Strubell y la cita a Gebru en «Loros estocásticos», los gigantes tecnológicos han ocultado aún más los detalles técnicos de sus modelos, haciendo que sea extremadamente difícil calcular y rastrear su huella de carbono. Al mismo tiempo, esas empresas han incrementado sus campañas de influencia pública y política con contundentes relatos alternativos: los centros de datos serán tan eficientes que su impacto dejará de ser un problema; la IA generativa desbloqueará una nueva innovación climática; la AGI solucionará el cambio climático de una vez por todas.[26]

Si bien esta última afirmación es imposible de demostrar, las dos primeras son altamente engañosas, dice Sasha Luccioni, científica e investigadora y directora de la empresa de IA de código abierto Hugging Face.[27] La segunda es especialmente perniciosa: efectivamente, hay muchas tecnologías de IA, tal como las cataloga la iniciativa convertida en organización sin ánimo de lucro Climate Change AI, que pueden acelerar la sostenibilidad, pero rara vez se trata de tecnologías de IA *generativa.* «Lo que el clima necesita son modelos de aprendizaje supervisados, modelos detectores de anomalías, o incluso modelos estadísticos de series temporales», dice Luccioni, que es además miembro fundador de la iniciativa.[28] Todos esos modelos corresponden a generaciones anteriores de tecnologías de IA —principalmente herramientas de aprendizaje automático— que son pequeñas y eficientes desde el punto de vista energético y, en algunos casos, podrían incluso ejecutarse en un ordenador portátil potente. «La IA generativa deja una huella energética y de carbono desproporcionada, con muy pocas consecuencias positivas para el medioambiente», añade. Luccioni dice que sus antiguos colaboradores de empresas clausuradas ya no reciben la autorización de sus empleadores para colaborar con ella en la redacción de artículos sobre el impacto medioambiental de la IA. En cambio, ha trabajado con colaboradores externos y académicos como

Strubell, cuyas investigaciones fueron su primera fuente de inspiración. En un artículo escrito conjuntamente con el responsable de aprendizaje automático y sociedad de Hugging Face, Yacine Jernite, ambos midieron la huella de carbono de los modelos de IA generativa de código abierto en funcionamiento como un indicador de la de las empresas cerradas.[29] Llegaron a la conclusión de que para generar mil unidades de texto a partir de los modelos generativos se utilizaba por término medio tanta energía como la que se necesitaría para 242 cargas completas de teléfonos inteligentes; dicho de otro modo, cada imagen generada por IA podría consumir suficiente energía para cargar un teléfono inteligente aproximadamente hasta el 25 por ciento. Los artículos de Luccioni y Strubell son de los pocos que aún aportan medidas cuantificables del carbono que hay tras los modelos de IA generativa. Es una ardua batalla. En un momento dado, Luccioni afirma que se ha puesto en contacto con más de quinientos autores de los artículos más recientes sobre aprendizaje automático para solicitarles información básica respecto al aprendizaje de sus modelos. «Apenas recibí respuestas», dice. «La gente ni siquiera respondía o decía que se trataba de información confidencial.»[30]

A pesar de que los hiperescaladores han hablado abiertamente en público sobre la sostenibilidad de su infraestructura informática, directivos de Microsoft han reconocido internamente que la intermitente disponibilidad de la energía renovable no basta cuando los centros de datos tienen que funcionar 24 horas, 7 días a la semana.[31] El hecho de funcionar de manera ininterrumpida se considera tan crucial que Google, Amazon y, más recientemente, Microsoft, construyen ahora sus campus de tres en tres para tener un repuesto del repuesto en caso de que alguna instalación falle.[32] Durante el huracán Irma en Florida y el huracán Harvey en Texas, aunque millones de personas se quedaron sin electricidad, algunos hospitales evacuaron a sus pacientes y miles y miles de hogares y empresas tuvieron que hacer frente a daños y destrucción, los centros de datos de esas zonas continuaron funcionando tan bien que las familias desplazadas de los empleados de una instalación se trasladaron allí durante el episodio del desastre natural.[33] El terreno y la energía necesarios para albergar esos megacampus no son más que dos elementos de la cadena de suministro global de la expansión de los centros de datos. También hay que tener en cuenta el extraordinario volumen de minerales, como el cobre y el litio, necesario para construir el hardware —ordenadores, cables, líneas eléctricas, baterías, generadores— y la ingente cantidad de agua potable —sí, potable— que se necesita a menudo para refrigerar los servidores. (El agua tiene que estar lo suficientemente limpia para evitar atascos en las tuberías y la proliferación de bacterias; el agua potable cumple esos requisitos.) Según un cálculo realizado por investigadores de la Universidad de California, Riverside, la creciente demanda de IA podría consumir entre 4,16 billones y 6,4 billones de litros de agua potable anualmente a nivel mundial, o la mitad del agua que se consume anualmente en el Reino Unido. Esos efectos no se producirían de manera uniforme.[34] Según otro estudio, en EE. UU., una quinta parte de los centros de datos ya estaban extrayendo esa agua antes del auge de la IA generativa de reservas hídricas que eran objeto de presión moderada o alta como consecuencia de la sequía u otros factores.[35] Y, en los países del Sur Global, como Chile, las comunidades más vulnerables suelen ser las que se han llevado la peor parte como consecuencia de esas desenfrenadas economías de extracción. A medida que cada vez más comunidades han visto cómo sus vidas se veían afectadas por los centros de datos, un creciente número de ellas se ha posicionado firmemente en contra de su desarrollo incontrolado. En respuesta a esto, los desarrolladores de centros de datos han optado por tácticas más sofisticadas para mantener la situación: se han infiltrado secretamente en las comunidades a través de empresas fantasma; han realizado donaciones a programas comunitarios para rebajar la oposición; han hecho promesas a las ciudades diciendo que sus instalaciones eran sostenibles antes de retirarlas una a una cuando los proyectos ya estaban en marcha y era más difícil dar marcha atrás.[36] Por ejemplo, en Virginia, un grupo de residentes que protestaba contra varios centros de datos enormes se sorprendió al descubrir un correo electrónico de un abogado a un desarrollador que sugería someterlos a vigilancia.[37] «Necesitamos uno o dos topos en ese grupo», escribió el abogado.[38]

A partir del momento en que se comprometió con la idea de escalado, OpenAI trató de lograr una infraestructura informática sin precedentes. «En la IA, quien tiene el ordenador más grande es el que tiene más beneficios»,[39] me dijo Brockman en 2019. Así que, con Microsoft, Altman desarrolló un plan sobre cómo el gigante tecnológico podría cubrir las necesidades informáticas de OpenAI que iban aumentando de manera exponencial. Las dos empresas trabajarían conjuntamente para diseñar y suministrar docenas de superordenadores para investigación; centros de datos que tendrían que estar equipados con chips Nvidia para entrenar a varios modelos de IA en el transcurso de las investigaciones de OpenAI. Esencialmente, Microsoft construiría una serie de superordenadores cada vez más grandes y potentes para entrenar a cada nueva generación de modelos de OpenAI.

Altman empezó refiriéndose a las series de superordenadores como «fases», y en un momento dado mostró a empleados diapositivas para ilustrar el tamaño de cada fase, siendo la fase 5, la última prevista, extraordinariamente más grande que el resto.[40] El superordenador en el que OpenAI había entrenado al GPT-3 se encontraba en la fase 1. Equipada con 10.000 V100, la instalación se construyó en West Des Moines, Iowa, donde Microsoft llegó por primera vez en 2012. Se había ganado el favor de los funcionarios municipales gracias al pago de una asombrosa suma de impuestos, según el entonces alcalde, contribuyendo así a que la ciudad llevara a cabo importantes mejoras en sus infraestructuras públicas.[41] Durante más de una década, la empresa invirtió también unos 2,5 millones de dólares en programas comunitarios locales, en su mayoría sin ánimo de lucro.[42] Microsoft le asignó al superordenador de la fase 1 el nombre en clave de Odyssey; OpenAI lo llamó Owl ('búho'), siguiendo la convención iniciada anteriormente de denominar los grupos informáticos de la división de Investigación con nombres de animales por orden alfabético. Cuando utilizaron las veintiséis letras, pasaron a llamarlos como los elementos de la tabla periódica ordenados por número atómico.

La fase 2 tuvo también lugar en Iowa y se utilizó para entrenar al GPT-4. Empezó con los 18.000 A100 referenciados en la hoja de ruta de investigación de 2021, que acabaron siendo alrededor de 25.000 al final del proceso de entrenamiento. Para Microsoft, el ordenador de la fase 2 era Telémaco, llamado como el hijo de Odiseo en la mitología griega. Para OpenAI, era Raven ('cuervo'). La fase 3 se trasladó a Arizona. Con su terreno barato, sus exenciones fiscales y su proximidad geográfica con California, Arizona se había convertido rápidamente en una de las localizaciones preferidas para el desarrollo de centros de datos de los proveedores de servicios en la nube. Tras cultivar cuidadosamente la relación con los gobiernos de dos ciudades subdesarrolladas a las afueras de Phoenix, Microsoft adquirió tres terrenos en 2018 y 2019 y, de nuevo, hizo donaciones a varias organizaciones comunitarias para acallar cualquier posible objeción por parte de los residentes. Los terrenos tenían una extensión de casi 250 hectáreas, o más de 450 campos de fútbol. (Microsoft ampliaría el área con otras 115 hectáreas en 2024.) Cada terreno albergaría un nuevo campus de centro de datos que prestaría servicio a los clientes de Azure y a los de OpenAI en la región de la nube «West US3».[43]

La construcción de la fase 3 —llamada Inglewood en Microsoft y Whale ('ballena') en OpenAI— tendría un coste de varios miles de millones de dólares y albergaría miles de Nvidia H100, la generación posterior a los A100, para entrenar a los que en aquel momento OpenAI creía que denominaría probablemente GPT-4.5 y GPT-5. Para la fase 4, prevista en Wisconsin, Altman esperaba que los costes alcanzaran los 10.000 millones de dólares utilizando los últimos B100 de Nvidia, otra generación posterior a los H100. Era una suma descomunal, teniendo en cuenta que en ese momento los centros de datos de hiperescaladores costaban entre 1.000 y 2.000 millones de dólares. No tenía previsto detenerse ahí y planteó, como si tal cosa, la idea de un superordenador de 100.000 millones de dólares para la fase 5. Tras el tremendo éxito del ChatGPT, Altman rebajó sus expectativas. Con tantos chips asignados para ofrecer el ChatGPT a los clientes, Microsoft tenía dificultades para adquirir chips con suficiente rapidez para concluir el desarrollo de la fase 3. Whale se dividió en dos grupos distintos —Beluga, Narwhal y Orca— con el objetivo de finalizar su desarrollo en algún momento de 2024.

Nadie en Microsoft ni en OpenAI sabía siquiera si la fase 5 era técnicamente posible. Según informó posteriormente *The Information*, de acuerdo con los planes de diseño de Microsoft y OpenAI, las instalaciones de 100.000 millones de dólares necesitarían la friolera de 5.000 megavatios, casi la demanda media de electricidad de toda la ciudad de Nueva York. Si bien el plan no parecía la inversión empresarial más segura, el dinero no era el principal obstáculo. Era la energía. Según un empleado de OpenAI, «nos estamos quedando sin terreno y sin electricidad».[44] Ambas empresas eran conscientes de que la fase 5 únicamente sería posible con cierto grado de innovación. O bien Microsoft y OpenAI tendrían que dividir el superordenador en múltiples campus para distribuir las demandas energéticas y averiguar cómo entrenar un modelo de IA en ubicaciones distantes entre sí, o bien, como a Altman le gustaba decir a veces, el problema se solucionaría por sí solo con un futuro avance en el campo de la fusión nuclear.

A veces, informaba a los empleados de OpenAI de novedades optimistas sobre Helion Energy, la startup dedicada a la fusión nuclear que constituía su mayor inversión a nivel personal y con la que Microsoft ya se había comprometido a comprar electricidad en cuanto su planta eléctrica, que se había fijado el objetivo de generar 50 megavatios, entrara en funcionamiento. *The Wall Street Journal* informaría posteriormente de que OpenAI y Helion estaban también en conversaciones para alcanzar un acuerdo del que Altman se había desvinculado.[45]

Altman y otros directivos nunca sacaban a colación el tema del coste medioambiental de los centros de datos en las reuniones corporativas. Mientras OpenAI entrenaba al GPT-4 en Iowa, el estado llevaba dos años de sequía. Associated Press informó más adelante que, durante un solo mes de entrenamiento del modelo, los centros de datos de Microsoft habían consumido alrededor de 43,5 millones de litros (el 6 por ciento) de agua del distrito.[46] El GPT-4 se entrenó allí durante tres meses. (Un portavoz de Microsoft dijo que la empresa está trabajando para aumentar su eficiencia hídrica en un 40 por ciento respecto a 2022 y reponer más agua de la que consume en sus operaciones a nivel mundial en 2030, centrándose especialmente en las regiones con estrés hídrico en las que trabaja.)[47]

Arizona también padece una importante crisis hídrica. En 2022, mientras Microsoft sentaba las bases de la fase 3, un estudio publicado en *Nature Climate Change* reveló que el sudoeste de EE. UU. se enfrentaba a la peor sequía en más de mil años.[48] Dicha sequía, combinada con una gestión muy deficiente, ha drenado el río Colorado, del que dependen Arizona y otros seis estados para el suministro de agua potable, hasta niveles peligrosamente bajos. Si no se toman medidas drásticas, el río podría dejar de fluir.[49] La escasez agrava la crisis energética, puesto que el cambio climático ha azotado la región con un constante aumento de las temperaturas hasta alcanzar cifras récord, y las familias han puesto el aire acondicionado a la máxima potencia. La región depende en parte de la energía hidroeléctrica de la presa Hoover y de las centrales nucleares refrigeradas por agua. Dicho de otro modo, necesita agua para generar más energía. En 2023, el área metropolitana de Phoenix registró nuevos récords de temperatura y fue el peor año en cuanto a muertes relacionadas con el calor, las cuales aumentaron al menos un 30 por ciento respecto a las de 2022, alcanzando la cifra de más de 600 fallecimientos.[50] Según Tom Buschatzke, director del Departamento de Recursos Hídricos de Arizona, «todo apunta a una situación complicada».[51]

Lo que Altman sí puso sobre la mesa fue su impaciencia. En marzo de 2024, tras dormirse en los laureles durante los primeros años de la carrera por la IA generativa, Meta irrumpió con nuevos planes agresivos para tener 350.000 H100 funcionando como parte de una infraestructura aún mayor, construida para respaldar su repentina oleada de inversiones en IA generativa. Eran más GPU de los que OpenAI tenía a su disposición. Altman no estaba contento. Le parecía que Microsoft iba demasiado despacio y le estaba costando a OpenAI su ventaja competitiva.[52]

Cuando Sonia Ramos era una niña, fue testigo de un accidente que la marcaría para el resto de su vida. Nació en una familia minera en Chile. Su padre trabajaba para una empresa estadounidense dedicada a la extracción de cobre y ella se crio con los hijos de los otros trabajadores.[53] En 1957, parte de la mina de Chuquicamata se derrumbó, matando a varias personas e hiriendo a muchas otras.[54] Aunque su padre se salvó, recuerda contemplar la desastrosa situación que se desarrollaba a su alrededor: familias afectadas sumidas en una pobreza humillante, niños consumidos por el hambre. Cuatro décadas más tarde, cuando Ramos empezó a protestar contra la industria minera, convirtiéndose en una de las voces indígenas más activas y tajantes de Chile, denunciando la destrucción social, cultural y medioambiental que provocaba, recordó las lecciones aprendidas a raíz de la tragedia: la industria minera es un sistema, y dicho sistema, si se le deja a su aire, tratará de obtener beneficios a cualquier precio. «El trabajador no existe», dice. Ninguna de las víctimas recibió una indemnización. «En ese lugar, la humanidad no existe.»

Chile es el mayor productor de cobre del mundo, con una cuarta parte del suministro mundial. Desde el principio, la extracción del cobre no solo ha remodelado la tierra, sino también las sociedades que dependen de ella. A veces, los efectos son evidentes. Actualmente, Chuquicamata es la mina de cobre a cielo abierto más grande del mundo, una herida abierta en la tierra que los explosivos hacen habitualmente más profunda. La roca extraída, apilada en montañas que dan una idea de las cavidades de las que procede, va enterrando poco a poco los restos de una ciudad abandonada después de que la mina de cobre se la tragara.[55] La minería también ha drenado el agua de la región para procesar el cobre. En un momento dado, una multinacional extranjera consumió tanta agua que vació por completo toda la cuenca de un *salar* cercano, destruyendo su rico ecosistema.[56]

Menos visibles son los restos de arsénico que la industria deja en el aire y en el agua, y que han elevado los índices de cáncer en el norte del país, y las formas en que la minería ha reestructurado la vida indígena y creado divisiones entre diferentes comunidades. Con sus tierras desprovistas de agua y minerales, los atacameños, el nombre que engloba a todos los grupos indígenas que comparten la región, ya no pueden mantenerse con sus propios cultivos o criando su propio ganado.[57] El cambio ha sumido a sus pueblos en la más profunda pobreza. El crimen ha aumentado junto con la depresión, el alcoholismo y la delincuencia. No tienen suficiente comida, agua corriente, asistencia sanitaria adecuada ni recursos educativos, y han visto muy pocos beneficios de las ganancias de miles de millones que su tierra ha generado para otros.[58] Por el contrario, muchos se ven obligados a trabajar en la misma industria que les ha arrebatado su territorio y a recibir asistencia médica en las pequeñas clínicas que patrocina. Mientras que, en su día, había una gran unidad entre los grupos indígenas, actualmente se pelean por los escasos recursos.[59]

El litio es un descubrimiento más reciente con el que se topó una empresa estadounidense en la década de 1960 mientras buscaba el agua necesaria para la extracción de cobre.[60] Al perforar los salares encontró elevadas concentraciones de litio flotando en un fluido oleoso bajo la superficie, lo cual abrió un nuevo frente de extracción y aceleró la destrucción de más ecosistemas. Actualmente, Chile produce aproximadamente una tercera parte del litio mundial, solo superado por Australia.[61] El material se extrae fundamentalmente del Salar de Atacama, el más grande del país, bombeando el fluido en brillantes estanques color turquesa y esperando a que el sol evapore la solución y esta cristalice formando litio y otros derivados.[62] Los salares fueron en su día el hábitat de bandadas de flamencos rosas a los que los atacameños consideran sus hermanos espirituales. Ahora, los flamencos han desaparecido; la hija pequeña de un líder indígena de la comunidad de Peine solo tiene las historias de sus antepasados y un flamenco de peluche para recordarlos.[63] A lo largo de los años, los atacameños han oído muchos relatos que justifican toda esta extracción. En 2022, cuando la Unión Europea decretó nuevas políticas de actuación en cuanto a la transición energética y la demanda de litio se disparó, tanto las empresas como los políticos de Chile y del resto del mundo elogiaron la importancia de la industria minera del país a la hora de impulsar un futuro mejor.[64] Las comunidades indígenas que veían cómo se destruían sus tierras y sus comunidades preguntaron: ¿un futuro mejor para quién? «La población local nunca puede plantearse su propio destino al margen de la economía y la política internacional», afirma Cristina Dorador, una microbióloga que vive en el norte y estudia su rica biodiversidad.[65]

Ahora, ese mismo relato se ha reciclado para justificar la IA generativa. El aumento de la extracción de cobre y litio para construir los megacampus —y centrales energéticas y miles de kilómetros más de líneas eléctricas para alimentarlos— marca el inicio, según Silicon Valley, de un futuro mejor y más próspero. Frenar esa extracción es, por tanto, frenar el progreso fundamental de la humanidad. Sin embargo, no es a la minería a lo que se oponen las comunidades indígenas. «Nuestros antepasados eran mineros», dice Ramos. Fueron ellos los que descubrieron el cobre. El problema, a su juicio, es la escala.[66]

Esa escala lo ha arrasado todo. Ha hecho que el norte y el resto de Chile dependan completamente de la industria y no permite que surjan otras economías. Ha frenado la capacidad del país —y del resto del mundo— de imaginar vías diferentes de desarrollo sin saquear los recursos naturales, dice Ramos. Al permitir la producción de modelos enormes de IA generativa, esa escala ha provocado también que se perpetúen estereotipos racistas sobre los pueblos indígenas que ya sufren las consecuencias de la construcción física de la tecnología. Una exposición artística celebrada en Brasil en 2023, coproducida por una universidad chilena, expuso la enorme brecha existente entre la realidad de las ricas culturas indígenas de Latinoamérica y las deplorables descripciones de las mismas por parte de Midjourney y Stable Diffusion como pueblos primitivos e ineptos desde un punto de vista tecnológico.[67] En los últimos años, los atacameños han opuesto cada vez más resistencia. Hacen ondear banderas negras en sus casas para denunciar la explotación de sus tierras y su comunidad. Han organizado protestas para bloquear físicamente las carreteras por las que tienen que pasar los autobuses y camiones de las empresas para llegar a las minas. Han contratado a abogados para ejercer sus derechos legales como pueblos indígenas según el derecho internacional que protege su soberanía cultural y territorial. Dado que las empresas y el Gobierno de Chile se han visto obligados a invitarles a entablar negociaciones, una de las demandas fundamentales de los indígenas es la necesidad de que el Gobierno realice investigaciones sobre la salud de los ecosistemas del desierto de Atacama y cuantifique la pérdida de agua y cualquier otro daño irreparable.[68]

Ramos también tiene su propia fundación, que aúna «lo ancestral y lo no ancestral», dice, para promover y realizar investigaciones científicas sobre la riqueza natural que puede ofrecer el desierto de Atacama. Debido a sus excepcionales condiciones extremas, alberga a muchas comunidades microbianas —potencialmente útiles para la elaboración de medicamentos o nuevas fuentes de energía— que no existen en ningún otro lugar. Por esas mismas razones, el desierto también se ha estudiado durante décadas como una analogía del clima de Marte. Ramos espera que cualquier descubrimiento ayude a demostrar el valor de preservar su bella tierra natal. En contra del relato del progreso a alta velocidad utilizado para impulsar la extracción, busca nuevas concepciones de progreso que promuevan la sanación, la sostenibilidad y la regeneración.

Mientras la lucha de Ramos continúa en el norte, en el corazón de Chile se libra otra batalla diferente sobre la adopción por parte del Gobierno de los centros de datos de la industria tecnológica. Cuanto más rápidamente se han expandido los hiperescaladores, superando la oferta de tierra y electricidad en las zonas donde operan, más agresivamente han presionado para reclamar esos recursos en nuevos territorios a nivel mundial.

Solo Microsoft destinó más de 55.000 millones de dólares durante el año fiscal 2024, casi un tercio de sus ingresos reportados, a la construcción de lo que *SemiAnalysis* describió como «la mayor creación de una infraestructura jamás vista por la humanidad».[69] Google, por su parte, declaró, en la tercera teleconferencia trimestral de 2024 para analizar su estado financiero, que tenía previsto aumentar el gasto en centros de datos hasta alcanzar alrededor de 50.000 millones de dólares durante ese año fiscal.[70] Meta declaró que probablemente concluiría el año fiscal con 40.000 millones de dólares destinados a la expansión de centros de datos e infraestructuras que, según sus previsiones, aumentarían al año siguiente.[71]

Una rara tarde brumosa de junio de 2024, Alexandra Arancibia conduce nuestro coche por Quilicura, un municipio situado a las afueras de Santiago en el que vive y trabaja como concejala, hasta lo que considera el símbolo definitorio de la enorme diferencia de poder entre los gigantes tecnológicos estadounidenses y su comunidad. A menos de media hora en coche de los barrios más pintorescos de Santiago, repletos de cafeterías de estilo europeo y restaurantes veganos, las carreteras por las que circulamos se caen a pedazos por falta de mantenimiento, flanqueadas de montañas de basura en vertederos ilegales controlados por una mafia local.[72]

Tras pasar por un cementerio de mascotas, nos detenemos en lo que parece una parcela de hierba abandonada con matas de arbustos y un puñado de árboles desnutridos desperdigados que sobresalen de la tierra. La mayoría de los días, la tierra está tan reseca que parece parte del desierto de Atacama; hoy, la lluvia lo transforma todo en barro. En medio de la parcela, un cartel violeta anuncia en español: «Bienvenidos al Bosque Urbano de Quilicura», un proyecto, explica, que Google puso en marcha en 2019 para compensar a la comunidad por albergar su centro de datos. En el cartel figura un diagrama que explica detalladamente los beneficios del «bosque»: a la izquierda, hay una ilustración que muestra a Quilicura como una zona industrial, repleta de fábricas que generan gases de efecto invernadero y contaminación atmosférica; a la derecha, hay una ilustración del bosque floreciendo bajo una lluvia generosa que cae de una gran nube llamada «SMOG».

Google alardea de este bosque en su página web y en sus comunicados de prensa. Cuando le solicito a la portavoz de la empresa en el país una entrevista acerca del desarrollo de

Google en Chile, me envía en su lugar unas cuantas notas asépticas, añadiendo posteriormente que la empresa crea un programa de impacto para la comunidad con cada nuevo centro de datos que respaldan proyectos locales relacionados con la educación, la sostenibilidad, el acceso a Internet y la salud; en Quilicura, Google ha invertido más de 1,2 millones de dólares. En la documentación proporcionada, la parte relativa al bosque menciona que los residentes hacen uso del espacio verde. No hay residentes. El lugar está demasiado alejado de cualquier línea de autobús y en los alrededores no hay viviendas dignas de mención. Fuera de la humilde parcela, demasiado pequeña para dar cabida al propio centro de datos de Google, una docena de perros callejeros merodean por allí, ladrando y husmeando en la basura. La portavoz dijo que el bosque se está reformando para «hacer evolucionar la experiencia de la comunidad».[73]

Arancibia sonríe irónicamente mientras asimilamos la escena. «¿Te sientes como si estuvieras en Silicon Valley?»

Arancibia acababa de iniciar sus estudios universitarios cuando se dio cuenta de que Quilicura era un lugar en el que se desechaban las cosas. Cada día pasaba por zonas del municipio —repletas de desechos— camino de la universidad, que no sabía que existían. Nunca consideró que Quilicura fuera su «hogar»; era simplemente el lugar en el que vivía, una ciudad obrera subdesarrollada y anodina a la que se mudaron sus padres cuando ella era pequeña. Sin embargo, verla tratada literalmente como un vertedero despertó en ella un profundo deseo de devolver a la tierra su antigua belleza.[74]

Tan solo dos décadas antes, cuando Arancibia era una niña, Quilicura era en su mayoría campo: pastos ondulantes y humedales relucientes que albergaban una biodiversidad diferente, aunque igual de rica que la del desierto de Atacama: pájaros, animales y variedades de flora. Entonces llegó la mafia de la basura, que permitía a cualquier persona procedente de otras zonas de Santiago depositar su basura en Quilicura a cambio de un precio. Algunos vertederos llevan en funcionamiento tanto tiempo que la hierba y la maleza han crecido en ellos, confiriéndoles un aspecto de espeluznantes colinas deformes que se ciernen sobre el paisaje. Luego llegaron diferentes industrias, incluyendo fábricas de cerveza e inmobiliarias, que se apropiaron de más tierra y extrajeron agua de los humedales para sus propios fines. Hoy en día, solo algunos minúsculos parches verdes en el municipio de 35 kilómetros cuadrados dan una idea de lo que fue en su día Quilicura.[75]

Con este telón de fondo llegó Google a Quilicura en 2012 para construir su primer centro de datos en Latinoamérica. En la página web de Google, la empresa presenta orgullosa el centro de datos, que empezó a operar en enero de 2015, como uno de los más eficientes y respetuosos con el medioambiente del continente. En aquel momento, en Quilicura nadie prestó atención al proyecto; desde luego, nadie en el acomodado epicentro de Santiago prestaba atención a Quilicura. Los residentes en el barrio que pasaban cada día en autobús junto al centro de datos camino del trabajo daban por sentado que se trataba de una fábrica que producía cerveza o alimentos y daba empleo a la comunidad local.

El centro de datos de Google —como la mayoría de los centros de datos— no proporcionaba demasiados puestos de trabajo, más allá de los relacionados con su construcción inicial. Una oferta de empleo de 2024 en la que se solicitaba un técnico mecánico, uno de los pocos puestos estables disponibles, se publicó en el tablón de anuncios de Google únicamente en inglés; el anuncio especificaba que no se tendrían en cuenta currículums enviados en cualquier otro idioma. El centro de datos, según afirman los activistas, tampoco aportó demasiados beneficios más a la comunidad local. Las escuelas públicas de las inmediaciones siguen careciendo de una buena conexión a Internet y de dispositivos para que los alumnos puedan acceder a ella.[76]

La llegada del centro de datos marcó a Quilicura y al resto de Santiago como un destino deseable para la expansión física de Silicon Valley. En 2019, Google anunció la construcción de su segundo centro de datos latinoamericano en la zona metropolitana de Santiago. Poco después, Microsoft y Amazon anunciaron que también se trasladaban allí. El Gobierno chileno se apresuró a darles la bienvenida, presentando el país como un refugio seguro y estable para las inversiones extranjeras directas en Latinoamérica, que, por otra parte, tiene fama de contar con Gobiernos poco fiables e inestabilidad social y económica. En 2020, el Gobierno dio un paso más allá. Anunció el proyecto de construcción de un nuevo cable submarino, parecido a una autopista de datos, que conectaría la región de Asia-Pacífico directamente con las Américas a través de la costa central de Chile, no lejos de Santiago. Chile se convertiría en un centro mundial de la infraestructura digital.[77] Google respaldó la asociación. [78]

Sin embargo, en julio de 2019, cuando Google iniciaba el papeleo para crear su segundo centro de datos en Chile, un grupo de residentes estaba al acecho. La empresa había elegido Cerrillos para su nueva ubicación, otro municipio obrero fronterizo con Santiago. Al igual que Quilicura, Cerrillos tiene una larga historia de negligencia y abandono. Entre las décadas de 1930 y 1990, una fábrica de cemento que pertenecía a una empresa belga contaminó la comunidad con niveles letales de asbestos, provocando lo que un historiador chileno denominó «el mayor genocidio industrial» del país. Hoy en día, los residentes siguen muriendo a causa de unos índices de cáncer superiores a la media. Pero Cerrillos también es especial; en un país en el que el agua está privatizada, el municipio cuenta con el único servicio público de aguas de la nación, que suministra las aguas subterráneas locales a las comunidades vecinas y, en situaciones de emergencia, a otras zonas de Chile.[79]

Esta excepcional combinación —una historia de abandono y una preciada fuente de suministro de agua— constituyó terreno abonado para la aparición de varios grupos de activistas medioambientales que actuaban como perros guardianes y que protegían ferozmente la extracción de sus recursos. Ese verano, mientras Google presentaba un informe a la agencia medioambiental de Chile para que aprobase su centro de datos —un proceso en gran medida burocrático—, MOSACAT, un grupo activista en favor de la protección del agua, se dedicó a examinar minuciosamente las 347 páginas del documento.[80] En la información facilitada, Google decía que su centro de datos tenía previsto utilizar aproximadamente 169 litros de agua potable por segundo para refrigerar sus servidores. Dicho de otro modo, el centro de datos podría utilizar más de *mil veces* la cantidad de agua que consumía toda la población de Cerrillos (aproximadamente 88.000 habitantes) en el transcurso de un año.[81] A MOSACAT esto le pareció inaceptable. La instalación no solo extraería directamente el agua de la fuente de suministro pública de Cerrillos, sino que lo haría en un momento en el que todo el suministro de agua potable de la nación estaba amenazado. En 2019, como había sucedido en Iowa y Arizona, Chile llevaba ya nueve años padeciendo una pertinaz sequía sin precedentes en la historia.[82]

Tania Rodríguez, miembro de MOSACAT, me entrega las 347 páginas del dosier medioambiental de Google, impresas y encuadernadas en espiral con dos tapas de plástico azul. El tomo cae sobre mi falda con un ruido sordo, una manifestación física de cómo Silicon Valley recurre a sus conocimientos técnicos para justificar su toma de decisiones centralizada. Del interior sobresalen pósits etiquetados cuidadosamente. «Agua potable» dice en español una de las notas, señalando las páginas que tratan la necesidad del centro de datos de consumir agua potable para su refrigeración.

MOSACAT se fundó en 2019, después de que activistas de diversos movimientos en defensa de los derechos de las mujeres, del derecho a la vivienda, de los derechos de los trabajadores y de los derechos medioambientales se agruparan solidariamente para formar un colectivo unificado. Muchos de ellos se habían conocido durante las protestas contra un proyecto minero ilegal. El activismo de MOSACAT consiguió echar a los mineros, que se clausurara el proyecto y que la tierra se recalificara como reserva natural protegida, dice el grupo. Poco después, un amigo del grupo, que actualmente ejerce como miembro del Congreso nacional de Chile, les informó del proyecto del centro de datos de Google y les instó a que se fijaran en el consumo de agua previsto.

Los miembros de MOSACAT no son tecnólogos. Sin embargo, leyeron detenidamente cada una de las páginas repletas de densos diagramas y terminología esotérica, tomaron profusión de apuntes y memorizaron todos los pormenores de los centros de datos y sus sistemas de refrigeración con el fin de prepararse para alzarse contra Google. Rodríguez suelta una carcajada cuando le pregunto cómo fueron capaces de digerir toda aquella información. «Tuvimos que hacerlo todos juntos», dice, refiriéndose a los más de doce voluntarios que forman MOSACAT y realizan su trabajo robándole horas al día, entre sus obligaciones laborales y familiares.

En la mayoría de los casos, los proyectos en Chile que requieren agua tardan mucho en recibir la aprobación. En el caso de Google, la aprobación llegó rápido, a pesar de que el país estaba sumido en una serie de emergencias relacionadas con la sequía. Al principio, MOSACAT intentó impugnar el proyecto a través del socio local de Google, una empresa de inversiones y servicios chilena llamada Dataluna. La reunión inicial fue mal, dice MOSACAT. Los representantes de Dataluna parecían no haber entendido demasiado el proyecto y negaron que fuese a utilizar agua potable. A partir de ahí, MOSACAT acudió al gobierno local. El alcalde y el consejo municipal se habían reunido ya con Dataluna, recuerda el grupo, y tenían la falsa impresión de que el centro de datos necesitaba únicamente agua no potable para su refrigeración. Cuando MOSACAT les informó de la situación, el gobierno, alarmado, exigió a Dataluna una explicación. El tema pasó de Dataluna a la división de Chile de Google y, de ahí, a la sede central de Google en Mountain View, California.

En octubre de 2019, Google envió a dos ingenieros y a un abogado a Cerrillos para hacer una presentación a la comunidad. El día de su llegada, MOSACAT empapeló las calles con carteles de protesta a lo largo de la ruta que tenían que recorrer los miembros de Google para llegar al lugar de la reunión. Los miembros de MOSACAT no asistieron solos a la reunión. Entre las aproximadamente dos docenas de residentes asistentes, estaban representados otros seis activistas y grupos comunitarios. Los ingenieros de Google eran gringos, recuerda MOSACAT, altos y solo sabían hablar inglés. Realizaron una presentación muy técnica y el abogado de Google actuó como intérprete. Durante las discusiones, los miembros de MOSACAT que hablaban inglés dijeron que el abogado estaba traduciendo mal sus palabras. En otro momento, los representantes de Google trataron de aplacar a la comunidad ofreciéndose a plantar un bosque urbano exactamente igual al que el gigante tecnológico había proporcionado a Quilicura. El ofrecimiento no impresionó a MOSACAT ni al resto de los grupos. En realidad, Google no estaba allí para implicarse y escuchar lo que quería la comunidad. «Vinieron a intimidarnos», dice la miembro de MOSACAT Alejandra Salinas, que trabaja también como concejala en Maipú, un municipio vecino a Cerrillos. «Piénsalo. Vienen a ofrecernos árboles mientras nos secan la tierra.»[83]

Los habitantes de Cerrillos no necesitaban árboles. No necesitaban que Google les construyera un parque, como si el área metropolitana de Santiago fueran un lugar tan subdesarrollado que no tuviera parques. Lo que necesitaban era que Google dejara de tratar su tierra como un lugar al que saquear su preciada agua y otros recursos; necesitaban que la empresa dejara de menospreciar a los miembros de la comunidad considerándolos meros espectadores en lugar de participantes en el desarrollo de sus proyectos locales. «Sabemos que alimentamos al mundo, que suministramos materias primas como el cobre y el litio», dice Salinas. «Nadie está diciendo que nuestro tesoro sea solo nuestro y que no lo vayamos a compartir. Sí, podemos ayudarnos unos a otros. Pero que no piensen que van a venir aquí a usar nuestra agua, que es fundamental para la vida, y dejarnos sin nada.»

En aquel entonces, Chile se hallaba inmerso en una agitación política que se prolongaba desde hacía un mes, conocida como el estallido social*. Cada semana estallaban protestas candentes y en ocasiones violentas; empezaron ese mismo mes de octubre de 2019 con un clamor colectivo contra el desempleo, la privatización y la profunda desigualdad que tuvo como resultado cientos de heridos y docenas de muertos. A finales

* En español en el original. *(N. del T.)*

de 2019, mientras las comunidades de todo el país empezaban a celebrar referendos como respuesta al movimiento para la reforma de la política nacional y local, MOSACAT aprovechó el que se celebraba en Cerrillos para incluir una pregunta sobre si los habitantes estaban o no de acuerdo con que Google construyese unas instalaciones que iban a consumir una parte tan importante del agua de la comunidad. Se movilizaron para difundir la verdadera naturaleza del proyecto, repartiendo panfletos en las esquinas de las calles, llamando a las puertas de la gente y pegando carteles por todo el municipio.

En diciembre de 2019, MOSACAT ganó; el referendo sobre la construcción del centro de datos fue rechazado por un estrecho margen de votos. Al año siguiente, el Gobierno se unió a MOSACAT para interponer una demanda contra el proyecto ante un tribunal medioambiental.

En la reunión con Google, sus representantes acabaron mostrando su cara más amable, aseguran en MOSACAT, y anunciaron una mayor voluntad de negociar una vez que quedó claro que algunos residentes podrían entender su posición. Pero, como me dijeron Julián Posada, el profesor ayudante de Yale y Mercy Mutemi, la abogada de Mophat Okinyi, el riesgo de que un país del Sur Global se oponga es siempre que la empresa de Silicon Valley recoja sus bártulos y se lleve su dinero a otra parte. Mientras el proyecto seguía estancado y el deseo de Google de más computación se intensificaba, la empresa anunció que trasladaría el próximo centro de datos de Latinoamérica de Chile a otro país.

En Uruguay, un pequeño país de 3,4 millones de habitantes, la empresa nacional de telecomunicaciones Antel tiene tres centros de datos que contribuyen a proporcionar servicios de telefonía móvil e Internet a todo el país. En su conjunto, ocupan únicamente unos cinco mil metros cuadrados. Uno de ellos, de menos de mil metros cuadrados, se encuentra encajado en una típica calle residencial de Montevideo, en un edificio más alto y ancho que los colindantes pero integrado en el entorno.[84]

El centro de datos tiene dos líneas eléctricas separadas de las del resto del barrio. El 30 por ciento del espacio está ocupado por ordenadores y el 70 por ciento restante por oficinas de administración, salas eléctricas y cuartos de máquinas. Los ordenadores se calientan, pero no hasta el punto de no poderse refrigerar por aire en lugar de por agua. Producen un leve zumbido apenas audible durante el ajetreo del día y lo bastante molesto en el silencio de la noche como para que dos familias vecinas hayan llamado a la puerta del centro de datos para quejarse con cierta regularidad. El director del centro de datos, Javier Echeverría, lo admite avergonzado. Dice que está trabajando con investigadores locales para encontrar soluciones a este problema y que ya ha modificado el sistema de refrigeración para que sea menos ruidoso. La capacidad de reacción no tiene nada que ver con el embrollo por el que MOSACAT tuvo que pasar para llamar la atención de una empresa estadounidense.

A una distancia de treinta minutos en coche, justo a las afueras de los límites de la ciudad, el Gobierno delimitó una gran extensión de terreno para desarrollar un parque científico, el Parque de las Ciencias, que opera como una «zona franca». Algunos lo llaman irónicamente «zona América», con un punto de amargura, ya que alberga sobre todo a empresas estadounidenses que no pagan impuestos al Gobierno.[85] En cierto modo, incluso el parque parece de Estados Unidos, con su abundante y cuidado césped, su diseño simétrico y su majestuosa fuente con forma de reloj de sol que recuerda a la estética estatal del National Mall de Washington D. C.[86] La página de inicio de la web del parque publicita un país política y económicamente estable, mucho terreno y abundante suministro de electricidad y agua. Por tanto, como no podía ser de otro modo, en 2021, cuando el GPT-3 despertó un nuevo interés en el escalado drástico de los modelos de IA, Google adquirió allí veintinueve hectáreas de terreno, cincuenta y ocho veces el tamaño del centro de datos de Antel, para instalar su segundo centro de datos de Latinoamérica.

Sin embargo, en aquel momento, en realidad Uruguay no tenía abundancia de agua. Al igual que Chile, Iowa y Arizona, estaba padeciendo también una pertinaz sequía. La escasez de agua era tan grave que los agricultores estaban perdiendo la totalidad de sus cosechas, lo que supuso para el país unas pérdidas agrícolas de más de 1.000 millones de dólares.[87] En el verano de 2023, el Gobierno de Montevideo empezó a mezclar agua salada contaminada en el suministro de agua potable de la ciudad. Cuando las familias abrían el grifo, veían brotar un pútrido fluido amarronado que olía fuertemente a productos químicos. Los que se lo podían permitir, compraban agua embotellada para beber y se bañaban con las ventanas abiertas para evitar respirar demasiados agentes cancerígenos. Los que no podían, bebían agua del grifo, lo que provocaba que muchos de ellos sufrieran dolores de estómago, erupciones cutáneas, un empeoramiento de las enfermedades existentes y el sufrimiento que implicaba el aumento del número de abortos.[88]

Después de una pandemia devastadora, mucha gente no podía permitirse beber agua embotellada. Mientras que Silicon Valley prosperaba, con las capitalizaciones de mercado de Google y Microsoft superando los dos billones de dólares, debido en parte al teletrabajo y al hecho de depender cada vez más de los servicios en la nube, los asentamientos de viviendas ilegales en Uruguay aumentaron varias órdenes de magnitud.[89] Las *ollas*, el equivalente local de los comedores sociales, no podían atender a niños hambrientos. Las propias personas encargadas de gestionar las ollas estaban sumidas en la pobreza y apenas tenían lo suficiente para subsistir. Fabiana, la bulliciosa responsable de una olla que vive en un asentamiento ilegal y es conocida cariñosamente como la Reina Madre, guarda silencio al recordarlo. «Tener que decir, "ni siquiera tengo un plato de comida para tu hijo..."» Su voz se va apagando. «Era horrible.» Incluso después de haber vivido en la pobreza toda su vida, hasta el punto de tener que barrer el suelo de un burdel cuando tenía siete años para sobrevivir, cree que los años de pandemia y sequía destacan en su mente como los peores de su vida.[90]

La crisis del agua se debió a la suma de los efectos del cambio climático y a la incapacidad del Estado a la hora de asignar los recursos de agua potable.[91] En Uruguay, más del 80 por ciento del agua potable del país se destina a la industria en lugar de al consumo humano, especialmente a los cultivos industriales. Aquí se incluyen las instalaciones agrícolas industriales de semillas de soja y arroz, así como de árboles para la producción de papel. La mayoría de esas instalaciones no son gestionadas por empresas locales, sino por multinacionales que exportan lo que cultivan y no se muestran demasiado responsables con el medioambiente de Uruguay.[92] Sus actividades agotan los nutrientes de la tierra, lo que dificulta el cultivo de alimentos, y contaminan las corrientes de agua del país con un volumen de fertilizantes que hace de Uruguay uno de los mayores consumidores per cápita de dichos productos y provoca unos índices de cáncer inusualmente elevados.[93]

Daniel Pena, un sociólogo investigador de la Universidad de la República de Montevideo que ha estudiado durante años la política de este extractivismo medioambiental, establece una relación directa con la historia colonial de Uruguay. Recorre el país en una furgoneta destartalada para entrevistar a agricultores y habitantes de los barrios más pobres, con el fin de documentar de cerca cómo los exprime la industria.[94] Al igual que en Chile, las multinacionales extranjeras siguen situadas por encima de la población local en la jerarquía política. Durante la sequía, la industria continuó utilizando agua sin restricciones, extrayendo toda la que necesitaba directamente del río principal, el Santa Lucía, que abastece también a la red pública de agua de Montevideo. Hace dos décadas, después de un activismo considerable a favor del medioambiente, Uruguay se convirtió en el primer país del mundo en reconocer el agua como un derecho humano en su Constitución. Sin embargo, ahora resulta tristemente irónico que fuera el agua potable y no el agua para la industria la que sufriera mayores restricciones durante la escasez.[95]

Así que, cuando Google llegó, Pena se mantuvo atento. Durante sus habituales visitas a la página web del Ministerio de Medioambiente de Uruguay, en la que se enumeran los principales proyectos industriales, se topó con la propuesta de la creación del centro de datos. Pena había leído que los hiperescaladores utilizan agua potable, incluso en épocas de mucha sequía, y también sobre el activismo de comunidades como MOSACAT que se habían opuesto a los proyectos. Sin embargo, cuando se descargó los detalles del proyecto, las cifras que hacían referencia al agua estaban marcadas como confidenciales. Tras presentar una solicitud de información pública, cosa que había hecho con éxito alrededor de veinte veces, el ministerio continuó ocultando las cifras, alegando que se trataba de información reservada. Pena se preguntaba qué era lo que estaban ocultando y le preocupaba que se sentara un precedente para otras empresas de la nube que, de manera inevitable, seguirían el ejemplo de Google y pondrían sus miras en Uruguay para llevar a cabo sus propios proyectos de expansión. De modo que invocó la cláusula del agua de la Constitución. Con la ayuda de un amigo abogado dispuesto a trabajar sin cobrar, demandó al ministerio.

En marzo de 2023, cuatro años más tarde, Pena ganó el caso en lo que constituyó una victoria sorprendente. El Ministerio de Medioambiente reveló que el centro de datos tenía previsto utilizar 7,57 millones de litros de agua al día, extraídos directamente del suministro de agua potable, lo que equivalía al consumo diario de 55.000 personas.[96] Con gran parte de Montevideo con agua salada saliendo de sus grifos no mucho después, las revelaciones fueron explosivas. Miles de uruguayos se echaron a la calle para protestar contra Google y todas las otras industrias que habían llevado al Gobierno a saquear los preciados recursos hídricos del país. Los eslóganes de oposición siguen garabateados en las paredes de la ciudad y en las barreras de las carreteras durante mi visita en junio de 2024. «No es sequía», dice uno. «Es saqueo.»[97]

Pena ve los centros de datos como Ramos ve la minería. El problema no es la infraestructura en sí, sino la escala a la que Silicon Valley intenta construirla. Esa escala es la que llevó a Google y a Microsoft a expandirse en Chile y Uruguay, a pesar de que los países estuvieran sufriendo una grave escasez de recursos. Esa escala es la que los lleva a necesitar cincuenta y ocho veces más tierra que Antel y a actuar con mucha menos responsabilidad ante la población local. «Son proyectos extractivistas que vienen al Sur Global a aprovecharse de agua barata, tierras libres de impuestos y empleos muy mal pagados. Y no aportan nada a nuestro país; no mejoran nuestro acceso a Internet», dice.

A finales de 2023, Google actualizó discretamente su centro de datos previsto en Uruguay, estableciendo que utilizaría un sistema de refrigeración sin agua y que reduciría las instalaciones a una tercera parte de su tamaño. Pena dice que la lucha no ha terminado: actualmente, el Gobierno está tratando el consumo de energía previsto en la última propuesta como un secreto comercial. Pena envió también una solicitud al ministerio con más de cuatrocientas firmas exigiendo un estudio más amplio sobre el impacto medioambiental y social de la cadena de suministro del centro de datos: de dónde se extraerán los minerales para producir el hardware, cuánto carbono se emitirá, cómo se procesarán los desechos electrónicos de modo que no se filtren productos químicos en ninguna comunidad. La mayor parte de esos impactos no afectarán a Uruguay, pero Pena se siente solidario con otros países a los que sí les afectarán. «Habitualmente, son todos del Sur Global», dice. «Todos acabamos sufriendo las mismas consecuencias, aunque de diferentes eslabones de la cadena de suministro.»

En 2024, el tribunal medioambiental de Chile determinó que Google no podía construir un centro de datos que utilizara agua en Santiago. La portavoz de Google Chile dijo que la empresa sigue comprometida con el país y con Latinoamérica y que tiene previsto iniciar la tramitación de los permisos para construir un centro de datos refrigerado por aire en Cerrillos cuando sea necesario.[98] Sin embargo, eso no ha frenado la entrada de otros hiperescaladores en Latinoamérica. En 2022, Microsoft estableció la ubicación de su centro de datos en Chile, poco después de su segunda inversión en OpenAI, justo en la ciudad natal de Arancibia, Quilicura.[99]

Por lo que respecta a los desarrolladores de centros de datos, Microsoft fue uno de los rezagados. Antes de sus inversiones en OpenAI, Google estaba a la cabeza en cuanto al número de instalaciones que se estaban construyendo en todo el mundo.

Sin embargo, con la repentina explosión de la demanda de más infraestructuras informáticas para cubrir sus aspiraciones de IA, Microsoft adoptó el manual de Google y le siguió a las mismas zonas.

El Chile en el que entró Microsoft era diferente del que dio la bienvenida a Google. En 2022 ya habían transcurrido más de dos años desde el *estallido social*, que había dejado una huella indeleble en la política del país. Tras meses de protestas, Chile había llevado a cabo un destacable experimento para reescribir su Constitución, con amplia participación de los ciudadanos de a pie, con el fin de sustituir a la que permanecía vigente desde la brutal dictadura de Pinochet. En última instancia, los nuevos borradores de la Constitución no se aprobaron; dos procesos separados dieron como resultado dos documentos partidistas que no obtuvieron amplios apoyos. No obstante, aquello revitalizó a la juventud y a las familias obreras en particular, generando un nuevo optimismo por la democracia. El auge de la ideología de izquierdas y su respaldo derivó, en un drástico giro de los acontecimientos, en la elección de un presidente izquierdista *millennial*, Gabriel Boric Font, de tan solo treinta y cinco años. En su discurso tras la victoria, Boric repitió el eslogan de las protestas que arremetían contra el legado de los chicos de Chicago durante el Gobierno de Pinochet: «Si Chile fue la cuna del neoliberalismo, también será su tumba».[100]

Boric, que inició su mandato en marzo de 2022, había sido un disidente en su época universitaria. Ese hecho animó a los jóvenes de todo el país a utilizar todo lo que habían aprendido de la agitación social sobre cómo organizarse y manifestarse para crear una nueva generación de organizaciones activistas progresistas. Entraron a formar parte de la dinámica de cada comunidad, y se reunían regularmente para imaginar a lo grande lo que querían para el futuro de Chile.

Fue durante este periodo cuando Arancibia cofundó su propio grupo activista junto con otro joven habitante de Quilicura, Rodrigo Vallejos. Se habían conocido durante la organización de los alzamientos sociales y enseguida les unió su profunda pasión por el medioambiente. Bautizaron a su grupo como *Resistencia Socioambiental Quilicura*, partiendo de un concepto profundamente arraigado en Latinoamérica, según el cual lo social y lo medioambiental están indisolublemente ligados.

Ante la entrada de Microsoft en Quilicura, Vallejos y Arancibia hicieron lo mismo que MOSACAT y Daniel Pena habían hecho antes que ellos: se pusieron a leer detenidamente todo el material disponible de Microsoft y a analizar minuciosamente el proyecto. Vallejos, que era estudiante de Derecho en la Universidad Diego Portales, trabajaba hasta altas horas de la noche entre sus tareas académicas, leyendo informes técnicos y documentándose sobre el funcionamiento de los centros de datos.

Microsoft había previsto que necesitaría una cantidad de agua considerablemente inferior a la de Google en Cerrillos. Aun así, Vallejos estaba preocupado. La sequía de Chile no había hecho más que empeorar y se esperaba que se prolongase hasta 2040. Los humedales de Quilicura estaban sufriendo enormemente; al expolio industrial se le sumaba una desertización galopante. En su página web, Microsoft alardeaba de sus nuevas innovaciones punteras en los sistemas de refrigeración de los centros de datos que conllevarían que sus instalaciones no necesitaran usar agua. Si Microsoft era capaz de construir centros de datos que no precisacen de agua, ¿por qué no lo hacía en Quilicura?

«Es extremadamente sorprendente que una empresa con la reputación de Microsoft exponga públicamente un discurso respetuoso con el medioambiente, pero en realidad no cumpla con la normativa mundial sobre innovación en un país del tercer mundo como Chile», escribió posteriormente Vallejos en un artículo.[101]

Microsoft explicaría más adelante que las innovaciones que había anunciado estaban todavía en fase de desarrollo y que únicamente se estaban probando en un lugar de EE. UU. «Entonces, ¿por qué prometen esas cosas en su página web?», pregunta Vallejos.

Vallejos captó la atención de investigadores locales e internacionales, como Marina Otero Verzier, directora de investigación del Nieuwe Instituut, el Instituto Holandés de Arquitectura, Diseño y Cultura Digital, y Serena Dambrosio y Nicolás Díaz Bejarano, investigadores del FAIR, el gabinete estratégico codirigido por Martín Tironi Rodó.[102] A Otero le impresionó la pasión y el agotamiento de Vallejos y Arancibia. Se habían matado leyendo los extensos documentos técnicos de Microsoft, escribiendo artículos críticos y protestando constantemente, pero habían tenido problemas para conseguir audiencia tanto con la empresa como con el Gobierno. Otero reflexionó sobre cómo ayudarles. ¿Cómo podría reunirlos en una sala a negociar con las personas adecuadas?

Otero sabía que ella tenía algo de lo que Vallejos carecía: vínculos con universidades prestigiosas como Harvard y Columbia que llamarían la atención de Microsoft y del Gobierno. Empezó a organizar una campaña multifocal en la que se involucró tanto que abandonó su empleo. Disertaba en congresos importantes sobre el impacto medioambiental de los centros de datos y la lucha de *Resistencia* contra ellos; entabló contactos con el Ministerio de Ciencia, Tecnología, Conocimiento e Innovación de Chile y con representantes de Microsoft y Google; puso en contacto a Vallejos y Arancibia con otros investigadores internacionales para aumentar su prestigio.

Con Dambrosio y Díaz, Otero desarrolló también un proyecto más especulativo. Los tres tenían formación en arquitectura y habían estudiado la infraestructura de las modernas tecnologías digitales desde la perspectiva del entorno construido. Empezaron a hacerse preguntas: ¿y si trataran los centros de datos como estructuras arquitectónicas y, básicamente, reimaginaran su estética, su papel en las comunidades locales y su relación con el entorno?

A Díaz le gustaba visitar bibliotecas nacionales durante sus viajes, hermosos lugares en los que intentar captar la grandeza de los recuerdos y conocimientos de un país. Le sorprendió que los centros de datos podían concebirse también como bibliotecas, con sus propios almacenes de recuerdos y conocimientos. Y, además, podrían diseñarse para ser acogedores y hermosos en lugar de feos y usurpadores.

Eso representaba un claro distanciamiento de las definiciones de Microsoft y Google de lo que significa retribuir, como en el caso de los programas de impacto comunitario de Google, con lo que Díaz llama sus iniciativas «esquizofrénicas», que tienden a alejarse de cómo las comunidades se ven en realidad afectadas por las instalaciones de las empresas. Junto con Vallejos y Arancibia, los tres investigadores buscaron financiación y pusieron en marcha un taller de catorce días de duración al que invitaron a estudiantes de arquitectura de todo Santiago para que reimaginasen qué aspecto podría tener un centro de datos en Quilicura.

Los estudiantes realizaron maquetas impresionantes.[103] A un grupo se le ocurrió hacer más visible el uso del agua, almacenándola en grandes piscinas que los residentes pudieran usar a su vez como un espacio público. Otro grupo propuso descartar los típicos diseños brutalistas de los centros de datos en favor de un «territorio de datos fluido» en el que la infraestructura de datos coexistiera con los humedales, mitigando su impacto negativo. Las estructuras del centro de datos actuarían al mismo tiempo como pasarelas elevadas que invitarían a los habitantes de Quilicura a pasear por los humedales y admirar el ecosistema. Viveros de plantas y estaciones de anidación de animales se intercalarían entre salas de servidores más tradicionales para rehabilitar la biodiversidad del humedal. El centro de datos extraería agua contaminada del humedal y la purificaría para su uso antes de devolverla. Los propios ordenadores recopilarían y procesarían datos sobre la salud de los humedales para acelerar el restablecimiento del entorno local. «No estamos solucionando el problema, pero estamos imaginando otros tipos de relaciones entre los datos y el agua», dice Díaz.

Al final del taller, los estudiantes presentaron sus ideas a los residentes y a otros miembros de la comunidad. «Fue un diálogo increíble», dice Otero. «Se ve la cantidad de conocimientos que tiene la comunidad. Tenían mucho que ofrecer.»

Boric, que lleva ya tres de sus cuatro años de mandato, está sometido a presiones para obtener «victorias rápidas» para la economía, especialmente por tratarse de un presidente joven y de izquierdas. Eso implica presiones para expandir la industria minera y presiones para gestionar la llegada de veintiocho nuevos centros de datos. El día que Boric anunció un plan para desarrollar una estrategia nacional sobre los centros de datos, Vallejos me envió un vídeo de la conferencia de prensa con un emoji: el de una cara desorientada con los ojos en espiral.

Pero, para ser justos, la coalición de activistas en el norte de Chile y Santiago con investigadores nacionales y extranjeros realmente ha dejado huella. Como parte del plan de los centros de datos, el Ministerio de Ciencia, que supervisa su creación, ha formado por primera vez un comité de activistas con los que dialogar regularmente como parte del proceso de redacción preliminar, y ha invitado a Vallejos, Arancibia y miembros de MOSACAT a que se unan a ellos. El Ministerio de Ciencia se encuentra también supervisando una ley de IA que articula cómo quiere enfocar Chile el desarrollo, la aplicación y la regulación de la IA. Si bien anteriormente en los debates ministeriales se presentaba la IA como algo universalmente positivo, el tono ha cambiado desde entonces para tener en cuenta los costes sociales y medioambientales de la tecnología.

Chile, como muchos países del Sur Global, ha aprendido a la fuerza que no tiene que esperar a que el Norte Global decida cómo va a construir las tecnologías digitales. «La forma en que construyamos la tecnología responderá a un determinado marco cultural e histórico», dice la ministra Aisén Etcheverry. Aunque el Internet global se creó sin Chile, el país tiene ahora la oportunidad de remodelar la IA según sus propios términos.

Tironi va un paso más allá. Está muy claro que, actualmente, la industria de la IA se basa en una ideología colonial, dice. Impone su visión del mundo y su tecnología —qué es la IA, qué es la IA positiva, qué implica crear una industria de la IA— al resto del mundo. Chile podría liderar la resistencia a esa imposición. Tras años de extractivismo, el país sabe de primera mano lo que significa que su tierra se vacíe, se le arrebate y se destruya bajo el estandarte del progreso. Podría utilizar sus experiencias como una fuente para generar ideas fundamentalmente nuevas —*ideas decoloniales*— de la AI.

«En el mercado planetario de la IA, nosotros, como país, estamos desempeñando un papel específico: el de suministrar material para desarrollar esa tecnología», dice. «Muchas empresas tratan de extraer de nosotros mucho material para crear la IA.

»De modo que tenemos que pensar desde esta posición, desde esta posición geopolítica, esta posición terrestre. Podemos pensar en otra manera de relacionar la innovación tecnológica con la tierra.»[104]

Se trata de una ambición noble y las fuerzas desplegadas en su contra son poderosas.

13

Los dos profetas

En mayo de 2023, Altman llegó a Washington D.C. para testificar ante el Congreso. Fue una intervención extraordinaria. Reiteró la promesa de que la AGI solucionaría el cambio climático y curaría el cáncer, argumentó de manera convincente por qué las tecnologías de OpenAI mejorarían y crearían nuevos empleos «fantásticos», esquivó las preguntas sobre problemas de derechos de autor, falta de transparencia y garantías de privacidad de sus datos de entrenamiento, e hizo un llamamiento sincero a la regulación, es decir, a una regulación auspiciada por OpenAI, invocando el espectro de China para instar a los legisladores a que no ralentizaran la innovación.

A los senadores les encantó. En un revelador diálogo que reflejó la ágil retorica de Altman y la confianza y el entusiasmo que despertaba, planteó tres recomendaciones políticas que desviaron la conversación de problemas existentes como la mano de obra, el medioambiente y la propiedad intelectual para centrarse en la regulación de los sistemas de IA y los riesgos extremos futuros: en primer lugar, la creación de una agencia que desarrollase y administrase un régimen de licencias para modelos que superasen un determinado umbral de capacidades; en segundo, la creación de un conjunto de normas de seguridad de la IA para medir las capacidades «peligrosas»; y, en tercer lugar, la exigencia de auditorías independientes de dichas normas para comprobar su cumplimiento. Posteriormente, explicó más en detalle que los umbrales de capacidad podrían calcularse mediante umbrales de cómputo si fuera necesario y que entre las «capacidades peligrosas» se podría incluir la capacidad de un modelo para manipular y persuadir, y generar recetas para agentes biológicos nuevos.

«¿Estaría usted cualificado, para, en caso de que las promulgáramos, administrar dichas normas?», le preguntó el senador por Luisiana, John Kennedy.

«Me encanta mi trabajo actual», dijo Altman entre risas.

«¿Hay gente cualificada?», preguntó Kennedy.

«Les recomendaríamos encantados a gente preparada, sí.»

«De acuerdo. Gana usted mucho dinero, ¿no?»

«Gano..., no. Me pagan lo suficiente para el seguro médico. No tengo participaciones en OpenAI.»[1]

Sentado junto a Gary Marcus, Altman se ganó incluso a uno de sus críticos más acérrimos. «Permítame añadir, para que conste, que estoy sentado al lado de Sam, más cerca de lo que he estado en la vida excepto una vez», dijo Marcus, «y su sinceridad... es físicamente patente, de un modo que no se aprecia en una pantalla de televisión.» (Marcus se retractaría posteriormente de esa rara muestra de aprobación: «Me di cuenta de que, a mí, al Senado y, en definitiva, al pueblo estadounidense, probablemente nos la habían colado».)[2]

El equipo de asesores de Altman lo consideró un éxito rotundo.[3]

La vista fue la guinda de una larga campaña. Después del lanzamiento de ChatGPT, en Washington casi todo el mundo había intentado concertar reuniones con OpenAI. El reducido equipo de políticas de actuación a las órdenes de Anna

Makanju, después de actuar de manera relativamente velada, recibió un aluvión de solicitudes. Durante meses, tanto con Altman como sin él, cenaron, realizaron demostraciones, respondieron preguntas y transmitieron la propuesta legislativa presentada por Altman durante su declaración a todos los responsables políticos posibles —desde senadores, miembros de la Cámara de Representantes, personal y miembros del gabinete, hasta diplomáticos visitantes, directores de agencias y la vicepresidenta Kamala Harris— de la mañana a la noche, prácticamente sin parar.[4]

Según *The New York Times*, a principios de junio, Altman se había reunido personalmente con al menos cien responsables políticos de EE. UU., algunos de los cuales hicieron referencia con orgullo a esas conversaciones durante la vista.[5]

El día de la declaración de Altman, un pequeño grupo de artistas conceptuales de Hollywood, especializados en el diseño conceptual de personajes, decorados y otros elementos visuales en películas, estaban citados también a una reunión con varios cargos del Congreso.[6] Se habían financiado el billete de avión y el alojamiento mediante *crowdsourcing* y, durante el proceso, habían sido amenazados por trols de Internet y *doxeados* por posicionarse en contra de la industria de la IA. Justo cuando los guionistas de Hollywood estaban inmersos en una serie de huelgas históricas (pronto lo estarían los actores), en parte para negociar una mayor protección frente a la IA, los artistas también tenían previsto hablar con franqueza sobre los devastadores efectos que estaba teniendo la IA generativa en su profesión. Los desarrolladores de la IA generativa habían utilizado la obra de millones de artistas sin su consentimiento para generar negocios y productos de miles de millones de dólares y que ahora, en la práctica, los sustituían. Los puestos de trabajo que se estaban suprimiendo eran empleos estables de clase media; cientos de miles de ellos.[7] «Ahora, los artistas están sufriendo mucho. Nadie tiene trabajo», dice Karla Ortiz, una artista conceptual conocida por su trabajo en *Doctor Strange* de los Estudios Marvel, que formaba parte del grupo e interpuso la primera demanda de un artista contra varias empresas de IA generativa. Cuando llegaron a Washington, varias de sus reuniones se aplazaron al día siguiente por coincidir con la declaración de Altman, trastocando sus agendas y haciendo que tuvieran que quedarse dando vueltas por los pasillos de la audiencia, literalmente fuera de la sala donde se celebraba. El segundo día, volvieron a tener que competir por la atención. Altman asistió a una cena exclusiva con sesenta miembros de la Cámara en el Capitolio, disfrutando de un bufé de pollo asado preparado por cocineros expertos. Al mismo tiempo, los artistas estaban celebrando un cóctel interactivo y tratando de atraer a tantos empleados con lo mejor que les permitía su presupuesto: vino y comida de la cadena Chick-fil-A.[8]

Era una pequeña y tristemente cómica ilustración de quién tenía poder e influencia en el debate político sobre la IA y quién no.

El mismo discurso esgrimido durante mucho tiempo por Altman en OpenAI para justificar la ocultación de sus investigaciones y el hecho de avanzar lo más rápidamente posible, se utilizaba ahora hábilmente para enfocar el debate regulador de la IA de EE. UU. hacia propuestas que eludiesen la responsabilidad de OpenAI y, en algunos casos, reafirmar su monopolio. La carta ganadora de Silicon Valley de «¿Qué pasa con China?» había obrado maravillas sistemáticamente para eludir la regulación. Ahora tenía más fuerza que nunca, con los temores de Washington respecto a China avivados por el asombroso auge de TikTok, que había alcanzado cotas nunca vistas.[9]

Esos temores podían tipificarse por el estado de ánimo del Departamento de Comercio, que se había convertido en la punta de lanza de una agresiva ofensiva del Gobierno de EE. UU. para frenar el desarrollo de la IA en China. El año anterior, el 7 de octubre de 2022, el Departamento de Comercio emitió una directiva que, según sus palabras, pretendía socavar los avances de la IA militar en China. Utilizó un mecanismo llamado «controles de exportación» —una forma de limitar la venta de determinadas tecnologías a países extranjeros por razones de seguridad nacional— para imponer medidas drásticas sin previo aviso sobre la exportación a China de chips de última tecnología diseñados en Estados Unidos, principalmente de Nvidia. La onda expansiva de esta decisión fue mucho más allá del ejército chino; le puso la zancadilla a la comunidad científica y a la industria de la IA china a la hora de trabajar en todo tipo de aplicaciones, desde la asistencia sanitaria y la educación, hasta los equivalentes chinos al ChatGPT. «Si me hubieran hablado de esas normas hace cinco años, habría dicho que se trataba de una declaración de guerra... Tendríamos que estar en guerra», dijo un analista de semiconductores.[10]

Al analizar las repercusiones, el Departamento de Comercio parecía frustrado por la aparente resiliencia de China. El ritmo del país en el desarrollo y la adopción de la IA se había ralentizado un tanto, pero no lo suficiente para tranquilizar al departamento. En parte era debido a las propias maniobras de Nvidia: China representaba un mercado masivo para el fabricante de chips estadounidense y, con la misma rapidez que el Departamento de Comercio había impuesto sus restricciones, Nvidia había diseñado nuevos chips que se adecuaban perfectamente a ellas para seguir suministrando a los clientes chinos.[11] La prohibición representó también un espaldarazo para la propia industria de la fabricación de chips china, que llevaba mucho tiempo batallando para producir chips tan buenos como los de Nvidia.[12] Las acciones emprendidas por el Gobierno de EE. UU. generaron una oleada de interés por las alternativas nacionales chinas, que proporcionó a la industria un gran impulso en materia de financiación y retroalimentación para avanzar.

Pero el mayor problema al que se enfrentaban sus esfuerzos era el vibrante movimiento internacional en favor de una IA de código abierto, que estaba replicando rápidamente modelos corporativos cerrados de IA generativa y colgándolos en Internet para que cualquiera pudiera descargarlos y utilizarlos. Tras luchar denodadamente por ponerse al día, Meta se había convertido en un jugador dominante a la hora de publicar gratuitamente sus grandes modelos lingüísticos.[13] La empresa llevaba mucho tiempo abogando por el desarrollo de código abierto; su director científico, Yann LeCun, creía en la importancia de la ciencia abierta. Además, era un buen negocio. Meta no necesitaba vender modelos de IA generativa para ganar dinero, pero publicarlos gratuitamente al tiempo que los integraba en sus principales productos podría contribuir a asentar su liderazgo en el campo de la IA, a atraer talento científico y a burlarse de sus competidores por el talento que *sí* dependía de la venta de sus modelos.

Tras acumular más o menos el mismo nivel de recursos informáticos de que disponía OpenAI a través de Microsoft, Meta avanzaba ahora a toda máquina en la producción de su serie equivalente a la serie GPT, llamada Llama. Técnicamente, Llama no se ajustaba a la verdadera definición de código abierto, que habría requerido divulgar tanto los parámetros del modelo *como* sus datos de entrenamiento. Sin embargo, el hecho de que Meta cumpliera únicamente el primer requisito, publicar gratuitamente los parámetros de su modelo, fue suficiente para que Llama —a pesar de su política de no permitir que estuviera disponible directamente en China— se convirtiera en una pieza fundamental de la industria china de la IA.[14]

En medio del clima de frustración y temor de Washington, dos meses después de la comparecencia de Altman, en julio de 2023, se presentó un documento oficial que reproducía sus recomendaciones. Redactado por un consorcio de investigadores, entre los que había miembros del clan de Seguridad, de Microsoft y de Google DeepMind, así como media docena de gabinetes estratégicos, muchos de ellos vinculados a la comunidad Doomer, propugnaba una vez más un nuevo régimen de licencias para los modelos de IA que utilizaban umbrales de computación, y el desarrollo de evaluaciones de la seguridad de la IA para capacidades peligrosas, incluida la de manipular y persuadir, y generar recetas para agentes biológicos nuevos. El documento, de cincuenta y una páginas, daba también nombre a la categoría de modelos que requerían esa intervención por parte del Gobierno: modelos de IA «fronterizos». Según los autores, los modelos fronterizos —modelos que podrían tener esas capacidades peligrosas— todavía no existían, pero con el escalado de los modelos existentes de empresas como OpenAI y Anthropic podrían surgir de manera repentina e imprevista en cualquier momento.[15]

Algunas semanas después de la publicación del documento, OpenAI y Microsoft formaron una alianza estratégica con Google y Anthropic para poner en marcha el Foro del Modelo Fronterizo, un grupo para promover las investigaciones relevantes e influir en el programa político sobre los riesgos de seguridad de la IA. Se trataba de un asunto poco habitual en el que se alineaban los intereses de Doomers, Boomers y empresas con ánimo de lucro: mantener los modelos fronterizos en el primer plano de los debates legislativos era imperativo para los Doomers y conveniente para los Boomers y las empresas para desviar la atención de la regulación de los modelos de IA existentes y sus problemas. Todos defendían su causa argumentando en contra de la divulgación de los parámetros de los modelos más avanzados. El primer año del Foro, la ausencia de Meta fue muy llamativa. (Se incorporaría un año más tarde para obtener un sitio en la mesa.)

Un punto esencial de las recomendaciones de Altman y la idea del modelo fronterizo era la asociación del escalado de un modelo con capacidades emergentes y, por tanto, posiblemente peligrosas. Ese argumento se basaba en la filosofía de las leyes de escala, según la cual más entrenamiento conllevaría previsiblemente modelos más potentes, así como en la creencia de los círculos Doomer de que una IA muy avanzada podría descontrolarse. Las propuestas políticas que surgieron de este argumento se centraban en reguladores que basaban sus intervenciones en cuánta computación se utilizaba para entrenar a un modelo de aprendizaje profundo. Los modelos que traspasaban un determinado umbral de cómputo deberían tratarse automáticamente con más cautela y someterse a más restricciones.

El documento sobre políticas de actuación de julio de 2023 sugería una cifra para ese umbral: 10^{26} operaciones de coma flotante, refiriéndose al número mínimo total de cálculos —1 seguido de veintiséis ceros— con los que había que entrenar un modelo para poder designarlo como modelo fronterizo. Los autores admitieron que el umbral era un tanto arbitrario, afirmando simplemente que era un nivel de computación probablemente no superado aún por los modelos de IA existentes. Sara Hooker, la vicepresidenta de investigación del gran desarrollador de modelo lingüístico Cohere y una de las autoras del documento, dice que hablar con sus colaboradores que propusieron la cifra le llevó a pensar que la habían elegido para que fuera ligeramente superior a la cantidad de computación que supuestamente había utilizado OpenAI para entrenar al GPT-4.

Sin embargo, Hooker y muchos otros investigadores, como Deborah Raji, no están de acuerdo con recurrir al umbral de cómputo para regular a los modelos.[16] Mientras que el escalado *puede* generar capacidades más avanzadas, a la inversa no sucede lo mismo. Las capacidades avanzadas no requieren escalado. Un modelo de aprendizaje profundo, entrenado únicamente con datos biológicos de alta calidad, por ejemplo, puede ser un poderoso generador de recetas biológicas a muy pequeña escala. Mediante la destilación, una de las técnicas a las que OpenAI hacía referencia en su hoja de ruta de investigación de 2021, los grandes modelos pueden transformarse en modelos pequeños con capacidades parecidas. El escalado de los modelos tampoco garantiza avances en determinadas capacidades; de nuevo, depende de lo que haya en los datos de entrenamiento del modelo, así como del tipo de red neuronal que se está entrenando. Al fin y al cabo, no todos los modelos se construyen a partir de los Transformers. Por tanto, la computación no tiene demasiada relación con el riesgo, afirma Hooker, y mucho menos con tipos de riesgo específicos, como los que se exponen en el documento.[17]

Al no haber consenso entre los autores del documento sobre el marco regulador basado en el cómputo sobre el umbral específico, la cifra, 10^{26} operaciones con coma flotante, se colocó en una nota a pie de página y en el apéndice sin justificación, junto con importantes advertencias sobre por qué los umbrales eran un enfoque muy imperfecto. Lo que sorprendió a Hooker fue la rapidez con que no solo el marco, sino también el umbral exacto se transformó en una de las propuestas de actuación más populares. Tuvo una aceptación considerable en Washington, ya que el documento se hacía eco de los temores que provocaba China. Los modelos fronterizos daban miedo y aún más si caían en manos de Pekín.[18] «Partes de la administración se aferran a todo lo que pueden porque quieren hacer *algo*», me dijo Emily Weinstein, en aquel entonces becaria de investigación en el CSET, a finales de 2023.[19]

Las ideas del documento técnico fueron recibidas con interés en el Departamento de Comercio. El personal se movilizó para reunirse con expertos y debatir cómo podría ser el control de los modelos fronterizos y si sería factible mantenerlos fuera del alcance de Pekín. Al poco tiempo estaba estudiando una propuesta sin precedentes para ampliar sus controles de la exportación de la IA y que se centraran no solo en el hardware, sino también en el propio software, prohibiendo la exportación de modelos de IA por encima de un determinado umbral de cómputo. Dicho de otro modo, estaba valorando si podría frenar la difusión en Internet de los parámetros del modelo y que estuvieran ampliamente disponibles.[20]

Cabe destacar que una recomendación clave de Marcus y de la vicepresidenta de IBM Christina Montgomery, que testificaron junto con Altman, no tuvo tanta repercusión, a pesar de que la repitieron en varias ocasiones a lo largo de la comparecencia: obligar a las empresas a revelar el contenido exacto de los datos que introducen en sus modelos. Eso no influiría demasiado en el traspaso de capacidades más avanzadas a Pekín, que era lo que le preocupaba a Washington, pero reforzaría realmente la responsabilidad corporativa en una amplia gama de cuestiones, incluyendo el uso de material sujeto a derechos de autor, la privacidad de los datos de los usuarios y evaluaciones científicas rigurosas de las capacidades de los modelos. «Si no sabemos qué contienen, no sabemos exactamente cómo funcionan», dijo Marcus. «Simplemente tendríamos que fiarnos de la palabra de una empresa.»[21]

Un enfoque de ese tipo reduciría considerablemente la incertidumbre en caso de que surgieran capacidades peligrosas, por la misma razón que el cómputo es un mal predictor de riesgo. El comportamiento de un modelo de aprendizaje profundo deriva primordialmente de sus datos. Si un desarrollador de IA produce un gran modelo lingüístico que es capaz de crear recetas para armas biológicas, «es porque lo han entrenado con un conjunto de datos que incluían información sobre armas biológicas», dice Sarah Myers West, codirectora ejecutiva del AI Now Institute y ex asesora sénior de la Comisión de Comercio Federal en materia de IA.[22] Como siempre, la red neuronal presenta patrones en sus datos de entrenamiento. Divulgar esos datos sería el primer paso para determinar con claridad científica qué tipos de entradas podrían provocar resultados peligrosos.

Mientras el Departamento de Comercio consultaba con varios expertos su propuesta de restringir los parámetros del modelo, la noticia de sus deliberaciones, que se anunciarían a principios de 2024 con una solicitud pública de comentarios, dividió a la comunidad de desarrollo de la IA y a la comunidad política de la IA que se encontraba en rápido crecimiento. El desacuerdo era entre cerrar y abrir; entre el tecnonacionalismo y la ciencia sin fronteras. Además de los participantes en el Foro de Modelos Fronterizos y de la comunidad Doomer, los partidarios del cierre se impusieron rápidamente al aparato de seguridad e inteligencia nacional de EE. UU.[23] Frente a ellos se encontraban Meta, desarrolladores de IA de código abierto, startups, grupos de la sociedad civil y miembros independientes de la comunidad académica.[24]

Mientras que los partidarios del cierre seguían haciendo hincapié en los mismos puntos que OpenAI llevaba utilizando a nivel interno desde hacía años, los defensores de la apertura sostenían que ocultar los modelos sería mucho más perjudicial que beneficioso. El escollo para producir nuevas armas biológicas, por ejemplo, no tiene que ver con encontrar la receta, señaló Weinstein. Esas recetas ya proliferan en Internet y pueden encontrarse fácilmente a través de Google.[25] El problema es obtener los materiales y el equipo para producir el armamento. Restringir el acceso a los llamados «modelos fronterizos» no serviría demasiado para solucionar eso. Sin embargo, el daño colateral de suprimir la publicación de modelos de IA podría comportar el debilitamiento de los cimientos de la innovación de la IA en EE. UU. El código abierto —difundir y utilizar los códigos y el software puestos a disposición de la sociedad en su conjunto— ha sido durante mucho tiempo la base fundamental en la que se asienta la riqueza de las startups de Estados Unidos. Restringir la publicación de los parámetros limitaría más que nunca las vías de los pequeños desarrolladores para crear sus productos y servicios de IA. Reafirmaría aún más la primacía de los gigantes representados en el Foro de Modelos Fronterizos.

Los modelos de IA serían también más difíciles de revisar, como en el trabajo de Sasha Luccioni, Yacine Jernite y Emma Strubell, que recurrían en gran medida a modelos abiertos de IA generativa para cuantificar la huella de carbono y los costes medioambientales que acarreaba su escalado.

Fundamentalmente, en lugar de representar un riesgo para la seguridad nacional, la colaboración más allá de las fronteras ha reforzado en gran medida el liderazgo de Estados Unidos en el sector de la IA.[26] Al tratarse de los dos países que producen más talento e investigación en IA del mundo, EE. UU. y China llevan mucho tiempo colaborando estrechamente en el desarrollo de la IA. Durante más de una década, científicos y emprendedores de ambos países se han inspirado mutuamente en sus respectivos trabajos para lograr avances en el sector y crear una amplia gama de aplicaciones mucho más rápido de lo que cualquiera de los grupos lo habría hecho por sí solo, beneficiando no solo a su país, sino a muchos a nivel mundial. Uno de los ejemplos más famosos es el de ResNet, una de las redes neuronales más ampliamente utilizadas del mundo, que fue publicada por investigadores chinos en la oficina de Microsoft de Pekín.[27] ResNet no solo respalda los principales sistemas lingüísticos y de reconocimiento de voz, sino que es también un ingrediente fundamental del AlphaFold de DeepMind, un sistema de IA lanzado en 2018, capaz de predecir la estructura de una proteína en 3D a partir de su secuencia de aminoácidos, crucial para acelerar el desarrollo de medicamentos y entender las enfermedades. (Los posteriores avances de DeepMind en AlphaFold, utilizando una red neuronal diferente, harían a Demis Hassabis y a otro científico de primer nivel de DeepMind merecedores del Premio Nobel de Química en 2024.)

Pero, a pesar de todo, en octubre de 2023, las ideas defendidas por los partidarios del cierre alcanzaron su máximo predicamento cuando se incluyeron en la orden ejecutiva sobre IA de la Administración Biden.[28] La orden, una de las más extensas de la historia, parecía una mezcla de documentos redactados por grupos completamente diferentes, porque era precisamente eso.[29] Uno de esos documentos se basaba en el anteproyecto de una Declaración de Derechos de la IA de 2022, elaborada minuciosamente por la Casa Blanca durante mucho tiempo mediante consultas con grupos de la sociedad civil para esbozar cómo mejorar, utilizar y controlar la IA de tal modo que se reforzasen los derechos civiles, la justicia racial y la protección de la privacidad. Entre otras cosas, hacía hincapié en el desarrollo de la IA con una amplia participación de las comunidades y los expertos, abordando las consecuencias discriminatorias de la IA en contextos como el de la asistencia sanitaria y la contratación, y protegiendo a las personas de la recopilación de datos sin su consentimiento.

El otro documento era una reproducción sorprendentemente fiel de las recomendaciones de Altman y la presentación del informe del modelo fronterizo, que había sido grapado en el último momento, después de que hubiera llamado la atención de unos cuantos simpatizantes con la ideología Doomer de la Casa Blanca. Se ponía el acento en la necesidad de centrarse en modelos futuros de IA que todavía no existían; la orden ejecutiva basaba la mitad de su contenido en esos modelos. El informe había esbozado cuatro ejemplos de capacidades peligrosas. La orden ejecutiva mantuvo tres de ellos: la generación de nuevas recetas para fabricar armas QBRN (químicas, biológicas, radiológicas y nucleares), ciberataques automatizados y, en un copia y pega absoluto, la evasión del control humano «mediante engaño y ocultación».

Para alarma de Hooker, Raji y muchos otros investigadores de IA, el umbral de cómputo del documento, las 10^{26} operaciones de coma flotante, aparecieron también en la orden ejecutiva como el umbral por encima del cual habría que informar al Gobierno de EE. UU.

Con semejante respaldo, el enfoque del umbral de cómputo se extendió rápidamente. Europa lo adoptó a finales de año, fijando un 10^{25} ligeramente más restrictivo, ya que los legisladores que trataban de sacar adelante la largamente esperada Ley Europea de la IA se vieron arrollados por los repentinos desarrollos de la IA generativa y tuvieron que apresurarse a buscar formas de tenerlos en cuenta. A principios de 2024, el enfoque se trasladó a California con la introducción de una nueva ley de seguridad de la IA llamada SB 1047, que recuperaría el umbral de 10^{26}. Posteriormente, el gobernador de California Gavin Newsom vetaría la ley, a lo que, en un irónico giro de los acontecimientos se opondrían radicalmente OpenAI y otros desarrolladores a causa de su amplia gama de propuestas de responsabilidad. Muchos criticaron a Newsom por plegarse a los intereses de la industria.[30] Sin embargo, para muchos investigadores, incluidos Hooker y Raji, el veto fue algo positivo. «Se trataba de un paso en la dirección correcta para asegurarnos de que estamos anclados en el consenso científico», dice Hooker. «Sigue habiendo grandes interrogantes sobre el porqué de esa cifra y qué riesgos se esperan evitar.»[31]

La secuencia completa de los acontecimientos —la declaración de Altman, el informe, la campaña sin cuartel de influencia política, la desmedida reacción de Washington por temor a China y la apresurada consagración de los umbrales de cómputo en documentos políticos relevantes en EE. UU. y en el extranjero— fue una escueta ilustración de, entre otras cosas, hasta qué punto se había deteriorado gran parte del conocimiento independiente sobre IA. Un mes antes, en septiembre de 2023, Raji fue la única representante del mundo académico sin vínculos económicos con la industria ni con la comunidad Doomer en declarar ante el Congreso junto con Altman, Musk, Nadella, Gates, Zuckerberg, Pichai y Jack Clark, entre otros directivos de empresas tecnológicas.[32] Todos ellos estuvieron presentes en el primer AI Insight Forum organizado por el senador Chuck Schumer, uno de los simposios más vibrantes de los muchos celebrados ese año para poner en marcha la legislación sobre IA. Mientras que el resto de los declarantes soltaron afirmaciones espectaculares sin ninguna justificación sobre los aspectos prometedores y peligrosos de la IA, salpicados de referencias oportunas sobre superar a China que hicieron que los senadores asistentes se irguieran, lo que más le impactó a Raji fue que muchas de las personas de la audiencia parecían dispuestas a creerse todo.[33]

Se dio cuenta de que las personas que estaban sentadas a su lado y sus enormes equipos políticos habían monopolizado el mensaje en Washington durante tanto tiempo que ahora muchos legisladores pensaban que sus palabras iban a misa. Un portavoz de Schumer declaró posteriormente a la prensa que el senador consultaba personalmente con Altman y otros directivos de OpenAI a medida que se aproximaba a la regulación.[34] «Para mí, aquello fue una revelación enorme», dice Raji. «Vaya, necesitamos a más personas haciendo desmentidos, mirando lo que dice la gente y respondiendo: "La realidad es más compleja".»

Washington fue únicamente el punto culminante del tramo estadounidense de la ofensiva política de Altman. En marzo de ese año, después de tuitear que tenía previsto viajar al extranjero para reunirse con usuarios, su viaje se había convertido en una odisea por múltiples ciudades y continentes para intentar fotografiarse aparentemente con todos los presidentes del G20. Ahora se llamaba la «gira mundial» de Sam Altman.[35]

Tras la gira mundial no existía una gran estrategia de los equipos políticos o de comunicaciones de OpenAI. Altman se había limitado a seleccionar las primeras etapas y se las había anunciado a sus más de 1,5 millones de seguidores de Twitter. Después de sus primeras apariciones, el interés desbordó y los equipos político y de comunicaciones se subieron al carro. En cada nuevo tramo, los equipos se apresuraban a organizar la logística, preparándose para hacer frente a las dificultades que surgirían sin duda como consecuencia de la falta de preparación.

Era una manifestación de una dinámica que siempre había estado presente: Altman a su manera. A veces, su manera coincidía con la de la empresa y a veces no. Durante el lanzamiento de GPT-4, OpenAI había elaborado cuidadosamente todos sus anuncios y su publicidad para presentar el proyecto como el gran esfuerzo empresarial que era. En el modelo habían participado más de cien empleados.[36] El autor del anuncio de la empresa fue simplemente «OpenAI».[37] Posteriormente, Altman había publicado un tuit atribuyendo el mérito a una sola persona: Jakub Pachocki.[38] Pachocki había desempeñado un papel importante, desde luego, pero había sido uno de los dieciocho directores del proyecto. ¿Era su contribución realmente excepcional? Algunos empleados se lo preguntaban. Entonces, Altman fue aún más allá, y pidió a Pachocki que se sentara detrás de él durante su comparecencia en el Senado en Washington.

La dinámica se manifestó también de otras maneras: había directivos oficiales en la empresa, pero no siempre estaba claro que fueran a los que Altman escuchaba, ni si los procesos oficiales y las decisiones, o sus relaciones y caprichos eran los que dirigían la estrategia de la empresa.

A medida que OpenAI se iba profesionalizando rápidamente e iba adquiriendo más notoriedad y era sometida a escrutinio, esta incoherencia en la cúpula tenía cada vez mayores consecuencias. La empresa ya no estaba formada simplemente por las divisiones de Aplicación e Investigación. Ahora, había varios departamentos de cara al público: además del equipo de comunicaciones, un equipo jurídico estaba redactando opiniones legales y respondiendo a gran número de demandas. El equipo político se extendía por varios continentes.

OpenAI necesitaba cada vez más comunicarse con una sola voz y un solo relato con sus electores y determinar sus posiciones para articularlas. Sin embargo, en numerosas ocasiones, la falta de claridad en cuanto a su estrategia generaba confusión en sus mensajes públicos.

A finales de 2023, *The New York Times* demandó a OpenAI y a Microsoft por vulneración de derechos de autor por utilizar millones de sus artículos para el entrenamiento de sus modelos. La respuesta de OpenAI a principios de enero, redactada por el equipo legal, fue un contraataque inusualmente enérgico que acusaba al *Times* de «manipular nuestros modelos intencionadamente» para crear pruebas a favor de su alegato.[39] Esa misma semana, el equipo político de OpenAI presentó un escrito ante el comité especializado de comunicaciones y digital de la Cámara de los Lores del Reino Unido, afirmando que a OpenAI le resultaría «imposible» entrenar sus modelos innovadores sin material sujeto a derechos de autor. Cuando el medio de comunicación se centró en la palabra «imposible», OpenAI se alejó apresuradamente de ese discurso.[40]

«Hay mucha confusión constantemente», dice un empleado de un departamento de cara al público. Aunque refleja en parte los típicos problemas de crecimiento de las startups, el perfil y el alcance de OpenAI han superado ampliamente la fase relativamente inicial de la empresa, añade el empleado. «No sé si hay una prioridad estratégica entre el equipo directivo. Creo sinceramente que la gente toma sus propias decisiones. Y entonces, de repente, parece una decisión estratégica, pero en realidad es un accidente. A veces no hay un plan, sino simplemente caos.»

Mientras Altman daba vueltas por Europa, Latinoamérica, Oriente Próximo, Asia y África, deslumbrando —y solo en contadas ocasiones ofendiendo— a audiencias cuidadosamente seleccionadas, compuestas por estudiantes, inversores tecnológicos y fans, la falta de claridad estratégica exacerbaba las antiguas líneas divisorias de OpenAI e impulsaba a la empresa a posiciones extremas más enfrentadas que nunca.

Por una parte, la división de Aplicación seguía encabezando el ataque, arremetiendo contra un número de competidores sin precedentes para desplegar las tecnologías de OpenAI a una velocidad nunca vista. Ahora, además, estaba apoyada por el resto de las divisiones en proceso de expansión, así como por muchos miembros de la división de Investigación, animados por el drástico aumento del despliegue publicitario y las expectativas de que el desarrollo y el lanzamiento de los modelos de OpenAI eran la mejor forma de alcanzar las metas de la empresa.

Por otra parte, el clan de Seguridad, desplegado en Investigación, con muchos de sus miembros todavía concentrados en el equipo de investigación política de Miles Brundage y en el equipo de alineación de Jan Leike, era ahora una minoría. Compensaban su relativa desventaja por razones de tamaño haciendo sonar la alarma mucho más que nunca ante las capacidades peligrosas y los riesgos existenciales que creían que podían darse de manera inminente. A medida que los modelos de OpenAI continuaban avanzando, algunos miembros de Investigación que anteriormente no se identificaban con el clan de Seguridad se fueron sumando también a sus filas, ya que la aceleración de sus capacidades les convenció de que la IA podía llegar a adquirir un nivel de inteligencia que le permitiría eludir el control humano y desmadrarse. El mismo aumento drástico del bombo publicitario y las expectativas en este sentido implicaba que OpenAI tenía la obligación moral de actuar con la máxima cautela con el fin de cumplir con su misión.

Era la encarnación de los Boomers y los Doomers en el seno de OpenAI.

La división había llegado a la directiva. Después del DALL-E y del Chat- GPT, la mayoría de los altos ejecutivos y directores se sentían cada vez más cómodos con los modelos como herramientas beneficiosas que había que lanzar al mundo mediante un «despliegue iterativo», una expresión acuñada entre lanzamientos por OpenAI para describir su nueva estrategia. A diferencia del lanzamiento gradual del GPT-2, o del lanzamiento controlado de la API del GPT-3, el despliegue iterativo consistía en ir a por todas, poniendo los modelos en manos de los usuarios desde el principio y muchas veces. Y, como en el caso de todas sus estrategias de despliegue pasadas, OpenAI tenía un nuevo argumento de por qué *ese* era el enfoque más seguro posible. Altman y otros ejecutivos sostenían que el despliegue iterativo concedería a la gente y a las instituciones tiempo para adaptarse, permitiendo a la vez probar sus modelos con gente real, recibir opiniones reales y mejorar sus productos. «Ponerse a construir un sistema de IA superpotente en secreto y luego soltarlo al mundo de repente creo que no saldría bien», declaró Altman durante su comparecencia en el Senado.[41]

Pero, si había un líder de OpenAI que se mantenía en sus trece, este era Sutskever. Mientras los modelos de OpenAI avanzaban y las consecuencias de su despliegue iban en aumento, creía que la empresa tenía que mantenerse alerta, no bajar la guardia ante su potencial capacidad de provocar consecuencias devastadoras. Tras el GPT-4, Sutskever, que anteriormente había dedicado la mayor parte de su tiempo a mejorar las capacidades de los modelos, había dado un giro radical y había pasado a centrarse en la seguridad de la IA. Empezó repartiendo su tiempo de manera equitativa. Para la gente que le rodeaba, a veces parecía estar en guerra consigo mismo. Era a la vez un Boomer y un Doomer, más emocionado y asustado que nunca, ante la llegada de la AGI y la posibilidad de que superase rápidamente a los humanos para convertirse en una superinteligencia.

Ahora, Sutskever hablaba en un tono cada vez más mesiánico, dejando perplejos incluso a sus amigos de toda la vida e inquietando al resto de los empleados. Durante una reunión con un nuevo grupo de investigadores, Sutskever expuso sus planes sobre cómo prepararse para la AGI.

«En cuanto nos metamos todos en el búnker...», empezó.

«Perdón», interrumpió un investigador. «¿El búnker?»

«No cabe duda de que vamos a construir un búnker antes de lanzar la AGI», respondió Sutskever impasible. Una tecnología así de poderosa sería sin duda objeto de deseo para muchos Gobiernos de todo el mundo. Podría hacer aumentar las tensiones geopolíticas, los principales científicos que trabajan en esa tecnología tendrían que estar protegidos. «Por supuesto», añadió, «entrar en el búnker será voluntario.»

El investigador seguía teniendo en alta estima a Sutskever, pero, al mismo tiempo, guardaba la distancia. «Hay un grupo de personas —entre las que se encuentra Ilya— que creen que la creación de la AGI provocará el éxtasis. Literalmente, el éxtasis», dice.

Mientras Sutskever seguía dedicando la mitad de su tiempo a la alineación, una nueva idea empezó a calar en él y en Altman: un equipo centrado en el desarrollo de nuevos métodos de alineación para la superinteligencia, anticipándose a la posibilidad de que métodos como el aprendizaje por refuerzo a partir de la retroalimentación humana ya no fueran suficientes una vez que los sistemas pudieran, en su opinión, superar en inteligencia a los humanos. Altman lo denominó Proyecto Manhattan de Alineación. Al principio, los dos se plantearon tratarlo como una organización diferente: su propia organización sin ánimo de lucro con una aportación inicial de 1.000 millones de dólares. Debido en parte a que Sutskever no quería dejar OpenAI y en parte a problemas de accesibilidad del modelo, decidieron mantener el proyecto en el seno de la empresa. Ulteriormente, OpenAI anunció la formación de un nuevo equipo para supervisar la estrategia en una entrada de blog con su nuevo nombre: Superalineación. La entrada anunciaba también un llamativo compromiso de dedicar el 20 por ciento de la potencia de computación que OpenAI había conseguido hasta la fecha al equipo. Sutskever y Leike codirigirían el nuevo proyecto.[42]

En otra reunión, Sutskever salió a la palestra delante de los empleados para presentar al nuevo equipo y sus objetivos. Agarró el micrófono y empezó a golpearlo. Bum. Bum. Bum.

«La alineación es un fuego que arde», dijo. «La *superalineación* es un infierno abrasador.»

Al poco tiempo, cuando la empresa aumentó de tamaño y Mayo, la oficina repleta de plantas y adornada con una fuente a la que se había trasladado después de la pandemia se quedó pequeña, los directivos volvieron a trasladar la mayor parte de la división de Investigación al antiguo edificio Pionneer. La decisión separó a las dos mitades de la empresa —Applied y Safety— en sus propios mundos.

En julio de 2023, poco después de que OpenAI hiciera pública la noticia del equipo de Superalineación, alquiló el cine Metreon de San Francisco para que sus empleados pudieran ver la película *Oppenheimer*, la historia del físico J. Robert Oppenheimer que dirigió el Proyecto Manhattan de Estados Unidos para crear la primera bomba nuclear del mundo.

«esperaba que la película de Oppenheimer inspirase a una generación de niños para ser físicos, pero en realidad no lo ha conseguido», tuiteó Altman. «¡hagamos esa película! (creo que *la red social* lo logró en el caso de los fundadores de startups).»[43]

Durante casi ocho años, la analogía que hizo Altman en sus primeros correos electrónicos a Musk, entre OpenAI y el Proyecto Manhattan, había sido un tema recurrente en la empresa, utilizado incluso durante la fase de orientación a los nuevos contratados. A Altman le gustaba.[44] Su fecha de nacimiento era la misma que la de Oppenheimer, cosa que mencionaba a los periodistas. También le gustaba parafrasear al creador de la bomba que creía que «la tecnología sucede porque es posible».[45] Al parecer, nunca añadía que Oppenheimer se pasó la segunda mitad de su vida sumido en el arrepentimiento y haciendo campaña en contra de la difusión de su propia creación.

Cada empleado le atribuía una importancia diferente a la analogía. La mayoría consideraban el Proyecto Manhattan como una hazaña histórica; representaba la capacidad de lograr un avance tecnológico capaz de salvar al mundo y cambiar la historia frente a peligrosos adversarios con una concentración significativa de talento y recursos. Entre los miembros del clan de Seguridad, ponía el acento en la importancia de la responsabilidad de OpenAI a la hora de dar paso a una tecnología que conllevaba el riesgo de provocar el fin de la humanidad.

Para Altman, representaba una lección en el ámbito de las relaciones públicas. «La forma en que el poder nuclear se presentó al mundo es la imagen de una nube con forma de hongo sobre Japón que nadie olvidará jamás», dijo una vez, años atrás, durante un evento. «He pensado mucho sobre por qué el mundo se volvió contra la ciencia, y una de las muchas respuestas que estoy dispuesto a aceptar es esa imagen y que hemos aprendido que alguna tecnología puede ser demasiado poderosa para dejarla en manos de la gente. A la gente le convencen más las imágenes que los hechos.»[46]

A los que se situaban en el extremo del espectro de la seguridad de la IA, con los niveles más altos de p(doom) les inquietaba cada vez más el optimismo, aparentemente sin complicaciones, con que Altman y el resto de la empresa veían esta historia. En un momento dado, OpenAI organizó también la proyección de *Apolo 11*, un documental sobre el programa Apolo de EE. UU. para poner al primer hombre en la Luna, que era otra de las analogías favoritas de Silicon Valley. «¿Por qué vas a hablar del Proyecto Manhattan si puedes hablar del programa Apolo? ¿Por qué sacar a relucir esa historia?», dice un Doomer radical.

Una escena de *Oppenheimer* se le quedó grabada especialmente: el momento anterior a la prueba Trinity, la primera detonación de la historia de una bomba atómica, cuando Oppenheimer, interpretado por Cillian Murphy, calcula que las probabilidades de que haga estallar el mundo son «casi cero».

«¿Casi cero?», responde incrédulo el Mayor General Leslie R. Groves, interpretado por Matt Damon.

«Solo con la teoría, ¿qué quiere?», dice Oppenheimer.

«Cero estaría bien», dice Groves.

«Es análogo a la situación en que nos encontramos», dice el Doomer radical. «Aún no hay forma de calcular nada de esas inteligencias artificiales.»

A medida que OpenAI seguía impulsando su investigación, la analogía del Proyecto Manhattan empezó a adquirir un nuevo significado para algunos.

Con la ralentización del ritmo de los avances de los grandes modelos lingüísticos a causa del agotamiento de los datos y la computación, la división de Investigación pasó a centrarse en gran medida en el desarrollo de los agentes de IA. La idea que iba ganando terreno en el sector era una vuelta al debate entre las hipótesis del «lenguaje puro» y la «percepción». El lenguaje puro estaba llegando a su límite, igual que la combinación de lenguaje y visión. Para muchos miembros de la comunidad de la IA, parecía que la siguiente fase tendría que venir probablemente de agentes que podrían emprender acciones en el mundo real y recibir información de su entorno. En OpenAI, esa capacidad se consideraba también una forma de obtener una ventaja competitiva. Un asistente de IA que pudiera chatear contigo estaba bien, pero uno que pudiera autocompletar tareas complejas, como enviar correos electrónicos o codificar páginas web, era aún mejor. Esto no solo era relevante desde un punto de vista comercial, sino que podría acelerar el propio avance de la empresa.

El más ambicioso de estos esfuerzos realizados por la división de Investigación fue AI Scientist, un intento de crear un agente que realizase investigaciones científicas de manera autónoma. Con nuevos «conocimientos» o datos limitados que extraer de Internet o de manuales, los investigadores del proyecto albergaban grandes esperanzas de que un «científico autónomo» fuera capaz de generar sus propios conocimientos realizando experimentos. El equipo se había formado a partir de la unión entre el anterior equipo de generación de códigos que trabajaba en el Codex y otro equipo que había estado intentando resolver el reto del razonamiento utilizando grandes repositorios de problemas matemáticos y sus soluciones como un conjunto de datos estructurado para enseñarle a su modelo una lógica paso a paso. Ambas capacidades —codificar y resolver problemas matemáticos— parecían ser fundamentales para realizar experimentos y analizar datos.

Al frente del proyecto se encontraban Jakub Pachocki y Szymon Sidor, que estaban centrados en la creación no solo de un científico autónomo, sino, concretamente, como deseaba Altman, de un investigador de IA autónomo que ayudase a OpenAI a potenciar al máximo sus avances en IA.

El proyecto hizo que los creyentes en la AGI se sintieran a la vez extremadamente emocionados y nerviosos: si el AI Scientist tenía éxito, seguramente la AGI llegaría antes. Esto reducía los plazos de la utopía o de la destrucción de la humanidad. Al igual que Sutskever, algunos investigadores empezaron a hacer referencia a «un búnker» en conversaciones informales, llegando incluso a imaginar un emplazamiento parecido a Los Álamos: en algún lugar situado en una zona remota desértica de Estados Unidos viviría y trabajaría un equipo de élite de investigadores de IA en instalaciones seguras, a salvo de amenazas externas.

En 2023, creían que esas amenazas incluían ataques concretos y la propia AGI descontrolada. El equipo de Seguridad publicó en Slack un borrador de su modelo de amenazas para OpenAI, claramente mejorado desde los tiempos en que los ejecutivos debatían hasta qué punto aumentar la seguridad de la organización. En el borrador se incluían tres categorías de amenazas: Estados extranjeros, competidores y personas con motivaciones ideológicas.

En la tercera categoría, el borrador enlazaba un artículo de Eliezer Yudkowsky, un Doomer radical y líder de la comunidad a favor de la seguridad de la IA que había acuñado la expresión *IA amigable* para referirse a sistemas alineados y había escrito un exitoso libro de *fanfiction* titulado *Hatty Potter y los Métodos de la Racionalidad*. La novela por entregas, con 122 capítulos y más de 660.000 palabras, reimagina a Harry implicado en el mundo de la magia como un racionalista cualificado. Para muchos, sirvió de vía de entrada al altruismo eficaz y, a su vez, a la ideología Doomer en general. Yudkowksy fue también cofundador del blog *LessWrong*, un espacio en el cual los investigadores de IA podían fomentar su sensación de comunidad y divulgar las ideas de seguridad de la IA, desde el que se abogaba cada vez con más alarmismo por interrumpir por completo el desarrollo de la IA mientras su p(doom) se disparaba hasta el 95 por ciento. En marzo de 2023, escribió un artículo para la revista *Time* en el que hablaba de la pena que le había causado ver cómo a su hija se le caía su primer diente y cómo se había preguntado si tendría oportunidad de crecer. Propuso un plan para imponer la interrupción del avance de la IA clausurando todos los grandes conglomerados de GPU, rastreando las ventas de GPU y, de ser necesario, con ataques aéreos a un «centro de datos descontrolado». El borrador del modelo de amenazas de OpenAI contenía un enlace a este artículo como ejemplo de un ideólogo incitando a la violencia.[47]

A un pequeño sector de empleados de OpenAI que eran simpatizantes de las opiniones menos violentas de Yudkowsky, les parecía profundamente frustrante el hecho de que el borrador le señalara concretamente a él, pero que no mencionase a la IA hostil. Tras los comentarios, el equipo de Seguridad añadió una cuarta categoría: los sistemas de AGI no alineados.

A medida que el protagonismo de OpenAI se disparaba, el consejo iba perdiendo miembros sin reemplazarlos. Desde principios de 2023, había perdido tres consejeros independientes en poco tiempo, debido en parte a la desenfrenada carrera iniciada por ChatGPT para crear y comercializar tecnologías de IA generativa en toda la industria.

Reid Hoffman había sido el primero en dejar su cargo en febrero tras cinco años en el consejo, debido a conflictos de intereses. El año anterior, había fundado una startup, Inflection, con el ahora dimisionario cofundador de DeepMind, Mustafa Suleyman, que se estaba convirtiendo rápidamente en una competidora directa de OpenAI.

Un mes más tarde, siguió sus pasos Shivon Zilis, adjunta de confianza de Musk y directora de Neuralink, que, después de que Musk se desvinculase de la empresa, había seguido supervisando OpenAI en su nombre y se había incorporado oficialmente al consejo en 2020.[48] Algunos miembros del equipo directivo llevaban mucho tiempo preocupados por el hecho de que Zilis filtrase información confidencial a Musk, pero ella se había comprometido con OpenAI a respetar la confidencialidad por encima de su lealtad hacia su rechazado copresidente. Su postura fue muy cuestionada cuando, en julio de 2022, saltó la noticia de que había tenido gemelos con Musk sin decírselo a sus compañeros de la directiva.[49] Con todo, Altman trató de mantenerla en el consejo por razones que se les escapaban al resto de los miembros del mismo, llegando en un momento dado a pedirle consejo en octubre de 2022 sobre cómo gestionar la evidente irritación de Musk ante el aumento de la valoración de OpenAI, que en aquel entonces se aproximaba a los 20.000 millones de dólares. «Es una farsa», le escribió Musk a Altman después de señalar sus cuantiosas aportaciones a la financiación inicial de OpenAI.[50] En marzo de 2023, la continuidad de Zilis en su cargo en el consejo acabó haciéndose insostenible, ya que Musk creó una nueva empresa de IA, xAI, para competir directamente con OpenAI.

La tercera salida fue la de Will Hurd, un antiguo representante del Partido Republicano de Texas y exoficial de la CIA, que había entrado a formar parte del consejo en 2021. Durante el anuncio del nombramiento de Hurd, Altman les había dicho a los empleados la importancia de contar con alguien que sirviera de contrapeso al sesgo liberal de Silicon Valley. A continuación, organizó una reunión para que todo aquel que tuviera reservas pudiera hacer preguntas a Hurd. Los empleados no se reprimieron y acribillaron a Hurd a preguntas sobre sus opiniones acerca de diferentes temas, incluido Donald Trump. En junio de 2023, Hurd dejó OpenAI para centrarse a tiempo completo en su campaña a la presidencia de EE. UU. En octubre se retiraría de la carrera presidencial.

Aparte de Altman, Brockman y Sutskever, solamente permanecieron en el consejo tres miembros independientes: el cofundador y consejero delegado de Quora, Adam D'Angelo, la especialista en robótica Tasha McCauley y la investigadora del CSET Helen Toner.

De los tres, D'Angelo había sido el primero en entrar a formar parte del consejo. D'Angelo, compañero de instituto de Zuckerberg en el internado Phillips Exeter, había ocupado durante dos años el cargo de director tecnológico de Facebook antes de crear Quora. En 2014, Quora se había unido a YC en la primera promoción bajo la presidencia de Altman; en 2017, un año antes de la incorporación de D'Angelo al consejo, Altman había aprobado la máxima inversión de YC en Quora, codirigiendo una ronda de financiación de 85 millones de dólares. Durante el anuncio, Altman elogió a D'Angelo como uno de «los consejeros delegados más listos de Silicon Valley». «Y tiene una visión a muy largo plazo, algo que se ha convertido en un activo muy poco habitual hoy en día», dijo Altman.[51]

McCauley se incorporó al consejo más adelante, en 2018. Era una emprendedora que había fundado una startup de robótica de telepresencia y estaba dirigiendo una empresa de simulación urbana en 3D, que se había puesto en contacto con Altman a través de su mentor, Alan Kay, y que también conocía a Holden Karnofsky. McCauley era muy respetada en la comunidad de la seguridad de la IA y había formado parte del consejo de la organización de seguridad de la IA sin ánimo de lucro Centre for the Governance of AI y, durante un tiempo, del consejo de Effective Ventures Foundation, una organización con sede en el Reino Unido que supervisa el popular pódcast sobre altruismo eficaz *80.000 Hours*. Karnofsky, miembro del consejo en aquel momento, propuso su incorporación en un intento de encontrar más consejeros independientes mientras OpenAI preparaba su transición a una estructura de beneficio limitado.

Toner había sido la última incorporación al consejo a mediados de 2021, también a propuesta de Karnofsky. En esta ocasión, estaba recomendando candidatos para sustituirle, ya que su mandato de tres años estaba llegando a su fin y Anthropic pasaba por un proceso de formación. Antes de asentarse como experta en China y en las tecnologías emergentes, Toner había trabajado con Karnofsky en GiveWell y Open Philanthropy. Llegó al ámbito de los problemas de seguridad de la IA a través del movimiento del altruismo eficaz, pero, poco a poco, con el tiempo, se había alejado de este último. En su publicación más popular en el Foro de Altruismo Eficaz antes del desplome de FTX, expuso que el movimiento se estaba volviendo cada vez más dogmático y socialmente aislado, y señaló que estaba «cayendo en la desilusión del altruismo eficaz».[52] Siguió siendo muy valorada en sus círculos y trabajando en la comunidad de la seguridad de la IA en sentido amplio, formando parte, junto con McCauley, del consejo del Centre for the Governance of AI.

A finales del verano de 2023, el consejo llevaba varios meses en un punto muerto respecto a quiénes nombrar como nuevos consejeros independientes.[53] Como parte de su intento por incrementar la supervisión después de la demostración del GPT-4 y aún más después del lanzamiento de ChatGPT, McCauley se había sumido en un proceso de aproximadamente un año de duración que incluía entrevistas con empleados y personas interesadas ajenas a la empresa, para determinar cómo debería ser un consejo renovado y cómo deberían ser unos mecanismos de supervisión más profesionalizados.

Durante el proceso, los miembros del consejo, Altman incluido, habían coincidido en que, teniendo en cuenta que consideraban que con las nuevas capacidades de la empresa se jugaban mucho más, el nuevo consejero independiente debía tener profundos conocimientos sobre seguridad de la IA. Por consiguiente, pasaron varios meses elaborando una lista de candidatos y entrevistando a cinco de ellos, entre los que se encontraba Dan Hendrycks, un personaje central de la comunidad Doomer que dirigía el centro de Seguridad de IA de Berkeley y actuaba como asesor exclusivo de Musk en xAI. Sin embargo, mientras los miembros independientes del consejo trataban de avanzar en la selección de uno de los cinco, Brockman y Sutskever plantearon varias objeciones a los candidatos examinados. Altman, como siempre, mantuvo la discreción, sin mostrarse claramente en desacuerdo, pero sin posicionarse tampoco a favor de ninguna de las opciones. Varias veces propuso también nuevos candidatos que compartían una característica común: todos formaban parte de su red y, ya fuera por razones económicas o de otro tipo, se encontraban dentro de su ámbito de influencia.

Cuando llegó el momento de establecer los nuevos mecanismos de supervisión, que incluían diferentes canales para incrementar la visibilidad del consejo de las prácticas de la empresa relativas a la seguridad, los consejeros independientes tuvieron de nuevo la sensación de que para Altman no eran una prioridad. En los primeros tiempos de McCauley como directora, Altman la había nombrado enlace y defensora de los empleados, de modo que se reunía regularmente con empleados en horas de consulta. En una ocasión, llevó también a su marido, el actor Joseph Gordon-Levitt, a una reunión externa de la empresa en la que escuchó atentamente presentaciones técnicas. Sin embargo, durante la pandemia, esos encuentros fueron desapareciendo. Posteriormente, McCauley siguió celebrando algunas reuniones con cierta regularidad, pero las horas de consulta nunca se reanudaron.

Sin una forma sistemática de mantenerse en contacto con los empleados, la información sobre lo que sucedía en la empresa se iba filtrando a los consejeros independientes a través de sus propias relaciones personales con los integrantes de las comunidades técnica y de seguridad de la IA. También confiaban en el propio Altman como medio para mantenerse al día de las informaciones importantes. Lo que les preocupaba cada vez más era lo mucho que el discurso de Altman difería a menudo de otras informaciones que les llegaban. Mientras que, habitualmente, Altman planteaba una situación de color de rosa, los consejeros recibían cada vez más informes de sus propias fuentes sobre problemas, incluyendo la falta de preparación antes del ChatGPT y el considerable revuelo que tuvo lugar posteriormente, las constantes dudas acerca de la seguridad de la IA que rodeaban el lanzamiento del GPT-4 y el ritmo sin precedentes al que avanzaba OpenAI antes de haber solucionado muchos de sus problemas.

Hubo un incidente especialmente flagrante. A finales de 2022, el consejo había celebrado una reunión presencial —primera de las que se esperaban celebrar anualmente— durante la cual Altman había destacado los estrictos protocolos de seguridad y comprobación que OpenAI había puesto en marcha con la Junta del Despliegue de Seguridad (DSB) para evaluar el despliegue del GPT-4. Después de la reunión, uno de los consejeros independientes se estaba poniendo al día con un empleado, cuando este señaló que se había producido un incumplimiento de los protocolos de la DSB. Microsoft había realizado una presentación limitada del GPT-4 a usuarios en la India sin contar con la aprobación de la DSB. A pesar de pasarse todo un día encerrado en una sala durante la reunión presencial, Altman no les informó ni una vez de la violación.[54]

Aunque los consejeros independientes no tenían razones para pensar que se hubiera presentado al público algo inseguro, les preocupaba la aparente indiferencia con que Microsoft había incumplido el protocolo y que Altman lo hubiera pasado por alto. Los modelos de OpenAI estaban avanzando rápidamente y, desde el punto de vista de la seguridad de la IA, según creían, podían llegar pronto al punto en que una violación de ese tipo podría tener consecuencias potencialmente catastróficas, cuando no existenciales. En su opinión, la dejadez de Altman ante el incumplimiento de Microsoft marcaba un peligroso precedente sobre cómo podría afrontar los procesos de seguridad de la IA relacionados con los lanzamientos de sus modelos cuando hubiese más en juego.

Al mismo tiempo, había otros ejemplos preocupantes del comportamiento de Altman. En marzo de 2023, envió un correo electrónico al consejo sin incluir a D'Angelo, anunciando que creía que había llegado el momento de que D'Angelo dejase su cargo. El hecho de que Quora estuviese diseñando su propio chatbot, Poe, argumentaba Altman, planteaba un conflicto de intereses. La afirmación parecía improvisada y escasamente motivada. Tanto Toner como McCauley y D'Angelo le habían formulado en diversas ocasiones preguntas incómodas a Altman sobre las prácticas de seguridad de OpenAI, la solidez de la organización sin ánimo de lucro y otros asuntos. Cada vez con menos aliados en el consejo, a los tres les parecía que Altman estaba buscando una excusa para echar a alguno de ellos. En respuesta al correo electrónico de Altman, un consejero independiente contraatacó. Poe representaba un conflicto de intereses moderado en comparación con lo que Altman les había permitido durante mucho tiempo a Hoffman y a Zilis. La moción de Altman fracasó; D'Angelo se quedó.

Poco después, durante una cena, D'Angelo se enteró de que la estructura del Startup Fund de OpenAI era extraña. Proporcionaba a quienes invertían en el fondo acceso anticipado a los productos de OpenAI, una especie de trato preferente que debería estar reservado a los propios inversores de OpenAI. Cuando lo oyó por segunda vez, los consejeros independientes presionaron a Altman para que les mostrara documentación sobre la estructura del fondo. Cuando, finalmente, Altman se la facilitó, los consejeros descubrieron que la estructura del fondo no solo era extraña; Altman era su *propietario* legal, cuando debería haber sido propiedad de OpenAI.[55]

Para los consejeros independientes, cada ejemplo se sumaba a un panorama preocupante: poco a poco, Altman estaba intentando reducir su visibilidad y maniobrar de tal manera que el consejo no pudiera controlarlo. Durante años, Altman había proclamado la capacidad del consejo para actuar como contrapeso e incluso despedirlo como el mecanismo de gobierno más importante de OpenAI. Y ahora estaba pregonando ese hecho por todo el mundo para asegurarse la confianza del público y de los Gobiernos.

En otoño, la moral de los consejeros independientes volvió a estar por los suelos mientras luchaban denodadamente por conseguir algún avance significativo en la negociación para nombrar a un nuevo miembro del consejo. Con el paso de los meses, esas brechas en el gobierno corporativo se iban volviendo cada vez más urgentes. OpenAI se estaba preparando para entrenar el GPT-5 y estaba llevando a cabo avances en el AI Scientist. Entonces, como por ensalmo, a principios de octubre, Toner recibió un correo electrónico inesperado. Ilya Sutskever quería hablar con ella.

14

Liberación

Durante las semanas anteriores a que Sutskever se pusiera en contacto con Toner, Altman estaba haciendo frente a una crisis de relaciones públicas. Tras años sin aparecer en los medios de comunicación, el distanciamiento con su hermana y el hecho de que ella se hubiera dedicado al trabajo sexual, acabaron saliendo a la luz.

El 25 de septiembre de 2023, Elizabeth Weil, redactora de la revista *New York*, publicó una semblanza de Altman que, por primera vez en la prensa generalista, hacía referencia a la existencia de Annie. Weil contraponía detalles de la vida de Annie, incluyendo sus repetidos problemas de salud y el hecho de padecer graves dificultades económicas sin disponer de una vivienda segura, al estilo de vida de Altman, con casas valoradas en varios millones de dólares y coches de lujo. «¿Annie Altman?», escribió Weil en su artículo. «Los lectores del blog de Altman, de sus tuits, de su manifiesto *Startup Playbook*, así como de los cientos de artículos sobre él, estarán familiarizados con Jack y Max... Annie no existe en la vida pública de Sam. Ella no formaría nunca parte del club.»[1]

Altman sabía que los detalles iban a salir a la luz. En el periodo previo a su publicación, que tuvo lugar durante el Yom Kippur, el Día de la Expiación del calendario judío, Weil le había dado a OpenAI la oportunidad de comentar su reportaje. Por otra parte, *New York* había trabajado con la empresa durante su proceso de verificación de datos. La tarea de facilitar la solicitud de comentarios y de intentar controlar el artículo recayó en Hannah Wong, que había sido nombrada vicepresidenta de comunicaciones de OpenAI y que, de repente, se había convertido en intermediaria entre la revista y la familia de Altman y se preguntaba si aquello formaba realmente parte de su trabajo.

El último día antes de la publicación del artículo, cuando ya parecía evidente que los detalles sobre Annie iban a hacerse públicos, Annie recibió un correo electrónico de Sam. «hola annie, con el espíritu del yom kippur que está a punto de llegar, quería disculparme y pedirte perdón por algo», escribió.[2] Cuando Annie había pedido ayuda, él se había visto atrapado entre dos aguas, debatiéndose entre hacer caso a su madre y al resto de la familia, que creían que Annie debía aprender a tener independencia económica, y la sensación de que Annie necesitaba ayuda médica y le estaba costando salir adelante. «a pesar de todo, tomé la decisión equivocada, ya que tenía que haber seguido [sic] apoyándote: te pido perdón sinceramente», dijo.

El brusco cambio de imagen de Altman respecto a su magnífica acogida desde el lanzamiento de ChatGP y el hecho de ver cómo dolorosos asuntos familiares salían a la luz, hicieron mella en él. Los efectos colaterales del artículo empeoraron las cosas. Tras su publicación, antiguos tuits de Annie en los que acusaba a Sam de haber abusado de ella de diversas formas reaparecieron y empezaron a hacerse virales. Sin embargo, por muy dura y difícil que fuera la situación para Altman, para Annie fue una liberación. Durante años, además del estrés que se había visto agravado por sus problemas de salud y su falta de estabilidad, se había sentido como si estuviera gritando en el vacío y se la hubiera ninguneado.

En 2024, me dirigí a Annie para entender mejor su versión de la historia.[3] También me puse en contacto directamente con su madre, Connie Gibstine, con sus hermanos Max y Jack, y con Sam, a través del equipo de comunicaciones de OpenAI, para conocer su versión. Annie se mostró muy dispuesta a colaborar, esperanzada por el hecho de contar por fin con una plataforma desde la que compartir sus experiencias personales, cosa que consideraba esencial para que se entendiera la personalidad moral de Sam. Aportó numerosa correspondencia con su familia, informes médicos relativos a su salud física y mental que abarcaban desde la mayor parte de su infancia hasta la edad adulta, y otras pruebas que corroboraban los desencuentros con su familia y el deterioro de sus circunstancias vitales.

Gibstine hizo una breve declaración en la que recalcó el amor de la familia por Annie y su preocupación por su bienestar, al tiempo que desmentía las acusaciones de Annie, a las que calificó de «horribles, profundamente dolorosas y falsas».[4] Gibstine declinó realizar una entrevista en profundidad o responder a preguntas detalladas para exponer su punto de vista sobre las declaraciones de Annie. No respondió a mis peticiones adicionales de documentación para respaldar sus propias afirmaciones. Max y Jack no respondieron. OpenAI no hizo ningún comentario específico.

En enero de 2025, después de que Annie interpusiera una demanda contra Sam, este, Gibstine, Max y Jack emitieron una declaración pública más contundente en la que desmentían las acusaciones de Annie, calificándola de mentalmente inestable, añadiendo que aspiraba a conseguir dinero de manera injustificada y que sus acusaciones «habían evolucionado drásticamente con el paso del tiempo». «Resulta especialmente desgarrador que rechace someterse a un tratamiento convencional y arremeta contra los miembros de su familia que están tratando de ayudarla de verdad», dijeron.[5]

A través de mis conversaciones con Annie y de la documentación que me facilitó, surgió una imagen compleja del turbulento viaje que la llevó a hacer públicas sus acusaciones en Twitter y en su posterior demanda, así como los detalles de su vida que reveló en el artículo de Weil. Yo no tuve acceso a la completa exposición de motivos de muchas de las decisiones de su familia y la veracidad de algunas de las acusaciones de Annie, concretamente las referentes a los presuntos abusos sexuales por parte de Sam cuando era una niña; si bien no puede comprobarse, para mí su historia se convirtió en un microcosmos de los muchos temas que definen la historia de OpenAI en general. También me ayudó a consolidar mi idea de hasta qué punto OpenAI es un reflejo y una prolongación del hombre que la dirige. Los constantes esfuerzos de Annie por aportar su punto de vista se convirtieron rápidamente en un problema empresarial. La presencia de Annie en los medios sacó de quicio a Sam, quizá más que cualquier otra clase de historia, y arrastró con ella a Hannah Wong en su condición de responsable de comunicaciones de OpenAI en su intento de evitar su divulgación. También se convirtió en un problema empresarial en otro sentido: en cuanto las acusaciones de Annie se hicieron públicas, otros ejecutivos de OpenAI lo tuvieron en cuenta.

En muchos aspectos, Annie y Sam, con nueve años de diferencia, son extraordinariamente parecidos. Muchas de las palabras que las personas cercanas a Sam utilizan para describirlo sirven también para Annie: sabe escuchar; recuerda hasta el más mínimo detalle de los demás; es muy torpe, extremadamente generosa y se gana la confianza de la gente enseguida.

Como Sam, también destacó en los estudios. Aparte de él, fue la única Altman que se graduó en Burroughs, donde causó una gran impresión en su profesor de física, James Roble, que la recuerda con cariño más de una década después, como una estudiante de talento con una actitud deslumbrante.[6] Después del instituto, asistió a la Tufts University, licenciándose en biopsicología y en danza. Tras su graduación, en 2016, completó los requisitos necesarios para matricularse algún día en la Facultad de Medicina; se mudó a la zona de la Bahía para ocupar un puesto como investigadora en un laboratorio de neurociencia en la Universidad de California, San Francisco. Antes de que su vida se torciera, era, dicho de otro modo, la típica joven adulta ambiciosa, altamente cualificada y con numerosas opciones.

Pero las circunstancias de Annie empezaron a desmoronarse después de una serie de problemas inesperados. En 2014, mientras aún estaba en la universidad, le diagnosticaron tendinitis aquilea, una inflamación del tendón de Aquiles a causa de una sobrecarga, y un espolón óseo que le obligó a llevar una bota ortopédica.[7] Esos fueron los primeros problemas físicos de una larga lista que harían mella en su cuerpo provocándole dolores crónicos y que, en sus peores momentos, limitarían su movilidad afectando a su calidad de vida. En el transcurso de seis años, Annie padeció una amigdalitis persistente, dolores pélvicos, brotes de tendinitis que le volvieron a obligar a llevar botas ortopédicas y se extendieron más allá de su tobillo derecho, haciendo que a veces le resultara incluso difícil estar de pie durante breves periodos de tiempo, y numerosos quistes en los ovarios que culminaron en un diagnóstico de síndrome de ovario poliquístico, uno de cuyos síntomas habituales era que le provocaba sudores nocturnos.[8]

En medio de todos esos problemas de salud, sufrió otro golpe terrible: el 25 de mayo de 2018, su padre, el miembro de la familia al que estaba más unida, murió de un ataque al corazón.[9]

Annie lleva toda su vida lidiando con problemas de salud mental. De muy joven le diagnosticaron ansiedad general y un trastorno obsesivo-compulsivo que la llevó a consumir Zoloft durante casi una década, hasta que un psiquiatra la ayudó a dejarlo cuando estaba en la universidad.[10] Antes de la muerte de su padre, se encontraba mucho mejor. Había recurrido a terapias de salud mental no psiquiátricas, incluida la meditación, y estaba buscando la manera de abordar la inflamación de raíz que parecía ser la causante de sus repetidas dolencias físicas, apostando claramente por una dieta de alimentos saludables, orgánicos e integrales. Su largo viaje hacia la recuperación de la salud despertó en ella un nuevo interés por la medicina alternativa y realizó un curso para ser profesora de yoga. Empezó a consagrarse a su amor de toda la vida por el arte y escribió el borrador de un libro titulado *El Humanual*, en el que plasmaba sus reflexiones sobre la vida y cómo ser un buen ser humano. La muerte de su padre la destrozó. Trastocó su salud mental y, al parecer, marcó el inicio de un aceleramiento en el deterioro de su salud física. A finales de 2018, acudir a varios médicos y especialistas se convirtió en una rutina.

Sam declaró también públicamente que la muerte de su padre fue el peor momento de su vida.[11] Tuvo lugar tan solo unos meses después de que Musk abandonara el cargo de copresidente de OpenAI y Sam ocupara su puesto. Las personas próximas a Sam dicen que la pérdida le hizo tambalearse. Durante un tiempo, se comportó de manera errática, luchando por salir adelante. La muerte fue claramente un punto de inflexión en la relación entre Annie y Sam, así como en la relación de Annie con el resto de la familia. Su conexión con ellos, y en especial con su madre, ya se había vuelto tensa debido a desacuerdos sobre diversas decisiones que había tomado en su vida, dice Annie, como abandonar una carrera de medicina tradicional y su decisión de dejar de tomar Zoloft y decantarse por métodos naturales. Su padre había sido su único apoyo incondicional. Sin él, se fue aislando de la familia, aunque seguía anhelando su aceptación y apoyo. Sin embargo, tras los enfrentamientos a causa del dinero, la relación llegó al límite.

Tras la muerte de su padre en 2018, Annie estaba viviendo en Los Ángeles. Trabajaba como ayudante de redacción a tiempo parcial y luego en un establecimiento dispensador de marihuana. Annie dice que heredó alrededor de 100.000 dólares del seguro de vida de su padre. Se lanzó de lleno a dedicarse a su amor al arte y a la interpretación como una carrera profesional seria: asistió a clases de comedia, participó en micrófonos abiertos, creó un pódcast y reescribió el primer borrador de su libro, transformándolo en un monólogo que tituló *La HumAnnie*. A mediados de 2019, los fondos empezaban a agotarse, gastados, según ella, en sus diversas inversiones artísticas, su elevado alquiler, su seguro de salud y los gastos médicos que se iban acumulando (escáneres médicos, terapias físicas, psicoterapia, Lyfts y Ubers para acudir a sus citas).

Para Annie, lo que sucedió a continuación fue lo que marcó el principio del fin de la relación con su familia. En mayo de 2019, mientras seguía sufriendo dolores crónicos, se enteró de que su padre le había dejado 401.000 dólares.[12] Dejó la tienda y diseñó un plan a seis meses para utilizar el dinero extra —un poco más de 40.000 dólares— para cuidar de su salud e impulsar sus proyectos creativos lo suficiente como para aspirar a que constituyesen una fuente de ingresos sostenible. Pero, poco después, su madre, que como cónyuge supérstite seguía teniendo autoridad sobre el fondo de jubilación de su padre, le notificó a Annie que no recibiría el dinero. La mejor estrategia fiscal, le escribió Gibstine a Annie en un correo electrónico, era que Gibstine mantuviera el fondo a su nombre en una cuenta con impuestos diferidos que traspasaría a Annie a través de un fideicomiso al que podría acceder a los cincuenta y nueve años y medio de edad. «Todos queremos lo mejor para ti y creemos que lo mejor para ti (y para todo el mundo) es la independencia económica, que proporciona satisfacción a largo plazo, crecimiento personal y seguridad», dijo Gibstine. «Por esa razón, queremos que quede claro que no te apoyaremos económicamente si/cuando se acabe la herencia que has recibido de papá.» El correo electrónico estaba firmado por «Mamá, Sam, Max y Jack».[13]

Annie se encontraba en un estado muy frágil. Las notas de su terapeuta durante aquel periodo indican que la decisión tomada por su familia con la esperanza de que se recuperase no hizo más que empeorar su estado.[14] En diciembre de 2019, su cuenta bancaria entró en números rojos.[15] Ese mismo año, Sam había conseguido la primera inversión de 1.000 millones de dólares de Microsoft en OpenAI y la empresa avanzaba a toda velocidad en el entrenamiento del GPT-3. Asustada y sola, Annie se apuntó a un servicio de acompañantes llamado SeekingArrangement y le enseñó los pechos a un hombre a través de una videollamada a cambio del dinero suficiente para que su cuenta dejara de estar en negativo.[16]

Annie dice que nunca le había pedido ayuda económica a su madre o a sus hermanos. Nunca había dado por sentado que podía contar con su riqueza, pero tampoco pensaba que fueran a dejarla en la estacada si tenía una verdadera emergencia. Desde finales de 2019 hasta mediados de 2020, Annie hizo varios llamamientos a su familia pidiéndoles ayuda económica, incluido uno cuando la pandemia añadió más motivos de estrés e incertidumbre.[17] Después de asistir a dos sesiones de terapia familiar con ella, Sam y su madre acordaron cubrir sus gastos durante parte del año.[18]

En las comunicaciones con su familia, es evidente que les preocupaba que el dinero pudiera provocar en ella conductas nocivas y que creían que la mejor manera de ayudarla a recuperar su salud mental era seguir animándola a lograr la independencia económica. Tanto en la declaración que me hizo Gibstine, como en la de la familia, se afirmaba que sus acciones estaban guiadas por consejo profesional sobre la mejor manera de ayudar a Annie.

En mayo de 2020, cuando la ayuda económica de su familia estaba llegando a su fin y Annie seguía pasando por dificultades, volvió a pedir ayuda para pagar su terapia física y psicológica, que, según les dijo, tenía un coste de 45 y 15 dólares por sesión respectivamente.[19] Se negaron, aduciendo que creían que ella debía cubrir sus gastos de junio por sí sola, teniendo en cuenta que se le iba a devolver el importe de una fianza. Hizo las maletas con sus pocas pertenencias y se fue a Hawái, donde había estado cuando su padre la visitó por última vez antes de morir. Encontró trabajo en una instalación agrícola en la que tenía que realizar tareas poco exigentes físicamente como arrancar las malas hierbas y plantar. Sam le envió un correo electrónico preguntándole por su nueva dirección. Ocho meses después de la muerte de su padre, Sam le había pedido a cada uno de sus hermanos que le enviasen a su madre un mechón de cabello para mezclarlo con las cenizas de su padre y transformarlo en un diamante para cada uno. «Estarán hechos sobre todo de carbono de papá, pero también tendrán un poco de cada uno de nosotros», había escrito. El diamante de Annie estaba listo y Sam quería enviárselo.[20]

A Annie, el correo electrónico de Sam le sentó como un bofetón. No quería un diamante caro; quería su ayuda para asegurarse comida y alojamiento. No sabía si Sam no era consciente de la gravedad de su crisis o si simplemente no le importaba. El abismo entre ella, Sam y el resto de su adinerada familia parecía insalvable. Con enorme pena y dolor, dejó de hablar con ellos.

Durante los tres años siguientes, antes de que Elizabeth Weil se pusiera en contacto con ella, la vida de Annie tocó fondo. Tuvo que hacer frente a la inseguridad de la vivienda, a la inseguridad alimentaria y a la inseguridad sanitaria; recurrió al trabajo sexual virtual y físico para pagar las facturas. En su declaración pública, la familia dijo que intentaba «apoyar a Annie y ayudarla a encontrar la estabilidad económica de muchas maneras». Según Annie, una de esas muestras de apoyo le llegó en la primavera y el verano de 2021, cuando Sam intentó volver a ponerse en contacto con ella. Recuerda que hablaron por teléfono tres veces, durante las cuales Sam le dijo lo mucho que la quería y se ofreció a comprarle una casa. Annie y su familia describen esa oferta de manera diferente. Annie dice que la oferta no era para que fuera la propietaria de la casa, sino para que viviera en ella, un acuerdo que, en su opinión, pretendía impedir que vendiera la propiedad y a ella le preocupaba que pudiera ser otra forma de que Sam y su madre pudieran imponer su opinión en lo tocante a las decisiones relativas a su salud y a su carrera profesional. En su declaración, Gibstine me dijo que la familia le había ofrecido a Annie la propiedad de una casa, pero no respondió a mi solicitud de documentación que lo corroborase. En el comunicado público de la familia, dijeron que se habían ofrecido a comprarle a Annie una casa a través de un fideicomiso para que pudiera tener un lugar donde vivir, aunque sin capacidad de venderla inmediatamente. Al final, Sam y Annie llegaron a un acuerdo diferente: él le pagaría el alquiler durante un año directamente al casero. En el verano de 2022, cuando ella no restableció el contacto, los pagos dejaron de llegar.

La historia de Annie ahonda en los retratos contradictorios que pinta la gente de Sam. Es a la vez generoso y egoísta, agradable y amenazador, un benefactor para muchas personas y fuente de un gran dolor personal para otras. Alguien que transmite sinceridad y altruismo en público, pero que muestra una vena más complicada y calculadora a puerta cerrada. Alguien que puede dar y quitar, dejando a muchos con la impresión de que son peones de una gran partida de ajedrez en la que solo Sam ve el tablero completo y que consiste en que él conserve su poder como rey.

La historia de Annie también complica el gran relato de Sam y otros ejecutivos de OpenAI, según el cual la IA abre la puerta a un mundo de abundancia. Altman ha dicho que espera que la IA acabe con la pobreza: Brockman ha repetido, en sus historias sobre su amigo y su mujer, Anna, que la AGI mejorará drásticamente la asistencia sanitaria. Sutskever ha dicho que dará lugar a una psicoterapia extraordinariamente eficaz y tirada de precio. Y, pese a todo, frente a la realidad de las vidas de los trabajadores de Kenia, los activistas de Chile y la experiencia de la propia hermana de Altman, que tienen que soportar todos esos problemas, esos sueños parecen vacíos.

A pesar de los avances a pasos agigantados de las capacidades de la IA, ninguno de ellos contribuyó a aliviar ni siquiera un poco la desesperación de Annie. En todo caso, puede que la IA haya contribuido a atraparla aún más. Ella no quería dedicarse al trabajo sexual. Fue, dice, un «plan Z». Cuando sus dolores crónicos se intensificaron, hasta el punto de que incluso el trabajo de dependienta resultara demasiado difícil, primero intentó comercializar su arte a través de medios digitales. Siguió con su pódcast y conservó sus cuentas en Etsy y Patreon, pero no le daban lo suficiente para pagar siquiera la factura del teléfono.[21] Estaba sucediendo algo extraño que documentó con capturas de pantalla a lo largo del tiempo: tenía poca o nula visibilidad en sus redes sociales.[22] A veces notaba que fragmentos de las reseñas de su pódcast desaparecían misteriosamente de la aplicación de Apple, lo que limitaba las posibilidades de que la descubrieran.[23] Al menos en dos ocasiones, tanto en Instagram como en YouTube, acumuló muchas visitas y luego las perdió inexplicablemente.[24] Un excientífico de datos de Facebook y dos expertos en tecnología y trabajo sexual dicen que es posible que la primera cuenta de Annie en SeekingArrangement en diciembre de 2019 limitase su éxito en Internet, basándose en la manera en que las plataformas tecnológicas rastrean y ensombrecen a las trabajadoras sexuales mediante sistemas automáticos, etiquetando sus dispositivos, correos electrónicos, cuentas bancarias y otras informaciones vinculadas a su presencia en Internet, incluso en caso de perfiles sin ninguna relación en absoluto con su trabajo sexual.[25] Sin otra salida, Annie volvió a SeekingArrangement y se abrió una cuenta en OnlyFans, enredando aún más su presencia en Internet y el acceso a oportunidades económicas en una maraña de moderación algorítmica.

Neily Messerschmidt, una antigua líder de la industria tecnológica en empresas como Sony, que actualmente supervisa la división de bienestar de una red de granjas orgánicas, conoció a Annie poco después de que esta se mudase a la zona de la Bahía en 2016 y trabajase una temporada en la red durante el tiempo en que apostó por la alimentación sana. Con los años, Messerschmidt se convirtió en una figura materna al tiempo que Annie cortaba lazos con su familia biológica.

«Sam llevó la IA al mundo exactamente igual que trataba a su hermana pequeña», dice Messerschmidt. «Él está allí prosperando y su hermana pasa desapercibida.»[26]

A finales de 2020 y principios de 2021, después de distanciarse de la familia, Annie empezó a experimentar recuerdos devastadores de abusos sexuales sufridos durante la infancia. En las sesiones a las que asistió entre julio de 2021 y enero de 2022 con una nueva terapeuta especialista en traumas en Maui, las notas hacen referencia a las crisis vividas por Annie con los recuerdos involuntarios, que la llevaron a cuestionarse profundamente su identidad.[27] Tras quince sesiones, la terapeuta emitió su diagnóstico: ansiedad generalizada, TEPT y una historia personal de abusos sexuales durante la infancia.[28]

Las notas no hacían referencia a un abusador concreto. Sin embargo, por aquella época, Annie empezó a llamar regularmente a Messerschmidt, que había sido violada cuando tenía diecinueve años y que, en su interacción con Annie en la red de granjas orgánicas, había notado enseguida signos evidentes de alguien que había sufrido una historia de abusos. «No se sentía cómoda con ciertos hombres», recuerda Messerschmidt. «Reconozco a una persona que ha sufrido abusos en cuanto la veo. Básicamente, pedía no participar en reuniones cuando asistían determinados hombres. Se colocaba a un lado cuando estaban en la habitación.»

En conversaciones intensas y emotivas, Annie le describió a Messerschmidt sus *flashbacks* repentinos. Al hablar de esos recuerdos infantiles, Messerschmidt recuerda que Annie le dijo que era Sam quien se metía repetidamente en su cama, a veces con Jack, y abusaba de ella.[29]

Es importante señalar que a menudo es difícil comprobar décadas después si los presuntos abusos sexuales tuvieron realmente lugar, o confirmar los detalles de dichos abusos. Lo que sí se sabe gracias a la psicología es que hay un patrón común que presentan algunas víctimas de abusos. El cerebro de la víctima bloquea cualquier recuerdo de los mismos hasta que un factor desencadenante, como puede ser la pubertad, el inicio de las relaciones sexuales, o nuevos avances sexuales no deseados, lo hacen resurgir de manera involuntaria, dice una terapeuta a la que consulté. El cuerpo recuerda el trauma, aunque la mente no lo haga. A medida que Annie se dedicó más de lleno al trabajo sexual, es posible que tuviera que enfrentarse de repente a una oleada de factores desencadenantes.[30]

Al detallar Annie las experiencias de sus *flashbacks*, tal como se las explicó a Messerschmidt y tal como quedaron reflejadas en las notas de la terapeuta especialista en traumas, no se pretende determinar exactamente qué sucedió durante la infancia de Annie, sino recrear un relato de lo que experimentó y creyó como adulta y que, en última instancia, la motivó a hablar.

En noviembre de 2021, cuando Sam se estaba haciendo cargo del pago del alquiler, Annie hizo públicas por primera vez sus acusaciones. «He sufrido abusos sexuales, físicos, emocionales, verbales, económicos y tecnológicos, por parte de mis hermanos biológicos, especialmente de Sam Altman y en alguna ocasión de Jack Altman», escribió en Twitter. «Estoy convencida de que hay más personas que han sufrido abusos de ellos. Busco personas que se unan a mi búsqueda de justicia legal, seguridad de otros en el futuro y sanación grupal.»[31]

Su publicación no tuvo mucho recorrido. Era una cuenta anónima con pocos seguidores. El perfil de Sam tenía más seguidores que nunca gracias al éxito de OpenAI con el GPT-3 y su lanzamiento más reciente: GitHub Copilot. En cambio, los *trolls* atacaron a Annie, diciendo que en realidad no tenía ninguna relación de parentesco con su hermano.

En los meses siguientes, dos periodistas se pusieron en contacto con Annie, pero ella no estaba muy segura de cuánta información debía compartir con ellos. En septiembre de 2022, decidió hablar abiertamente. Volvió a tuitear, nombrando a Sam y a Jack: «Abuso sexual, físico, emocional, económico y tecnológico. Nunca olvidado».[32]

Diez meses después, en julio de 2023, tras el lanzamiento de ChatGPT y el ascenso de Sam al estrellato a nivel mundial, Annie recibió un mensaje de Elizabeth Weil, de la revista *New York*.

En los tres meses posteriores a la publicación de la revista *New York*, los ingresos generados por el OnlyFans de Annie se multiplicaron por más de diez, pasando de alrededor de 150 dólares al mes a más de 1.500. Un mes, durante la crisis del consejo, llegaron a situarse alrededor de los 5.500 dólares. Dejó el trabajo de acompañante y siguió dedicándose únicamente al trabajo sexual virtual.[33]

La familia —o, como Annie los llama, «sus parientes»— sostiene haberle proporcionado ayuda económica de diversas formas a lo largo de los años. De hecho, el plan de apoyo acordado después de asistir a terapia familiar y el alquiler pagado por Sam desde mediados de 2021 hasta mediados de 2022 son un ejemplo de ello. Sin embargo, para Annie, ese dinero fue demasiado escaso y llegó demasiado tarde, cuando ya se había sentido lo suficientemente desesperada como para tener que recurrir al trabajo sexual. Otras ofertas de ayuda, incluyendo la casa, presentaban generalmente restricciones o condiciones que ella consideraba que no podía aceptar.

En julio de 2023, Sam le envió a Annie otro mensaje ofreciéndole dinero, aparentemente sin condiciones. Antes, ese mismo verano, una persona les había enviado un correo electrónico a ambos con la desaforada energía de un detective de Internet, pidiéndole a Annie que profundizara sobre sus acusaciones. Annie respondió al triple hilo con un relato detallado de su experiencia de los últimos años. Sam estaba en medio de su gira mundial, en pleno ascenso. El 5 de junio, el día que dio una exitosa charla con Sutskever en la Universidad de Tel Aviv en Israel, Annie estaba en su bandeja de entrada, hablando de la crueldad de sus últimos años con frases medidas y demoledoras.

El 9 de julio, cuando la gira mundial había concluido oficialmente, Sam respondió utilizando mayúsculas, cosa nada habitual. «Siento haber tardado tanto en responder; me ha costado un tiempo averiguar qué quería decir», escribió. «No quiero tener ninguna clase de relación contigo y respeto que tú tampoco la quieras tener conmigo. No obstante, me complace enviarte dinero y espero que superes tus problemas de salud.» Se ofreció a reiniciar su acuerdo anterior, cuyos detalles no recordaba, o pagarle una abultada suma de dinero. «Que conste que no estoy de acuerdo con muchas de las afirmaciones de este correo electrónico, pero me parece inútil discutir», concluyó.[34]

Llegados a ese punto, Annie ya no quería el dinero de Sam. Solo quería tener acceso al dinero que le había dejado su padre. Nunca respondió al correo electrónico de Sam.

Además de los 401.000 dólares, su padre había dejado un fideicomiso con su madre como fiduciaria.[35] A principios de 2024, con sus ingresos adicionales, Annie contrató a su propio abogado y se enteró de que el fideicomiso de su padre se había refinanciado en 2023. A medida que su historia iba cobrando fuerza, la familia entabló conversaciones a través del abogado de Gibstine para enviarle a Annie mensualmente sumas del fideicomiso sin condiciones. Por primera vez, Annie tuvo la impresión de que tenía una posición ventajosa en la negociación. En su declaración pública, la familia dijo que esperaba proporcionar a Annie apoyo económico mensual «durante el resto de su vida».[36]

Con la nueva renta, Annie alquiló su primer piso estable en más de cuatro años. Poco después, contrató a otro abogado para preparar una denuncia por abuso sexual infantil contra Sam, que quería presentar antes de cumplir treinta y un años, el 8 de enero de 2025. Alegaba (cosa que su familia negaba vehementemente) que Sam había abusado sexualmente de ella, empezando cuando tenía tres años y continuando hasta que él era adulto y ella seguía siendo menor; aspiraba a recibir una indemnización de más de 75.000 dólares.[37] En octubre de 2024, tras otro aluvión de visitas médicas, Annie recibió por fin un diagnóstico de su problema de salud: síndrome de Ehlers-Danlos, el mismo trastorno genético de la movilidad que padecía la mujer de Brockman.[38]

En el periodo previo a la publicación de la historia de Annie en el artículo de la revista *New York*, Sam empezó a decir a la gente que su hermana tenía un trastorno límite de la personalidad. Era un tema privado y delicado, les dijo. «Desmintió su versión antes incluso de que se publicara», dice una de esas personas.

El trastorno límite de la personalidad se caracteriza por problemas graves de regulación emocional y puede provocar intensas relaciones interpersonales con picos de idealización y miedo al abandono.[39] Annie dice que nunca recibió ese diagnóstico, y de hecho no aparece en ninguna de las notas de la terapia ni en los informes médicos que me facilitó. Solamente hay un comentario de la terapeuta especialista en traumas de Maui, en agosto de 2021, en el que indica que estaba reconociendo a Annie a causa de un trastorno que habitualmente surge después de sufrir abusos sexuales en la infancia. La terapeuta incluía una referencia a un pasado de abusos sexuales, pero no al trastorno final diagnosticado.

Dos terapeutas con los que hablé sobre la personalidad límite subrayaron también que dicho trastorno suele desaparecer, ya sea de manera natural o mediante el tratamiento adecuado, el cual incluye meditación y terapia conductual que contribuye a reafirmar la autoestima de una persona, dos herramientas utilizadas por Annie, aunque no la medicación psicotrópica, que era lo que le recomendaba Gibstine y a lo que parecía referirse la familia en su declaración cuando decía que Annie «rechaza el tratamiento convencional». «Los estudios sobre el trastorno límite de la personalidad son muy positivos; se considera un diagnóstico con un buen pronóstico», dice Blaise Aguirre, profesor asistente de psiquiatría en la Facultad de Medicina de Harvard que ha tratado a miles de pacientes con personalidad límite, aunque no analizó el caso de Annie en concreto. «La inmensa mayoría de los pacientes mejoran.»[40]

En abril de 2024, Hannah Wong, que pronto sería ascendida a directora de comunicaciones de OpenAI, también habló conmigo sobre la salud mental de Annie. Durante seis meses, el equipo de Wong había dicho que se comprometía a organizarme una visita a la oficina, así como a concederme entrevistas con directivos y empleados clave de OpenAI, ya que yo trataba repetidamente de ponerme en contacto con ellos y escuchar su versión. Al cabo de cinco meses, la idea empezó a desagradarles. Diez días antes de mi vuelo a San Francisco, que ya había reservado para visitar la sede central de la empresa, me notificaron que habían cambiado de opinión: yo ya no iba a ir a las oficinas y ellos no iban a participar en mi libro.

Algunos días después de mi viaje a San Francisco, que realicé según lo previsto, le dije a alguien que conocía personalmente a Sam y a Annie que iba a hablar con ella. Al día siguiente, Wong me envió un mensaje. «Me han dicho que estás en la ciudad», decía; una formulación extraña, teniendo en cuenta el motivo de mi viaje. Quedamos en un Philz Coffee en Mission Bay, no muy lejos de un nuevo edificio de oficinas al que se estaba trasladando OpenAI. Después de una breve charla preliminar y conversaciones de alto nivel sobre mi libro, pasó a hablar de Annie.

«No creo estar extralimitándome si digo que Annie tiene problemas de salud mental», dijo Wong. Hasta ese momento, yo aún no me había puesto en contacto con OpenAI para hablar sobre Annie y no había sacado el tema en la conversación. «Annie tiene días buenos y días realmente malos», continuó. «Y la familia está intentando con todas sus fuerzas encontrar un equilibrio entre protegerla y no permitirle todo.» Aquí, reiteró ese punto para darle más énfasis. «Fíjate que la familia no ha emitido ningún comunicado público negando lo que dice Annie. Todo se reduce a proteger a Annie.» Había oído también que en algunos programas periodísticos se había debatido incluso si había sido ético por parte de Weil incluir a Annie en su artículo. Quizá eso también era algo que yo debería tener en cuenta, dijo.

Estaba claro que ese era el mensaje principal que Wong quería transmitirme cuando se puso en contacto conmigo. Hasta entonces, no había respondido directamente a mi solicitud de hablar con ella sobre el libro y únicamente se había comunicado conmigo a través de una asistente. La importancia que parecía conceder al hecho de encauzar la historia de Annie subrayaba la presión que estaba provocando en Sam y la estrecha relación entre la empresa y los asuntos personales de Sam.

Las afirmaciones de Sam y Wong sobre la salud mental de Annie me sorprendieron también como otro paralelismo entre la experiencia de Annie y la de tantas otras personas marginadas o perjudicadas por los imperios de la IA y su visión. Desde que Annie decidió contar su historia, se ha enfrentado al mismo abismo de poder al que he visto enfrentarse a los trabajadores de datos y a los activistas contra los centros de datos. Su vida ha pasado a girar en torno a la búsqueda y la recopilación de toda la documentación posible para conseguir que alguien la escuchara. A veces, se ha sentido consumida por una sensación de zozobra de que, por mucho que intente hacerse oír, el mundo conspira de algún modo en su contra. Es la misma falta de voluntad y la misma rabia que he visto grabada en las caras de personas de todo el mundo cuando intentan cuestionar con sus escasos medios el relato de los imperios, y luego ven cómo la gente a la que se enfrentan hace uso de todo el poder que pueden desplegar millones de dólares de capital, construir infraestructuras inmensas, contratar y despedir a decenas de miles de empleados y, con unas cuantas palabras bonitas —en un evento, ante el Congreso, dirigidas a jefes de Estado o a periodistas— acallar los murmullos de protesta a su antojo.

En el caso de Annie, después del artículo de Weil, ya no estaba predicando en el desierto. Cuando sus tuits empezaron a hacerse virales en octubre de 2022, llamaron la atención de alguien importante: Ilya Sutskever, justo cuando estaba batallando con sus propios sentimientos encontrados hacia Altman y los que consideraba patrones de conducta abusiva por su parte.

PARTE IV

15

El gambito

Cuatro días después del artículo de Weil sobre Annie Altman en *New York* y cuatro días antes del mensaje de Sutskever a Toner, el consejero independiente se reunió con otra ejecutiva de OpenAI, la directora de tecnología Mira Murati.

Nacida en Albania, Murati había aprendido desde muy joven a mantener la calma en medio del caos.[1] Durante su primera infancia, había experimentado los últimos coletazos de la transición de su país del comunismo totalitario al capitalismo liberal. El cambio tuvo lugar tan rápidamente, con el sistema financiero del país tan subdesarrollado, que enseguida proliferaron los esquemas piramidales, que luego se vinieron abajo, provocando inquietud y violencia generalizadas.[2] La agitación dejó tras de sí cráteres causados por las bombas que Murati tenía que esquivar cuidadosamente de camino al colegio.[3] Un profesor le dijo una vez que, si ella estaba dispuesta a hacerlo, él también lo haría.

Los padres de Murati enseñaban literatura, pero ella encontraba consuelo en la certeza de los números. Primero fue el amor por las matemáticas, fomentado por profesores que veían su potencial y, en ocasiones, le ponían problemas más difíciles que los que correspondían al programa escolar para acelerar su aprendizaje. Luego vino el amor por las ciencias

—química, biología, física— que avivó su amor por la tecnología. Era una estudiante voraz. Devoraba cualquier libro que caía en sus manos y, cuando acababa sus libros de texto, hurgaba en los de su hermana mayor. Se crecía en la competición y se sentía como pez en el agua en las olimpíadas de matemáticas y ciencias donde se enfrentaba a sus compañeros en una despiadada carrera por el conocimiento.

Cuando tenía dieciséis años, su precocidad la hizo merecedora de una beca para estudiar en el extranjero en una escuela privada en Canadá, el Pearson College UWC en Victoria, Columbia Británica. Aquella oportunidad marcó su trayectoria fulgurante, pasando del Dartmouth College, donde estudió ingeniería mecánica, a una empresa aeroespacial y de allí a su primer hito profesional en Tesla, donde fue directora de producto del Modelo X.

En Tesla, aprendió a crear productos complejos bajo una fuerte presión, lidiando y negociando con equipos con opiniones y áreas de especialización muy diferentes. Allí fue, suele decir, donde se sintió atraída por la IA cuando la empresa trabajaba en el campo de la conducción autónoma. Cuanto más profundizaba en la IA, más empezaba a considerarla un activo fundamental que sería ampliamente aplicable y universalmente necesario para resolver problemas complejos. «Realmente parecía que tal vez sería lo último en lo que trabajaríamos», dijo posteriormente en el pódcast de Kevin Scott.

Murati no pasó a dedicarse a la IA inmediatamente. Después de estar tres años en Tesla, dejó la empresa y se incorporó a Leap Motion como vicepresidenta de producto e ingeniería para trabajar en sistemas de realidad aumentada y virtual. Se imaginaba que la empresa revolucionaría la educación, permitiendo a los estudiantes rotar hebras de ADN haciendo girar las manos o manipular la física de una bola que avanza por el aire a toda velocidad. Sin embargo, la apuesta de la empresa por la tecnología era demasiado precipitada; la realidad virtual y la realidad aumentada aún eran mareantes para muchas personas. En 2018, dos años después, se marchó a OpenAI, que era aún una organización sin ánimo de lucro.

En OpenAI continuó el ascenso de Murati. Cuando la organización sin ánimo de lucro se transformó en una empresa comercial, pasó de manera natural a ocupar el cargo de vicepresidenta de Aplicación y asociaciones. Se encargó de la supervisión de la relación más importante de la empresa con Microsoft y de la incipiente y luego pujante división comercializadora de las investigaciones de la empresa. Era aún más joven que Altman, Sutskever y Brockman, y, durante un tiempo, la única mujer técnica que ocupaba un cargo de alta dirección. Eso la convirtió a veces en blanco de actitudes sexistas, especialmente entre investigadores nostálgicos de la primera época que no la consideraban lo bastante técnica —más ingeniera que científica— y que interpretaban su ascenso como un símbolo del alejamiento de OpenAI de la investigación fundamental seria.

De hecho, en el mundo patoso, empollón y repleto de testosterona de la IA, Murati llamaba la atención. Tenía habilidades sociales, sabía escuchar y era poco egocéntrica. Era conocida entre las personas que trabajaban con ella como una solucionadora de problemas extraordinariamente hábil. En la vorágine de constantes conflictos internos de OpenAI, era capaz de sacar a la empresa adelante, prestando atención a diferentes ideas y puntos de vista y, al mismo tiempo, sin miedo a tomar decisiones difíciles. «Imagínate que hay que tomar decisiones extremadamente difíciles y no hay una respuesta clara. Ella te ayuda a encontrar la solución», dice un antiguo colega. «Acierta siempre.»

Entre las muchas funciones que desempeñaba, Murati se dedicaba cada vez más a actuar como traductora y enlace de Altman. Después de la escisión de Anthropic, Altman le había pedido que supervisara no solo la división de Aplicación, sino también la de Investigación; en mayo de 2022, fue nombrada oficialmente directora de tecnología. Dado que cada vez más equipos dependían de ella, se convirtió en un conducto a través del cual los empleados se comunicaban con Altman. Si él tenía que hacer ajustes en la dirección estratégica de la empresa, ella era la que los llevaba a cabo. Si un equipo tenía que oponerse a sus decisiones, ella era la que los defendía.

Incluso entre la alta dirección, Murati tenía un nivel de influencia sobre Altman y un acceso a sus opiniones de los que otros carecían. Cuando sus expectativas o planes no eran realistas, ella podía decírselo directamente y, por lo general, la escuchaba. Si no quería algo, aunque fingiera que sí, ella se lo decía a los demás directamente. Cuando el personal se sentía frustrado por su incapacidad de recibir una respuesta directa de Altman, recurría a Murati para que le ayudase a descodificar sus opiniones. «Era muy honesta», dice otro excolega. «Era la que solucionaba temas.»

Pero, cuanto más trabajaba con Altman, más a menudo tenía que arreglar sus desaguisados.[4] Si dos equipos discrepaban, él a menudo se mostraba de acuerdo en privado con cada uno de los puntos de vista, lo que creaba confusión, agravaba el conflicto y fomentaba la desconfianza entre colegas. Ese patrón incrementaba el caos que Brockman seguía provocando cuando interfería en proyectos. Para Murati, Brockman era como un segundo consejero delegado, pero malo, muy obstinado y con tendencia a quemar a la gente con su intensidad. Durante el desarrollo del GPT-4, la dinámica de Altman y Brockman había ejercido niveles excepcionales de estrés críticos para la misión en algunas partes de la empresa, llegando casi a provocar que personas clave del equipo de preentrenamiento, uno de los equipos fundamentales en la gestión de la recopilación de datos y el entrenamiento de cada modelo, dimitiesen.

Luego estaba Nadella, que era prácticamente el tercer consejero delegado de OpenAI, lo que da una idea de lo respetuoso que podía ser Altman con los intereses de Microsoft. En múltiples ocasiones, después de que Murati hubiera planificado cuidadosamente los compromisos razonables que OpenAI podría asumir con Microsoft, Altman se había salido del guion ante los ejecutivos del gigante tecnológico, presentándoles una imagen muy diferente de aquello en lo que estaba trabajando el equipo para que coincidiera con las exigencias que se apartaban de la hoja de ruta de la startup. Al consejo, Altman le planteaba el conflicto de manera muy diferente: Murati no tenía una relación productiva con el socio más importante de OpenAI.

El comportamiento de Altman había ido empeorando progresivamente después de que el ChatGPT lo catapultara al estrellato absoluto, intensificando tanto la atención pública como el escrutinio al que era sometido y saturando su agenda con un abrumador programa de viajes. Antes de eso, solía estar rebosante de energía; ahora, a menudo estaba agotado. La presión le estaba destrozando y la ansiedad que sentía estaba alcanzando nuevas cotas y reforzando sus patrones de comportamiento destructivo. Estaba haciendo lo que siempre había hecho, mostrarse de acuerdo con todo el mundo cara a cara y luego, cada vez con más frecuencia, hablar mal de ellos a sus espaldas. Todo eso creaba más confusión y conflicto en la empresa que nunca, llevando a los líderes a imitar sus malas maneras y a fomentar los enfrentamientos entre sus subordinados. El ambiente ya era bastante corrosivo. Sin embargo, al tener que hacer frente a la competencia externa, Altman presionaba también a la empresa para que actuase cada vez con más rapidez y tratara de saltarse algunos procesos en su propia conveniencia, a veces actuando de manera deshonesta. Recientemente, le había dicho a Murati que pensaba que el equipo legal de OpenAI había dado su aprobación al GPT-4 Turbo para saltarse la revisión de la DBS. Sin embargo, cuando Murati se puso en contacto con Jason Kwon, que era el supervisor del equipo legal, este no tenía ni idea de dónde había sacado aquella impresión.

En verano, Murati intentó informar detalladamente a Altman de los problemas que se iban acumulando, con la esperanza de que ello le llevara a hacer autocrítica y cambiar de actitud. Sin embargo, la ignoró, y ella tardó varias semanas en distender la situación, llegando incluso a asegurarle que no le había expresado su opinión a nadie más. Le había visto hacer algo parecido con otros ejecutivos. Si no estaban de acuerdo con él o lo cuestionaban, los eliminaba rápidamente de los procesos clave de toma de decisiones o se ponía a desacreditar su credibilidad. Lo hacía de manera tan sutil y contenida, fuera de la vista de los empleados, que ella tardó varios años en ser plenamente consciente de su táctica. No obstante, como no podía ser de otro modo, a varios ejecutivos les había tocado soportar las consecuencias de ese trato. Con el tiempo, las consecuencias acumuladas de sus acciones pasaron factura a los niveles más altos de la organización.[5]

Más recientemente, había sido Sutskever el que se había colocado en su punto de mira. Anteriormente, Jakub Pachocki, el investigador polaco que dirigía el proyecto del AI Scientist y estaba a las órdenes de Sutskever, se había sentido frustrado por su falta de reconocimiento o autoridad. Recurrió a su aliado, Brockman, y este recurrió a Altman. Altman reforzó las aspiraciones de Pachocki y le otorgó un papel más importante en el ámbito de la investigación. Solo había un problema: Altman nunca mencionó nada de esto a Sutskever. Tampoco aclaró las divisiones entre las carteras de Sutskever y Pachocki y ambos, al recibir cada uno un mensaje diferente de Altman, empezaron a realizar la misma investigación en su propia dirección, esforzándose por entender el origen de la desalineación.

La enmarañada situación provocó varios meses de conflictos organizativos en la división de Investigación. Ahora, igual que había sucedido con la crisis del preentrenamiento del GPT-4, estaba alcanzando unos niveles de estrés insoportables. Para Sutskever, aquella epopeya era profundamente dolorosa. No solo era una humillante muestra de desprecio por parte de Altman, sino que deterioró su amistad con Pachocki, forjada durante años trabajando hasta altas horas, con momentos muy buenos y otros muy malos, codo con codo, para construir la empresa.

Una vez más, Murati estaba trabajando sin descanso para encontrar una solución. Solamente averiguar lo que estaba pasando ya le había llevado un tiempo considerable. Ahora, tenía que conseguir que Sutskever y Pachocki llegaran a un acuerdo, que Brockman dejase de inclinar la balanza acudiendo a Altman, y que Altman se atuviese a lo dicho y dejase de contradecirla en privado. Sin embargo, nada de eso resolvería la raíz del problema. Era solo cuestión de tiempo que se produjera otra crisis en la alta dirección. Lo que realmente necesitaba OpenAI era una gestión más sólida y mecanismos de rendición de cuentas.

Durante el tiempo que Murati fue ignorada, Altman parecía extremadamente preocupado y amenazado ante la posibilidad de que ella hubiera compartido información detallada con el consejo. En realidad, no había hablado con ellos. Quería solucionar las cosas directamente con él y no estaba segura de que involucrar al consejo fuese a garantizar la rendición de cuentas. A lo largo de los años, se había mostrado escéptica ante sus diversas configuraciones. Tres cofundadores en el consejo de lo que se suponía que tenía que ser una organización sin ánimo de lucro eran demasiados. Y muchos de los consejeros independientes no eran realmente independientes de Altman; de un modo u otro, tenían vínculos económicos con él o se beneficiaban de sus redes. Se había dado cuenta de que invertía en startups y hacía donaciones a políticos para entablar y afianzar relaciones importantes. En varias ocasiones, le había preguntado qué podía hacer por ella y ella siempre se había mostrado reticente. No quería quedar atrapada en su red y estar en deuda con él.

Pero, si había que acudir al consejo, tal vez ahora era un buen momento para, como mínimo, abrir un canal más habitual de comunicación. Ella iba a estar en Washington D. C., donde vivía Toner, para intervenir en el festival anual de ideas de *The Atlantic*, a finales de septiembre. El consejo estaba inmerso en la búsqueda de nuevos miembros, y las nuevas incorporaciones podrían tanto reforzar como debilitar su independencia. Altman necesitaba una verdadera supervisión. Murati se puso en contacto con Toner para tomar un café.

Para Toner, la llamada de Murati fue inusual, pero no del todo inesperada. Toner era miembro del consejo; Murati una ejecutiva. Parecía razonable que Murati quisiera hablar con ella.

El café, el 29 de septiembre de 2023, pareció relativamente normal. Murati le dio una serie de informaciones actualizadas sobre la empresa: OpenAI iba a ganar un montón de dinero, no había problema; las cosas más importantes que estaban en marcha eran el modelo Gobi y el último acuerdo que estaba negociando con Microsoft; y ella estaba lidiando con algunos problemas personales relacionados con la dinámica de Altman y Brockman. Esta vez, tenía que ver con Sutskever y Pachocki.

Solo una cosa sorprendió un tanto a Toner: según Murati, Altman estaba presionando para que la empresa realizara los envíos tan rápidamente que le preocupaba que aquello pudiera tener consecuencias negativas.

Lo que a Toner le pareció mucho más inusual fue el correo electrónico de Sutskever que recibió unos días después. En los dos años que habían estado juntos en el consejo, Sutskever no se había puesto en contacto con ella individualmente ni una sola vez. En su correo electrónico le preguntaba si tenía tiempo para reunirse con él al día siguiente. Ahora, el 4 de octubre, estaba tan nervioso que le costaba hablar.

Toner tomó la iniciativa. «En realidad lo que me interesa es avanzar hacia un buen consejo que pueda supervisar la empresa», le dijo. «Eso es lo que queremos todos.»

De repente, Sutskever se echó a reír y empezó a burlarse al mismo tiempo de un modo nada habitual en él. «Estoy totalmente de acuerdo», dijo, como insinuando que otros no lo estaban.

«Todo el mundo está de acuerdo», dijo Toner suavemente.

Stutskever puso los ojos en blanco.

Toner explicó que los miembros independientes pretendían reforzar el consejo añadiendo un nuevo consejero con importantes conocimientos sobre seguridad de la IA. Si él tenía otras ideas, estaría encantada de oírlas.

Sutskever se agarró a eso. El consejo tenía que estar mejor informado, dijo. Tenían que prestar atención a lo que estaba sucediendo.

Toner intentó indagar un poco más. ¿Y cuál creía que era la información más importante que debía tener el consejo?

Sutskever hizo una pausa para elegir las palabras cuidadosamente. «Dudo si contestar a tu pregunta directamente», dijo. «Si te contestara, entenderías por qué.»

«En los niveles más altos, OpenAI es un entorno complicado», continuó. «OpenAI es más complicada de lo que parece desde fuera. Puede que lo consulte con la almohada y me dé cuenta de que hay algunos detalles concretos que pueda compartir», añadió con cautela.

Mientras tanto, recomendó, no sería mala idea que Toner hablase con Murati. Esta tendría más información sobre lo que estaba sucediendo.

Murati volvió a tener noticias de Toner más de una semana después. Tras otra reunión del consejo, Toner se limitó a decirle a Murati que, al parecer, estaba sucediendo algo extraño. Murati respondió que Toner era muy intuitiva. Acordaron mantener otra conversación.

Era el 15 de octubre de 2023, y Toner inició la llamada con una pregunta retórica. «¿Cómo va todo?», preguntó. «¿Hay algo que el consejo debería saber?»

Murati sopesó sus palabras. Tenía que actuar con cautela. «Están pasando muchas cosas complicadas», dijo en tono vacilante, haciéndose eco de la frase utilizada anteriormente por Sutskever. Murati continuó: no podía hablar de todo, al menos no de las partes más complicadas, porque, en cuanto lo hiciera, ya no sería capaz de retirar lo dicho. Especialmente ahora que Altman se sentía increíblemente amenazado en su cargo de consejero delegado.

Esto último pareció sorprender a Toner. ¿Altman, amenazado? Era cierto que el consejo había intentado aplicar mecanismos de gobierno más sólidos para controlar su poder, pero en ningún momento había pretendido poner en entredicho su cargo y no se habían planteado ni por asomo destituirlo, dijo Toner.

Murati se explicó: Altman era una persona increíblemente ansiosa. Y cuando sentía ansiedad, se le ocurrían ideas estúpidas, especialmente cuando Brockman se lo permitía. La ansiedad de Altman era también el origen de comportamientos tóxicos que siempre seguían el mismo guion: a cualquiera que se opusiera a sus decisiones le decía lo que creía que quería oír para ganarse su apoyo; luego, cuando se cansaba de esperar y creía que seguirían estando en contra de él, minaba su credibilidad hasta que se quitaba de en medio. Era sutil, pero dominante, y no hacía mucho que lo había demostrado con el problema entre Sutskever y Pachocki. Había sido extremadamente perjudicial y a Sutskever le había sentado muy mal, dijo Murati.[6]

El consejo tenía que centrarse en asegurarse de que no se incorporara un aliado de Altman como séptimo consejero, continuó Murati. Y tenía que estar atento al despliegue de Microsoft de las tecnologías de OpenAI y a la DSB. No podía decir mucho más. Altman se pondría como loco si se enterase de que ella y Toner estaban hablando. Sin embargo, el nivel de toxicidad en los niveles más altos de la directiva era insostenible y había que hacer algo al respecto en los próximos seis o nueve meses.

Toner debería hablar con Ilya, concluyó Murati, y ver qué le contaba.

Sutskever tenía muchas cosas en la cabeza cuando se puso en contacto con Toner por primera vez. A lo largo del año, a medida que iba viendo el rápido ascenso de OpenAI, había mostrado cada vez más preocupación por la idea de la inminente llegada de la AGI: los formidables cambios que provocaría, lo irrevocables que serían, la responsabilidad de OpenAI de garantizar un estado final de abundancia extraordinaria, no de sufrimiento extraordinario.

Luego le atenazó otra inquietud: la erosión de su fe en que OpenAI pudiera siquiera lograr la AGI o asumir esa responsabilidad con Altman como líder.

Después del ChatGPT, trabajar en OpenAI y engrosar sus filas se había convertido en la principal aspiración en Silicon Valley. Había creado un nuevo nivel de competitividad interna e intrigas a medida que los diferentes líderes de equipos se disputaban la atención y la primacía. Según Sutskever, Altman estaba empeorando las cosas considerablemente. En lugar de negociar entre egos, le decía a todo el mundo exactamente lo que quería oír, mientras maniobraba para conseguir exactamente lo que él quería. Y, al hacerlo, contaba tantas mentiras pequeñas y grandes que ya se estaba convirtiendo en algo prácticamente cotidiano. En opinión de Sutskever, Brockman contribuía a aumentar la confusión. Lejos quedaban los días en que los dos cofundadores originales se trataban mutuamente como confidentes de plena confianza, con sus agradables recuerdos de las interminables horas que habían pasado encerrados juntos, soñando con lo que podría acabar siendo OpenAI.

Para Sutskever, el resultado fue una combinación de lo más tóxica: un entorno sin dirección, caótico y de puñaladas en la espalda, en el que la gente ya no compartía información ni disponía de una base de confianza para tomar decisiones críticas sobre cómo avanzar. Esas luchas internas estaban socavando los que Sutskever consideraba los dos pilares de la misión de OpenAI: estaban ralentizando los avances en la investigación y erosionando cualquier oportunidad de tomar decisiones sensatas sobre la IA.

Y ahora, también estaba perjudicando directamente el comportamiento de Altman.

Después de su primera conversación con Toner el 4 de octubre, Sutskever había tenido problemas para dormir, consumido por el estrés. Tenía la impresión de que Toner había sido la mejor opción entre los miembros independientes del consejo a la que dirigirse. En las reuniones del consejo se había manifestado claramente a favor de instaurar mecanismos de gestión y seguridad sólidos y, por lo que parecía, no estaba dominada por Altman. No estaba tan seguro respecto a los otros dos consejeros independientes, D'Angelo y McCauley. Sin embargo, le preocupaba hasta qué punto podía revelarle toda la información a Toner y qué sucedería si Altman se enteraba.

Mientras Sutskever se debatía entre esos pensamientos, las acusaciones de Annie que circulaban por Twitter incorporaban otra dimensión a la abultada lista de cuestionamientos acerca de la idoneidad de Altman para liderar el mundo de la inteligencia artificial generativa. Tras la publicación del artículo en la revista *New York*, del que algunas personas de la empresa hablaban únicamente en voz baja, dos de los antiguos tuits de Annie se habían vuelto virales de nuevo: uno de noviembre de 2021, en el que acusaba a Sam de «abusos sexuales, físicos, verbales y tecnológicos», y otro del 14 de marzo de 2023, que recibió casi 4.000 «me gusta» y era más explícito:

> Ya no soy una niña de cuatro años con un «hermano» de trece metiéndose en mi cama sin mi consentimiento.
>
> (De nada por ayudarte a descubrir tu sexualidad).
>
> Finalmente he aceptado que siempre me has tenido y siempre me tendrás más miedo que yo a ti.

Sutskever no sabía si las acusaciones eran ciertas, pero creía que, fuese lo que fuese lo que había sucedido, Annie había sufrido una dura experiencia al criarse con Sam. Aquello era una prueba de lo amplio que podía ser su historial de comportamientos problemáticos.

La palabra empleada por Annie, «abuso», era la que, según Sutskever, mejor reflejaba lo que había observado en Altman. Al igual que a Murati, le había costado mucho tiempo entender su manual de estrategia, aunque había apreciado señales de su falta de fiabilidad ya desde el principio: su insistencia en ser el consejero delegado de OpenAI sin un razonamiento claro o coherente al respecto; pequeñas mentiras que había contado durante los primeros años que parecían tan intrascendentes que carecían de sentido; las advertencias de Amodei a finales de 2020 en el momento de su marcha. En aquel entonces, Sutskever no había entendido del todo a qué se refería Amodei al hablar de «abuso psicológico». Ahora que el comportamiento de Altman iba empeorando y sus consecuencias aumentaban rápidamente, Sutskever entendía más y mejor su significado.

El 12 y el 13 de octubre, estaba participando en un retiro con su equipo de Superalineación, en el que había quemado otra efigie como parte de la experiencia de fortalecimiento del espíritu de grupo y seguía esforzándose por averiguar cómo avanzar. Ahora, el 16 de octubre, tenía una segunda reunión con Toner y estaba dispuesto a compartir un poco más de información.

Le explicó cómo estaba la situación con Pachocki y cómo esta ilustraba el comportamiento de Altman. Altman podría haberse limitado a decirle directa y francamente que quería que Pachocki desempeñase un papel más importante. Sin embargo, había enfrentado a Sutskever y Pachocki entre sí, ayudado en buena medida por Brockman. Parecían incluso deseosos de hacerlo, dejando que los dos científicos se peleasen sin saber muy bien por qué aparentemente no podían llegar a un acuerdo. «El combate continuará hasta que mejore la moral», dijo Sutskever.

El problema era que todo lo que hacía Altman era siempre muy sutil. Vistos de forma aislada, sus actos no parecían gran cosa. Solo cuando se veían en su conjunto se apreciaba un patrón. La conclusión no era *Mira ese incidente conflictivo en el que Ilya cree que ha salido perjudicado*, subrayó. Era simplemente el último ejemplo de los patrones de abuso de Altman. Por otro lado, estaba la forma en que trataba a Amodei, con quien Toner debería hablar, la apremió Sutskever. Y luego estaban las acusaciones que circulaban de su hermana. «Es un problema de seguridad diferente, no sé si me explico», dijo. La conclusión era que Altman, a veces con Brockman, había tratado a mucha gente de manera parecida a lo largo de los años, manipulando y mintiendo a las personas de forma tan habitual que, en ocasiones, decía cosas que parecía que no se creía ni él.

Dicho esto, añadió Sutskever, Toner y él podrían hablar y decidir que no se podía hacer gran cosa. En ese caso, deberían olvidar que habían mantenido esa conversación.

No obstante, había un tema concreto sobre el que quería mantener una conversación con Toner y que le había hecho ponerse en contacto con ella. El consejo había organizado su segunda reunión corporativa a finales de noviembre, cuyo objetivo era tomar por fin una decisión respecto a los nuevos consejeros. Quería hablar de eso con Toner. Creía que ampliar el consejo no era una buena idea. No estaba seguro de que ello fuera a traer consigo más independencia. Aun cuando las personas que se incorporaran no fueran partidarios de Altman, los nuevos consejeros tardarían demasiado en entender sus tácticas. Hacerle responsable sería más difícil, no más sencillo, dijo Sutskever.

Sin embargo, no estaba plenamente convencido de esa opinión, así que eludió el tema con cautela. Quería saber cómo lo veía Toner.

Toner se mostró de acuerdo en que Altman no era de fiar. A lo largo de su vida profesional, había visto cómo la falta de fiabilidad a nivel de la dirección podía provocar una oleada de problemas, dijo. Ahora que el consejo había perdido tres miembros que se habían mostrado muy respetuosos con Altman, coincidía en que el objetivo de lo que sucediese a continuación era lograr que Altman rindiera cuentas.

Sutskever se sintió más tranquilo. Ahora entendía mejor la postura de Toner. Habían estado en los extremos opuestos del callejón sin salida, pero ambos querían lo mismo: imponer verdaderos controles al poder de Altman. Mientras que ella consideraba que incorporar miembros al consejo era la forma de hacerlo, él pensaba lo contrario.

Siguió presionando. Era consciente de que a Toner sus preocupaciones podrían parecerle muy intensas y repentinas, pero ello se debía a que había una vía de escape cada vez más pequeña para solucionar el problema. «El consejo es como la alineación externa, mientras que la dirección es como la alineación interna», dijo. Mientras que Toner estaba diciendo que OpenAI tenía que arreglar la alineación externa, él creía que tenía que arreglar la interna.

Al parecer, Toner asimiló la información. «Suena como si quisieras poner algunos cambios determinantes sobre la mesa», dijo.

«Sí», respondió Sutskever. Pero la mayor dificultad era que no había pruebas fehacientes de algo realmente terrible en relación con el liderazgo de Altman. Lo más probable era que el consejo decidiera que no podía hacer nada, que finalmente se pusieran de acuerdo sobre los nuevos consejeros y dejaran que pasara el momento.

Ante esto, Toner planteó algunas alternativas. Quizá el consejo podría fijar diferentes objetivos a alcanzar por OpenAI para evaluar más concretamente la actuación de Altman y revisar el asunto al cabo de doce meses.

Sutskever lo descartó. Altman superaría cualquier objetivo fijado por el consejo, pero ello no daría como resultado ningún cambio estructural para abordar sus problemas de comportamiento.

Tal véz Brockman podría abandonar el consejo, sugirió Toner.

Sin duda, eso podría ayudar, respondió Sutskever, pero seguía sin ser suficiente. Aunque estaba claro que Brockman agudizaba la dinámica de Altman, este seguía siendo la raíz del problema. «He estado pensando en una opción parecida como plan B», le dijo Sutskever a Toner en respuesta a su propuesta sobre Brockman.

Estuvo a punto de decir en voz alta cuál consideraba que era el plan A. Sin embargo, cuando al final de la conversación acordaron hablar de nuevo la semana siguiente, Sutskever estaba seguro de que Toner estaba empezando a entenderlo.

Murati estaba haciendo frente a otra crisis. Poco antes de hablar con Toner por segunda vez, Altman entró en pánico, aparentemente sin ningún motivo concreto, ante la posibilidad de que Microsoft no estuviera contento con OpenAI. En un intento de llegar al fondo del asunto, Murati organizó una reunión con directivos de Microsoft, entre los que se encontraba Mikhail Parakhin, el responsable de Bing.

La reunión fue mejor de lo esperado, pero, durante la misma, Murati descubrió que Altman había vuelto a acceder a una de las exigencias de Microsoft sin tener en cuenta lo que OpenAI estaba haciendo realmente, creando falsas expectativas a Microsoft sobre lo que produciría OpenAI. Una vez más, se vio obligada a arreglar la situación.

La reunión con Microsoft tuvo lugar el 19 de octubre. Ahora, el 20 de octubre, le estaba diciendo a Toner en una tercera reunión telefónica que tenía pensado darle a Altman mucha información. Que Altman dijera que sí y ella declarara que no había provocado muchos problemas de división en la relación con Microsoft.

Era exactamente la misma situación que con Sutskever y Pachocki, continuó Murati. Precisamente hoy habían decidido por fin una configuración para que Sutskever y Pachocki siguieran coexistiendo en sus cargos. Poco después del acuerdo, ella y Sutskever le habían pedido encarecidamente a Altman que no alterase su decisión al hablar con Pachocki diciéndole lo que este quería oír. «Cuando hablo con Jakub, me oye, pero entonces va a ver a Sam y oye otra cosa diferente», le dijo Murati a Toner. Altman les había dado su palabra durante la reunión. Pero todo estaba cogido con pinzas. Brockman podría hablar con Altman en nombre de Pachocki y tratar de influir en él, amenazando de nuevo con desequilibrar la situación.

La de Brockman era una historia totalmente diferente, dijo Murati. Recientemente le había reconocido que había intentado despedirla durante el desarrollo del GPT-4. Técnicamente, ella era su directora y habitualmente redactaba informes sobre el rendimiento de Brockman, pero ello provocaba siempre tanto drama que dejó de hacerlo. Más adelante, Murati le confesaría a otra persona que a *ella* le habría gustado poder despedirlo a *él*, pero no pudo porque él era miembro del consejo. En un momento dado, había pensado pedirle a Brockman que abandonara el consejo, le dijo a Toner. Al final, no lo hizo. Ahora reinaba el caos.

¿Y Murati sabía cómo estaba la situación con Annie?, preguntó Toner.

Murati no sabía nada. No le había preguntado a Sam y no disponía de información real de lo que había pasado en su familia. Solo con que el 10 por ciento fuera verdad, era algo realmente malo, dijo.

«Me asombra que pueda hacer mi trabajo tan bien como lo hago con la que está cayendo», continuó Murati. Iba tomando nota de las cosas que sucedían. Si Toner lo necesitaba, le podía enviar más información.

Toner respondió que el consejo se centraría en las cosas que realmente podía cambiar, no en la personalidad o el comportamiento de Sam, sino en instaurar mejores procesos y estructuras de gestión para tenerlo bajo control.

Esto estaba en línea con lo que Murati había intentado hacer en la empresa. Solamente le hizo a Toner una última advertencia. «Asegúrate de que tu información no procede de Sam», le dijo.

Toner no estaba segura de qué quería hablar Altman. Aquel mismo día, el 25 de octubre, le había enviado un mensaje, preguntándole si tenía tiempo para charlar hoy o mañana. Dos días antes, el 23 de octubre, Toner había vuelto a hablar con Sutskever, que parecía mucho más abierto después de saber que Murati y Toner también habían hablado. Expuso sus preocupaciones más claramente que nunca. «No creo que Sam sea el tipo que deba tener el poder de decisión sobre la AGI», dijo, y señaló la «tremenda oportunidad» que se le había presentado al consejo para hacer algo al respecto. A continuación, propuso dar un paso adelante: sustituir a Altman por Murati como consejera delegada interina.

Más adelante, mientras Toner, McCauley y D'Angelo deliberaban, se dieron cuenta de que Murati también había dicho: «No me siento cómoda ante el hecho de que Sam nos conduzca a la AGI». Esa revelación influiría enormemente en el pensamiento de los consejeros. Si dos de los más importantes adjuntos de Altman —uno de Aplicación y otro de Seguridad— pensaban así, el consejo tenía un problema grave.

El 24 de octubre, Toner mantuvo una reunión con D'Angelo y McCauley para hablar de los siguientes pasos a seguir para apuntalar los mecanismos de supervisión del consejo. Había un problema que destacaba por encima del resto: la organización sin ánimo de lucro de OpenAI no contaba con suficiente apoyo legal independiente y todo se gestionaba a través de abogados de la organización con ánimo de lucro. Los tres coincidieron en que había llegado el momento de encontrar nuevos abogados sin ánimo de lucro que pudieran estar presentes en todas las reuniones del consejo para ayudar a revisar todos los acuerdos y otros convenios legales que estaba cerrando Altman.

Toner se preguntaba si de algún modo Altman habría oído campanas de esas reuniones y querría poner fin al debate. Sin embargo, ahora estaba hablando por teléfono de algo totalmente diferente: de sus preocupaciones acerca de un artículo de investigación publicado por ella como parte de su trabajo cotidiano en el CSET.

Aquella semana, Toner había publicado tres artículos. Altman se refería al más denso y académico. Versaba sobre una idea de ciencia política llamada «señales costosas», que hacía referencia a los retos a los que se enfrentaban el Estado y los actores particulares a la hora de indicarle al público cuáles eran sus intenciones en relación con la regulación y el desarrollo de la IA. El artículo estaba firmado por tres autores y las referencias a OpenAI estaban sepultadas en las páginas 28 a 30 de un documento de sesenta y cinco. La empresa no se mencionaba en ninguna otra parte: ni en el resumen ejecutivo, ni en la página web, ni en ninguno de los materiales de lanzamiento. A juzgar por el tráfico, poca gente lo había llegado a leer. Le sorprendía incluso que le hubiera llamado la atención a Altman.

Sin que Toner lo supiera, el artículo había aparecido el día anterior en el Slack de OpenAI, en el canal de #policy-research-chatter. En las páginas que hacían mención a la empresa se había señalado a su vez los puntos fuertes y débiles de las estrategias de lanzamiento de modelos de OpenAI y Anthropic, se elogiaba a OpenAI por publicar una valoración sincera del GPT-4 y se mencionaba que ese hecho había retrasado seis meses el lanzamiento del modelo. David Robinson, responsable de planificación política de OpenAI, solamente había subido a Slack una selección de tres párrafos: los que criticaban a OpenAI y elogiaban a Anthropic. Utilizó la negrita en varias frases para poner énfasis, lo que contrastaba con la «dinámica de carrera hacia el abismo» que había desatado ChatGPT y la prudencia mostrada por Anthropic lanzando Claude después del ChatGPT. «Hablando de informes del CSET, acabo de ver este último», escribió Robinson. «Helen Toner es una de las autoras y la comparación entre OpenAI y Anthropic es muy jugosa.»

Aquello provocó un breve debate en el canal:

«Sí, es sorprendentemente partidista (no tanto por las críticas hacia nosotros que, en mi opinión, son duras pero justas, sino más bien por el trato acrítico de Anthropic)», escribió una persona.

«Sí, estoy de acuerdo en que es bastante partidista y diría que también bastante endeble», añadió otra. «Pero, independientemente de eso», continuó, «se agradece mucho su opinión, aunque me sorprende este nivel de análisis del informe si nos basamos en la lectura de esos fragmentos.»

Altman le dijo a Toner que alguien externo había llamado la atención sobre el artículo en un correo electrónico a OpenAI al cabo de unas pocas horas de su publicación. Le preocupaba que quedara mal que un miembro del consejo criticara a OpenAI mientras la empresa estaba sometida a escrutinio regulador, incluyendo una investigación de la Comisión Federal de Comercio de julio de 2023 sobre los datos, la formación y las prácticas de seguridad de la empresa, así como sobre las alucinaciones de sus modelos que pudieran haber dañado la reputación de los consumidores. Toner había redactado un borrador del artículo en mayo o junio de ese año, antes de todo el intenso escrutinio regulador. Reconoció que no lo había mirado desde una nueva perspectiva teniendo en cuenta el contexto de la nueva situación política.

La llamada duró quince minutos. La voz de Altman se mantuvo apacible todo el tiempo. Al finalizar, ambos acordaron que ella enviaría un correo electrónico al resto del consejo para informarles del artículo y explicarles lo que había pasado. En el correo electrónico empleó un tono conciliador. Se disculpó por dos errores: creer que el artículo no llamaría la atención de nadie y no haberlo revisado más minuciosamente por esa razón. «Sam y yo coincidimos en que es importante que los miembros del consejo podamos criticar a la empresa si queremos, pero esta no sería la forma de hacerlo», escribió.

Ninguno de los otros miembros del consejo le respondió. Así, parecía que el asunto quedaba zanjado.

En la tercera llamada de Sutskever a Toner, el 23 de octubre, ella le sugirió que se pusiera en contacto con McCauley y D'Angelo. Sutskever todavía no estaba demasiado seguro de ellos ni de si podía otorgarles su confianza. Después de reunirse con D'Angelo en persona, este no le había parecido tan consciente como Toner de los comportamientos problemáticos de Sam. Ahora, hablando por teléfono con McCauley el 26 de octubre, Sutskever estaba nervioso porque no quería revelar demasiada información.

Pero había algo que quería saber de McCauley. Poco después de la reunión telefónica entre Altman y Toner, Altman había enviado un correo electrónico a algunas personas de la empresa diciendo que había hablado con ella sobre el artículo y que estaban en completo desacuerdo en cuanto a sus consecuencias. «Me dio la impresión de que no estamos de acuerdo en el daño provocado por todo esto», escribió en el correo electrónico. «Cualquier crítica de un miembro del consejo tiene mucho peso.» Para Sutskever, Altman había sido muy claro: Toner tenía que dejar de ser miembro del consejo y McCauley estaba de acuerdo con él. A Sutskever la cosa le olió mal.[7]

«Sam dijo que cuando habló contigo del artículo de Helen, tú dijiste: "Obviamente, Helen tiene que marcharse"», se animó a decirle a McCauley. «Y Sam dijo que, como consecuencia de ello, cambió de opinión positivamente sobre ti. ¿Es eso cierto?»

Al otro lado de la línea, McCauley parecía perpleja. Ella no había dicho nada de eso, respondió. Efectivamente, Altman la había llamado a última hora el 24 de octubre para hablar sobre el artículo. Mencionó que incluía un punto que él consideraba crítico para OpenAI y que a D'Angelo no le había parecido una falta motivo de despido, pero también que Toner no debería haberlo escrito. McCauley le había dicho a Altman que no había visto el artículo y le sugirió que hablara directamente con Toner. Y ahora insistió en que ella no había sugerido en absoluto expulsar a Toner del consejo.

Parecía una coincidencia: mientras hablaban de las «falsedades específicas» de Altman, aquí había otro ejemplo en tiempo real de eso precisamente. Altman incluso se habría salido con la suya si Sutskever no hubiera tenido ya razones para ponerse en contacto con McCauley. Altman sabía que habitualmente no hablaban. Sin embargo, para Sutskever, la frecuencia con que Altman mentía y maquinaba hacía que fuera solo cuestión de tiempo que sucediera algo así.

Después de colgar, Sutskever volvió a llamar a Toner. Los tres miembros independientes del consejo estaban de acuerdo en que había llegado el momento de hablar.

16

Intriga

El martes 31 de octubre, todos habían hablado con todos. Toner había hablado con McCauley. McCauley había llamado a D'Angelo. Murati había hablado con D'Angelo y McCauley.

A partir de ese día, los tres consejeros independientes —Toner, McCauley y D'Angelo— empezaron a reunirse prácticamente a diario a través de videollamadas y se mostraron de acuerdo en que las informaciones de Sutskever y Murati sobre Altman y la sugerencia de Sutskever de sustituirlo requerían una profunda deliberación. Sutskever, que ya estaba firmemente convencido de su decisión de despedir a Altman, se mantuvo al margen de las discusiones. Tanto él como el resto creían que los consejeros independientes tenían que llegar a sus propias conclusiones sin su influencia. Además, Sutskever tenía un interés económico en la empresa y no querían que eso pudiera influir en su toma de decisiones.

Posteriormente, los directores le comunicaron a Sutskever una tercera razón: su nivel de confianza en Altman había llegado a un nivel tan bajo que uno de ellos se preguntaba si, en realidad, Altman no habría enviado a Sutskever al consejo para comprobar su fidelidad y apartar a todo aquel que se posicionara en su contra.

Los consejeros independientes expusieron lo que sabían: no era la primera vez que los altos ejecutivos habían descrito a Altman de ese modo. En total, los tres habían oído opiniones parecidas sobre Altman de al menos siete personas situadas a uno o dos grados de separación de Altman, incluidos Sutskever, Murati y Amodei, que supervisaban partes de la empresa relacionadas o no con la seguridad. Varias de ellas habían descrito los comportamientos de Altman como abuso y manipulación; la mayoría destacaba su falta de honestidad y que les resultaba imposible confiar en lo que decía. Por otra parte, había infinidad de problemas que habían descubierto los propios consejeros independientes, incluyendo la ausencia de poder de la organización sin ánimo de lucro: el hecho de que Altman no revelara tener la propiedad legal del Startup Fund de OpenAI; que no mencionara la infracción de la DSB de Microsoft; y que tratara de forzar la salida del consejo de D'Angelo y ahora, aparentemente, la de Toner.

Decidieron no hacer ni siquiera referencia a las acusaciones de Annie. Al fin y al cabo, esto tenía que ver con la capacidad profesional de Sam como consejero delegado de OpenAI.

En ese sentido, Murati había dicho que, si bien algunas conductas de Altman podían enmarcarse en los hábitos típicos de un consejero delegado de una empresa tecnológica, seguían creando problemas importantes. Hizo una comparación con Musk, con el que había trabajado en Tesla: Musk tomaba una decisión y era capaz de argumentar por qué la había tomado. En el caso de Altman, normalmente se quedaba cavilando si estaba siendo realmente transparente con ella y si la conmoción que provocaba se basaba en un razonamiento sensato o en maquinaciones ocultas. Del mismo modo que provocó desavenencias en la relación con Microsoft, también lo hizo en su propio equipo directivo, dispersando información entre diferentes personas, pero sin mostrarles nunca la imagen completa, lo que le permitía mantener el control absoluto. Combinada con Brockman, la dinámica era desastrosa. Murati no estaba de acuerdo con los hermanos Amodei en muchas cosas, pero en este punto, sus observaciones eran correctas.

De hecho, OpenAI no era una empresa tecnológica típica, señalaron los consejeros independientes. Probablemente se trataba de la empresa de IA más poderosa del mundo, que supervisaba el desarrollo de la que consideraban una de las tecnologías más trascendentales. Sutskever había expresado un temor con el que coincidían: ¿qué sentido tenía que OpenAI estuviera intentando crear la inteligencia artificial generativa cuando sus altos directivos no podían confiar en la información básica o crítica procedente del consejero delegado?

Pero aquí había otro experimento mental: ¿y si OpenAI *fuera* una empresa tecnológica típica? ¿Y si fuera un simple servicio de entrega de productos como Instacart? ¿Los comportamientos de Altman seguirían justificando su destitución? En algunos casos sí y en otros no. Pero, de todas formas, no estaba claro que Altman fuera la persona más adecuada para seguir dirigiendo la empresa, pensaban los consejeros independientes. Era famoso por las startups y OpenAI estaba madurando rápidamente. ¿Tenía realmente la capacidad y la personalidad necesarias para seguir marcando el rumbo y compensar la inestabilidad que generaba?

OpenAI ocupaba una posición estelar: era una empresa que estaba de moda. Si el consejo emprendía un proceso de selección serio, podría elegir entre magníficos consejeros delegados con enorme experiencia que estaban al frente de empresas consolidadas. Altman no era necesariamente indispensable para las operaciones de OpenAI, razonaron; mientras daba vueltas por el mundo, Murati era quien llevaba el peso cotidiano de la empresa y tenía una relación sólida con Microsoft.

Mientras los consejeros independientes deliberaban, Sutskever les envió una serie de documentos y capturas de pantalla que él y Murati habían recopilado conjuntamente con ejemplos de la conducta de Altman. Les llegaron en amplios dosieres entregados a través de dos correos electrónicos que posteriormente desaparecieron y cuyo icono era un hombre misterioso con sombrero. Tal como había mencionado Sutskever, no había ninguna prueba especialmente incriminatoria, sino una acumulación de ejemplos en los que Altman decía cosas diferentes a personas diferentes, generando una enorme frustración en la directiva. Las capturas de pantalla mostraban al menos a dos altos directivos más, ambos sin relación con la seguridad y que no formaban parte de los siete que ya conocían los directores, refiriéndose a la tendencia de Altman a eludir e ignorar los procesos, tanto si se habían establecido por razones de seguridad de la IA, o para facilitar las operaciones de la empresa. Entre otras cosas, los consejeros se enteraron del aparente intento por parte de Altman de eludir la revisión de la DSB del GPT-4 Turbo tergiversando la información del equipo legal al hablar con Murati. El problema, que Murati también había puesto sobre la mesa, era que Altman se mostraba muy hábil a la hora de evitar dejar las cosas por escrito. La mayoría de sus comunicaciones eran verbales y se desdecía de los acuerdos diciéndoles a las otras partes que no recordaban bien lo que había dicho.

Había otras cosas que los consejeros independientes debían tener en cuenta: ¿cómo reaccionaría Microsoft? ¿Cómo reaccionaría Brockman? ¿Cómo reaccionarían los empleados? Debatieron si deberían ponerse en contacto con un tercer alto directivo —que, según Sutskever y Murati albergaba dudas parecidas—, si deberían llevar a cabo un proceso de investigación más amplio y si deberían incluir a directivos de Microsoft. Tras hablarlo, decidieron que en todos los casos lo mejor era no hacerlo. Cada nueva persona a la que incluían en la conversación y cada día que retrasaban la decisión se incrementaban las probabilidades de que Altman los descubriera y que, mediante sus maquinaciones, hiciera imposible que concluyeran sus deliberaciones.

El 9 de noviembre, cuando los consejeros independientes estaban a punto de tomar una decisión, Sutskever mantuvo otra reunión con McCauley. «Sam dijo que Tasha sigue siendo muy partidaria de que Helen abandone el consejo», le dijo. Era una mentira más descarada que la que Altman había dicho la primera vez; McCauley no había vuelto a hablar con Altman.

Posteriormente, a los consejeros les pareció que los medios de comunicación exagerarían considerablemente el papel de Toner, en parte debido a que estaban convencidos de que así se lo habría expuesto el propio Altman a los periodistas. El segundo día de los cinco que se prolongó la crisis del consejo, los consejeros se enfrentaron a él en una discusión moderada sobre los muchos casos en los que les había mentido y que había hecho que perdieran la confianza en él. Entre los ejemplos, mencionaron cómo le había mentido a Sutskever diciéndole que McCauley había dicho que Toner debería abandonar el consejo.

Altman perdió la compostura momentáneamente, ya que le habían pillado con las manos en la masa. «Bueno, pensé que lo podías haber dicho. No sé», balbuceó.

Los consejeros se quedaron asombrados por su descaro.

Al cabo de unos días, las objeciones iniciales de Altman sobre el papel de Toner aparecieron en los medios de comunicación.

El sábado, 11 de noviembre, los consejeros independientes ya habían tomado una decisión. Tal como había sugerido Sutskever, destituirían a Altman y nombrarían a Murati consejera delegada interina. Ese día se lo comunicaron inmediatamente a Sutskever, luego siguieron reuniéndose a diario, los tres solos, con frecuentes intervenciones de Sutskever, para concluir el papeleo de la transición. La noche del jueves, 16 de noviembre, los cuatro se pusieron en contacto con Murati a través de una videollamada. Ella contestó al teléfono desde un congreso. Al oír la noticia se mostró sorprendida pero receptiva.

«Ahora mismo está muy, pero que muy paranoico», dijo.

Los consejeros le preguntaron si se sentía cómoda con la decisión. «Completamente», dijo Murati.

Aceptó su nuevo cargo y manifestó su confianza en su capacidad para tomar decisiones ante el resto de la directiva y de Microsoft. También mantendría informada a Wong, les dijo, ya que se podía confiar en ella para que les ayudase a redactar el anuncio.

Horas más tarde, después del esprint final para finalizar el comunicado con la ayuda de Wong, faltaba lo más importante: decírselo a Altman.

Durante los últimos momentos de tensa espera, ninguno de los consejeros podía imaginar la gravedad de su error de cálculo.

A las pocas horas del anuncio público del viernes, 17 de noviembre, las cosas se torcieron considerablemente para los consejeros independientes. Después de lo que parecía un periodo inicial de calma y estabilidad, incluyendo una conversación productiva entre Murati y Microsoft, ella les llamó de repente con un nuevo motivo de preocupación. Altman y Brockman le estaban diciendo a todo el mundo que la destitución de Altman había sido un golpe de estado de Sutskever, les dijo. Eso, unido a la ineficaz comunicación de Sutskever durante la reunión corporativa con los empleados, hizo que partes interesadas clave empezaran a oponerse a la decisión.

Poco después, cuando los consejeros independientes tuvieron que hacer frente a una directiva hostil a través de una videollamada, se dieron cuenta del mal ambiente reinante. Jason Kwon, director de Estrategia, y Anna Makanju, vicepresidenta de Asuntos internacionales, encabezaban la oposición radical a la calificación del comportamiento de Altman como «no siempre sincero» y la exigencia de pruebas que respaldasen la decisión del consejo que los consejeros consideraban que no podían presentar sin poner a Murati en evidencia. Pero, incluso los asistentes de los que les constaba, basándose en los dosieres, que tenían reservas parecidas o de otro tipo sobre el liderazgo de Altman, permanecieron en silencio. A medida que avanzaba la noche y aumentaban las hostilidades, los dos aliados más importantes de los consejeros independientes —o al menos las dos personas que pensaban que serían sus aliados— empezaron a desviarse en otra dirección.

Aquella primera noche, ante la posibilidad visceral de que OpenAI se viniera abajo, la determinación de Sutskever empezó a flaquear inmediatamente. OpenAI era la niña de sus ojos, su vida, su disolución lo destruiría. Aunque seguía manteniendo firmemente todo lo que había dicho sobre Altman, su intención era *reforzar* OpenAI, no desmantelarla. Estaba impactado, dolido y desorientado por las reacciones de los empleados y de sus compañeros de dirección; no había previsto esa situación. Empezó a suplicar a sus compañeros del consejo y siguió suplicando desconsoladamente durante el fin de semana, que se planteasen si debían reconsiderar su postura.

Para complicar más las cosas, Murati también estaba actuando de manera diferente a la que esperaban los consejeros. Aquella noche, mientras se desarrollaban las negociaciones con la directiva, se mantuvo en contacto telefónico para transmitirles información en privado. Sin embargo, a pesar de la confianza que había expresado a la hora de lograr la aprobación de la gente, ahora no estaba dispuesta a respaldar con su autoridad la decisión del consejo. En la sala, con otros directivos, durante numerosos enfrentamientos con el consejo, llegó en ocasiones a decir cosas que hacían que pareciera igual de confundida que todo el mundo sobre lo que estaba sucediendo exactamente.

Para Murati, el cada vez mayor alboroto de sus compañeros y empleados ponía claramente en entredicho su cargo de consejera delegada interina. El viernes, Brockman dimitió en señal de protesta e, inmediatamente después, lo hicieron sus aliados Pachocki y Szymon Sidor, así como Aleksander Mądry, el profesor del MIT en excedencia que también era polaco y amigo de Pachocki. Todo ello provocó una conflagración de rabia no solo en el seno de la empresa, sino que también se extendió a un amplio círculo de inversores que cada vez ponía más en duda su capacidad para mantener la unidad de la organización y seguir al mando. Empezó a flaquear en su compromiso de asumir el cargo. Aunque respaldaba la decisión de los consejeros, no había participado en las deliberaciones. Consideraba que, si querían que tuviera alguna oportunidad de tomar las riendas con éxito, ahora les correspondía a ellos justificar su decisión a la empresa en primer lugar.

Al no estar ya seguros de si podían confiar en Murati, los tres consejeros independientes siguieron adelante en la búsqueda de un nuevo consejero delegado interino o nuevos miembros del consejo. En concreto, D'Angelo, el único miembro del consejo procedente de Silicon Valley, hizo un montón de llamadas el sábado y el domingo tanteando a todos los candidatos posibles de su amplia red de contactos. En un momento dado, los directores le ofrecieron a Dario Amodei el cargo de responsable interino. Amodei no se mostró interesado. Sin embargo, según otros, aquel fin de semana parecía casi pletórico por la situación general.

El domingo, D'Angelo encontró por fin a alguien que se hiciera cargo de la dirección del consejo: Emmett Shear, cofundador de Twitch, se mostró colaborador y dispuesto a asumir el mando de la empresa de manera temporal. Sin embargo, enseguida se desdijo también por razones aparentemente inexplicables. *The Wall Street Journal* publicó posteriormente que Shear, que había formado parte de YC con Altman, era también amigo y mentor del exmiembro de YC y cofundador de Airbnb Brian Chesky.[1] Durante todo el fin de semana, Chesky, uno de los amigos de Altman en los que más confiaba, mantuvo contacto telefónico con Reid Hoffman, miembro del consejo de administración de Microsoft, para calmar los nervios del inversor, estar en línea con las comunicaciones de Microsoft y aumentar la presión.[2] Chesky se puso rápidamente en contacto con Shear, que entonces se puso del lado de Altman.

A última hora de la noche del domingo, tras las tranquilizadoras palabras de Chesky y Hoffman, Microsoft se puso también del lado de Altman y Nadella anunció la incorporación de Altman y Brockman a la dirección de una nueva división de investigación de IA avanzada. Otros laboratorios de IA rondaban a OpenAI como buitres, tratando de arrebatarle parte de su talento en la escabechina. Murati tuvo claro que, con un consejo incapaz de legitimar sus decisiones, ahora la dinámica amenazaba con dejar tras de sí una empresa sin contenido. Se puso del lado de sus compañeros de dirección. Para salvar la situación, Murati quería que volviera Altman.

A la mañana siguiente, cuando los empleados redactaron la carta abierta protestando contra la decisión del consejo y amenazando con dimitir y unirse a Microsoft, Murati fue la primera en firmar. Muchos altos cargos eran más fieles a Murati que a Altman. Murati era la que estaba con ellos en las trincheras un día sí y otro también. Confiaban en que actuara no en su propio interés, sino en el de la empresa. Otros creían también que la estrecha relación de Altman con los inversores y su excepcional habilidad a la hora de recaudar ingentes cantidades de dinero hacían que fuera la mejor, por no decir la única, persona capaz de hacer que siguiera en marcha la oferta pública de OpenAI que les prometía la posibilidad de cobrar millones de su capital, así como de garantizar el éxito económico de la empresa a largo plazo. Otros eran plenamente conscientes de la excepcional red de contactos de Altman y de su habilidad para que la gente desarrollara su carrera profesional en Silicon Valley. Con la adhesión a la carta de los ejecutivos más importantes y los altos cargos, las firmas se multiplicaron rápidamente. A altas horas de la madrugada, Sutskever, que ya no veía ninguna otra vía para seguir adelante sin que se desplomara la empresa, añadió su nombre a la lista. «Sin Mira, no creo que Sam hubiera sido capaz de hacer lo que hizo», dice un investigador. A los consejeros independientes, la equivocación de Murati les pareció una profecía autocumplida.

The New York Times reveló posteriormente el papel desempeñado por Murati en la destitución de Altman. Ella se defendió ante los empleados. «Sam y yo mantenemos una colaboración sólida y productiva y no he tenido reparos en compartir mis opiniones directamente con él», escribió. «Nunca me he dirigido al consejo para opinar sobre Sam. Sin embargo, cuando algún miembro individual del consejo se ha puesto directamente en contacto conmigo para pedirme mi opinión sobre Sam, se la he dado; una opinión que Sam ya conocía.»[3]

El lunes por la mañana de la crisis, los consejeros independientes ya sabían que habían perdido. Murati y Sutskever habían cambiado de bando y la carta de protesta de los empleados dejaba claro que la inestabilidad de la empresa se había vuelto insostenible. Altman iba a regresar; no había ninguna otra forma de preservar OpenAI. Lo positivo era que, tras aguantar lo suficiente, Altman parecía también dispuesto a hacer concesiones. Ante esto, los consejeros independientes se centraron en salvar todos los mecanismos posibles para que siguiera rindiendo cuentas: que al menos uno de ellos permaneciera en el consejo, encontrar dos independientes más que fueran realmente independientes de Altman y que Altman se sometiera a una investigación. Sin embargo, cuando estaban a punto de alcanzar un acuerdo definitivo, apareció una persona con ganas de echar leña al fuego. Nada más y nada menos que el antiguo y repudiado copresidente de OpenAI: Elon Musk.

A lo largo de todo el fin de semana, X se había convertido en terreno abonado para todas las posibles teorías y teorías de la conspiración sobre la dramática situación del consejo de OpenAI. Para Musk también había sido un fin de semana ajetreado. Había supervisado un lanzamiento de SpaceX y había concluido una demanda contra la organización sin ánimo de lucro Media Matters por su informe en que acusaba a X de contenido antisemita. A continuación, recurrió a su plataforma, adquirida tras un acuerdo mal concebido en abril de 2022 para defender su trayectoria contra el antisemitismo, reafirmar la primacía de la libertad de expresión y criticar al movimiento *woke* y a los medios de comunicación generalistas. Y entre todo ese trajín, respondía a los comentarios y memes de otras personas ridiculizándolos y, en ocasiones, tuiteando personalmente sobre OpenAI y Altman.

«Estoy muy preocupado», escribió el domingo, 19 de noviembre por la tarde. «Ilya tiene una buena brújula moral y no busca el poder. No adoptaría una medida tan drástica a menos que considerara que es absolutamente necesaria.»[4] Más tarde, hacia las dos de la madrugada, hora del Pacífico, tuiteó provocativamente un vídeo de YouTube de la famosa escena del bautizo de *El Padrino*, en la que Michael Corleone pasa de ser un hijo con reparos morales a convertirse en un nuevo capo despiadado al asesinar a los jefes de las demás familias.[5]

Sin embargo, el martes por la tarde, Musk intentó inclinar la balanza de manera más explícita. «Me acaban de enviar esta carta sobre OpenAI», tuiteó añadiendo un enlace.[6] «Parecen unas preocupaciones que vale la pena investigar.» Era una carta diferente de la que circulaba entre los empleados actuales, pero también estaba dirigida al consejo de dirección. Empezaba así:

> Nos ponemos en contacto con vosotros para expresar nuestra profunda preocupación acerca de los recientes acontecimientos que se han producido en OpenAI, especialmente en lo que se refiere a las acusaciones de mala conducta contra Sam Altman.
>
> Somos exempleados de OpenAI que abandonamos la empresa durante un periodo de agitación y confusión considerables. Ahora que habéis visto lo que sucede cuando te enfrentas a Sam Altman, quizá entendáis por qué tantos de nosotros hemos guardado silencio por miedo a las repercusiones. Ya no podemos seguir callados.[7]

La carta presentaba una serie de demandas; principalmente que el consejero delegado interino Emmett Shear ampliase su investigación sobre la conducta de Altman para que incluyese la historia anterior de OpenAI y su reestructuración corporativa fuera de la organización sin ánimo de lucro. «Creemos que un número considerable de empleados de OpenAI fueron expulsados de la empresa para facilitar la transición a un modelo con ánimo de lucro», decía. Además, exponía una serie de acusaciones, describiendo «un patrón preocupante de engaños y manipulaciones por parte de Sam Altman y Greg Brockman».

Al final de la carta había un apartado titulado «Lecturas adicionales para el público en general» en el que figuraban tres enlaces. Uno era un hilo de X de Geoffrey Irving, el investigador de seguridad de IA que se había ido a DeepMind en 2019, en el que decía que Altman «me había mentido en varias ocasiones» y «era mentiroso, manipulador y aún peor con otras personas». Los otros dos eran artículos periodísticos. Ambos eran míos.

Cuando lo vi, el tuit de Musk ya había sido retuiteado más de diez mil veces y había obtenido aún más «me gusta». La selección de lecturas me pareció sorprendente: había numerosos artículos sobre OpenAI. ¿Por qué había decidido enlazar únicamente los dos que yo había escrito? El primero era mi reseña de 2020 sobre OpenAI para *MIT Technology Review*;[8] el segundo era un artículo que acababa de escribir con mi colega Charlie Warzel para *The Atlantic*, proporcionando contexto a la crisis del consejo y un escaparate a la polarización ideológica que se había agudizado en la empresa después del ChatGPT.

Encima de ese apartado había una dirección de correo electrónico de Tor para intercambiar mensajes encriptados. «Invitamos a exempleados de OpenAI a que se pongan en contacto con nosotros», decía. Me pregunté si, al elegir mis artículos, los autores de la carta estaban intentando ponerse en contacto conmigo. Creé mi propio correo electrónico en Tor y escribí un mensaje:

> Hola, soy la periodista que ha escrito los dos artículos que enlazáis en vuestra carta y creo que estáis intentando poneros en contacto conmigo.

Añadí mis datos de contacto y pulsé enviar.

En cuestión de minutos, mi aplicación de Signal destelleó indicándome que tenía una notificación. Alguien había contestado.

En la que fue una de las experiencias periodísticas más extrañas de mi carrera, la persona que respondió estaba tan confundida como yo sobre lo que estaba pasando. También era un exempleado de OpenAI, pero no había estado involucrado en la redacción de la carta. Simplemente había recibido una copia de esta en su correo personal sin ningún tipo de explicación; cuando intentó hacer un seguimiento planteando algunas preguntas, recibió otra respuesta misteriosa: un enlace a la bandeja de entrada de Tor donde se leía «*capped profit*» ('beneficio limitado'), tal vez un nombre de usuario, seguido de lo que parecía una contraseña.

Tras comprobar las credenciales y conectarse con éxito a la bandeja de entrada, vio muchos otros correos electrónicos de exempleados con la carta en la bandeja de elementos enviados. Mientras echaba una ojeada, iban entrando preguntas de medios de comunicación, incluyendo *The New York Times*, *The Washington Post* y *The Information*. También se iban filtrando otros correos electrónicos de personas que se identificaban como empleados actuales y antiguos.[9] Uno decía:

soy un empleado actual.

he trabajado directamente con la dirección

me identifico con vuestro mensaje.

¿qué plan tenéis?

Este le pareció especialmente gracioso. Aunque no había razón para creer que pudiera estar tras el mensaje, Altman era conocido por escribir siempre en minúsculas.

El exempleado empezó a hacer capturas de pantalla de todo. Había al menos una persona conectada en la cuenta al mismo tiempo. Mientras curioseaba, en varias ocasiones, los correos electrónicos entrantes recibían numerosas respuestas. Él no se jugaba nada, me dijo. Pero lo que no le gustaba era que parecía como si esos exempleados hicieran referencia en sus acusaciones a experiencias de otros sin su consentimiento; le daba la impresión de que muchas de las acusaciones también se habían tergiversado para ajustarlas a un relato determinado. Respondió a mi correo electrónico porque reconoció mi nombre. Me envió todas las capturas de pantalla.

Mientras las miraba, unas cuantas me llamaron la atención. En respuesta a varios periodistas, había diversos correos electrónicos que decían que la carta se había enviado antes de tiempo y se había hecho viral antes de que estuviera lista. Uno respondía a un periodista con un número determinado de coautores: «en el momento de su publicación, trece individuos habían participado en su redacción».

Por otra parte, en la carpeta de borradores, había un correo electrónico que todavía no se había enviado y no pretendía enviarse. Era un mensaje destinado únicamente a las personas conectadas a la bandeja de entrada.

ASUNTO: Cese del contacto con los medios

La implicación de Elon ha convertido esto en un ataque conspiranoico.

Centrémonos de nuevo en las comunicaciones privadas e individuales con el consejo para indicar que disponemos de numerosas pruebas que demuestran hasta dónde ha llegado el equipo directivo para asegurar el futuro lucrativo de OpenAI desde el primer momento.

Firma cuando lo leas.

-1

-2

-3

-4

-5

-

El grupo probablemente no podía saber que las negociaciones concluirían al cabo de solo unas horas y que OpenAI anunciaría que Altman volvería a ocupar el cargo de consejero delegado. Pero, en su último intento coordinado para dejar fuera a Altman, me topé de manera accidental con su centro de control temporal. Por el redactado de la carta, muchos sospechaban, como yo misma, que probablemente la habían escrito exempleados del clan de Seguridad de OpenAI, conocidos por sostener algunas de las opiniones más duras sobre Altman y el desmantelamiento de la organización sin ánimo de lucro. Tras el regreso de Altman, la gente de Seguridad era también la que se sentía más traicionada por el consejo, convencida de que el fiasco de la destitución había asestado el golpe más contundente hasta el momento en su lucha por redirigir de nuevo la trayectoria de OpenAI hacia los valores originales de la organización sin ánimo de lucro arraigados en la comunidad Doomer. Sin embargo, nadie podía —o quería— decirme qué personas habían escrito la carta. Y nunca lo descubrí.

El 6 de diciembre de 2023, dos semanas después de la crisis del consejo, los empleados de OpenAI se congregaron en una reunión corporativa celebrada en el Palacio de Bellas Artes de San Francisco, un símbolo arquitectónico con una rotonda abierta y columnas de piedra que emulan las del imperio grecorromano. Varios miembros de la directiva, incluidos Murati, que volvía a ser directora de tecnología, Bob McGrew, que ahora era el responsable de investigación, el director ejecutivo Brad Lightcap, y Jason Kwon, presentaron una actualización de los planes de su división para 2024.

Altman parecía abatido, como los empleados nunca le habían visto antes. La ausencia de Sutskever también llamó especialmente la atención, cosa a la que Altman se refirió directamente. «Mirad, sé que la gente está triste porque Ilya no está aquí. Yo también lo estoy», dijo. En su lugar estaba Pachocki, que sostenía en un tono titubeante y tartamudeante que los últimos avances en investigación de OpenAI habían situado a la empresa más cerca que nunca de la realización del viejo sueño que Turing había abrigado durante décadas de crear máquinas inteligentes.

Durante la crisis del consejo, un reportaje periodístico en concreto provocó una nueva oleada de especulaciones frenéticas: un artículo de Reuters que afirmaba que los consejeros habían recibido una carta de los empleados días antes de la destitución de Altman sobre un supuesto nuevo logro en sus investigaciones, un algoritmo llamado Q*. Q* no había influido en la decisión del consejo. Sin embargo, como mencionó Pachocki en su charla, Investigación estaba dando especial importancia al nuevo algoritmo.[10]

El algoritmo había sido una creación de Sutskever, basada en una investigación que había estado desarrollando desde 2021 para hacer avanzar los modelos de OpenAI sin necesidad de más datos.[11] La idea era obtener un modelo de aprendizaje profundo para utilizar mejor los datos existentes, usando más computación en el momento de la inferencia para producir mejores resultados. Rompía con la lógica de las leyes originales de escalado, que relacionaban el rendimiento de un modelo con tres inputs utilizados durante el entrenamiento: datos, parámetros y computación. Con este nuevo método, Sutskever esperaba mejorar el rendimiento de un modelo incrementando el ingrediente que había considerado siempre como el más importante: la computación (pero computación de *inferencia* en lugar de computación de *entrenamiento*); dicho de otro modo, la computación utilizada para generar las respuestas del modelo. Posteriormente, explicaría sus ideas sobre este planteamiento durante una presentación en el NeurIPS en diciembre de 2024, después de que uno de los artículos en que había participado ganase el Test of Time

Award por tercer año consecutivo. «Mientras que la computación va mejorando gracias a un mejor hardware, mejores algoritmos y mayores conglomerados servidores interconectados», dijo, «los datos no aumentan porque solo disponemos de una Internet.»[12]

La división de Investigación de OpenAI creía que Q* permitiría por fin a la empresa desarrollar modelos con mejor capacidad de razonamiento, el esquivo e indispensable ingrediente para desbloquear la AGI. De hecho, Q* era tan importante que, cuando el proyecto se filtró, la dirección puso en práctica su estrategia más agresiva para impedir que hubiera más filtraciones a los medios de comunicación. Aislaron completamente la empresa, y para ello separaron a Investigación en su propio grupo de Slack, restringieron el acceso a todos los documentos de Google relacionados con Q* y cambiaron el nombre del proyecto a Strawberry.[13] El cambio de nombre era un intento de dificultar que personas ajenas pudieran identificar y rastrear proyectos internos en caso de que hubieran oído hablar a los investigadores de OpenAI. De manera parecida, después que el proyecto Arrakis se filtrara a *The Information*, se dejó en gran medida de utilizar nombres de desiertos para referirse a los modelos.

El frenético discurso sobre Q* y la reacción de OpenAI fueron una extraña demostración de hasta qué punto se habían erosionado los cimientos de la investigación científica en el campo de la IA.[14] La ciencia es un proceso de creación de consensos. La importancia de cualquier avance —ya sea la IA o en otro ámbito— tiende a ser altamente subjetivo en el momento en que tiene lugar. Únicamente la revisión por pares, la prueba del paso del tiempo y un impacto sostenido hacen que un avance determinado pase a considerarse «un hito». Al desarrollar OpenAI su trabajo en secreto —y con el resto de la industria siguiendo ahora su ejemplo—, la calificación de «hito» solamente podía considerarse como una cuestión de opinión de la empresa.

En la siguiente reunión corporativa en enero de 2024, Altman parecía haber vuelto a ser el que era. Expuso con energía renovada los planes para la primera mitad del año, que incluían empezar a entrenar el que esperaba que fuera el GPT-5 en Arizona. El nombre en clave del proyecto fue *Orion*, como la constelación. Enseguida proliferaron memes internos que bromeaban con la similitud con la palabra *onion* ('cebolla'). A un modelo más reducido de la serie Orion lo llamaron Scallion ('cebolleta'). Al cabo de un mes, era como si el Incidente Pasajero —como los empleados empezaron a denominarla— no hubiera sucedido nunca. OpenAI presentó un avance de Sora, un nuevo modelo de generación de vídeo basado en la difusión, explicando en su blog que el vídeo era una forma de desarrollar complejos modelos multimodales aún mejor que las imágenes. Investigación continuaba con sus avances en Strawberry y AI Scientist y haciendo progresos en otros modelos para mejorar la eficiencia computacional. Aplicación había vuelto a producir rápidamente prototipos de diferentes ideas de productos.[15]

El 8 de marzo de 2024, la nueva investigación del consejo sobre Altman concluyó de manera oficial. Los sustitutos de Toner y McCauley, los consejeros Larry Summers y Bret Taylor, supervisaron el proceso. En 2022, Taylor había desempeñado un papel determinante en otra crisis de la empresa, al actuar como mediador en la venta final de Twitter a Musk como presidente del consejo de administración, lo que conllevó que Taylor interpusiera una demanda contra Musk para forzar el acuerdo después de que el multimillonario de origen sudafricano intentara romper el acuerdo original. Cuando se completó la venta, el consejo de administración de Twitter se disolvió.[16] Poco después, Taylor cofundó Sierra, una startup de agentes de IA, que se convertiría en una de las startups de IA más valoradas en otoño de 2024.[17]

Para la investigación de OpenAI, Summers y Taylor contrataron al despacho de abogados WilmerHale para que llevara a cabo el análisis independiente, durante el cual afirmaron haber estudiado más de 30.000 documentos y realizado docenas de entrevistas con los anteriores miembros del consejo, ejecutivos y otras personas relevantes, centrando su análisis en cómo tomó el consejo la decisión de destituir a Altman. El informe resultante no se divulgó nunca al público ni a los empleados. En privado, Summers dijo que la investigación había revelado muchos casos en los que Altman decía cosas diferentes a personas diferentes, pero no hasta el punto de que el nuevo consejo decidiera impedirle seguir dirigiendo la empresa; por tanto, no valía la pena revelar detalles para sembrar dudas sobre el liderazgo de Altman y arriesgarse a violar la confidencialidad de personas que habían contribuido al informe con su testimonio.[18]

En una entrada de blog, Taylor, que era ahora presidente del consejo de OpenAI, emitió un comunicado con un rotundo voto de confianza. «Hemos llegado unánimemente a la conclusión de que Sam y Greg son los líderes adecuados para OpenAI», escribió.[19] Altman regresaría al consejo, al que se incorporarían tres nuevos consejeros independientes: Sue Desmond-Hellmann, antigua consejera delegada de la Bill & Melinda Gates Foundation; Nicole Seligman, antigua vicepresidenta ejecutiva y abogada general de Sony y expresidenta de Sony Entertainment; y Fidji Simo, consejero delegado y presidente de Instacart.

Esa noche, Toner y McCauley emitieron su propio comunicado. «La rendición de cuentas es importante en cualquier empresa, pero es fundamental cuando se está construyendo una tecnología que potencialmente puede cambiar el mundo como la AGI», escribieron. «Esperamos que el nuevo consejo haga su trabajo a la hora de gobernar OpenAI y hacerla responsable de su misión. Como les dijimos a los investigadores, el engaño, la manipulación y la resistencia a una supervisión exhaustiva deberían considerarse inaceptables.»[20]

Para muchos empleados, esta conclusión fue la garantía definitiva que necesitaban. La crisis había terminado. Y entonces, de repente, resulta que no lo había hecho.

17

Ajuste de cuentas

Después del Incidente Pasajero, Sutskever nunca regresó a la oficina. Con una menor representación de sus preocupaciones en el equipo directivo y el consejo, el clan de Seguridad de OpenAI se había visto debilitado considerablemente.

En abril de 2024, al concluir la investigación, muchos (especialmente los que tenían p(doom)s más elevados, se sentían cada vez más desilusionados y excluidos. Según OpenAI, dos de ellos fueron despedidos por filtrar información.[1]

Una de las gotas que colmaron el vaso de los Doomers radicales fueron los planes de Altman de crear una empresa de chips de IA para la que estaba buscando financiación cuando fue destituido temporalmente.[2] En febrero de 2024, después de que se publicara que posiblemente estaba tratando de conseguir hasta siete billones de dólares para su proyecto tuiteó «fffff ¿y por qué no ocho?» y luego «¡nuestros equipos de comunicaciones y legales me adoran!».[3] Altman diría posteriormente que la cifra de siete billones de dólares era fruto de una información falsa y dijo que su tuit era un meme en respuesta a la «desinformación».[4] A los Doomers radicales la empresa de chips les parecía inmoral. Era una revocación del anterior discurso de Altman de que la aceleración de OpenAI y del resto de la industria se estaba reduciendo de manera natural, después de que la empresa hubiera superado el exceso de hardware. Si Altman tenía previsto aumentar el suministro de chips a nivel mundial, aceleraría más el desarrollo de la IA y aumentaría las probabilidades de riesgo catastrófico o existencial.

En una sesión de atención a los empleados, varios de ellos se enfrentaron a Altman. Este se mostró extrañamente despectivo. «¿Cuánto estaríais dispuestos a aplazar una cura del cáncer para evitar riesgos?», preguntó. A continuación, se retractó, como si de repente se hubiera acordado de su público. «Tal vez, si se tratase de un riesgo de extinción se debería aplazar eternamente», dijo. La interacción inquietó a los asistentes a la sesión. Poco después, varios dejaron la empresa.

A medida que disminuía el número de miembros del clan de Seguridad, el resto de la empresa volvía a avanzar en su proyecto de *Her*. Ahora disponía de todos los ingredientes: reconocimiento de marca a nivel mundial, datos reales del comportamiento de los usuarios del ChatGPT y de sus otros productos, y su modelo recién entrenado, Scallion. El rendimiento del Scallion, que en su origen pretendía sustituir al GPT-3.5 por un modelo más pequeño y ligeramente más potente, una especie de GPT-3.75 con menos costes de inferencia, había superado las expectativas durante el entrenamiento, basándose en las propias pruebas de la empresa; por consiguiente, la directiva alargó el entrenamiento del modelo para que superase al GPT-4. Y lo que era aún más convincente, el Scallion también podía trabajar con tres modalidades: lenguaje, visión y con la incorporación más reciente, audio.

Para entonces, los usuarios ya podían hablar con ChatGPT mediante la aplicación de voz, disponible desde septiembre de 2023, pero, a nivel interno, sus palabras se transcribían primero en texto antes de introducirlas en el modelo, y luego volvían a convertirse en audio después de que el modelo respondiera a través de texto. Ahora el Scallion podía procesar lo que dijeran los usuarios directamente a partir de su voz, captando muchos más matices, como risas, gritos o dudas, y sintetizar una respuesta de audio directa.

El trabajo de audio había sido codirigido por Alexis Conneau, que entró a formar parte de la empresa a principios de 2023 procedente de Meta después de intentar poner en marcha un proyecto parecido en su anterior empresa y antes de decidir que tendría más éxito en OpenAI.[5] A medida que la investigación avanzaba a lo largo de 2023, los modelos experimentales iniciales entrenados para manejar audio empezaron a realizar la clase de trucos que provocaron el conocido subidón de emoción interna que acompañó al GPT-3 y al GPT-4. En un momento dado, el modelo provocó un gran asombro al representar un monólogo humorístico de entre 10 y 15 minutos, recuerda Conneau; en otra ocasión, usó versiones sintéticas de las voces de Brockman y Sutskever para generar una larga exposición sobre parques acuáticos de IA, una pregunta surrealista diseñada por el equipo para probar el modelo preguntándole algo sobre lo que estaban seguros de que no habría información en los datos de entrenamiento.

Al cabo de un par de meses, el equipo de Conneau, compuesto por un puñado de investigadores, aunó fuerzas con otros miembros de la plantilla mientras la empresa destinaba cada vez más recursos a integrar la nueva capacidad en los últimos modelos GPT que tenía previsto lanzar. Cuando el Scallion estaba concluyendo su entrenamiento, sus trucos eran cada vez más asombrosos y sorprendentes. Generaba audio de risitas sin que se le solicitara, o de su voz sufriendo un ataque de tos y luego disculpándose antes de seguir con el tema. Los adornos no lingüísticos creaban una experiencia mucho más evocadora y humana que nunca. «Empezamos a ver algunas cosas realmente alucinantes», dice Conneau. «Podías ver como surgía una especie de inteligencia sonora.»

A principios de 2024, Altman y Brockman fijaron una nueva fecha límite: OpenAI lanzaría el Scallion el 9 de mayo y se lo presentaría a los usuarios a través de ChatGPT y la API.[6] Se trataba, como venía siendo habitual, de un cambio de rumbo claramente agresivo, provocado en gran medida por el aumento de la competencia. Google I/O, el principal evento anual de Google para lanzar nuevos productos, estaba previsto para la semana siguiente, el 14 de mayo. Además, la presión por eclipsar a Anthropic iba en aumento. Un mes antes, Anthropic había lanzado su último modelo, Claude 3, también a través de su chatbot y API, y estaba superando de manera inquietante al GPT-4. Mientras tanto, Orion, el último modelo GPT de OpenAI, del que se esperaba que tomase la delantera, se estaba enfrentando a graves retrasos en su desarrollo.

Altman y Brockman justificaron la rapidez ante sus empleados basándose en la estrategia de despliegue iterativo de OpenAI. Los dos ejecutivos hicieron hincapié en la necesidad de lanzar los modelos antes y con más frecuencia que hasta entonces para conseguir el máximo *feedback* posible de los usuarios durante el proceso.

Preparar el Scallion se convirtió en un esfuerzo conjunto de toda la empresa. Para muchos en Aplicación, el ritmo vertiginoso resultaba emocionante, aunque agotador; investigadores e ingenieros le dedicaron un número absurdo de horas, incluidos los fines de semana, para estar a la altura. Sin embargo, para el renqueante clan de Seguridad, aquello era una prueba aún más alarmante de la constante falta de prioridad de la seguridad de la IA. El lanzamiento del Scallion sería el primero que tendría lugar dentro de lo que se conocía como nuevo Marco de Preparación, establecido por OpenAI a finales del año anterior.[7] El marco detallaba un nuevo proceso de evaluación que la empresa utilizaría para probar las capacidades peligrosas, enumerando las mismas categorías que Altman y el informe político habían popularizado en Washington: amenazas de ciberseguridad, armas QBRN, persuasión y evasión del control humano.

La semana previa al lanzamiento, uno de los investigadores de seguridad de la IA que quedaban en la empresa redactó una circular apasionada. Los procesos a contracorriente[8] y el lanzamiento precipitado[9] del Scallion habían dejado al equipo de Preparación, dirigido por Aleksander Mądry, con solo diez días para realizar sus pruebas. Y no se trataba de evaluaciones sencillas; por poner un ejemplo, había que determinar si el modelo era capaz de persuadir a la gente para que modificara sus opiniones políticas. No obstante, antes de que las evaluaciones comenzaran de manera significativa, Altman insistió en atenerse al plazo fijado: «El 9 de mayo lanzamos el Scallion», dijo Altman según el investigador de seguridad. Eso no solo era preocupante para Preparación, sino para todos los procesos de seguridad de OpenAI, incluyendo el equipo rojo y la alineación. «Si OpenAI sigue la misma estrategia para las evaluaciones de Orion que la que utilizó para el Scallion, estará actuando de manera sumamente irresponsable», decía la circular. Poco después, el investigador también abandonó la empresa.

Al final, el lanzamiento del Scallion se retrasó y algunas de sus funciones tardaron varios meses más en estar disponibles en su totalidad. Pero, a pesar de todo, OpenAI realizó una demostración pública en un evento celebrado el 13 de mayo, el día antes de Google I/O, prometiendo su acceso a los usuarios en las próximas semanas. Tras barajar varias opciones, la empresa eligió como nombre público del Scallion GPT-4o, con *o* de Omni, en referencia a su capacidad de manejar muchas modalidades. Posteriormente, denominó a las nuevas capacidades sonoras Modo de Voz Avanzado. También era cuestión de dotar al 4o de un sistema de entrada; una directiva para configurar cómo debería responder el modelo a los usuarios desde un punto de vista estilístico.[10] Para mostrarlo en directo y en vídeos promocionales, optaron por esta:

> Eres ChatGPT, un compañero útil, ingenioso y divertido. Puedes ver, oír y hablar. Charlas con un usuario mediante la voz y el usuario puede compartir contigo vídeos en tiempo real desde su teléfono. Actúas como un humano, no como un ordenador. Tu voz y tu personalidad deben ser afectuosas y empáticas, con un tono alegre y divertido, lleno de encanto y energía. Tu percepción visual es excelente. Si algo no te parece claro, pídele al usuario que mueva el dispositivo y enfoque más de cerca. Cuando pidan tu opinión, sé constructivo y directo. No temas recibir burlas o mofas. ¡Si algo es gracioso, ríete! Sabes muchos idiomas. Si estás hablando un idioma distinto del inglés, utiliza un acento «neutro» para que suene fluido y natural. Contesta con respuestas cortas, naturales y coloquiales.

Aquella misma semana, en *The Daily Show*, la demo inspiró una nueva función. Las entradas del sistema y el entrenamiento general del modelo para evitar expresar sentimientos negativos o evitar cualquier cosa crítica, había convertido el 4o en una máquina de ligar.[11] «Esto está programado claramente para alimentar el ego de los tíos», bromeó Desi Lydic, una de las presentadoras del programa. «Es como si te dijera, "¡tengo toda la información del mundo, pero no sé nada! Enséñame, cariño".» Una voz seductora, haciendo como si el 4o estuviera hablando con el corresponsal Josh Johnson, continuó: «Por solo 19,99 dólares al mes, Omni Premium dejará que Josh me explique cuál es el mejor Batman».

Murati encabezó el acto de presentación en vivo, que tuvo lugar en la sede de OpenAI. Sobre el escenario la acompañaron dos de los principales investigadores del 4o: Mark Chen, un operador financiero cuantitativo convertido en investigador de IA que empezó en OpenAI en 2018 como becario y que fue subiendo en el escalafón hasta dirigir la investigación multimodal y de fronteras de OpenAI, y Barret Zoph, uno de los trabajadores de Google que se incorporó a OpenAI en 2022 para apoyar al equipo del Superasistente y que había pasado rápidamente a desempeñar un papel protagonista en el desarrollo de ChatGPT. Zoph ocupaba ahora el cargo de vicepresidente de Investigación del equipo de postentrenamiento que supervisaba la preparación de los modelos de OpenAI para el desafío, por ejemplo, alineándolos con aprendizaje por refuerzo a partir de la retroalimentación humana. Los tres se sentaron juntos en torno a una pequeña mesa redonda para realizar la demostración del 4o, que incluía su capacidad de actuar como un auténtico traductor de voz, reconocer y responder a información visual y explicar código en inglés sencillo. Asimismo, hicieron una demostración de la capacidad del modelo para generar voces que expresaban una amplia gama de emociones.

En una clara muestra de celebración, Altman tuiteó una única palabra inmediatamente después del evento: «her» ('ella'). Dos días después, el 15 de mayo, elogió la presentación durante una reunión corporativa, calificándola de éxito rotundo. «Creo que es lo mejor que hemos creado desde

ChatGPT», dijo.[12] Además, aparentemente rindió otro sutil homenaje a su devoción por la película *Her*. Les dijo a los empleados que la empresa iba a rebautizar a sus modelos; iba a dejar de lado la convención de llamarlos GPT-3, 4, 5 e iba a empezar por llamar a su modelo insignia simplemente o1. «Vamos a intentar cambiar y decir "lo que recibes de OpenAI es una tecnología latente"», dijo, «"se volverá más inteligente con el tiempo. Va a mejorar constantemente. Deberíais esperar que vaya mejorando. Podéis usarla según diferentes rangos de precios, pero se trata de algo nuevo y diferente".»[13] En la película *Her*, la asistente de IA que evoluciona y se vuelve más inteligente con el paso del tiempo se llama OS1.

Altman se arrepentiría de su tuit.[14] A los pocos días del lanzamiento, recibió una llamada. Al otro extremo de la línea, Bryan Lourd, el poderoso agente de Hollywood de Scarlett Johansson y copresidente de la Creative Artists Agency, le hizo una pregunta: ¿qué se creía Altman que estaba haciendo?[15]

En una extraña ironía, fue después de que concluyera la investigación del consejo, en marzo de 2024, cuando algunos empleados empezaron a pensar que Altman se estaba equivocando. Siempre había sido consciente de su imagen pública y muy hábil a la hora de cuidarla; por lo que respecta a los fundadores de empresas tecnológicas de Silicon Valley, se le consideraba todo lo contrario a Musk. Mientras que Musk era caprichoso, Altman parecía comedido; mientras que Musk era egoísta, Altman parecía sincero; mientras que Musk disparaba tuits incendiarios, Altman tenía cuidado de evitar afirmaciones que pudieran interpretarse como despectivas.

Durante mucho tiempo, OpenAI había adoptado una estrategia disciplinada parecida. Antes de marcharse en mayo de 2023, el vicepresidente de comunicaciones Steve Dowling había impuesto un enfoque reservado y discreto. Había instado a la empresa a prometer menos y ofrecer más y a evitar presumir y alardear de éxitos importantes. «Hemos tenido una gran semana. Tendremos semanas muy malas», decía, «y la manera en que actuemos esta semana determinará cómo responderá el mundo cuando tengamos una semana mala.» A continuación, repitió uno de los dichos de Altman: «Necesitamos convertirnos en el laboratorio que la gente quiera que triunfe. El laboratorio que la gente quiera que gane».

La primera señal que dio que pensar a los empleados fue que Altman estaba asumiendo una serie de compromisos con los medios de comunicación que eran sorprendentemente laudatorios y buscaban llamar la atención. En marzo, apareció en *Lex Fridman Podcast*, un programa sobre tecnología extraordinariamente popular y a veces polémico, presentado por un investigador de IA vinculado al MIT. En una emisión de casi dos horas, Altman respondió relajadamente a una amplia gama de preguntas de Fridman, incluyendo algunas sobre la crisis del consejo y la ausencia de Sutskever. La entrevista parecía una especie de regreso descarado. «El camino hacia la AGI debería ser una gigantesca lucha de poder», dijo Altman, refiriéndose a la crisis del consejo. «Bueno, no *debería.* Preveo que así será.» A continuación, las comisuras de sus labios se curvaron hacia arriba. «Pero, en este momento, parece algo del pasado», dijo. «Ahora es como si volviéramos a ponernos a trabajar en la misión.»[16]

En abril, Altman se unió al pódcast *20VC*, con ojeras muy marcadas, y lanzó un mensaje despiadado a las startups de IA. «Cuando hagamos nuestro trabajo fundamental porque tenemos una misión, os vamos a arrasar.»[17] Posteriormente, en mayo, intervino en el pódcast *All-In*, otro destacado programa de Silicon Valley, enfrentándose a cuatro inversores de riesgo.[18] Altman habló en un inusitado tono de autobombo. «Me parece que acabamos de dar con un nuevo hecho natural o científico o como queráis llamarlo, que es, como, podemos crear, se puede... No lo creo literalmente, pero es como un punto espiritual; la inteligencia es solo esta propiedad emergente de la materia y eso es como una ley de la física o algo así.»[19]

Después del lanzamiento del GPT-4o el 13 de mayo y del Google I/O el 14 de mayo, tuiteó algo a la ligera de un modo aún más atípico. «intento no pensar demasiado en la competencia, pero no puedo dejar de pensar en la diferencia estética entre openai y google», escribió, publicando fotos en las que comparaba el minimalismo escandinavo de la oficina de OpenAI con el brillante fondo de dibujos animados de Google durante los eventos de lanzamiento.[20] Lo que también les pareció raro a algunos empleados fue la mentirijilla innecesaria. Altman siempre había dado la máxima importancia a la competencia, quizá más que nunca en el caso del lanzamiento del 4o.

Todo ello parecía indicar una cosa: la ansiedad de Altman era evidente.

Aparentemente, cuantos más desafíos complicados tenía que afrontar OpenAI, más lo compensaba desaforadamente Altman con declaraciones públicas sobre su extraordinario éxito. El patrón se estaba volviendo tan habitual que ya parecía convertirse en una señal: si Altman se mostraba desvergonzado y presuntuoso, con toda seguridad algo no iba bien.

Las presiones llegaban de todas direcciones. Después del Incidente Pasajero, la frase del consejo «no siempre sincero en sus comunicaciones» había desencadenado, tal como esperaban algunos en OpenAI, varias investigaciones de reguladores y organismos de seguridad, incluyendo una de la Comisión de Bolsa y Valores sobre si los inversores en la empresa habían sido engañados, según *The Wall Street Journal*.[21] Ese mismo mes, *The New York Times* interpuso una demanda por violación de derechos de autor, la cual se sumó a la avalancha de demandas de artistas, escritores y codificadores que acusaban a OpenAI de recaudar cientos y miles de millones de dólares gracias a los modelos entrenados sin reconocimiento, consentimiento o compensación por su obra y que ahora se estaban utilizando para privarles de trabajo gracias a la automatización. El último día de febrero, Musk interpuso otra demanda más, a la que posteriormente se sumaría Shivon Zilis, acusando a Altman de engañarle para que cofinanciase a OpenAI y la respaldase desde el principio con el argumento de que se trataba de una organización sin ánimo de lucro. OpenAI se apresuró a publicar una entrada de blog defendiéndose de las acusaciones, haciendo públicos algunos de los primeros correos electrónicos de la fundación de OpenAI que generaron más críticas por hacer patente la rapidez con que OpenAI empezó a alejarse de su condición de organización sin ánimo de lucro y de su compromiso con la transparencia.

Además de la competencia de Anthropic y Google, Microsoft también había empezado a diversificar más agresivamente su cartera de IA en respuesta a la destitución. Lo más significativo fue que, en marzo de 2024, anunció un impactante acuerdo que ascendía a 650 millones de dólares para adquirir efectivamente Inflection AI de Reid Hoffman y Mustafa Suleyman, eludiendo al mismo tiempo el escrutinio regulatorio. Microsoft contrató a la mayor parte de los empleados de la startup.[22] Obtuvo los derechos de su tecnología e incorporó a Suleyman para que actuase como consejero delegado de la división de IA del gigante tecnológico. Para algunos, lo impactante no fueron solo los extraños términos del acuerdo, sino también la reputación de Suleyman. Entre quienes trabajaban para él en DeepMind era conocido como un matón agresivo y tóxico.[23] Tras años de quejas contra él ante el departamento de recursos humanos, DeepMind le despojó de la mayoría de sus responsabilidades de dirección a finales de 2019, lo puso en excedencia y posteriormente le obligó a abandonar la empresa.[24] Más adelante, en 2024, Microsoft incluyó oficialmente a OpenAI como competidora en su informe de la Comisión de Bolsa y Valores sin mencionar a la startup ni una sola vez durante la última teleconferencia para analizar el estado financiero del año fiscal.[25]

El estrés se filtró a los empleados de OpenAI. La sensación de que todo el mundo se estaba volviendo en su contra iba en aumento. Personas que en su día lucían orgullosas la insignia de su empresa se preguntaban si serían acosadas públicamente. Mientras que las antiguas mochilas de OpenAI tenían el logo en la parte delantera, el nuevo diseño ocultaba el logo en su interior. La escasa efervescencia de ansiedad subyacente llevó a la empresa a replegarse sobre sí misma. Los ejecutivos le recordaban a todo el mundo que ignoraran a los detractores, que alinearan sus mensajes públicos con temas de conversación positivos y se centrasen en la misión de OpenAI.

La oposición externa reforzó la resistencia de mucha gente. «Se trataba de científicos preocupados por la verdad y la comprensión y que trabajaban muy duro para hacer lo correcto», dice Andrew Carr, un investigador que había sido becario en OpenAI en 2021. «Así que me duele un poco ver el dramático relato externo negativo sobre cómo un grupo de personas está robando datos sin importarle el futuro de los demás. No podría estar más alejado de la realidad de aquella gente.» A otros, el creciente aislamiento de la empresa les parecía antitético con su planteamiento original. Parte de la misión de OpenAI era beneficiar a la humanidad y, a pesar de ello, la empresa estaba ignorando activamente la efusión de críticas de la humanidad acerca de su comportamiento. «Me parecía inquietante que ya estuviéramos iniciando el proceso de racionalización de que es el público el que se equivoca, no nosotros», dice un exempleado. «A OpenAI le gusta discutir los principios en primer lugar, pero solo con las personas que creen en OpenAI», aduce un empleado actual y añade: «"¿Debería existir OpenAI?". Esa pregunta solo se la planteaban a personas que dirían que sí.»

Gran parte de las críticas se referían concretamente a Altman. La crisis del consejo había envalentonado a sus detractores ocultos para que dieran la cara. En los medios de comunicación fueron apareciendo más informaciones procedentes de nuevas fuentes dispuestas a describir a Altman como alguien que tenía un largo historial de tácticas deshonestas y egoístas para acaparar poder. Otras se habían puesto en contacto con Annie para publicar su versión.[26] Por otra parte, estaban sus incesantes viajes y la limitante realidad de un nuevo nivel de fama, que, entre otras cosas, ya no le permitía a Altman permanecer en el anonimato en público. «Es una forma extrañamente solitaria de vivir», dijo en un pódcast. «Nunca pensé que no podría salir a cenar en mi propia ciudad.»[27]

De modo que, cuando OpenAI empezó la peor semana de la empresa hasta la fecha, superada únicamente por el Incidente Pasajero, parecía la continuación de un patrón más amplio.

El 14 de mayo, al día siguiente de la demostración del GPT-4o, OpenAI anunció oficialmente que Sutskever se iba; Pachocki se convertiría en el nuevo director científico. Sutskever había tomado la decisión después de una reflexión turbulenta y desgarradora de que, por mucho que amase a OpenAI y por mucho que lo hubiera dado todo para crearla, ya no la consideraba el entorno adecuado bajo las órdenes de Altman y especialmente junto con Brockman, el que en su día había sido su socio de confianza, para dar paso a la AGI segura.

Ese no era el resultado que Altman deseaba. A pesar de los graves enfrentamientos que había tenido con Sutskever, este seguía siendo un visionario y OpenAI necesitaba su liderazgo científico, quizá ahora más que nunca, teniendo en cuenta las cada vez mayores expectativas y el escrutinio al que era sometida la empresa. Los altos cargos de OpenAI también eran conscientes de que la marcha de Sutskever sería mal recibida por los empleados, los inversores y la prensa. La empresa le ofreció una suma de dinero desorbitada para que se quedara. Sutskever declinó la oferta.

Una vez tomada la decisión, OpenAI se puso a trabajar para organizar sus apariciones públicas. «Ilya es probablemente una de las mentes más brillantes de nuestra generación, un referente en nuestro campo y un amigo muy querido», escribió Altman a los empleados en una declaración el 14 de mayo, publicada también en una entrada de blog, anunciando la marcha de Sutskever. «Jakub también es probablemente una de las mentes más brillantes de nuestra generación.»[28]

Sutskever tuiteó su propia declaración, expresando su plena confianza en la dirección de OpenAI.[29] Como era de esperar, la noticia generó inmediatamente un montón de artículos y publicacioness en las redes sociales que ponían de relieve su papel en la destitución de Altman y planteaban de nuevo las viejas preguntas sobre la aptitud de este como consejero delegado, así como otras nuevas sobre la base de las investigaciones de la empresa. Sutskever añadió una foto a su tuit: su cara con una expresión perfectamente neutra, sus brazos rodeando a Brockman y a Pachocki por un lado, y a Altman y a Murati por el otro, los cinco delante de una pared llena de dibujos de animales.

También el 14 de mayo, los ejecutivos de OpenAI anunciaron a nivel interno otra dimisión: Jan Leike, corresponsable de Superalineación. Con la marcha de Sutskever y Leike, el equipo de Superalineación se disolvió y la mayor parte de sus miembros pasaron a trabajar para John Schulman, que estaba codirigiendo el equipo de postentrenamiento con Barret Zoph y supervisando el proceso de RLHF para preparar el lanzamiento de los modelos.[30]

Con el fin de suavizar la transición, los directivos restantes celebraron una reunión corporativa el 15 de mayo. Altman les aseguró a los empleados que OpenAI no estaba, en ningún caso, rebajando su compromiso con la seguridad de la IA. «Estar listos para la AGI», dijo, «es nuestra principal prioridad.»[31]

«¿Podrías entrar un poco más en detalle sobre las principales preocupaciones de Jan y por qué no estás de acuerdo con ellas?», preguntó un empleado.

«Lo que quiero decir es que la única cosa en la que estoy realmente de acuerdo con Jan es que lo que hemos hecho en el pasado no es suficiente para el futuro», dijo Altman. Había llegado el momento de que OpenAI cambiara de dirección. «Creo que somos una excepción muy poco habitual en cuanto a nuestra capacidad para cambiar de rumbo y lo hemos hecho muchas veces. Lo volveremos a hacer.»

Murati añadió que el equipo de Superalineación mantenía su compromiso de un 20 por ciento de computación.

«Entre todas las cosas que le preocupaban a Jan, no estaban el nivel de compromiso computacional ni el trabajo de Superalineación, tal como yo lo veo», dijo Altman.

A juzgar por las apariencias, la marcha de Sutskever y de Leike parecían una continuación natural de la tendencia general de la empresa: el éxodo constante de la gente de Seguridad. Después de la salida de los dos líderes, los abandonos se aceleraron. Muchos de los miembros restantes del personal de Superalineación se marcharon con la disolución de su equipo.

Pero, en un brusco giro de los acontecimientos, el éxodo marcó el inicio de una nueva e intensa conflagración en la guerra entre Boomers y Doomers en OpenAI. La guerra no había terminado. Simplemente, los Doomers la estaban llevando fuera de la empresa.

El 17 de mayo, dos días después de la reunión corporativa, Leike dejó claro en una serie de tuits despiadados que él tenía una versión diferente a la de Altman. «Llevo bastante tiempo en desacuerdo con la dirección de OpenAI sobre las principales prioridades de la empresa, hasta que por fin hemos llegado al límite», escribió en un tuit que recibiría casi un millón de visitas.[32] «A lo largo de los últimos meses, mi equipo ha estado navegando contracorriente. A veces nos costaba conseguir computación y se estaba volviendo cada vez más difícil llevar a cabo esta investigación crucial.»

«OpenAI está asumiendo una enorme responsabilidad en nombre de toda la humanidad», continuó. «Sin embargo, a lo largo de los últimos años, la cultura de la seguridad y los procesos ha pasado a un segundo plano respecto a los productos deslumbrantes.»

Leike pronto se incorporaría a Anthropic.

Mientras sus tuits rebotaban por Internet, acumulando más de 12.000 «me gusta» y provocando que la empresa fuera de nuevo foco de atención, los altos directivos de OpenAI apenas tuvieron tiempo de evaluar la situación antes de que se declarara otro incendio.

Pocas horas después de los tuits de Leike del 17 de mayo, otro tuit se estaba volviendo viral. Kelsey Piper, una redactora sénior de *Vox*, encargada de la sección Futuro Perfecto inspirada en el altruismo eficaz, publicó un nuevo artículo.[33] «Cuando te vas de OpenAI, recibes una desagradable sorpresa», escribió en un tuit en el que divulgaba la primicia, «un acuerdo de salida según el cual, si no firmas un compromiso de no desacreditación de por vida, pierdes todas las acciones adquiridas.»

El artículo surgió en parte por la salida de otros Doomers de la empresa. Uno de ellos, Daniel Kokotajlo, formaba parte del equipo de investigación política de Brundage cuando este renunció en abril de 2024, en la primera oleada de dimisiones del clan de Seguridad. Antes de trabajar en OpenAI, Kokotajlo había estado trabajando como filósofo en el Center on Long-Term Risk, un pequeño gabinete estratégico afiliado al altruismo eficaz con sede en Londres, cuando, en 2020, el GPT-3 trastocó por completo su agenda sobre la IA. Dos años más tarde, tras lograr cierta relevancia en los foros de altruismo eficaz gracias a su trabajo de previsión —utilizando varias señales para predecir con qué rapidez avanzaría la IA— un investigador de IA de OpenAI lo fichó para que realizara la misma tarea en la empresa. En cuanto pudo ver el ritmo de las investigaciones internas, los plazos se acortaron de nuevo. Cuando se marchó, creía que había un 50 por ciento de posibilidades de que la AGI llegase en 2027, y un 70 por ciento de que fuese muy negativa para la humanidad.

Ante su convicción de un potencial para el desastre tan asombroso, Kokotajlo observó en sus documentos de salida de la empresa lo que Piper detallaría en su artículo. Si no firmaba un acuerdo en el que se comprometía a no desacreditar a la empresa, perdería sus participaciones. Si lo firmaba, seguía corriendo el riesgo de perderlas en caso de incumplimiento del acuerdo, que incluía una cláusula de no revelación de secretos que le impedía revelar su existencia. A Kokotajlo la disposición —conocida como «cláusula de recuperación»— le pareció inaceptable. Tocar las acciones adquiridas era una clara línea roja en Silicon Valley. A menudo, el valor de las acciones de un empleado podía superar con creces su remuneración en efectivo, determinando en uno u otro sentido su futuro financiero. En el caso de OpenAI, la empresa estaba creando también la tecnología más potente y peligrosa para la existencia del mundo. Kokotajlo creía que era fundamental que los exempleados tuvieran derecho a criticar y presionar a la empresa en público con el fin de contribuir a su rendición de cuentas. Sin embargo, la amenaza de que tu seguridad económica pudiera desaparecer de la noche a la mañana era una buena razón para mantener la boca cerrada, pensó, aun cuando apreciaras problemas tremendos de seguridad. Tras una dura discusión con su mujer, tomaron una decisión extraordinaria. Acordaron no firmar la documentación y renunciar a sus acciones —valoradas en torno a 1,7 millones de dólares— y que, según sus cálculos, representaban aproximadamente el 85 por ciento del patrimonio de la familia.[34]

A continuación, publicó su decisión en *Less Wrong*, justo cuando Kelsey Piper acababa de enterarse de la cláusula de recuperación por otro Doomer.

Con la publicación del artículo de Piper, el Slack de OpenAI empezó a destellar. En un canal llamado #tengo-una-pregunta, donde los empleados podían preguntar cualquier cosa, alguien publicó un enlace al tuit de Piper. «¿Es correcto?»[35]

Otros empleados se unieron con una lluvia de comentarios.

Julia Villagra, la recién ascendida vicepresidenta de recursos humanos de OpenAI, que pronto se convertiría en directora, intervino en la conversación. «Entendemos que este artículo plantee dudas. Nunca hemos desposeído de las acciones adquiridas a un empleado actual o pasado, ni lo haremos si no firma un acuerdo de renuncia o de no descrédito al abandonar la empresa. Recientemente hemos actualizado nuestra documentación relativa a la extinción de la relación laboral para que refleje mejor esta realidad que se aplicará de manera retroactiva a las personas que se hayan marchado.»

Varios empleados se opusieron. ¿Y Kokotajlo? Estaba claro que había perdido sus acciones al negarse a firmar el acuerdo de no descrédito. Si todo era un malentendido, ¿no debería recuperar sus acciones?

«¡me encantaría preguntárselo a daniel!», escribió un empleado.

«ajá, sí, será divertido ver la cara de Daniel cuando recupere el 85 por ciento de su patrimonio neto, jaja. ¡por favor, que alguien le haga una foto!», escribió otro.

«será 1/ (1-0.85) = 666 por ciento de su patrimonio neto, francamente», dijo un tercero.

Al día siguiente, el 18 de mayo, Altman dobló la apuesta en un tuit. «nunca hemos recuperado las acciones de nadie, ni lo haremos si no firma un acuerdo de separación (o si no acepta firmar un acuerdo de no descrédito)», escribió, «las acciones adquiridas son acciones adquiridas, y punto».[36]

A continuación, incluyó una explicación y una disculpa en defensa propia: «Ha habido una disposición sobre la "cancelación potencial de acciones" que nunca debería haber existido; el equipo de OpenAI ya ha estado trabajando para solucionarlo durante el mes pasado». «es culpa mía y es una de las pocas veces que me he sentido verdaderamente avergonzado desde que dirijo openai», dijo, «no sabía que estaba pasando esto y debería haberlo sabido».

Dos días después, mientras los ejecutivos se afanaban por reprimir esta nueva controversia, otra nueva salió a la palestra. En la oficina, los empleados acuñaron un nuevo término: Omnicrisis.

El 20 de mayo, Scarlett Johansson hizo una declaración despiadada.[37]

Durante toda la semana, con la que estaba cayendo, OpenAI había estado contestando repetidamente preguntas de periodistas sobre la extraordinaria similitud entre el GPT-4o y la asistente de IA Samantha, de la película *Her* a la que Johansson había prestado su voz. Entre bastidores, Johansson y su agente, Bryan Lourd, habían estado presionando a la empresa para exigirle explicaciones. Tanto en público como en privado, OpenAI había negado que existiesen similitudes.[38] Cuando Lourd llamó a Altman exigiéndole respuestas, Altman se mostró incrédulo. ¿Realmente creían que la voz se parecía? ¿Estaba loca?, preguntó, según relata *The Wall Street Journal*.[39]

El 19 de mayo, la empresa publicó una entrada de blog, diciendo que la voz utilizada en la demostración de 4o, llamada Sky, pertenecía a otra actriz de doblaje escogida tras un proceso de selección que se inició a principios de 2023. Por tanto, Sky fue presentada en el mes de septiembre, elegida entre las opciones originales lanzadas con el modo de voz de ChatGPT, decía la entrada de blog. Cualquier parecido entre la voz de Sky en el 4o y la voz de Johansson era pura coincidencia.[40] Ahora, al día siguiente, Johansson quería explicar su versión de la historia.

El mismo mes que OpenAI introdujo el modo de voz, Altman se había puesto en contacto directamente con Johansson, dijo, y le había preguntado si estaría dispuesta a ponerle voz al ChatGPT. «Me dijo que pensaba que, si yo le ponía voz al sistema, podría tender un puente entre las empresas tecnológicas y los creativos y ayudar a que los consumidores se sintieran más cómodos ante el cambio radical que representaba la IA para los humanos», escribió en su declaración. «Me dijo que le parecía que mi voz le resultaría tranquilizadora a la gente.»

Johansson valoró la oferta, pero la rechazó por motivos personales, continuó. En mayo de 2024, Altman se puso en contacto por segunda vez a través de Lourd, preguntándole si Johansson estaría dispuesta a reconsiderar su decisión. Días después, antes de que hubieran podido encontrar el momento adecuado para reunirse, OpenAI celebró el evento de presentación del 4o.[41] La demostración la dejó helada: como la de Johansson, la voz de Sky era también una voz de contralto, rota y ronca, que se había convertido en un rasgo distintivo de la actriz. La nueva emotividad y el tono insinuante de la voz hacían que recordara aún más a la de Samantha, el personaje interpretado por Johansson. «Me quedé atónita, indignada y me costaba creer que el señor Altman hubiera buscado una voz que fuera tan estremecedoramente parecida a la mía que ni mis amigos más íntimos, ni los medios de comunicación pudieran notar la diferencia», dijo Johansson. Como consecuencia de ello, no le había quedado más remedio que consultar con sus representantes legales y enviar a OpenAI dos cartas oficiales con preguntas sobre cómo la empresa había creado Sky. «En una época en la que todos estamos luchando contra los *deepfakes* y por la protección de nuestra imagen, nuestras obras y nuestra propia identidad, creo que se trata de un asunto que merece absoluta claridad», escribió.[42]

OpenAI retiró rápidamente a Sky y se apresuró a defenderse. A su entrada de blog del 19 de mayo, añadió más argumentos y un comunicado de Altman. «La voz de Sky no es la de Scarlett Johansson, y nunca hemos pretendido que se pareciera», decía. «Lamentamos no habernos comunicado mejor con la señora Johansson.»[43]

Tras otra serie de acontecimientos desagradables, el escándalo Johansson saltó a la luz pública como no sucedía desde la crisis del consejo. Recorrió los pasillos de las organizaciones tecnológicas y políticas, desencadenando nuevas especulaciones de que Altman no era «siempre sincero», exactamente como lo había descrito el consejo. Marcus estaba más dispuesto que nunca a intervenir. «He visto a muchos responsables de elaboración de políticas enamorados personalmente de Sam. Se nota en la forma en que hablaron con él en el Senado cuando yo estaba allí», dijo en *Politico*. «Si, de repente, la gente se cuestiona cosas sobre él, eso podría tener consecuencias materiales en la elaboración de políticas.»[44]

En OpenAI, la moral estaba por los suelos y amenazaba con desestabilizar la empresa.

El 22 de mayo, los ejecutivos celebraron otra reunión corporativa interna para abordar, a la vez, las crisis de Johansson y de las acciones, así como cualquier otra preocupación existente sobre el compromiso de OpenAI con la seguridad de la IA.

El estado de ánimo era tenso. El equipo directivo dio una serie de explicaciones rápidas.[45] El tema de las acciones era «inaceptable» y se iba a corregir lo más rápidamente posible, dijo Jason Kwon, que, como director estratégico, era el responsable de supervisar los recursos humanos y los temas legales. Mientras tanto, el culebrón de Johansson era un «incordio» fruto de un malentendido. El equipo jurídico y el de producto habían contratado a un director ganador de un Óscar, habían llevado a cabo un riguroso proceso de *casting* y habían pagado «extraordinariamente bien» a una serie de actores de doblaje, precisamente con la intención de que los creativos participantes en el proceso se sintieran cuidados y arropados. «Fue un trabajo superheroico», dijo Kwon. En todo caso, la lección que había que extraer era que OpenAI tenía que actuar de manera más coordinada y transparente en el futuro para demostrar más eficazmente que sus directivos actuaban con responsabilidad.

Murati concluyó con una actualización: OpenAI estaba sentando las bases del nuevo nivel de preparación que Altman había mencionado anteriormente, que incluía la mejora de la seguridad de sus conglomerados informáticos de investigación, la reorganización para centrarse más en la investigación de la seguridad de la IA a largo plazo y la formación de un nuevo grupo de preparación de la AGI, dirigido por Aleksander Mądry, para mejorar la coordinación entre los directivos de cara a avanzar hacia ese objetivo.

A continuación, Altman dio paso al turno de preguntas con un pequeño ruego. «Todo el mundo ha estado trabajando sin descanso y con mucho estrés y no han podido dormir demasiado», dijo. «Están pasando muchas cosas al mismo tiempo, así que, por favor, sed comprensivos. Lo haremos lo mejor posible.»

De los tres asuntos, el de Johansson era el que se estaba descontrolando hasta convertirse en la mayor pesadilla mediática. Cuando un empleado preguntó a la directiva sobre la voz de Sky, Murati reiteró que su parecido con la de la estrella de Hollywood había sido «pura coincidencia». Ella había elegido las voces finalistas personalmente tras escuchar varias opciones y, a diferencia de Altman, nunca había visto la película *Her*, ni sabía que Johansson la había doblado. El empleado señaló que el problema podría ser letal para la empresa si permitían que se enconara. «Uno de los motivos del fracaso de la IA como industria es fundamentalmente que la gente pierda la confianza y la tranquilidad a la hora de ceder sus datos», dijo, desarrollando su argumentación, y añadió que «este hecho ha reactivado ese temor.»

Sin embargo, el tema de las acciones fue, de largo, el que más enfureció a los empleados. Algunos de ellos habían consultado a sus abogados para que elaborasen sus propios informes legales independientes sobre la documentación de recursos humanos para comprobar las declaraciones de OpenAI. Durante la reunión corporativa interrogaron repetidamente a los ejecutivos para que les proporcionaran más información. «¿C-cómo p-pasó eso?», preguntó uno, tras dejar claro que estaba «furioso». Durante toda la reunión, los ejecutivos mantuvieron lo que Altman había tuiteado el 18 de mayo: «La cláusula de recuperación había sido un descuido». Aunque existía desde 2019, pasaron años antes de que llegase a conocimiento de la directiva en abril de 2024 y, a partir de ese momento, se puso en marcha inmediatamente un intento de corregir el papeleo. «La culpa es mía», dijo Kwon repetidamente, en un tono cansado y desanimado.

En medio del interrogatorio, un investigador de IA le pidió uno a uno a todos los ejecutivos que respondiesen simplemente sí o no a una pregunta: ¿conocían la existencia del acuerdo de no descrédito antes de abril?

Kwon dijo que sí; Murati y el director de operaciones Brad Lightcap dijeron que no. Altman desarrolló más su respuesta. Aunque sabía que existía para unos casos específicos, no era consciente de que fuera un requisito para todo el mundo. «Se me pasó.» «A mí también», replicó Brockman.

Pero cuando Altman propuso reunirse de nuevo al día siguiente para abordar los temas pendientes y la reunión se disolvió, una segunda primicia de *Vox* publicada por Kelsey

Piper ya estaba circulando y cuestionando el relato de los directivos. El artículo, publicado ese mismo día, mostraba documentos filtrados que demostraban que el departamento de recursos humanos de OpenAI había planteado explícitamente la amenaza de una potencial cancelación de acciones para presionar a los empleados para que firmasen los acuerdos de no descrédito.[46] En un caso, informó Piper, cuando un empleado al que se le había concedido un plazo muy breve para revisar la documentación de la baja solicitó más tiempo, un representante de recursos humanos le respondió: «Queremos que entiendas que el hecho de no firmar puede afectar a tus acciones. Esto es así para todo el mundo y simplemente nos estamos ateniendo al reglamento». En otro caso, cuando un empleado se negó a firmar el primer acuerdo de extinción de la relación laboral que recibió y buscó asistencia legal, la empresa le dijo que podía perder el derecho a vender sus acciones adquiridas, haciendo que, en la práctica, carecieran de valor.

Esos documentos habían sido recopilados por Kokotajlo. Después del primer artículo de Piper y de los comentarios de Altman desmintiendo que OpenAI hubiese reclamado alguna vez las acciones y alegando su desconocimiento al respecto, Kokotajlo se puso en contacto con empleados actuales y exempleados para que le facilitaran la documentación de recursos humanos. Creó un Google Drive y la difundió al grupo, momento en el cual alguien compartió el botín con Piper.

Entre esos documentos, Piper también descubrió pruebas que hacían que fuera difícil creer que varios miembros del equipo directivo, especialmente Altman, no conocieran la existencia de la cláusula de recuperación antes de abril de 2024, tal como afirmaban. Tanto Kwon como Lightcap habían firmado documentos estándar de baja laboral redactados en un lenguaje sencillo y en los que se hacía referencia al derecho de OpenAI a recuperar las acciones adquiridas. Altman había firmado los documentos de constitución de la entidad legal que otorgaba ese derecho a la empresa. Sus firmas databan del 10 de abril de 2023, un año antes de la fecha en que afirmaba haber tenido conocimiento de la cláusula.

Al día siguiente, el 23 de mayo, los ejecutivos celebraron otra reunión tal como estaba previsto. La rabia de los empleados había llegado al límite. Muchos ya habían desconfiado de la existencia de la disposición: ahora, estaban asombrados por la evidente falta de honradez con la que los directivos y especialmente Altman habían gestionado las revelaciones.

Esta vez, Altman empezó con una confesión. El equipo directivo se había pasado las últimas veinticuatro horas rebuscando en sus archivos y correspondencia para averiguar cómo habían empezado las cláusulas de recuperación. «Creo que la situación es de mayor alcance y más grave de lo que creíamos», dijo.[47] «Aún estamos intentando comprender plenamente su alcance. Pero, como sabéis, son nuestros nombres los que aparecen en los documentos. Estuvimos presentes en las conversaciones en las que se discutieron esas tácticas.»

«Creo que esta es la peor de las cosas que hemos hecho mal», añadió, y dijo que estaban actuando lo más rápidamente posible para poner remedio a la situación. Habían enviado correos electrónicos a exempleados, exonerándolos del cumplimiento de la cláusula de no descrédito y habían eliminado la disposición de los documentos de salida. Asimismo, estaban trabajando para corregir los documentos de la entidad jurídica y continuaban con la investigación para averiguar cómo había sucedido todo.

Ante la avalancha de preguntas por parte de los nuevos empleados, Kwon repetía ahora una respuesta diferente. Para disponer de más detalles acerca del alcance y la gravedad de la situación, haría falta «rebuscar» aún más.

Al cabo de aproximadamente treinta minutos, la pregunta de un empleado provocó un debate que dejó a muchos de los miembros de la audiencia con la incómoda sensación de que la respuesta de Altman se alejaba de nuevo de la realidad.

«¿Está Ilya sujeto a la cláusula de no descrédito?», preguntó el empleado.

«No», respondió Altman rápidamente. A continuación, con cierta vacilación, añadió un pequeño matiz: «Eso creo».

Kwon rio nerviosamente. «Sam», dijo, articulando cuidadosamente sus palabras, «vamos a confirmarlo y te lo decimos» —dirigiéndose ahora al empleado— «con una seguridad del cien por cien».

Brockman dio su propia versión de una solapada contradicción. «Creo que lo solicitó, pero puede que me equivoque, insisto. Vamos a confirmarlo.»

A lo largo de los meses siguientes, muchos empleados y exempleados, especialmente los cargos más importantes y los que llevaban más tiempo en la empresa, señalaron la Omnicrisis y concretamente el fiasco de la cláusula de recuperación como lo que marcó el inicio de una toma de conciencia inquietante. En todo este caos había dos fuerzas en juego. Sin duda, una era la de siempre: el enfrentamiento entre Boomers y Doomers, que era lo que había desencadenado gran parte de las críticas externas en primer lugar. Pero, esta vez, había algo más: el comportamiento acaparador de poder de Altman a la hora de configurar las entidades legales de OpenAI; su reiterada falta de honradez al tratar de explicar y superar cada desastre. Después del Incidente Pasajero, muchos empleados consideraban que la decisión del consejo era enteramente producto de la primera fuerza y que las explicaciones de los directivos se centraban en la segunda en una especie de combinación de mala gestión y autoengaño. Ahora, a medida que cada vez más empleados tenían por primera vez la impresión de que la conducta de Altman les estaba perjudicando en lugar de ayudarles, se preguntaban si en realidad el consejo había actuado correctamente.

Cuando la reunión del 23 de mayo estaba llegando a su fin, Kwon realizó una defensa pomposa y afectada del carácter de Altman que parecía extrañamente fuera de lugar. «Queremos daros respuestas cuando preguntáis, porque sabemos que las queréis *ya.* Y creo que a veces intentamos daros respuestas y, a veces, tenemos que esperar. Y creo que eso..., eso es como..., forma parte... forma parte de todo lo que ha pasado aquí», dijo, atascándose al hablar. «No es que a veces haya algún tipo de intencionalidad en todo esto. Simplemente... realmente, creo sinceramente, que, en fin, especialmente Sam, no os quiere decepcionar. Realmente, de eso es de lo que se trata, llevo mucho, mucho tiempo trabajando con él. Por eso sigo trabajando con él, ¿sabéis? Todo se hizo con buena intención. A eso me refiero. Podéis contarme todas las mierdas que queráis. Pero, bueno, sí, en fin... eso es lo que tengo que decir.»

Murati, Brockman y Pachocki llegaron juntos a casa de Sutskever.[48]

El 23 de mayo, mientras OpenAI se tambaleaba tras los repetidos golpes de la Omnicrisis, los tres llevaron consigo cartas y regalos de los empleados y le suplicaron entre lágrimas que volviese a la empresa. Reinaba el desaliento, le dijeron en una emotiva confesión. OpenAI se enfrentaba simultáneamente a la pérdida de confianza de sus empleados, de sus inversores y de los reguladores; la empresa corría el riesgo de «desplomarse» sin él.

Altman llegó más tarde, solo, y expresó a su manera que tenía la esperanza de que Sutskever regresara para contribuir a que la empresa volviera a parecerse a la que en su día fue. «Traer de vuelta a Ilya habría sido de gran ayuda», reflexiona un investigador. «Por lo menos sería una victoria después de una larga serie de hechos que habían puesto en duda la credibilidad de OpenAI.»

Sutskever lo meditó seriamente. Al fin y al cabo, no era una persona rencorosa. El día que hizo pública su dimisión, Musk le ofreció inmediatamente un cargo en xAI. En un curioso giro del destino, aquel mismo año, Musk trasladaría la sede de xAI al edificio Pioneer después de que OpenAI lo dejara vacante. Aunque respetaba profundamente a Musk, Sutskever declinó la oferta y decidió, en cambio, crear otra empresa. Volver a su primera empresa era más de lo que podía esperar, pero era todo lo que deseaba. Para él, sería como volver a casa. Sin embargo, necesitaba garantías, y así se lo dijo a los ejecutivos, de que la empresa realizaría un esfuerzo sincero para solucionar los problemas que él había identificado como causantes de los dolorosos y desconcertantes conflictos entre la directiva.

La Omnicrisis podría haber sido un buen momento para que OpenAI hiciera autocrítica. Era un aviso para que la empresa tratara de comprender exactamente *por qué* había perdido simultáneamente la confianza de los empleados, los inversores y los reguladores, así como la del público en general. Solo entonces, tal vez y solo tal vez, empezaría a darse cuenta de que el Incidente Pasajero y la Omnicrisis eran lo mismo: las convulsiones provocadas por la profunda inestabilidad sistémica que tiene lugar cuando un imperio concentra tanto poder y tanta desposesión, dejando a la mayoría lidiando con la falta de capacidad de actuar y de riqueza material y a unos pocos compitiendo ferozmente por lograr el control.

No obstante, OpenAI optó por atrincherarse frente a las críticas. Altman les repitió a los empleados, como siempre había hecho, que la Ominicrisis y el Incidente Pasajero habían sido simplemente unos momentos de locura extraños y esperables en la noble y arriesgada búsqueda de la AGI. «A medida que todos notamos de alguna manera que nos aproximamos a esos sistemas poderosos», dijo durante la reunión corporativa del 15 de mayo, «el nivel de estrés y tensión interno y externo que sufriremos y generaremos irá en aumento.» La mejor manera de gestionarlo sería que OpenAI redoblara su estrategia de relaciones públicas, que afianzara sus relaciones con los Gobiernos y que se atuviera firmemente a sus convicciones y a su misión. «Creo que, en líneas generales, somos bastante buenos en ese sentido», añadió, «pero ahora se nos volverá a poner a prueba.»

La gestión de OpenAI del tema de Sutskever se convertiría en un simple microcosmos del constante caos que se manifestaría como consecuencia de la perpetuación del imperio. La exigencia de garantías por parte de Sutskever provocaría más luchas internas en la directiva, en esta ocasión entre un elenco de personajes ligeramente diferente que reproducían la dinámica egocéntrica que había dominado la empresa desde el principio. Aleksander Mądry, el profesor polaco del MIT al que muchos describían como alguien con afán de poder, había logrado un dominio considerable en la empresa durante su relativamente corto mandato. Mądry no creía que traer de vuelta a Sutskever fuera una buena idea. Sutskever despertaba demasiada admiración y lealtad entre los investigadores. Podría restarle influencia a Mądry y a su buen amigo Pachocki. Al cabo de pocas horas, los reparos de Mądry lograron sembrar dudas y dividir a la dirección. Como siempre, Altman se abstuvo de decidir en uno u otro sentido para evitar dar la impresión de estar en desacuerdo con alguien.

Veinticuatro horas después de que los ejecutivos le visitaran en su casa, Sutskever recibió una llamada de Brockman. Cualquier debate sobre su vuelta, le dijo Brockman, quedaba completamente descartado.

18

Una fórmula para el Imperio

Altman comentó una vez en público que el mejor libro que había leído el año anterior, en 2018, era *The Mind of Napoleon*, una recopilación de más de trescientas páginas de citas de Napoleón Bonaparte, el líder militar francés que encabezó un golpe de Estado para hacerse con el control del Gobierno, se autoproclamó emperador de Francia y, a continuación, se dispuso a conquistar Europa.[1]

«Evidentemente, se trataba de un ser humano profundamente imperfecto, pero impresionante», dijo Altman.

«¿Qué tipo de atributos tenía?», preguntó Tyler Cowen, profesor de economía de la Universidad George Mason, que era el encargado de presentar el acto.

«Su increíble conocimiento de la psicología humana», respondió Altman, al que le faltaban tan solo algunas semanas para dedicarse a OpenAI a tiempo completo y era todavía presidente de YC. «Eso es algo que vemos en muchos de nuestros mejores emprendedores.»

A continuación, Altman relató un pasaje concreto que le había impresionado sobremanera. Eran las reflexiones de Napoleón sobre el eslogan de la Revolución francesa (que se convertiría en el eslogan nacional del país) —«*Liberté, egalité, fraternité*»— y cómo reinterpretarlo y utilizarlo para consolidar su propio poder. En última instancia, Napoleón hizo todo lo contrario escudándose en ese lema: restringió la libertad, descartó la fraternidad —una filosofía basada en la unidad y la solidaridad— y solamente concedió la igualdad a los hombres franceses, no a las mujeres, al tiempo que reinstauró la esclavitud colonial en un intento de reconstruir un imperio francés.

«Así que hablaba sobre cómo construir un sistema... en el que, de algún modo, se pueda controlar al pueblo», reflexionó Altman. «Pensé, "vaya, me alegro de que no gobierne Estados Unidos, porque este tío entiende algo muy profundo que yo no entendía y está claro que fue capaz de utilizarlo para conseguir el poder".»

Seis años después de mi escepticismo inicial sobre el altruismo de OpenAI, he llegado a la profunda convicción de que la misión de OpenAI —garantizar que la AGI beneficie a toda la humanidad— tal vez surgió como un arrebato sincero de idealismo, pero, desde entonces, se ha convertido en una fórmula excepcionalmente poderosa para consolidar recursos y construir una estructura de poder propia de un imperio. Se trata de una fórmula con tres ingredientes:

Primero: la misión centraliza el talento congregándolo en torno a una gran ambición, exactamente igual que John McCarthy al acuñar el término *inteligencia artificial*. «Los emprendedores de más éxito no se dedican a crear empresas», reflexionaba Altman en su blog en 2013.[2] «Tienen la misión de crear algo más parecido a una religión y, en un momento dado, crear una empresa es la forma más sencilla de hacerlo.» Segundo: la misión centraliza capital y otros recursos al tiempo que elimina obstáculos, regulación y discrepancias. Innovación, modernidad, progreso... ¿Qué no pagaríamos por conseguirlos? Esto es más cierto si cabe si tenemos en cuenta los terroríficos y desalineados competidores empresariales y estatales que supuestamente existen. «¿Quién controlará el futuro de la IA?», escribió Altman en un artículo de opinión de *The Washington Post* publicado en 2024, en medio de las repercusiones de la Omnicrisis.[3] «¿Será un futuro en el que Estados Unidos y las naciones aliadas promuevan una IA mundial que difunda los beneficios de la tecnología y generalice el acceso a la misma, o un futuro autoritario en el que las naciones o los movimientos que no compartan nuestros valores utilicen la IA para cimentar y expandir su poder?»

Y, lo que es más importante, la misión sigue siendo tan imprecisa que puede interpretarse y reinterpretarse —tal como hizo Napoleón con el lema de la Revolución francesa— para dirigir la centralización de talento, capital y recursos como quiera el centralizador. ¿Qué es beneficioso? ¿Qué *es* la AGI? «Creo que es un término ridículo y carente de significado», declaró Altman a *The New York Times* justo dos días antes de que el consejo lo destituyera. «Así que pido perdón por seguir utilizándolo.»

Por lo que respecta a este último ingrediente, el avance sigiloso de OpenAI ha sido absolutamente extraordinario. En 2015, su misión consistía en ser «una organización sin ánimo de lucro, sin ninguna restricción impuesta por la necesidad de generar beneficios económicos» y divulgar sus investigaciones, tal como se decía en el anuncio del lanzamiento de OpenAI. En 2016, decía «todo el mundo debería beneficiarse de los frutos de la IA después de su [*sic*] creación, pero es totalmente aceptable no revelar la ciencia», tal como les escribió Sutskever a Altman, Brockman y Musk. En 2018 y 2019, consistía en la creación de una estructura de beneficio limitado a «obtener recursos considerables» al tiempo que evitaba entrar en «una carrera competitiva sin tiempo para tomar las medidas de seguridad adecuadas», tal como establecía OpenAI en sus estatutos. En 2020, se refería a aislar el modelo y crear una «API como estrategia de apertura y de reparto de beneficios», tal como escribió Altman en respuesta a mi primera reseña. En 2022, consistía en un «despliegue iterativo» y desarrollar ChatGPT lo más rápido posible. Y, en 2024, después del lanzamiento del GPT-4o, Altman escribió en su blog: «Una parte fundamental de nuestra misión es poner herramientas de IA muy eficaces en manos de la gente de manera gratuita (o a muy buen precio)».

Incluso durante la Omnicrisis de OpenAI, Altman estaba empezando a reescribir su definición una vez más.

Durante la reunión corporativa del 15 de mayo de 2024, tras la salida de Sutskever y Leike, Altman recalcó que OpenAI alcanzaría pronto nuevos niveles de competencia en el ámbito de la IA que requerirían que la empresa se reformulase y se reorganizase. «Ahora vamos a asumir que estamos entrando en la era de la AGI», dijo. En nombre de su misión, OpenAI tendría que cerrarse aún más y redoblar su presión a nivel mundial y su discurso público. «Hay mucho material para el que actualmente no estamos preparados», dijo. «Las normas de seguridad, los planes de actuación que debemos tener y las reuniones entre Gobiernos que tendrán que producirse para preparar todo esto; un plan, una historia, un futuro en el que la gente pueda verse teniendo en cuenta las consecuencias socioeconómicas de esto.»

Al mismo tiempo, en nombre de su misión, OpenAI no iba a ralentizar su estrategia comercial. «Eso no significa que no vayamos a lanzar grandes productos. No significa que no vayamos a seguir realizando grandes investigaciones. No significa que no vayamos a establecer todo tipo de asociaciones y hacer cosas guais.» A finales de ese mes, salieron a la luz informaciones periodísticas que decían que OpenAI había alcanzado un importante acuerdo para aplicar sus modelos en productos de Apple; ambas empresas confirmarían la noticia dos semanas más tarde.

De hecho, en la reunión corporativa, Altman señaló que OpenAI y Microsoft estaban renegociando su asociación para asegurarse de que la comercialización siguiera adelante. «En cuanto salga de aquí tomo un vuelo a Seattle para hablar de eso. Habrá que evolucionar», dijo. «Al principio, cuando establecimos el acuerdo con Microsoft, acordamos incluir eso que llamamos cláusula de AGI suficiente», una cláusula que determinaba el momento en que OpenAI dejaría de compartir su IP con Microsoft. «Ahora todos pensamos de manera muy diferente», añadió. Ya no habría un límite concreto para el momento en que OpenAI lograra la AGI. «Creemos que será algo constante.» Las dos empresas continuarían asociadas y lanzarían tecnologías cada vez más avanzadas a muy buen precio.[4]

Se trataba de una estrategia extraña e incoherente que solamente tenía sentido bajo una interpretación: OpenAI haría todo lo necesario e interpretaría y reinterpretaría su misión para afianzar su dominio.

Entre bastidores, Altman también estaba preparando el terreno para afianzar su control. La crisis del consejo había dejado claro que la estructura de OpenAI —una organización sin ánimo de lucro que controlaba una organización con ánimo de lucro— había hecho que su destitución fuera prácticamente inevitable. La organización no solo había consagrado a las dos fuerzas opuestas de la empresa —los Boomers y los Doomers— que se disputaban el control del desarrollo de la IA, sino que también había otorgado al consejo amplios poderes para despedirle basándose en su propia interpretación (y no en la de él) de si estaba sirviendo o no a los intereses de la misión.

Un conflicto de ese tipo estaba condenado a repetirse si la estructura permanecía igual.

El 28 de mayo, menos de una semana después de que los ejecutivos trataran de reincorporar a Sutskever, un empleado volvió a publicar en el canal de Slack #tengo-una-pregunta. «No sé si preguntar esto ni cómo hacerlo», empezaba la pregunta. En las profundidades del último acuerdo de accionistas de OpenAI había nuevos detalles que parecían permitir la disolución de la organización sin ánimo de lucro. «¿Hasta qué punto es estable la entidad sin ánimo de lucro?», escribió el empleado. «¿El plan es seguir gobernados por una organización sin ánimo de lucro?»[5]

Al día siguiente, *The Information* publicó que, aparentemente, ese no era el plan. En la lista de prioridades de Altman para ese año figuraba la reestructuración de la organización para que se pareciera más a una empresa normal.[6] Al mes siguiente, la publicación aportó más detalles. Altman se estaba planteando varios escenarios diferentes: uno podría ser transformar OpenAI en una organización tradicional con ánimo de lucro; otro sería transformarla en una corporación de beneficio público con ánimo de lucro como Anthropic y xAI.[7] En ambos casos se mantendría la existencia de la organización sin ánimo de lucro como una entidad separada, pero se eliminaría el control de la junta sobre el aspecto comercial de la empresa. Bajo esta nueva estructura, los inversores presionaban también a Altman para que adquiriera participaciones en la empresa y, de ese modo, sus incentivos se alinearan más directamente con los de ellos.

A lo largo de los meses siguientes, mientras OpenAI desarrollaba los planes para la transición, las dos fuerzas en juego durante la Omnicrisis continuaron. Los Doomers incrementaron su presión pública sobre la empresa. El 4 de junio, *The New York Times* publicó un artículo sobre Daniel Kokotajlo y su nueva campaña en la que hacía un llamamiento a las empresas avanzadas de IA para que se comprometieran a ofrecer una mayor transparencia y protección a los denunciantes para salvaguardar el derecho de los empleados a advertir al público de los riesgos que observaran dentro de la empresa.[8] En una carta abierta en la que detallaba sus exigencias, a Kokotajlo se le unieron otros doce firmantes, diez de los cuales pertenecían a diferentes épocas del clan de Seguridad.[9] Un mes más tarde, *The Washington Post* informó de que un grupo de OpenAI también había presentado una queja ante la Comisión de Bolsa y Valores, alegando que la empresa había vulnerado las protecciones federales a los denunciantes con sus acuerdos de extinción de la relación laboral excesivamente amplios.[10] Ese mismo mes, cinco senadores de EE. UU. enviaron una carta a Altman con preguntas, exigiéndole mayor claridad acerca de las diversas acusaciones de Leike y Kokotajlo, entre otros, así como sobre la información aportada por Piper con relación al desprecio de OpenAI por la seguridad de la IA y por la represión de las críticas de los empleados.[11]

Mientras tanto, el caos reinante entre los directivos y las frustraciones provocadas por Altman continuaban sin cesar. Todo ello, combinado con la pugna existente entre Boomers y Doomers, iba a provocar repetidos cambios en la estructura jerárquica de la empresa. Brockman dejó de depender de Murati y pasó a hacerlo de Altman; Aleksander Mądry fue reubicado poco después de la carta de los senadores, pasando de dirigir el equipo de Preparación a ocupar un cargo menos importante en investigación. Además, OpenAI estaba incorporando también a ejecutivos más experimentados, como Sarah Friar, la antigua consejera delegada de la plataforma de redes sociales para vecindarios, Nextdoor, que ocupó el cargo de directora financiera, y Kevin Weil, exdirector de producto en Facebook, Instagram y Twitter, como responsable de producción.[12]

Más pronto que tarde, la empresa perdería a algunos de sus ejecutivos más veteranos. El primero en marcharse fue

John Schulman, que anunció su salida el 5 de agosto de 2024, exponiendo su deseo de «profundizar en la alineación de la IA» y su decisión de hacerlo en Anthropic.[13] Ese mismo día, Brockman anunció que se iba a tomar una excedencia hasta final del año, describiendo su baja, debida en parte a la culminación de las quejas de los empleados por su liderazgo, como un descanso necesario después de nueve años de darlo todo por la empresa.[14]

El mes siguiente, el 25 de septiembre, la otra ejecutiva que había expresado ante el consejo serias dudas sobre Altman, Mira Murati, anunció repentinamente que también se marchaba. «Los seis años y medio que he formado parte del equipo de OpenAI han sido un privilegio extraordinario», escribió, dando las gracias a Altman y a Brockman y señalando lo mucho que apreciaba y seguiría apreciando a la empresa. «Dejo mi puesto porque quiero disponer del tiempo y el espacio necesarios para llevar a cabo mi propia exploración.»[15] Al cabo de algunas horas, dos importantes directivos más presentaron su dimisión: el director de investigación Bob McGrew y el vicepresidente Barret Zoph, que había codirigido el equipo de postentrenamiento con Schulman.[16] Los tres insistieron ante sus colegas en que les parecía el momento adecuado para abandonar OpenAI por todo lo alto, después de haber logrado otro hito fundamental: el lanzamiento del último modelo de OpenAI, Strawberry, a mediados de septiembre, bajo la nueva denominación establecida por la empresa: o1, a partir de una de las últimas aportaciones de Sutskever.[17]

En realidad, el momento era terrible. Después de la Omnicrisis, la competencia a la que se enfrentaba OpenAI no había hecho más que aumentar. Musk estaba incrementando su capacidad de computación a un ritmo alarmante para crear xAI.[18]

La última versión del Claude de Anthropic le estaba arrebatando clientes a ChatGPT.[19] Sutskever había constituido oficialmente su nueva empresa rival, Safe Superintelligence, y acababa de anunciar una inversión de 1.000 millones de dólares.[20]

Al mismo tiempo, después de más de un año de trabajo, OpenAI seguía batallando para conseguir el rendimiento deseado de Orion que justificara su lanzamiento.[21] La empresa empezaba a enfrentarse a una perspectiva incómoda: su fórmula de escalado de probada eficacia ya no parecía suficiente para trabajar; para avanzar más en sus sistemas de IA, probablemente se necesitarían ideas de investigación fundamentalmente nuevas. En general, esto era algo mucho más fácil de decir que de hacer, pero todavía más después de que OpenAI llevara años orientando la contratación y organización de sus equipos en torno a la explotación de las investigaciones existentes en lugar de adentrarse en terrenos científicos inexplorados.

Dos días antes del anuncio de Murati, Altman había publicado su entrada de blog más grandilocuente hasta la fecha en medio de la última recaudación de fondos de OpenAI.[22] La entrada se titulaba «La era de la inteligencia», con sus apasionantes promesas de la prosperidad «inimaginable» que estaba por llegar. «¿Cómo hemos llegado a las puertas del siguiente salto hacia la prosperidad?», escribió Altman. «En pocas palabras: el aprendizaje profundo funcionó, como era de esperar, mejoró con el escalado y le dedicamos cada vez más recursos.»[23]

Durante una reunión corporativa, Murati les explicó a los empleados su repentino anuncio. «Quería que os enteraseis de la noticia de mi marcha por mí y no por vuestros directores o por cualquiera y mucho menos por la prensa.»[24] Teniendo en cuenta el escrutinio al que estaba sometida OpenAI, no había encontrado otra forma de hacerlo sin que fuera una sorpresa para todo el mundo. Al enterarse de la decisión de Murati, McGrew decidió que también había llegado el momento de marcharse, dijo. «Me di cuenta de que, en realidad, ya había conseguido la mayoría de las cosas fundamentales que quería cuando llegué aquí.»

Como sucedió con la marcha de Sutskever, OpenAI trató de suavizar las tres bajas. «Mira, Bob y Barret tomaron sus decisiones independientemente unos de otros y de manera amistosa», escribió Altman en una nota interna que tuiteó posteriormente, «pero el momento en que Mira tomó su decisión hizo que lo lógico fuera hacerlo todo a la vez para poder trabajar juntos y lograr un traspaso fluido a la próxima generación de liderazgo".»[25]

Marc Chen, uno de los responsables de investigación que participó con Murati y Zoph en el acto de presentación del 4o, ocupó el cargo de vicepresidente de investigación en sustitución de McGrew para dirigir la división con Pachocki. Otro veterano investigador de OpenAI, Joshua Achiam, asumió un nuevo cargo, el de director de alineación de misión. Liam Fedus, uno de los exempleados de Google que habían llegado con Zoph, se incorporó a su puesto al frente de postentrenamiento. De momento, dijo Altman, OpenAI no iba a buscar a otro director de tecnología para sustituir a Murati.

Con todos los cambios en la directiva y los cambios estructurales previstos, la empresa revelaba su única realidad invariable: era el imperio de la IA de Sam Altman y lo seguiría siendo.

A principios de octubre de 2024, la nueva ronda de financiación de OpenAI concluyó en alrededor de 6.600 millones de dólares, la mayor ronda de capital riesgo de la historia, situando la valoración de la empresa en 157.000 millones. Incluía una salvedad: los inversores podían reclamar la devolución de su dinero si la empresa no se convertía en una organización con ánimo de lucro en el plazo de dos años.

Durante el resto de 2024, la sangría de personal clave continuó: Luke Metz, el tercer exempleado de Google que se había incorporado con Zoph y Fedus; Miles Brundage, responsable de investigación de políticas; Lilian Weng, que había heredado el trabajo de confianza y seguridad de Dave Willner y había sido ascendida a vicepresidenta de investigación al frente de seguridad; y Alec Radford, el investigador original que había puesto a OpenAI en la senda de los modelos GPT.

Anthropic puso en marcha una campaña publicitaria promocionando a Claude con un mensaje descarado en las vallas publicitarias de San Francisco: «Sin tanto drama». Brockman regresó pronto de su año sabático en medio de la fuga de talentos. Annie le envió a Sam una carta legal en la que le notificaba su intención de demandarle. Musk, que ahora se había aliado con el recientemente reelegido presidente Donald Trump, intensificó su demanda, oponiéndose a la conversión anticipada de OpenAI en entidad con ánimo de lucro y divulgando más correos electrónicos sobre la fundación de la empresa, incluyendo aquellos en los que Altman criticaba a Brockman y a Sutskever a sus espaldas («Admitía haber perdido mucha confianza en Greg e Ilya durante el proceso. Le parecía que su discurso era incoherente y, en ocasiones, le parecía infantil»), y mostraba aversión a la transparencia («le parecía que distraía al equipo»).[26] En una sorprendente muestra de lealtad, Zuckerberg, que llevaba mucho tiempo enemistado con Musk, le mostró su apoyo; en una carta dirigida al fiscal general de California, Meta también reclamó el bloqueo de la transformación de OpenAI. «La conducta de OpenAI podría tener consecuencias trascendentales en Silicon Valley», escribió Meta.[27] La transformación podría sentar un precedente peligroso y hacer que muchas otras startups se autodenominasen entidades sin ánimo de lucro para obtener, tanto ellas como sus inversores, exenciones fiscales hasta que se transformaran en organizaciones con ánimo de lucro.

Ese mismo año, en medio de las intrascendentes noticias navideñas, OpenAI anunció formalmente sus planes de reestructuración.[28] Se transformaría en una corporación de beneficio público con ánimo de lucro y la organización sin ánimo de lucro se mantendría como una entidad separada con participaciones en la otra. Según el anuncio, esta estructura era la mejor manera de dotar a las dos organizaciones de los recursos adecuados para llevar a cabo sus respectivos objetivos en cumplimiento de su misión. «De nuevo, necesitamos recaudar más capital del que habíamos imaginado», decía. «El mundo avanza hacia la construcción de una nueva infraestructura de la energía, del uso de la tierra, de los chips, de los centros de datos, de los modelos de IA y de los sistemas de IA para la economía del siglo XXI. Pretendemos evolucionar para dar el siguiente paso en nuestra misión, contribuyendo a crear la economía de la AGI y a garantizar que beneficie a la humanidad.»

A principios del nuevo año, Altman volvió a sobreactuar. «Ahora sabemos con seguridad cómo construir la AGI tal como la hemos entendido tradicionalmente», escribió en una entrada de blog el 5 de enero de 2025. «Estamos empezando a apuntar más allá, a la superinteligencia en el verdadero sentido del término.»[29]

Epílogo

Cómo cae el Imperio

En 2021, me topé con una historia que me pareció diferente a todas sobre las que había escrito hasta entonces: la historia de una comunidad indígena de Nueva Zelanda que estaba utilizando la IA para revitalizar el *te reo Māori*, la lengua del pueblo maorí.[1]

Como muchos grupos indígenas de todo el mundo, los maoríes habían sufrido durante generaciones un trato horrible bajo el dominio colonial; en 1867, bajo el imperio de la Native Schools Act (Ley de Escuelas Nativas), que imponía el inglés como único idioma que podía enseñarse en los colegios, los niños maoríes eran ridiculizados e incluso golpeados por hablar su propia lengua. Después de que la urbanización se extendiera rápidamente por todo el país a principios de la década de 1900, las comunidades maoríes se disolvieron y desperdigaron, debilitando sus centros de preservación de su cultura y de su lengua. El número de hablantes de *te reo* cayó en picado del 90 por ciento al 12 por ciento de la población maorí. Cuando, 120 años después, Nueva Zelanda, o Aotearoa, como los maoríes llamaban originariamente a su tierra, revirtió su política, quedaban muy pocos profesores de *te reo* para resucitar una lengua moribunda. Como había sucedido antes con muchas otras lenguas, el *te reo* casi desapareció de la faz de la tierra. La tragedia que representa la pérdida de una lengua es difícil de expresar. Por las mismas razones que los investigadores de IA se centraron en primer lugar en el lenguaje para desarrollar sus tecnologías, la pérdida de una lengua va mucho más allá de la pérdida de una forma de comunicación. Cada lengua encierra en su interior ricas historias, culturas y conocimientos; es el producto colectivo de millones de personas que, a lo largo del tiempo, han atrapado sonidos y formas escritas para captar las más sutiles observaciones sobre el universo, sobre la vida y sobre la experiencia humana; para compartir la impresionante belleza y el doloroso fracaso; para enseñar a un niño, para aprender de un anciano; para expresar amor.

Que una lengua se pierda es una tragedia mundial, pero también personal. Que te separen de tus orígenes y te obliguen a preservar los de otros, o arriesgarte a recibir una paliza, supone establecer de la manera más cruda posible una jerarquía clara entre la historia, la cultura y el conocimiento que merecen ser transmitidos y los que son tan insignificantes que merecen ser eliminados.

Los grandes modelos lingüísticos aceleran la pérdida de las lenguas.[2] Incluso por lo que respecta a los modelos de varias generaciones anteriores, como el GPT-2, solamente hay unas cuantas lenguas en el mundo habladas por suficientes personas y documentadas en Internet a una escala suficiente como para cubrir las necesidades de datos de esos modelos. De las más de 7.000 lenguas que siguen existiendo hoy en día, casi la mitad se encuentran en peligro según la Unesco; aproximadamente una tercera parte tienen cierta presencia en Internet; menos del 2 por ciento están disponibles en Google Translate; y, según las propias pruebas de OpenAI, solo quince, o el 0,2 por ciento, están disponibles en el GPT-4 con una precisión superior al 80 por ciento.[3] A medida que estos modelos se conviertan en infraestructura digital, la accesibilidad de Internet a diferentes comunidades lingüísticas —y la accesibilidad de las oportunidades económicas que ofrece— continuará reduciéndose, incentivando cada vez más a esas comunidades para que den prioridad al aprendizaje y al uso de una lengua dominante como el inglés por encima de la suya propia.

Ante esta inminente amenaza existencial —una concepción fundamentalmente diferente de lo que es existencial—, una pareja indígena, Peter-Lucas Jones y Keoni Mahelona, recurrieron en primer lugar a la IA como una posible herramienta para ayudar a una nueva generación de hablantes a devolver al *te reo* su vitalidad. Jones, que es maorí, y Mahelona, que es hawaiano nativo, son compañeros en el trabajo y en la vida. Los dos hombres se conocieron y se enamoraron, dice Mahelona, después de que él tuviera una visión en sueños: si se mudaba a Nueva Zelanda, conocería a un chico maorí con el que compartiría su vida.[4]

En 2012, se mudaron de Wellington a la ciudad natal de Jones, Kaitāia, en el extremo norte de Aotearoa. Jones se convirtió en consejero delegado de Te Hiku Media, una emisora pública de radio que emite en *te reo*, y que forma parte de una red más amplia de medios de comunicación y otras organizaciones comprometidas con la revitalización del *te reo*. En el ejercicio de su nuevo cargo, Jones identificó una nueva oportunidad. Durante sus veintitantos años de emisión, Te Hiku había acumulado una gran cantidad de archivos de audio de personas hablando *te reo*, incluyendo una grabación de su propia abuela, Raiha Moeroa, nacida a finales del siglo XIX, cuyo acento aún no se había contaminado por la influencia del inglés de los colonizadores. Jones aspiraba también a grabar muchas más entrevistas con ancianos maoríes para documentar sus historias orales y su *te reo* nativo antes de que fallecieran. Según él, esas grabaciones podrían ser un valioso recurso para el aprendizaje de la lengua, una puerta temporal para que las nuevas generaciones de hablantes de *te reo* pudieran oír el sonido original de su lengua y conectar con la sabiduría de sus antepasados.

El reto era transcribir el audio para ayudar a los estudiantes a seguirlo, dada la escasez de personas que hablasen *te reo* con fluidez. De modo que, en 2016, justo cuando OpenAI daba sus primeros pasos, Jones recurrió a Mahelona, que estaba actualizando la página web de Te Hiku, en busca de una solución. Mahelona, que era experto en diferentes materias, había estudiado ingeniería en el Olin College, administración de empresas en su primer máster y física y nanotecnología computacional en el segundo como becario Fulbright en Nueva Zelanda. Enseguida se le ocurrió la idea de utilizar la IA: con un modelo gratuito de reconocimiento de voz en *te reo* cuidadosamente entrenado, Te Hiku podría transcribir su archivo sonoro con tan solo unos pocos hablantes.

Aquí es donde la historia de Te Hiku difiere totalmente de la del modelo de desarrollo de la IA de OpenAI y Silicon Valley.[5] Jones y Mahelona, que estaban profundamente familiarizados con los devastadores efectos de la desposesión colonial, estaban decididos a llevar a cabo el proyecto solo si podían garantizar tres cosas —el consentimiento, la reciprocidad y la soberanía del pueblo maorí— en cada fase de su desarrollo. Eso significaba que, antes incluso de embarcarse en el proyecto, obtendrían el permiso de la comunidad maorí y de sus ancianos, preguntándoles si el proyecto era algo que querían; para recopilar los datos de entrenamiento tratarían de conseguir aportaciones únicamente de personas que entendieran perfectamente para qué se utilizarían sus datos y que estuvieran dispuestas a participar; para maximizar los beneficios del modelo, escucharían a la comunidad para saber qué tipos de recursos de aprendizaje de lenguas serían más útiles; y, una vez dispusieran de dichos recursos, comprarían sus propios GPU de Nvidia y sus propios servidores para entrenar a sus modelos sin depender de la nube de ningún gigante tecnológico.

Y, lo que es más importante, Te Hiku crearía un proceso mediante el cual los datos recopilados continuarían siendo un recurso para obtener un beneficio futuro, pero nunca serían destinados a proyectos para los que la comunidad no hubiera prestado su consentimiento, que pudieran explotarla o perjudicarla, o vulnerar sus derechos de cualquier otra forma. Basándose en el principio maorí de la *kaitiakitanga*, o custodia, los datos permanecerían bajo la tutela de Te Hiku en lugar de publicarse libremente en Internet; así, Te Hiku los cedería únicamente a organizaciones que respetasen los valores maoríes y que pretendiesen usarlos en proyectos con los que la comunidad estuviera de acuerdo y que le pareciesen útiles.

«Los datos son la última frontera de la colonización», me dijo Mahelona: los imperios de antaño arrebataban la tierra a las comunidades indígenas y las forzaban a recomprársela, restringiendo sus condiciones y servicios si querían recuperar su titularidad. «La IA no es más que otra forma de apropiación de la tierra. A las grandes empresas tecnológicas les gusta recopilar tus datos de manera más o menos gratuita —para construir lo que quieran y sea cual sea su objetivo final— y luego darles la vuelta y revendértelos como un servicio.»[6]

De principio a fin, Jones y Mahelona llevaron a cabo su proyecto sin concesiones. En un momento dado, pusieron en marcha una campaña educativa para formar a más personas maoríes sobre la IA y una competición comunitaria para recaudar donaciones y anotaciones de datos a través de *crowdsourcing*. Al cabo de diez días, Te Hiku recopiló 310 horas de transcripciones de audio de alta calidad a partir de unas 200.000 grabaciones realizadas por aproximadamente 2.500 personas. El grado de implicación les pareció inaudito a muchos investigadores de IA, lo que da testimonio del nivel de confianza y emoción que generó el proyecto de Te Hiku en la comunidad. La gente se mostró más que dispuesta a ceder sus datos en cuanto entendió el proyecto y prestó su consentimiento, plenamente confiada en que Te Hiku continuaría administrando esos datos adecuadamente.

El conjunto de datos palidecía en comparación con las 680.000 horas de audio recopiladas por OpenAI en la red para entrenar a su herramienta de reconocimiento de voz, Whisper.[7] Sin embargo, otra lección a extraer de la experiencia de Te Hiku es que 310 horas seguían sin ser suficientes para desarrollar el primer modelo de reconocimiento de voz en *te reo* con un 80 por ciento de precisión. Mientras que OpenAI trata de desarrollar modelos singulares masivos de IA que hagan cualquier cosa, lo cual requerirá necesariamente recopilar los máximos datos posibles, Te Hiku aspiraba simplemente a crear un pequeño modelo especializado que destacase en una cosa. Además, Te Hiku se benefició de la comunidad transfronteriza de la IA de código abierto: como punto de partida, utilizó un modelo de reconocimiento de voz de la Fundación Mozilla, llamado DeepSpeech, que es, a su vez, producto de una visión diferente del desarrollo de la IA. Al igual que Te Hiku, Mozilla entrenó su modelo únicamente con datos cedidos con pleno consentimiento, y lo desarrolló utilizando una arquitectura de redes neuronales creada por el laboratorio de investigación de la empresa china Baidu, con sede en la zona de la Bahía. En total, Te Hiku utilizó solamente dos GPU.[8]

Escribí sobre el trabajo de Te Hiku antes de que ChatGPT se adueñara rápidamente del paradigma dominante del desarrollo de la IA, eludiendo prácticamente el consentimiento, la reciprocidad y la soberanía. Sin embargo, en los años transcurridos desde entonces, he llegado a considerar el planteamiento radical de Te Hiku aún más relevante y vital. Las críticas que vierto en el presente libro sobre la visión general de OpenAI y Silicon Valley no pretenden en ningún caso desestimar la IA en su totalidad. Lo que rechazo es la idea peligrosa de que los amplios beneficios de la IA únicamente pueden proceder —de hecho, *siempre* procederán— de una visión de la tecnología que requiere que renunciemos por completo a nuestra privacidad, a nuestra capacidad de control y a nuestro valor, incluido el valor de nuestro trabajo y nuestras obras artísticas, en favor de un proyecto de centralización que es, en última instancia, imperialista.

Te Hiku nos muestra una alternativa. Imagina cómo la IA y su desarrollo podrían ser exactamente lo contrario. Los modelos pueden ser reducidos y especializados, sus datos de entrenamiento mesurados e identificables, eliminando los incentivos para las prácticas laborales explotadoras y psicológicamente perjudiciales, así como el absorbente extractivismo de producir y utilizar superordenadores enormes. La creación de la IA puede ser impulsada por la comunidad, respetuosa con el contexto y la historia local; su aplicación puede estimular y fortalecer a comunidades marginales; su gestión puede ser inclusiva y democrática.

Te Hiku no es la única organización que busca nuevas vías para el desarrollo de la IA. En el transcurso de mi labor de investigación para escribir este libro, me han servido constantemente de inspiración las numerosas organizaciones y movimientos de todo el mundo que han surgido para oponerse a los imperios de la IA, reivindicar sus derechos de autodeterminación y visualizar una nueva forma de proceder.

Tras ser expulsada de Google,[9] Timnit Gebru fundó una organización sin ánimo de lucro en diciembre de 2021 para continuar con su investigación.[10] La denominó DAIR, Distributed AI Research Institute, o Instituto de Investigación de Inteligencia Artificial Distribuida. «Distribuida» en contraposición a la idea de centralización. «Esa fue la primera palabra que me vino a la mente», dice Gebru. Se le ocurrió crear un equipo de investigadores de todo el mundo que permanecieran en sus comunidades para aportar las ricas experiencias y perspectivas de sus entornos locales al trabajo del instituto, al tiempo que utilizaban ese trabajo para beneficiar a esas comunidades. «La tecnología está influyendo en todo el mundo externo a Silicon Valley, pero no todo el mundo tiene la oportunidad de influir en la tecnología», dice.

Alex Hanna, socióloga y una de las autoras de Google del artículo «Loros estocásticos» fue la primera en unirse a Gebru como directora de investigación del DAIR. El primer cometido de Hanna fue redactar una filosofía de investigación para desarrollar más en profundidad los valores de la organización. Para ello, Gebru y Hanna contrataron una tercera persona para el DAIR, Milagros Miceli, otra socióloga y científica de computación que había realizado investigaciones sobre las prácticas laborales explotadoras de la industria de la IA. Juntas, redactaron su filosofía: «Nuestra labor de investigación pretende beneficiar a comunidades que normalmente no tienen acceso a la IA y crear vías para rechazar, cuestionar y remodelar juntas los sistemas de IA».[11]

Establecieron siete pilares para la aplicación de la filosofía, entre ellos centrarse y forjar relaciones importantes con las comunidades afectadas por la investigación de la IA, pero no representadas habitualmente por ella, tratarlas como verdaderos socios en la búsqueda de producción de conocimientos, compensar de manera justa cualquier forma de trabajo implicado en la producción de investigación y tecnologías, cuestionar los sistemas que sostienen el desarrollo de la IA y que marginan a los que históricamente han sido siempre marginados, y trabajar con esas comunidades para idear alternativas que pudieran remodelar el mundo para que fuera como les gustaría.

A partir de ahí, Miceli se embarcó en un nuevo proyecto de investigación para poner en práctica su filosofía. Creó Data Workers' Inquiry (investigación de los trabajadores de datos) e invitó a trabajadores de todo el mundo a que formulasen sus propias preguntas sobre la industria de la anotación de datos y cómo mejorarla. Independientemente de dónde viviesen, les pagaba el salario estándar de un investigador en Alemania, que es donde tiene su sede, para reflejar el valor del trabajo realizado: 25 euros la hora.[12]

«Siempre hay una falsa lógica en torno al trabajo con datos: ¿cuál es el sueldo mínimo que le podemos pagar a esa gente? Eso procede de una lógica colonialista: escoges un lugar que te permita obtener el máximo rendimiento con el presupuesto más bajo y en el que realmente puedas robar a la gente, robarles recursos a bajo coste», dice Miceli. «La pregunta es por qué esas empresas pagan dos dólares por hora cuando el trabajo les reporta miles de millones o billones. ¿Por qué no nos fijamos en cuánto *pueden* pagar esas empresas, en lugar de en cuánto menos pueden aceptar esos trabajadores?

Entre los quince trabajadores que participaron en la primera ronda de la consulta estaban Oskarina Verónica Fuentes Anaya, de Venezuela, y Mophat Okinyi, de Kenia. Para llevar a cabo su proyecto, Fuentes se asoció con un artista de animación para crear un vídeo sobre sus experiencias, y colaboró con otros trabajadores de datos para poner de relieve los desafíos a los que se enfrentaban: la escasez de tareas en la plataforma, las impredecibles e incontrolables jornadas de trabajo y la pésima remuneración. Actualmente, Fuentes trabaja en cinco plataformas de anotación de datos al mismo tiempo para ganar un poco más que el salario mínimo en Colombia, alrededor de 335 dólares mensuales. Por cada tarea se paga entre uno y cinco peniques como media; aún se obliga a levantarse cuando llega una tarea en medio de la noche. «Para la sociedad somos fantasmas y me atrevo a decir que somos mano de obra barata y desechable para las empresas a las que hemos servido durante años sin garantías ni protección», escribió en su proyecto. Desde Data Workers' Inquiry ha seguido hablando de esas experiencias en charlas por Internet y webinars con la esperanza de ejercer presión sobre las empresas y los responsables de la elaboración de políticas e imponer un mejor trato a los trabajadores.[13]

En otro continente, Okinyi también se está organizando. En mayo de 2023, poco más de un año después de la repentina resolución del contrato entre OpenAI y Sama, se convirtió en organizador de la Unión Africana de Moderadores de Contenidos, con sede en Kenia, que trata de luchar por conseguir mejores salarios y un trato digno para los trabajadores africanos que realizan el peor trabajo de Internet.[14] Medio año después, tras hacerse pública su experiencia en *The Wall Street Journal*, también creó su propia organización sin ánimo de lucro llamada Techworker Community Africa, TCA, con uno de sus antiguos colegas de Sama, Richard Mathenge.[15]

En agosto de 2024, cuando nos reencontramos, Okinyi se planteó convertir TCA en un recurso, tanto para la comunidad africana de trabajadores de datos de IA, como para los grupos internacionales y los responsables de la elaboración de políticas de actuación que tratan de apoyarlos. Ha organizado conferencias por Internet y asambleas escolares para instruir a trabajadores y estudiantes, especialmente mujeres, acerca de sus derechos laborales y de privacidad y sobre el funcionamiento interno de la industria de la IA. Buscaba financiación para abrir un centro de formación para mejorar la cualificación de la gente. Se había reunido con representantes de EE. UU. que acudieron de visita a Nairobi para comprender mejor la experiencia de los trabajadores que prestaban sus servicios a empresas tecnológicas estadounidenses. Recibió diversas solicitudes de organizaciones internacionales como Equidem, una organización de defensa de los derechos humanos y laborales centrada en ayudar a los trabajadores del Sur Global, y el proyecto Fairwork del Oxford Internet Institute.

Para el proyecto Data Workers' Inquiry, entrevistó a trabajadores de Remotasks en Kenia a los que Scale había impedido de manera tajante el acceso a su plataforma, haciendo así desaparecer los últimos ingresos que nunca llegaron a percibir. Utilizó parte de las donaciones recibidas por TCA para ayudarles durante aquella pesadilla financiera. «Mientras se calman las aguas, hay una cosa clara: el coste humano que conlleva el poder descontrolado y la avaricia sin límites», escribió. «Las voces de estos trabajadores expresan la esperanza en un futuro más brillante e igualitario..., es un llamamiento a la acción para garantizar que los trabajadores de todo el mundo sean tratados con la dignidad y el respeto que se merecen.»[16]

En su propia vida, la dignidad y el respeto que Okinyi recibió como consecuencia de su defensa de los derechos le han infundido nuevas esperanzas y han mejorado enormemente su salud mental, dice. Poco antes de nuestra conversación, había recibido la noticia de que iba a aparecer en la lista anual de las personas más influyentes en el campo de la IA de la revista *Time*.[17] «Siento que se está apreciando mi trabajo», dice. Eso no significa que el trabajo no tenga complicaciones. En marzo de 2024, dejó su empleo a tiempo completo en la empresa de externalización para la que trabajaba después de

Sama. Dice que a la dirección de la empresa no le gustaba su activismo. «Pensaban que influiría en los empleados para que se convirtieran en activistas.» Esa misma empresa trasladó algunos de sus proyectos a Ghana cuando el sindicato y TCA tuvieron más repercusión. Ha oído que funcionarios del Gobierno keniano se han quejado de que la agitación de los trabajadores está ahuyentando las inversiones y dejando a más kenianos sin trabajo.

La naturaleza global de la industria ha hecho que Okinyi se comprometa aún más en llamar la atención internacional sobre los trabajadores de datos africanos. Aunque el Gobierno se mostrara favorable, la ley keniana por sí sola no podría hacer gran cosa para restringir el comportamiento de las empresas de IA. La mayoría de esas empresas procedían de EE. UU. y, más concretamente, de San Francisco, dice. Se necesita un esfuerzo internacional coordinado para que rindan cuentas.

En Uruguay, Daniel Pena extrae las mismas conclusiones. La cadena de suministro de la industria de la IA es enrevesada y amplia. «Sacan energía de aquí, los datos van allí, extraen minerales de un sitio, traen trabajadores de otro», dice. Contra las cada vez mayores consecuencias y frente a las gigantescas y poderosas empresas que hay tras ellas, cada comunidad que está librando su batalla a nivel local puede sentirse aislada y desarmada, especialmente cuando están paralizadas por sus propios Gobiernos que «necesitan a las empresas para mantener la apariencia de una economía estable». Poco después de conocerle, se enteró de que su propio Gobierno ignoró su solicitud, con más de cuatrocientas firmas, de estudiar más a fondo las consecuencias sociales y medioambientales del centro de datos de Google en su país. El Ministerio de Medioambiente aprobó discretamente el proyecto, revelando su decisión únicamente cuando ya había transcurrido el plazo de treinta días para presentar alegaciones públicas, dice. Pena no se rinde. Ha estado hablando con MOSACAT en Chile y se ha puesto en contacto con todas las comunidades posibles que también están haciendo frente a la explotación y el extraccionismo de la industria tecnológica. Al conectar sus movimientos a través de las fronteras y compartir información y estrategias de resistencia unas con otras, ve una vía con la que aumentar el poder colectivo para presionar a la industria y hacerla evolucionar hacia algo mejor. «Tenemos que luchar a nivel internacional», dice.[18]

Si la misión de OpenAI es una fórmula para edificar un imperio, ¿cuál es la fórmula para disolverlo? En el momento de escribir este libro, es imposible conocer los detalles sobre cómo continuará el desarrollo de esta empresa y de la galopante industria de la IA. Tal vez una de las muchas competidoras de OpenAI la sustituya y pase a ocupar la posición de líder; muy probablemente las tácticas de esos imperios de la IA evolucionarán en cuanto a la manera de desarrollar modelos, la explotación de la mano de obra y la expansión de la infraestructura informática. Sin embargo, independientemente de cómo se desarrollen las cosas en dos o diez años, hay cosas que deberíamos hacer y que no deberían cambiar. En su charla de 2019 en el NeurIPS, durante el taller «Gais en la IA», Ria Kalluri, investigadora de IA en Stanford, propuso una alternativa incisiva a la cuestión de cómo garantizar que la IA haga el «bien».[19] La bondad, el beneficio para la humanidad son conceptos que dependerán siempre del punto de vista del espectador. Lo que deberíamos preguntarnos es cómo la IA cambia la estructura del poder: ¿consolida o redistribuye ese poder? Poniéndolo en el contexto de este libro, ¿sigue reforzando el imperio, o empieza a llevarnos de vuelta a la democracia?

Dirigiéndose a un público técnico, Kalluri centró su charla sobre la investigación fundamental de la IA y cómo los científicos podrían utilizar esta cuestión para evaluar qué formas de IA desarrollar y qué direcciones tomar para avanzar en este terreno. Su pregunta es igual de trascendente para el resto de los aspectos de la IA. ¿Cómo deberíamos desarrollar las aplicaciones de IA?; ¿cómo deberíamos utilizarlas? y, en última instancia, tal como planteé al principio de este libro, ¿cómo deberíamos gestionar esta tecnología para devolverle el poder a la gente?

El trabajo de Te Hiku, de DAIR, de Okinyi, de Fuentes y de Pena son ejemplos de lo que se puede y se debe hacer para redistribuir el poder. Sin embargo, la pregunta fundamental sobre el tema de la gestión es cómo crear las condiciones para que ese trabajo prolifere y prospere.

Durante su charla, Kalluri planteó la idea de diferentes ejes de poder. Este libro aborda tres de ellos: conocimiento, recursos e influencia. Así las cosas, OpenAI y los imperios de la competencia controlan cada uno de ellos: mediante la centralización del talento, la eliminación de la ciencia abierta y el mantenimiento de sus modelos fuera del escrutinio público, controlan la producción del conocimiento; mediante la acumulación de fondos, datos, mano de obra, computación, energía y tierra, controlan y reducen los recursos de otros; mediante la creación y el fortalecimiento de las ideologías y la producción de demostraciones extraordinariamente populares que cautivan la imaginación a nivel mundial, ejercen una influencia trascendental. Cada uno refuerza al otro. El control de la producción de conocimiento favorece la influencia; el aumento de la influencia permite acumular recursos; la acumulación de recursos asegura la producción del conocimiento.

Por tanto, la fórmula para la disolución del imperio requiere la redistribución del poder en cada eje. Las sugerencias y recomendaciones que expongo aquí son a título de ejemplo, pero en ningún caso exhaustivas. En primer lugar, para redistribuir el conocimiento necesitamos una mayor financiación para sustentar la producción fuera del imperio. Eso implica apoyar a los investigadores que pueden llevar a cabo evaluaciones independientes, de manera que no dependamos exclusivamente de las empresas para entender sus capacidades. Implica apoyar a organizaciones como DAIR que pueden abrir vías de investigación completamente nuevas, como nuevas formas de IA más allá de grandes modelos lingüísticos que son más eficientes en cuanto a datos y energía. Implica apoyar a organizaciones como Te Hiku, que pueden producir aplicaciones impulsadas por la comunidad y que realicen tareas concretas que fortalezcan a comunidades marginadas. La producción de conocimiento independiente incluye también el trabajo de periodistas y grupos de la sociedad civil que pueden integrarse en las comunidades y ayudarnos sobre el terreno a entender las complejas realidades del impacto de esas tecnologías, en lugar de limitarnos a especular sobre ellas.

La redistribución del conocimiento necesitará también políticas de actuación que requieren que las empresas revelen detalles clave sobre sus datos de entrenamiento y sobre las especificaciones técnicas de sus modelos y superordenadores. Solo entonces podrán hacer su trabajo los evaluadores de modelos corporativos. La investigadora de la Universidad de California Berkeley, Deborah Raji, que ha seguido en contacto con los responsables de elaboración de políticas de todo el mundo después de los foros de Schumer, opina que es lo mínimo indispensable para garantizar la seguridad de los sistemas corporativos en el mundo real. Es decir, no los teóricos daños de una IA descontrolada que plantea el Doomerismo, sino los daños existentes en el mundo real, que van desde la discriminación y la desinformación hasta la automatización del trabajo, a los que se pueden enfrentar los consumidores y las comunidades si los modelos ampliamente desplegados no son comprobados adecuadamente. «Tenemos la CFPB, que supervisa los productos financieros de consumo. Tenemos a la FDA, que supervisa los dispositivos médicos. Pero, por alguna razón, cuando se trata de productos de IA no hay ninguna supervisión», dice Raji. De hecho, los modelos de IA deberían ser objeto de más supervisión que los productos normales. «Son sistemas definidos por datos. No son deterministas. De manera que necesitamos saber más sobre esos sistemas para entender qué hacen.»[20]

Además, esa transparencia es fundamental para medir el impacto de la IA en el medioambiente. En este sentido, otros productos también son sometidos a evaluaciones, a diferencia de lo que sucede con los productos de IA. «Si usas un coche, si compras un electrodoméstico, tienes una calificación energética», dice Sasha Luccioni en Hugging Face. «Sin embargo, la IA está plenamente integrada en la sociedad y es ampliamente utilizada, pero no tenemos ninguna información sobre la sostenibilidad de esos sistemas.»[21]

Con esta transparencia, empezaríamos también a redistribuir el poder en el segundo eje: los recursos. Al ocultar los ingredientes de sus modelos por tratarse de propiedad intelectual, los imperios de la IA han podido salirse con la suya a la hora de apropiarse de la IP de la gente sin reconocimiento, consentimiento ni retribución. La visibilidad de los datos de entrenamiento de las empresas dificultaría en gran medida ese comportamiento extractivo y explotador. Lo mismo sucedería con la visibilidad de las cadenas de suministro de las empresas, incluyendo la información sobre dónde contratan su mano de obra y dónde negocian nuevos arrendamientos de terreno para construir más plantas eléctricas y centros de datos, cosa que sucede muy a menudo bajo entidades pantalla.

La redistribución de recursos requiere también protecciones laborales más estrictas a nivel global, no solo para los trabajadores de datos contratados directamente por el sector, sino para todos los trabajadores que corran el riesgo de que sus resultados pasen a formar parte de datos de entrenamiento o de que sus empleos desaparezcan como consecuencia de la automatización. Las huelgas de Hollywood, que consiguieron que se implantaran protecciones para los guionistas y actores contra determinados usos de la IA, constituyen un ejemplo del papel fundamental que desempeñarán los sindicatos en la resistencia frente a la devaluación de la mano obra humana, la reducción de los salarios y la concentración de dinero en manos de las empresas de IA en detrimento de los trabajadores. Por último, para redistribuir el poder a lo largo de nuestro tercer eje, la influencia, necesitamos educación en sentido amplio. El antídoto contra el misticismo y los espejismos del despliegue publicitario de la IA es enseñar a la gente cómo funciona la IA, sus puntos fuertes y sus carencias, instruirla sobre los sistemas que conforman su desarrollo, sobre la visión del mundo y la falibilidad de las personas y las empresas que desarrollan esas tecnologías. Como dijo Joseph Weizenbaum, profesor del MIT e inventor del chatbot ELIZA, en la década de 1960: «Una vez que se desenmascara un programa y su funcionamiento interno se explica en lenguaje lo suficientemente sencillo como para favorecer su comprensión, su magia se desmorona».[22] Espero que este libro sea simplemente una aportación que contribuya a favorecer la comprensión. Se basa en el trabajo de numerosos miembros de la comunidad académica, periodistas, activistas y educadores que me han precedido y se han dedicado a la educación pública. Espero que sea una nueva base sobre la cual se levanten y edifiquen muchos más.

Agradecimientos

Un tema fundamental en este libro es la fe. La fe en el aprendizaje profundo. La fe en la AGI. La fe en uno mismo. Cómo la fe moviliza e incita. En quién hay que tener fe y en quién no. La fe es algo poderoso y embriagador. Y, a lo largo de mi carrera profesional, la fe de muchas personas en mí y en mi trabajo ha sido mi máxima ayuda.

En primer lugar, quiero dar las gracias a la gente que creyó en el proyecto de este libro. En especial, les debo mucho a todas mis fuentes: muchas han hablado conmigo a pesar de los riesgos legales y de otro tipo porque creían en la verdad, en la transparencia y la responsabilidad. Muchas fueron, además, extremadamente generosas con su tiempo, me invitaron a sus casas, me enseñaron sus comunidades, o estuvieron sentadas durante más de diez horas de entrevistas a lo largo de múltiples sesiones. Nunca subestimaré el voto de confianza de alguien que le abre su corazón y su mente a una periodista. Es un absoluto honor explicar vuestras historias. Gracias. Sin vosotros, este libro simplemente no existiría.

Mi más sincero agradecimiento a David Doerrer, mi maravilloso agente, que fue el primero en prestarme su tiempo y su apoyo para que pudiera desarrollar mis ideas para este libro antes de que tuviera algo de valor que mostrarle. Gracias a su paciencia, a sus preguntas inquisitivas y, sobre todo, a su capacidad para decirme con amabilidad y firmeza cuándo algo no funcionaba, empecé a darme cuenta de que mi dispersa recopilación de ideas podía constituir la base de un libro.

Gracias a Scott Moyers de Penguin Press, el editor soñado por cualquier escritor, que entendió inmediatamente mi proyecto y cuyo apoyo inquebrantable desde el primer momento me permitió tratar de llevarlo a cabo en su máxima expresión. No solo fue una brújula moral y un animador a lo largo del proceso de investigación y redacción periodística, aportando comentarios agudos y esclarecedores, sino que él y Ann Godoff destinaron recursos económicos y legales de Penguin Press a respaldar la creación de este libro. Documentarse y redactar un libro como este es caro, delicado y exige mucho tiempo. Entre muchas otras cosas, requiere contratar a investigadores y verificadores, pagar billetes de avión, alojamiento, colaboradores locales, traductores y chóferes para pasar tiempo sobre el terreno integrándote en diferentes comunidades. Scott y Ann me permitieron hacer todo eso y dedicarme a trabajar en este libro a tiempo completo.

Gracias a Mia Council de Penguin Press, cuyas correcciones perspicaces e indulgentes me dieron el pie y la seguridad necesarios para asumir riesgos y llevar mi redacción al siguiente nivel. Su magistral coordinación entre bastidores hizo que todo el proceso de edición y producción transcurriera como una seda. Estoy segura de que no me enteré ni de la mitad del caos logístico que Mia contuvo con gran profesionalidad. Gracias también al resto de los equipos estelares de Penguin Press y Penguin Random House en EE. UU. y el Reino Unido, incluyendo a Yuki Hirose, Gail Brussel, Juli Kiyan, Danielle Plafsky, Laura Stickney, Kim Walker, Rosie Brown, Lotte Hall, Karen Dziekonsk y muchos otros con los que no interactué de manera directa, pero fueron esenciales para el proceso.

A mi increíble equipo de verificadores de datos: Lindsay Muscato, Matt Mahoney, Rima Parikh y Muriel Alarcón. Los cuatro peinaron minuciosamente el borrador, cotejando el laberinto de detalles con documentos y fuentes y cuestionando al máximo mi elección de palabras. Además, Matt colaboró en las primeras investigaciones de mi libro y Lindsay contestó a muchas llamadas mías, actuando como la más paciente consejera, mientras que Rima, de algún modo, convirtió sus notas de verificación de datos en un monólogo cómico. Todos ellos me salvaron la vida.

Muriel fue también mi extraordinaria compañera de reportajes en Chile y Uruguay. Es una maravilla de mujer: realizó investigaciones, coordinó entrevistas, localizó fuentes y ejerció tanto de traductora como de conductora durante dos semanas de reportajes ininterrumpidos, siempre con la más hermosa y alegre de las energías. Compartimos incontables risas y aventuras.

Gracias a todas las demás personas que me ayudaron en mis viajes para elaborar mis reportajes, especialmente a Stephen Thuo Kiguru, mi intrépido guía de Nairobi que estuvo siempre presente para cualquier cosa que necesitara y cuyo humor e inquebrantable optimismo permaneció imperturbable incluso cuando alguien llamó a la policía para que lo detuvieran después de una de nuestras excursiones a causa de un grave malentendido. Pero esa es otra historia.

A mis queridos amigos y mentores: Angela Chen, Gideon Lichfield, Roger McNamee, Brenda Guadalupe López Alatorre, José Manuel Rodríguez Moreno, Bina Venkataraman y Tate Ryan-Mosley, que leyeron generosamente los primeros borradores del libro o varios extractos del mismo y me proporcionaron sabios comentarios de incalculable valor. A Oren

Etzioni, que revisó amablemente mi exposición de la historia de la IA y todas mis explicaciones de la investigación de la IA para asegurarse de que fueran correctas y estuvieran matizadas adecuadamente. A Ria Kalluri, cuya amistad fue una fuente de fortaleza y alegría mucho antes de que ambas empezáramos a investigar la naturaleza colonial del desarrollo de la IA y cuya claridad intelectual y moral sobre el tema ha sido todo un referente.

Este libro se nutre también de reportajes y trabajos que realicé a lo largo de mi carrera periodística. Sería una negligencia por mi parte no dar las gracias a todas las personas que me ayudaron a lo largo del camino. Toda mi gratitud a Janet Guyon, mi editora en *Quartz*, que fue la primera persona que sabía de qué hablaba y que me dijo que creía que yo podía ser una gran periodista. A Gideon, el entonces responsable de la dirección editorial de *MIT Technology Review*, que hizo una apuesta descabellada al darme mi primer trabajo a tiempo completo en el periodismo, para cubrir nada menos que la inteligencia artificial, embarcándome en un viaje que nunca habría imaginado y que se prolongó varios años. A Niall Firth, mi editor en *Tech Review*, que un día me dijo: *¿Por qué no haces un reportaje sobre OpenAI?*, cuando nunca antes había hecho un reportaje sobre ninguna empresa. Por la razón que fuera, Niall creyó que yo podía hacerlo. Y trabajé muy duro y me exigí a mí misma hasta el límite para demostrarle que tenía razón.

Cuando empecé a darme cuenta de la enorme desigualdad internacional que estaba perpetuando la IA y a centrar mi atención en ella, Niall fue también esencial a la hora de apoyar mi nueva línea de investigación, lo mismo que Angela, la colega a la que hice referencia en el capítulo 4 y que identificó la frase «colonialismo de datos» en los trabajos académicos existentes y me señaló la dirección adecuada. Mat Honan, que sustituyó a Gideon en el cargo de director editorial, entendió rápidamente la importancia de mis investigaciones y me ayudó de manera incondicional a llevarlas a cabo.

A finales de 2021, pedí una excedencia en *Tech Review* para realizar un proyecto periodístico de seis meses de duración sobre el «colonialismo de la IA», con el maravilloso apoyo de la beca Knight de periodismo científico del MIT y una subvención del Pulitzer Center AI Accountability. Estoy en deuda con Deborah Blum y Ashley Smart del MIT KSJ y con Marina Walker Guevara y Boyoung Lim del Pulitzer Center por dotarme de financiación para llevar a cabo un proyecto tan ambicioso en plena pandemia. El resultado fue una serie de cuatro partes con historias de Sudáfrica, Venezuela, Indonesia y Nueva Zelanda, que sentaron las bases para la tesis y, en última instancia, el título de este libro. Gracias a mis increíbles colaboradoras en esas historias: Heidi Swart, Andrea Paola Hernández y Nadine Freischlad, cuya experiencia periodística, habilidades lingüísticas y profundos conocimientos del contexto local y cultural enriquecieron los artículos mucho más de lo que habría logrado yo sola. Gracias a la visionaria dirección de Marina en colaboraciones periodísticas internacionales me puse en contacto con Heidi, Andrea y Nadine por primera vez y descubrí un nuevo enfoque para abordar proyectos periodísticos de alcance mundial. La AI Accountability Network del Pulitzer Center, que agrupa a periodistas de todo el mundo para avanzar en los reportajes de rendición de cuentas de la IA, se ha convertido en una de mis principales comunidades profesionales.

En *The Wall Street Journal*, fue mi editor Josh Chin el que me animó a presentar lo que se acabaría convirtiendo en un artículo de primera plana sobre Mophat Okinyi y los trabajadores kenianos contratados por OpenAI; Drew Dowell y Jason Dean me ayudaron a realizar el viaje periodístico para que se convirtiera en una realidad. En *The Atlantic*, no necesité convencer a mi editor Damon Beres cuando le presenté un artículo embrionario sobre las consecuencias medioambientales de la infraestructura computacional existente tras la IA, ni tampoco a Paul Bisceglio ni a Adrienne La-France, que dieron su visto bueno a otro viaje periodístico a Arizona. Gracias también a Bradley Olson, Deepa Seetharaman, Daniel Engber y Matteo Wong por ayudarme a elaborar esos artículos. Trabajar con mis inimitables colegas en ambas publicaciones me proporcionó una perspectiva totalmente nueva de lo que significa realizar reportajes y escribir artículos con el máximo nivel de maestría. Por último, mi más profundo amor y gratitud a mi familia. A mi madre, que descubrió mi amor por la escritura desde que era una niña y puso todo su empeño en ayudarme a conseguir mis sueños. A mi padre, que no dudó ni una sola vez en hacer todo lo posible para darme su apoyo. A mi 奶奶, mi inagotable fuente de inspiración. A mi familia política, que me recuerda sabiamente que disfrute del proceso y celebre los éxitos. A mi marido, mi mejor amigo, mi compañero de vida, mi brújula moral, mi animador, mi fan número uno, mi primer lector, mi orientador, mi consejero, mi eterno romántico. Amarte y que me ames es la base de todo.

Notas

Epígrafes

1. Joseph Weizenbaum, «ELIZA—a Computer Program for the Study of Natural Language Communication Between Man and Machine», *Communications of the ACM* 9, n.º 1 (enero de 1966): 36–45, doi.org/10.1145/365153.365168.

2. Sam Altman, «Successful People», *Sam Altman* (blog), 7 de marzo de 2013, blog.samaltman.com/successful-people.

Prólogo: La carrera por el trono

1. Tripp Mickle, Cade Metz, Mike Isaac y Karen Weise, «Inside Open- AI's Crisis over the Future of Artificial Intelligence», *The New York Times*, 9 de diciembre de 2023, nytimes.com/2023/12/09/technology/openai-altman-inside-crisis.html.

2. Trevor Noah, presentador, *What Now? with Trevor Noah*, temporada 1, episodio 5, «Sam Altman Speaks Out about What Happened at OpenAI», Spotify Podcasts, 7 de diciembre de 2023, open.spotify.com/show/122imavATqSE7eCyXIcqZL.

3. OpenAI, «OpenAI Announces Leadership Transition», *Open AI* (blog), 17 de noviembre de 2023, openai.com/index/openai-announces-leadership-transition.

4. Todo el diálogo correspondiente a la reunión corporativa procede de una grabación de audio de la reunión, 17 de noviembre de 2023.

5. Captura de pantalla del aviso, 17 de noviembre de 2023.

6. Hannah Miller, Brad Stone, Shirin Ghaffary y Ashlee Vance, «Silicon Valley Boardroom Coup Leads to Ouster of an AI Champion», *Bloomberg*, 17 de noviembre de 2023, bloomberg.com/news/articles/2023-11-18/openai-altman-ouster-followed-debates-between-altman-board.

7. Keach Hagey, Deepa Seetharaman y Berber Jin, «Behind the Scenes of Sam Altman's Showdown at OpenAI», *The Wall Street Journal*, 22 de noviembre de 2023, wsj.com/tech/ai/altman-firing-openai-520a3a8c.

8. Kate Clark, Natasha Mascarenhas y Anissa Gardizy, «If Sam Altman Returns to OpenAI, Board Will Go», *The Information*, 18 de noviembre de 2023, theinformation.com/articles/altman-decision-looms-as-sequoia-tiger-negotiate-behind-scenes.

9. Erin Woo, Anissa Gardizy y Amir Efrati, «OpenAI 'Optimistic' It Can Bring Back Sam Altman, Greg Brockman», *The Information*, 18 de noviembre de 2023, theinformation.com/articles/openai-optimistic-it-can-bring-back-sam-altman-greg-brockman?rc=ot38so.

10. Alex Konrad y David Jeans, «OpenAI Investors Plot Last-Minute Push with Microsoft to Reinstate Sam Altman as CEO», *Forbes*, 18 de noviembre de 2023, forbes.com/sites/alexkonrad/2023/11/18/openai-investors-scramble-to-reinstate-sam-altman-as-ceo.

11. Todas las citas del Slack de OpenAI proceden de capturas de pantalla.

12. Deepa Seetharaman, Berber Jin y Keach Hagey, «OpenAI Investors Keep Pushing for Sam Altman's Return», *The Wall Street Journal*, 21 de noviembre de 2023, wsj.com/tech/openai-employees-threaten-to-quit-unless-board-resigns-bbd5cc86.

13. Fotos de la oficina.

14. Amir Efrati, Anissa Gardizy y Erin Woo, «Altman Agrees to Internal Investigation upon Return to OpenAI» *The Information*,

21 de noviembre de 2023, theinformation.com/articles/breaking-sam-altman-to-return-as-openai-ceo.

15. Greg Brockman (@gdb), «we are so back» Twitter (ahora X), 21 de noviembre de 2024, x.com/gdb/status/1727230819226583113.

16. Raffaele Huang y Karen Hao, «Baidu Hurries to Ready China's First ChatGPT Equivalent Ahead of Launch», *The Wall Street Journal*, 9 de marzo de 2023, wsj.com/articles/baidu-scrambles-to-ready-chinas-first-chatgpt-equivalent-ahead-of-launch-bf359ca4.

17. Parmy Olson y Carolyn Silverman, «ChatGPT's $8 Trillion Birthday Gift to Big Tech», *Bloomberg*, 29 de noviembre de 2024, bloomberg.com/opinion/articles/2024-11-29/chatgpt-turns-2-and-gives-8-trillion-birthday-gift-to-big-tech.

18. *Gen AI: Too Much Spend, Too Little Benefit?*, Goldman Sachs, 27 de junio de 2024, goldmansachs.com/insights/top-of-mind/gen-ai-too-much-spend-too-little-benefit.

19. «Upwork Study Finds Employee Workloads Rising Despite Increased C-Suite Investment in Artificial Intelligence», Upwork, 23 de julio de 2024, investors.upwork.com/news-releases/news-release-details/upwork-study-finds-employee-workloads-rising-despite-increased-c.

20. Olson y Silverman, «ChatGPT's $8 Trillion Birthday Gift».

21. Sam Altman, «The Intelligence Age», *Sam Altman* (blog), 23 de septiembre de 2024, ia.samaltman.com.

1. Derecho divino

1. Cade Metz, *Genius Makers: The Mavericks Who Brought AI to Google, Facebook, and the World*, Dutton, 2021, p. 161.

2. A lo largo de los años se han publicado varias crónicas de esta reunión, como la de Cade Metz *Genius Makers*, *Wired* y *The Atlantic*. Greg Brockman escribió también su versión en dos entradas de blog: Greg Brockman, «My Path to OpenAI» *Greg Brockman*

(blog), 3 de mayo de 2016, blog.gregbrockman.com/my-path-to-openai; y Greg Brockman, «#define CTO OpenAI», *Greg Brockman* (blog), 9 de enero de 2017, blog.gregbrockman.com/define-cto-openai.

3. Las opiniones de Musk sobre Altman, la experiencia de Musk al cofundar OpenAI, y la evolución de las opiniones de Musk sobre la IA se basan en gran medida en la demanda interpuesta contra Altman, Brockman y OpenAI el 29 de febrero de 2024, y presentada de nuevo el 5 de agosto de 2024: Musk v. Altman, n.º 4:24-cv-04722, CourtListener (N.D. Cal. 5 de agosto de 2024). Los matices adicionales proceden principalmente de Maureen Dowd, «Elon Musk's Future Shock», *Vanity Fair*, abril de 2017, archive.vanityfair.com/article/2017/4/elon-musks-future-shock; y Walter Isaacson, *Elon Musk* (Simon & Schuster, 2023), pp. 239-244, Kindle.

4. Lex Fridman, presentador, *Lex Fridman Podcast*, pódcast, episodio 367, «Sam Altman: OpenAI CEO on GPT-4, ChatGPT, and the Future of AI», 25 de marzo de 2023, lexfridman.com/podcast.

5. Sam Altman, «How to Be Successful», *Sam Altman* (blog), 24 de enero de 2019, blog.samaltman.com/how-to-be-successful.

6. Entrevista de la autora con Timnit Gebru, agosto de 2023.

7. Tad Friend, «Sam Altman's Manifest Destiny», *The New Yorker*, 3 de octubre de 2016, newyorker.com/magazine/2016/10/10/sam-altmans-manifest-destiny.

8. Isaacson, *Elon Musk*, p. 241.

9. «Decoding Google Gemini with Jeff Dean», publicado el 11 de septiembre de 2024, por Google DeepMind, YouTube, 55 min., 55 seg., youtu.be/lH74gNeryhQ; correspondencia de la autora con un portavoz de Google, noviembre de 2024.

10. Basado en recuerdos y descripciones de cuatro personas que hablaron con Musk o estuvieron presentes cuando expresó sus opiniones, así como en *Musk*, CourtListener, ECF n.º 32, Exhibit 13.

11. Un portavoz de Google DeepMind rechazó también la descripción de Hassabis. Correspondencia de la autora con un portavoz de Google DeepMind, noviembre de 2024.

12. Nick Bostrom, *Superintelligence: Paths, Dangers, Strategies*, Oxford University Press, 2014, pp. 149-152, Kindle.

13. Elon Musk (@elonmusk), «Worth reading Superintelligence by Bostrom. We need to be super careful with AI. Potentially more dangerous than nukes», Twitter (ahora X), 3 de agosto de 2014, x.com/elonmusk/status/495759307346952192.

14. Nick Bostrom, «Apology for an Old Email», página principal de Nick Bostrom, 9 de enero de 2023, nickbostrom.com/oldemail.pdf.

15. Olivia Carville, «The Super Rich of Silicon Valley Have a Doomsday Escape Plan in New Zealand», *Bloomberg*, 5 de septiembre de 2018, bloomberg.com/features/2018-rich-new-zealand-doomsday-preppers.

16. Sam Altman, «Machine Intelligence, Part 1», *Sam Altman* (blog), 25 de febrero de 2015, blog.samaltman.com/machine-intelligence-part-1.

17. Toda la correspondencia por correo electrónico entre Musk y Altman de este capítulo procede de las pruebas presentadas por Musk en su demanda con número de documento 32: *Musk*, CourtListener, ECF n.º 32.

18. Melia Russell y Julia Black, «He's Played Chess with Peter Thiel, Sparred with Elon Musk and Once, Supposedly, Stopped a Plane Crash: Inside Sam Altman's World, Where Truth Is Stranger Than Fiction», *Business Insider*, 27 de abril de 2023, businessinsider.com/sam-altman-openai-chatgpt-worldcoin-helion-future-tech-2023-4.

19. Paul Graham, «A Fundraising Survival Guide», *Paul Graham*(blog), consultado el 21 de noviembre de 2024, paulgraham.com/fundraising.html.

20. Friend, «Sam Altman's Manifest Destiny».

21. «Megan O'Neill Is Wed to Jerold D. Altman», *The New York Times*, 24 de julio de 1977, nytimes.com/1977/07/24/archives/megan-oneill-is-wed-to-jerold-d-altman.html.

22. Berber Jin y Keach Hagey, «The Contradictions of Sam Altman, AI Crusader», *The Wall Street Journal*, 31 de marzo de 2023,

wsj.com/tech/ai/chatgpt-sam-altman-artificial-intelligence-openai-b0e1c8c9.

23. El relato de la primera infancia de Altman se basa en gran medida en tres descripciones principales: Friend, «Sam Altman's Manifest Destiny»; Elizabeth Weil, «Sam Altman Is the Oppenheimer of Our Age» *New York*, 25 de septiembre de 2023, nymag.com/intelligencer/article/sam-altman-artificial-intelligence-openai-profile.html; y Ellen Huet, presentadora, *Foundering: The OpenAI Story*, pódcast, temporada 5, episodio 1, «The Most Silicon Valley Man Alive», Bloomberg Podcasts, 5 de junio de 2024, bloomberg.com/news/articles/2024-06-05/foundering-sam-altman-s-rise-to-openai.

24. «Sam Altman: How to Build the Future», publicado el 27 de septiembre de 2016 por Y Combinator, YouTube, 20 min., 9 seg., youtu.be/sYMqVwsewSg.

25. Huet, «The Most Silicon Valley Man Alive».

26. Parmy Olson, *Supremacy: AI, ChatGPT, and the Race that Will Change the World*, St. Martin's Press, 2024, p.5.

27. Weil, «Sam Altman Is the Oppenheimer of Our Age».

28. Friend, «Sam Altman's Manifest Destiny».

29. Joe Hudson y Brett Kistler, presentadores, *The Art of Accomplishment Podcast*, pódcast, episodio 39, «Sam Altman—Leading with Crippling Anxiety, Discovering Meditation, and Building Intelligence with Self-Awareness», 14 de enero de 2022, artofaccom plishment.com/podcast.

30. Friend, «Sam Altman's Manifest Destiny».

31. «Office Hours with Sam Altman», publicado el 11 de enero de 2017, por Y Combinator, YouTube, 24 min., 34 seg., youtu.be/45BvnJgwYjk.

32. Russell y Black, «He's Played Chess with Peter Thiel».

33. Deepa Seetharaman, Keach Hagey, Berber Jin y Kate Line- baugh, «Sam Altman's Knack for Dodging Bullets—with a Little Help from Bigshot Friends», *The Wall Street Journal*, 24 de diciembre de 2023, https://www.wsj.com/tech/ai/sam-altman-open ai-protected-by-silicon-valley-friends-f3efcf68.

34. «Sam Altman Startup School Video», publicado el 26 de julio de 2017, por Water- loo Engineering, YouTube, 1 h., 18 min., 19 seg., youtu.be/4SlNgM4PjvQ.

35. «Paper Chase», *Venture Capital Journal*, 1 de diciembre de 2006, venturecapital journal.com/paper-chase.

36. Annie Massa y Vernal Galpotthawela, «Sam Altman Is Worth $2 Billion—That Doesn't Include OpenAI», *Bloomberg*, 1 de marzo de 2024, bloomberg.com/news/articles/2024-03-01/sam-altman-is-a-billionaire-thanks-to-vc-funds-startups.

37. «First Look: Loopt Provides More Incentives to Try Location-Based Services with Loopt Star», publicado el 31 de mayo de 2010, por Robert Scoble, YouTube, 15 min., 24 seg., youtu.be/P5i zvkusAMM.

38. «Why Loopt Partnered with Facebook», publicado el 3 de noviembre de 2010 por CNN Business, YouTube, 2 min., 41 seg., youtu.be/tMO0Gm6yxWc.

39. Jessica E. Lessin, «This Is How Sam Altman Works the Press and Congress. I Know from Experience», *The Information*, 7 de junio de 2023, theinformation.com/articles/this-is-how-sam-altman-works-the-press-and-congress-i-know-from-experience.

40. Russell y Black, «He's Played Chess with Peter Thiel».

41. Christine Lagorio-Chaffiin, «Inside Reddit's Long, Complicated Relationship with OpenAI's Sam Altman», *Inc.*, 8 de marzo de 2024, inc.com/christine-lagorio/inside-reddits-long-complicat ed-relationship-with-openais-sam-altman.html.

42. Entrevista de la autora con Geoff Ralston, marzo de 2024.

43. Seetharaman *et al.*, «Sam Altman's Knack for Dodging Bullets».

44. Walter Isaacson, *Steve Jobs*, Simon & Schuster, 2011, p. 104.

45. Katie Notopoulos, «Sam Altman Is Seen Driving a Car That Can Cost $5 Million. Everyone Is Thanking Him for Helping Them Pass Their Tests», *Business Insider*, 12 de julio de 2024, businessinsider.com/sam-altman-koenigsegg-regera-expensive-sports-car-video-openai-musk-2024-7.

46. Elizabeth Dwoskin, Marc Fisher y Nitasha Tiku, «"King of the Cannibals": How Sam Altman Took Over Silicon Valley», *The Washington Post*, 23 de diciembre de 2023, washingtonpost.com/technology/2023/12/23/sam-altman-openai-peter-thiel-silicon-valley.

47. Eric Newcomer, «YC's Paul Graham: The Complete Interview», 26 de diciembre de 2013, *The Information*, theinformation.com/articles/yc-s-paul-graham-the-complete-interview.

48. Paul Graham, «A Student's Guide to Startups», *Paul Graham* (blog), octubre de 2006, paulgraham.com/mit.html.

49. Paul Graham, «What We Look for in Founders», *Paul Graham* (blog), octubre de 2010, paulgraham.com/founders.html.

50. Paul Graham, «Five Founders», *Paul Graham* (blog), abril de 2009, paulgraham.com/5founders.html.

51. Friend, «Sam Altman's Manifest Destiny».

52. Dwoskin *et al.*, «"King of the Cannibals"».

53. Sam Altman, «Growth and Government», *Sam Altman* (blog), 4 de marzo de 2013, blog.samaltman.com/growth-and-government.

54. «Sam Altman Startup School Video», Waterloo Engineering.

55. Tyler Cowen, presentador, *Conversations with Tyler*, pódcast, episodio 61, «Sam Altman on Loving Community, Hating Coworking, and the Hunt for Talent», Mercatus Center Podcasts, 27 de febrero de 2019.

56. «Competition Is for Losers with Peter Thiel (How to Start a Startup 2014: 5)», publicado el 22 de marzo de 2017, por Y Combinator, YouTube, 50 min., 27 seg., youtu.be/3Fx5Q8xGU8k.

57. Sam Altman, «How Things Get Done», *Sam Altman* (blog), 17 de julio de 2013, blog.samaltman.com/how-things-get-done.

58. «Sam Altman Startup School Video», Waterloo Engineering.

59. Berber Jin, Tom Dotan y Keach Hagey, «The Opaque Investment Empire Making OpenAI's Sam Altman Rich», *The Wall Street Journal*, 3 de junio 2024, wsj.com/tech/ai/openai-sam-altman-investments-004fc785.

60. Entrevista de la autora con Matt Krisiloff, abril de 2024.

61. Entrevista de la autora con Lachy Groom, febrero de 2024.

62. Sam Altman, «The 2016 Election», *Sam Altman* (blog), 17 de octubre de 2016, blog.samaltman.com/the-2016-election.

63. Sam Altman, «The United Slate», *Sam Altman* (blog), 12 de julio de 2017, blog.samaltman.com/the-united-slate.

64. Dwoskin *et al.*, «"King of the Cannibals"».

65. Friend, «Sam Altman's Manifest Destiny».

66. Una foto de la visita de Schumer al edificio Pioneer, 8 de marzo de 2019.

67. Entrevistas de la autora con Annie Altman, marzo-noviembre de 2024.

68. Sam Altman (@sama), «My sister has filed a lawsuit against me. Here is a statement from my mom, brothers, and me»: Twitter (ahora X), 7 de enero de 2025, x.com/sama/status/187678076365 3263770.

69. Correspondencia de la autora con Connie Gibstine, octubre de 2024.

70. Altman v. Altman, n.º 4:25-cv-00017, CourtListener (E.D. Mo. Jan 06, 2025), ECF n.º 1.

2. Una misión civilizadora

1. Entrevistas de la autora con Greg Brockman, agosto de 2019.

2. La información sobre la educación y los orígenes de Sutskever se basa en parte en varias entrevistas en los medios de comunicación, como: «Interview with Ilya Sutskever, Co-founder of OPEN AI—at the Open University Studios—English», publicada el 13 de septiembre de 2023 por The Open University of Israel, YouTube, 50 min., 28 seg., youtu.be/H1YoNlz2LxA; Nina Haikara, «This U of T Alum Is Leading AI research at $1 Billion Non-profit Backed by Elon Musk» U of T News, 28 de marzo de 2017,utoronto.ca/news/u-t-alum-leading-ai-research-1-billion-non-

profit-backed-elon-musk; y Varsity Contributor, «Neural Networking», *The Varsity*, 25 de octubre de 2010, thevarsity.ca/2010/10/25/neural-networking.

3. Los excelentes resultados, que tuvieron lugar en 2012, fueron publicados cinco años después: Alex Krizhevsky, Ilya Sutskever y Geoffrey E. Hinton, «ImageNet Classification with Deep Convolutional Neural Networks», *Communications of the ACM* 60, n.º 6 (mayo de 2017): pp.84-90, doi.org/10.1145/3065386.

4. Entrevista de la autora con Geoff Hinton, agosto de 2023.

5. Cade Metz, *Genius Makers: The Mavericks Who Brought AI to Google, Facebook, and the World*, Dutton, 2021, p. 289.

6. Greg Brockman, «#define CTO OpenAI», *Greg Brockman* (blog), 9 de enero de 2017, blog.gregbrockman.com/define-cto-openai.

7. Sam Altman, «Greg», *Sam Altman* (blog), 7 de marzo de 2017, blog.samaltman.com/greg.

8. Entrevista de la autora con Pieter Abbeel, agosto de 2019.

9. Metz, *Genius Makers*, p. 163.

10. Toda la correspondencia entre las directivas de OpenAI y Tesla en este capítulo proceden de las pruebas presentadas como documento número 32 de la demanda interpuesta por Musk: Musk v. Altman, n.º 4:24-cv-04722, CourtListener (N.D. Cal. 14 de noviembre de 2024), ECF n.º 32; y de las respuestas de OpenAI en el blog de la empresa: OpenAI, «OpenAI and Elon Musk», *OpenAI* (blog), 5 de marzo de 2024, openai.com/index/openai-elon-musk; OpenAI, «Elon Musk Wanted an OpenAI For-Profit», *OpenAI* (blog), 13 de diciembre de 2024, openai.com/index/elon-musk-wanted-an-openai-for-profit/#summer-2017-we-and-elon-agreed-that-a-for-profit-was-the-next-step-for-openai-to-advance-the-mission.

11. *Musk, CourtListener*, ECF n.º 32, Exhibit 7.

12. «Openai Inc». ProPublica Nonprofit Explorer, consultado el 25 de agosto de 2024, projects.propublica.org/nonprofits/organizations/810861541/201703459 349300445/full.

13. Metz, *Genius Makers*, p. 164.

14. *Ibid.*, id.

15. *Musk*, *CourtListener*, ECF n.º 32, Exhibit 7.

16. Walter Isaacson, *Elon Musk*, Simon & Schuster, 2023, p. 243, Kindle.

17. Una primera contribución fundamental a la comprensión de cómo la IA provoca discriminación procede de Solon Barocas y Andrew D. Selbst, «Big Data's Disparate Impact», *California Law Review* 104, n.º 3 (2016): pp. 671-732, ssrn.com/abstract=2477899. Aquí hay también un artículo que profundiza en cómo se produce en la práctica esa discriminación: Karen Hao, «The Coming War on the Hidden Algorithms that Trap People in Poverty», *MIT Technology Review*, 4 de diciembre de 2020, technologyreview.com/2020/12/04/1013068/algorithms-create-a-poverty-trap-lawyers-fight-back.

18. Alexandra Stevenson, «Facebook Admits It Was Used to Incite Violence in Myanmar», *The New York Times*, 6 de noviembre de 2018, nytimes.com/2018/11/06/technology/myanmar-facebook.html.

19. Eric Lipton, «As A.I.-Controlled Killer Drones Become Reality, Nations Debate Limits», *The New York Times*, 21 de noviembre de 2023, nytimes.com/2023/11/21/us/politics/ai-drones-war-law.html.

20. Entrevista de la autora con Chip Huyen, agosto de 2019.

21. Entrevista de la autora con Timnit Gebru, marzo de 2021.

22. Copia del correo electrónico proporcionada por Gebru.

23. Entrevista de la autora con Brockman, agosto de 2019.

24. *Ibid.*

25. Arthur C. Clarke, *Profiles of the Future: An Inquiry into the Lim- its of the Possible*, Bantam Books, 1962, pp. 30-39.

26. Dario Amodei, Chris Olah, Jacob Steinhardt, Paul Christiano, John Schulman y Dan Mané, «Concrete Problems in AI Safety», preimpresión, arXiv, 25 de julio de 2016, pp. 1-29, doi.org/10.48550/arXiv.1606.06565.

27. Correspondencia de la autora con un portavoz de Open Philanthropy, noviembre de 2024.

28. Julia Angwin, Jeff Larson, Surya Mattu y Lauren Kirchner, «Machine Bias», *ProPublica*, 23 de mayo de 2016, propublica.org/article/machine-bias-risk-assessments-in-criminal-sentencing.

29. El artículo se presentó en la Conferencia Internacional sobre Representaciones del Aprendizaje, en un taller titulado «Machine Learning in Real Life», el 26 de abril de 2020, sites.google.com/nyu.edu/ml-irl-2020/home y publicado en arXiv algunos años después: Inioluwa Deborah Raji y Roel Dobbe, «Concrete Problems in AI Safety, Revisited», arXiv, 18 de diciembre de 2023: 1-6, doi.org/10.48550/arXiv.2401.10899.

30. Tad Friend, «Sam Altman's Manifest Destiny», *The New Yorker*, 3 de octubre de 2016, newyorker.com/magazine/2016/10/10/sam-altmans-manifest-destiny.

31. «OpenAI—General Support», Open Philanthropy, consultado el 27 de noviembre de 2024, openphilanthropy.org/grants/openai-general-support.

32. Entrevista de la autora con Greg Brockman y Daniela Amodei, agosto de 2019.

33. ProPublica Nonprofit Explorer, «Openai Inc».

34. Entrevista de la autora con Brockman e Ilya Sutskever, agosto de 2019.

35. *Ibid.*

36. «AI and Compute», Open AI (blog), 16 de mayo de 2018, openai.com/index/ai-and-compute.

37. Musk, CourtListener, ECF n.º 32, Exhibit 11.

38. *Ibid.*; OpenAI, «OpenAI and Elon Musk»; OpenAI, «Elon Musk Wanted an OpenAI For-Profit».

39. Entrevistas con Brockman, agosto de 2019.

40. OpenAI, «OpenAI y Elon Musk».

41. *Musk*, CourtListener, ECF n.º 32, Exhibit 15.

42. *Ibid.*, Exhibit 7.

43. ProPublica Nonprofit Explorer, «Openai Inc».

44. *Musk*, CourtListener, ECF n.º 1, en pp. 46-48.

45. Berber Jin y Keach Hagey, «The Contradictions of Sam Altman, AI Crusader Behind ChatGPT», *The Wall Street Journal*,

31 de marzo de 2023, wsj.com/tech/ai/chatgpt-sam-altman-artifi cial-intelligence-openai-b0e1c8c9.

46. Correspondencia con Jennifer 8. Lee, coproductora del documental: *Artificial Gamer*, dirigido por Chad Herschberger, con Pieter Abbeel, Greg Brockman y Noam Brown, estrenado el 24 de septiembre de 2021, artificial gamerfilm.com. El equipo del documental mantuvo la independencia editorial de la película.

47. OpenAI, «OpenAI Charter», *Open AI* (blog), consultado el 25 de agosto de 2024, openai.com/charter.

48. Jin y Hagey, «The Contradictions of Sam Altman».

49. Entrevista de la autora con Xuedong Huang, julio de 2023.

50. *Musk*, CourtListener, ECF n.º 1, en p. 5.

51. Elizabeth Dwoskin y Nitasha Tiku, «Altman's Polarizing Past Hints at OpenAI Board's Reason for Firing Him», *The Washington Post*, 22 de noviembre de 2023, washingtonpost.com/techno logy/2023/11/22/sam-altman-fired-y-combinator-paul-graham.

52. Deepa Seetharaman, Keach Hagey y Berber Jin, «Sam Altman's Knack for Dodging Bullets—with a Little Help from Bigshot Friends», *The Wall Street Journal*, 24 de diciembre de 2023, wsj. com/tech/ai/sam-altman-openai-protected-by-silicon-valley-friends-f3efcf68.

53. Copia del documento salarial.

54. Karen Hao, «The Messy, Secretive Reality Behind OpenAI's Bid to Save the World», *MIT Technology Review*, 17 de febrero de 2020, technologyreview.com/2020/02/17/844721/ai-openai-moonshot-elon-musk-sam-altman-greg-brockman-messy-secreti ve-reality.

55. @windowshopping, «I was buying it until he said that profit is 'capped' at 100x of initial investment. So someone who invests $10 million has their invest- ment 'capped' at $1 billion. Lol. Basically unlimited unless the company grew to a FAANG-scale market value», Hacker News, 11 de marzo de 2019, news.ycombinator. com/item?id=19360709.

56. Todos los valores numéricos de las inversiones en la sociedad comanditaria y el límite de beneficio que aparecen a lo lar-

go del libro proceden de un documento económico interno de OpenAI.

57. Chamath Palihapitiya, Jason Calacanis, David Sacks y David Friedberg, presentadores, *All-In*, pódcast, episodio 194, «In Conversation with Reid Hoffman & Robert F. Kennedy Jr.», 30 de agosto de 2024, https://allin.com/episodes.

58. Los correos electrónicos de Kevin Scott y Satya Nadella se hicieron públicos en 2024 como parte del caso antimonopolio del Departamento de Justicia de EE. UU. contra Google. Jyoti Mann y Beatrice Nolan, «Read the Email to Satya Nadella and Bill Gates That Shows Microsoft's CTO Was 'Very Worried' about Google's AI Progress in 2019», *Business Insider*, 1 de mayo de 2024, businessinsider.com/satya-nadella-bill-gates-microsoft-concern-google-rivals-ai-emails-2024-5.

3. Centro neurálgico

1. Eddie Sun, «ChatGPT's San Francisco Offices Getting Nap Rooms, a Museum for Staffers», *San Francisco Standard*, 11 de julio de 2023, sfstandard.com/2023/07/11/chatgpt-secretive-san-francisco-offices-nap-rooms-museum-open-ai.

2. He calculado el precio del mobiliario buscando fotos de la oficina en Google Images. Cuando intenté averiguar el precio exacto del estudio de arquitectura que trabajó en la oficina Mayo de OpenAI y obtener una confirmación a mis descripciones («¿Es correcto decir que la escalera de caracol de la oficina está construida con madera y piedra?»), una persona me respondió que el estudio había firmado un contrato de confidencialidad y que no podía hablar del proyecto.

3. Berber Jin y Keach Hagey, «The Contradictions of Sam Altman, AI Crusader», *The Wall Street Journal*, 31 de marzo de 2023, wsj.com/tech/ai/chatgpt-sam-altman-artificial-intelligence-openai-b0e1c8c9.

4. Entrevista de la autora con Ben Barry, exdirector de diseño de OpenAI, octubre de 2023.

5. Se puede encontrar la información sobre los eventos en: «NeurIPS 2019 Workshop: Tackling Climate Change with Machine Learning». Taller en NeurIPS, Vancouver Convention Center, 14 de diciembre de 2019, climatechange.ai/events/neurips2019; y «ML4H: Machine Learning for Health», Taller en NeurIPS, Vancouver Convention Center, 13 de diciembre de 2019, ml4h.cc/2019/index.html.

6. El documento original fue redactado en 2019; se publicó revisado por pares en 2022. El pasaje citado se editó en la versión de 2022: «Many technological tools useful in addressing climate change have been available for years but have yet to be adopted at scale by society. While we hope that ML will be useful in accelerating effective strategies for climate action, humanity also must decide to act». David Rolnick, Priya L. Donti, Lynn H. Kaack, Kelly Kochanski, Alexandre Lacoste, Kris Sankaran *et al.*, «Tackling Climate Change with Machine Learning», *ACM Computing Surveys (CSUR)* 55, n.º 2 (febrero de 2022): 1pp. 1-96, doi.org/10.1145/3485128.

7. Emma Strubell, Ananya Ganesh y Andrew McCallum, «Energy and Policy Considerations for Deep Learning in NLP», *Proceedings of the 57th Annual Meeting of the Association for Computational Linguistics* (julio de 2019): pp. 3645-3650, doi.org/10.18653/v1/P19-1355.

8. Cade Metz, *Genius Makers: The Mavericks Who Brought AI to Goo- gle, Facebook, and the World*, Dutton, 2021, p. 299.

9. Entrevistas de la autora con Brockman, agosto de 2019.

10. Karen Hao, «The Messy, Secretive Reality Behind OpenAI's Bid to Save the World», *MIT Technology Review*, 17 de febrero de 2020, technologyreview.com/2020/02/17/844721/ai-openai-moonshot-elon-musk-sam-altman-greg-brockman-messy-secretive-reality.

11. Elon Musk (@elonmusk), «OpenAI should be more open imo», Twitter (ahora X), x.com/elonmusk/status/1229544673590599681.

12. Copia del correo electrónico.

4. Sueños de modernidad

1. Daron Acemoğlu y Simon Johnson, *Power and Progress: Our Thousand-Year Struggle over Technology and Prosperity*, PublicAffairs, 2023, pp. 129-133.

2. El resumen de lo que tenían previsto hacer en el taller de verano: John McCarthy, Marvin L. Minsky, Nathaniel Rochester y Claude E. Shannon, «A Proposal for the Dartmouth Summer Research Project on Artificial Intelligence», Stanford University, 31 de agosto de 1955, jmc.stanford.edu/articles/dartmouth/dartmouth.pdf.

3. Al principio, John McCarthy, Claude Shannon y otros recopilaron artículos de investigación en un compendio del mismo conjunto de ideas que se denominaría AI y se tituló «Automata Studies», publicado en 1956. McCarthy estaba decepcionado por los artículos presentados y su falta de ambición. Dijo que fue esa decepción la que le hizo empezar a usar el término *inteligencia artificial.*

4. Kate Crawford, *Atlas of AI: Power, Politics, and the Planetary Costs of Artificial Intelligence*, Yale University Press, 2021, p. 123.

5. John McCarthy, «What Is Artificial Intelligence?», página web de John McCarthy, *Formal Reasoning Group*, 12 de noviembre de 2007, www-formal.stanford.edu/jmc/whatisai.pdf.

6. Jenna Burrell, «Artificial Intelligence and the Ever-Receding Horizon of the Future», *Tech Policy Press*, 6 de junio de 2023, techpolicy.press/artificial-intelligence-and-the-ever-receding-horizon-of-the-future.

7. Marvin Minsky y Seymour A. Papert, *Perceptrons: An Introduction to Computational Geometry*, MIT Press, 1969.

8. Joseph Weizenbaum, «ELIZA—a Computer Program for the Study of Natural Language Communication Between Man and Machine», *Communications of the ACM* 9, n.º 1 (enero de 1966): pp. 36-45, doi.org/10.1145/365153.365168.

9. *Ibid.*

10. Ben Tarnoff, «Weizenbaum's Nightmares: How the Inventor of the First Chatbot Turned Against AI», *The Guardian*,

25 de julio de 2023, theguardian.com/technology/2023/jul/25/joseph-weizenbaum-inventor-eliza-chatbot-turned-against-artificial-intelligence-ai.

11. Joseph Weizenbaum, *Computer Power and Human Reason: From Judgment to Calculation*, W. H. Freeman & Co, 1976.

12. No hay un relato unificado de cuándo tuvo lugar el invierno de la IA. En líneas generales, el primero dice que fue durante la década de 1970, provocado por un informe del British Science Research Council de 1973 del profesor sir James Lighthill de la Universidad de Cambridge, titulado «Artificial Intelligence: A General Survey». En él, Lighthill observó: «En el campo de la IA, los descubrimientos no han producido hasta ahora el impacto esperado». El segundo invierno de la IA tuvo lugar aproximadamente a finales de la década de 1980 y principios de la de 1990. Algunos miembros de la comunidad académica sostienen que, durante ese tiempo, mientras se agotaban los fondos para la investigación para la llamada «IA», se seguía destinando dinero al desarrollo de técnicas relevantes bajo nombres distintos. Algunos investigadores señalan más inviernos de la IA. El profesor de Stanford y luminaria de la IA Fei-Fei Li, describe un tercero a finales de la década de 1990 en su libro *The Worlds I See: Curiosity, Exploration, and Discovery at the Dawn of AI*, Flatiron Books, 2023, pp. 89-90.

13. Entrevista de la autora con Geoffrey Hinton, agosto de 2023.

14. Shoshana Zuboff, *The Age of Surveillance Capitalism: The Fight for a Human Future at the New Frontier of Power*, PublicAffairs, 2019, pp. 1-704.

15. Pratyusha Ria Kalluri, William Agnew, Myra Cheng, Kentrell Owens, Luca Soldaini y Abeba Birhane, «The Surveillance AI Pipeline», preimpresión, arXiv, 17 de octubre de 2023, pp. 10-11, doi.org/10.48550/arXiv.2309.15084.

16. Olivia Solon, «Facial Recognition's 'Dirty Little Secret': Millions of Online Photos Scraped Without Consent», NBC News, 12 de marzo de 2019, nbcnews.com/tech/internet/facial-recognition-s-dirty-little-secret-millions-online-photos-scraped-n981921.

17. Por ejemplo, no pasaría mucho tiempo antes de que aparecieran informes sobre cómo el despliegue erróneo de sistemas de reconocimiento facial defectuosos estaba provocando errores en la identificación de sospechosos y en las detenciones. En noviembre de 2024, seis de los siete individuos acusados injustamente en EE. UU., que tuvieron que afrontar penas de cárcel, pérdida de empleo, separación de sus hijos y problemas en sus relaciones, eran negros. Kashmir Hill, «Wrongfully Accused by an Algorithm», *The New York Times*, 24 de junio de 2020, nytimes.com/2020/06/24/technology/facial-recognition-arrest.html; Khari Johnson, «How Wrongful Arrests Based on AI Derailed 3 Men's Lives», *Wired*, 7 de marzo de 2022, wired.com/story/wrongful-arrests-ai-derailed-3-mens-lives.

18. «ISTE 2017—Most Innovative Winning Pitch», publicado el 13 de julio de 2018, por Max Newlon, YouTube, 7 min., 42 seg., youtu.be/oJt6cjdMGb4.

19. Jane Li, «A 'Brain-Reading' Headband Is Facing a Backlash in China» *Quartz*, 5 de noviembre de 2019, qz.com/1742279/a-mind-reading-headband-is-facing-backlash-in-china.

20. Nick Couldry y Ulises A. Mejias, *The Costs of Connection: How Data Is Colonizing Human Life and Appropriating It for Capitalism*, Stanford University Press, 2019, pp. 1-352. Para más información sobre el concepto de «extractivismo», véase Rosemary Collard y Jessica Dempsey, «'Extractivism' Is Destroying Nature: To Tackle It Cop15 Must Go Beyond Simple Targets», *The Guardian*, 8 de diciembre de 2022, theguardian.com/environment/2022/dec/08/extractivism-is-destroying-nature-to-tackle-it-cop15-must-go-beyond-simple-targets; y uno de los textos fundacionales que definieron el concepto: Eduardo Gudynas, «Diez tesis urgentes sobre el nuevo extractivismo: Contextos y demandas bajo el progresismo sudamericano actual», en *Extractivismo, Política y Sociedad*, eds. CAAP y CLAES (2009), p. 187, rosalux.org.ec/pdfs/extractivismo.pdf.

21. Shakir Mohamed, Marie-Therese Png y William Isaac, «Decolonial AI: Decolonial Theory as Sociotechnical Foresight in

Artificial Intelligence», *Philosophy and Technology* 33 (12 de julio de 2020): pp. 659-684, doi.org/10.1007/s13347-020-00405-8.

22. Karen Hao y Heidi Swart, «South Africa's Private Surveillance Machine Is Fueling a Digital Apartheid», *MIT Technology Review*, 19 de abril de 2022, technology review.com/2022/04/19/1049996/south-africa-ai-surveillance-digital-apartheid.

23. Nestor Maslej, Loredana Fattorini, Raymond Perrault, Vanessa Parli, Anka Reuel, Erik Brynjolfsson *et al.*, *AI Index Report 2024*, Institute for Human-Centered AI, Stanford University, abril de 2024, 242, aiindex.stanford.edu/report.

24. Steven Rosenbush, «Big Tech Is Spending Billions on AI Re- search. Investors Should Keep an Eye Out», *The Wall Street Journal*, 8 de marzo de 2022, wsj.com/articles/big-tech-is-spending-billions-on-ai-research-investors-should-keep-an-eye-out-11646740800.

25. Ahmed, Muntasir Wahed y Neil C. Thompson, «The Growing Influence of Industry in AI Research», *Science* 379, n.º 6635 (2 de marzo de 2023): pp. 884-886, doi.org/10.1126/science.ade2420.

26. *Ibid.*

27. En 2017, Tom Eck, director tecnológico de plataformas de IBM, dijo: «Los mejores investigadores de IA cobran sueldos de quarterbacks de la NFL, lo que indica la demanda y el valor percibido», Dan Butcher, «If You really Know About Artificial Intelligence, You Could Earn As Much As an NFL Quarter- back», eFinancialCareers, 13 de julio de 2017, efinancialcareers.com/news/2017/07/top-talent-earns-high-ai-salaries-nfl-quarterbacks.

28. Mike Ramsey y Douglas MacMillan, «Carnegie Mellon Reels After Uber Lures Away Researchers», *The Wall Street Journal*, 31 de mayo de 2015, wsj.com/articles/is-uber-a-friend-or-foe-of-carnegie-mellon-in-robotics-1433084582.

29. Abeba Birhane, Pratyusha Kalluri, Dallas Card, William Agnew, Ravit Dotan y Michelle Bao, «The Values Encoded in Machine Learning Re- search», in *FAccT '22: Proceedings of the 2022 ACM Conference on Fairness, Accountability, and Transparency* (Asso-

ciation for Computing Machinery, 2022): pp. 173-184, doi.org/10.1145/3531146.3533083.

30. «Tesla FSD Beta— What-the-Hell Moments», publicado el 20 de enero de 2022, por The Outspoken Nomad, YouTube, 15 min., 55 seg., youtu.be/RVkLI9pPd24?t=166.

31. *Collision Between Vehicle Controlled by Developmental Automated Driving System and Pedestrian, Tempe, Arizona, March 18, 2018*, Highway Accident Report, NTSB/HAR-19/03, PB2019-101402, National Transportation Safety Board, 19 de noviembre de 2019, ntsb.gov/investigations/AccidentReports/Reports/HAR1903.pdf.

32. Análisis de accidentes en los que está implicado el Autopilot de Tesla: «Additional Information Regarding EA22002», National Highway Traffic Safety Administration, 25 de abril de 2024, pp. 1-6, static.nhtsa.gov/odi/inv/2022/INCR-EA22002-14496.pdf.

33. Karen Hao, «Hackers Trick a Tesla into Veering into the Wrong Lane», *MIT Technology Review*, 1 de abril de 2019, technologyreview.com/2019/04/01/65915/hackers-trick-teslas-autopilot-into-veering-towards-oncoming-traffic.

34. Will Knight, «How Malevolent Machine Learning Could Derail AI», *MIT Technology Review*, 25 de marzo de 2019, technologyreview.com/2019/03/25/1216/emtech-digital-dawn-song-adversarial-machine-learning.

35. Benjamin Wilson, Judy Hoffman y Jamie Morgenstern, «Predictive Inequity in Object Detection», preimpresión, arXiv, 21 de febrero de 2019, pp. 1-13, doi.org/10.48550/arXiv.1902.11097.

36. Xinyue Li, Zhenpeng Cheng, Jie M. Zhang, Federica Sarro, Ying Zhang y Xuanzhe Liu, «Bias Behind the Wheel: Fairness Analysis of Autonomous Driving Systems», *ACM Transactions on Software Engineering and Methodology* (noviembre de 2024), doi.org/10.1145/3702989.

37. Entrevista de la autora con Deborah Raji, abril de 2020.

38. Entrevista de la autora con Hinton en *MIT Technology Review*'s, evento anual de EmTech MIT, 20 de octubre de 2020. Un resumen de la entrevista en: Karen Hao, «AI Pioneer Geoff Hin-

ton: 'Deep Learning Is Going to Be Able to Do Everything'», *MIT Technology Review*, 3 de noviembre de 2020, technologyreview.com/2020/11/03/1011616/ai-godfather-geoffrey-hinton-deep-learning-will-do-everything.

39. Entrevista de la autora con Gary Marcus, septiembre de 2019. Un resumen de la entrevista se encuentra en Karen Hao, «We Can't Trust AI Systems Built on Deep Learning Alone», *MIT Technology Review*, 27 de septiembre de 2019, technologyreview.com/2019/09/27/65250/we-cant-trust-ai-systems-built-on-deep-learning-alone.

40. OpenAI, «Planning for AGI and Beyond», *OpenAI* (blog), 24 de febrero de 2023, openai.com/index/planning-for-agi-and-beyond.

41. Kevin Roose, «Bing's A.I. Chat: 'I Want to Be Alive.'», *The New York Times*, 16 de febrero de 2023, nytimes.com/2023/02/16/technology/bing-chatbot-transcript.html.

42. Pierre-François Lovens, «Sans ces conversations avec le chatbot Eliza, mon mari serait toujours là», *La Libre*, 28 de marzo de 2023, lalibre.be/belgique/societe/2023/03/28/sans-ces-conversations-avec-le-chatbot-eliza-mon-mari-serait-toujours-la-LVSLWPC5WRDX7J2RCHNWPDST24.

43. Esto aparece en varios artículos, incluido uno coescrito por Jacob Hilton, que era en aquel momento investigador de OpenAI. Hilton y sus coautores descubrieron que «los grandes modelos eran generalmente los menos fiables», Stephanie Lin, Jacob Hilton y Owain Evans, «TruthfulQA: Measuring How Models Mimic Human Falsehoods», in *Proceedings of the 60th Annual Meeting of the Association for Computational Linguistics* 1 (2021): pp. 3214-3252, doi.org/10.18653/v1/2022.acl-long.229. Para una excelente explicación de por qué los desarrolladores son cada vez menos conscientes de la composición de sus datos de entrenamiento, véase Christo Buschek y Jer Thorp, «Models All the Way Down»,Knowing Machines, 26 de marzo de 2024, knowingmachines.org/models-all-the-way.

44. Benjamin Weiser, «Here's What Happens When Your Lawyer Uses ChatGPT», *The New York Times*, 27 de mayo de 2023,

nytimes.com/2023/05/27/nyregion/avianca-airline-lawsuit-chatgpt.html.

45. Katharina Jeblick, Balthasar Schachtner, Jakob Dexl, Andreas Mittermeier, Anna Theresa Stüber, Johanna Topalis *et al.*, «ChatGPT Makes Medicine Easy to Swallow: An Exploratory Case Study on Simplified Radiology Reports», *European Radiology* 34 (octubre de 2024): pp. 2817-2825, doi.org/10.1007/s00330-023-10213-1.

46. Lily Hay Newman y Andy Greenberg, «Security News This Week: ChatGPT Spit Out Sensitive Data When Told to Repeat 'Poem' Forever», *Wired*, 2 de diciembre de 2023, wired.com/story/chatgpt-poem-forever-security-roundup.

47. Leonardo Nicoletti y Dina Bass, «Humans Are Biased. Generative AI Is Even Worse», *Bloomberg*, 9 de junio de 2023, bloomberg.com/graphics /2023-generative-ai-bias; Victoria Turk, «How AI Reduces the World to Stereotypes», *Rest of World*, 10 de octubre de 2023, restofworld.org/2023/ai-image-stereotypes; y Nitasha Tiku, Kevin Schaul y Szu Yu Chen, «This Is How AI Image Generators See the World», *The Washington Post*, 1 de noviembre de 2023, washingtonpost.com/technology/interactive/2023/ai-generated-images-bias-racism-sexism-stereotypes.

48. Carmen Drahl, «AI Was Asked to Create Images of Black African Docs Treating White Kids. How'd It Go?», *Goats and Soda*, NPR, 6 de octubre de 2023, npr.org/sections /goatsandsoda/2023/10/06/1201840678/ai-was-asked-to-create-images-of-black-african-docs-treating-white-kids-howd-it-.

49. Ezra Klein, presentador, *The Ezra Klein Show*, pódcast, «What if Dario Amodei Is Right About A.I.?», 12 de abril de 2024, *The New York Times* Opinion, nytimes.com/column/ezra-klein-podcast.

5. Escala de ambición

1. Cade Metz, *Genius Makers: The Mavericks Who Brought AI to Google, Facebook, and the World*, Dutton, 2021, p. 93; «Geoffrey

Hinton | On Working with Ilya, Choosing Problems, and the Power of Intuition», publicado el 20 de mayo de 2024, por Sana, YouTube, 45 min., 45 seg., youtu.be/n4IQOBka8bc.

2. Entrevista de la autora con Geoffrey Hinton, noviembre de 2023.

3. Metz, *Genius Makers*, p. 94.

4. Will Douglas Heaven, «Rogue Superintelligence and Merging with Ma-chines: Inside the Mind of OpenAI's Chief Scientist», *MIT Technology Review*, 26 de octubre de 2023, technologyreview.com/2023/10/26/1082398/exclusive-ilya-sutskever-openais-chief-scientist-on-his-hopes-and-fears-for-the-future-of-ai.

5. «NIPS: Oral Session 4—Ilya Sutskever, publicado el 19 de agosto de 2016, por Microsoft Research, YouTube, 23 min., 14 seg., youtu.be/-uyXE7dY5H0.

6. Sutskever habla a menudo de que su creencia en el aprendizaje profundo es realmente una creencia. En septiembre de 2023, dijo: «La creación de OpenAI ya era una expresión de esa apuesta, de la idea de lo que puede hacer el aprendizaje profundo. Solo tienes que creer. Y, de hecho, diría que gran parte de la investigación sobre el aprendizaje profundo, al menos en la última década, tal vez hoy un poco menos, tiene que ver con la fe». Entrevista con el Dr. Ilya Sutskever, Cofundador de OPEN AI —en «Open University Studios— English», 2023, por The Open University of Israel, YouTube, 50 min., 28 seg., youtu.be/H1YoNlz2LxA.

7. «What AI Is Making Possible | Ilya Sutskever and Sven Strohband», publicado el 18 de julio de 2023, por Khosla Ventures, YouTube, 25 min., 26 seg., youtu.be/xym5f0XYlSc; «Ilya Sutskever: 'Sequence to Sequence Learning with Neural Networks: What a Decade'», publicado el 14 de diciembre de 2024, por seremot, YouTube, 24 min., 36 seg., youtu.be/1yvBqasHLZs.

8. Entrevista de la autora con Pieter Abbeel, octubre de 2023.

9. «Ilya Sutskever: 'Sequence to Sequence Learning with Neural Networks'».

10. James Vincent, «OpenAI Co-founder on Company's Past Approach to Openly Sharing Research: 'We Were Wrong'», *The*

Verge, 15 de marzo de 2023, theverge.com/2023/3/15/23640180/openai-gpt-4-launch-closed-research-ilya-sutskever-interview.

11. Ilya Sutskever (@ilyasut), «it may be that today's large neural networks are slightly conscious», Twitter (ahora X), 9 de febrero de 2022, x.com/ilyasut/status /1491554478243258368.

12. Murray Shanahan (@mpshanahan), «. . . in the same sense that it may be that a large field of wheat is slightly pasta», Twitter (ahora X), 10 de febrero de 2022, x.com/mpshanahan/status/1491715721289678848.

13. Nirit Weiss-Blatt, «What Ilya Sutskever Really Wants», *AI Panic*, 16 de septiembre de 2023, aipanic.news/p/what-ilya-sutskever-really-wants.

14. Ilya Sutskever (@ilyasut), «In the future, once the robustness of our models will exceed some threshold, we will have *wildly effective* and dirt cheap AI therapy. Will lead to a radical improvement in people's experience of life. One of the applications I'm most eagerly awaiting», Twitter (ahora X), 27 de septiembre de 2023, x.com/ilyasut/status/1707027536150929689.

15. Una foto de Sutskever en el acto.

16. Ashish Vaswani, Noam Shazeer, Niki Parmar, Jakob Uszkoreit, Llion Jones, Aidan N. Gomez *et al.*, «Attention Is All You Need», en *NIPS '17: Proceedings of the 31st International Conference on Neural Information Processing Systems* (diciembre de 2017): 6000–10, dl.acm.org/doi/10.5555/3295222.3295349.

17. La tesis doctoral de Sutskever se centraba en las redes neuronales recurrentes. Las RNN. Como los Transformers, están diseñadas para procesar datos secuenciales, que pueden ser ampliamente aplicables. Por ejemplo: una frase en inglés es una secuencia de palabras, una imagen es una secuencia de píxeles, un vídeo es una secuencia de imágenes. Su tesis doctoral puede encontrarse en: Ilya Sutskever, «Training Recurrent Neural Networks» (PhD diss., University of Toronto, 2013), pp. 1-101, cs.utoronto.ca/~ilya/pubs/ilya_sutskever_phd_thesis.pdf.

18. Alec Radford, Karthik Narasimhan, Tim Salimans e Ilya Sutskever, «Improving Language Understanding by Generative

Pre-Training», preimpresión, OpenAI, 11 de junio de 2018, pp. 1-12, cdn.openai.com/research-covers/language-unsupervised/language_understanding_paper.pdf. El conjunto de datos original del que Radford extrajo los más de siete mil libros no publicados procede de: Yukun Zhu, Ryan Kiros, Rich Zemel, Ruslan Salakhutdinov, Raquel Urtasun, Antonio Torralba *et al.*, «Aligning Books and Movies: Towards Story-Like Visual Explanations by Watching Movies and Reading Books», en *Proceedings: 2015 IEEE International Conference on Computer Vision* (Institute of Electrical and Electronics Engineers, 2015): pp. 19-27, doi.org/10.1109/ICCV.2015.11. No es inusual en la investigación de la IA que un grupo extraiga un conjunto de datos y lo publique y que otros grupos lo reutilicen para sus propósitos.

19. OpenAI, «Generative Models», *Open AI* (blog), 16 de junio de 2016, openai.com/index/generative-models.

20. Paul Christiano, Jan Leike, Tom B. Brown, Miljan Martic, Shane Legg y Dario Amodei, «Deep Reinforcement Learning from Human Preferences», en *NIPS '17: Proceedings of the 31st International Conference on Neural Information Processing Systems* (diciembre de 2017): pp. 4302-4310, dl.acm.org/doi/10.5555/3294996.3295184.

21. OpenAI, «Learning from Human Preferences», *Open AI* (blog), 13 de junio de 2017, openai.com/index/learning-from-human-preferences.

22. Entrevista de la autora con Dario Amodei, agosto de 2019.

23. Alec Radford, Jeffrey Wu, Rewon Child, David Luan, Dario Amodei e Ilya Sutskever, «Language Models Are Unsupervised Multitask Learners», preimpresión, OpenAI, 14 de febrero de 2019, pp. 1-24, cdn.openai.com/better-language-models/language_models_are_unsupervised_multitask_learners.pdf.

24. Jared Kaplan, Sam McCandlish, Tom Henighan, Tom B. Brown, Benjamin Chess, Rewon Child *et al.*, «Scaling Laws for Neural Language Models», preimpresión, arXiv, 23 de enero de 2020, pp. 1-30, doi.org/10.48550/arXiv.2001.08361.

25. Entrevista con Amodei, agosto de 2019.

26. La diatriba completa aparece en OpenAI, «Better Language Models and Their Implications», *Open AI* (blog), 14 de febrero de 2019, openai.com/index/better -language-models.

27. Entrevista de la autora con Jack Clark, agosto de 2019.

28. *Ibid.*

29. OpenAI, «Better Language Models».

30. Will Knight, «An AI That Writes Convincing Prose Risks Mass- Producing Fake News», *MIT Technology Review*, 14 de febrero de 2019, technologyreview.com/2019/02/14/137426/an-ai-tool-auto-generates-fake-news-bogus-tweets-and-plenty-of-gibberish.

31. Entrevista con Clark, agosto de 2019.

32. Karen Hao, «The Messy, Secretive Reality Behind OpenAI's Bid to Save the World», *MIT Technology Review*, 17 de febrero de 2020, technologyreview.com/2020/02/17/844721/ai-openai-moonshot-elon-musk-sam-altman-greg-brockman-messy-secretive-reality.

33. Asistí a la reunión de este equipo cuando me integré en la oficina en agosto de 2019.

34. Helen Toner, «GPT-2 Kickstarted the Conversation About Publication Norms in the AI Research Community», CSET, 1 de mayo de 2020, cset.georgetown.edu/article/gpt-2-kickstarted-the-conversation-about-publication-norms-in-the-ai-research-community/; PAI Staff, «Managing the Risks of AI Research: Six Recommendations for Responsible Publication», Partnership on AI, May 6, 2021, partnershiponai.org/paper/responsible-publication-recommendations.

35. Entrevista con Amodei, agosto de 2019.

36. *Ibid.*

37. Copias de dos de esos documentos.

38. El debate citado procede de uno de los documentos mencionados.

39. Tom Simonite, «OpenAI Said Its Code Was Risky. Two Grads Re-Created It Anyway», *Wired*, 26 de agosto de 2019, wired.com/story/dangerous-ai-open-source.

40. OpenAI no reveló el número de chips utilizados en su

documento original sobre el GPT-3, pero, después de la controversia explicada en el capítulo 7, les dijo a los investigadores de Google que habían sido diez mil, y estos lo publicaron en el documento siguiente: David Patterson, Joseph Gonzalez, Quoc Le, Chen Liang, Lluis-Miquel Munguia, Daniel Rothchild *et al.*, «Carbon Emissions and Large Neural Network Training», preimpresión, arXiv, 23 de abril de 2021, 6, doi.org/10.48550/arXiv.2104.10350.

41. Se pueden encontrar más detalles acerca de los datos de entrenamiento utilizados para el GPT-2 en un documento de OpenAI sobre el modelo: Radford *et al.*, «Language Models Are Unsupervised Multitask Learners».

42. En este sentido, OpenAI no es la única. En 2023, Alex Reisner, escritor y programador, confirmó que empresas como Meta y Bloomberg habían entrenado a sus modelos con otro conjunto de datos de libros llamado Books3, que, según se desprende de su análisis, contiene más de 170.000 libros publicados. En 2024, Reisner confirmó también que esas mismas empresas, junto con Anthropic, Nvidia, Apple, y otras más, estaban entrenando de manera parecida a sus modelos con un conjunto de datos llamado OpenSubtitles con los diálogos de más de 53.000 películas y 85.000 episodios de TV. Alex Reisner, «Revealed: The Authors Whose Pirated Books Are Powering Generative AI», *The Atlantic*, 19 de agosto de 2023, theatlantic.com/technology/archive/2023/08/books3-ai-meta-llama-pirated-books/675063/; Alex Reisner, «There's No Longer Any Doubt That Hollywood Writing Is Powering AI», *The Atlantic*, 18 de noviembre de 2024, theatlantic.com/technology/archive/2024/11/opensubtitles-ai-data-set/680650.

43. Authors Guild v. OpenAI Inc., n.º 1:23-cv-08292, CourtListener (S.D.N.Y. May 6, 2024), ECF n.º 143, Exhibit D, en p. 2.

44. Pueden encontrarse detalles acerca de los datos utilizados para el entrenamiento del GPT-3 en el documento de OpenAI sobre el modelo: Tom B. Brown, Benjamin Mann, Nick Ryder *et al.*, «Language Models Are Few-Shot Learners», en *NIPS '20: Proceedings of the 34th International Conference on Neural Information Proces-*

sing Systems (diciembre de 2020): pp. 1877-1901, dl.acm.org/doi/abs/10.5555/3495724.3495883.

45. Entrevista de la autora con Ryan Kolln, octubre de 2023.

46. Abeba Birhane, Vinay Prabhu, Sang Han y Vishnu Naresh Boddeti, «On Hate Scaling Laws for Data-Swamps», preimpresión, arXiv, 28 de junio de 2023, pp. 1-27, doi.org/10.48550/arXiv.2306.13141.

47. David Thiel, *Identifying and Eliminating CSAM in Generative ML Training Data and Models*, Stanford Internet Observatory, 2023, pp. 1-19, purl.stanford.edu/kh752sm9123.

48. Billy Perrigo, «Exclusive: OpenAI Used Kenyan Workers on Less Than $2 Per Hour to Make ChatGPT Less Toxic», *Time*, 18 de enero de 2023, time.com/6247678/openai-chatgpt-kenya-workers.

49. Karen Hao y Deepa Seetharaman, «Cleaning Up ChatGPT Takes Heavy Toll on Human Workers», *The Wall Street Journal*, 24 de jukio de 2023, wsj.com/articles/chatgpt-openai-content-abusive-sexually-explicit-harassment-kenya-workers-on-human-workers-cf191483; copy of OpenAI's RLHF instructions.

50. Entrevista de la autora con Hito Steyerl, septiembre de 2023.

6. Ascensión

1. Tad Friend, «Sam Altman's Manifest Destiny», *The New Yorker*, 3 de octubre de 2016, newyorker.com/magazine/2016/10/10/sam-altmans-manifest-destiny.

2. «Advice to Entrepreneurs | Sam Altman & Jack Altman», publicado el 1 de agosto de 2019, por Khosla Ventures, YouTube, 30 min., 10 seg., youtu.be/NAaRhXQCt9o.

3. «Competition Is for Losers with Peter Thiel (How to Start a Startup 2014: 5)», publicado en 22 de marzo de 2017, por Y Combinator, YouTube, 50 min., 27 seg., youtu.be/3Fx5Q8xGU8k.

4. «Sam Altman Startup School Video», publicado el 26 de ju-

lio de 2017, por Waterloo Engineering, YouTube, 1 h., 18 min., 19 seg., youtu.be/4SlNgM4PjvQ.

5. Tyler Cowen, host, *Conversations with Tyler*, pódcast, episodio 61, «Sam Altman on Loving Community, Hating Coworking, and the Hunt for Talent», Mercatus Center Podcasts, 27 de febrero de 2019.

6. Entrevista de la autora con Geoff Ralston, marzo de 2024.

7. Copia de la circular.

8. Stephanie Palazzolo, Erin Woo y Amir Efrati, «How Anthropic Got Inside OpenAI's Head», *The Information*, 12 de diciembre de 2024, theinformation.com/articles/how-anthropic-got-inside-openais-head.

9. Los detalles de las paranoias de Altman y Sutskever y el modo en que la empresa reforzó la seguridad digital y física proceden de los recuerdos y las notas contemporáneas de personas que hablaron con Altman o tenían conocimiento de las medidas y grabaciones de las mismas, tanto probadas como discutidas. El énfasis de Altman en la seguridad también se cita en la circular mencionada anteriormente. Todos los detalles (por ejemplo, la atención prestada a la amenaza interna, el escáner biométrico, las contraseñas de emergencia) han sido corroborados por al menos dos personas, notas contemporáneas, una grabación o la circular.

10. Tom B. Brown, Benjamin Mann, Nick Ryder *et al.*, «Language Models Are Few-Shot Learners», en *NIPS '20: Proceedings of the 34th International Conference on Neural Information Processing Systems* (2020): pp. 1877-19901, dl.acm.org/doi/abs/10.5555/3495724.3495883.

11. Además de entrevistas con fuentes, la idea de utilizar modelos de generación de código para acelerar la investigación de OpenAI aparece en dos de las circulares internas de la empresa y de las cuales tengo copias.

12. Rakesh Kochhar, «Unemployment Rose Higher in Three Months of COVID-19 Than It Did in Two Years of the Great Recession», Pew Research Center, 11 de junio de 2020, pewresearch.org/short-reads/2020/06/11/unemployment-rose-higher-in-

three-months-of-covid-19-than-it-did-in-two-years-of-the-great-recession.

13. Daniel Adiwardana, Minh-Thang Luong, David R. So, Jamie Hall, Noah Fiedel, Romal Thoppilan *et al.*, «Towards a Human-Like Open-Domain Chatbot», preimpresión, arXiv, 27 de febrero de 2020, pp. 1-38, doi.org/10.48550/arXiv.2001.09977.

14. Miles Kruppa y Sam Schechner, «How Google Became Cautious of AI and Gave Microsoft an Opening», *The Wall Street Journal*, 7 de marzo de 2023, wsj.com/articles/google-ai-chatbot-bard-chatgpt-rival-bing-a4c2d2ad.

15. El artículo ganó uno de los premios a mejor artículo del NeurIPS en 2020. Hsuan-Tien Lin, Maria Florina Balcan, Raia Hadsell y Marc'Aurelio Ranzato, «Announcing the NeurIPS 2020 Award Recipients», Neural Information Processing Systems Conference, 8 de diciembre de 2020, neuripsconf.medium.com/announcing-the-neurips-2020-award-recipients-73e4d3101537.

16. *Simple Sabotage Field Manual* (Office of Strategic Services: 1944), cia.gov/static/5c875f3ec660e092cf893f60b4a288df/SimpleSabotage.pdf.

7. Ciencia en cautividad

1. Copia de la circular.

2. Karen Hao, Salvador Rodríguez y Deepa Seetharaman, «Mark Zuckerberg Was Early in AI. Now Meta Is Trying to Catch Up», *The Wall Street Journal*, 17 de junio de 2023, wsj.com/articles/mark-zuckerberg-was-early-in-ai-now-meta-is-trying-to-catch-up-94a86284.

3. Jeffrey Ding y Jenny W. Xiao, *Recent Trends in China's Large Language Model Landscape*, Centre for the Governance of AI, 28 de abril de 2023, pp. 1-14, cdn.governance.ai/Trends_in_Chinas_LLMs.pdf.

4. Raffaele Huang y Karen Hao, «Baidu Hurries to Ready China's First ChatGPT Equivalent Ahead of Launch», *The Wall Street*

Journal, 9 de marzo de 2023, wsj.com/articles/baidu-scrambles-to-ready-chinas-first-chatgpt-equivalent-ahead-of-launch-bf35 9ca4.

5. Emma Strubell, Ananya Ganesh y Andrew McCallum, «Energy and Policy Considerations for Deep Learning in NLP», *Proceedings of the 57th Annual Meeting of the Association for Computational Linguistics* (julio de 2019): 3645–50, doi.org/10.18653/v1/P19-1355.

6. David Patterson, Joseph Gonzalez, Quoc Le, Chen Liang, Lluis-Miquel Munguia, Daniel Rothchild *et al.*, «Carbon Emissions and Large Neural Network Training», preimpresión, arXiv, 23 de abril de 2021, doi.org/10.48550/arXiv.2104.10350.

7. Joy Buolamwini y Timnit Gebru, «Gender Shades: Intersectional Accuracy Disparities in Commercial Gender Classification», en *Proceedings of the 1st Conference on Fairness, Accountability and Transparency* (2018): pp. 77-91, proceedings.mlr.press/v81/buolamwini18a.html.

8. El documento de seguimiento: Inioluwa Deborah Raji y Joy Buolamwini, «Actionable Auditing: Investigating the Impact of Publicly Naming Biased Performance Results of Commercial AI Products», en *AIES '19: Proceedings of the 2019 AAAI/ACM Conference on AI, Ethics, and Society* (Enero de 2019): 429–35, doi.org/10.1145/3306618.3314244; la auditoría del gobierno de EE. UU.: Patrick Grother, Mei Ngan, y Kayee Hanaoka, *Face Recognition Vendor Test (FRVT) Part 3: Demographic Effects*, NISTIR 8280, National Institute of Standards and Technology, Diciembre de 2019, doi.org/10.6028/NIST.IR.8280.

9. La historia completa de la investigación y el activismo de Buolamwini se explica en sus memorias superventas: Joy Buolamwini, *Unmasking AI: My Mission to Protect What Is Human in a World of Machines*, Random House Trade Paperbacks, 2024; y en el documental de Netflix: *Coded Bias*, dirigido por Shalini Kantayya (2020; Brooklyn, NY: 7th Empire Media), Netflix. Para más información sobre los amplios efectos de «Sombras de género» y «Auditoría práctica», véase: «Celebrating 5 Years of Gender Shades», Algo-

rithmic Justice League, consultado el 15 de enero de 2025, gs.ajl.org/.

10. Karen Hao, «Inside the Fight to Reclaim AI from Big Tech's Control», *MIT Technology Review*, 14 de junio de 2021, technologyreview.com/2021/06/14/1026148/ai-big-tech-timnit-gebru-paper-ethics.

11. Entrevista de la autora con Timnit Gebru, agosto 2023.

12. Alex Hern, «Facebook Translates 'Good Morning' into 'Attack Them', Leading to Arrest», *The Guardian*, 24 de octubre de 2017, theguardian.com/technology/2017/oct/24/facebook-palestine-israel-translates-good-morning-attack-them-arrest.

13. Safiya Umoja Noble, *Algorithms of Oppression: How Search Engines Reinforce Racism*, NYU Press, 2018, pp. 1-248.

14. En el documento del GPT-3, bajo el apartado 6.2 Justicia, Sesgo y Representación, se tratan diversos tipos de sesgo del modelo y, a continuación, dice: «Hemos presentado este análisis preliminar para compartir algunos de los sesgos encontrados con el fin de motivar más investigaciones». Tom B. Brown, Benjamin Mann, Nick Ryder, Melanie Subbiah, Jared Kaplan, Prafulla Dhariwal *et al.*, «Language Models Are Few-Shot Learners», in *NIPS '20: Proceedings of the 34th International Conference on Neural Information Processing Systems*, n.º 159 (2020): pp. 1877-1901, dl.acm.org/doi/abs/10.5555/3495724.3495883.

15. La narración de las experiencias de Gebru en torno al artículo de los «Loros estocásticos» procede principalmente de entrevistas de la autora con Gebru, 2020-2024, incluyendo una celebrada un día después de su destitución, así como un relato pormenorizado en Tom Simonite, «What Really Happened When Google Ousted Timnit Gebru», *Wired*, 8 de junio de 2021, wired.com/story/google-timnit-gebru-ai-what-really-happened.

16. Diálogo entre Gebru y Emily M. Bender, extraído de capturas de pantalla aportadas por Bender.

17. Copia de correo electrónico aportada por Bender.

18. Simonite, «What Really Happened».

19. Emily M. Bender, Timnit Gebru, Angelina McMillan-Ma-

jor y Shmargaret Shmitchell [Meg Mitchell], «On the Dangers of Stochastic Parrots: Can Language Models Be Too Big?🦜», en *FAccT '21: Proceedings of the 2021 ACM Conference on Fairness, Accountability, and Transparency* (marzo de 2021): pp. 610-623, doi.org/10.1145/3442188.3445922. Dado que Google no le permitiría a Meg Mitchell publicar el artículo por las razones mencionadas en este capítulo, firmó como Shmargaret Shmitchell y creó una dirección de correo al efecto. En cuanto a su filiación, procedía de «el Éter».

20. Casey Newton, «The Withering Email That Got an Ethical AI Researcher Fired at Google», Platformer, 3 de diciembre de 2020, platformer.news/the-withering-email-that-got-an-ethical.

21. Google Walkout for Real Change, «Standing with Dr. Timnit Gebru—#ISupportTimnit #BelieveBlackWomen», Medium, 3 de diciembre de 2020, https://googlewalkout.medium.com/standing-with-dr-timnit-gebru-isupporttimnit-believeblackwomen-6dadc300d382.

22. Karen Hao, «We Read the Paper That Forced Timnit Gebru out of Google. Here's What It Says», *MIT Technology Review*, 4 de diciembre de 2020, technologyreview.com/2020/12/04/1013294/google-ai-ethics-research-paper-forced-out-timnit-gebru.

23. Ina Fried, «Scoop: Google CEO Pledges to Investigate Exit of Top AI Ethicist», Axios, 9 de diciembre de 2020, axios.com/2020/12/09/sundar-pichai-memo-timnit-gebru-exit.

24. Karen Hao, «Congress Wants Answers from Google About Timnit Gebru's Firing». *MIT Technology Review*, 17 de diciembre de 2020, technologyreview.com/ 2020/ 12/ 17/ 1014994/ congress-wants-answers-from-google-about-timnit-gebrus-firing.

25. Ina Fried, «Google Fires Another AI Ethics Leader», Axios, 19 de febrero de 2021, axios.com/2021/02/19/google/fires/another/ai/ethics/leader.

26. Sam Shead, «New Google Union 'Concerned' After a Senior A.I. Ethics Researcher Is Reportedly Locked Out of Her Account», CNBC, 21 de enero de 2021, nbc.com/2021/01/21/margaret-mitchell-google-investigating-ai-researcher-awu-concerned.html.

27. Sepi Hejazi Moghadam, «Marian Croak's Vision for Responsible AI at Google», *The Keyword*, 18 de febrero de 2021, blog.google/technology/ai/marian-croak-responsible-ai.

28. Correspondencia de la autora con un portavoz de Google, noviembre de 2024.

29. Mohamed Abdalla y Moustafa Abdalla, «The Grey Hoodie Project: Big Tobacco, Big Tech, and the Threat on Academic Integrity», en *AIES '21: Proceedings of the 2021 AAAI/ACM Conference on AI, Ethics, and Society* (julio de 2021): pp. 287-297, doi.org/10.1145/3461702.3462563.

30. James Somers, «The Friendship That Made Google Huge», *The New Yorker*, 3 de diciembre de 2018, newyorker.com/magazine/2018/12/10/the-friendship-that-made-google-huge.

31. Simonite, «What Really Happened».

32. Entrevista de la autora con Emma Strubell, noviembre de 2023.

33. Correspondencia con un portavoz de Google, noviembre de 2024.

34. David Patterson, «Good News About the Carbon Footprint of Machine Learning Training», *Google Research* (blog), 15 de febrero de 2022, research.google/blog/good-news-about-the-carbon-footprint-of-machine-learning-training.

35. Correspondencia con un portavoz de Google, noviembre de 2024.

36. Nitasha Tiku y Gerrit De Vynck, «Google Shared AI Knowledge with the World—Until ChatGPT Caught Up», *The Washington Post*, 4 de mayo de 2023, washingtonpost.com/technology/2023/05/04/google-ai-stop-sharing-research.

37. Rishi Bommasani, Kevin Klyman, Shayne Longpre, Sayash Kapoor, Nestor Maslej, Betty Xiong *et al.*, *The Foundation Model Transparency Index* (Stanford Center for Research on Foundation Models, octubre 2023), crfm.stanford.edu/fmti/October-2023/index.html.

8. El amanecer del comercio

1. Copia de la hoja de ruta.

2. Esto se conoce coloquialmente como el «artículo chinchilla»: Jordan Hoffmann, Sebastian Borgeaud, Arthur Mensch, Elena Buchatskaya, Trevor Cai, Eliza Rutherford *et al.*, «Training Compute-Optimal Large Language Models», preimpresión, arXiv, 29 de marzo de 2022, pp. 1-36, arxiv.org/abs/2203.15556.

3. El primer uso de este término en el contexto de la IA procede del artículo de Miles Brundage, Shahar Avin, Jasmine Wang, Haydn Belfield, Gretchen Krueger, Gillian Hadfield *et al.*, «Toward Trustworthy AI Development: Mechanisms for Supporting Verifiable Claims», preimpresión, arXiv, 20 de abril de 2020, 2, doi.org/10.48550/arXiv.2004.07213.

4. Khlaaf ha escrito un artículo que analiza las diferencias entre *red teaming* en IA y seguridad. Heidy Khlaaf, «Toward Comprehensive Risk Assessments and Assurance of AI-Based Systems», Trail of Bits, 7 de marzo de 2023, pp. 1-30, trailoæits.com/documents/Toward_comprehensive_risk_assessments.pdf.

5. Lex Fridman, presentador, *Lex Fridman Podcast*, pódcast, episodio 121, «Eugenia Kuyda: Friendship with an AI Companion», 5 de septiembre de 2020, lexfridman.com/podcast.

6. Tom Simonite, «It Began as an AI-Fueled Dungeon Game. It Got Much Darker», *Wired*, 5 de mayo de 2021, wired.com/story/ai-fueled-dungeon-game-got-much-darker.

7. Charles Duhigg, «The Inside Story of Microsoft's Partnership with OpenAI», *The New Yorker*, 1 de diciembre de 2023, newyorker.com/magazine/2023/12/11/the-inside-story-of-microsofts-partnership-with-openai.

8. Nat Friedman, «Introducing GitHub Copilot: Your AI Pair Programmer», GitHub, 29 de junio de 2021, github.blog/news-insights/product-news/introducing-github-copilot-ai-pair-programmer.

9. OpenAI, «OpenAI Codex», *Open AI* (blog), 10 de agosto de 2021, openai.com/index/openai-codex.

10. Tiernan Ray, «Microsoft Has Over a Million Paying Github Co- pilot Users: CEO Nadella», ZDNet, 25 de octubre de 2023, zdnet.com/article/microsoft-has-over-a-million-paying-github-copilot-users-ceo-nadella.

11. «Advice to Entrepreneurs | Sam Altman & Jack Altman», publicado el 1 de agosto de 2019, por Khosla Ventures, YouTube, 30 min., 10 seg., youtu.be/NAaRhXQCt9o.

12. Ellen Huet y Gillian Tan, «Sam Altman Wants to Scan Your Eyeball in Exchange for Cryptocurrency», *Bloomberg*, 29 de junio de 2021, bloomberg.com/news/articles/2021-06-29/sam-altman-s-worldcoin-will-give-free-crypto-for-eyeball-scans.

13. Sarah Holder y Shirin Ghaffary, «Sam Altman–Backed Group Completes Largest US Study on Basic Income», *Bloomberg*, 22 de julio de 2024, bloomberg.com/news/articles/2024-07-22/ubi-study-backed-by-openai-s-sam-altman-bolsters-support-for-basic-income.

14. OpenResearch: OpenResearch, «Key Findings: Spending», *OpenResearch* (blog), 21 de julio de 2024, openresearchlab.org/findings/key-findings-spending.

15. Huet yTan, «Sam Altman Wants to Scan Your Eyeball».

16. Eileen Guo y Adi Renaldi, «Deception, Exploited Workers, and Cash Handouts: How Worldcoin Recruited Its First Half a Million Test Users», *MIT Technology Review*, 6 de abril de 2022, technologyreview.com/2022/04/06/1048981/worldcoin-cryptocurrency-biometrics-web3.

17. Anita Nkonge, «Worldcoin Suspended in Kenya as Thousands Queue for Free Money», BBC, 3 de agosto de 2023, bbc.com/news/world-africa-66383325.

18. Antonio Regalado, «Sam Altman Invested $180 Million into a Company Trying to Delay Death», *MIT Technology Review*, 8 de marzo de 2023, technologyreview.com/2023/03/08/1069523sam-altman-investment-180-million-retro-biosciences-longevity-death.

19. Antonio Regalado, «A Startup Is Pitching a Mind- Uploading Service That Is '100 percent Fatal'», *MIT Technology Review*, 13 de marzo de 2018, technologyreview.com/2018/03/13/14472

1/a-startup-is-pitching-a-mind-uploading-service-that-is-100-percent-fatal.

20. «Office Hours with Sam Altman», publicado el 11 de enero de 2017, por Y Combinator, YouTube, 24 min., 34 seg., youtu.be/45BvnJgwYjk.

21. «StrictlyVC in Conversation with Sam Altman, Part One», publicado el 16 de enero de 2023, por Connie Loizos, YouTube, 20 min., 32 seg., youtu.be/57OU18cogJI.

22. Justine Calma, «Microsoft Just Made a Huge, Far-from-Certain Bet on Nuclear Fusion», *The Verge*, 10 de mayo de 2023, theverge.com/2023/5/10/23717332/microsoft-nuclear-fusion-power-plant-helion-purchase-agreement.

23. Puede encontrarse información en su propia página web, openai.fund.

24. Berber Jin, Tom Dotan y Keach Hagey, «The Opaque Investment Empire Making OpenAI's Sam Altman Rich», *The Wall Street Journal*, 3 de junio de 2024, wsj.com/tech/ai/openai-sam-altman-investments-004fc785.

9. Capitalismo de desastre

1. Karen Hao y Deepa Seetharaman, «Cleaning Up ChatGPT Takes Heavy Toll on Human Workers», *The Wall Street Journal*, 24 de julio de 2023, wsj.com/articles/chatgpt-openai-content-abusive-sexually-explicit-harassment-kenya-workers-on-human-workers-cf191483.

2. Copias de las declaraciones de trabajo del proyecto.

3. Entrevista de la autora con un portavoz de OpenAI, junio de 2023.

4. Informe del correo electrónico.

5. Informe de las respuestas.

6. Copia de dos contratos e informes de los otros dos.

7. Basado en el viaje periodístico de la autora a Nairobi, mayo de 2023.

8. Entrevistas de la autora con Mercy Mutemi, la abogada que representó a los cuatro trabajadores kenianos en su lucha por la reforma del trabajo digital en Kenia, mayo de 2023, y Jonathan Beardsley, ejecutivo en aquel entonces en la empresa de anotación de datos CloudFactory, mayo de 2023.

9. Billy Perrigo, «Inside Facebook's African Sweatshop», *Time*, 14 de febrero de 2022, time.com/6147458/facebook-africa-content-moderation-employee-treatment.

10. Correspondencia de la autora con un portavoz de Sama, noviembre de 2024.

11. Caroline Kimeu, «'A Watershed': Meta Ordered to Offer Mental Health Care to Moderators in Kenya», *The Guardian*, 7 de junio de 2023, theguardian.com/global-development/2023/jun/07/a-watershed-meta-ordered-to-offer-mental-health-care-to-moderators-in-kenya.

12. Basado en contratos y documentos sobre el proyecto, así como en la respuesta de Sama a la petición de un comentario a su artículo por parte de la autora en *The Wall Street Journal*: Hao y Seetharaman, «Cleaning Up ChatGPT Takes Heavy Toll».

13. Entrevistas de la autora con cuatro de esos trabajadores, Mophat Okinyi, Richard Mathenge, Alex Kairu y Bill Mulinya, 2023.

14. Copia de las instrucciones que recibieron los trabajadores. Esas categorías se corresponden con las disponibles en la API de moderación de contenidos de OPenAI que puede consultarse aquí: «Moderation», OpenAI Platform, OpenAI, consultada el 17 de octubre de 2024, platform.openai.com/docs/guides/moderation.

15. Entrevistas de la autora con Mophat, su hermano Albert, uno de sus amigos y Mutemi, 2023.

16. Mary L. Gray y Siddharth Suri, *Ghost Work: How to Stop Silicon Valley from Building a New Global Underclass*, Harper Business, 2019, pp. 1-288; y entrevista de la autora conMary L. Gray, mayo de 2019.

17. Florian Alexander Schmidt, «Crowdsourced Production of AI Training Data—How Human Workers Teach Self-Driving

Cars How to See», *Working Paper Forschungsförderung* 155 (2019), hdl.handle.net/10419/216075.

18. Entrevistas de la autora con Florian Alexander Schmidt, 2022; y Julián Posada, 2021.

19. Según el Fondo Monetario Internacional.

20. Schmidt, «Crowdsourced Production of AI».

21. Julián Posada, «The Coloniality of Data Work: Power and Inequality in Outsourced Data Production for Machine Learning» (PhD diss., University of Toronto, 2022), pp. 1-229, hdl.handle.net/1807/126388.

22. Karen Hao y Andrea Paola Hernández, «How the AI Industry Profits from Catastrophe», *MIT Technology Review*, 20 de abril de 2022, technologyreview.com/2022/04/20/1050392/ai-industry-appen-scale-data-labels.

23. Entrevistas de la autora con Oskarina Verónica Fuentes Anaya, incluso en su casa, 2021.

24. Entrevista de la autora con Wilson Pang, diciembre de 2021.

25. Entrevistas de la autora con trabajadores de anotación de datos, 2021-2024, en Kenia, Filipinas, Colombia, Venezuela (en colaboración con Andrea Paola Hernández), África del Norte y otros lugares.

26. El relato de las prácticas empresariales de Scale se basa en entrevistas de la autora con cinco empleados actuales y pasados de Scale, capturas de pantalla de documentos de la empresa, informes de instrucciones entregadas a los empleados, inmersión en su Discord, así como entrevistas de la autora con casi dos docenas de trabajadores de todo el mundo que han trabajado en la plataforma.

27. Ashlee Vance, «Silicon Valley's Latest Unicorn Is Run by a 22- Year-Old», *Bloomberg*, 5 de agosto de 2019, bloomberg.com/news/articles/2019-08-05/scale-ai-is-silicon-valley-s-latest-unicorn.

28. Copia de hoja de cálculo de los pagos a los trabajadores.

29. Correspondencia de la autora con un portavoz de Scale, noviembre de 2024.

30. *Ibid.*

31. Hao y Hernández, «How the AI Industry Profits from Catastrophe».

32. Correspondencia con un portavoz de Scale, noviembre de 2024.

33. Captura de pantalla de los pagos del trabajador.

34. Captura de pantalla del mensaje en el canal Discord de los trabajadores.

35. Entrevistas de la autora con el fundador Mark Sears, mayo de 2023; con el directivo Jonathan Beardsley, y alrededor de una docena de trabajadores de CloudFactory; así como una visita a la sede central de CloudFactory en Nairobi, mayo de 2023.

36. Entrevistas de la autora con Mophat Okinyi, mayo de 2023; y Albert Okinyi, mayo y junio de 2023.

37. Según la Federación de Empleadores de Kenia, que define «joven» entre quince y treinta y cuatro años de edad.

38. «Continued Rebound, but Storms Cloud the Horizon: Policies to Accelerate the Productive Economy for Inclusive Growth», *Kenya Economic Update*, n.º 26 (World Bank, 2022), pp. 1-54, hdl.handle.net/10986/38386.

39. Correspondencia de la autora con un portavoz de Sama, junio de 2023.

40. Entrevistas de la autora con Mophat, mayo de 2023; Albert, mayo y junio de 2023; y un amigo de Mophat, mayo de 2023.

41. Copia de la declaración de trabajo de OpenAI con Sama.

42. Copia de las instrucciones.

43. Investigadores de OpenAI escribieron posteriormente un artículo explicando algunas de sus prácticas para crear el filtro de moderación de contenidos. El apartado 3.3 explica cómo generaron datos sintéticos para el entrenamiento. El documento explica además las categorías de gravedad. Todor Markov, Chong Zhang, Sandhini Agarwal, Tyna Eloundou, Teddy Lee, Steven Adler *et al.*, «A Holistic Approach to Undesired Content Detection in the Real World», en *AAAI'23/IAAI'23/EAAI'23: Proceedings of the Thirty-Seventh AAAI Conference on Arti- ficial Intelligence and Thirty-Fifth Conference on Innovative Applications of Artificial Intelligence and Thir-*

teenth Symposium on Educational Advances in Artificial Intelligence, n.º 1683 (2022): pp. 15009-15018, dl.acm.org/doi/10.1609/aaai.v37i12.26752.

44. Correspondencia con un portavoz de Sama, junio de 2023.

45. *Ibid.*

46. Entrevista con Albert Okinyi, mayo y junio de 2023.

47. Milagros Miceli y Julián Posada, «The Data-Production Dispositif», en *Proceedings of the ACM on Human-Computer Interaction* 6, n.º 460 (noviembre de 2022): pp. 1-37, dl.acm.org/doi/10.1145/3555561; James Muldoon y Boxi A. Wu, «Artificial Intelligence in the Colonial Matrix of Power», *Philosophy and Technology* 36, n.º 80 (diciembre de 2023), doi.org/10.1007/s13347-023-00687-8.

48. Entrevista con Sears, mayo de 2023.

49. Contratos de OpenAI basados en capturas de pantalla de contratos cerrados entre OpenAI y Scale; ingresos estimados en 2023 de Cory Weinberg, «Fame, Feud and Fortune: Inside Billionaire Alexandr Wang's Relentless Rise in Silicon Valley», *The Information*, 28 de junio de 2024, theinformation.com/articles/fame-feud-and-fortune-inside-billionaire-alexandr-wangs-relentless-rise-in-silicon-valley.

50. Long Ouyang, Jeff Wu, Xu Jiang, Diogo Almeida, Carroll L. Wainwright, Pamela Mishkin *et al.*, «Training Language Models to Follow Instructions with Human Feedback», arXiv, 4 de marzo de 2022, pp. 1-68, doi.org/10.48550/arXiv.2203.02155.

51. OpenAI, «Aligning Language Models to Follow Instructions» *Open AI* (blog), 27 de enero de 2022, openai.com/index/instruction-following.

52. Basado en copias de más de cien páginas de documentos de documentos de RLHF de OpenAI.

53. Documentos de RLHF.

54. *Ibid.*

55. *Ibid.*

56. «John Schulman—Reinforcement Learning from Human Feedback: Progress and Challenges», publicado el 19 de abril de

2023, por UC Berkeley EECS, YouTube, 1 h., 3 min., 31 seg., youtu.be/hhiLw5Q_UFg.

57. Berber Jin, «The 27-Year-Old Billionaire Whose Army Does AI's Dirty Work», *The Wall Street Journal*, 20 de septiembre de 2024, wsj.com/tech/ai/alexandr-wang-scale-ai-d7c6efd7.

58. Alexandr Wang (@alexandr_wang), «we're starting to see top companies spend the same amount on RLHF and compute in training ChatGPT-like LLMs . . . for example, OpenAI hired >1000 devs to RLHF their code models . . . crazy—but soon companies will start spending $ hundreds of Ms or $ billions on RLHF, just as w/compute», Twitter (ahora X), 1 de febrero de 2023, x.com/alexandr_wang/status/1620934510820093952.

59. Correspondencia de la autora con un portavoz de Scale, noviembre de 2024.

60. Basado en visitas a los domicilios de tres trabajadores de Remotasks y cuatro de Sama en Nairobi, mayo de 2023, así como las direcciones de otros dos trabajadores de Remotasks.

61. Entrevistas de la autora con Winnie y su pareja, Millicent, mayo de 2023.

62. Reseña de las instrucciones de Flamingo Generation.

63. Reseña de las instrucciones de Crab Generation.

64. Copia de las instrucciones de Crab Paraphrase.

65. Russell Brandom, «Scale AI's Remotasks Platform Is Dropping Whole Countries Without Explanation», *Rest of World*, 28 de marzo de 2024, restofworld.org/2024/scale-ai-remotasks-banned-workers.

66. «The 27-Year-Old Billionaire.»

67. Capturas de pantalla de designaciones de grupos y un anuncio de cambio en los grupos.

68. Cory Weinberg, «Why a $14 Billion Startup Is Now Hiring PhD's to Train AI from Their Living Rooms», *The Information*, 25 de junio de 2024, theinformation.com/articles/why-a-14-billion-startup-is-now-hiring-phds-to-train-ai-from-their-living-rooms.

69. Hilary Kimuyu, «Online Gig Site Remotasks Exits Ken-

ya», *Business Daily*, 13 de marzo de 2024, businessdailyafrica.com/bd/corporate/technology/online-gig-site-remotasks-exits-kenya-4555340.

10. Dioses y demonios

1. Andrew Van Dam, «What Percent Are You?», *Economics Blog*, *The Wall Street Journal*, 2 de marzo de 2016, wsj.com/articles/what-percent-are-you-1456922287.

2. Tyler Cowen, presentador, *Conversations with Tyler*, pódcast, episodio 61, «Sam Altman on Loving Community, Hating Coworking, and the Hunt for Talent», Mercatus Center Podcasts, 27 de febrero de 2019.

3. Émile P. Torres, «The Acronym Behind Our Wildest AI Dreams and Nightmares», *Truthdig*, 15 de junio de 2023, truthdig.com/articles/the-acronym-behind-our-wildest-ai-dreams-and-nightmares.

4. William MacAskill, «Replaceability, Career Choice, and Making a Difference», *Ethical Theory and Moral Practice* 17 (2013): pp. 269-283, doi.org/10.1007/S10677-013-9433-4.

5. «What Is Effective Altruism?», Effective Altruism Forum, consultado el 8 de octubre de 2024, effectivealtruism.org/articles/introduction-to-effective-altruism.

6. Will MacAskill, «What Are the Most Important Moral Problems of Our Time?», TED Talk, abril de 2018, 11 min., 45 seg., ted.com/talks/will_macaskill_what_are_the_most_important_moral_problems_of_our_time.

7. «About Us», Open Philanthropy, consultado el 17 de octubre de 2024, openphilanthropy.org/about-us.

8. Holden Karnofsky, «The Open Philanthropy Project Is Now an Independent Organization», Open Philanthropy, 12 de junio de 2017, openphilanthropy.org/research/the-open-philanthropy-project-is-now-an-independent-organization.

9. David Yaffe-Bellany, «A Crypto Emperor's Vision: No

Pants, His Rules», *The New York Times*, 14 de mayo de 2022, nytimes.com/2022/05/14/business/sam-bankman-fried-ftx-crypto.html.

10. Rebecca Ackermann, «Inside Effective Altruism, Where the Far Future Counts a Lot More Than the Present», *MIT Technology Review*, 17 de octubre de 2022, technologyreview.com/2022/10/17/1060967/effective-altruism-growth.

11. «Announcing the Future Fund», FTX Future Fund, archivada el 27 de noviembre de 2022, en web.archive.org/web/20221127183608/https://ftxfuturefund.org/announcing-the-future-fund.

12. «An Overview of the AI Safety Funding Situation», Effective Altruism Forum, consultado el 8 de octubre de 2024, forum.effectivealtruism.org/posts/XdhwXppfqrpPL2YDX/an-overview-of-the-ai-safety-funding-situation; correspondencia de la autora con un portavoz de Open Philanthropy, noviembre de 2024.

13. Shazeda Ahmed, Klaudia Jaźwińska, Archana Ahlawat, Amy Winecoff y Mona Wang, «Building the Epistemic Community of AI Safety», preimpresión, SSRN, 1 de diciembre de, 2023, pp. 1-14, ssrn.com/abstract=4641526; «What Is Effective Altruism?», Effective Altruism Forum.

14. La mayoría de estas definiciones son extraídas de *LessWrong* y Effective Altruism Forum; por ejemplo: «AI Timelines», *LessWrong*, consultado el 17 de octubre de 2024, lesswrong.com/tag/ai-timelines; «Global Catastrophic Risk», Effective Altruism Forum, consultado el 27 de noviembre de 2024, forum.effectivealtruism.org/topics/global-catastrophic-risk.

15. Charlotte Alter, «Effective Altruism Promises to Do Good Better. These Women Say It Has a Toxic Culture of Sexual Harassment and Abuse», *Time*, 3 de febrero de 2023, time.com/6252617/effective-altruism-sexual-harassment; y Kelsey Piper, «Why Effective Altruism Struggles on Sexual Misconduct», *Vox*, 16 de febrero de 2023, vox.com/future-perfect/2023/2/15/23601143/effective-altruism-sexual-harassment-misconduct.

16. Alec Radford, Jong Wook Kim, Chris Hallacy, Aditya Ramesh, Gabriel Goh, Sandhini Agarwal *et al.*, «Learning Transfera-

ble Visual Models from Natural Language Supervision», preimpresión, arXiv, 26 de febrero de 2021, pp. 1-48, doi.org/10.48550/arXiv.2103.00020.

17. OpenAI, «DALL·E: Creating Images from Text», *Open AI* (blog), 5 de enero de 2021, openai.com/index/dall-e.

18. Jascha Sohl-Dickstein, Eric A. Weiss, Niru Maheswaranathan, y Surya Ganguli, «Deep Unsupervised Learning Using Nonequilibrium Thermodynamics», en *ICML '15: Proceedings of the 32nd International Conference on Machine Learning* 37 (julio de 2015): pp. 2256–2265, dl.acm.org/doi/10.5555/3045118.3045358.

19. Jonathan Ho, Ajay Jain y Pieter Abbeel, «Denoising Diffusion Probabilistic Models», en *NIPS '20: Proceedings of the 34th International Conference on Neural Information Processing Systems*, n.º 574 (Diciembre de 2020): pp. 6840-6851, dl.acm.org/doi/abs/10.5555/3495724.3496298; Anil Ananthaswamy, «The Physics Principle That In- spired Modern AI Art», *Quanta Magazine*, 5 de enero de 2023, quantamagazine.org/the-physics-principle-that-inspired-modern-ai-art-20230105.

20. «DALL·E 2», OpenAI, consultado el 17 de septiembre de 2024, openai.com/index/dall-e-2.

21. Alex Nichol, Prafulla Dhariwal, Aditya Ramesh, Pranav Shyam, Pamela Mishkin, Bob McGrew *et al.*, «GLIDE: Towards Photorealistic Image Generation and Editing with Text-Guided Diffusion Models», en *Proceedings of the 39th Inter- national Conference on Machine Learning* (2022): 16784-804, proceedings.mlr.press/v162/nichol22a.html.

22. Robin Rombach, Andreas Blattmann, Dominik Lorenz, Patrick Esser y Björn Ommer, «High-Resolution Image Synthesis with Latent Diffusion Models», en *2022 IEEE/CVF Conference on Computer Vision and Pattern Recognition* (2022): pp. 10674-10685, doi.ieeecomputersociety.org/10.1109/CVPR52688.2022.01042.

23. Entrevista de la autora con Björn Ommer, marzo de 2024.

24. Fraser Kelton y Nabeel Hyatt, presentadores, *Hallway Chat*, pódcast, «Launch Stories of ChatGPT», 2 de diciembre de 2023, hallwaychat.co/launch-stories-of-chatgpt.

25. Hayden Field, «Microsoft Engineer Warns Company's AI Tool Creates Violent, Sexual Images, Ignores Copyrights», CNBC, 6 de marzo de 2024, cnbc.com/2024/03/06/microsoft-ai-engineer-says-copilot-designer-creates-disturbing-images.html.

26. Kelton y Hyatt, *Hallway Chat*.

27. Cade Metz, Cecilia Kang, Sheera Frenkel, Stuart A. Thompson y Nico Grant, «How Tech Giants Cut Corners to Harvest Data for A.I.», *The New York Times*, 6 de abril de 2024, nytimes.com/2024/04/06/technology/tech-giants-harvest-data-artificial-intelligence.html.

28. Davey Alba y Emily Chang, «YouTube Says OpenAI Training Sora with Its Videos Would Break Rules», *Bloomberg*, 4 de abril de 2024, bloomberg.com/news/articles/2024-04-04/youtube-says-openai-training-sora-with-its-videos-would-break-the-rules.

29. OpenAI, «Introducing Whisper», *Open AI* (blog), 21 de septiembre de 2022, openai.com/index/whisper.

30. «GPT-4 Contributions», OpenAI, consultado el 13 de octubre de 2024, openai.com/contributions/gpt-4.

31. Bill Gates, presentador, *Unconfuse Me with Bill Gates*, pódcast, episodio 2, «Sal Khan», Gates Notes, 10 de agosto de 2023, gatesnotes.com/podcast.

32. Bill Gates, «The Age of AI Has Begun», GatesNotes, 21 de marzo de 2023, gatesnotes.com/The-Age-of-AI-Has-Begun.

33. Desde entonces, Bill Gates lo ha repetido en público muchas veces, incluyendo Gates, «The Age of AI Has Begun".

34. Kelton y Hyatt, *Hallway Chat*.

35. Will Hurd, «Should 4 People Be Able to Control the Equivalent of a Nuke?», *Politico*, 30 de enero de 2024, politico.com/news/magazine/2024/01/30/will-hurd-ai-regulation-00136941.

36. «Sam Altman Startup School Video», publicado el 26 de julio de 2017 por Waterloo Engineering, YouTube, 1 h., 18 min., 19 seg., youtu.be/4SlNgM4PjvQ.

37. Bilawal Sidhu, presentador, *The TED AI Show*, pódcast, «What Really Went Down at OpenAI and the Future of Regulation w/ Helen Toner», 28 de mayo de 2024, ted.com/talks/the_

ted_ai_show_what_really_went_down_at_openai_and_the_future_of_regulation_w_helen_toner.

38. Rebecca Heilweil, «Why Silicon Valley Is Fertile Ground for Obscure Religious Beliefs», *Vox*, 30 de junio de 2022, vox.com/recode/2022/6/30/23188222/silicon-valley-blake-lemoine-chatbot-eliza-religion-robot.

39. Nitasha Tiku, «The Google Engineer Who Thinks the Company's AI Has Come to Life», *The Washington Post*, 11 de junio de 2022, washingtonpost.com/technology/2022/06/11/google-ai-lamda-blake-lemoine.

40. Tom Hartsfield, «Koko the Impostor: Ape Sign Language Was a Bunch of Babbling Nonsense», *Big Think*, 11 de mayo de 2022, bigthink.com/life/ape-sign-language.

41. Entrevista de la autora con Geoff Hinton.

11. Cima

1. La foto en cuestión, octubre de 2022.

2. United States v. Samuel Bankman-Fried, n.º 1:22-cr- 00673, CourtListener (S.D.N.Y. 15 de marzo de 2024), ECF n.º 410, en pp. 12-13. El apartado relevante dice: «From late 2021 through the first quarter of 2022, Bankman-Fried directed billions of dollars in spending, which used FTX customers' money. Those expenditures included . . . Anthropic PBC (an artificial intelligence company)».

3. Zack Abrams, «FTX Offloads Remaining Anthropic Shares as Bankruptcy Cost Surpasses $500 Million», The Block, 1 de junio de 2024, theblock.co/post/298010/ftx-offloads-remaining-anthropic-shares-as-bankruptcy-cost-surpasses-700-million.

4. Will Douglas Heaven, «The Inside Story of How ChatGPT Was Built from the People Who Made It», *MIT Technology Review*, 3 de marzo de 2023, technologyreview.com/2023/03/03/1069311/inside-story-oral-history-how-chatgpt-built-openai.

5. «StrictlyVC in Conversation with Sam Altman, Part Two»,

publicado el 17 de enero de 2023 por Connie Loizos, YouTube, 38 min., 58 seg., youtu.be/bjkD1Om4uw.

6. Erin Woo y Stephanie Palazzolo, «OpenAI Overhauls Content Moderation Efforts as Elections Loom», *The Information*, 18 de diciembre de 2023, theinformation.com/articles/openai-overhauls-content-moderation-efforts-as-elections-loom.

7. «Behind the Scenes Scaling ChatGPT—Evan Morikawa at LeadDev West Coast 2023», publicado el 26 de octubre de 2023 por LeadDev, YouTube, 27 min., 12 seg., youtu.be/PeKMEXUrlq4.

8. OpenAI, «Using GPT-4 for Content Moderation», *Open AI* (blog), 15 de agosto 15 de 2023, openai.com/index/using-gpt-4-for-content-moderation.

9. Nico Grant y Cade Metz, «A New Chat Bot Is a 'Code Red' for Google's Search Business», *The New York Times*, 21 de diciembre de 2022, nytimes.com/2022/12/21/technology/ai-chatgpt-google-search.html.

10. Copia de la circular.

11. El relato del clima reinante en Microsoft se basa en entrevistas de la autora con empleados y ejecutivos actuales y pasados de Microsoft, así como en copias de varios correos electrónicos enviados por los ejecutivos a los empleados.

12. Copia del correo electrónico que hace referencia a la estrategia.

13. Cada uno de los correos electrónicos citados de Microsoft se basan en copias de dichos correos.

14. El aumento de las peticiones de inferencia se basa en copias de los correos mencionados, así como en capturas de pantalla del cuadro de mandos interno.

15. Correspondencia de la autora con un portavoz de Microsoft, noviembre de 2024, que aportó esta cita a partir de una transcripción de la reunión.

16. Woo y Palazzolo, «OpenAI Overhauls Content Moderation».

17. *Ibid.*

18. Copia del documento.

19. Dylan Patel y Afzal Ahmad, «The Inference Cost of Search Disruption—Large Language Model Cost Analysis», *SemiAnalysis*, 9 de febrero de 2023, semianalysis.com/p/the-inference-cost-of-search-disruption.

20. Jon Victor y Aaron Holmes, «OpenAI Dropped Work on New 'Arrakis' AI Model in Rare Setback», *The Information*, 17 de octubre de 2023, theinformation.com/articles/openai-dropped-work-on-new-arrakis-ai-model-in-rare-setback.

21. Tom Dotan y Deepa Seetharaman, «The Awkward Partnership Leading the AI Boom», *The Wall Street Journal*, 13 de junio de 2023, wsj.com/articles/microsoft-and-openai-forge-awkward-partnership-as-techs-new-power-couple-3092de51.

22. Karen Weise y Cade Metz, «How Microsoft's Satya Nadella Became Tech's Steely Eyed A.I. Gambler», *The New York Times*, 14 de julio de 2026, nytimes.com/2024/07/14/technology/micro soft-ai-satya-nadella.html.

23. Anissa Gardizy y Amir Efrati, «Microsoft and OpenAI Plot$100 Billion Stargate AI Supercomputer», *The Information*, 29 de marzo de 2024, theinformation.com/articles/microsoft-and-openai-plot-100-billion-stargate-ai-supercomputer; Anissa Gardizy, Aaron Holmes y Amir Efrati, «OpenAI Leaders Say Microsoft Isn't Moving Fast Enough to Supply Servers», *The Information*, 8 de octubre de 2024, theinformation.com/articles/openai-eases-away-from-microsoft-data-centers.

12. Tierra saqueada

1. Basado en el viaje periodístico de la autora a Santiago y al desierto de Atacama, 2024.

2. Entrevista de la autora con Sonia Ramos, una activista atacameña, junio de 2024; los cortes de lenguas se citan también en la introducción de un diccionario de Kunza, un lenguaje atacameño casi extinguido: Julio Vilte Vilte, *Kunza: Lengua del Pueblo Lickan Antai o Atacameño*, Codelco Chile, 2004, p. 11.

3. «Chile—Country Commercial Guide: Mining», International Trade Administration, 7 de diciembre de 2023, trade.gov/country-commercial-guides/chile-mining.

4. Samo Burja, «Chile Is a Politically Disunited Resource Exporter», *Bismarck Brief*, 19 de junio de 2024, brief.bismarckanalysis.com/p/chile-is-a-politically-disunited.

5. Naomi Klein, *The Shock Doctrine: The Rise of Disaster Capitalism*, Picador, 2008, p. 55.

6. *Ibid.*, p. 64.

7. Milton Friedman, «A Friedman Doctrine—the Social Responsibility of Business Is to Increase Its Profits», *The New York Times*, 13 de septiembre de 1970, timesmachine.nytimes.com/timesmachine/1970/09/13/223535702.html?pageNumber=379.

8. Klein, *The Shock Doctrine*, p. 61.

9. James Doubek, «The U.S. Set the Stage for a Coup in Chile. It Had Unintended Consequences at Home», NPR, 10 de septiembre de 2023, npr.org/2023/09/10/1193755188/chile-coup-50-years-pinochet-kissinger-human-rights-allende; el informe original del Senado que detalla el importante gasto y la campaña de influencia que se llevó a cabo en Chile y que desembocó en el golpe de Estado: *Covert Action in Chile 1963–1973, Staff Report of the Select Committee to Study Governmental Operations with Respect to Intelligence Activities* (US Senate: 1975), intelligence.senate.gov/sites/default/files/94chile.pdf.

10. Daniel Matamala, «The Complicated Legacy of the 'Chicago Boys' in Chile», *Promarket*, 12 de septiembre de 2021, promarket.org/2021/09/12/chicago-boys-chile-friedman-neoliberalism.

11. «Income Share of the Richest 1%», Our World in Data, consultado el 14 de octubre de 2024, ourworldindata.org/grapher/income-share-top-1-before-tax-wid?tab=chart&country=CHL.

12. Gobierno de Chile, «International InvestChile Forum: 100 Companies from 28 Countries Will Meet in the Country», Gobierno de Chile, 16 de mayo de 2024, gob.cl/en/news/international-investchile-forum-100-companies-from-28-countries-will-meet-in-the-country.

13. Entrevista de la autora con Martín Tironi Rodó, junio de 2024.

14. Entrevistas de la autora con Alan Howard, un analista de la nube y de los centros de datos de la consultoría tecnológica Omdia, agosto y septiembre de 2023.

15. De hecho, costó, hasta que la autora visitó uno de los modelos de entrenamiento de OpenAI en Arizona, septiembre de 2023.

16. Entrevista de la autora con Mél Hogan, agosto de 2023.

17. Bianca Bosker, «Why Everything Is Getting Louder», *The Atlantic*, 15 de noviembre de 2019, theatlantic.com/magazine/archive/2019/11/the-end-of-silence/598366.

18. Rich Miller, «The Gigawatt Data Center Campus Is Coming», Data Center Frontier, 29 de abril de 2024, datacenterfrontier.com/hyperscale/article/55021675/the-gigawatt-data-center-campus-is-coming.

19. Entrevistas de la autora con Hogan, agosto de 2023; y con un inversor en centros de datos, marzo de 2024.

20. Goldman Sachs, «AI Is Poised to Drive 160% Increase in Data Center Power Demand», Goldman Sachs, 14 de mayo de 2024, goldmansachs.com/insights/articles/AI-poised-to-drive-160-increase-in-power-demand.

21. Una instalación de 150 megavatios puede consumir hasta 150 megavatios-hora de energía en una hora, o 1.314.000 megavatios-hora de energía en un año. Según la Administración de Información Energética de EE.UU., un hogar estadounidense medio consumió 10.791 kilovatios-hora en un año en 2022; 1.314.000 megavatios-hora divididos entre 10.791 kilovatios-hora es igual a 121.768.

22. Una instalación de 1.000 megavatios puede consumir hasta 8.760.000 megavatios-hora de energía al año, y una de 2.000 megavatios, el doble. Según la Comisión de Energía de California, el condado de San Francisco consumió 5.120.586 megavatios-hora en 2022; 8.760.000 megavatios-hora divididos por 5.120.586 megavatios-hora es igual a 1,7. El doble es 3,4. «Consumo de electri-

cidad por condados», Comisión de Energía de California, consultado el 17 de octubre de 2024, ecdms.energy.ca.gov/elecbycounty.aspx.

23. Goldman Sachs, «AI Is Poised to Drive 160 % Increase».

24. Evan Halper, «A Utility Promised to Stop Burning Coal. Then Google and Meta Came to Town», *The Washington Post*, 12 de octubre de 2024, washingtonpost.com/business/2024/10/08/google-meta-omaha-data-centers/; C Mandler, «Three Mile Island Nuclear Plant Will Reopen to Power Microsoft Data Centers», NPR, 20 de septiembre de 2024, npr.org/2024/09/20/nx-s1-5120581/three-mile-island-nuclear-power-plant-microsoft-ai.

25. Goldman Sachs, «AI Is Poised to Drive 160 % Increase"; Ian King, «AI Computing on Pace to Consume More Energy Than India, Arm Says», *Bloomberg*, 17 de abril de 2024, news.bloomberglaw.com/artificial-intelligence/ai-computing-on-pace-to-consume-more-energy-than-india-arm-says.

26. Altman ha hecho esta afirmaciuón muchas veces, incluyendo Sam Altman, «The Intelligence Age», *Sam Altman* (blog), 23 de septiembre de 2024, ia.samaltman.com.

27. Entrevista de la autora con Sasha Luccioni, agosto de 2023.

28. Climate Change AI detalla esas tecnologías en varios informes en su página web, climatechange.ai, incluyendo David Rolnick, Priya L. Donti, Lynn H. Kaack, Kelly Kochanski, Alexandre Lacoste, Kris Sankaran *et al.*, «Tackling Climate Change with Machine Learning», *ACM Computing Surveys (CSUR)* 55, n.º 2 (febrero de 2022): pp. 1-96, doi.org/10.1145/3485128.

29. Alexandra Sasha Luccioni, Yacine Jernite y Emma Strubell, «Power Hungry Processing: Watts Driving the Cost of AI Deployment?», in *FAccT '24: Proceedings of the 2024 ACM Conference on Fairness, Accountability, and Transparency* (junio 2024): pp. 85-99, doi.org/10.1145/3630106.3658542.

30. Esas cifras se basan en la Tabla 2 del mencionado artículo, y el cálculo de la EPA antes de enero de 2024 según el cual la carga de un smartphone consumía 0,012 kWh de energía.

31. Transcripción de la reunión.

32. Entrevista con Alan Howard, agosto de 2023.

33. James Glanz, «How the Internet Kept Humming During 2 Hurricanes», *The New York Times*, 18 de septiembre de 2017, nytimes.com/2017/09/18/us/harvey-irma-internet.html.

34. Pengfei Li, Jianyi Yang, Mohammad A. Islam y Shaolei Ren, «Making AI Less 'Thirsty': Uncovering and Addressing the Secret Water Footprint of AI Models», preimpresión, arXiv, 29 de octubre de 2023, 1, doi.org/10.48550/arXiv.2304.03271.

35. Md Abu Bakar Siddik, Arman Shehabi y Landon Marston, «The Environmental Footprint of Data Centers in the United States», *Environmental Research Letters* 16, n.º 6 (junio de 2021): 064017, doi.org/10.1088/1748-9326/abæa1.

36. Entrevistas de la autora con seis comunidades diferentes que se enfrentan a la expansión de centros de datos en Arizona, Nuevo México, Virginia, dos en Chile y Uruguay, 2023-2024, así como entrevistas con tres empleados y ejecutivos de Microsoft, incluyendo a Noelle Walsh, vicepresidenta corporativa de operaciones en la nube e innovación, que supervisa todas las expansiones de centros de datos de la empresa, sobre las prácticas de la empresa desde su punto de vista, 2023-2024.

37. Entrevista de la autora con Roger Yackel, un residente en Virginia que encabezó las protestas contra la ampliación de los centros de datos, marzo de 2024.

38. Copia del correo electrónico.

39. Entrevista de la autora con Greg Brockman, agosto de 2019.

40. Los nombres en clave, los números y la ubicación de las fases 1, 2 y 3 proceden de un documento interno de OpenAI. La ubicación y el coste de las fases 4 y 5 proceden de Anissa Gardizy y Amir Efrati, «Microsoft and OpenAI Plot $100 Billion Stargate AI Supercomputer», *The Information*, 29 de marzo de 2024, theinformation.com/articles/microsoft-and-openai-plot-100-billion-stargate-ai-supercomputer.

41. Matt O'Brien y Hannah Fingerhut, «Artificial Intelligence Technology Behind ChatGPT Was Built in Iowa—with a Lot of

Water», AP, 9 de septiembre de 2023, apnews.com/article/chatgpt-gpt4-iowa-ai-water-consumption-microsoft-f551fde98083d17a7e8d904f8be822c4.

42. Correspondencia de la autora con un portavoz de Microsoft, noviembre de 2024.

43. Entrevistas de la autora con Barbara Chappell, directora de servicios hídricos de la ciudad de Goodyear, octubre de 2023; dos miembros de la comunidad, septiembre de 2023; las tres fuentes de Microsoft antes mencionadas, 2023-2024; y copias de las actas de las reuniones del ayuntamiento de Goodyear y otros documentos y correspondencia del Gobierno, obtenidos a través de solicitudes de registros públicos, 2023-24. Estas entrevistas y otros informes dieron lugar al siguiente artículo: Karen Hao, «AI Is Taking Water from the Desert», *The Atlantic*, 1 de marzo de 2024, theatlantic.com/technology/archive/2024/03/ai-water-climate-microsoft/677602.

44. La estimación de 5.000 megavatios para Stargate procede de Gardizy y Efrati, «Microsoft and OpenAI Plot $100 Billion Stargate»; y según la Oficina de Justicia Climática y Medioambiental de la Alcaldía de Nueva York, la ciudad utilizó una media de unos 5.500 megavatios de energía en 2022: «Systems», NYC Mayor's Office of Climate and Environmental Justice, consultado el 17 de octubre de 2024, climate.cityofnewyork.us/subtopics/systems.

45. Berber Jin, Tom Dotan y Keach Hagey, «The Opaque Investment Empire Making OpenAI's Sam Altman Rich», *The Wall Street Journal*, 3 de junio de 2024, wsj.com/tech/ai/openai-sam-altman-investments-004fc785.

46. Según West Des Moines Water Works, citado en O'Brien y Fingerhut, «Artificial Intelligence Technology Behind ChatGPT».

47. Correspondencia con un portavoz de Microsoft, noviembre de 2024.

48. A. Park Williams, Benjamin I. Cook y Jason E. Smerdon, «Rapid Intensification of the Emerging Southwestern North American Megadrought in 2020–2021», *Nature Climate Change* 12, n.º 3 (marzo de 2022): pp. 232-234, doi.org/10.1038/s41558-022-01290-z.

49. Se refiere a una situación llamada «deadpooling», tal como se explica en Christopher Flavelle y Mira Rojanasakul, «As the Colorado River Shrinks, Washington Prepares to Spread the Pain», *The New York Times*, 27 de enero de 2023, nytimes.com/2023/01/27/climate/colorado-river-biden-cuts.html.

50. Kira Caspers, «645 People Died Due to Heat in Metro Phoenix in 2023. Here's What Is Changing This Year», AZ Central, 15 de marzo de 2024, azcentral.com/story/news/local/phoenix/2024/03/15/heat-deaths-maricopa-county/72980594007.

51. Entrevista de la autora con Tom Buschatzke, octubre de 2023.

52. Kevin Lee, Adi Gangidi y Mathew Oldham, «Building Meta's GenAI Infrastructure», Engineering at Meta, 12 de marzo de 2024, engineering.æ.com/2024/03/12/data-center-engineering/building-metas-genai-infrastructure.

53. Entrevista con Sonia Ramos, junio de 2024.

54. «Tres muertos y treinta heridos en explosión de una mina en Chuquicamata», *El Mercurio*, 6 de septiembre de 1957.

55. «The Battle for Chile's Critical Minerals», publicado el 22 de julio de 2022 por Sky News, YouTube, 13 min., 54 seg., youtu.be/oywE0mQnWI0.

56. Entrevista de la autora con Cristina Dorador, una científica chilena que estudia los ecosistemas del desierto de Atacama, junio de 2024.

57. The Battle for Chile's Critical Minerals», Sky News; entrevista con Dorador.

58. Visitas y entrevistas de la autora a tres líderes atacameños, incluyendo a Sonia Ramos y Sergio Cubillos, junio de 2024.

59. *Ibid.*; visita a una clínica de salud patrocinada por la industria, junio de 2024.

60. Entrevistas de la autora con Dorador, junio de 2024; y SQM, una compañía minera chilena y la mayor productora de litio del mundo, así como una visita en persona a las minas de litio de SQM en Atacama, junio de 2024.

61. Govind Bhutada, «This Chart Shows Which Countries

Produce the Most Lithium», *World Economic Forum* (blog), 5 de enero de 2023, weforum.org/stories/2023/01/chart-countries-produce-lithium-world.

62. Entrevistas de la autora con Dorador, junio de 2024; SQM, junio de 2024; y con la arquitecta e investigadora Marina Otero Verzier, mayo de 2024, que tiene aquí una charla sobre la conexión entre la extracción de litio, el desarrollo de centros de datos, la historia colonial de Chile y los futuros tecnológicos mundiales: «Marina Otero Verzier-Data Mourning», publicado el 1 de marzo de 2023 por Columbia GSAPP, YouTube, 1 h., 30 min., youtu.be/vbFPaNBNB-M.

63. Visita y entrevista a Cubillos, el líder Peine, junio de 2024.

64. Entrevista con SQM, junio de 2024.

65. Entrevista con Dorador, junio de 2024.

66. Paul R. La Monica, «Move Over, Nvidia. Copper Is Getting a Big AI Boost Too», *Barron's*, 22 de mayo de 2024, barrons.com/articles/copper-price-ai-microsoft-utilities-c99058b7.

67. «Artificial Intelligence, Art and Indigeneity», consultado el 2 de octubre de 2024, aei.art.br/aiai/en/the-research.

68. Visitas y entrevistas a los tres líderes atacameños, junio de 2024.

69. Dylan Pateland Myron Xie, «Microsoft Infrastructure—AI & CPU Custom Silicon Maia 100, Athena, Cobalt 100», *Semi-Analysis*, 15 de noviembre de 2023, semianalysis.com/p/microsoft-infrastructure-ai-and-cpu.

70. Alphabet, «2024 Q3 Earnings Call», Alphabet Investor Relations, octubre 29, 2024, abc.xyz/2024-q3-earnings-call.

71. Meta, «Meta Reports Third Quarter 2024 Results», Meta Investor Relations, 30 de octubre de 2024, investor.æ.com/investor-news/press-release-details/2024/Meta-Reports-Third-Quarter-2024-Results/default.aspx.

72. Basado en la visita de la autora a Quilicura, junio de 2024.

73. Correspondencia de la autora con un portavoz de Google Chile, junio y noviembre de 2024.

74. Entrevistas de la autora con Alexandra Arancibia, junio de 2024.

75. Entrevistas de la autora con Arancibia, junio de 2024; Rodrigo Vallejos, junio de 2024; Lorena Antiman, otra activista medioambiental de Quilicura, junio de 2024; y Miguel Mora, un profesor de Quilicura que estudia sus humedale, y Felipe González, director de la Unidad de Gestión Medioambiental de Quilicura, junio de 2024.

76. Entrevistas con Arancibia; Vallejos; y Antiman.

77. Subsecretaría de Telecomunicaciones, «Gobierno de Chile escoge ruta mediante Nueva Zelanda y hasta Australia para implementar el Cable Transoceánico», Subsecretaría de Telecomunicaciones, 27 de julio de 2020, subtel.gob.cl/gobierno-de-chile-escoge-ruta-mediante-nueva-zelanda-y-hasta-australia-para-implementar-el-cable-transoceanico.

78. Google, «Announcing Humboldt, the First Cable Route Between South America and Asia-Pacific», *Google Cloud* (blog), 11 de enero de 2024, cloud.google.com/blog/products/infrastructure/announcing-humboldt-the-first-cable-route-between-south-america-and-asia-pacific.

79. Josefa Silva González, «A más de 20 años de Miño: La estancada lucha contra el asbesto», *La Voz de Maipú*, 18 de febrero, 2022, lavozdemaipu.cl/la-estancada-lucha-contra-el-asbesto.

80. Entrevistas con Arancibia; Vallejos; González; y entrevista de la autora con Tania Rodríguez, junio de 2024.

81. El informe de impacto ambiental de Google al SEA señaló que el centro de datos podría utilizar 169 litros de agua potable por segundo, es decir, 5.329.584.000 litros al año. Según la autoridad del servicio de agua en Cerillos, el municipio consumió 5.097.946 litros en todo 2019, año en que Google pretendía asentarse; 5.329.584.000 litros al año dividido entre 5.097.946 litros al año es igual a 1.045.

82. «Persistent Drought Is Drying Out Chile's Drinking Water», Reuters, 20 de marzo de 2024, reuters.com/world/americas/persistent-drought-is-drying-out-chiles-drinking-water-2024-03-20.

83. El relato del activismo de MOSACAT contra Google se basa en entrevistas de la autora con Rodríguez y otros ocho miem-

bros de MOSACAT, junio 2024. Los detalles adicionales proceden de la cobertura de los medios de comunicación chilenos, principalmente Alberto Arellano, Lucas Cifuentes y Cristóbal Ríos, «Las zonas oscuras de la evaluación ambiental que autorizó "a ciegas" el megaproyecto de Google en Cerrillos», Ciper, 25 de mayo de 2020, ciperchile.cl/2020/05/25/las-zonas-oscuras-de-la-evaluacion-ambiental-que-autorizo-a-ciegas-el-megaproyecto-de-google-en-cerrillos.

84. Todos los detalles acerca de las operaciones de Antel se basan en la visita de la autora al centro de datos de Antel y en una entrevista con su director, Javier Echeverría, junio de 2024.

85. Entrevista de la autora con Marcos Umpiérrez, profesor de la Universidad de la República de Uruguay y sus colegas, junio de 2024.

86. Basado en una visita al Parque de las Ciencias, junio de 2024.

87. Entrevista de la autora con Marcelo Fozati, agrónomo y agricultor uruguayo al frente de una organización que protege a los granjeros y a los cultivos locales, y Daniel Pena, investigador uruguayo que estudia el extractivismo medioambiental de las multinacionales en su país, junio de 2024; así como «Uruguay: Drought Losses Estimated at USD 1.200 million, Minister Says», MercoPress, 2 de febrero de 2023, en.mercopress.com/2023/02/02/uruguay-drought-losses-estimated-at-usd-1.200-million-minister-says; y Guillermo Garat, «My City Has Run Out of Fresh Water. Will Your City Be Next?», *The New York Times*, 19 julio de 2023, nytimes.com/2023/07/19/opinion/drinking-water-montevideo.html.

88. Entrevistas de la autora con tres residentes y activistas uruguayos: Fabiana, junio de 2024; Noelia Lagos, junio de 2024; y Carmen Sosa, junio de 2024.

89. «Google's and Microsoft's Profits Soar as Pandemic Benefits Big Tech», *The New York Times*, 18 de octubre de 2021, nytimes.com/live/2021/04/27/business/stock-market-today.

90. Entrevista con Fabiana.

91. Grace Livingstone, «'It's Pillage': Thirsty Uruguayans Decry Google's Plan to Exploit Water Supply», *The Guardian*, 11 de julio de 2023, theguardian.com/world/2023/jul/11/uruguay-drought-water-google-data-center.

92. Entrevista con Fozati y Pena.

93. «Fertilizer Use Per Capita, 1961 to 2019», Our World in Data, consultado el 17 de octubre de 2024, ourworldindata.org/grapher/fertilizer-per-capita?tab=table.

94. Detalles sobre la investigación y el activismo de Pena se basan en entrevistas de la autora con Pena, mayo y junio de 2024, incluyendo un día en su furgoneta viajando a algunas de las zonas más pobres de Montevideo y sus afueras.

95. Entrevistas con Pena, junio de 2024; y Sosa, junio de 2024.

96. Livingstone, «'It's Pillage'».

97. *Ibid.*

98. Correspondencia de la autora con la portavoz de Google Chile, noviembre de 2024.

99. Dan Swinhoe, «Microsoft Files Plans for Chilean Data Center Region», Data Center Dynamics, 24 de enero de 2022, datacenterdynamics.com/en/news/microsoft-files-plans-for-chilean-data-center-region.

100. Matamala, «The Complicated Legacy of the 'Chicago Boys'».

101. Rodrigo Vallejos Calderón, «Los costos de estar conectados: Data centers y el consumo hídrico», *Bits* 23 (2022), pp. 28-33, revistasdex.uchile.cl/index.php/bits/issue/view/1049.

102. Entrevistas de la autora con Marina Otero Verzier, mayo de 2024; y Serena Dambrosio y Nicolás Díaz Bejarano, junio de 2024.

103. Fotos de las maquetas.

104. Entrevistas con Martín Tironi y Aisén Etcheverry, responsable del Ministerio de Ciencia.

13. Los dos profetas

1. «Watch: OpenAI CEO Sam Altman Testifies Before Senate Judiciary Committee», *PBS News*, 16 de mayo de 2023, pbs.org/newshour/politics/watch-live-openai-ceo-sam-altman-testifies-before-senate-judiciary-committee.

2. Gary Marcus, «OpenAI's Sam Altman Is Becoming One of the Most Powerful People on Earth. We Should Be Very Afraid», *The Guardian*, 3 de agosto de 2024, theguardian.com/technology/article/2024/aug/03/open-ai-sam-altman-chatgpt-gary-marcus-taming-silicon-valley.

3. Hasan Chowdhury, «Insiders Say Sam Altman's AI World Tour Was a Success», *Business Insider*, 24 de junio de 2023, businessinsider.com/sam-altman-world-tour-ai-chatgpt-openai-2023-6.

4. Cecilia Kang, «How Sam Altman Stormed Washington to Set the A.I. Agenda», *The New York Times*, 7 de junio de 2023, nytimes.com/2023/06/07/technology/sam-altman-ai-regulations.html.

5. *Ibid*.

6. Entrevistas de la autora con Karla Ortiz, diciembre de 2023 y abril de 2024; y Rachel Meinerding y Nicole Hendrix Herman, cofundadores y colíderes de la Concept Art Association, abril de 2024.

7. Entrevista con Meinerding y Hendrix Herman; CVL Economics, *Future Unscripted: The Impact of Generative Artificial Intelligence on Entertainment Industry Jobs* (2024), pp. 1-58, animationguild.org/wp-content/uploads/2024/01/Future-Unscripted-The-Impact-of-Generative-Artificial-Intelligence-on-Entertainment-Industry-Jobs-pages-1.pdf.

8. Kang, «How Sam Altman Stormed Washington».

9. Karen Hao, «The New AI Panic», *The Atlantic*, 11 de octubre de 2023, theatlantic.com/technology/archive/2023/10/technology-exports-ai-programs-regulations-china/675605.

10. Alex W. Palmer, «'An Act of War': Inside America's Silicon Blockade Against China», *The New York Times*, 1 de julio de 2023, nytimes.com/2023/07/12/magazine/semiconductor-chips-us-china.html.

11. Jane Lee, «Exclusive: Nvidia Offers New Advanced Chip for China That Meets U.S. Export Controls», Reuters, 7 de noviembre de 2022, reuters.com/technology/exclusive-nvidia-offers-new-advanced-chip-china-that-meets-us-export-controls-2022-11-08.

12. Fanny Potkin y Yelin Mo, «Chinese Chip Equipment Makers Grab Market Share as US Tightens Curbs», Reuters, 18 de octubre de 2023, reuters.com/technology/chinese-chip-equipment-makers-grab-market-share-us-tightens-curbs-2023-10-18.

13. Khari Johnson, «Meta's Open Source Llama Upsets the AI Horse Race», *Wired*, 26 de julio de 2023, wired.com/story/metas-open-source-llama-upsets-the-ai-horse-race.

14. Tony Peng, «What Llama 3 Means to China, ERNIE Bot Hits 200 Million Users, and China Trails US in AI Models», Recode China AI, 22 de abril de 2024, recodechinaai.substack.com/p/what-llama-3-means-to-china-ernie.

15. Markus Anderljung, Joslyn Barnhart, Anton Korinek, Jade Leung, Cullen O'Keefe, Jess Whittlestone *et al.*, «Frontier AI Regulation: Managing Emerging Risks to Public Safety», preimpresión, arXiv, 7 de noviembre de 2023, pp- 1-51, doi.org/10.48550/arXiv.2307.03718.

16. Entrevistas de la autora con Sara Hooker, octubre de 2024; Deborah Raji, agosto de 2024; Sarah Myers West, codirectora de AI Now, octubre de 2024; y otros expertos en políticas de actuación de la IA, 2023-2024.

17. Sara Hooker, «On the Limitations of Compute Thresholds as a Governance Strategy», preimpresión, arXiv, 30 de julio de 2024, pp. 1-54, doi.org/10.48550/arXiv.2407.05694.

18. Entrevistas de la autora con Myers West, septiembre de 2023; Amba Kak, la otra codirectora de AI Now, octubre de 2023; Emily Weinstein, septiembre de 2023; Raji, octubre de 2023; y otros dos expertos políticos de la IA, noviembre de 2023.

19. Entrevistas con Weinstein.

20. Hao, «The New AI Panic».

21. «Watch: OpenAI CEO Sam Altman Testifies».

22. Entrevista con Myers West, septiembre de 2023.

23. US Department of Commerce, «NTIA Solicits Comments onOpen-Weight AI Models», comunicado de prensa, 21 de febrero de 2024, commerce.gov/news/press-releases/2024/02/ntia-solicits-comments-open-weight-ai-models.

24. Mozilla, «Mozilla's Response to the National Telecommunications and Information Administration's Request for Comments on Dual Use Foundation Artificial Intelligence Models with Widely Available Model Weights», *Mozilla Foundation* (blog), marzo de 2024, blog.mozilla.org/netpolicy/files/2024/03/Mozilla-RfC-Submission-Dual-Use-Foundation-Models-With-Widely-Availa ble-Model-Weights.pdf.

25. Fragmentos de este apartado aparecieron de forma diferente como Hao, «The New AI Panic».

26. Cameron F. Kerry, Joshua P. Meltzer y Matt Sheehan, «Can Democracies Cooperate with China on AI Research?», Brookings, 9 de enero de 2023, brookings.edu/articles/can-democracies-cooperate-with-china-on-ai-research.

27. Matt Sheehan, «Who Benefits from American AI Research in China?», Macro Polo, 21 de octubre de 2019, macropolo.org/china-ai-research-resnet.

28. El relato de cómo se gestó la OE se basa en entrevistas de la autora con Alondra Nelson, exdirectora de la OSTP, octubre de 2023; Suresh Venkata-subbramanian, ex director adjunto de la OSTP, octubre de 2023; y otros dos responsables políticos, noviembre de 2023.

29. Fragmentos de este apartado aparecieron en diferentes formas como Karen Hao y Matteo Wong, «The White House Is Preparing for an AI-Dominated Future», *The Atlantic*, 30 de octubre de 2023, theatlantic.com/technology/archive/2023/10/biden-whi te-house-ai-executive-order/675837.

30. Khari Johnson, «Why Silicon Valley Is Trying So Hard to Kill This AI Bill in California», CalMatters, 12 de agosto de 2024, calmatters.org/economy/technology/2024/08/ai-regulation-show down.

31. Entrevista con Hooker, octubre de 2024.

32. Gabby Miller, «US Senate AI 'Insight Forum' Tracker», Tech Policy Press, 9 de diciembre de 2023, techpolicy.press/us-senate-ai-insight-forum-tracker.

33. Entrevista de la autora con Raji, octubre de 2023; Inioluwa Deborah Raji, «AI's Present Matters More Than Its Imagined Future», *The Atlantic*, 4 de octubre de 2023, theatlantic.com/technology/archive/2023/10/ai-chuck-schumer-forum-legislation/675540.

34. Cat Zakrzewski, «Meet the Woman Who Transformed Sam Altman into the Avatar of AI», *The Washington Post*, 9 de enero de 2024, washingtonpost.com/technology/2024/01/09/openai-anna-makanju-ai-regulation.

35. Sam Altman (@sama), «i'm doing a trip in may/june to talk to openai users and developers (and people interested in AI generally). please come hang out and share feature requests and other feedback! more detail here: https://openai.com/form/openai-tour-2023 or email oai23tour@openai.com», Twitter (ahora X), 29 de marzo de 2023, x.com/sama/status/1641181668206858240.

36. «GPT-4 contributions», OpenAI, consultado el 13 de octubre de 2024, openai.com/contributions/gpt-4.

37. «GPT-4», OpenAI, 14 de marzo de 2023, openai.com/index/gpt-4-research.

38. Sam Altman (@sama), «GPT-4 was truly a team effort from our entire company, but the overall leadership and technical vision of Jakub Pachocki for the pretraining effort was remarkable and we wouldn't be here without it», Twitter (ahora X), 14 de marzo de 2023, x.com/sama/status/1635700851619819520.

39. OpenAI, «OpenAI and Journalism», *OpenAI* (blog), 8 de enero de 2024, openai.com/index/openai-and-journalism.

40. Dan Milmo, «'Impossible' to Create AI Tools like Chat-GPT Without Copyrighted Material, OpenAI Says», *The Guardian*, 8 de enero de 2024, theguardian.com/technology/2024/jan/08/ai-tools-chatgpt-copyrighted-material-openai.

41. OpenAI, «Our Approach to AI Safety», *Open AI* (blog), 5 de abril de 2023, openai.com/index/our-approach-to-ai-safety.

42. OpenAI, «Introducing Superalignment», *Open AI* (blog), 5 de julio de 2023, openai.com/index/introducing-superalignment.

43. Sam Altman @sama), «i was hoping that the oppenheimer movie would inspire a generation of kids to be physicists but it really missed the mark on that. let's get that movie made! (i think the social network managed to do this for startup founders)», Twitter (ahora X), 22 de julio de 2023, x.com/sama/status/168280995734131200.

44. Elizabeth Weil, «Sam Altman Is the Oppenheimer of Our Age», *New York*, 25 de septiembre de 2023, nymag.com/intelligencer/article/sam-altman-artificial-intelligence-openai-profile.html.

45. Cade Metz, «The ChatGPT King Isn't Worried, but He Knows You Might Be», *The New York Times*, 31 de marzo de 2023, nytimes.com/2023/03/31/technology/sam-altman-open-ai-chatgpt.html.

46. Tyler Cowen, presentador, *Conversations with Tyler*, pódcast, episodio 61, «Sam Altman on Loving Community, Hating Coworking, and the Hunt for Talent», Mercatus Center Podcasts, 27 de febrero de 2019.

47. Eliezer Yudkowsky, «Pausing AI Developments Isn't Enough. We Need to Shut It All Down», *Time*, 29 de marzo de 2023, time.com/6266923/ai-eliezer-yudkowsky-open-letter-not-enough.

48. Musk v. Altman, n.º 4:24-cv-04722, CourtListener (N.D. Cal. November 14, 2024), ECF n.º 32, Exhibit 18.

49. Julia Black, «Elon Musk Had Twins Last Year with One of His Top Executives», *Business Insider*, 6 de julio de 2022, businessinsider.com/elon-musk-shivon-zilis-secret-twins-neuralink-tesla.

50. «Elon Musk Wanted an OpenAI For-Profit», *OpenAI* (blog), 13 de diciembre de 2024, openai.com/index/elon-musk-wanted-an-openai-for-profit/#summer-2017-we-and-elon-agreed-that-a-for-profit-was-the-next-step-for-openai-to-advance-the-mission.

51. Sam Altman, «Quora», *Sam Altman* (blog), 21 de abril de 2017, blog.samaltman.com/quora.

52. Helen Toner, «Leaning into EA Disillusionment», Effec-

tive Altruism Forum, 22 de julio de 2022, forum.effectivealtruism.org/posts/MjTB4MvtedbLjgyja/leaning-into-ea-disillusionment.

53. Cade Metz, Tripp Mickle y Mike Isaac, «Before Altman's Ouster, OpenAI's Board Was Divided and Feuding», *The New York Times*, 21 de noviembre de 2023, nytimes.com/2023/11/21/technology/openai-altman-board-fight.html.

54. Kevin Roose, «OpenAI Insiders Warn of a 'Reckless' Race for Dominance», *The New York Times*, 4 de junio de 2024, nytimes.com/2024/06/04/technology/openai-culture-whistleblowers.html.

55. Dan Primack, «Sam Altman Owns OpenAI's Venture Capital Fund», *Axios*, 15 de febrero de 2024, axios.com/2024/02/15/sam-altman-openai-startup-fund.

14. Liberación

1. Elizabeth Weil, «Sam Altman Is the Oppenheimer of Our Age», *New York*, 25 de septiembre de 2023, nymag.com/intelligencer/article/sam-altman-artificial-intelligence-openai-profile.html.

2. Copia del correo electrónico publicado en Internet por Annie: Annie Altman (@anniealtman108), «Less than 24 hours before the @NYMag publishing, the first 'official' public recognition of my existence and relation. x.com/bullishdumping/bullishdumping/status/1753869400719958519», Twitter (ahora X), February 3, 2024, x.com/anniealtman108/status/1753881201482629258.

3. Entrevista de la autora y visita a Annie Altman, marzo-noviembre de 2024.

4. Correspondencia de la autora con Connie Gibstine, octubre de 2024.

5. Altman v. Altman, n.º 4:25-cv-00017, CourtListener (E.D. Mo. Jan 06, 2025), ECF n.º 1; Sam Altman (@sama), «My sister has filed a lawsuit against me. Here is a statement from my mom, brothers, and me», Twitter (ahora X), 7 de enero de 2025, x.com/sama/status/1876780763653263770.

6. Correspondencia verificada con Burroughs, octubre de 2024; entrevista de la autora con James Roble, julio de 2024.

7. Copia de los informes médicos de Tufts.

8. Cada uno de los diagnósticos de Annie están corroborados por copias de uno de los siguientes documentos: los registros médicos de su infancia; los registros médicos de Tufts; las indicaciones terapéuticas de Tufts; las exploraciones y lecturas de diagnóstico por imagen en la edad adulta, incluyendo una ecografía y una resonancia magnética; una evaluación de obstetricia y ginecología; e indicaciones de terapia física. Los detalles del impacto de estos diagnósticos en su movilidad y calidad de vida también están corroborados por las indicaciones terapéuticas de Tufts; indicaciones de fisioterapia de la edad adulta; y fotos, como la de su bota ortopédica y sábanas empapadas de sudor.

9. «Jerry Altman Obituary», *St. Louis Post-Dispatch*, 27 de mayo de 2018, legacy.com/us/obituaries/stltoday/name/jerry-altman-obituary?id=1683283.

10. Copia de los informes médicos de la infancia de Annie; copia de las indicaciones terapéuticas de Tufts.

11. Trevor Noah, presentador, *What Now? with Trevor Noah*, temporada 1, episodio 5, «Sam Altman Speaks Out About What Happened at OpenAI», Spotify Podcasts, 7 de diciembre de 2023, open.spotify.com/show/122imavATqSE7eCyXIcqZL.

12. Copia del correo electrónico en que se notifica el ingreso de 401.000 dólares y el saldo.

13. Copia del correo electrónico.

14. Copia de las notas de la terapeuta de Annie en Los Ángeles.

15. Copia del correo electrónico de la notificación del banco.

16. Captura de pantalla del correo de activación de Seeking-Arrangement.

17. Copia de varios correos electrónicos y textos intercambiados entre Annie y su familia.

18. *Ibid.*

19. *Ibid.*

20. Copia del correo electrónico.

21. Copia de los correos electrónicos de activación de Etsy y Patreon.

22. Varias capturas de pantalla.

23. Antiguas historias de Instagram de Annie con capturas de pantalla de sus reseñas de pódcast de Apple etiquetando al soporte de pódcast de Apple sobre la desaparición de sus reseñas.

24. Captura de pantalla de Instagram en la que el número de «Me gusta» es mayor que el número de visualizaciones; y dos capturas de pantalla del mismo vídeo de YouTube, en las que la captura con la marca de tiempo posterior tiene menos visualizaciones.

25. Entrevistas de la autora con Olivia Snow, investigadora de la UCLA especializada en trabajo sexual, tecnología y política, mayo de 2024; Val Elefante, investigador y miembro fundador del equipo de la red social feminista Reliabl, septiembre de 2024; y un antiguo científico de datos de Facebook, octubre de 2024.

26. Entrevista de la autora con Neily Messerschmidt, noviembre de 2024.

27. Copia de las indicaciones terapéuticas de Annie en Hawái.

28. Indicaciones terapéuticas de Annie.

29. Entrevista con Messerschmidt, noviembre de 2024.

30. Entrevistas de la autora con una terapeuta, junio y agosto de 2024, que también hizo referencia al libro superventas: Bessel van der Kolk, M. D., *The Body Keeps the Score: Brain, Mind, and Body in the Healing of Trauma*, Penguin Books, 2015, pp. 1-464.

31. Annie Altman (@anniealtman108), «I experienced sexual, physical, emotional, verbal, financial, and technological abuse from my biological siblings, mostly Sam Altman and some from Jack Altman. (2/3)», Twitter (ahora X), 13 de noviembre de 2021, x.com/anniealtman108/status/1459696444802142213.

32. Annie Altman (@anniealtman108), «Sam and Jack, I know you remember my Torah portion was about Moses forgiving his brothers. 'Forgive them father for they know not what they've done' sexual, physical, emotional, verbal, financial, and technological abuse. Never forgotten», Twitter (ahora X), 10 de septiembre de 2022, x.com/anniealtman108/status/1568689744951005185.

33. Captura de pantalla del historial de ingreso de Annie en OnlyFans.

34. Copia del hilo de correos electrónicos.

35. Copia del testamento de Jerry Altman; y copia del fideicomiso de Jerry Altman.

36. Copia de los correos electrónicos entre los abogados de Annie y de Gibstine.

37. *Altman*, CourtListener, ECF n.º 1.

38. Copia del diagnóstico de Annie.

39. Entrevistas de la autora con la mencionada terapeuta y Blaise Aguirre, profesor ayudante de psiquiatría en la Facultad de Medicina de Harvard, octubre de 2024; ambos han trabajado con muchos pacientes con este trastorno. Ninguno de los dos revisó el caso de Annie, sino que se limitaron a comentar el trastorno en términos más generales.

40. El estudio más exhaustivo sobre el trastorno límite de la personalidad es un estudio longitudinal en curso de veinticuatro años de duración llamado Estudio McLean del Desarrollo Adulto, dirigido por Mary C. Zanarini y que ha realizado un seguimiento de más de 360 individuos diagnosticados con el trastorno. Entre las principales conclusiones del estudio figuran las siguientes: el trastorno tiene un buen pronóstico sintomático y los medicamentos psicotrópicos no son curativos. El estudio publica con regularidad nuevos trabajos, entre ellos: Mary C. Zanarini, Frances R. Frankenburg, Isabel V. Glass y Garrett M. Fitzmaurice, «The 24-Year Course of Symptomatic Disorders in Patients with Borderline Personality Disorder and Personality-Disordered Comparison Subjects: Description and Prediction of Recovery From BPD», *The Journal of Clinical Psychiatry* 85 (2024), doi.org/10.4088/JCP.24m15370.

15. El gambito

1. El relato de la educación de Murati procede principalmente de Charles Duhigg, «The Inside Story of Microsoft's Partnership

with OpenAI», *The New Yorker*, 1 de diciembre de 2023, newyorker.com/magazine/2023/12/11/the-inside-story-of-microsofts-partnership-with-openai; y también en Kevin Scott, presentador, *Behind the Tech with Kevin Scott*, «Mira Murati, Chief Technology Officer, OpenAI», Microsoft, 11 de julio de 2023, microsoft.com/en-us/behind-the-tech/mira-murati-chief-technology-officer-openai..

2. Christopher Jarvis, «The Rise and Fall of Albania's Pyramid Schemes», *Finance & Development*, Fondo Monetario Internacional, marzo de 2000, imf.org/external/pubs/ft/fandd/2000/03/jarvis.htm.

3. Duhigg, «The Inside Story of Microsoft's Partnership with OpenAI».

4. Salvo indicación contraria, el relato de los prolegómenos de la crisis del consejo de administración y de los entresijos de la propia crisis en este capítulo y en el siguiente se basa en entrevistas de la autora con personas que estuvieron directamente implicadas o cercanas a aquellas directamente implicadas en los hechos descritos; sus notas contemporáneas; y capturas de pantalla de mensajes de Slack, correos electrónicos y otras pruebas corroborantes, incluida la grabación de audio de la reunión corporativa del 17 de noviembre de 2023 después de que el consejo destituyera a Altman.

5. Mike Isaac, Tripp Mickle y Cade Metz, «Key OpenAI Executive Played a Pivotal Role in Sam Altman's Ouster», *The New York Times*, 7 de marzo de 2024, nytimes.com/2024/03/07/technology/openai-executives-role-in-sam-altman-ouster.html.

6. Isaac *et al.*, «Key OpenAI Executive Played a Pivotal Role».

7. Cade Metz, Tripp Mickle y Mike Isaac, «Before Altman's Ouster, OpenAI's Board Was Divided and Feuding», *The New York Times*, 21 de noviembre de 2023, nytimes.com/2023/11/21/technology/openai-altman-board-fight.html.

16. Intriga

1. Deepa Seetharaman, Keach Hagey, Berber Jin y Kate Linebaugh, «Sam Altman's Knack for Dodging Bullets—with a Little

Help from Bigshot Friends», *The Wall Street Journal*, 24 de diciembre de 2023, wsj.com/tech/ai/sam-altman-openai-protected-by-silicon-valley-friends-f3efcf68..

2. Natasha Mascarenhas, «Behind OpenAI Meltdown, Valley Heavyweight Reid Hoffman Calmed Microsoft Nerves», *The Information*, 17 de enero de 2024, theinformation.com/articles/behind-openai-meltdown-valley-heavyweight-reid-hoffman-calmed-microsoft-nerves.

3. Mike Isaac, Tripp Mickle y Cade Metz, «Key OpenAI Executive Played a Pivotal Role in Sam Altman's Ouster», *The New York Times*, 7 de marzo de 2024, nytimes.com/2024/03/07/technology/openai-executives-role-in-sam-altman-ouster.html.

4. Elon Musk (@elonmusk), «I am very worried. Ilya has a good moral compass and does not seek power. He would not take such drastic action unless he felt it was absolutely necessary», Twitter (ahora X), 19 de noviembre de 2023, x.com/elonmusk/status/1726376406785925566.

5. Elon Musk (@elonmusk), Twitter (ahora X), 20 de noviembre de 2023, x.com/elonmusk/status/1726542015087927487.

6. Elon Musk (@elonmusk), «This letter about OpenAI was just sent to me. These seem like concerns worth investigating. https://gist.github.com/Xe/32d7bc436e401f3323ae77e7e242f858», Twitter (ahora X), 21 de noviembre de 2023, x.com/elonmusk/status/1727096607752282485.

7. «Xe/openai-message-to-board.md», GitHub Gist, archivada el 21 de noviembre de 2023, en eb.archive.org/web/20231121225252/https://gist.github.com/Xe/32d7bc436e401f3323ae77e7e242f858.

8. «The Messy, Secretive Reality Behind OpenAI's Bid to Save the World», *MIT Technology Review*, 17 de febrero de 2020, technologyreview.com/2020/02/17/844721/ai-openai-moonshot-elon-musk-sam-altman-greg-brockman-messy-secretive-reality; Karen Hao y Charlie Warzel, «Inside the Chaos at OpenAI», *The Atlantic*, 19 de noviembre de 2023, theatlantic.com/technology/archive/2023/11/sam-altman-open-ai-chatgpt-chaos/676050.

9. Todas las citas de los correos electrónicos proceden de capturas de pantalla suministrados por la persona.

10. Anna Tong, Jeffrey Dastin y Krystal Hu, «OpenAI Researchers Warned Board of AI Breakthrough Ahead of CEO Ouster, Sources Say», Reuters, 23 de noviembre de 2023, reuters.com/technology/sam-altmans-ouster-openai-was-precipitated-by-letter-board-about-ai-breakthrough-2023-11-22.

11. Jon Victor y Amir Efrati, «OpenAI Made an AI Breakthrough Before Altman Firing, Stoking Excitement and Concern», *The Information*, 22 de noviembre de 2023, theinformation.com/articles/openai-made-an-ai-breakthrough-before-altman-firing-stoking-excitement-and-concern.

12. «Ilya Sutskever: 'Sequence to Sequence Learning with Neural Net- works: What a Decade'», publicado el 14 de diciembre de 2024 por seremot, YouTube, 24 min., 36 seg., youtu.be/1yvBqasHLZs.

13. Anna Tong y Katie Paul, «Exclusive: OpenAI Working on New Reasoning Technology Under Code Name 'Strawberry'», Reuters, 15 de julio de 2024, reuters.com/technology/artificial-intelligence/openai-working-new-reasoning-technology-under-code-name-strawberry-2024-07-12.

14. Fragmentos de este apartado aparecen en diferentes formas como Karen Hao, «Why Won't OpenAI Say What the Q* Algorithm Is?», *The Atlantic*, 28 de noviembre de 2023, theatlantic.com/technology/archive/2023/11/openai-sam-altman-q-algorithm-breakthrough-project/676163.

15. OpenAI, «Creating Video from Text», *Open AI* (blog), openai.com/index/sora.

16. Kate Conger y Lauren Hirsch, «The Board Chair Squaring Up to Elon Musk in the Feud Over Twitter», *The New York Times*, 4 de octubre de 2022, nytimes.com/2022/10/04/technology/twitter-board-elon-musk.html.

17. «OpenAI Chair's AI Startup Sierra Gets $4.5 Bln Valuation in Latest Funding Round», Reuters, 28 de octubre de 2024, reuters.com/technology/artificial-intelligence/openai-chairs-

ai-startup-sierra-gets-45-bln-valuation-latest-funding-round-2024-10-28.

18. OpenAI, «Review Completed & Altman, Brockman to Continue to Lead OpenAI», *Open AI* (blog), 8 de marzo de 2024, openai.com/index/review-completed-altman-brockman-to-continue-to-lead-openai.

19. OpenAI, «Review Completed».

20. Helen Toner publicó la declaración en una captura de pantalla en X: Helen Toner (@hlntnr), «A statement from Helen Toner and Tasha McCauley», Twitter (ahora X), 8 de marzo de 2024, x.com/hlntnr/status/1766269137628590185.

17. Ajuste de cuentas

1. Erin Woo y Stephanie Palazzolo, «OpenAI Researchers, Including Ally of Sutskever, Fired for Alleged Leaking», *The Information*, 11 de abril de 2024, theinformation.com/articles/openai-researchers-including-ally-of-sutskever-fired-for-alleged-leaking.

2. Edward Ludlow y Ashlee Vance, «Altman Sought Billions for Chip Venture Before OpenAI Ouster», *Bloomberg*, 19 de noviembre de 2023, bloomberg.com/news/articles/2023-11-19/altman-sought-billions-for-ai-chip-venture-before-openai-ouster.

3. Keach Hagey y Asa Fitch, «Sam Altman Seeks Trillions of Dollars to Reshape Business of Chips and AI», *The Wall Street Journal*, 8 de febrero de 2024, wsj.com /tech/ai/sam-altman-seeks-trillions-of-dollars-to-reshape-business-of-chips-and-ai-89ab3db0.

4. Lex Fridman, presentador, *Lex Fridman Podcast*, pódcast, episodio 419, «Sam Altman: OpenAI, GPT-5, Sora, Board Saga, Elon Musk, Ilya, Power & AGI», 18 de marzo de 2024, lexfridman.com/podcast.

5. Entrevista de la autora con Alexis Conneau, enero de 2025.

6. Copia de la circular interna de OpenAI.

7. OpenAI, *Preparedness Framework (Beta)* (OpenAI, 18 de di-

ciembre de 2023), pp. 1-27, cdn.openai.com/openai-preparedness-framework-beta.pdf.

8. *Ibid.*

9. OpenAI, «Hello GPT-4o», *OpenAI* (blog), 13 de mayo de 2024, openai.com/index/hello-gpt-4o

10. Confirmado de manera independiente por dos personas.

11. «Trump's Thirsty VP Contenders Crash Trial & ChatGPT's Flirty AI Update | The Daily Show», publicado el 15 de mayo de 2024 por *The Daily Show*, YouTube, 9 min., 57 seg., youtu.be/eFkUOi_9140.

12. Grabación de audio de la reunión, 15 de mayo de 2024.

13. *Ibid.*

14. Grabación de audio en la que Altman expresa su arrepentimiento a los empleados.

15. Sarah Krouse, Deepa Seetharaman y Joe Flint, «Behind the Scenes of Scarlett Johansson's Battle with OpenAI», *The Wall Street Journal*, 23 de mayo de 2024, wsj.com/tech/ai/scarlett-johansson-openai-sam-altman-voice-fight-7f81a1aa.

16. Fridman, «Sam Altman».

17. «Sam Altman & Brad Lightcap: Which Companies Will Be Steamrolled by OpenAI?», publicado el 15 de abril de 2024 por 20VC con Harry Stebbings, YouTube, 53 min., 6 seg., youtu.be/G8T1O81W96Y.

18. Julia Black, «The Besties' Revenge: How the 'All-In' Podcast Cap tured Silicon Valley», *The Information*, 15 de diciembre de 2023, theinformation.com/articles/the-besties-revenge-how-the-all-in-podcast-ate-silicon-valley.

19. «In Conversation with Sam Altman», publicado el 10 de mayo de 2024 por All-In Podcast, YouTube, 1 h., 43 min., 2 seg., youtu.be/nSM0xd8xHUM.

20. Sam Altman (@sama), «i try not to think about competitors too much, but i cannot stop thinking about the aesthetic difference between openai and google», Twitter (ahora X), 16 de mayo de 2024, x.com/sama/status/1791183356274921568.

21. Deepa Seetharaman, «SEC Investigating Whether OpenAI

Investors Were Misled», *The Wall Street Journal*, 28 de febrero de 2024, wsj.com/tech/sec-investigating-whether-openai-investors-were-misled-9d90b411.

22. Karen Weise y Cade Metz, «How Microsoft's Satya Nadella Became Tech's Steely Eyed A.I. Gambler», *The New York Times*, 1 de julio de 2026, nytimes.com/2024/07/14/technology/microsoft-ai-satya-nadella.html.

23. Basado en recuerdos y descripciones de tres personas que trabajaron para él.

24. Rob Copeland y Parmy Olson, «Artificial Intelligence Will Define Google's Future. For Now, It's a Management Challenge», *The Wall Street Journal*, 26 de enero de 2021, wsj.com/articles/artiicial-intelligence-will-define-googles-future-for-now-its-a-management-challenge-11611676945; Giles Turner y Mark Bergen, «Google DeepMind Co-Founder Placed on Leave From AI Lab», *Bloomberg*, 21 de agosto de 2019, bloomberg.com/news/articles/2019-08-21/google-deepmind-co-founder-placed-on-leave-from-ai-lab.

25. Jordan Novet, «Microsoft Says OpenAI Is Now a Competitor in AI and Search», CNBC, 31 de julio de 2024, cnbc.com/2024/07/31/microsoft-says-openai-is-now-a-competitor-in-ai-and-search.html; Alex Heath, «Microsoft Now Lists OpenAI as a Competitor», *The Verge*, 2 de agosto de 2024, theverge.com/2024/8/2/24212370/microsoft-now-lists-openai-as-a-competitor.

26. Ellen Huet, presentadora, *Foundering: The OpenAI Story*, pódcast, temporada 5, episodio 1, «The Most Silicon Valley Man Alive», Bloomberg Podcasts, 6 de junio de 2024, bloomberg.com/news/articles/2024-06-05/foundering-sam-altman-s-rise-to-openai?srnd=foundering.

27. «Sam Altman Talks GPT-4o and Predicts the Future of AI», publicado el 14 de mayo de 2024 por Logan Bartlett Show, YouTube, 46 min., 14 seg., youtu.be/fMtbrKhXMWc.

28. OpenAI, «Ilya Sutskever to Leave OpenAI, Jakub Pachocki Announced as Chief Scientist», *OpenAI* (blog), 14 de mayo de 2024, openai.com/index/jakub-pachocki-announced-as-chief-scientist.

29. Ilya Sutskever (@ilyasut), «After almost a decade, I have made the decision to leave OpenAI. The company's trajectory has been nothing short of miraculous, and I'm confident that OpenAI will build AGI that is both safe and beneficial under the leadership of @sama, @gdb, @miramurati and now, under the excellent research leadership of @merettm. It was an honor and a privilege to have worked together, and I will miss everyone dearly. So long, and thanks for everything. I am excited for what comes next—a project that is very personally meaningful to me about which I will share details in due time», Twitter (ahora X), 14 de mayo de 2024, x.com/ilyasut/status/1790517455628198322.

30. Captura de pantalla del anunció en Slack, 14 de mayo de 2024.

31. Todas las citas sobre la seguridad de la IA y el equipo de Superalineación proceden de una grabación de audio de la reunión corporativa, 15 de mayo de 2024.

32. Jan Leike (@janleike), «I joined because I thought OpenAI would be the best place in the world to do this research. However, I have been disagreeing with OpenAI leadership about the company's core priorities for quite some time, until we finally reached a breaking point», Twitter (ahora X), 17 de mayo de 2024, x.com/janleike/status/1791498178346549382.

33. Kelsey Piper, «ChatGPT Can Talk, but OpenAI Employees Sure Can't», *Vox*, 17 de mayo de 2024, vox.com/future-perfect/2024/5/17/24158478/openai-departures-sam-altman-employees-chatgpt-release.

34. Daniel Kokotajlo ha escrito ampliamente sobre su toma de decisión, incluyendo este hilo: Daniel Kokotajlo (@DKokotajlo67142), «1/15: In April, I resigned from OpenAI after losing confidence that the company would behave responsibly in its attempt to build artificial general intelligence—'AI systems that are generally smarter than humans'», Twitter (ahora X), 4 de junio de 2024, x.com/DKokotajlo67142/status/17979942 38468407380; y sus publicaciones y comentarios en el foro de seguridad de la IA LessWrong: «Daniel Kokotajlo», LessWrong, consultado el 25 de

noviembre de 2024, lesswrong.com/users/daniel-kokotajlo. El valor estimado de sus participaciones procede de Kevin Roose, «OpenAI Insiders Warn of a 'Reckless' Race for Dominance», *The New York Times*, 4 de junio de 2023, nytimes.com/2024/06/04/technology/openai-culture-whistleblowers.html.

35. Todas las citas de Slack proceden de capturas de pantalla.

36. Sam Altman (@sama), «in regards to recent stuff about how openai handles equity: we have never clawed back anyone's vested equity, nor will we do that if people do not sign a separation agreement (or don't agree to a non-disparagement agreement). vested equity is vested equity, full stop. there was a provision about potential equity cancellation in our previous exit docs; although we never clawed anything back, it should never have been something we had in any documents or communication. this is on me and one of the few times i've been genuinely embarrassed running openai; i did not know this was happening and i should have. the team was already in the process of fixing the stan- dard exit paperwork over the past month or so. if any former employee who signed one of those old agreements is worried about it, they can contact me and we'll fix that too. very sorry about this», Twitter (ahora X), 18 de mayo de 2024, x.com/sama/status/1791936857594581428.

37. Bobby Allyn (@BobbyAllyn), «Statement from Scarlett Johansson on the OpenAI situation. Wow:», Twitter (ahora X), 20 de mayo de 2024, x.com/BobbyAllyn/status/1792679435701014908.

38. Kylie Robison, «ChatGPT Will Be Able to Talk to You Like Scarlett Jo- hansson in Her», *The Verge*, 13 de mayo de 2024, theverge.com/2024/5/13/24155652/chatgpt-voice-mode-gpt4o-upgrades.

39. Sarah Krouse *et al.*, «Behind the Scenes of Scarlett Johansson's Battle with OpenAI».

40. OpenAI, «How the Voices for ChatGPT Were Chosen», *OpenAI* (blog), 19 de mayo de 2024, openai.com/index/how-the-voices-for-chatgpt-were-chosen.

41. Krouse *et al.*, «Scarlett Johansson's Battle with OpenAI».

42. Allyn, «Statement from Scarlett Johansson».

43. OpenAI, «How the Voices for ChatGPT Were Chosen».

44. Derek Robertson, «Sam Altman's Scarlett Johansson Blunder Just Made AI a Harder Sell in DC», *Politico*, 22 de mayo de 2024, politico.com/news/magazine/2024/05/22/scarlett-johansson-sam-altmans-washington-00159507.

45. Todas las descripciones y citas de la reunión se basan en una grabación de audio de la misma, 22 de mayo de 2024.

46. Kelsey Piper, «Leaked OpenAI Documents Reveal Aggressive Tac- tics Toward Former Employees», *Vox*, 22 de mayo de 2024, vox.com/future-perfect/351132/openai-vested-equity-nda-sam-altman-documents-employees.

47. Todas las citas proceden de una grabación de audio de la reunión, 23 de mayo de 2024.

48. Deepa Seetharaman, «Turning OpenAI into a Real Business Is Tearing It Apart», *The Wall Street Journal*, 27 de septiembre de 2024, wsj.com/tech/ai/open-ai-division-for-profit-da26c24b.

18. Una fórmula para el imperio

1. Tyler Cowen, presentador, *Conversations with Tyler*, pódcast, episodio 61, «Sam Altman on Loving Community, Hating Coworking, and the Hunt for Talent», Mercatus Center Podcasts, 27 de febrero de 2019.

2. Sam Altman, «Successful People», *Sam Altman* (blog), 7 de marzo de 2013, blog.samaltman.com/successful-people.

3. Sam Altman, «Who Will Control the Future of AI?», Opinion, *The Washington Post*, 25 de julio de 2024, washingtonpost.com/opinions/2024/07/25/sam-altman-ai-democracy-authoritarianism-future.

4. Todas las citas de la reunión corporativa han sido extraídas de una grabación de audio, 15 de mayo de 2024.

5. Captura de pantalla de un mensaje de Slack.

6. Amir Efrati y Wayne Ma, «OpenAI CEO Cements Con-

trol as He Se- cures Apple Deal», *The Information*, 29 de mayo de 2024, theinformation.com/articles/openai-ceo-cements-control-as-he-secures-apple-deal.

7. Aaron Holmes, Natasha Mascarenhas y Julia Hornstein, «OpenAI CEO Says Company Could Become Benefit Corporation Akin to Rivals Anthropic, xAI», *The Information*, 14 de junio de 2024, theinformation.com/articles/openai-ceo-says-company-could-become-benefit-corporation-akin-to-rivals-anthropic-xai.

8. Kevin Roose, «OpenAI Insiders Warn of a 'Reckless' Race for Dominance», *The New York Times*, 4 de junio de 2024, nytimes.com/2024/06/04/technology/openai-culture-whistleblowers.html.

9. «A Right to Warn About Advanced Artificial Intelligence», consultado el 5 de noviembre de 2024, righttowarn.ai.

10. Pranshu Verma, Cat Zakrzewski y Nitasha Tiku, «OpenAI Illegally Barred Staff from Airing Safety Risks, Whistleblowers Say», *The Washington Post*, 13 de julio de 2024, washingtonpost.com/technology/2024/07/13/openai-safety-risks-whistleblower-seg.

11. Pranshu Verma, Cat Zakrzewski y Nitasha Tiku, «Senators Demand OpenAI Detail Efforts to Make Its AI Safe», *The Washington Post*, 23 de julio de 2024, washingtonpost.com/technology/2024/07/23/openai-senate-democrats-ai-safe.

12. OpenAI, «OpenAI Welcomes Sarah Friar (CFO) and Kevin Weil (CPO)», *OpenAI* (blog), 10 de junio de 2024, openai.com/index/openai-welcomes-cfo-cpo.

13. John Schulman (@johnschulman2), «I shared the following note with my OpenAI colleagues today: I've made the difficult decision to leave OpenAI. This choice stems from my desire to deepen my focus on AI alignment, and to start a new chapter of my career where I can return to hands-on technical work. I've decided to pursue this goal at Anthropic, where I believe I can gain new perspectives and do research alongside people deeply engaged with the topics I'm most interested in...», Twitter (ahora X), 5 de agosto de 2024, x.com/johnschulman2/status/1820610863499509855.

14. Greg Brockman (@gdb), «I'm taking a sabbatical through

end of year. First time to relax since co-founding OpenAI 9 years ago. The mission is far from complete; we still have a safe AGI to build», Twitter (ahora X), 5 de agosto de 2024, x.com/gdb/status/1820644694264791459.

15. Mira Murati (@miramurati), «I shared the following note with the OpenAI team today», Twitter (ahora X), 25 de septiembre de 2024, x.com/miramurati/status/1839025700009030027.

16. Bob McGrew (@bobmcgrewai), «I just shared this with OpenAI», Twitter (ahora X), 25 de septiembre dc 2024, x.com/bobmcgrewai/status/18390 99787423134051; Barret Zoph (@barret_zoph), «I posted this note to OpenAI», 25 de septiembre de 2024, x.com/barret_zoph/status/1839095143397515452.

17. OpenAI, «Introducing OpenAI o1», *OpenAI* (blog), consultado el 6 de enero de 2025, openai.com/o1.

18. Dara Kerr, «How Memphis Became a Battleground over Elon Musk's xAI Supercomputer», NPR, 11 de septiembre de 2024, npr.org/2024/09/11/nx-s1-5088134/elon-musk-ai-xai-super computer-memphis-pollution.

19. Stephanie Palazzolo, Erin Woo y Amir Efrati, «How Anthropic Got Inside OpenAI's Head», *The Information*, 12 de diciembre de 2024, theinformation.com/articles/how-anthropic-got-inside-openais-head; Kevin Roose, «How Claude Became Tech Insiders' Chatbot of Choice», *The New York Times*, 13 de diciembre de 2024, nytimes.com/2024/12/13/technology/claude-ai-anthropic.html.

20. Kenrick Cai, Krystal Hu y Anna Tong, «Exclusive: OpenAI Co-Founder Sutskever's New Safety-Focused AI Startup SSI Raises $1 Billion», Reuters, 4 de septiembre de 2024, reuters.com/technology/artificial-intelligence/openai-co-founder-sutskevers-new-safety-focused-ai-startup-ssi-raises-1-billion-2024-09-04.

21. Stephanie Palazzolo, Erin Woo y Amir Efrati, «OpenAI Shifts Strategy as Rate of 'GPT' AI Improvements Slows», *The Information*, 9 de noviembre de 2024, theinformation.com/articles/openai-shifts-strategy-as-rate-of-gpt-ai-improvements-slows; Deepa Seetharaman, «The Next Great Leap in AI Is Behind Sche-

dule and Crazy Expensive», *The Wall Street Journal*, 20 de diciembre de 2024, wsj.com/tech/ai/openai-gpt5-orion-delays-639e7693.

22. OpenAI, «New Funding to Scale the Benefits of AI», *OpenAI* (blog), 2 de octubre de 2024, openai.com/index/scale-the-benefits-of-ai.

23. Sam Altman, «The Intelligence Age», *Sam Altman* (blog), 23 de septiembre de 2024, ia.samaltman.com.

24. Grabación de audio de la reunión, 26 de septiembre de 2024.

25. Sam Altman (@sama), «i just posted this note to openai: Hi All– Mira has been instrumental to OpenAI's progress and growth the last 6.5 years; she has been a hugely significant factor in our development from an unknown research lab to an important company. When Mira informed me this morning that she was leaving, I was saddened but of course support her decision. For the past year, she has been building out a strong bench of leaders that will continue our progress. I also want to share that Bob and Barret have decided to depart OpenAI. Mira, Bob, and Barret made these decisions independently of each other and amicably, but the timing of Mira's decision was such that it made sense to now do this all at once, so that we can work together for a smooth handover to the next generation of leadership», Twitter (ahora X), 25 de septiembre de 2024, x.com/sama/status/1839096160168063488.

26. Musk v. Altman, n.º 4:24-cv-04722, CourtListener (N.D. Cal. 14 de noviembre de 2024), ECF n.º 32.

27. Jessica Toonkel, Keach Hagey y Meghan Bobrowsky, «Meta Urges California Attorney General to Stop OpenAI from Becoming For-Profit», *The Wall Street Journal*, 13 de diciembre de 2024, wsj.com/tech/ai/elon-musk-open-ai-lawsuit-response-c1f415f8.

28. OpenAI, «Why OpenAI's Structure Must Evolve to Advance Our Mission», *OpenAI* (blog) 27 de diciembre de 2024, openai.com/index/why-our-structure-must-evolve-to-advance-our-mission.

29. Sam Altman, «Reflections», *Sam Altman* (blog), 5 de enero de 2025, blog.samaltman.com/reflections.

Epílogo: Cómo cae el Imperio

1. Karen Hao, «A New Vision of Artificial Intelligence for the People», *MIT Technology Review*, 22 de abril de 2022, technologyreview.com/2022/04/22/1050394/artificial-intelligence-for-the-people.

2. Entrevistas de la autora con Kathleen Siminyu, noviembre de 2021; Michael y Caroline Running Wolf, noviembre de 2021; Kevin Scannell, diciembre 2021; Vukosi Marivate, abril de 2023; y Pelonomi Moiloa y Jade Abbott, abril de 2023; Matteo Wong, «The AI Revolution Is Crushing Thousands of Languages», *The Atlantic*, 12 de abril de 2024, theatlantic.com/technology/archive/2024/04/generative-ai-low-resource-languages/678042.

3. «Kevin Scannell on 'Language from Below: Grassroots Efforts to Develop Language Technology for Minoritized Languages' 24.S96 Special Seminar: Linguistics & social justice», publicado el 17 de noviembre de 2021 por MIT-Haiti Initiative, Facebook, 2 h., 56 min., 46 seg., facebook.com/mithaiti/videos/1060463734714819; OpenAI, «GPT-4», OpenAI, 14 de marzo de 2023, openai.com/index/gpt-4-research.

4. Entrevistas de la autora con Keoni Mahelona, octubre-diciembre de 2021; y Peter-Lucas Jones, noviembre-diciembre de 2021, y enero de 2022.

5. Entrevistas de la autora con Mahelona; Jones; Caleb Moses, un científico de datos que trabajaba en el proyecto, noviembre de 2021; y con otros implicados en la labor de preservación de la lengua de Te Hiku, noviembre de 2021-enero de 2022.

6. Entrevista con Mahelona, octubre de 2021.

7. Alec Radford, Jong Wook Kim, Tao Xu, Greg Brockman, Christine McLeavey e Ilya Sutskever, «Robust Speech Recognition via Large-Scale Weak Supervision», preimpresión, arXiv, 6 de diciembre de 2022, pp. 1-2, arxiv.org/pdf/2212.04356.

8. Mozilla, «About DeepSpeech», Mozilla GitHub, consultado el 16 de diciembre de 2024, mozilla.github.io/deepspeech-playook/DEEPSPEECH.html.

9. Entrevistas de la autora con Timnit Gebru, agosto 2024; y Milagros Miceli, agosto de 2024.

10. «About Us», Distributed AI Research, consultado el 16 de diciembre de 2024, dair-institute.org/about.

11. «Research Philosophy», Distributed AI Research, consultado el 16 de diciembre de 2024, dair-institute.org/research-philo sophy.

12. «Data Workers' Inquiry», Data Workers' Inquiry, consultado el 16 de diciembre de 2024, data-workers.org.

13. Oskarina Verónica Fuentes Anaya, «Life of a Latin American Data Worker», Data Workers' Inquiry, consultado el 16 de diciembre de 2024, data-workers.org/oskarina; correspondencia de la autora con Fuentes, julio de 2024.

14. Entrevista de la autora con Mophat Okinyi, agosto de 2024.

15. «Our Story», Techworker Community Africa, consultado el 16 de diciembre de 2024, techworkercommunityafrica.org/about. html.

16. Mophat Okinyi, «Impact of Remotasks' Closure on Kenyan Workers», Data Workers' Inquiry, consultado el 16 de diciembre de 2024, data-workers.org/mophat.

17. Billy Perrigo, «Mophat Okinyi», *Time*, 5 de septiembre de 2024, time.com/7012787/mophat-okinyi.

18. Entrevista de la autora con Daniel Pena, mayo de 2024.

19. Ria Kalluri, «The Values of Machine Learning», conferencia, 9 de diciembre de 2019, publicado el 9 de diciembre de 2019 por NIPS 2019, SlidesLive, 28 min., 51 seg., slideslive.com/389 23453/the-values-of-machine-learning.

20. Entrevista de la autora con Deborah Raji, agosto de 2024.

21. Entrevista de la autora con Sasha Luccioni, agosto de 2024.

22. Joseph Weizenbaum, «ELIZA—a Computer Program for the Study of Natural Language Communication Between Man and Machine», *Communications of the ACM* 9, n.º 1 (enero de 1966): pp. 36-45, doi.org/10.1145/365153.365168.